I0886702

Astronomischer Jahresbericht

Gegründet von Walter F. Wislicenus

Mit Unterstützung der Astronomischen Gesellschaft

herausgegeben vom

Astronomischen Rechen-Institut

zu Heidelberg

48. Band

Die Literatur des Jahres 1948

Walter de Gruyter & Co.

vormals G. J. Göschen'sche Verlagshandlung — J. Guttentag, Verlagsbuchhandlung — Georg Reimer — Karl J. Trübner — Veit & Comp.

Berlin 1950

Alle Rechte vorbehalten

Archiv-Nr. 18 01 50

Veröffentlicht unter Zulassung Nr. CBIB
der Nachrichtenkontrolle der Militärregierung

Druck: G. Braun (vorm. G. Braunsche Hofbuchdruckerei und Verlag) G. m. b. H.
Karlsruhe in Baden

Printed in Germany
Auflage 500 — Dezember 1950

Vorwort

Der vorliegende 48. Band des Astronomischen Jahresberichtes (AJB) enthält die Übersicht der astronomischen Literatur und ihrer Grenzgebiete aus dem Jahre 1948, sowie einige Nachträge aus dem Jahre 1947.

Das Inhaltsverzeichnis des AJB erscheint gegenüber dem Band 1947 in einer neuen Form.

Durch die vielfachen Änderungen in der stofflichen Einteilung und durch die Einschaltung neuer Gebiete in den AJB war es notwendig geworden, das seit 1922 bestehende und laufend verbesserte Inhaltsverzeichnis einer einheitlichen Überarbeitung zu unterziehen. Es ergab sich dadurch eine Neunumerierung des Inhaltsverzeichnisses, die von der dem Benutzer bisher gewohnten abweicht, ohne daß von einer vollständigen Umänderung der Anordnung des AJB gesprochen werden kann.

Der gesamte Stoff ist in 14 Teilen untergebracht, der Raum für spätere Ergänzungen in jedem Teil offen läßt. Mit Ausnahme von §§ 1, 10, 130 enthält dabei jeder erste Paragraph mehr die allgemeineren zu dem Teil gehörenden Arbeiten, während die darauffolgenden Paragraphen über die spezielleren Untersuchungen berichten. Völlig umgewandelt wurde die Gliederung der ehemaligen beiden ersten Teile in die drei Teile Allgemeines, Tätigkeit - Geschichte und Instrumente - Technik des Beobachtens. Die sphärische Astronomie wurde in vier statt früher sechs Paragraphen gegliedert. In Teil V, Theoretische Astronomie, wurde § 44, Sternsysteme, neu aufgenommen. Der IX. Teil, Kometen, Meteore, Meteorite, Zodiakallicht, wurde auf fünf Paragraphen erweitert, unter denen auch das früher dem Paragraphen Erde zugeteilte Zodiakallicht zu finden ist. Die einzelnen Kometen sind innerhalb von § 81 nach neuen Richtlinien geordnet. Hierzu sei auf die am Anfang dieses Paragraphen beigegebene Anmerkung hingewiesen. Im XIII. Teil, Sternsysteme, Nebel, Interstellarer Raum hat die galaktische Radiostrahlung auch einen eigenen Paragraphen erhalten. Weitere kleinere Änderungen entnimmt man am besten der Gliederung selbst.

Neben Referaten der sowjetischen Literatur aus dem Jahre 1948 enthält der vorliegende AJB auch noch diejenigen des Jahres 1947. Leider war es nicht mehr möglich, die letzteren in Band 47 des AJB aufzunehmen, da eine durchgreifende Bearbeitung dieser Publikationen erst nach Abschluß der Arbeiten an Band 47 möglich war. Sofern sie nicht im Original vorlagen, sind ihre Titel den unter Ref. 702 und 703 zitierten Quellen sowie den Literaturanzeigern des Astronomischen Journales der Sowjetunion aus dem Jahre 1949, Heft 1—5, entnommen. Die Titel wurden von W. Lohmann ins Deutsche übersetzt, wobei für russische Namen die in Deutschland übliche Schreibweise benutzt wurde. Für die Beschaffung eines Teiles der Unterlagen sei den Herren Prof. Grotrian, Potsdam, und Prof. Hoffmeister, Sonneberg, gedankt.

Bei Arbeiten, die nicht direkt eingesehen werden konnten, war es unvermeidlich, daß Widersprüche und eventuelle Fehler mit in den Jahresbericht übernommen wurden. Über eine Schwierigkeit bei der Aufstellung der Mitteilungen von Pulkowo sei auf die dortigen Fußnoten hingewiesen.

Akzente verschiedener Sprachen konnten bei der Drucklegung noch immer keine Berücksichtigung finden.

Die Schriftleitung des Astronomischen Jahresberichts lag in den Händen von Prof. K. Heinemann. An der Bearbeitung war Herr Dr. W. Lohmann beteiligt.

Den Autoren, Gesellschaften, Instituten und Sternwarten sei an dieser Stelle für die Zusendung ihrer Veröffentlichungen herzlichst gedankt. Ferner sei hier allen Förderern des Astronomischen Jahresberichts sowie allen Mitarbeitern, deren Namen insbesondere in dem Verzeichnis auf Seite V zusammengestellt sind, der verbindlichste Dank ausgesprochen.

Heidelberg, April 1950

Astronomisches Rechen-Institut

Verzeichnis der Mitarbeiter

Schriftleitung: K. Heinemann
unter Mitwirkung von W. Lohmann (Loh.)

U. Baehr, Heidelberg
S. Böhme, Heidelberg (Böh.)
A. Bohrmann, Heidelberg (Bo.)
Jr. Bouska, Prag — Tschechoslowakische Literatur (J. B.)
H. C. Freiesleben, Hamburg — Navigation (Fr.)
W. Fricke, Hamburg-Bergedorf
F. Gondolatsch, Heidelberg (Go.)
W. Gleissberg, Istanbul (W. Gl.)
H. Klauder, Heidelberg (Kdr.)
A. König, Heidelberg — Beobachtungen und Berechnungen Kleiner Planeten (Kö.)
A. Kopff, Heidelberg
T. Lederle, Heidelberg (T. L.)
G. R. Miczaika, Heidelberg (Micz.)
E. Rabe, Cincinnati (E. R.)
P. Sconzo, La Plata — Südamerikanische Literatur
W. Strohmeier, München (Str.)
G. Thiessen, Hamburg-Bergedorf (Thi.)
H. F. A. Tschunko, Heidelberg
F. Zagar, Brera-Milano — Italienische Literatur (F. Z.)

Berichtigungen

AJB 36, 1934

S. 30, 31. Ref. **1405** = Ref. **1510**.

AJB 37, 1937

S. 86. Ref. **4407** = **4409**.

AJB 41, 1939

S. 128 Ref. **5417**. Die beiden Arbeiten: JBAA **49** 403 und Rev Astr **11** 161 gehören nach § 58, Saturn.

In § 85 ist für sämtliche Veränderliche aus Tadjik Ann zu Band **1** der Zusatz part 2 hinzuzufügen.

AJB 45, 1943-46 I

S. 294 Ref. **8924**, Zeile 30. Lies Rotationen ferner Galaxien anstatt Rotationen, ferner Galaxien.

S. 295 Ref. **8929**, Zeile 14. Lies Nebelhaufen anstatt Nebenhaufen.

S. 309 Ref. **9603**. Lies Eucken anstatt Euken.

AJB 47, 1947

S. XVII Nr. 128 unter (A) 14. Lies Ref. **7209/10** anstatt **7209**.

S. 9 Ref. **302**. Lies H. Jeffreys, Plumian Professor der Universität Cambridge (Engl.) als Nachfolger von A. S. Eddington.

S. 9 Ref. **302**, Zeile 23 von unten. Die Zeile H. Kimura ist ganz zu streichen.

Inhaltsverzeichnis

Erster Teil: Allgemeines

Zweiter Teil: Tätigkeit. Geschichte

Dritter Teil: Instrumente. Technik des Beobachtens

Vierter Teil: Sphärische Astronomie. Chronologie

Fünfter Teil: Theoretische Astronomie

Sechster Teil: Theoretische Astrophysik

Siebenter Teil: Sonne

Achter Teil: Planeten und Monde

Neunter Teil: Kometen. Meteore. Meteorite. Zodiakallicht

Zehnter Teil: Sterne

Elfter Teil: Doppelsterne

Zwölfter Teil: Veränderliche Sterne. Novae

Dreizehnter Teil: Sternsysteme. Nebel. Interstellarer Raum

Vierzehnter Teil: Geodäsie. Nautik

Übersicht über die referierten Zeitschriften

Unter Zeitschriften sind nicht nur alle periodisch erscheinenden Schriften verstanden, sondern im weiteren Sinne auch alle zwanglos erscheinenden Veröffentlichungen von Sternwarten, Instituten und Gesellschaften.

Die durchgesehenen Zeitschriften sind in den folgenden Abschnitten III—IV zusammengestellt.

Einzelne Zeitschriftennummern, die nicht direkt eingesehen werden konnten, sind durch einen Stern (*) kenntlich gemacht.

Die im Astronomischen Jahresbericht angewandten Abkürzungen sind in den Abschnitten I—II gegeben.

I. Allgemeine Abkürzungen

Abh.	Abhandlungen	Oss.	Osservatorio, Osservazioni
Abstr.	Abstrakt, abstract	Phil.	Philosphical usw.
Acad.	Académie, Academy	Phys.	Physik usw.
Accad.	Accadémia	Proc.	Proceedings
Akad.	Akademie	Pubbl.	Pubblicazioni
Ann.	Annalen, Annales, Annals	Publ.	Publications, Publikationen
Arch.	Archives	Rech.	Recherches
Astr.	Astronomie usw.	Ref.	Referat
Astrophys.	Astrophysik usw.	Rend.	Rendiconti
Beob.	Beobachtungen	Repr.	Reprint
Ber.	Berichte	Res.	Research
Bull.	Bulletin	Rev.	Review, Revue
Circ.	Circular	Ric.	Ricerche
Commun.	Communications	Sci.	Science, scientific
Comun.	Comunicazioni	Ser.	Serie, Series
Contr.	Contributions usw.	Sér.	Série
Desgl.	Desgleichen	Sitzber.	Sitzungsberichte
Diss.	Dissertation	Soc.	Società, Société, Society
Ges.	Gesellschaft	Sternw.	Sternwarte
Inst.	Institut usw.	Suppl.	Supplement
J.	Journal	T.	Tidskrift, Tidsskrift, Tijdschrift
Math.	Mathematik usw.	Trans.	Transactions
Medd.	Meddelanden, Meddelelser	Univ.	Universität usw.
Mém.	Mémoires	Veröff.	Veröffentlichungen
Mem.	Memoirs, Memorie	Vgl.	Vergleiche
Mitt.	Mitteilungen	VJS	Vierteljahrsschrift
Nachr.	Nachrichten	Wetensch.	Wetenschappen
(NF)	Neue Folge	Wiss.	Wissenschaften
(NR)	Neue Reihe	Z.	Zeitschrift
(NS)	Neue Serie		
Obs.	Observatorium usw.		

AAVSO vgl. 1103
Ref. AAS vgl. 1104
Ref. AG vgl. 1107
Ref. ASP vgl. 1105

II. Abkürzungen der Zeitschriften

Die Nummern beziehen sich auf den ausführlichen Titel der Zeitschriften und Veröffentlichungen in Liste III S. XII und Liste IV S. XV.

	Nr.
AA*)	3
AJ	37
AJB	Ref. 701
AN	53
Ann d'Astrophys	5
ApJ	39
Ark Mat Astr Fys	7
Astr Circe USSR	23
BA	14
BAA Circ	21
BAAH	Ref. 419
BAB	236
BAC	16
BAF	15
BAN	17
BIA	175
BSAF	8
Bull hor	19
CR	27
DAN	10
DOB	18
Gaz astr	33
Harv Ann	121
Harv Card	125
Harv Circ	122
Harv Repr	123
JApplied Phys	42
JBAA	43
JCan RAS	46
JJAG	41
JO	40
J Opt Soc Amer	45
Kop Akt Medd	167
Lick Bull	187
LOB	187
Lund Circ	179
Lund Medd	180
Math Rev	78
McDC	138
Mem BAA	51
Mem RAS	49
Mem SA It	48
MN ASSA	61
MN	62
MN Geophys Suppl	63
MPC	22
MWC	190
NAT	93
Nat	57
Naturwiss	58
NAZ	55
NAZvM	54
Obs	64
PAT	94
Phys Ber	11
Phys Rev	76
Pop Astr	9
Proc Phys Soc	72
Publ ASP	75
Publ Chile	213
Pulk Mitt	210
Pulk Publ	209
RAJ	38
Rev Mod Phys	79
Rev d'Opt Théor et Instr	80
Rev Sci Instr	77
RH	81
Ric Astr	128
Smithsonian Misc Coll	245
Smithonian Publ	246
SPIM	87
TAB	226
Terr Mag	92
Trans Inter Astr Union	96
UAI Circ	166
UC	156
Union Circ	159
Urania Barcelona	101
VS Bull	102
Wash Nat Ac Proc	74
ZfA	104
ZfMG	108
Z f Naturf	105
Z f Phys	107

*) Die drei Reihen sind durch AA(a), AA(b), AA(c) unterschieden.

III. Zeitschriften und Veröffentlichungen von Gesellschaften

1. Astronomische Abhandlungen. Ergänzungshefte zu den Astronomischen Nachrichten. Akademie-Verlag, Berlin. — Band 11 Nr. 4, 5.
2. Abhandlungen der Deutschen Akademie der Wissenschaften zu Berlin, Mathematisch-naturwissenschaftliche Klasse. — Jahrgang 1947 Nr. 7.
3. Acta Astronomica. Krakau. — AA(a) Vol. 4 S. 61—140. AA(c) Vol. 4 S. 81—84.
4. Annalen der Physik. Johann Ambrosius Barth, Leipzig. — 6. Folge Band 2 und 3.
5. Annales d'Astrophysique. — Tome 11 Nr. 1—4.
6. Annales Françaises de Chronométrie. Besançon. — Année 17 Trimestre 3—4, Année 18 Trimestre 1—3.
7. Arkiv för Matematik, Astronomi och Fysik. Stockholm. — Band 34 Heft 3—4, Band 35 Heft 1—4, Band 36 Heft 1—2.
8. L'Astronomie. Bulletin de la Société Astronomique de France. Paris. — 62 année, Jan. — Déc. 1948.
9. Popular Astronomy. Northfield. — Vol. 56 Nr. 1—10.
10*. Berichte der Akademie der Wissenschaften der Sowjetunion. Moskau.
11. Physikalische Berichte. Wiesbaden. — Band 27 Heft 1—8.
12. Physikalische Blätter. Verlag von Volk und Zeit, Karlsruhe. — 3. Jahrgang Heft 1—12, 1947. 4. Jahrgang Heft 1—12.
13*. Bulletin Analytique du Centre National de la Recherche Scientifique. (Continuation de la Bibliographie Mensuelle de l'Astronomie). Paris.
14. Bulletin Astronomique. Paris.
15. Bulletin de l'Association Française d'Observateurs d'Etoiles Variables. Lyon. — Tome 8 fasc. 1.
16. Bulletin of the Astronomical Institutes of Czechoslovakia. National Observatory Praha. — Vol. 1 Nr. 2—4.
17. Bulletin of the Astronomical Institutes of the Netherlands. Haarlem. — Vol. 10 Nr. 388—399.
18. Documentation des Observateurs. Bulletin. Paris. — Nr. 1—19 mit Supplement (Besprechung in Gaz astr 30 59—60).
19. Bulletin horaire. Paris.
20. Ciel et Terre. Bulletin mensuel de la Société Belge d'Astronomie, de Météorologie et de Physique du Globe. Uccle-Brüssel. — Année 64 Nr. 1—12.
21. British Astronomical Association Circular. London. — Nr. 289—290, 1947. 291—306.
22. Minor Planet Circular. Cincinnati. — Nr. 61—201.
23. Astronomical Circulars, published by the Bureau of Astronomical Information of the Academy of Sciences of USSR. Kasan. — Nr. 59*, (60—77 nicht eingegangen), 78—81.
24*. Coelum. Bologna. — Vol. 15 (von F. Zagar referiert).
25. Sterrekundig Colloquium van de Nederlandsche Astronomen-Club. Gravenhage.
26. Comité National Français d'Astronomie. Réunions scientifiques des 22, 23 et 24 octobre 1946, tenues à Paris avec la participation d'astronomes étrangers pour le Centenaire de la découverte de Neptune. Communications et Mémoires. Orléans, 1948.
27*. Comptes Rendus hebdomadaires des Séances de l'Académie des Sciences. Paris.
28*. Comptes Rendus de l'Académie des Sciences de l'URSS. Nouvelle Série. Moskau.
29*. Endeavour. Revue trimestrielle destinée à tenir registre du progrès des sciences au service du genre humain. London.

30*. Eudemus. An international Journal, devoted to the history of mathematics and astronomy. Published by Brown University, Providence, Rhode Island, USA. Edited by O. Neugebauer and R. C. Archibald. Kopenhagen.
31. Forschungen und Fortschritte. Nachrichtenblatt der Deutschen Wissenschaft und Technik. Akademie-Verlag, Berlin. — Jahrgang **24** Heft 1—24.
32*. Glasnik. Societas Scientiarum Naturalium Croatica. Periodicum Mathematico-Physicum et Astronomicum, Zagreb.
33. Gazette astronomique. Bulletin de la Société d'Astronomie d'Anvers. — Année **30** Nr. 1—12, Gesamtnummer 337—348.
34. Heelal. Tijdschrift der Vereniging voor Sterrenkunde, Meteorologie, Geophysica en aanverwante Wetenschappen. Antwerpen. — Jahrgang 4 Nr. 1—5.
35*. Hemel en Dampkring. Groningen. J. B. Wolters. — Nicht eingegangen.
36. Die Himmelswelt. Bonn. — Band **55** Lieferung 3—8, Gesamtnummer 601—606.
37. The Astronomical Journal. New Haven. — Vol. **53** Nr. 3—8, Vol. **54** Nr. 1—3. Gesamtnummer 1167—1175.
38. Astronomical Journal of the Soviet Union (bis 1934 Russian Astronomical Journal). Moskau. — Tom **25** Nr. 1—6.
39. The Astrophysical Journal. Chicago. — Vol. **107** Nr. 1—3, Vol. **108** Nr. 1—3.
40. Journal des Observateurs. Marseille. — Vol. **31** Nr. 1—12.
41*. Japanese Journal of Astronomy and Geophysics. Tokyo.
42. Journal of Applied Physics. Lancaster, Pa. — Vol. **19** Nr. 1—12.
43. Journal of the British Astronomical Association. Oxford. — Vol. **58** Nr. 1—7, Vol. **59** Nr. 1.
44. Journal of the Franklin Institute. Philadelphia. — Vol. **245** Nr. 1—6, Vol. **246** Nr. 1—6.
45. Journal of the Optical Society of America. Published for the Optical Society of America by American Institute of Physics. — Vol. **38** Nr. 1—12.
46. Journal of the Royal Astronomical Society of Canada. Toronto. — Vol. **42** Nr. 2—4, Gesamtnummer 371—373. (Die Nummern 1, 5 bis Schlußheft sind nicht eingegangen).
47*. Kosmos. Gesellschaft der Naturfreunde. Stuttgart.
48. Memorie della Società Astronomica Italiana. Nuova Serie. Pavia. — Vol. **19** Nr. 1—4.
49. Memoirs of the Royal Astronomical Society. London.
50. Memoirs and Observations of the Czechoslovak Astronomical Society at Prague. — Nr. 8, 1947. Nr. 9.
51. Memoirs of the British Astronomical Association. Oxford.
52. Nachrichten der Akademie der Wissenschaften in Göttingen. Mathematisch-Physikalische Klasse, Mathematisch-Physikalisch-Chemische Abteilung. — 1948 Heft 1—2.
53. Astronomische Nachrichten. Im Auftrage der Deutschen Akademie der Wissenschaften zur Berlin. — **276** Heft 1—6.
54. Nachrichtenblatt der Astronomischen Zentralstelle. Vorläufige Mitteilung. Heidelberg. Astronomisches Rechen-Institut. — Nr. 23—56.
55. Nachrichtenblatt der Astronomischen Zentralstelle. Heidelberg, Astronomisches Rechen-Institut. — Jahrgang **1** Nr. 9—10, Jahrgang **2** Nr. 1—8.
56*. Natur und Technik. Halbmonatsschrift für alle Freunde der Wissenschaft, Forschung und Praxis. Wedding-Verlag, Berlin.
57. Nature. A Weekly Journal of Science. Macmillan and Co., London, The Macmillan Company, New York. — Vol. **161** Nr. 4079—4104, Vol. **162** Nr. 4106 — 4130. (Nr. 4105 konnte nicht eingesehen werden).
58. Die Naturwissenschaften. Berlin. — Jahrgang **35** Heft 1—12.

59. Monthly Astronomical News Letter from the United States of America Nr. 1, 3—12, 15, 17—21, 24, 25, 27, 28, 31, 33—36 (Auszüge in Himmelswelt **55** 80—82, 83—85, 88—92, 103, 135—140, 183—190).
60. Occasional Notes. Royal Astronomical Society. London. — Vol. **2** Nr. 12.
61. Monthly Notes of the Astronomical Society of South Africa. Cape Town. — Vol. **7** Nr. 1—11, Nr. 12 Handbook, Ref. 420.
62. Monthly Notices of the Royal Astronomical Society. London. — Vol. **108** Nr. 1—6.
63. Monthly Notices. Geophysical Supplement. London. — Vol. **5** Nr. 6—7.
64. The Observatory. London. — Vol. **68** Nr. 842—847.
65. Optik. Siehe Nr. 106.
66*. Orion. Die naturwissenschaftlich – technische Zeitschrift für Jedermann. München/Murnau.
67. Orion. Zeitschrift der Schweizerischen Astronomischen Gesellschaft. Bulletin de la Société Astronomique de Suisse. Genève bzw. Schaffhausen. — Nr. **16**, 1947. Nr. **21**.
68*. Proceedings of the Section of Science. Koninklijke Akademie van Wetenschappen te Amsterdam. Amsterdam.
69*. Proceedings of the National Institute of Sciences of India. Calcutta.
70*. Proceedings of the Royal Society of Edinburgh. London.
71. Proceedings of the Royal Society. Series A. Mathematical and Physical Sciences. London. — Vol. **192** Nr. 1029 —1031, Vol. **193** Nr. 1032—1035, Vol. **194** Nr. 1036—1039, Vol. **195** Nr. 1040—1042.
72. The Proceedings of the Physical Society. London. — Vol. **60** Nr. 337—342, Vol. **61** Nr. 343—348.
73*. Proceedings of the American Philosophical Society. Philadelphia.
74*. Proceedings of the National Academy of Sciences of the United States of America. Washington.
75. Publications of the Astronomical Society of the Pacific. San Francisco. — Vol. **60** Nr. 352—357.
76. The Physical Review. Published for the American Physical Society by the American Institute of Physics. Lancaster Pa. and New York. — (2) Vol. **73** Nr. 1—12, (2) Vol. **74** Nr. 1—12.
77. The Review of Scientific Instruments. Lancaster, New York. — Vol. **19**.
78. Mathematical Reviews. Published by the American Mathematical Society, Lancaster, Penn. — Vol. **9** Nr. 1—11.
79. Reviews of Modern Physics. Published for the American Physical Society by the American Institute of Physics. Lancaster and New York. — Vol. **20** Nr. 1—4.
80*. Revue d'Optique Théorique et Instrumentale. Paris.
81. Ríse hvezd. Herausgegeben von der Tschechischen Astronomischen Gesellschaft in Prag. — **29** Nr. 1—10 (Tschechisch).
82. Naturwissenschaftliche Rundschau. Wissenschaftliche Verlagsgesellschaft m. b. H., Stuttgart. — Jahrgang 1 Heft 1—6.
83*. Meteorologische Rundschau. Berlin, Göttingen, Heidelberg. — Jahrgang 1 Heft 7—10.
84*. Science. Published by the American Association for the Advancement of Science.
85*. Scientia. Revue de synthèse scientifique. Mailand.
86*. The Scientific Monthly. An Illustrated Magazine. Devoted to the Diffusion of Science. New York.
87. Service de prévision ionosphérique marine. Paris. — SPIM O 12—O 27.
88. Sitzungsberichte der Deutschen Akademie der Wissenschaften zu Berlin. Mathematisch-naturwissenschaftliche Klasse. Akademie-Verlag, Berlin. — Jahrgang 1948 Nr. 1—4.

89. Sitzungsberichte der mathematisch-naturwissenschaftlichen Abteilung der Bayerischen Akademie der Wissenschaften zu München. — Jahrgang 1948.
90. Sky and Telescope. Cambridge Mass. Harvard College Observatory. — Vol. 7 Nr. 3—12, Vol. 8 Nr. 1—2.
91. The Strolling Astronomer. Association of Lunar and Planetary Observers. Albuquerque, New Mexico. — Vol. 2 Nr. 1—12.
92. Terrestrial Magnetism and Atmospheric Electricity. An International Quarterly Journal. Baltimore, Maryland. The Johns Hopkins Press. — Vol. 53 Nr. 1—4.
93. Nordisk Astronomisk Tidsskrift. Kopenhagen. — 1948 Nr. 1—4 (Besprechungen nicht eingegangen).
94. Populär Astronomisk Tidskrift. Stockholm. — Årgång 29 Nr. 1—4 (Besprechungen nicht eingegangen).
95. Die Sterne. Monatsschrift über alle Gebiete der Himmelskunde. Leipzig. — 24. Jahrgang Heft 1—12.
96*. Transactions of the International Astronomical Union.
97*. Transactions of the American Philosophical Society. New Series.
98*. Philosophical Transactions of the Royal Society of London. Series A. Mathematical and Physical Sciences.
98a*. Die Umschau. Halbmonatsschrift für die Fortschritte in Wissenschaft und Technik. Frankfurt am Main. — 48. Jahrgang.
99*. Universitas. Zeitschrift für Wissenschaft, Kunst und Literatur. Stuttgart.
100. El Universo. Organo de la Sociedad Astronomico de Mexico. — Nr. 3—6.
101. Urania. Revista de Astronomia y Ciencias Afines. Organo Oficial de la Sociedad Astronómica de España y América y de la Unión Nacional de Astronomia y Ciencias Afines. Barcelona, Madrid. — Anno 32 Nr. 218—219.
102. Veränderliche Sterne. Bulletin, herausgegeben vom Astronomischen Rat der Akademie der Wissenschaften der Sowjetunion. Moskau-Leningrad. — Tom 6 Nr. 5 (65).
103. Vierteljahrsschrift der Naturforschenden Gesellschaft Zürich. — Jahrgang 93 Heft 1—4.
104. Zeitschrift für Astrophysik. Berlin und Heidelberg. — Band 24 Heft 3—4, Band 25 Heft 1—4.
105. Zeitschrift für Naturforschung. Wiesbaden, Dietrich'sche Verlagsbuchhandlung. a: Astrophysik, Physik und physikalische Chemie. — Band 3a Heft 1—12.
106. Zeitschrift für das gesamte Gebiet der wissenschaftlichen und angewandten Optik. Stuttgart. — Band 3 Heft 1—6.
107. Zeitschrift für Physik. Springer-Verlag, Berlin-Göttingen-Heidelberg. — Band 124 Heft 1—12.
108. Zentralblatt für Mathematik und ihre Grenzgebiete. Springer-Verlag, Berlin-Göttingen-Heidelberg. — Band 29 Heft 1—10.

IV. Veröffentlichungen von Sternwarten und Instituten

Amsterdam

109. Publication of the Astronomical Institute of the Universitiy of Amsterdam. Nr. 8: T. Walraven, The line spectrum of δ Cephei. Ref. 9558.

Arcetri

110. Osservazioni e Memorie dell'Osservatorio Astrofisico di Arcetri.
Nr. 64: A. Colacevich, Relazioni analitiche tra le distribuzioni delle velocità lineari delle stelle. Ref. 12335.

G. Abetti, Osservazioni di protuberanze e della cromosfera solare eseguite nel 1946. Ref. 6636.
M. G. Fracastoro, Altezza e distribuzione della cromosfera solare. Ref. 6617.
A. Colacevich, Sistemi ottici a simmetria centrale e loro applicazioni. Ref. 2016.
G. Righini, W. Sbrolli, Taratura pirometrica di un gruppo di lampade campioni. Ref. 232.
M. G. Fracastoro, Uno strumento per la misura della diffusione atmosferica e della radiazione solare. Ref. 2110.
M. Hack, Ricerche su T Vulpeculae. Ref. 11158.
A. Colacevich, M. C. Ballario, Moto preferenziale di 236 stelle. Ref. 12336.

Asiago

111. Contributi dell'Osservatorio astrofisico di Asiago.

Nr. 6: F. Zagar, Notizie sopra due variabili di cui una nuova e una poco nota. Ref. 11220.
7: G. de Strobel, Determinazione della latitudine dell'Osservatorio astrofisico di Asiago. Ref. 13220.
8: F. Zagar, Sulle parallassi radiali. Ref. 9307.
9: G. Silva, Sulla flessione di un astrospettrografo. Ref. 2506.
10: G. Mannino, Applicazione del procedimento indicato dal Prof. Silva allo studio della flessione dell'astrospettrografo IV di Potsdam. Ref. 2409.

Berlin

112. Berliner Astronomisches Jahrbuch 1948. Ref. 401.
Desgl. für 1949. Ref. 402.

Berlin-Treptow

113. Mitteilungen der Archenhold-Sternwarte Berlin-Treptow.

Nr. 1: Nicht eingegangen.
2: E. Mädlow, H. Pfaffe, Tätigkeitsbericht der Archenhold-Sternwarte Berlin-Treptow für das Jahr 1947. Ref. 1101.
3: E. Mädlow, H. Pfaffe, Berichte der Archenhold-Sternwarte. Einmalige Sonderausgabe anläßlich des Kongresses Deutscher Volkssternwarten im April 1948. Ref. 1205.
4: E. Mädlow, G. Schirdewahn, Treptower Jupiter-Beobachtungen 1943/44. Vgl. AJB 47 Ref. 5702.
5: D. Wattenberg, Wilhelm Herschels Sterneichungen und Ansichten vom Bau des Sternsystems. Vgl. AJB 47 Ref. 520.
6: D. Wattenberg, Tycho Brahe — sein Leben und Werk. Zum Gedächtnis seines 400. Geburtstages am 14. Dezember 1946. Ref. 1033.
7: E. Mädlow, Zur Nomenklatur der Oberflächendetails auf Jupiter. Ref. 7607.
8: D. Wattenberg, Die galaktischen Supernovae. Ref. 11347.
9: D. Wattenberg, Die Milchstraße als Spiralnebel. Ref. 12007.

Bloomington

114. Publications of the Goethe Link Observatory of Indiana University.

Nr. 1: L. H. Aller, The absorption-line spectra of the central stars of the planetary nebulae. Ref. 12202.

Bologna

115. Pubblicazioni dell'Osservatorio astronomico universitario di Bologna.
5 6: G. Mannino, L. Rosino, Sulla posizione nel diagramma die Russell delle componenti le stelle binarie visuali. Ref. **9708**.
7: L. Rosino, P. Tempesti, Osservazioni fotografiche ed elementi di variabili poco note o peculiari. I. Ref. **11339**.

Brno

116. Contributions from the Astronomical Institute of the Masaryk University.
1 5: J. Siroky, On the system of minor planets. Ref. **7527**.
6: L. Perek, Distribution of mass in the galactic system. Ref. **12352**.
7: J. Siroky, On the accuracy of the determination of the elements of a planetary orbit. Ref. **4507**.

Brüssel

117. Université de Bruxelles. Institut d'Astronomie.
(2) Nr. **38**: P. Melchior, Eléments canoniques des orbites et représentations des distances planétaires. III. Ref. **7804**.
39: J. F. Cox, F. H. van den Dungen, Sur la notion de sensibilité utilisée en topographie et son extension à la sphère. Ref. **13307**.
40: J. F. Cox, F. H. van den Dungen, Généralisation et applications de la notion de sensibilité de la Topographie. Ref. **13308**.
41: P. Melchior, Sur l'analyse du mouvement du pôle à la surface de la Terre. Ref. **13212**.
42: J. F. Cox, F. H. van den Dungen, Sur la formation de systèmes planétaires. Siehe AJB **47** Ref. **3907**.
43: J. F. Cox, F. H. van den Dungen, Sur la classification des canevas des cartes géographiques. Nicht referiert.
44: J. F. Cox, F. H. van den Dungen, A propos du prochain centenaire de l'expérience de Foucault. Ref. **1404**.
45: Siehe AJB **49**.
46: J. Lefèvre, La variation des latitudes et la magnétisme terrestre. Nicht referiert.
47: P. Melchior, Sur un effet de résonance dans le mouvement du pôle instantané à la surface de la terre. Ref. **13213**.

Budapest-Szabadsághegy

118. Contributions from the Konkoly Observatory.
Nr. **19**: J. K. Csada, On the stationary and periodical motions in the atmosphere of the sun. Ref. **6107**.
20: Siehe AJB **46** § **84**.

Cambridge (Engl.)

119. Contributions from the Cambridge Observatories.
Nr. 1: G. G. Yates, A photoelectric photometer employing an electron counting technique. Ref. **2236**.
120. Report of the Observatories Syndicate for the year ending 1948 September 30. Ref. 1101.

Cambridge, Mass.

121. Annals of Harvard College Observatory.
116 4: L. Campbell, Observations of variable stars by the American Association of Variable Star Observers. Ref. **11201**, § **113**.
122. Harvard College Observatory Circular.
451: H. N. Russell, Present needs in the study of eclipsing binaries. Ref. **11133**.

G. E. Kron, The construction and use of a photomultiplier type of photoelectric photometer. Ref. 2216.
H. T. Sterling, A commercially available amplifier type photoelectric photometer. Ref. 2233.
G. E. Kron, Test of an RCA type C-7050 red sensitive multiplier phototube. Ref. 2217.
452: H. N. Russell, The penumbral part of the reflection effect in eclipsing variables — a reconnaissance. Ref. 11134.
D. J. K. O'Connell, RY Scuti. Ref. 11212.

123. Harvard Reprint.
Nr. **304**: S. L. Piotrowski, Some remarks on the weights of unknowns as determined by the method of differential corrections. Ref. 121.
305: H. Shapley, Galactic and extragalactic studies, XVIII. The pulse index for eighty-nine variable stars in the Magellanic clouds. Ref. 11170.
306: H. Shapley, V. McKibben Nail, Galactic and extragalactic studies, XIX. Giant variable stars of the Loop nebula (30 Doradus). Ref. 11196.
307: H. K. Sen, Reflection effect in eclipsing binaries for a point-source of light. Ref. 11138.
308: H. K. Sen, Anharmonic pulsations of the Cepheid variable. Ref. 5231.
309: Chang Yuin, Light-curve of a new variable of R Coronae Borealis type. Ref. 11214.
310: Z. Kopal, Radial oscillations of the limiting models of polytropic gas spheres. Ref. 5211.
311: R. N. Thomas, Superthermic phenomena in stellar atmospheres. Ref. 6626.
312: S. L. Piotrowski, An analytical method for the determination of the intermediary orbit of an eclipsing variable. Ref. 11128.
Z. Kopal, Remarks on the determination of intermediary orbits of eclipsing binary systems. Ref. 11115.
H. N. Russell, Preliminary solutions for eclipsing binaries from accurate observations. Ref. 11131.
313: W. M. Gottschalk, Line strength in the iron spectrum in intermediate coupling with application to the solar curve of growth. Ref. 207.
314: J. H. Kiewiet de Jonge, On the relationships between the frequency functions of stellar velocities. Ref. 4405.
315: F. L. Whipple, L. Jacchia, Z. Kopal, Seasonal variations in the density of the upper atmosphere. Nicht referiert.
316: L. Campbell, Variable st r notes from the American Association of Variable Star Observers in 1948. Ref. 11202, § 118.
317: W. O. Roberts, Association of corona with prominence. Ref. 6708.
318: S. L. Piotrowski, A study of the orbit of Beta Aurigae. Ref. 11129.

124. Harvard Reprint Series II.
Nr. **20**: W. O. Roberts, A. H. Shapley, Observations of the solar corona at Climax, 1944—46. Ref. 6707.
21: S. D. Gossner, J. L. Gossner, Photographic magnitudes in Harvard Standard Region C 7. Ref. 9404.
22: R. N. Thomas, Study of a close approach of comet Whipple 1933 f to Jupiter in 1922. Ref. 8141.
23: H. Shapley, Time and change in the metagalaxy. Ref. 12420.
24: H. Shapley, The one world of stars. Ref. 633.
25: H. Shapley, V. McKibben Nail, Cepheid variable stars in the Small Magellanic cloud. Ref. 11171.
26: L. G. Jacchia, Ballistics of the upper atmosphere. Ref. 7234.
27: Yuin Chang, Changes in the period and light curve of the cluster-type variable SX Ursae Majoris. Ref. 11175.

28: J. W. Evans, A photometer for measurement of sky brightness near the sun. Ref. 2202.

29: H. Shapley, The standard Cepheid light curve. Ref. 11172.

125. Harvard Announcement Card Nr. 871—967.

126. 102. Annual report of the director of the Astronomical Observatory of Harvard College for the year ending September 30, 1947. Ref. 1101.

Cape

127. Report of His Majesty's Astronomer at the Cape of Good Hope to the Secretary of the Admiralty for the year 1947. Ref. 1101.

Capodimonte-Napoli

Siehe unter Napoli.

Castel Gandolfo

128. Specola Astronomica Vaticana. Ricerche Astronomiche.

2 1: G. Stein, La cronologia astronomica nel «Quando visse Christo?» di Domenico Argentieri. AJB 47 Ref. 2607.

2: J. W. Stein, Untersuchungen über die Gesichtsfeldkorrektion des Zeißschen Vierlinsers der Vatikanischen Sternwarte. Ref. 2041.

3: J. W. Stein, W. J. Miller, Photometric and spectroscopic observations of Nova Aquilae 1945. Ref. 11320.

4: J. W. Stein, Photometric observations of the long period variables BS and BV Persei. Ref. 11212.

Catania

129. Osservatorio Astrofisico Catania. Contributi astrofisici.

Nr. 62—63: E. de Caro, G. Veca, Su un metodo dinamico per il calcolo d'orbita di un sistema binario visuale. I—II. Ref. 10105.

64: E. de Caro, Su un metodo dinamico per il calcolo d'orbita di un sistema binario visuale. III. Ref. 10106.

Charkow

130*. Publikationen des Astronomischen Observatoriums der Gorkij-Staatsuniversität Charkow.

8: B. P. Ostaschtschenko-Kudrjawzew, Bestimmung der Deklinationen der großen Planeten am Meridiankreis des Astronomischen Observatoriums Charkow. Serie II, Deklinationen 1934—1939. Ref. 7013.

N. P. Barabaschew, A. T. Tschekirda, W. A. Fedorez, Über die Beleuchtung der Erdoberfläche mit direktem und gestreutem Sonnenlicht. Ref. 7201.

N. P. Barabaschew, A. T. Tschekirda, Photographische Photometrie der Mondoberfläche. Ref. 7503.

N. P. Barabaschew, Photometrie der hellen und dunklen Zonen Jupiters. Ref. 7604.

I. M. Gordon, Radiostrahlung der Sonne und Eruptionen. Ref. 6527.

L. I. Schingarjow, Über die Rolle der Streuung des Lichtes in der Venusatmosphäre. Ref. 7112.

W. I. Jeserskij, Über die Helligkeitsverteilung auf der Erdscheibe. Ref. 7209.

G. M. Bashenow, Anwendung der Matrizenrechnung zur Herleitung der Bewegungsgleichungen Kleiner Planeten in idealen und Hansenschen Koordinaten. Ref. 4203.

W. A. Fedorez, Beobachtungen der Sonnenchromosphäre mit dem Spektrohelioskop des Astronomischen Observatoriums Charkow vom 11. Sept. 1946 bis zum 31. Juni 1947. Ref. **6636.**
I. M. Gordon, L. I. Kryssenko, Beobachtungen von Sonnenflecken und -fackeln. Ref. **6350.**

131. Bulletin des Astronomischen Observatoriums der Gorkij-Staatsuniversität Charkow.
Nr. **7**: N. P. Barabaschew, Über die Farbänderungen der Marsmare. Ref. **7403.**
G. M. Bashenow, Über eine Reihe in der Theorie der Bahnbestimmung der Planeten und Kometen. Ref. **4202.**
I. M. Gordon, Die Verteilung der Cepheiden verschiedener Leuchtkraft auf der Scheibe der Großen Magellanschen Wolke. Ref. **11157.**
W. Fedorez, Über die Albedo der Länder und Meere des Mars und seine Atmosphäre. Ref. **7406.**
W. Fedorez, G. Pososchkow, Die Beobachtung chromosphärischer Gebilde am Spektrohelioskop des Astronomischen Observatoriums in Charkow. Ref. **6616.**

Charlottesville

132. Publications of the Leander McCormick Observatory of the University of Virginia.
10 A. N. Vyssotsky, E. T. R. Williams, An investigation of stellar motions together with second McCormick catalogue of proper motions.
1: The McCormick proper motion catalogues. Ref. **9210.**
2: E. R. Dyer jr., The magnitudes of the second McCormick catalogue. Ref. **9402.**
3: E. T. R. Williams, Reduction of the Cape photographic proper motions to the FK 3 system. Ref. **9211.**
4: The constants of solar motion, precession, and galactic rotation as derived from McCormick and Cape proper motions. Ref. **12356.**
5: E. T. R. Williams, On the systematic errors introduced by rejecting large motions. Ref. **2509.**
6: The constants of galactic rotation and precession. Ref. **12357.**
7: McCormick spectral statistics according to galactic longitude. Ref. **12354.**
8: Secular parallaxes, luminosity distribution, and distances for stars of ninth to eleventh magnitudes. Ref. **9306.**
9: The variation of the solar motion with spectral class. Ref. **12355.**
10: Peculiar motions. Ref. **12358.**

Cincinnati

133. Minor planets for 1949. Opposition Ephemerides. Ref. **7507.**
133a. Minor Planet Circulars. MPC 61—201.

Cordoba

134. Observatorio de Cordoba. Tirada Aparte.
Nr. **21**: Siehe AJB **46.**
22: A. Völsch, Ocultaciones observadas en el año 1946. Ref. **7348.**
23: J. Bobone, Photographic observations of comets and asteroids. Ref. **8104.**
24: Nicht astronomisch.
25: J. Sahade, The spectrum of comet 1947 n. Ref. **81117.**
26: E. Gaviola, On shadow bands at total eclipses of the sun. Ref. **6212.**
27: J. Bobone, Photographic observations of comets. § 81.
28: A. Völsch, Occultations of stars by the moon. Ref. **7348.**

Delaware, Ohio

135. Contributions from the Perkins Observatory, Ohio Wesleyan University and Ohio State University.
Nr. **25**: P. C. Keenan, On the occurance of Lanthanum oxide in S-type stars. Ref. **9517**.

136. Miscellaneous Scientific Paper. Reprint.
Nr. **35**: N. T. Bobrovnikoff, Periodic comet Wolf I. Ref. **8142**.
36: A. J. Deutsch, The continuous spectrum of the sun. Ref. **6406**.

Des Moines, Iowa

137. Drake University Municipal Observatory Des Moines, Iowa.
P. S. Riggs, Effects of image imperfections in physical photometry of in-focus stellar photographs. Ref. **2248**.

Fort Davis

138. Contributions from the McDonald Observatory.
Nr. **143**: G. Herzberg, Fe II emission lines in α Herculis and α Scorpii. Ref. **9513**.
144: Y. C. Chang, Spectrographic observations of the eclipsing binaries of the W Ursae Majoris type: AH Virginis and TZ Bootis. Ref. **11102**.
145: J. L. Greenstein, Spectrophotometry of the F stars and of τ Ursae majoris. I. Ref. **9509**.
146: A. B. Underhill, The spectrum of γ Pegasi. Ref. **9554**.
147: O. Struve, J. S. Plaskett's star of large mass, HD 471 29. Ref. **10208**.
148: J. L. Greenstein, Stars in diffuse nebulae. Ref. **12207**.
149: A. B. Underhill, The intensities and profiles of lines in some B-type stars. Ref. **9555**.
150: O. Struve, A. Blaauw, The radial velocity of RR Lyrae. Ref. **9220**.
151: J. L. Greenstein, Rapid variations in the spectrum of Rho Cassiopeiae. Ref. **11184**.
152: T. Page, The purity of interstellar Hα emission. Ref. **12505**.
153: W. A. Hiltner, Spectroscopic and photometric observations of a faint Wolf-Rayet spectroscopic binary. Ref. **10203**.
154: B. Smith, A spectroscopic study of Beta Aurigae. Ref. **11140**.
155: D. M. Popper, Radial velocities of two stars of the W Ursae Majoris class. Ref. **9218**.
156: O. Struve, L. Gratton, Spectrographic observations of the eclipsing binaries RZ Comae, V 502 Ophiuchi, RV Corvi, and BF Virginis. Ref. **11144**.
157: P. Swings, T. Page, The spectrum of comet 1947n. Ref. **81117**.

Freiburg i. Br.

139. Mitteilungen des Fraunhofer-Instituts Freiburg i. Br.
A. Behr, K. O. Kiepenheuer, Synoptische Karten der Sonne 1946, Juni 19 — 1947, Juli 1. Ref. **6306**.
S. Günther, Ein Photometer zur Messung der Coronalinien. Ref. **2207**.

140. Observations ionosphériques et solaires. SPIM O 12—O 27. Ref. **6350**, **6558**, **6636**, **6719**, **6852**, **7286**.

Göttingen

141. Veröffentlichungen der Universitäts-Sternwarte zu Göttingen.
Nr. **89**: P. ten Bruggencate, Zur Gestalt von Spiralnebeln. Ref. **12401**.
90: P. ten Bruggencate, Spiralstruktur und Dynamik des Sternsystems. Ref. **12334**.

142. Mitteilungen der Universitäts-Sternwarte Göttingen.
Nr. 1: H. Haffner, Untersuchungen zum System 42 Comae. Ref. 10107.
2: H. Haffner, Das System TX Cancri. Ref. 11111.

Greenwich

143. The Nautical Almanac and Astronomical Ephemeris for the year 1949. Ref. 406.
Desgl. für 1950. Ref. 407.

144. Report of the Astronomer Royal to the Board of Visitors of the Royal Observatory, Greenwich, 1948. Ref. 1101.

Hamburg-Bergedorf

145. Mitteilungen der Hamburger Sternwarte in Bergedorf.
8 62: W. Becker, Kolorimetrische Untersuchungen an offenen Sternhaufen in den Standard-Spektralbereichen der Integralphotometrie. M 37 (NGC 2099). Ref. 12101.
63: M. Beyer, Beobachtungen von Mira-Veränderlichen. Ref. 11177.
21 201: K. Wurm, Polarlichtspektrum und Natur der anregenden solaren Korpuskeln. Ref. 72118.
202: K. Wurm, Über den Zusammenhang zwischen Chromosphären- und Koronaspektrum der Sonne und die Anregung in der Chromosphäre. Ref. 6634.
203: L. Biermann, Konvektion in rotierenden Sternen. Ref. 5203.
204: W. Becker, Über eine empirische Beziehung zwischen Farbtemperatur und Strahlungstemperatur, abgeleitet aus Bedeckungsveränderlichen. Ref. 9604.
205: L. Biermann, Über die Ursache der chromosphärischen Turbulenz und des UV-Exzesses der Sonnenstrahlung. Ref. 6606.
206: K. Wurm, Ionisation und Anregung in den Sonnenprotuberanzen. Ref. 6632.
207: L. Biermann, K. Lübeck, Übergangswahrscheinlichkeiten einer Anzahl von Spektrallinien verschiedener Atome und Ionen und normierte Wellenfunktionen der zugehörigen diskreten Atomzustände. Ref. 205.

Hamburg-Pinneberg

146. Contributions of Baltic University.
Nr. 14: S. Slaucitajs, Über die astronomische Navigation in hohen Breiten. Ref. 13322.

Haute-Provence

147. Publications de l'Observatoire de Haute-Provence.
(A) Nr. 14: C. Fehrenbach, Recherches sur la mesure des vitesses radiales au prisme objectif. III. Resultats obtenus avec le prisme à champ normal. Ref. 2404. — Teil I und II siehe AJB 47 Ref. 7209 und 7210.
15: J. Dufay, Tcheng Mao-Lin, Recherches spectrophotométriques sur la lumière du ciel nocturne dans la région visible. Ref. 7292.
16: C. Fehrenbach, Liste de vitesses radiales déterminées au spectrographe à fente. Ref. 9216.
17: C. Fehrenbach, Quelques mesures de magnitudes intégrales d'amas globulaires. Ref. 12110.

148. Publications de l'Observatoire de Haute-Provence.
(B) Nr. 11: F. Lenouvel, Observations de variables rouges au télescope électronique. Ref. 11205.
12: Tcheng Mao-Lin, C. Fehrenbach, Le groupe 4050 Å dans le spectre des noyaux des comètes 1946a et 1946b. Ref. 8197, 8140.

13: M. Dufay, Sur l'excitation des bandes de la molécule d'azote ionisée au crépuscule. Ref. 72125.
14: M. Bloch, C. Fehrenbach, Sur le spectre de «Nova Cygni 1948». Ref. 11329.
15: M. Bloch, Sur le spectre de «Nova Serpentis 1948». Ref. 11342.
16: A. Daudin, C. Fehrenbach, Les bandes de CN et C_2 dans les spectres des étoiles carbonées (classe C). Ref. 9506a.
17: C. Fehrenbach, Comparaison entre le groupe 4050 Å de la comète 1948 g et les bandes attribuées à CH_2. Ref. 81124.
18: P. Bacchus, Etude photométrique de la comète Bester IV. Ref. 81114.
19: J. Bigay, Détermination des magnitudes photographiques globales des nébuleuses par la méthode de Ch. Fabry. Ref. 12002.

Heidelberg

149. Astronomisches Jahrbuch für 1948. 1. Teil. Ref. 403. 2. Teil. Ref. 404.
150. Astronomisch-Geodätisches Jahrbuch für 1949. Ref. 405.
151. Astronomischer Jahresbericht. 47. Band. Die Literatur des Jahres 1947. Ref. 701.
152. Astronomische Grundlagen für den Kalender 1948. Ref. 415.
Desgl. für 1949. Ref. 416.
153. Mitteilungen des Astronomischen Rechen-Instituts in Heidelberg.
Nr. 2: E. Rabe, Über den Einfluß der Präzession auf die Störungen der Bahnlage-Elemente. Ref. 4506.
—: E. Rabe, Eine regularisierende Zeittransformation in der metrischen Kosmologie. Ref. 4161.
—: F. Gondolatsch, Zur Ableitung von Eigenbewegungen mit Hilfe alter AG-Örter. Ref. 9205.
154. Veröffentlichungen der Badischen Landessternwarte zu Heidelberg (Königstuhl).
15 5: Oppositions-Ephemeriden ausgewählter Kleiner Planeten für das zweite Halbjahr 1948. Ref. 7502.
6: G. R. Miczaika, Photometrische Messungen von Helligkeitsdifferenzen in 827 Doppel- und Mehrfachsystemen. Ref. 10111.
7: G. R. Miczaika, Das Spektrum von ζ Tauri. Ref. 9528.
8: G. R. Miczaika, U. Becker, Die absolute Helligkeit der U Geminorum-Sterne und der Novae. Ref. 11189.
9: M. Mündler, Doppelstern-Beobachtungen am Kressmann-Refraktor der Königstuhl-Sternwarte. Ref. 10127.
155. Mitteilungen der Badischen Landessternwarte Heidelberg (Königstuhl).
Nr. 51: G. R. Miczaika, Zum Lichtwechsel der langperiodischen Veränderlichen mit besonderer Berücksichtigung ihres Bewegungszustandes im Raum. Ref. 11190.
52: G. R. Miczaika, Bemerkung zur hydrodynamischen Behandlung von Sternsystemen. Ref. 4412.
53: G. R. Miczaika, Messungen des Intensitätssprunges an der Grenze der Balmerserie im Spektrum von B-, A- und F-Sternen. Ref. 9529.
54: G. R. Miczaika, Über die beobachtbare Anzahl der Balmerlinien in B-, A- und F-Sternen. Ref. 9530.
55: W. Lohmann, Die innere Struktur der Masse-Leuchtkraftfunktion und die chemische Zusammensetzung der Sterne der Hauptreihe. Ref. 9706.
56: G. R. Miczaika, Die Wasserstoffabsorption in Sternen vom Spektraltyp B bis F. Ref. 9531.
57: W. Lohmann, Ein Beitrag zur bolometrischen Korrektion. Ref. 9704.

58: G. R. Miczaika, Das Häufigkeitsverhältnis von Wasserstoff und Helium in den Atmosphären der O-Sterne. Ref. **9532**.

59: W. Lohmann, Das räumliche Mischungsverhältnis der Zwerge und Riesen vom Spektraltyp G 5 und G 8. Ref. **12310**.

60: G. R. Miczaika, Die Atmosphäre von γ Pegasi. Ref. **9533**.

61: G. R. Miczaika, Ein Leuchtkraftkriterium für Sterne frühen Spektraltyps. Ref. **9709**.

62: G. Miczaika, Das Spektrum von 15 f Ursae Maioris. Siehe AJB **49**.

63: U. Becker, ζ Ophiuchi, ein ungewöhnlicher B0-Stern. Ref. **9504**.

64: W. Lohmann, Die galaktischen Bewegungen von 59 gelben und roten Unterzwergen. Ref. **12346**.

65: G. R. Miczaika, Das Minimum von ζ Aurigae 1947/48. Ref. **11124**.

Helsinki

156. Veröffentlichungen des Astronomischen Observatoriums Helsinki-Finnland.

1947/48: G. Järnefelt, On the one-body problem in the expanding universe. Vgl. AJB **47** Ref. **3119**.

B. Qvist, L'intégration d'un modèle d'étoile. Ref. **5223**.

B. Qvist, On a spherically symmetric mass concentration in an expanding universe. Ref. **4160**.

P. Kustaanheimo, Some remarks concerning the connexion between two spherically symmetric relativistic metrics. Ref. **4145**.

G. Järnefelt, H. E. Pipping, R. Furuhjelm. Ref. **1001**.

R. Furuhjelm, V. R. Ölander, Recherches sur les mouvements propres des étoiles dans la zone photographique de Helsingfors. III. Clichés de 3^h à 6^h. Ref. **9204**.

G. Järnefelt, Einsteinin suhteellisuusteorian aksiomaattisista perusteista. (Über die axiomatischen Grundlagen der Relativitätstheorie Einsteins). Ref. **4137**.

P. Kustaanheimo, B. Qvist, A note on some general solutions of the Einstein field equations in a spherically symmetric world. Ref. **4146**.

P. Kustaanheimo, Symmetrical form of spherical trigonometry. Ref. **117**.

K. F. Sundman, The motions of the moon and the sun at the solar eclipse of 1945 July 9th. Ref. **6215**.

Hyderabad

156a. Nizamiah Observatory. Reprint.

Nr. 4: Occultations of stars by the moon observed at the Nizamiah Observatory, Hyderabad, during the year 1946. Siehe AJB **47** Ref. **5413**.

5: Faint stars with proper motions exceeding 0".15 per annum in Hyderabad Astrographic zones, list V. Siehe AJB **47** Ref. **7206**.

Istanbul

157. Publications of the Istanbul University Observatory.

Nr. 32: W. Gleissberg, Die säkular ausgeglichenen Daten des Sonnenfleckenzyklus Nr. 16. Ref. **6314**.

33: N. Gögdogan, On the origin of the sunspots. Ref. **6317**.

34: M. Hotinli, First report on the solar foreshortening observations of the AAVSO. Ref. **6320**.

158. Bulletin (Préliminaire) mensuel des taches solaires. Observatoire de Kandilli Nr. 7—10. Ref. **6350**.

Johannesburg

159. Union Observatory. Circular.

Nr. **105**: Occultations of stars by the Moon, 1941. Ref. **7348**.
Approximate positions of minor planets, 1942. Ref. **7534**.
Measures of double stars, 25 th series. Ref. **10127**.
The mass-ratio and parallax of Melb. 4 from micrometer measures. Ref. **10108**.

106: Occultations of stars by the Moon, 1942. Ref. **7348**.
Occultations of stars by the Moon, 1943. Ref. **7348**.
Approximate positions of minor planets, 1946. Ref. **7534**.
Photographic observations of minor planets, 1946. Ref. **7534**.
Photographic observations of comets, 1946. § **81**.
Measures of double stars, 26th series. Ref. **10127**.

107: Occultations of stars by the Moon, 1944. Ref. **7348**.
Occultations of stars by the Moon, 1945. Ref. **7348**.
Occultations of stars by the Moon, 1946. Ref. **7348**.
Occultations of stars by the Moon. 1947. Ref. **7348**.
Photographic observations of minor planets, 1947. Ref. **7534**.
Approximate positions of minor planets, 1947. Ref. **7534**.
Photographic observations of comets, 1947. § **81**.
Nuclei of comet 1947 n. Ref. **81117**.
Measures of double stars, 27th series. Ref. **10127**.

Kasan

160*. Bulletin des Astronomischen Engelhardt-Observatoriums der Lenin-Staatsuniversität Kasan.

Nr. **25**: K. W. Kostylew, Das Elektrophotometer des Astronomischen Engelhardt-Observatoriums. Ref. **2214**.
B. N. Kadomskij, Die Lichtkurve von CM Lacertae. Ref. **11212**.
Tätigkeitsbericht des Astronomischen Engelhardt-Observatoriums für das Jahr 1946. Ref. **1101**.

26: L. D. Agafonowa, Deklinationsbeobachtungen von 537 Sternen des Fundamentalkatalogs schwacher Sterne am Meridiankreis des Astronomischen Engelhardt-Observatoriums. Ref. **9101**.

Kiel

161. Sonderdrucke der Sternwarte Kiel.

A. Unsöld, Kernphysik und Kosmologie. Ref. **5424**.
A. Unsöld, Quantitative Spektralanalyse der Sonnenatmosphäre. Ref. **6428**.
A. Unsöld, Zur Berechnung der Zustandssummen für Atome und Ionen in einem teilweise ionisierten Gas. Ref. **244**.
A. Unsöld, Über die Integralgleichung des Strahlungsgleichgewichtes in Sternatmosphären. Ref. **5127**.
A. Unsöld, Was kann man aus einer gegebenen Wachstumskurve schließen? Ref. **5128**.
A. Rosa, Der Aufbau der Sternatmosphären. I. Teil. Ionisation stellarer Materie. Verhältnis von Gasdruck P_g zu Elektronendruck P_e Effektives Molekulargewicht μ. Ref. **5117**.
A. Unsöld, Der Aufbau der Sternatmosphären. II. Teil. Adiabatische Zustandsänderungen stellarer Materie. Entropie S und Temperaturgradient $\left(\frac{d \log T}{d \log P_g}\right)_{ad}$ als Funktion von P_g und T. Grenzbedingungen zwischen konvektivem und Strahlungsgleichgewicht. Ref. **5129**.

A. Rosa, A. Unsöld, Der Aufbau der Sternatmosphären. III. Teil. Die spezifische Wärme c_p als Funktion von Druck und Temperatur. Ref. 5118.
G. Burkhardt, G. Elwert, A. Unsöld, Über das langwellige Ende des kontinuierlichen Röntgenspektrums und die Theorie der Radiofrequenzstrahlung der Milchstraße und der Sonne. Ref. 12606.
A. Unsöld, Über den Rosselandschen und den Chandrasekharschen Mittelwert des Absorptionskoeffizienten in Sternatmosphären. Ref. 5130.
A. Unsöld, Berichtigung zu der Arbeit über „Quantitative Spektralanalyse der Sonnenatmosphäre". Ref. 6428.
C. Jentzsch, A. Unsöld, Zur Deutung der interstellaren Kalzium- und Natriumlinien. Ref. 5306.
A. Unsöld, Mitte-Rand-Verdunklung, Temperaturverteilung und kontinuierliche Absorption der Sonnenatmosphäre. Ref. 6429.
A. Unsöld, Über die Fraunhoferschen Linien und ihre Mitte-Rand-Variation auf der Sonnenscheibe. Ref. 6427.

Kiew

162. Publikationen des Astronomischen Observatoriums Kiew.

Nr. 2: S. K. Wsechswjatskij, Nachtrag zum Katalog der absoluten Größen von Kometen. III. Die Kometen von 1880 bis 1900. Über einige Besonderheiten in der Verteilung der absoluten Helligkeiten der Kometen. Ref. 8027.
A. F. Bogorodskij, Das Äquivalenzprinzip und die Feldgleichungen der Allgemeinen Relativitätstheorie. Ref. 4107.
A. F. Bogorodskij, Die Integration der Feldgleichungen für ein System von Massenpunkten. Ref. 4108.
S. D. Tscherny, Die Stabilität der Bedeckungsveränderlichen. Ref. 11147.
W. P. Zessewitsch, Untersuchung des Blashko-Effektes. Ref. 11176.
W. P. Zessewitsch, Aufstellung eines räumlichen Modells des Nebels bei der Nova Persei 1901. Ref. 11336.
E. W. Rybka, I. G. Mergentaler, Rot- und Blauphotometrie von VW Cephei. Ref. 11212.
I. G. Koltschinskij, Über Verbesserungen der Refraktionstafeln wegen der Sternfarbe. Ref. 3108.
S. K. Wsechswjatskij, Beobachtungen der Nova Aquilae 1945. Ref. 11320.
S. K. Wsechswjatskij, Beobachtungen von Integralhelligkeit und Ort von Kometen am Astronomischen Observatorium Kiew. Ref. 8113.
S. K. Wsechswjatskij, Die Expedition des Observatoriums Kiew zur Beobachtung der Sonnenfinsternis vom 9. Juli 1945. Ref. 6205.
Rechenschaftsbericht über die Arbeit des Astronomischen Observatoriums der Staatsuniversität Kiew für das Jahr 1945. Ref. 1101.
Dasselbe für 1946. Ref. 1101.

163*. Astronomisches Zirkular des Observatoriums der Staatsuniversität Kiew.

Nr. 8—12: S. K. Wsechswjatskij, Die Sonnenaktivität August—Dezember 1946. Ref. 6350.
13—16: S. K. Wsechswjatskij, Die Sonnenaktivität 1947. Ref. 6350, 6636.
17—20: S. K. Wsechswjatskij, Die Sonnenaktivität Januar—August 1948. Ref. 6350, 6636.

Kodaikanal

164. Annual report of the Kodaikanal Observatory for the year 1947. Ref. 1101.

Kopenhagen

165. Publikationen og mindre Meddelelser fra Köbenhavns Observatorium.

Nr. **146**: E. Sinding, On the systematic changes of the eccentricities of nearly parabolic orbits. Ref. **4228**.

147: H. Q. Rasmusen, The motion of comet Olbers 1815—1956. AJB **47** Ref. **6611**.

148: H. Q. Rasmusen, The motion of comet Schwassmann-Wachmann 2 in the years 1942—1949. Ref. 8138.

166. Union Astronomique Internationale. Circular Nr. 1126—1195.

167. Aktuelle Meddelelser fra Astronomisk Selskab Nr. 314—326.

Krakau

168. Cracow Observatory Reprint.

24: T. Banachiewicz, Résolution d'un système d'équations linéaires algébriques par division. Ref. 105.

169. Rocznik Astronomiczny Obserwatorjum Krakowskiego 1948. Ref. **417**, Ref. **3001**, Ref. **7347**.

Krim

170*. Mitteilungen (Iswestija) des Astrophysikalischen Observatoriums auf der Krim.

1 1: G. A. Schajn, Die Emissionslinien von H, Fe II und Fe in den Spektren der langperiodischen Veränderlichen. Ref. **11194**.
W. A. Albizkij, Radialgeschwindigkeiten von 107 B8—A0-Sternen. Ref. **9213**.
G. A. Schajn, Radialgeschwindigkeiten von 131 Sternen schwächer als 6^m75. Ref. **9219**.
W. F. Hase, Das Spektrum von γ Cassiopeiae 1940 und 1941. Ref. **9565**.
G. A. Schajn, W. F. Hase, Über die Banden der Kohlenstoffsterne. Ref. **9540**.
W. B. Nikonow, E. K. Nikonowa, Absolute Elektrophotometrie der Sonnenkorona während der totalen Sonnenfinsternis vom 9. Juli 1945. Ref. **6205**.
G. A. Schajn, Über die Ergebnisse von Beobachtungen des Koronaspektrums am 19. Juni 1936 in Omsk. Ref. **6202**.
P. F. Schajn, Die systematische Verschiebung der Spektrallinien im Spektrum von o Ceti. Ref. 11212.

2: A. B. Sewerny, Über die Stabilität und die Schwingungen von Gaskugeln und Sternen. Ref. **5232**.
E. R. Mustel, Über den Materieausstoß der Neuen Sterne nach dem Helligkeitsmaximum. Ref. **11313**.

2 : N. A. Kosyrew, Die Quelle der Sternenergie und die Theorie des inneren Aufbaues der Sterne. Ref. **5212**.
D. Popper, G. A. Schajn, Die Bahnen der Komponenten des spektroskopischen Doppelsterns HD 85217. Ref. **10214**.
W. F. Hase, G. A. Schajn, Untersuchung des Spektrums der Kohlenstoffsterne. Ref. **9511**.
E. R. Mustel, Über das Gleichgewicht der Sonnenchromosphäre. Ref. **6622**.
W. A. Albizkij, Radialgeschwindigkeiten von 114 Sternen. Ref. **9214**.
E. R. Mustel, Über die hauptsächlichen physikalischen Prinzipien in der Theorie des Strahlungsgleichgewichtes der Sternatmosphären. Ref. 5112.

G. A. Schajn, W. F. Hase, Die Banden des schweren Zyanmoleküls in den Spektren der Kohlenstoffsterne (Violettsystem $^2\Sigma$—$^2\Sigma$). Ref. 9541.
W. A. Albizkij, P. F. Schajn, Beobachtungen Kleiner Planeten. Ref. 7509.
G. A. Schajn, Dem Gedenken G. N. Neujmins. Ref. 1001.

3 : E. R. Mustel, Über den Ausstoß von Kalziumionen von der Sonnenoberfläche. Ref. 6517.
A. W. Albizkij, Radialgeschwindigkeiten von 53 G0—G5-Sternen. Ref. 9215.
G. A. Schajn, Über die inneren Teile der Wasserstofflinien in den Spektren der Sterne früher Typen. Ref. 9542.
S. B. Pikelner, Der Widerstand der Atombewegungen in den Sternatmosphären in Anwendung auf die Wolf-Rayet-Sterne und die Sonne. Ref. 5116.
G. A. Schajn, Über die Intensität der Emissionslinien im Koronaspektrum. Ref. 6710.
P. P. Dobronrawin, Über eine einfache Methode zur Einrichtung der Polachse des Äquatoreals. Ref. 2107.
S. W. Nekrassowa, Die Bahnelemente des Bedeckungsveränderlichen SU Aqr. Ref. 11212.
E. F. Schaposchnikowa, Spektrohelioskopische Beobachtungen. Ref. 6424.
S. W. Nekrassowa, Der Bedeckungsveränderliche XZ Canis minoris. Ref. 11212.
W. F. Hase, Die Wahl des Ortes für das Astrophysikalische Observatorium auf der Krim. Ref. 1220.
W. B. Nikonow, E. K. Nikonowa, Versuch eines photoelektrischen Vergleichs der Helligkeit des Nachthimmels in Simeis und Partisanowka. Ref. 1243.

La Plata

171. Observatorio Astronomico de la Universidad Nacional de La Plata. Circular.
Nr. 1—4: Efemerides de oposicion de asteroides para 1948. Ref. 7505.
5: Efemerides de pequeños planetas para el año 1949. Ref. 7506.

172. Publicaciones del Observatorio Astronomico de la Universidad National de La Plata. Serie Especial.
Nr. 2: M. Gonzales Fernández, Elementos de Geografia Matematica. Cartografia. Ref. 13004.
3: Plan de Estudios de La Escuela Superior de Astronomía y Geofísica. Ref. 1221.

Le Houga

173. Publications de l'Observatoire du Houga.
Nr. 13: J. Peridier, L'Observatoire et le Laboratoire astronomique du Houga. Ref. 1222.

Leiden

174. Annalen van de Sterrewacht te Leiden.
20 1: L. Plaut, Estimates of 91 variable stars on Franklin-Adams plates centred at l = 325°, b = —2°, taken by the late Dr. H. van Gent. Ref. 11208.

Leningrad

175*. Bulletin des Instituts für Theoretische Astronomie der Akademie der Wissenschaften der UdSSR.

4 2(55): N. S. Samojlowa-Jachontowa, Einige Verbesserungen der Bohlinschen Tafeln zur Berechnung der Störungen Kleiner Planeten. Ref. **4225.**
S. M. Warsar, Allgemeine Störungen und Elemente Kleiner Planeten vom Typ Minerva. Ref. **7528.**
D. K. Kulikow, Eine neue Methode zur Bearbeitung der Beobachtungen Zingerscher Paare. Ref. **13209.**
S. G. Scharaf, Verbesserung der Elemente des Kleinen Planeten (862) Franzia. Ref. **7524.**

176. Ephemeriden Kleiner Planeten für das Jahr 1948. Teil I und II. Ref. **7503, 7504.**
Desgl. für 1949. Ref. **7508.**

Liége

177. Université de Liége, Institut d'Astrophysique. Collection de Mémoires.
Nr. **300**: P. Swings, Réflexions au sujet de l'astrophysique moléculaire. Ref. **5013.**

Los Angeles

178. Astronomical Papers of the Department of Astronomy of the University of California.
Nr. **6**: S. Herrick, A modification of the „variation-of-constants" method for special perturbations. Ref. **4213.**
7: D. M. Popper, Radial velocites of two stars of the W Ursae majoris class. Ref. **9218.**

Lund

179. Lund Observatory Circular.
Nr. **13**: W. Gyllenberg, The proper motion of S Virginis. Ref. **9212.**
W. Gyllenberg, Declinations of 77 stars observed with the meridian circle of Lund. Ref. **9110.**
W. Gyllenberg, Positions of 84 stars in the AG-Zone of Lund, observed by A. A. Psilander in 1895—1896. Ref. **9111.**
W. Gyllenberg, Remarks on some data in Boss' General Catalogue. Ref. **9112.**

180. Meddelande från Lunds Astronomiska Observatorium.
(1) Nr. **164**: E. Holmberg, The mass ratios of Castor and 70 Ophiuchi. Ref. **10129.**
165: A. Reiz, A perturbation problem in the theory of stellar structure Ref. **5224.**
166: A. Reiz, A composite giant star model with isothermal core. Ref. **5225.**

181. Meddelande från Lunds Astronomiska Observatorium.
(2) Nr. **122**: W. Gyllenberg, Systematic corrections and weights of 108 star catalogues. Ref. **9113.**
123: H. Erlandsson, The orientation of the cathedral of Lund. Nicht referiert.
124: D. Kotsakis, Beitrag zur Erforschung des Neigungsfehlers der Horizontalachse des Meridiankreises. Ref. **2114.**

Lwow

182*. Zirkular des Astronomischen Observatoriums der Staatsuniversität Lwow.
Nr. **2**: G. N. Rodionow, T. L. Mandrykina, Sonnenflecke, Fackeln und Protuberanzen Oktober—Dezember 1946. Ref. **6350, 6636.**
3: T. L. Mandrykina, G. N. Rodionow, Die Sonnenaktivität von Januar bis März 1947. Ref. **6350, 6636.**
T. L. Mandrykina, Die Zahl der klaren Tage von 1933—1946 nach Beobachtungen am Astronomischen Observatorium Lwow. Ref. **1223.**
I. D. Lasebnik, RS Orionis. Ref. **11212.**

Madrid

183. Boletín Astronómico del Observatorio de Madrid.
3 7: E. Gullón, Protuberancias solares. Resumen de las observaciones realizadas durante el año 1945. Ref. 6636.
E. Gullón, Actividad solar. Observaciones de manchas solares efectuadas en los Observatorios de Madrid, Valencia, Cartuja (Granada) y Ebro en 1945. Ref. 6350.
R. Carrasco, Observaciones fotográficas de pequeños planetas. Ref. 7534.
8: E. Gullón, Protuberancias solares. Resumen de las observaciones realizadas durante el año 1946. Ref. 6636.
E. Gullón, Actividad solar. Observaciones de manchas solares efectuades en los Observatorios de Madrid, Valencia, Cartuja (Granada) y Ebro en 1946. Ref. 6350.
R. Carrasco, Observaciones fotográficas de pequeños planetas. Ref. 7534.

Milano-Merate

184. Contributi dell'Osservatorio Astronomico di Milano-Merate. Nuova Serie.
Nr. 23: C. Lombardi, Perturbazioni ed effemeridi di alcuni piccoli pianeti. Ref. 7515.
24: L. Gratton, La durata dell' evoluzione stellare. Ref. 5411.
25: L. Zappa, Assorbimenti continui molecolari nelle atmosfere stellari. Ref. 5132.
26: C. E. Krüger, Sullo spettro radio del Sole e della Via lattea. Ref. 6532.

Moskau

185*. Zirkular des Staatlichen Astronomischen Sternberg-Institutes Nr. 7—17. Zeitdienst.

Mt. Hamilton

186. Contributions from the Lick Observatory.
(2) Nr. 21: H. L. Johnson, A theoretical discussion of the ultimate limits of astronomical photoelectric photometers. Ref. 2211.
22: F. J. Neubauer, L. H. Aller, Spectrophotometry of the Wolf-Rayet star HD 45166. Ref. 9537.
23: H. N. Russell, Idealized models and rectified light-curves for eclipsing variables. Ref. 11132.
187. Lick Observatory Bulletin.
Nr. 520: H. M. Jeffers, Observations of comets and asteroids. § 75, 81.
521: J. H. Moore, F. J. Neubauer, Fifth catalogue of the orbital elements of spectroscopic binary stars. Ref. 10204.

Mt. Palomar

188. Annual report of the director. Ref. 1101.

Mt. Stromlo

189. Memoirs of the Commonwealth Observatory Mount Stromlo, Canberra.
2 4(9): R. v. d. R. Woolley, K. Gottlieb, G. V. Simonov, B. Mason, Double star results 1945—1947. Ref. 10127, 10130.

Mt. Wilson

190. Contributions from the Mount Wilson Observatory.
Nr. 739: H. W. Babcock, A photoelectric guider for astronomical telescopes. Ref. 2101.

740: R. S. Richardson, Sunspot groups of irregular magnetic polarity. Ref. **6338**.
741: R. E. Wilson, Radial velocities of 204 stars in the region of the Hyades. Ref. **9222**.
742: O. C. Wilson, The structure of the atmosphere of the K-type component of Zeta Aurigae. Ref. **11151**.
743: P. W. Merrill, Wave length of atomic absorption lines in the spectra of long-period stars. Ref. **9523**.
744: P. W. Merrill, The spectrum of Z Andromedae in 1946 and 1947. Ref. **9524**.
745: H. D. Babcock, C. E. Moore, M. F. Coffeen, The ultraviolet solar spectrum, $\lambda\lambda$ 2935—3060. Ref. **6402**.
746: R. B. King, Relative gf-values for lines of Ni I. Ref. **217**.
747: A. H. Joy, S. A. Mitchell, Spectroscopic observations of 90 stars. Ref. **9217**.
748: H. W. Babcock, The magnetic field of Gamma Equulei. Ref. **9802**.
749: O. C. Wilson, The nuclear and nebular spectra of the planetary nebulae NGC 2392. Ref. **12221**.
750: H. D. Babcock, L. Herzberg, Fine structure of the red system of atmospheric oxygen bands. Ref. **7224**.
751: P. W. Merrill, The Balmer series in the spectrum of HD 45 910. Ref. **9525**.
752: R. B. King, Relative transition probabilities of the Swan bands of carbon. Ref. **218**.
753: J. Stebbins, A. E. Whitford, Six-color photometry of stars. VI. The colors of extragalactic nebulae. Ref. **12422**.

191. Annual report of the director. Ref. **1101**.

München

192. Veröffentlichungen der Sternwarte München.
3 9: F. Schmeidler, Biegung und Refraktionsstörung am Münchner Vertikalkreis. Ref. **2126**.
10: F. Schmeidler, Genäherte Theorie für 3 Juno. Ref. **7525**.

193. Mitteilungen der Sternwarte München.
1 1: E. Schoenberg, Die äquatoreale Beschleunigung bei Jupiter. Ref. **7608**.

Napoli (Capodimonte)

194. Osservatorio Astronomico di Capodimonte-Napoli. Contributi astronomici. Serie 2.
3 8: T. Nicolini, Caratteristiche osservate delle componenti del moto polare. Ref. **13214**.
9: T. Nicolini, Perturbazioni e discontinutià nel moto polare. Ref. **13215**.
4 1: Siehe AJB **47** Ref. **9703**.
2: L. Carnera, Le variazioni di latitudine ed il movimento del polo di rotazione terrestre negli anni 1943—46. Ref. **13202**.
3: L. Carnera, Le variazioni di latitudine ed il movimento del polo di rotazione terrestre nell'anno 1947. Ref. **13203**.

New Haven

195. Transactions of the Astronomical Observatory of Yale University.
15 2: H. L. Alden, The probable errors of Yale parallax plates. Siehe AJB **49**.
3: G. Land, Systematic effects in the probable errors of the Yale parallaxes. Ref. **2504**.

19: I. Barney, Catalogue of the positions and proper motions of 8967 stars. Re-observations by photography of the Astronomische Gesellschaft Zone between declinations + 10° and + 15°, reduced to 1950.0 without applying proper motions. Ref. 9102.

Odessa

196*. Mitteilungen (Iswestija) des Astronomischen Observatoriums der Metschnikow-Staatsuniversität Odessa.

1 1: I. Pelischenko, Untersuchung des Veränderlichen RU Piscium. Ref. 11212.
A. Prichodko, Untersuchung des Veränderlichen SS Piscium. Ref. 11212.
O. K. Odynskaja, V 417 Aquilae. Ref. 11212.
E. Kramer, V 417 Aquilae. Ref. 11212.
A. Prichodko, Untersuchung des Veränderlichen XX Andromedae. Ref. 11212.

2: W. P. Zessewitsch, AA Aquilae. Ref. 11212.
W. P. Zessewitsch, BB Virginis. Ref. 11212.
W. P. Zessewitsch, CY Aquarii. Ref. 11212.
W. P. Zessewitsch, U Leporis. Ref. 11212.
W. P. Zessewitsch, AD Virginis. Ref. 11212.
W. P. Zessewitsch, UY Bootis. Ref. 11212.
W. P. Zessewitsch, W Crateris. Ref. 11212.
W. P. Zessewitsch, RX Eridani. Ref. 11212.
W. P. Zessewitsch, Beobachtungen von EE und EP Herculis. Ref. 11212.
W. P. Zessewitsch, 38.1935 Serpentis. Ref. 11213.
W. P. Zessewitsch, Über die Natur von TW Capricorni. Ref. 11212.
W. P. Zessewitsch, VZ Herculis. Ref. 11212.
W. P. Zessewitsch, 5.1935 Leonis. Ref. 11213.
W. P. Zessewitsch, I. E. Pelischenko, Untersuchung des Veränderlichen SVS 589 Scuti. Ref. 11219.
O. Odynskaja, RZ Canum Venaticorum. Ref. 11212.
O. Odynskaja, X Crateris. Ref. 11212.
B. Dragomirezkaja, TV Librae. Ref. 11212.
E. N. Kramer, SS Arietis. Ref. 11212.

197*. Bulletin des Astronomischen Observatoriums der Staatsuniversität Odessa.

Nr. 2: K. Gorjaistow, Spektralphotometrische Untersuchung der Sterne im Haufen „Coma Berenice". Ref. 12104.
W. P. Zessewitsch, Über zwei Cepheiden. Ref. 11176a.
A. Zessjulewitsch, Die mittlere Breite des Astronomischen Observatoriums Odessa und ihre Schwankungen in den Jahren 1935 bis 1939. Ref. 13223.
W. Zessewitsch, Über die Periode von SZ Herculis. Ref. 11212.
A. Prichodko, Über fünf nichtuntersuchte Veränderliche. Ref. 11191.

3: A. Schulberg, Über Algol-Sterne mit ausgedehnten Photosphären. Ref. 11136.
W. Zessewitsch, Über acht halbregelmäßige Veränderliche. Ref. 11199.
W. Zessewitsch, Der Veränderliche SVS 787 Herculis. Ref. 11219.

Ottawa

198. Contributions from the Dominion Observatory[1]).

2 1: C. S. Beals, R. D. Hatcher, The photoelectric temperatures of the P Cygni stars. Ref. 9602.

2: M. M. Thomson, Canada's time service. Ref. 2319.

[1]) Nummern nichtastronomischen Inhalts sind nicht aufgeführt.

Oxford

199. Communications from the University Observatory, Oxford.
Nr. 24: P. J. Treanor, The measurement of radial velocity from slittless spectra. Ref. 9221.
25: E. A. Milne, Star-streaming and the stability of spiral orbits in spiral nebulae. Ref. 4413/14.
26: M. G. Adam, Interferometric measurements of solar wave-lengths and an investigation of the Einstein gravitational displacement. Ref. 6101.

Palermo

200. Pubblicazioni dell'Osservatorio astronomico di Palermo. Nuova serie.
9: M. Mineo, Su una proprietà fondamentale delle superfici d'equilibrio terrestre. Ref. 13105.
F. de Franchis, Deduzione delle equazioni di Eulero-Lagrange della meccanica dal principio dell'Hamilton. Ref. 4211.

Paris

201. Contributions de l'Institut d'Astrophysique de Paris.
(A) Nr. 13: R. Canavaggia, Sur la variation de la pression électronique et de la gravité de δ Cephei avec la phase. 11156.
14: D. Barbier, L'excitation des raies interdites dans les nébuleuses, les novae et les aurores polaires. Ref. 5303.
15: J. C. Pecker, Sur une méthode d'intégration des équations d'équilibre des atmosphères stellaires. Ref. 5113.
16: P. Guintini, M. Mayot, Sur la détermination du convergent d'un courant d'étoiles, application au Scorpion-Centaure. Ref. 12339.
202. Observatoire de Paris. Section d'Astrophysique à Meudon.
1 8: L. d'Azambuja, R. Servajean, Cartes synoptiques de la chromosphère solaire et catalogue des filaments de la couche supérieure. Ref. 6636.
203. Annales de l'Observatiore de Paris. Section d'Astrophysique à Meudon.
6 7: M. d'Azambuja, L. d'Azambuja, Etude d'ensemble des protubérances solaires et de leur évolution, effectuée à l'aide des spectrohéliogrammes obtenus à l'Observatoire et des cartes synoptiques de la chromosphère publiées par l'établissement sous les auspices de l'Union Astronomique Internationale. Ref. 6603.
204. Connaissance des Temps ou des mouvements célestes à l'usage des astronomes et des navigateurs pour l'an 1948. Ref. 410.
Desgl. für 1949. Ref. 410.

Poltawa

205*. Publikationen (Trudy) des gravimetrischen Observatoriums Poltawa.
2: E. P. Fjodorow, Die Grundlagen der modernen Theorie der Polbewegung. Ref. 13206.
N. A. Popow, Die Breitenänderungen nach Beobachtungen von 2 hellen Zenitsternen. Ref. 13218.
E. W. Lawrentjewa, Beobachtungen des Zenitsternes β Draconis in Irkutsk. Ref. 13211.
S. W. Drosdow, E. P. Fjodorow, Die Breitenschwankungen in Poltawa in der Zeit 1945.5—1946.5. Ref. 13205.
G. K. Zimmermann, Neubearbeitung der Beobachtungen von I. Bonsdorff in Odessa in den Jahren 1908—1910. Ref. 13224.
G. K. Zimmermann, Die Verallgemeinerung der Bonsdorffschen Methode zur Bestimmung der Verbesserung der Teilkreisfehler. Ref. 2412.

E. P. Fjodorow, Die Bestimmung des Schraubenwertes des Mikrometers nach Beobachtungen von Skalenpaaren, die aus Washingtoner Zenitsternen zusammengestellt wurden. Ref. 2204.
N. A. Popow, Der gravimetrische Zusammenhang Poltawa-Lwow. Ref. 13106.
S. N. Axentjewa, Über die Fluten des Baikal-Sees. Ref. 4301.
S. N. Axentjewa, Ergebnisse einer elfjährigen Reihe von Beobachtungen (1930 bis 1941) der Lotabweichungen in Poltawa. Ref. 13101.

Potsdam

206. Mitteilungen des Astrophysikalischen Observatoriums Potsdam.
Nr. **24**: H. von Klüber, Zur Bestimmung von Zeeman-Effekten im Sonnenspektrum. Ref. 6413.
25: H. von Klüber, Isophoten der innersten Sonnencorona nach einer Aufnahme der totalen Sonnenfinsternis von 1923, Sept. 10. Ref. 6201.

Poznan

207. Poznan Reprint.
Nr. **12**: F. Koebcke, On the orbit of comet Holmes (I. part). Preliminary researches. Ref. 8131.
S. Wierzbinski, Méthode semi-graphique pour déterminer l'orbite vraie d'une étoile double visuelle avec application à l'étoile β 794 = ADS 8337. Ref. 10125.
T. Rakowiecki, Détermination de l'orbite d'une binaire spectroscopique à l'aide des temps des positions opposées. Ref. 10206.
J. Witkowski, In a certain phenomenon in connection with total lunar eclipses. Ref. 7338.
F. Koebcke, Evaluation of approximate moments of moonrise and moonset when only almanacs of previous years are available. Ref. 3106.
S. Wierzbinski. Remarques sur: „Determinazione di latitudine in primo verticale — de M. G. L. Andrissi". Ref. 13221.
S. Wierzbinski, Remarques sur la „Détermination de l'orbite vraie du compagnon d'une étoile double visuelle à l'aide de trois positions — de M. T. Rakowiecki. Ref. 10126.
T. Rakowiecki, Détermination de l'orbite d'une binaire spectroscopique à l'aide des distances des points de l'orbite le plus éloigné et le plus rapproché à la ligne des noeuds par rapport à la terre. Ref. 10207.

Prag

208. Publications de l'Observatoire National de Prague.
Nr. **19**: J. Bouska, V. Guth, F. Link, Supplément international de l'Annuaire Astronomique pour 1949. Ref. 448.
20: V. Bumba, F. Link, Etudes météoriques. Ref. 8209.

Pulkowo

209*. Publikationen (Trudy) des Astronomischen Hauptobservatoriums Pulkowo.
(2) **58**: A. S. Gnewyschewa, Katalog der Sonnentätigkeit während der Jahre 1938 und 1939. Ref. 6316.
59: Siehe AJB **45** Ref. 1813.
60: S. I. Beljawskij, Astrographischer Katalog von 11 322 Sternen zwischen 70° nördlicher Deklination und dem Nordpol (Wiederholung der AG-Zone). Ref. 9105.
61: N. W. Zimmermann, Katalog von 2957 hellen Sternen mit Deklinationen von —10° bis +90°. Ref. 9123.

210*. Mitteilungen (Iswestija) des Astronomischen Hauptobservatoriums Pulkowo.

17 1 (136)[1]: W. P. Wjasanizyn, Spektralphotometrische Untersuchung von Sonnenprotuberanzen. Ref. 6630.
W. Krat, Hydrodynamik der Sonnenatmosphäre I. Ref. 6118.

2 (137): T. W. Krat, Temperatur und Druck in den Sonnenflecken. Ref. 6326.
W. Krat, Spektralphotometrische Untersuchungen von u Herculis. Ref. 11116.
O. A. Melnikow, Über die Konstanz der Massen der langperiodischen Cepheiden. Ref. 11160.

3 (138): A. N. Deutsch, Säkulare Parallaxen schwacher Sterne, abgeleitet aus dem Pulkowoer Katalog von Eigenbewegungen in Kapteynschen Eichfeldern. Ref. 9303.
A. N. Deutsch, W. W. Lawdowskij, Eigenbewegungen von 376 Sternen in der Nähe des Vertex der Kapteynschen Sternströme ($\alpha = 6^h0^m$, $\delta = +22°$). Ref. 9202.
B. A. Orlow, Anwendung der Methode Delaunay-Hill im Fall der Kommensurabilität 3 : 4 (Thule). Ref. 4218.
O. A. Melnikow, Die Periode-Helligkeitsbeziehung nach spektroskopischen Parallaxen. Ref. 11161.
O. A. Melnikow, Die Beziehung zwischen Periode und Dichte der Cepheiden. Ref. 11162.
N. F. Kuprewitsch, Der Thermoregulator mit Thyratron. Ref. 2218.
O. A. Melnikow, Untersuchung des Thyratronthermostaten. Ref. 2224.

4 (139): W. A. Krat, Theorie der Sonnenatmosphäre I. Ref. 6119.
W. P. Wjasanizyn, Die Selbstabsorption der Protuberanzen in den Ca+-Linien H und K. Ref. 6631.
L. Shiwotowskij[2]), Die Ionisation im nichtkonservativen Kraftfeld und die Sternatmosphären. Ref. 5121.
M. S. Eigenson[2]), Die Verteilungsfunktion der mittleren Oberflächenhelligkeiten der außergalaktischen Nebel. Ref. 12403.
M. S. Eigenson[2]), Über die Beziehung zwischen Durchmesser und Anzahl der außergalaktischen Nebel. Ref. 12404.

5 (140): B. S. Schulman, Spektralphotometrische Untersuchung einiger Kometen. Ref. 8112.
T. W. Krat, Die kontinuierliche Absorption im Spektrum der Sonnenflecke. Ref. 6325.
W. N. Kutscherowa, Spektralphotometrische Untersuchung von Sonnenfackeln und Protuberanzen. Ref. 6327.
W. Krat, S. Petrow, Tabellen der Hilfsfunktion ψ und χ zur Bestimmung der Elemente von Bedeckungsveränderlichen. Ref. 11117.

6 (141): G. N. Neujmin †. Ref. 1001.
A. S. Wassiljew †. Ref. 1001.
G. N. Neujmin, Untersuchung der Bahn des Kometen Neujmin. Teil 3 und 4. Ref. 8134.
G. N. Neujmin, N. N. Neujmina-Abramowa, Genaue Örter Kleiner Planeten nach photographischen Aufnahmen in Simeïs 1940—1941. Ref. 7517.
N. W. Gamalej, Eigenbewegungen von acht kugelförmigen Sternhaufen. Ref. 12111.
A. N. Deutsch, W. W. Lawdowskij, Eigenbewegungen von 3188 Sternen in fünf Kapteynschen Eichfeldern. Ref. 9203.
A. N. Deutsch, Die Bestimmung der Absorption des Lichts in Dunkelnebeln nach Eigenbewegungen der Sterne. Ref. 12503.

---

[1]) In der „Astronomie der Sowjetunion in den 30 Jahren von 1917—1947" (Ref. 702) mit 16 6 Nr. 136, in RAJ 24 326 mit 18 1 Nr. 136 bezeichnet.

[2]) In RAJ 25 205 mit 18 3 (139) bezeichnet.

I. F. Korbut, Mikrometrische Messungen von Doppelsternen. Ref. 10127.
B. A. Orlow, Die Polschwankungen nach Beobachtungen in Pulkowo. Ref. 13216.
A. A. Nemirow, Vergleich der Rektaszensionen des Katalogs von 2957 hellen Sternen mit Deklinationen von —10° bis +90° mit dem System des FK 3. Ref. 9117.
S. W. Woroschilowa-Romanskaja, Vorläufige Kurve der Breitenschwankungen nach Beobachtungen mit dem Zenitteleskop in Pulkowo von 1940—1941. Ref. 13222.
J. E. Gordon, Das neue Programm für das Zenitteleskop von Pulkowo Ref. 1233.
W. I. Sacharow, Untersuchung der periodischen und fortschreitenden Fehler der Okularmikrometerschraube des großen Zenitteleskops in Pulkowo. Ref. 2230.

Roma

211. Osservatorio astronomico Roma - Monte Mario. Contributi Scientifici.
Nr. **135**: G. Armellini, Osservazioni e orbite di stelle binarie. Ref. **10127**.
136: L. Gialanella, Osservazioni meridiane dell'ascensione retta di Mercurio e Venere. Nota II. Ref. 7101, 7103.
137: G. Armellini, Sul problema lunare di Hill. Ref. 4201.
138: M. A. Giannuzzi, Orbita preliminare e parallasse di ζ Aquarii. Ref. 10130.
139: F. Succi, Osservazioni della R «Coronae Borealis». Ref. 11323.
140: G. Armellini, Osservazioni meridiane dei grandi pianeti nel 1945—1946—1947. Ref. 7401, 7601, 7701, 7801.
141: G. Armellini, L'immensità dell'Universo. Ref. 12001.
142: G. Armellini, Osservazioni sui numeri perfetti. Nota I. Nota II. — Nicht referiert.
143: G. Armellini, Il moto del perielio di Mercurio nell'ipotesi di un assorbimento del flusso gravitazionale attraverso i mezzi materiali. Ref. 4104.
144: G. Armellini, Lorenzo Respighi nel sessantenario della morte. Ref. 1004.

San Fernando

212. Almanaque Nautico para el año 1949. Ref. 411.

Santiago

213. Observatorio Astronomico de la Universidad de Chile. Publication.
Nr. **4**: M. M. Dujisin, Observaciones visuales de los cometas: Bester (1946k) y Rondanina-Bester, y de los asteroides: (8) Flora, (9) Metis, (16) Psyche, (28) Bellona, (37) Fides, (124) Alkeste, (202) Chryseis, (409) Aspasia, (511) Davida, hechas con el refractor ecuatorial Heyde, de 28 cm, micrómetro de cruz. Ref. 7534, 81104, 81106.
5: M. M. Dujisin, Observaciones visuales de los asteroides: (3) Juno, (54) Alexandra, (63) Ausonia, (2) Pallas, (135) Hertha, (532) Herculina, (85) Io, (79) Eurynome, (196) Philomela, (354) Eleonora, (134) Sophrosyne, hechas con el refractor ecuatorial Heyde, de 28 cm, micrómetro de cruz. Ref. 7534.

Stalinabad

214*. Zirkular des Astronomischen Observatoriums Stalinabad Nr. **53—60, 64—66** Ref. 8002, 8003, 8125, 8136, 8158, 8184, 81114, 81118, 81121 8205, 8206, 8226, 8237, 8266, 11180, § 112, Ref. 11341.

Stockholm

215. Stockholms Observatoriums Annaler.
15 4: B. Lindblad, On the dynamical theory of spiral structure. Comparison between theory and observation. Ref. 4408.
5: B. Lindblad, On the theory of the spiral nebula Messier 81. Ref. 4409.

Strasbourg

216. Annales de l'Observatoire de Strasbourg.
5 1: P. Muller, Mesures photométriques d'étoiles doubles. Ref. 10113.

Swarthmore

217. Reprints of articles published by the Sproul Observatory.
Nr. 55: P. van de Kamp, Roy Welty Delaplaine (1886—1948). Ref. 1001.
56: Siehe AJB 47.
57: P. van de Kamp, Parallax and orbital motion of η Cassiopeiae A. Ref. 10130.
58: P. van de Kamp, On the mass of the unseen companion in ζ Cancri. Ref. 10128.
59: P. van de Kamp, A determination of the parallax and mass-ratio of ξ Bootis. Ref. 10129.
60: P. van de Kamp, Parallax and proper motion of BD $+5°$ 1668. Ref. 9212.
61: L. Binnendijk, A determination of the parallax and mass-ratio of 99 Herculis. Ref. 10129.
62: P. van de Kamp, Parallax and proper motion of Ross 248. Ref. 9212.
63: W. J. Luyten, J. Schilt, P. van de Kamp, Some comments on the future of positional work in astronomy. Ref. 9001.
64: P. van de Kamp, John Anthony Miller. Ref. 1001.

Sydney

218. Riverview College Observatory Publications.
2 4: D. O'Connell, Photographic light curves of Cepheid variables in Scutum. Ref. 11212.
J. Voûte, Orbit of the binary δ 31. Ref. 10130.
D. O'Connell, A new eclipsing binary, B. D. —7° 4672. Ref. 11214.
D. O'Connell, New variable stars (fourth list). Ref. 11214, 11215, 11324.

219. Sydney Observatory. New South Wales, Australia.
25: Astrographic Catalogue 1900.0. Sydney Section. R. A. 0^h to 12^h. Dec. —57° to — 59°. Ref. 9127.
26: Astrographic Catalogue 1900.0. Sydney Section. R. A. 6^h to 12^h. Dec. —57° to — 59°. Ref. 9128.
27: Astrographic Catalogue 1900.0. Sydney Section. R. A. 12^h to 18^h. Dec. —57° to —59°. Ref. 9129.

220. Sydney Observatory Papers.
Nr. 2: H. W. Wood, Tycho Brahe. Ref. 1035.
3: H. W. Wood, The orbit of h 3494 (2^h $15^m\!.6$, $-35°$ 54′ : 1900). Ref. 10130.
4: W. H. Robertson, Occultations observed at Sydney Observatory during 1946. Ref. 7348.
5: W. H. Robertson, Occultations observed at Sydney Observatory during 1947. Ref. 7348.
6: H. Wood, Micrometrical measures of double stars. Ref. 10127.
7: H. Wood, A cell for an 11½-inch lens. Ref. 2139.

Talence

221. Observatoire de Physique solaire et de Météorologie.
H. Mémery, L'action individuelle des taches solaires sur les phénomènes terrestres. Ref. 6826.

Taschkent

222. Bulletin des Astronomischen Observatoriums Taschkent.
2 8 (18): J. M. Slonim, Ergebnisse der Sonnenbeobachtungen 1942. Ref. 6350, 6636.
M. W. Wislenew, Die Übertragung der Zeitsignale ohne mechanische Relais. Ref. 2324.
M. W. Mislenew, Der Pendelindikator für Uhrenvergleiche. Ref. 2325.
J. M. Slonim, Ergebnisse der Sonnenbeobachtungen 1943. Ref. 6350, 6636.
9 (19): I. M. Ischtschenko, Periode und photometrische Bahn von Z Draconis. Ref. 11113.
I. M. Ischtschenko, Über eine statistische Gesetzmäßigkeit bei den Bedeckungsveränderlichen. Ref. 11114.
J. M. Slonim, Ergebnisse der Sonnenbeobachtungen 1944. Ref. 6350, 6636.
A. W. Merkulow, Photometrische Beobachtungen der Mondfinsternis vom 15. August 1943. Ref. 7342.
223. Zirkular des Astronomischen Observatoriums Taschkent Nr. 190—213. Ref. 2330, Ref. 6350, Ref. 6636.

Teramo

224. Osservatorio Astronomico «Vincenzo Cerulli» Collurania-Teramo. Note e Comunicazioni.
Nr. 33: G. Peisino, Osservazioni del pianetino «Eros» eseguite all'equatoriale Cooke dell'Osservatorio astronomico di Collurania durante l'opposizione 1944—45. Ref. 7518.
34: G. Peisino, Le osservazioni delle stelle doppie con micrometro a birifrangenza e un tipo di micrometro progettato e costruito all'Osservatorio di Collurania. Ref. 10114.
35: G. Peisino, Osservazioni di latitudine eseguite a Collurania col metodo di Talcott. Ref. 1211.

Tokyo

225. Tokyo Astronomical Observatory Reprints.
Nr. 32: K. Tuzi, The observation of right ascension and the determination of proper motion of zodiacal stars. Ref. 9122.
226. Tokyo Astronomical Bulletin.
(2) Nr. 2: H. Hirose, Photographic observations made with the Brashear Astrograph. Ref. 7534, 8137.
H. Hirose, S. Kaho, Visual observations of comets. § 81.
H. Hirose, K. Tomita, Photographic observations made with the Brashear Astrograph. Ref. 7534, 7808, § 81.
H. Hirose, Reduction of occultations observed in Japan during 1943—44. Ref. 7348.
3: M. Notuki, Z. Suemoto, I. Semba, Monthly Bulletin of solar phenomena. Mitaka, April—December, 1945. Ref. 6350.
M. Notuki, I. Semba, Solar eruptions, observed with a Toepfer's spectroheliograph, April—December, 1945. Ref. 6636.
4: M. Notuki, I. Semba, I. Shimizu, Monthly Bulletin of solar phenomena. Mitaka, January—December, 1946. Ref. 6350.

M. Notuki, I. Semba, I. Shimizu, Solar eruptions, observed with a Toepfer's spectroheliograph, January—December, 1946. Ref. 6636.

5: M. Notuki, I. Semba, I. Shimizu, M. Ono, K. Tanaka, Monthly Bulletin of solar phenomena. Mitaka, January—December, 1947. Ref. 6350.
M. Notuki, I. Semba, I. Shimizu, M. Ono, Solar eruptions, observed with a Toepfer's spectroheliograph, January—December, 1947. Ref. 6636.

6: H. Hirose, R. Manabe, Reduction of occultations observed in Japan during 1945—1947. Ref. 7348.
H. Hirose, K. Tomita, Photographic observations made with the Brashear Astrograph (24). Ref. 7534, 7808, § 81.

7: K. Tuzi, The observation of right ascensions of zenith stars. Ref. 9121.

8: K. Saito, Polarigraphic observations of the corona at the eclipse on Feb. 5, 1943. Ref. 6204.

9: Y. Satô, The corpuscular eclipse of May 8—9 1948 (U. T.). Ref. 6209.
K. Osawa, The corpuscular eclipse on May 8—9, 1948 (U. T.). Ref. 6209.
Y. Satô, The results of contact time observation at the total eclipse of Aekesi, Hokkaido, on Feb. 4—5, 1943 (U. T.). Ref. 6204.

10: M. Huruhata, Polarization of the night sky and the zodiacal light. Ref. 7296.

11: K. Tomita, M. Huruhata, Blue, yellow, and red magnitudes of Nova Puppis in 1942—43. Ref. 11338.

12: Z. Suemoto, On the limb effect of faint Fraunhofer lines. Ref. 6426.

Torino (Pino Torinese)

227. Contributi dell'Osservatorio astronomico di Torino (Pino Torinese). Nuova Serie.

Nr. 14: A. Fresa, Sulla variazione della latitudine dell'Osservatorio di Pino Torinese nel periodo 1943.8—1945.9. Ref. 13207.

15: A. M. Vergnano, Osservazioni meridiane di Urano effettuate nel 1946—47. Ref. 7801.

Toronto

228. Publications of the David Dunlap Observatory.

1 19: R. J. Northcott, The orbits of the spectroscopic binaries HD 99 967, HD 181 144, HD 209 813 and HD 213 389. Ref. 10205.

20: H. B. Sawyer, A bibliography of individual globular clusters. Ref. 12118.

229. Communications from the David Dunlap Observatory.

Nr. 15: R. E. Williamson, The present status of microwave astronomy. Ref. 12617.

16: R. W. Tanner, Spurious periods in spectroscopic binaries. Ref. 10212.

17: R. J. Northcott, R. E. Williamson, Galactic noise and the plane of the galaxy. Ref. 12613.

Tortosa

230. Memorias del Observatorio del Ebro.

8: J. Torroja Menéndez, Contribución al estudio general del problema de la repetición de los eclipses. Ref. 3208.

Toulouse

231. Annales de l'Observatoire Astronomique et Météorologique de Toulouse.
18: L. Roy, Sur la clarté d'une lunette pour les étoiles et l'expression de la magnitude limite. Ref. 2010.
H. Berthomieu, Les étoiles doubles spectroscopiques et la relation masse-luminosité. Ref. 10201.
E. Paloque, Positions et mouvements propres des étoiles de repère de la zone photographique de Toulouse (suite). Ref. 9118.
E. Paloque, Quatrième catalogue de Toulouse. Positions et mouvements propres des étoiles de repère de la zone +4°, +12° pour l'époque et l'équinoxe 1900.0 (suite). Ref. 9119.

232. Observatoire de Toulouse. Catalogue Photographique du Ciel. Coordonnées rectilignes. Tome 1, zone +9° à +11°. Ref. 9126.

Triest

233. Osservatorio Astronomico di Trieste. Annuario Astronomico per l'anno 1949. Ref. 445.

Turku

234. Astronomia Observatorio de Universitato de Turku. Informo.
Nr. 3: L. Oterma, 5-decimalaj valoroj de x − sin x, sin x, cos x, tg x kun x en radianoj. Ref. 310.
4: Y. Väisälä, Une modification de la méthode extrafocale dans la photométrie stellaire. Ref. 2411.

Uccle

235. Annales de l'Observatoire Royal de Belgique, Troisième Série.
3 3: G. Becq, L. de Clerck, Sur la discordance R — D. Ref. 9103.
4: P. Bourgeois, R. Coutrez, Etude statistique intrinsèque des étoiles de type spectral A à mouvement spatial connu. Ref. 12332.
5: J. Warzée, Résolution, par une méthode numérique simple, de l'équation intégrale fondamentale de la statistique stellaire. Ref. 4421.
6: E. Lahaye, Sur certains mouvements stables et mouvements généraux dans le problème des trois corps. Ref. 4216.
4 1: C. Charlier, P. Sanders, Etude et prédiction des marées par la méthode empirique. Application au port d'Ostende. Ref. 4303.

236. Bulletin astronomique de l'Observatoire Royal de Belgique, à Uccle.
4 1: F. Moreau, J. Verbaandert, G. Becq, S. D. Téhérany, Heures de réception des signaux rythmés radiotélégraphiques et longitudes conclues. Ref. 2330.
F. Moreau, J. Verbaandert, G. Becq, S. D. Téhérany. Ascensions droites et déclinaisons de la lune et de planètes conclues d'après les observations méridiennes effectuées en 1945 et en 1946. Ref. 7301, 7401, 7701, 7801.
E. Delporte, S. Arend, F. Rigaux, Observations photographiques de petites planètes et de comètes. § 75, § 81.
S. Arend, L'étoile double ADS 12050 = BDS 9043 = Σ 2455 est-elle une binaire ou un couple optique? Ref. 10102.
G. Becq, L. de Clerck, Sur l'équation personelle dans la détermination du nadir. Ref. 2501.
E. Vandekerkhove, Rougissement résultant des étoiles de type spectral B ou A. Ref. 9413.
J. Hunaerts, Observations de la Nova Aquilae 1945, au prisme-objectif. Ref. 11320.
R. Coutrez, Sur l'amélioration des valeurs observées pour les caractères statistiques, et le problème de la comparaison des catalogues. Ref. 107.

2: E. Delporte, S. Arend, F. Rigaux, Observations photographiques de petites planètes, de comètes et de Pluton. Ref. 7534, 7808, § 81.
S. Arend, Rattachements, en coordonnées équatoriales, d'un objet céleste à deux et à trois étoiles par évanouissement de dépendances. Ref. 3102.
E. Vandekerkhove, Effets résultants moyens sur les gradients stellaires. Ref. 9414.
E. Vandekerkhove, Procédé pour déterminer les filaments dans les queues cométaires. Ref. 8022.

237. Communications de l'Observatoire Royal de Belgique.
Nr. 1: J. Hunaerts, Détermination de la température d'excitation et de l'abondance des molécules CN, CH, C_2, NH et OH par l'analyse du spectre de Fraunhofer. Ref. 6410.
2: S. Arend, Quelques aspects du problème de réduction de positions précises d'astéroides. Ref. 2401.
S. Arend, Aspect de la méthode des moindres carrés dans la langage des «Cracoviens». Ref. 101.
R. Coutrez, Le rôle des fonctions de répartition dans l'étude des systèmes stellaires. Ref. 4402.
P. Bourgeois, Etude statistique intrinsèque des étoiles de type spectral A, à mouvement spatial connu. Ref. 12333.
E. Vandekerkhove, Quelques recherches au sujet des objets résultants. Ref. 5131.
3: A. Velghe, Sur la détermination théorique d'un équivalent de couleur. Ref. 9415.
4: J. Hunaerts, Considérations sur les possibilités d'identification des émissions cométaires dans le domaine infrarouge proche. Ref. 8008.
5: F. Moreau, J. Verbaandert, Etude de la forme des tourillons d'une lunette méridienne. Ref. 2505.
6: Siehe AJB 49.
7: P. Bourgeois, R. Coutrez, Comparaison des composantes tangentielles des vitesses spatiales résiduelles dans les systèmes du General Catalogue et du FK 3 pour les étoiles de type spectral B. Ref. 12331.

238. Annuaire de l'Observatoire Royal de Belgique 1949. Jaarboek van de Koninklijke Sterrenwacht van België. Ref. 430.

Upper Darby

239. Flower Observatory of the University of Pennsylvania. Reprint.
Nr. 73: J. B. Irwin, The expected performance of the EDVAC on some astronomical problems. Ref. 318.

Uppsala

240. Uppsala Astronomiska Observatoriums Annaler.
2 2: Å. Wallenquist, Determinations of magnitude differences in double stars. Ref. 10123.
3: Å. Wallenquist, Determinations of magnitude differences in southern double stars. Ref. 10124.
4: C. Schalén, Spectra, magnitudes and colours of stars in regions of different galactic latitude. I. +20° galactic latitude. Ref. 12321.
5: C. Schalén, The colour distribution in the nebula surrounding the star Merope in the Pleiades. Ref. 12215.

241. Meddelanden från Astronomiska Observatorium Uppsala.
Nr. 90: C. Schalén, A red nebula. Ref. 12216.
91: N. Tamm, On the variability of the star BD +31° 3932. Ref. 11214.

Victoria

242. Contributions from the Dominion Astrophysical Observatory.
Nr. 9: R. M. Petrie, The orbits and dimensions of the components of the spectroscopic binary HD 43246. Ref. 10214.
10—14: Siehe AJB 49.
15: A. McKellar, The far violet region in the spectra of the cool carbon stars. Ref. 9521.
16: P. Swings, A. McKellar, Polyatomic molecules in late-type stars. Ref. 9550.

Washington

243. The American Ephemeris and Nautical Almanac for the year 1950. Ref. 413.
244. Publications of the United States Naval Observatory. Second Series.
15 5: H. R. Morgan, F. P. Scott, Results of observations made with the nine-inch transit circle 1935—1945. Observations of the sun and planets. Catalog of 5446 stars. Corrections to GC and FK 3. Ref. 6001, 7101, 7103, 7401, 7601, 7701, 7801, 7807, 9116.
245. Smithsonian Miscellaneous Collections.
107 19: C. G. Abbot, L. B. Aldrich, Energy spectra of some of the brighter stars (= Publ 3914). Ref. 9501.
110 1: C. G. Abbot, Solar variation attending West Indian hurricanes (= Publ 3916). Ref. 6801.
4: C. G. Abbot, 1947—1948 report on the 27.0074-day cycle in Washington precipitation (= Publ 3919). Ref. 6802.
5: L. B. Aldrich, C. G. Abbot, Smithsonian pyrheliometry and the standard scale of solar radiation (= Publ 3920). Ref. 6502.
6: C. G. Abbot, Magnetic storms, solar radiation, and Washington temperature departure (= Publ 3940). Ref. 6803.
11: C. G. Abbot, The Smithsonian standard pyrheliometry (= Publ 3945). Ref. 6501.
246. Smithsonian Institution Publication.
3922: S. B. Nicholson, Large sunspots. Ref. 6332.

Wellington

247. Carter Observatory. Astronomical Bulletin.
Nr. 27: I. L. Thomsen, Report of the Carter Observatory Board for the year ended 1948, March 31. Ref. 1101.

Wien

248. Mitteilungen der Wiener Sternwarte.
4 1: K. Graff, Über das System der visuellen Nebelhelligkeiten Holetscheks. Ref. 12004.
2: K. Graff, Visuelle Gesamthelligkeiten von hellen Nebeln, Sternhaufen und Milchstraßenwolken. Ref. 12005.
3: K. Graff, Die Lichtkurve von β Lyrae zwischen 1930 und 1935. Ref. 11109.
4: K. Graff, Neureduktion von Holetscheks Nebelkatalog. Ref. 12006.

Wroclaw

249. Contributions from the Wroclaw Astronomical Observatory.
Nr. 1 Recherches sur les étoiles variables RX Aur, SV Per, BB Her, RY Per et VW Cep:
1: J. Mergentaler, Observations photographiques des étoiles variables RX Aur et SV Per. Ref. 11163.

2: J. Mergentaler, Courbe photographique des variatious de l'éclat de BB Her. Ref. 11164.

3: J. Mergentaler, Variations de l'éclat de RY Per au rouge. Ref. 11121.

4: J. Mergentaler, E. Rybka, Etoile variable VW Cep. Effet périastron. Ref. 11122.

2 1: A. Opolski, Blue, yellow and red photometry of RT Aur, AW Per and of some neighbouring stars. Ref. 11165.

2: A. Opolski, Photometric investigation of Cepheid pulsation. Ref. 11166.

3: A. Opolski, Some remarks on radiation of Cepheids. Ref. 11167.

Zürich

250. Publikationen der Eidgenössischen Sternwarte Zürich.

9 2: M. Waldmeier, Heliographische Karten der Photosphäre für das Jahr 1947. Vgl. Ref. 6350.

251. Astronomische Mitteilungen der Eidgenössischen Sternwarte Zürich.

Nr. 152: M. Waldmeier, 100 Jahre Sonnenfleckenstatistik. Ref. 6347.

153: M. Waldmeier, Statistische Untersuchungen an chromosphärischen Eruptionen. Ref. 6628.

154: M. Waldmeier, Radiofrequente Strahlung und Elektronentemperatur der Sonnenkorona. Ref. 6549.

155: M. Waldmeier, H. Müller, Spektrale Energieverteilung und Mitte-Rand-Variation der radiofrequenten Koronastrahlung. Ref. 6552.

252. M. Waldmeier, Tätigkeitsbericht der Eidgenössischen Sternwarte Zürich für das Jahr 1947. Ref. 1101.

253. Quarterly Bulletin on Solar Activity Nr. 81—82. Ref. 6350, 6558, 6636.

Erster Teil

Allgemeines

§ 1

Mathematisches

101. **S. Arend,** Aspect de la méthode des moindres carrés dans le langage des «cracoviens». Comité National Français d'Astronomie, Communications et Mémoires 1948 S. 148—159 = Commun. Obs. Royal Belgique Nr. **2**, 13 S. — Die Auflösung eines Gleichungssystems nach der Methode der Kleinsten Quadrate, sowie die Bestimmung des mittleren Fehlers einer Einzelbeobachtung und der mittleren Fehler der Unbekannten wird in der Krakovianentheorie abgeleitet; dabei wird von dem Begriff der Division und der Quadratwurzel von Krakovianen Gebrauch gemacht. Für die Praxis sind Rechenschema und Formeln gegeben und durch ein Zahlenbeispiel verdeutlicht. T. L.

102. **H. Athen,** Ebene und sphärische Trigonometrie. Wolfenbüttel-Hannover, Wolfenbütteler Verlagsanstalt GmbH, 1948. Bücher der Mathematik und Naturwissenschaften. 112 S. mit 51 Abb. Preis brosch. 7.50 DM.— Ref. in Phys Ber **27** 540.

103. **S. Ballarin,** Espressione rigorosa dello scarto mediano nel problema delle prove ripetute nello schema di Bernoulli. Mem SA It (NS) **19** 63—65. — Strenge Ableitung des durchschnittlichen Fehlers einer Beobachtungsreihe. F. Z.

104. **T. Banachiewicz,** On the division of tabular numbers. AAa **4** 98.

105. **T. Banachiewicz,** Résolution d'un système d'équations linéaires algébriques par division. L'Enseignement math. **39**, 12 S. = Cracow Obs. Reprint **24**.

106. **G. R. Clements, L. T. Wilson,** Manual of Mathematics and Mechanics. New York and London, McGraw-Hill Book Co., Inc., 1947. 2. Auflage. 9 + 346 S. Preis $ 3.25.— Besprechung in Nat **161** 789.

107. **R. Coutrez,** Sur l'amélioration des valeurs observées pour les caractères statistiques, et le problème de la comparaison des catalogues. BAB **4** 51—54, 1947. — Es werden zwei Methoden mit Rechenvorschriften angegeben, um eine Verteilung nach einem mit Beobachtungsfehlern behafteten Argument ohne einschränkende Annahmen zu verbessern; als Anwendung der zweiten (funktionalen) Methode wird der Vergleich zweier Verteilungstafeln skizziert. Böh.

108. **K. Daeves,** Die Großzahl-Methodik zur Auswertung von Beobachtungsdaten. Forschungen und Fortschritte **24** 209—211, mit 3 Abb.

109. **R. D. Douglass, D. P. Adams,** Elements of Nomography. New York and London, McGraw-Hill Book Co., Inc., 1947. 9 + 209 S. Preis $ 3.50. — Besprechung in Nat **162** 278.

110. **H. B. Dwight,** Tables of Integrals and Other Mathematical Data. New York, The Macmillan Co., 1947. 250 S. Preis $ 2.50. — Besprechung in J Applied Phys **19** 961, J. Franklin Inst. **245** 81 (R. H. Oppermann).

111. **G. Gamow,** One, Two, Three... Infinity. Vgl. AJB **47** Ref. 809. — Weitere Besprechung in Sky and Telescope **7** 72 (Z. Kopal).

112. **W. Gleissberg,** Woran man Reihen zufällig angeordneter Zahlen erkennt. Sterne **24** 21—26.

113. **M. Herzberger, R. H. Morris,** A contribution to the method of least squares. Quart. appl. Math. **5** 354—357, 1947. — Ref. in ZfMG **30** 35.

114. **A. Hess,** Praktische Mathematik. Zürich, Verlag Rascher, 1947. 116 S. mit 127 Fig. Preis Fr. 8.90. — Besprechung in VJS Naturf. Ges. Zürich **93** 294—295 (P. Matthieu).

115. **N. I. Idelson,** Die Methode der kleinsten Quadrate und die Theorie der mathematischen Bearbeitung der Beobachtungen. Moskau, Verlag der geodätischen und kartographischen Literatur beim Ministerrat der Sowjetunion, 1947. 359 S. Preis 30 R. (russisch). — Ein für Wissenschaftler und Praktiker gedachtes Buch.

116. **T. Kochmanski,** Abriß der Krakovianenrechnung. Hauptamt der Landesvermessung, Warschau 1948. 46 S. mit 2 Fig. (polnisch).

117. **P. Kustaanheimo,** Symmetrical form of spherical trigonometry. Soc. Sci. Fennica Commentationes Phys.-Math. **13** Nr. 13, 18 S. mit 9 Fig. = Veröff. Helsinki.

118. **A. S. Levens,** Nomography. New York, John Wiley & Sons, Inc., 1948. 176 + 8 S. mit Fig. Preis $ 3.00. — Besprechung in J. Franklin Inst. **245** 445—446 (H. N. Michael), J Applied Phys **19** 961.

* * **O. Neugebauer,** Arithmetical methods for the dating of Babylonian astronomical texts. Vgl. Ref. **1416**.

119. **B. P. Ostaschtschenko-Kudrjawzew,** Über das Theorem von Legendre. Nachr. Akad. Wiss. kasach. Sowjetrepublik (Astr.-Phys.) Nr. **1** 120—125, 1947.

120. **A. Otrebski,** On the mean improvement of given quantities by a least squares adjustment. AAa **4** 139—140. Mit einem Zusatz von T. Banachiewicz. — Formel für den Mittelwert des Verhältnisses der ursprünglichen Gewichte der Beobachtungen zu denjenigen, die ihnen nach Auflösung der Bedingungsgleichungen nach der Methode der kleinsten Quadrate zukommen. T. L.

121. **S. L. Piotrowski,** Some remarks on the weights of unknowns as determined by the method of differential corrections. Wash Nat Ac Proc **34** 23—26 = Harv Repr **304**. — Die mittleren Fehler der differentiellen Verbesserungen aus einer Ausgleichung nach der Methode der kleinsten Quadrate sind nur dann mit den mittleren Fehlern der Unbekannten selbst identisch, wenn die Produktsumme aus den Restfehlern und den partiellen zweiten Ableitungen der Bedingungsgleichungen zu vernachlässigen ist. Für die Fälle, wo dies nicht erfüllt ist, werden Gleichungen zur Bestimmung des Gewichtes der Unbekannten angegeben. E. R.

122. **K. Schütte,** Mathematische Methoden der Astronomie. Fiat-Bericht Bd. 7, Teil 5, S. 101—119 (Vgl. Ref. 722). — B. Allgemeines. C. Sphärische Astronomie. D. Theoretische Astronomie. E. Stellarastronomie. F. Theoretische Astrophysik.

123. **H. Straßl,** Nomogramme für astronomische Zwecke. Himmelswelt **55** 148. — Ref.AG.

124. **H. Wolf,** Über eine allgemeine Form der Ausgleichungsrechnung nach der Methode der kleinsten Quadrate. Arbeiten aus dem Institut für Erdmessung Bamberg 1948, 7 S. — Ausgleichung nach bedingten Beobachtungen mit Unbekannten und mit partiellen Bedingungsgleichungen.

§ 2

Physikalisches

201. **E. N. da C. Andrade,** The Atom and its Energy. London, G. Bell and Sons, Ltd., 1947. 12 + 196 S. mit 12 Tafeln. Preis 10 s. net. — Besprechung in Nat **161** 582 (P. B. Moon), Proc Phys Soc **61** 583 (K. E. B. Jay).

202. **D. R. Bates, A. Damgaard,** Some f-values for ionized oxygen and ionized silicon. ApJ **107** 383—385.

* * **J. Evershed,** On an apparent change of wave-length in solar iron lines. Vgl. Ref. **6407**.

203. **H. Beghin,** Cours de mécanique. Paris, Gauthier-Villars, 1948. 9 + 597 S. Preis 1800 ffrs. — Besprechung in Nat **162** 911.

204. **H. A. Bethe,** Elementary Nuclear Theory. New York, John Wiley and Sons, Inc., 1947. 7 + 147 S. Preis $ 2.50. — Besprechung in J Applied Phys **19** 966, Sky and Telescope **7** 126, 278—279 (H. F. Weaver).

205. **L. Biermann, K. Lübeck,** Übergangswahrscheinlichkeiten einer Anzahl von Spektrallinien verschiedener Atome und Ionen und normierte Wellenfunktionen der zugehörigen diskreten Atomzustände. ZfA **25** 325—339 = Mitt. der Hamburger Sternwarte in Bergedorf **21** Nr. 207. -- Die Arbeit enthält Tabellen der normierten Wellenfunktion einer Anzahl von diskreten Zuständen der Atome bzw. Ionen Na I, K I, Mg II, Si II, Al I und C II sowie die Oszillatorenstärken der den Übergängen zwischen ihnen zugeordneten Spektrallinien. Den Ausgangspunkt der Bestimmung des Atomfeldes bildet Hartrees Verfahren des „self consistent field". Die Methode, nach der Austausch und Polarisation berücksichtigt wurden, wird kurz umrissen, ebenso wird das benutzte Integrationsverfahren dargestellt. Verf.

206. **A. G. Gaydon,** Dissociation Energies and Spectra of Diatomic Molecules. New York, John Wiley and Sons, Inc., 1947. 11 + 239 S. Preis $ 5.00. — Besprechung in J Applied Phys **19** 966.

207. **W. M. Gottschalk,** Line strengths in the iron spectrum in intermediate coupling with application to the solar curve of growth. ApJ **108** 326—337, mit 2 Fig. = Harv Repr Nr. **313**. — Für die astrophysikalisch wichtigen Übergänge $3d^7\,(^4P)\,4s$—$3d^7\,(^4P)\,4p$ und $3d^7\,(^4F)\,4s$—$3d^7\,(^4F)\,4p$ des *Fe* I werden quantenmechanisch „Linienstärken" im Condon-Shortleyschen Sinne berechnet, wobei eine zwischen *LS*- und jj-Kopplung intermediäre Kopplung zugrunde gelegt wird. Soweit experimentelle Bestimmungen vorliegen, ist die Übereinstimmung mit den Messungen befriedigend. Zur Kontrolle der bei der Rechnung verwendeten Transformationsmatrizen wurden mit ihrer Hilfe Landésche g-Werte aus den g-Werten bei Russell-Saunders-Kopplung ermittelt und weitgehende Übereinstimmung mit der Erfahrung erzielt. Mit den neuen Linienstärken wird eine Wachstumskurve für die Sonne aufgestellt. Micz.

208. **N. G. Gusew,** Der Einfluß der interatomaren elektrischen Felder auf das Heliumspektrum. RAJ **25** 89—100, mit 3 Abb. (russisch).

209. **D. L. Harris III,** On the line-absorption coefficient due to Doppler effect and damping. ApJ **108** 112—115. — Um die Berechnung des Linienabsorptionskoeffizienten in Abhängigkeit von Dopplereffekt und Dämpfung zu erleichtern, wird ein in der entsprechenden Formel auftretendes Integral in

eine Reihe entwickelt und die numerische Auswertung der Koeffizienten der ersten fünf Glieder für einen astrophysikalisch wichtigen Wertbereich durchgeführt. Kdr.

210. **R. C. Herman,** Vibrational energy levels of the carbon dioxide molecule. ApJ **107** 386—388.

211. **G. Herzberg, J. G. Phillips,** Infrared CN bands. ApJ **108** 163—166, mit 1 Fig. — Mit einem Infrarot-Spektrometer wurden die CN-Banden, darunter einige neue, zwischen λ 8000 Å und λ 25000 Å beobachtet. Danach liegt die 0-0-Bande nicht wie bisher angenommen bei λ 9140, sondern bei λ 10933. Entsprechend berichtigte Konstanten für den $^2\Pi$-Zustand werden mitgeteilt. Micz.

212. **B. Hoffmann,** The Strange Story of the Quantum. New York, Harper and Brothers, 1947. 238 S. Preis $ 3.00. — Besprechung in Sky and Telescope 7 102 (C. K. Seyfert).

213. **H. H. Jensen,** Some notes on heat-transfer by radiation. Danske Vid. Selsk., mat.-fys. Medd. **24** Nr. 8, 26 S. — Ref. in ZfMG **30** 90.

214. **V. von Keussler,** Über die Krümmung von Spektrallinien in Gitter- und Prismenspektren. ZfA **24** 230—246, mit 4 Abb. — Die in der Literatur noch nicht behandelte Linienkrümmung in Gitterspektren wird für ebene Gitter abgeleitet, das Resultat wird auf Konkavgitter übertragen. Für Prismen wird eine den Formeln von W. S. Adams für das Minimum der Ablenkung entsprechende einfache, allgemein gültige exakte Formel angegeben; auf einen in den Adamsschen Formeln enthaltenen fehlerhaften Ansatz wird hingewiesen. Der Radius des günstigsten Kreisbogens bei Verwendung kreisförmig gekrümmter Spalte wird ermittelt und der höchste erzielbare Grad der Annäherung formelmäßig geschätzt. Auf den Vorteil, bei Prismen elliptisch geschliffene Spaltbacken zu verwenden, wird hingewiesen, sowie darauf, daß sich die Schwierigkeiten bei der Herstellung schwach gekrümmter Spaltbacken dadurch vermeiden lassen, daß man ihnen elliptische Form gibt. Verf. (gekürzt)

215. **V. von Keussler,** Über die geometrischen Verhältnisse bei der Brechung durch ein Prisma und bei der Beugung durch ein Gitter. ZfA **24** 247—251, mit 3 Abb.

216. **V. von Keussler,** Über Angleichung der Krümmung von Spektrallinien an eine konstante Spaltkrümmung. ZfA **24** 252—262. — Durch Anwendung einer früher angegebenen sowohl für Prismen als auch für Gitter gültigen allgemeinen Beziehung wird gezeigt, daß die Krümmung von Spektrallinien durch passende Wahl der entsprechenden Winkel für verschiedene Wellenlängen an eine gegebene konstante Spaltkrümmung angeglichen werden kann. Auf den Vorteil, Gitter zusammen mit Prismen zu verwenden, um den zu kompensierenden Krümmungsunterschied zu verringern, wird hingewiesen, sowie darauf, daß eine nacheinander folgende Aufhebung der Krümmung für verschiedene Wellenlängen in einem ausgedehnten Spektralgebiet möglich ist. Verf. (gekürzt)

217. **R. B. King,** Relative gf-values for lines of Ni I. ApJ **108** 87—91 = Contr. Mt. Wilson Obs. Nr. **746**. — Relative gf-Werte wurden für 134 Ni I-Linien im Bereich λ 3012 und λ 3912 (elektrischer Ofen) gemessen und mit Intensitätsmessungen anderer Herkunft von Linien im Bogenspektrum verglichen. Alle Linien gehen von den tiefsten Termen a^3F, a^3D und a^1D aus. Micz.

218. **R. B. King,** Relative transition probabilities of the Swan bands of carbon. ApJ **108** 429—433 = Contr. Mt. Wilson Obs. Nr. **752**. — Nach Messungen der relativen Intensitäten der Bandenköpfe im elektrischen Ofen werden relative Übergangswahrscheinlichkeiten für die Schwingungsbanden des Swan-Systems bestimmt und mit theoretischen Berechnungen sowie älteren Messungen verglichen, wobei sich zum Teil erhebliche Differenzen ergeben. In Betracht kommende Fehlerquellen des Meßverfahrens werden näher diskutiert. Micz.

219. **E. L. Krinow,** Die spektrale Reflexionseigenschaft natürlicher Gebilde. Moskau-Leningrad, Verlag Akad. Wiss. UdSSR, 1947. 272 S. mit 27 Abb. Preis 19 R. (russisch). — Besprechung in «Das sowjetische Buch» Nr. 8 S. 6—8 (I. A. Chwostikow).

220. **A. Lagerquist,** The band-spectrum of Beryllium oxide between λ 10000 Å and λ 11600 Å. Ark Mat Astr Fys **34** B Nr. 23, 6 S. — Analyse der Banden, darunter dreier neuer, des Berylliumoxyds im Infraroten. Micz.

221. **R. A. Millikan,** Electrons (+ and —), Protons, Photons, Neutrons, Mesotrons, and Cosmic Rays. London and Chicago, Cambridge University Press, University of Chicago Press, 1947. Second Edition. 10 + 642 S. Preis 30 s. net oder $ 6.00. — Besprechung in Proc Phys Soc **61** 583—584 (E. Bretscher), J Applied Phys **19** 966, Nat **161** 789 (L. G. H. Huxley), Phys. Blätter **1947** 95.

222. **L. Minnhagen,** Wave-length measurements in the visible spectrum of Argon II. Ark Mat Astr Fys **34** A Nr. 22, 14 S. mit 3 Fig.

223. **L. Minnhagen,** On the influence of electric fields on the energy levels of Argon II. Ark Mat Astr Fys **35** A Nr. 16, 11 S. mit 3 Fig. — Der Stark-Effekt bei 80 Linien des A II im sichtbaren Bereich wurde untersucht. Für 20 Linien werden Wellenlängenverschiebungen mitgeteilt. Micz.

224. **P. Moon,** A table of Planckian radiation. J Opt Soc Amer **38** 291—294. — Mitteilung einer Tafel der Werte J (λ) der Planckschen Gleichung für den Temperaturbereich 2000° K bis 3500° K und die Wellenlängen 0.38 μ bis 0.76 μ mit Intervallen von 100° bzw. 0.01 μ. Micz.

225. **C. E. Moore,** Atomic Energy Levels as derived from the analysis of optical spectra. Volume 1, Section 1, The spectra of Hydrogen, Deuterium, Helium, Lithium, Beryllium, Boron, Carbon, Nitrogen, Oxygen and Fluorine. Circular of the Bureau of Standards 467. Washington, 1948. 75 S. Preis 50 cents. — Besprechung in ApJ **108** 543—545 (H. N. Russell), J. Franklin Inst. **246** 259, Nat **162** 391, Pop Astr **57** 416—417.

226. **B. E. Nilsson,** Investigation of the band-spectrum of Aluminium hydride. Ark Mat Astr Fys **35** A Nr. 19, 10 S. mit 5 Fig. — Untersuchung der Aluminiumhydridbanden in Absorption und Emission zwischen λ 1700 und λ 2500.

227. **R. R. Nimmo,** Atomic Energy. London, The Pilot Press Ltd., 1947. 201 S. Preis 9 s. 6 d. — Besprechung in Proc Phys Soc **60** 403 (W. Cochrane).

228. **J. G. Phillips,** An extension of the Swan system of the C_2 molecule. AJ **54** 48. — Ref. AAS.

229. **J. G. Phillips,** An extension of the Swan system of the C_2 molecule. ApJ **108** 434—452, mit 3 Fig. — Verf. unterzieht das Swan-System der C_2-Banden einer eingehenden Analyse und zeigt, daß auch eine Reihe weiterer Banden, für deren Ursprung bisher C_2 vermutet wurde, dem System (hohe Schwingungsniveaus) angehören. Darunter finden sich zwei neu entdeckte kopflose Banden bei λ 4395 und λ 4734. Für sechs Banden werden Schwingungszahlen bestimmt. Einige Banden mit $\Delta v = -2$ werden ebenfalls behandelt. Alles verfügbare Material über die Swanbanden wird benutzt, um die Molekülkonstanten des $A^3\Pi_g$- und $X^3\Pi_u$-Zustandes abzuleiten. Schließlich wird die obere Grenze der Dissoziationsenergie des $A^3\Pi_g$-Zustandes zu 5.30 eV bestimmt. Micz.

230. **J. G. Phillips,** A new band system of the C_2 molecule. ApJ **107** 389—399, mit 2 Fig. — Ein neues Bandenspektrum des C_2-Moleküls mit Köpfen bei λ7715, λ 7908, λ 8108, λ 8751 und λ 8980, Abschattierung nach Rot, wird beschrieben und analysiert. Es handelt sich um den Übergang $^1\Pi_u - {}^1\Sigma_g^+$. Micz.

231. **T. T. Pleschkowa,** Die Albedo irdischer Gebilde. Priroda **37** Nr. 10 S. 44—49 (russisch).

232. **G. Righini, W. Sbrolli,** Taratura pirometrica di un gruppo di lampade campioni. Mem SA It (NS) **19** 77—89, mit 4 Fig. = Oss. e Mem. Oss. Astrofis. Arcetri Nr. **64** S. 63—77. — Mit Hilfe eines Pyrometers wird eine Gruppe von Lampen als „sekundäre Strahlungsnormalen" kalibriert. Ein Vergleich mit einer vorherigen Kalibration im Physikalischen Laboratorium der Universität Utrecht zeigt, daß die pyrometrische Kalibration für astrophysikalische Zwecke ausreicht.

233. **W. Romberg,** The calculation of the coordinate matrix elements for helium. Phys Rev (2) **71** 706—711, 1947. — Ref. in Phys Ber **27** 550.

234. **L. Rosenfeld,** Nuclear Forces (Monographs on Theoretical and Applied Physics, Vol. I). Amsterdam, North-Holland Publishing Co., 1948. 19 + 181 S. Preis 1 £ 4 s. 5 d. — Besprechung in Nat **162** 907—908 (M. H. L. Pryce).

235. **P. Schulz,** Bestimmung sehr hoher Temperaturen aus den Breiten von Spektrallinien. Ann. Physik (6) **3** 280—288, mit 4 Abb. — Verf. berichtet über Temperaturbestimmungen aus der Elektronen- bzw. Ionenstoßverbreiterung von Spektrallinien sowie einige Verbesserungen und ergänzende Überlegungen zu früher mitgeteilten Versuchen. Verf. (gekürzt)

236. **F. W. Sears, M. W. Zemansky,** College Physics. Cambridge, Mass., Addison-Wesley Press, Inc., 1948. 848 S. Preis 6.00 $. — Besprechung in Sky and Telescope **7** 254—255.

237. **H. Siedentopf,** Zellenförmige Strömungen im Laboratorium und in der Natur. Naturwiss. Rundschau **1** 107—115, mit 10 Abb. — Nach einleitenden allgemeinen Bemerkungen über die Physik von Strömungsvorgängen wird der als zellulare Konvektion bekannte Strömungstyp behandelt, der in — z. B. durch Erwärmung von unten — instabilisierten Zonen auftritt und bei dem sich das Aufsteigen und Absinken heißen bzw. kühleren Materials im geschlossenen Kreislauf in einzelnen Zellen abspielt. Die dafür geltenden Gesetzmäßigkeiten werden erörtert und Beispiele für das Auftreten solcher Strömungen in der Natur gegeben (einige Wolkenformen in der Erdatmosphäre, die Granulation an der Sonnenoberfläche). Kdr.

238. **H. Siedentopf,** Zellulare und nichtstationäre Konvektionsströmungen. Phys. Blätter **3** 403, 1947. — Ref. Phys. Ges. Württemberg-Baden.

239. **W. Sorokin,** Über die thermodynamische Stabilität isothermer Gaskugeln. DAN **58** 37—39, 1947 (russisch).

240. **W. Sorokin,** Über den Charakter der Instabilität isothermer Gaskugeln. DAN **58** 1003—1006, 1947 (russisch). — Ref. in Math Rev **10** 334, ZfMG **29** 383—384.

241. **C. Störmer,** Résultats des calculs numériques des trajectoires des corpuscules électriques dans le champ d'aimant élémentaire. VI. Trajectoires par l'origine, faisceau fondamental. Skr. Norske Vid.-Akad. Oslo (1) **1947** Nr. 1, 81 S. — Ref. in ZfMG **30** 144.

242. **Su-Shu Huang,** The continuous absorption coefficient of the helium atom. ApJ **108** 354—372, mit 3 Fig. — Ref. in Phys Rev (2) **74** 1262. — Der kontinuierliche Absorptionskoeffizient des He I jenseits der Seriengrenzen 504.3, 2600.7 und 3122 Å — Übergängen aus dem Grundzustand und zwei metastabilen 2 S-Zuständen in den ungebundenen Zustand entsprechend — wird nach ähnlichen Methoden wie beim Wasserstoff berechnet. Kdr.

243. **G. Thomson,** The Atom. London, Oxford University Press, 1947. 3. Auflage. 8 + 196 S. Preis $ 2.00 bzw. 5 s. net. — Besprechung in J Applied Phys **19** 966, Nat **161** 871.

244. **A. Unsöld,** Zur Berechnung der Zustandsummen für Atome und Ionen in einem teilweise ionisierten Gas. ZfA **24** 355—362, mit 2 Abb. = Sonderdruck Sternwarte Kiel. — Es wird ein Verfahren zur bequemen Berechnung der Zustandsummen von Atomen und Ionen in teilweise ionisierten Gasen entwickelt. Für die Hauptquantenzahl desjenigen Zustandes, bis zu dem die Integration zu erstrecken ist, wird eine einfache Formel abgeleitet. Auf ältere Darstellungen von Planck, Urey und Fermi wird vergleichend eingegangen. Micz.

245. **W. M. Venable,** The Interpretation of Spectra. New York, Reinhold Publishing Corporation, 1948. 5 + 200 S. Preis 6.00 $. — Besprechung in J Applied Phys. **19** 966, J. Frank'in Inst. **246** 260.

246. **Hermann Vogt,** Atomenergie und Atomumwandlungen. Eine Einführung in die aktuellen Probleme der Kernphysik für Techniker und Naturwissenschaftler. Darmstadt, Demmig Verlag, 1948. 243 S. mit 16 Abb. Preis 10.— DM. — Die beiden ersten Kapitel des Buches geben einen Überblick über Entwicklung und derzeitigen Stand unserer Kenntnisse vom Bau der Atome, woran sich die Besprechung des Nachweises und der Erzeugung schneller Teilchen anschließt. Hierauf aufbauend werden sodann die Verfahren zur künstlichen Atomumwandlung von Rutherford bis zur Gegenwart behandelt. Mit einer Darstellung der Entwicklung der Atombombe, der Möglichkeiten technischer Ausnutzung der Atomenergie und den Anwendungen künstlich radioaktiver Elemente vornehmlich in Biologie und Medizin klingt das anregend geschriebene Buch aus. Es ist allgemeinverständlich gehalten und eröffnet damit weiteren Kreisen Zugang zu dem so aktuellen Forschungsgebiet. Besonders zu erwähnen sind die zahlreichen geschichtlichen Bemerkungen, die auch für den Fachmann nicht ohne Interesse sein dürften. Die astrophysikalische Bedeutung von Atomumwandlungen wird zwar nur kurz gestreift, aber als erste Einführung in die physikalischen Grundlagen verdient das Buch die Beachtung auch des Astronomen, der sich über Fragen der Energieerzeugung, der Entstehung der Elemente u. ä. orientieren will. Kdr.

247. Naturforschung und Medizin in Deutschland 1939—1946. Bd. **13**: Kernphysik und kosmische Strahlen, Teil 1. Wiesbaden, Dieterich'sche Verlagsbuchhandlung, 1948. 230 S.

248. Der gegenwärtige Stand der Analyse von Atomspektren. Himmelswelt **55** 184—186. — Bericht von H. N. Russell in Monthly Astr. News Letter Nr. 9.

249. The ultimate standard. Sky and Telescope **7** 179.

§ 3

Rechentafeln, Funktionstafeln, Rechenmaschinen

301. **C. Attwood,** Practical Five-Figure Mathematical Tables. London, Macmillan and Co., Ltd., 1948. 5 + 74 S. Preis 3 s.

302. **E. C. Bower,** Trigonometric functions for decimals of a circle. AJ **54** 33. — Ref. AAS.

303. **E. Cambi,** Eleven and Fifteen-Place Tables of Bessel Functions of the First Kind, to All Significant Orders. New York, Dover Publications, Inc., 1948. 5 + 153 S. Preis 3.95 $. — Besprechung in ApJ **109** 182, J Applied Phys **19** 961.

304. **L. J. Comrie,** Chambers's Four-Figure Mathematical Tables. Edinburgh und London, W. & R. Chambers Ltd., 1947. Preis 5 s. 0 d. — Besprechung in JBAA **58** 107—108 (J. G. Porter).

305. **L. J. Comrie,** Regnekunst — i Fortid, Nutid og Fremtid. NAT **1948** 1—17, mit 9 Fig.

306. **J. B. Dale,** Logarithmic and Trigonometric Tables. London, Edward Arnold and Co., 1947. 2. Auflage. 42 + 6 S. Preis 2 s. 6 d. — Besprechung in Proc Phys Soc **60** 600.

307. **A. Danjon,** Tables des Fonctions Trigonométriques. Valeurs Naturelles à 6 Décimales de centième en centième du Degré nonagésimal. Suivies de Tables de Conversion, d'une Table des Logarithmes des Nombres de 1000 à 9999, et d'un Recueil de Formules et de Nombres Usuels. Paris, Librairie Hachette. 128 S. Preis 850 fr.

308. **H. Gravelius,** Vierstellige Tafeln für logarithmisches und numerisches Rechnen. Vgl. AJB **47** Ref. **903**. — Weitere Besprechung in AN **277** 144, Himmelswelt **55** 206—207 (W. Dieckvoss), Naturwiss. Rundschau **1** 92 (W. Brucklacher), Sterne **24** 90—91.

309. **H. D. Larsen,** Rinehart Mathematical Tables. New York, Rinehart and Company, Inc., 1948. 160 S. — Besprechung in Pop Astr **56** 453.

310. **L. Oterma,** 5-decimalaj valoraj de x — sin x, sin x, cos x, tg x kun x en radianoj. Astr. Obs. Univ. Turku Informo Nr. **3**, 9 S.

311. Five-figure Tables of Natural Trigonometrical Functions. Vgl. AJB **47** Ref. **906**. — Weitere Besprechung in JBAA **58** 108 (J. G. Porter), Proc Phys Soc **60** 600.

312. Tables of Spherical Bessel Functions. Vol. II. Vgl. AJB **47** Ref. **910**. — Weitere Besprechung in Proc Phys Soc **60** 401.

313. Tables of the Bessel Functions $J_0(z)$ and $J_1(z)$ for Complex Arguments. Vgl. AJB **47** Ref. **911**. — Weitere Besprechung in Proc Phys Soc **60** 401.

314. Tables of Bessel Functions of Fractional Order. Vol. **1**. Prepared by the Computation Laboratory of the National Applied Mathematics Laboratories, National Bureau of Standards. New York, Columbia University Press, 1948. 13 + 413 S. Preis 7.50 $. — Besprechung in ApJ **109** 182, ZfMG **30** 399.

315. Tables of the Bessel Functions of the First Kind of Orders Sixteen Through Twenty-Seven. Ann. Computation Laboratory Harv. Univ. **9**, Cambridge, Mass., Harvard University Press; London, Oxford University Press, 1948. 11 + 764 S. Preis 55 s. net.

316. Tables of the Bessel Functions of the First Kind of Orders Forty Through Fifty-One, by the Staff of the Computation Laboratory. Cambridge, Mass., Harvard University Press, 1948. 11 + 620 S. Preis 10.00 $. — Ref. in Math Rev **10** 483.

* * Centennial Symposia, December 1946. Vgl. Ref. 557.

317. **H. Bückner,** Über eine neue Integriermaschine. Himmelswelt **55** 148. — Ref. AG.

318. **J. B. Irwin,** Pasadena Meeting of the A.A.S and A.S.P. The expected performance of the EDVAC on some astronomical problems. Publ ASP **60** 235—244 = Flower Obs. Repr. Nr. **73**. — EDVAC = Electronic discrete variable computer.

319. **J. S. Koehler,** An electronic differential analyzer. J Applied Phys **19** 148—155, mit 13 Fig. — Zur numerischen Lösung von gewöhnlichen, nichtlinearen und inhomogenen Differentialgleichungen sowie Randwertproblemen wird eine elektrische Anlage beschrieben, die Lösungen liefert, die um nicht mehr als 4% von den wahren abweichen. Sie beruht auf der Tatsache, daß die Entladung eines Kondensators in einem Schwingungskreis durch eine lineare Differentialgleichung 2. Ordnung beschrieben wird. Die Änderung der

Koeffizienten kann durch Änderung der Spannung bewirkt werden. Die variable Spannung wird von einem Generator (Kathodenstrahlröhre und Photozelle) geliefert, in den die vorgegebene Kurve der Koeffizienten als Blende eingelegt wird. Micz.

320. **E. Przybyllok,** Über einige Rechengeräte zur Auflösung sphärischer Dreiecke. Himmelswelt **55** 148. — Ref. AG.

321. **H. W. P. Richards, D. H. Sadler,** The application of the National Accounting Machine to the calculation of apparent places of stars. MN **108** 154—162, mit 2 Tafeln. — Ausführliche Darstellung einer Methode zur Berechnung scheinbarer Sternörter (aus den mittleren Örtern für den Jahresanfang) unter Verwendung der „National Accounting Machine". Das Verfahren arbeitet schnell und sicher; die Maschine liefert die fertig geschriebene Ephemeride, so wie sie als Manuskript für die Druckerei gebraucht wird. Go.

322. **L. P. Tabor,** The EDVAC, an electronical digital computer. AJ **53** 205. — Ref. AAS.

323. **H. Wundt,** ENIAC, eine elektrische Rechenmaschine. Phys. Blätter **3** 81, 1947. — ENIAC = Electronic Numerical Integrator and Computor. Auszug aus dem Bericht von D. R. Hartree in Nat **158** 500—506, 1946.

324. A discussion on computing machines: D. R. Hartree, A historical survey of digital computing machines. M. H. A. Newman, General principles of the design of all-purpose computing machines. M. V. Wilkes, The design of a practical high-speed computing machine. F. C. Williams, A cathode-ray tube digit store. J. H. Wilkinson, The automatic computing engine at the National Physical Laboratory. A. D. Booth, Recent computer projects. Proc. Roy. Soc. (A) **195** 265—287, mit 17 Fig. — Zusammenfassender Bericht über Entwicklung, Typen und Arbeitsweise moderner elektrischer Rechenmaschinen.

325. Calculating machines. Nat **161** 712—713.

326. An electronic computer. Sky and Telescope **7** 149—150. — Ref. AAS.

327. Rapid electronic computer. Sky and Telescope **7** 300—310. — Ref. AAS.

§ 4

Astronomische Jahrbücher, Ephemeriden, Kalender

401. Berliner Astronomisches Jahrbuch 1948. 173. Jahrgang. Herausgeber: Deutsche Akademie der Wissenschaften zu Berlin, Astronomisches Recheninstitut. Berlin, Akademie-Verlag, 1948. 8 + 112 + 421 S. mit einem Anhang von 17 S. und 2 Tafeln. Preis 12.— DM. — Besprechung in AN **276** 271—272.

402. Berliner Astronomisches Jahrbuch 1949. Berlin, Akademie-Verlag, 1948. Herausgeber: Astronomisches Recheninstitut der Deutschen Akademie der Wiss. zu Berlin und Astronomisches Recheninstitut zu Heidelberg. 174. Jahrgang. 112 + 430* S. Preis 12 Mark. — Besprechung in Sterne **24** 124.

403. Astronomisches Jahrbuch für 1948. I. Teil. Herausgegeben vom Astronomischen Recheninstitut in Heidelberg. Bonn, Ferd. Dümmlers Verlag, 1947, 4 + 172 S. — Besprechung in Sterne **24** 90.

404. Astronomisches Jahrbuch für 1948. II. Teil. Herausgegeben vom Astronomischen Recheninstitut in Heidelberg. **173**. Jahrgang. Bonn, F. Dümmlers Verlag, 1948. 4 + 295* S. — Besprechung in Sterne **24** 123, Z f Naturforschung **3a** 694 (H. Hermann).

405. Astronomisch-Geodätisches Jahrbuch für 1949. Herausgegeben vom Astronomischen Rechen-Institut in Heidelberg. Karlsruhe, Verlag G. Braun GmbH., 1948. 8 + 456 S. — Besprechung in Z f Naturf 4a 395 (D. Wattenberg).

406. The Nautical Almanac and Astronomical Ephemeris for the year 1949 for the meridian of the Royal Observatory at Greenwich (Standard edition). London, His Majesty's Stationary Office, 1948. 6 + 619 S. Preis 15 s. 0 d. net.

407. The Nautical Almanac and Astronomical Ephemeris for the year 1950 for the meridian of the Royal Observatory at Greenwich (Standard edition). London, His Majesty's Stationary Office, 1948. 6 + 622 S. Preis 15 s. 0 d. net, geb. 18 s. 6 d. net.

408. Astronomisches Jahrbuch der UdSSR für das Jahr 1949. Unter Redaktion von A. M. Gishizkij herausgegeben vom Institut für theoretische Astronomie der Akademie der Wissenschaften der UdSSR. Moskau-Leningrad, Verlag Akad. Wiss. UdSSR, 1947. 492 S. Preis 75 R. (russisch).

409. Astronomisches Jahrbuch der UdSSR für das Jahr 1950. Herausgegeben vom Institut für theoretische Astronomie der Akademie der Wissenschaften der UdSSR. Moskau-Leningrad, Verlag Akad. Wiss. UdSSR, 1948. 427 S. Preis 75 R (russisch).

410. Connaissance des Temps ou des mouvements célestes à l'usage des astronomes et des navigateurs pour l'an 1948, publiée par Le Bureau des Longitudes. Paris, Gauthier-Villars, 1948. 30 + 767 S.
Desgl. 1949. 32 + 731 S. 1948.

411. Almanaque Nautico para el año 1949, publicado de orden de la superioridad por el Instituto y Observatorio de Marina de San Fernando (Cádiz) para el meridiano de Greenwich. Imprenta del Observatorio de Marina, 1948. Vol. 158. 14 + 589 S. Preis 25 Pesetas.

412. **D. H. Sadler,** Astronomical computation in Japan. Obs **68** 105—107. — Besprechung des Inhaltes der vier Japanischen Astronomischen Jahrbücher (letzte Kriegsjahrgänge): Nautical Almanac, Abridged Nautical Almanac, Japanese Ephemeris, Altitude and Azimuth Almanac.
Die „Japanese Ephemeris" sind ein großes Jahrbuch, in Anlage und Inhalt dem englischen Nautical Almanac ähnlich. Der gesamte Inhalt ist während des Krieges in Japan selbst gerechnet worden und zeichnet sich durch sehr hohe Genauigkeit und Zuverlässigkeit aus. Sowohl von seiten des Nautical Almanac Office als auch von japanischer Seite besteht der Wunsch, jetzt unnötige Doppelarbeit zu vermeiden. Japan soll sich an dem internationalen Austausch der Vorausberechnungen beteiligen und freiwerdende Kräfte anderen notwendigen astronomischen Aufgaben zuwenden. Go.

413. The American Ephemeris and Nautical Almanac for the year 1950. Washington, United States Government Printing Office, 1948. 18 + 632 S. Preis geb. $ 3.50.

414. Apparent places of fundamental stars 1949. Containing the 1535 stars of the Third Fundamental Catalogue (FK 3) of the Berliner Jahrbuch. Produced by international co-operation under the auspices of the International Astronomical Union. Published by Order of the Lords Commissioners of the Admiralty. London, Published by His Majesty's Stationary Office, 1948. 32 + 538 S. Preis £ 2 5 s. 0 d. net.

415. Astronomische Grundlagen für den Kalender 1948. Herausgegeben vom Astronomischen Rechen-Institut. Heidelberg, Universitätsverlag C. Winter, 1947. 34 S. Nicht im Handel. Preis 8.— RM.

416. Astronomische Grundlagen für den Kalender 1949. Herausgegeben vom Astronomischen Rechen-Institut in Heidelberg. Heidelberg, Universitätsverlag C. Winter, 1947. 34 S. Nicht im Handel. Preis 8.— RM.

417. Rocznik Astronomiczny Obserwatorjum Krakowskiego 1948. Supplemento Internationale Nr. **19**. Krakow 1948. 7 + 101 S. —Veränderliche, Aufsatz von T. Banachiewicz, vgl. § **30**, Sternbedeckungen.

418. Ephemeriden Zingerscher Paare für das Jahr 1948. Moskau, Verlag für geodätische und kartographische Literatur, 1948. 96 S. Preis 20 R. — Die Berechnung der Ephemeriden wurde am Institut für theoretische Astronomie der Akademie der Wissenschaften der UdSSR unter Leitung von E. A. Mitrofanowa durchgeführt.

419. The Handbook of the British Astronomical Association, 1949. Twenty-eighth year of publication. 1948 November. 72 S. Preis 5 s.

420. Handbook for 1949. The Astronomical Society of South Africa. 16 S.

421. The Observer's Handbook for 1949. Published by the Royal Astronomical Society of Canada. Toronto, University of Toronto Press, 1948. 80 S. mit 14 Abb.

422. Nautisches Jahrbuch oder Ephemeriden und Tafeln für das Jahr 1949 zur Bestimmung der Zeit, Länge und Breite zur See nach astronomischen Beobachtungen. Herausgegeben vom Deutschen Hydrographischen Institut. Hamburg, Verlag Broschek & Co., 1948. **98**. Jahrgang. 18 + 204 S.

423. Almanaque Nautico para el año 1947. Ministerio de Marina. Observ. Naval, República Argentina. 374 S.
Desgl. für 1948 und 1949.

424. Nautisches Jahrbuch für das Jahr 1948. Herausgegeben vom Institut für theoretische Astronomie der Akademie der Wissenschaften der UdSSR. Verlag der Hydrographischen Verwaltung WMS, 1947. 4 + 294 S. mit einer Tafel. Preis 35 R. (russisch).

425. The Nautical Almanac, abridged for the use for seamen for the year 1949. London, His Majesty's Stationary Office, 1948. 315 S. Preis 5 s. 6 d. net.

426. Ephémérides Nautiques ou extrait de la Connaissance des Temps pour l'an 1949, ouvrage publié par Le Bureau des Longitudes spécialement à l'usage des marins. Paris, Gauthier-Villars, 1948. 144 S.

427. Extracto del Almanaque Náutico para uso de navegantes para 1948. Obs. San Fernando.
Desgl. für 1949.

428. The Air Almanac 1949. Prepared by H. M. Nautical Almanac Office on behalf of the Air Ministry. London, published by His Majesty's Stationary Office, 1948. January—April, 37 + 242 S.; May—August, 37 + 248 S.; September—December, 37 + 246 S. Preis je 7 s. 6 d. net.

429. Astronomisches Luftfahrt-Jahrbuch für 1948. 2. Halbjahr. Herausgegeben unter Redaktion von I. D. Shongolowitsch vom Kommando der Luftwaffe der Streitkräfte der UdSSR. Moskau, 1948. 188 S. mit 3 Tafeln (russisch).

430. Annuaire de l'Observatoire Royal de Belgique 1949. Jaarboek van de Koninklijke Sterrenwacht van België. Bruxelles, M. Hayez, 1948. 116. Jahrgang, 193 S.

431. Almanaque astronómico y Manual del aficionado para el año 1947. Rev Astr Nr. **118**, S. 3—82, mit einer Tafel. — Ephemeriden und Handbuch für den Liebhaber, bearbeitet von A. Völsch.
Desgl. für 1948. Rev Astr Nr. **122** S. 3—74.
Desgl. für 1949. Rev Astr Nr. **124** S. 3—62.

432. Himmelsalmanach 1948. Herausgegeben von der Hamburger Sternwarte. Bonn, Ferd. Dümmlers Verlag, 1948. 20 S. Preis 1.80 DM. — Besprechung in AN **276** 271.

433. Osservatorio di Brera in Milano, Anno 1949 articoli generali del Calendario. Milano, U. Hoepli, 1948. 20 S. — Kalender mit Auf- und Untergangs, zeiten von Sonne und Mond. F. Z.

434. Osservatorio astrofisico di Catania, Annuario 1949. Catania 1948, 65 S. — Kalender, Sonnen-, Mond- und Planetentafeln, verschiedene Daten, Tätigkeitsbericht 1947—48 und ein Artikel von E. Fichera über die Erdatmosphäre. F. Z.

435 a. Himmelsalmanach 1949. Herausgegeben von der Hamburger Sternwarte. Bonn, F. Dümmlers Verlag, 1948. 4. Jahrgang. 20 S. — Besprechung in AN **277** 144, Sterne **24** 124.

435 b. Astronomischer Kalender für das Jahr 1949. Herausgegeben von Prof. A. Kopff. Heidelberg, Carl Winter Universitätsverlag, 1948. 4. Jahrgang. 92 S. mit 4 Sternkarten.

436. Annuaire Astronomique et Météorologique Camille Flammarion pour 1948. Publié par l'Observatoire de Juvisy. 84e année. 395 S. — Besprechung in Ciel et Terre **64** 186 (F. Dutry).

Desgl. 1949, 85e année. 399 S. mit 92 Fig.

437. Astronomischer Kalender des Observatoriums Kiew für 1948. Kiew, Verlag der Schewtschenko-Staatsuniversität, 1948. 27 S.

438. Anuario del Observatorio Astronómico de Madrid para 1949. Madrid 1948. 368 S. — Besprechung in Urania Barcelona **32** Nr. 218, S. 92—93.

439. Osservatorio astronomico di Padova, Elementi astronomici per l'anno 1949. Padova 1948, 6 S. — Kalenderdaten.

440. Osservatorio astronomico di Palermo, Elementi astronomici per l'anno 1949. Palermo 1948, 8 S. — Kalenderdaten.

441. Annuaire pour l'an 1949 publié par Le Bureau des Longitudes, avec un supplément pour l'an 1950. Paris, Gauthier-Villars, 1948. 8 + 613 + A 48 + B 3 + C 4 + D 61.

442. Anuario para o ano 1949. Publ. Obs. Nac. Rio de Janeiro. 12 + 304 S.

443. Anuario del Observatorio Astronomico Nacional de Tacubaya para el año de 1948. Formado bajo la direccion del G. Münch Paniagua. Año 48, 1948. 187 S. Preis $ 3.50.

444. Kalender des Observatoriums Tartu für 1948. Tartu, estnischer Staatsverlag, 1948. 92 S. mit Abb. und 4 Karten. Preis 12 R. 50 Kop. (estnisch).

445. Osservatorio astronomico di Trieste, Annuario astronomico per l'anno bisestile 1948. Compositori Bologna 1948. 64 S. mit 2 Sternkarten. — Kalender, Auf- und Untergangszeiten von Sonne und Mond, Planetenephemeriden und verschiedene Tabellen. F. Z.

Desgl. 1949. 68 S. mit 2 Sternkarten.

446. Universum Sternkalender 1948. Ein Jahrbuch für Himmelsfreunde. Zusammengestellt von E. Dolezal. Wien, Universum Verlagsgesellschaft, 1947. 132 S. mit 33 Fig. und einer Karte von Mond und Mars. — Besprechung in Gaz astr **30** 20.

447. **P. Ahnert**, Kalender für Sternenfreunde 1949. Weimar, Verlag Werden und Wirken, 1948. 144 S. — Besprechung in Sterne **24** 124, Sternenwelt **1** 167.

448. **J. Bouška, V. Guth, F. Link,** Supplément international de l'Annuaire Astronomique pour 1949. Publ. Obs. National Prague Nr. **19**, 16 S. — Ausführliche Ephemeride der Mondfinsternisse, der Sternbedeckungen (auch während der Mondfinsternisse) und eine eintägige Ephemeride des Erdapex für Meteorforscher. J. B.

449. **W. Büdeler,** Der Sternenlauf 1948. München, Leibniz Verlag, 1948. 168 S. mit 80 Abb. Preis 5.20 DM. Mit zwei Aufsätzen von W. Büdeler, Astronomenarbeit nach dem Kriege und von R. Müller. Das Sonnen-Observatorium auf dem Wendelstein. — Besprechung in AN **276** 272.

450. **A. Ferretti-Torricelli,** Cielo d'Italia. Almanacco per il 1947. Brescia, Verlag La Scuola, 1947. Preis 120 Lire. — Kalenderdaten und verschiedene Angaben über Fixsterne und Planeten.

Desgl. für 1948. Preis 300 Lire. — Kalenderdaten, Himmelskarten und verschiedene Notizen.

451. **V. Guth, F. Link,** Hvězdarská ročenka na rok 1949. Prag, 1948. **25.** Jahrgang. 108 S. mit 19 Abb. — Tschechisches astronomisches Jahrbuch mit einem Nachtrag in franz. Sprache, enthaltend eine genaue Ephemeride der Mondfinsternisse, Elemente der während der Mondfinsternisse stattfindenden Sternbedeckungen, Vorausberechnungen von Sternbedeckungen für Prag und die Koordinaten des Erdapex. J. B.

452. **M. E. Nabokow,** Graphischer astronomischer Kalender für das Jahr 1947. Bull. Astr.-Geod. Ges. UdSSR Nr. **1** (8) S. 38—41, 1947 (russisch).

Desgl. für 1948. Bull. Astr.-Geod. Ges. UdSSR Nr. **4** (11) S. 30—34 (russisch).

453. **R. A. Naef,** Der Sternenhimmel 1948. Kleines astronomisches Jahrbuch für Sternfreunde für alle Tage zum Beobachten mit bloßem Auge, mittels Feldstecher und Fernrohr, herausgegeben unter dem Patronat der Schweizerischen Astronomischen Gesellschaft. Aarau, Verlag H. R. Sauerländer & Co., 1948. 8. Jahrgang. 110 S. Preis 7 schw. Fr. — Besprechung in Ciel et Terre **64** 91, Gaz astr **30** 18—19 (G. Schindler), Himmelswelt **55** 207 (G. Schindler), NAT 1948 S. 78, PAT **29** 80, Sterne **24** 91—92 (E. Krug).

Desgl. für 1949. 110 S. Preis 7.30 schw. Fr. — Besprechung in Gaz astr **31** 22, NAT 1949 S. 37, Orion Schaffhausen Nr. **22** S. 531, Sternenwelt **1** 71 (G. Schindler).

454. **J. J. Raimond jr.,** Sterrengids 1948. Groningen-Batavia, J. B. Wolters, 1947. 64 S. — Besprechung in Gaz astr **30** 19, Heelal **5** 32.

455. **E. Walker,** Sterne. Astronomisches Volksjahrbuch 1949. Schopfheim (Baden), Fr. Haberer Kalenderwerk. 106 S. mit zahlreichen Abb. und lebenden Bildfolgen. — Besprechung in AN **277** 144, Gaz astr **31** 60 (G. Schindler), Sternenwelt **1** 72 (H. Bucerius).

456. **H. Zoch,** Planetenlauf 1948. Herausgegeben im Auftrage der Volkssternwarte München. 8 S. — Besprechung in Himmelswelt **55** 207.

457. Standard dates for ephemerides 1949. NAZ **2** 26, UAI Circ 1176.

§ 5

Wissenschaftliche und populäre Bücher zur gesamten Astronomie

501. **R. M. Aller,** Astronomia a Simple Vista. Santiago de Compostela, 1948. II + 197 + 26 págs.

502. **D. Alter, C. H. Cleminshaw,** Pictorial Astronomy. Los Angeles, Calif., The Griffith Observatory, 1948. 288 S. Preis $ 2.00 und $ 3.00. — Besprechung in Publ ASP **60** 276—277 (E. Pettit), Sky and Telescope **7** 254 (R. Hayner).

503. **I. Andersen,** En rejse i verdensrummet. Kopenhagen, Grönholt Pedersens forlag, 1948. 119 S. Preis 4 Kr., kart. 5 Kr. — Besprechung in NAT **1948** 115—116.

504. **K. L. Bajew, W. A. Schischakow,** Einführung in die Astronomie. Moskau, Verlag des Ministeriums der Streitkräfte der UdSSR, 1947. 3. verbesserte Auflage. 116 S. mit 35 Abb. Preis 1 R. (russisch). — Außerdem in litauischer Sprache erschienen.

505. **K. L. Bajew, W. A. Schischakow,** Woran sich die Erde hält. Riga, Lettischer Staatsverlag, 1948. 56 S. Preis 1 R. 50 Kop. (lettisch).

506. **F. Becker,** Einführung in die Astronomie. Vgl. AJB **47** Ref. 803. Preis 2.90 DM. — Besprechung in Z f Naturf **3 a** 312 (D. Wattenberg), Ann d'Astrophys **11** 162.

507. **P. Bergsöe,** Borger i Universet. Kopenhagen, Forlaget „Fremad", 1948. 82 S. Preis 4.75 Kr. — Besprechung in NAT **1948** 156.

508. **H. J. Bernhard, D. A. Bennett, H. S. Rice,** New Handbook of the Heavens. New York, McGraw-Hill, 1948. Revised edition. Preis 18 s. — Besprechung in JBAA **59** 44—45.

509. **S. N. Blashko,** Lehrbuch der gesamten Astronomie. Moskau-Leningrad, Staatsverlag für technisch-theoretische Literatur, 1947. 8 + 500 S. mit 251 Abb. Preis 14 R. 50 Kop. (russisch). — Besprechung in «Das sowjetische Buch» Nr. **6** S. 17—19 (P. I. Popow). — Inhalt: Einführung, S. 3—13. Die scheinbaren Bewegungen der Himmelskörper, S. 13—35. Die wahren Bewegungen der Planeten. Die Aufstellung des heliozentrischen Systems, S. 35—55. Die Grundlagen der Dynamik der Planetenbewegung, S. 56—87. Die Erde als Himmelskörper, S. 87—122. Die Grundlagen der Astrometrie, S. 123—209. Instrumente und Methoden der astrophysikalischen Forschung, S. 209—245. Der Mond. Mond- und Sonnenfinsternisse, S. 245—278. Die Sonne, S. 279—316. Das Planetensystem, S. 316—347. Kometen und Meteore, S. 347—375. Die Sterne, S. 376—438. Der Aufbau des Weltalls, S. 438—465. Kosmogonie, S. 465—487.

510. **W. Brunner,** Die Welt der Sterne. Zürich, Verlag Büchergilde, 1947. 228 S. mit 152 Abb. — Besprechung in Orion Genève Nr. **16** S. 355, 1947.

511. **A. Castelnuovo-Tedesco,** Storie di mondi lontani. Firenze, Verlag Marzocco, 1948. 164 S. Preis 500 Lire. — Für Anfänger mit vielen Illustrationen versehene Beschreibung der hauptsächlichsten astronomischen und astrophysikalischen Vorgänge. F. Z.

512. **M. Davidson,** Elements of Mathematical Astronomy. Vgl. AJB **47** Ref. 806. — Weitere Besprechung in MN ASSA **7** 28.

513. **M. Davidson,** From Atoms to Stars. London, Hutchinson's Scientific and Technical Publications, 1947. Preis 15/-.

514. **M. Davidson,** Astronomy for Beginners. London, Watts & Co. Ltd., 1948. Thinker's Library Nr. 128. 10 + 150 S. mit 47 Fig. Preis 2 s. 6 d. net. — Besprechung in JBAA **59** 109—110, Pop Astr **57** 200.

515. **P. Doig,** An Outline of Stellar Astronomy. Vgl. AJB **47** Ref. 807. — Weitere Besprechung in JBAA **58** 32, MN ASSA **7** 27, Obs **68** 34—35, Sky and Telescope **7** 156—157 (S. W. McCuskey).

516. **P. L. Erizzo,** Conoscere il cielo. Milano, Verlag Cavallotti, 1948. 16 + 322 S. mit 28 Fig., 8 photographischen Tafeln und 12 Himmelskarten. Preis

1200 Lire. — Beschreibung der Himmelserscheinungen für Anfänger. Nach einer allgemeinen Einleitung wird im ersten Teil das Sonnensystem ausführlich besprochen; die Sonne, die einzelnen Planeten, die Kometen und Meteore werden dem Leser augenscheinlich vorgeführt. Im zweiten Teil behandelt Verf. die Sterne vom astrometrischen und physikalischen Standpunkt, den Entwicklungsgang, Doppelsterne, Veränderliche und zum Schluß die Nebel. Der dritte Teil ist ein guter Leitfaden für die ersten Beobachtungen am Himmel. F. Z.

517. **R. Estève, H. Mitault,** Cours de Mathématiques. Tome IV; Cosmographie. Paris, Librairie Istra, 1948. 198 S. mit 17 Fig.

518. **J. Febrer, E. Cabal,** Lecciones de Cosmografia y Geologia. Barcelona, 1947. 426 S.

519. **J. Febrer Carbó, E. Cabal Dalby,** Lecciones de Astronomia Elemental. Barcelona, Editorial Reverté, 1948. 727 S. mit 367 Fig. und 32 Bildern. — Besprechung in Urania Barcelona **32** Nr. 218, S. 93—94.

520. **W. G. Fessenkow,** Der kosmische Raum. Alma-Ata, Verlag Akad. Wiss. kasach. Sowjetrepublik, 1948. 18 S. mit 5 Fig. Preis 2 R. (russisch).

521. **O. W. Gail,** „Ebbe und Flut", eine physikalisch-astronomische Betrachtung. München, Hanns Reich Verlag, 1947. 44 S. Preis 3.50 DM. — Besprechung in Naturwiss. Rundschau **1** 132 (H. Werner).

522. **L. Goldberg, L. Aller,** Atome, Sterne und Nebel. Aus dem Englischen ins Russische übersetzt von B. A. Woronzow-Weljaminow. Moskau-Leningrad, Staatsverlag für technisch-theoretische Literatur, 1948. 283 S. mit 132 Abb. und 1 Tafel. Preis 4 R. 50 Kop. — Vgl. AJB. **45** Ref. 823.

523. **L. Gratton,** La scoperta del cielo. Brescia, Verlag La Scuola, 1948. 167 S. mit 24 Fig. und 14 Tafeln. Preis 370 Lire. — Besprechung in Mem SA It (NS) **19** 225—226 (C. Lombardi). — Für die Jugend vorzüglich dargestellte Beschreibung der astronomischen Vorgänge. Interessante Erzählungen und Anekdoten erhöhen den Reiz dieses Büchleins. F. Z.

524. **F. J. Hargreaves,** The Size of the Universe. West Drayton, Penguin Books, 1948. Pelican Books Nr. A 193. 175 S. mit 32 Fig. und 18 Tafeln. Preis 1 s. 6 d. net. — Besprechung in JBAA **58** 224—225, Obs **68** 196.

525. **H. Hatschek,** Astronomisches Skizzenbuch «Wann — Wo — Warum — Wieso». Linz (Donau), Oberösterreichischer Landesverlag, 1948. 145 S. — Besprechung in Orion Schaffhausen Nr. **21** S. 507—508.

526. **H. S. Jones,** A Picture of the Universe. London, Raven Books, 1947. 88 S. Preis 3 s.

527. **W. L. Kennon,** Astronomy. A Textbook for Colleges. Boston Mass., Ginn and Company, 1948. 7 + 737 S. Preis 5.50 $. — Besprechung in ApJ **109** 184, Pop Astr **56** 454, Publ ASP **60** 340—341 (W. W. Olsen).

528. **H. Kienle,** Vom Wesen astronomischer Forschung. Berlin, Aufbau-Verlag, 1948. 252 S. Preis 10.50 DM. — Besprechung in AN **276** 271, Ann d' Astrophys **11** 162, Naturwiss **35** 160 (S. Günther), Naturwiss. Rundschau **1** 131—132 (H. Werner), Sterne **24** 93—94.

529. **M. L. Kobus, J. J. Raimond jr.,** Cosmografie. Wolters 7e druck, 1948. 217 S. Preis f. 3.45. — Besprechung in Heelal **4** 82.

529 a. **A. Krause,** Himmelskunde für Jedermann. Vgl. AJB **43** Ref. 836. — Besprechung der 2. Auflage in Sternenwelt **1** 191 (P. A. Schultz).

530. **A. I. Lebedinskij,** In der Welt der Sterne. Moskau-Leningrad, Staatsverlag für technisch-theoretische Literatur, 1947 48 S. mit 14 Abb. Preis 75 Kop. (russisch). — Außerdem weitere regionale Ausgaben innerhalb der UdSSR.

531. **W. W. Lunkewitsch,** Die Erde im Weltraum. Moskau-Leningrad, Staatsverlag für technisch-theoretische Literatur, 1947. 48 S. mit 24 Abb. Preis 75 Kop. (russisch). — Außerdem weitere regionale Ausgaben innerhalb der UdSSR.

532. **A. March,** Der Weg des Universums. Bern, Verlag A. Francke, 1948. 190 S. Preis geb. 8.50 DM.

533. **K. F. Ogorodnikow,** Woran sich die Erde hält. Moskau, Verlag des Ministeriums der Streitkräfte der UdSSR, 1947. 32 S. mit 15 Abb. Preis 25 Kop. (russisch). — Außerdem in litauischer und tatarischer Sprache erschienen.

534. **P. P. Parenago,** Die neuesten Daten über den Aufbau des Weltalls. Moskau, Verlag der Prawda, 1948. 20 S. mit 8 Fig. Preis 60 Kop. (russisch).

535. **J. I. Perelman,** Anregende Astronomie. Kaunas, Staatsverlag für Enzyklopädien, Lexika und wissenschaftliche Literatur, 1948. 235 S. mit 115 Fig. Preis 7 R. 30 Kop. (litauisch).

536. **J. S. Pickering,** The Stars are Yours. New York, Macmillan Company, 1948. 264 S. Preis $ 3.95. — Besprechung in Pop Astr **56** 509, Sky and Telescope **8** 19.

537. **I. F. Polak,** Allgemeinverständliche Astronomie. Tartu, estnischer Staatsverlag, 1948. 416 S. mit 100 Abb. und 1 Tafel. Preis 15 R. (estnisch).

538. **I. F. Polak,** Wie das Weltall aufgebaut ist. Moskau-Leningrad, Staatsverlag für technisch-theoretische Literatur. ca. 40 S. mit 19 Abb. (russisch). — Außerdem zahlreiche regionale Ausgaben innerhalb der UdSSR.

539. **J. G. Porter,** The Night Sky. London, Winchester Publications Ltd., 1948. 96 S. mit Titelbild und 28 Fig. Preis 5 s. net. — Besprechung in JBAA **59** 79—80. — Sammlung von Radiovorträgen, welche Verf. im Winter 1946—47 gehalten hat.

540. **W. Prjanischnikow,** Die Welt, in der wir leben. Leningrad, „Junge Garde", 1947. 320 S. mit 88 Abb. Preis 7 R. (russisch). — Populäres Buch.

541. **P. Rousseau,** La Astronomia sin Telescopio. Traducción de Postigo L. Barcelona, 1947. 153 S.

542. **L. Rudaux, G. de Vaucouleurs,** Astronomie, les astres, l'univers. Paris, Librairie Larousse, 1948. 8 + 486 S. mit 866 Fig. und 12 farbigen Tafeln. — Besprechung in Ciel et Terre **64** 283—284 (P. Bourgeois), Gaz astr **30** 40—41, Mem SA It (NS) **20** 171—173 (C. Lombardi), Pop Astr **56** 452—453, Sky and Telescope **8** 18 (S. D. Gossner).

543. **W. W. Scharonow,** Wie die Welt aufgebaut ist. Minsk, Staatsverlag der weißrussischen Sowjetrepublik, 1947. 96 S. mit Abb. Preis 80 Kop. (weißrussisch).

544. **E. Selikowitsch,** Sonnenwelten. Abriß der Stellarastronomie. Moskau, Staatsverlag für volksbildende Literatur, 1948. 80 S. mit Abb. Preis 1 R. 50 Kop. (russisch).

545. **H. Shapley, H. Wright, S. Rapport,** Readings in the Physical Sciences. New York, Appleton-Century-Crofts, Inc., 1948. 501 S. Preis 3.00 $. — Besprechung in Sky and Telescope **8** 46—47 (J. Q. Stewart).

546. **R. W. Shaw, S. L. Boothroyd,** Manual of Astronomy. New York, Appleton-Century-Crofts, Inc., 1947. Vgl. AJB **47** Ref. 822. — Weitere Besprechung in Sky and Telescope **7** 182—183 (V. Goedicke).

547. **J. B. Sidgwick,** The Heavens Above. A Rationale of Astronomy. London, Oxford University Press, 1948. 15 + 282 S. mit 52 Fig. und 19 Tafeln. Preis 21 s. net. — Besprechung in JBAA **58** 157, Obs **68** 155—156.

548. **F. J. Sigel,** Astronomie des Unsichtbaren. Moskau, Verlag der Prawda, 1948. 23 S. Preis 60 Kop. (russisch).

549. **W. T. Skilling, R. S. Richardson,** Astronomy. Vgl. AJB **47** Ref. 823. — Weitere Besprechung in JBAA **59** 78—79, Sky and Telescope **7** 101—102.

550. **J. M. Slonim,** Sonne und Erde. Taschkent, Verlag Akad. Wiss. usbek. Sowjetrepublik, 1948. 24 S. mit 8 Abb. Preis 1 R. (usbekisch).

* * **M. Waldmeier,** Einführung in die Astrophysik. Vgl. Ref. **5014.**

551. **G. C. Warner,** Star Stories. Boston, Mass., The Pilgrim Press, 1947. 64 S. Preis 1.25 $. — Besprechung in Sky and Telescope **7** 206 (C. T. Weaver).

552. **D. Wattenberg,** Blick ins Weltall. Astronomische Unterhaltungen. Vgl AJB **47** Ref. 826. — Weitere Besprechung in Himmelswelt **55** 207.

553. **B. A. Woronzow-Weljaminow,** Der Aufbau des Weltalls. Moskau-Leningrad, Staatsverlag für Jugendliteratur des Ministeriums für Volksbildung der russischen Sowjetrepublik, 1948. 48 S. mit Abb. Preis 1 R. 15 Kop. (russisch).

554. **S. K. Wsechswjatskij,** Moderne Methoden zur Erforschung des Weltalls. Kiew, Verlag Akad. Wiss. ukrain. Sowjetrepublik, 1948. 36 S. Preis 70 Kop. (ukrainisch).

555. **S. A. Wyssozkij,** Bote ferner Welten. Kaunas, Staatsverlag für Enzyklopädien, Lexika und wissenschaftliche Literatur, 1947. 210 S. mit 66 Abb. Preis 8 R. (litauisch).

556. **H. Zoch,** Das Weltall in Zahlen. München. 20 S. Preis 0.95 DM. — Besprechung in AN **276** 272 (J. Wempe), Gaz astr **31** 21, Sterne **24** 94.

557. Centennial Symposia, December, 1946. Havard Obs. Monographs Nr. 7. Cambridge, Mass., published by the Observatory, 1948. 8 + 385 S. Preis $ 5.00. — Besprechung in ApJ **109** 180—181 (O. Struve), Publ ASP **60** 396—397 (O. C. Wilson). — Enthält Beiträge über interstellare Materie, Rechenmaschinen, Bedeckungsveränderliche und die Gashülle der Erde.

558. Het leven der sterren. Heelal **4** 10—11, 31—34, 60—6?, 67—69. — Radiovorträge: 1. Der Stern als Individuum. 2. Geburt und Tod in der Sternenwelt. 3. Riesen und Zwerge in der Sternenwelt. 4. Die große Sterngemeinschaft.

559. Newcomb-Engelmann, Populäre Astronomie. Leipzig, Johann Ambrosius Barth, 1948. Achte, völlig umgearbeitete Auflage. In Gemeinschaft mit L. Biermann, J. Dick, W. Grotrian, C. Hoffmeister, H. von Klüber, H. Ludendorff †, N. Richter, H. Siedentopf und P. Wellmann herausgegeben von W. Becker, R. Müller, H. Schneller. 10 + 1017 S. mit 409 Abb. Preis 36 DM. — Besprechung in AN **277** 143 (J. Wempe), Sterne **24** 182—183 (C. Hoffmeister), Sternenwelt **1** 143—144 (P. A. Schultz).

560. Tähtitieteen harrastajan Kirja-Amatörastronomens handbok. Borgå och Helsingfors, Werner Söderströms förlagsaktiebolag, 1947. 208 S. — Besprechung in NAT **1948** 74—76 (G. Järnefelt, B. Qvist).

§ 6

Schriften allgemeiner Art

601. **P. Ahnert,** „Statistik". Sterne **24** 174—175. — Notiz über die angebliche Bevorzugung des Sonnabends als Beobachtungstag.

602. **G. A. Aristow,** Gab es einen Anfang und wird es ein Ende der Welt geben? Moskau, Staatsverlag für kulturell-aufklärende Literatur, 1948. 72 S. mit 11 Abb. Preis 2 R. 50 Kop. (russisch).

603. **G. Balz,** Neubau der Welterkenntnis. Die Welt als Gesetz, Idee, Erscheinung und Wirklichkeit. Frankfurt (M)-Höchst, Joh. Wagner & Söhne, 1948. 39 S. mit 5 Fig.

604. **C. E. Barry,** Spring skies. Sky and Telescope 7 147—148, mit 3 Abb.

605. **A. E. H. Bleksley,** The cultural and practical values of Astronomy. MN ASSA 7 45—46 (summary).

606. **R. Carrasco,** Las distancias en Astronomia. Anuario Obs. Astr. Madrid 1949 S. 299—363, mit 18 Fig.

607. **D. H. Chappell,** Cancer a lobster for the nonce. Sky and Telescope 7 204—205, 207, mit 13 Abb.

608. **A. Danjon,** Cosmographie. Paris, Librairie A. Hatier, 1948. Mit 32 Abb. — Besprechung in BSAF **62** 192.

609. **W. Dieckvoss,** Die Gottorper Weltkugel. Himmelswelt **55** 67—68, mit 1 Abb. — Beschreibung des Globus aus dem 17. Jahrhundert von 3.50 m Durchmesser mit der Erdoberfläche außen und einer Inneneinrichtung für ein Planetarium.

610. **A. Due Rojo,** Alusiones biblicas a la Astronomia y Geofisica. Euclides 8 435—440.

611. **E. Gastardi,** El inquietante problema de los mundos habitados. Bol. Real Soc. Geográfica **84** 179—195.

612. **C. Graef Fernández,** La metáfora en las ciencias exactas. El Universo **46** Nr. 5 S. 5—9.

613. **G. A. Gurew,** Gab es einen Anfang und wird es ein Ende der Welt geben? Tallin, Verlag «Pädagogische Literatur», 1947. 50 S. Preis 2 R. (estnisch).

614. **G. A. Gurew,** Die Einheit des Weltalls. Kaunas, Staatsverlag für Enzyklopädien, Lexika und wissenschaftliche Literatur, 1947. 44 S. Preis 1 R. 50 Kop. (litauisch). — Außerdem in estnischer Sprache erschienen.

615. **C. Hoffmeister,** Zur Frage der Popularisierung. Sterne **24** 4—7.

616. **C. Hoffmeister,** Der «Weltuntergang» am 17. März 1949. Sterne **24** 176—177.

617. **J. Jackson,** The amateur Astronomer. MN ASSA 7 60—65.

618. **A. A. Jakowkin,** Gab es einen Anfang und wird es ein Ende der Welt geben. Kiew, Komitee für Volksbildung der ukrain. Sowjetrepublik, 1948. 22 S. Preis 1 R. (ukrainisch).

619. **H. Kienle,** Die Maßstäbe des Kosmos. Deutsche Akad. Wiss. Berlin, Vorträge und Schriften, Heft 24, 29 S. — Besprechung in Sternenwelt **1** 287 (W. Sandner). — Nach Betrachtungen über den Vorgang des Messens im Bereich der Umwelt des Menschen wird ausgeführt, wie die Ausmessung des Kosmos an die irdischen Maßstäbe angeschlossen werden kann und wie wenigstens die relativen kosmischen Größenverhältnisse unserer Vorstellung näher zu bringen sind. Dies wird ausführlich für die Entfernungen, Geschwindigkeiten und Zeiten im Weltall und dann noch kurz für Massen und Energien erläutert. Kdr.

620. **H. v. Klüber,** Einfall der Marsbewohner veranlaßt Angriff mit Panzerwagen und Tränengas. Sterne **24** 176.

621. **R. W. Kunizkij,** Gab es einen Anfang der Welt? Moskau-Leningrad, Staatsverlag für technisch-theoretische Literatur, 1948. 32 S. mit 10 Fig. Preis 60 Kop. (russisch).

622. **E. López López,** Estudiando el cielo. El Universo **46** Nr. 6 S. 17—20, 22, mit 1 Fig.

623. **H. Maliskat,** Im Reiche der Mondroboter. Neue witzig-belehrende Schilderung einer Fahrt durch das Weltall mit vielen Bildern. Berlin-Frohnau, Condor-Verlag, 1948. 96 S. Preis 4.— DM. — Besprechung in Sterne **24** 124 (D. Gudzent).

624. **A. March,** Natur und Erkenntnis. Die Welt in der Konstruktion des heutigen Physikers. Wien, Springer-Verlag, 1948. 7 + 239 S. mit 18 Abb. — Besprechung in Naturwiss **35** 348—349 (K. Schäfer).

625. **P. W. Merrill,** Adventures of a starbeam. Sky and Telescope **7** 195—197, mit 5 Fig.

626. **H. Meyer-Bührer,** Einige astronomische Grundbegriffe. Astronomische Arbeitsgruppe Schaffhausen. Preis sfr. 1.90. — Besprechung in Orion Genève Nr. **16** S. 356, 1947.

627. **S. A. Pachuto,** Über die religiöse Legende von der Schöpfungsgeschichte der Welt. Minsk, Staatsverlag der weißrussischen Sowjetrepublik, 1948. 32 S. Preis 50 Kop. (russisch).

628. **J. H. Pruett,** Terminology talks. Sky and Telescope **7** 69, 97, 102 mit 2 Fig., 122, 124 mit 3 Fig., 152, 158, 175, 197, 222 mit 3 Fig., 249, 270 mit 2 Abb., 305, **8** 12, 33 mit 1 Abb. — Celestial sphere, zenith, nadir, horizon, celestial meridian, transit, celestial poles. Celestial equator, ecliptic, equinoxes. Right sphere, parallel sphere, oblique sphere. The altazimuth system, the equatorial system. «Falling stars», meteors, meteorology. Fireballs, bolides, detonating meteors, trains, trails, sporadic meteors, shower meteors. Explanation of radiant, geocentric and heliocentric velocities. Elliptical, parabolic, and hyperbolic velocities, meteor terminology, falls, finds, classes of meteorites. Meteorite specimens, fusion crust, eclipses. Umbra, penumbra, appulse, orbit, perihelion, aphelion. Cometary superstitions, Halley's comet. The great comet of 1882.

629. **I. Puig,** Comparación entre el cielo boreal y el austral. Ibérica **7** 297—299.

630. **C. P. Richards,** The star of Bethlehem. Strolling Astronomer **2** Nr. 1 S. 1—5.

631. **C. P. Richards,** An aid to the visualisation of astronomical values. Strolling Astronomer **2** Nr. 12 S. 1—4.

632. **A. de Rycke,** Het Zonnestelsel en de Mens. Heelal **4** 8—9.

633. **H. Shapley,** The one world of stars. Science **108** 315—321, mit 4 Fig. = Harv Repr (2) Nr. **24**. — Besprechung in JBAA **59** 186—187.

634. **G. B. Shdanow,** Strahlen aus den Tiefen der Welt. Moskau-Leningrad, Staatsverlag für technisch-theoretische Literatur, 1948. 107 S. mit 61 Abb. Preis 2 R. (russisch).

635. **J. Tinoco,** Astronomia y electricidad. Anuario Obs. Madrid 1948 S. 297—356.

636. **A. Unsöld,** Quantentheorie und Astronomie. Phys. Blätter **4** 188—189.

637. **D. Wattenberg,** Das Lebensalter der Astronomen. Himmelswelt **55** 68—69, mit 1 Fig.

* * **H. Werner,** Das ptolemäische und kopernikanische Weltsystem und das Zeiß-Planetarium. Vgl. Ref. 1252.

638. **H. Werner,** Der Zauber der Milchstraße. Naturwiss. Rundschau **1** 100—102, mit 4 Abb.

639. **B. A. Woronzow-Weljaminow,** Gab es einen Anfang und wird es ein Ende der Welt geben? Woronesher Gebietsverlag, 1948. 36 S. mit Abb. Preis 1 R. (russisch). — Außerdem in tadshikischer Sprache erschienen.

640. Radio and Astronomy. JBAA **58** 158—159, 196.

§ 7
Bibliographie, Neuausgaben, Gesamtausgaben, Lexika, Sammelwerke, Festschriften

701. Astronomischer Jahresbericht. Mit Unterstützung der Astronomischen Gesellschaft herausgegeben vom Astronomischen Rechen-Institut zu Heidelberg. Berlin, Walter de Gruyter & Co., 1949. **47**. Band. 27 + 208 S. Die Literatur des Jahres 1947. Schriftleitung K. Heinemann unter Mitwirkung von W. Lohmann.

702. Die Astronomie in der Sowjetunion in den dreißig Jahren von 1917—1947. Moskau-Leningrad, OGIS, Staatsverlag für technisch-theoretische Literatur, 1948. 292 S. Preis 19 R. — Das von M. S. Swerew, P. P. Parenago und A. B. Sewerny redigierte Sammelwerk enthält folgende Beiträge: A. A. Michajlow, Dreißig Jahre sowjetische Astronomie, S. 9—14. M. S. Swerew, Fundamentale Astrometrie, S. 15—32. A. N. Deutsch, Photographische Astrometrie, S. 33—38. N. N. Pawlow, Zeitdienst, S. 39—49. M. F. Subbotin, Theoretische Astronomie, S. 50—70. N. P. Barabaschew, Mond und Planeten, S. 71—82. S. W. Orlow, Kometen, S. 83—88. W. W. Fedynskij, Meteore, S. 89—102. W. P. Wjasanizyn, Die Sonne, S. 103—111. W. W. Sobolew, Physik der Sternatmosphären (Theorie), S. 112—119. B. A. Woronzow-Weljaminow, Physik der Sternatmosphären (Beobachtung), S. 120—126. P. P. Parenago, Stellarastronomie, S. 127—151. B. W. Kukarkin, Veränderliche Sterne, S. 152—164. B. A. Woronzow-Weljaminow, Gasnebel und nichtstationäre Sterne, S. 165—178. A. B. Sewerny, Innerer Aufbau der Sterne, S. 179—183. N. D. Moissejew, Kosmogonie, S. 184—191. A. L. Selmanow, Kosmologie, S. 192—202. Bibliographie, S. 203—289. Vgl. nachfolgendes Ref. (russisch).

* * **S. A. Schorygin,** Bibliographie der astronomischen Arbeiten in der Sowjetunion in den Jahren 1917—1947. Vgl. Ref. 702 (Schlußkapitel).

703. **S. A. Schorygin,** Literaturanzeiger der astronomischen Veröffentlichungen der UdSSR Nr. **52**—**57**. RAJ **25** 74—80, 138—144, 201—208, 285—288, 332—336, 377—382.

704. Bibliografía astronómica española durante el periodo 1945—1948. Urania Barcelona **32** Nr. 219 S. 180—186. — Die hier angeführte Literatur ist in AJB **46** und **48** aufgenommen.

705. Mathematical Reviews. Published by the American Mathematical Society, Lancaster. Editorial Office, Mathematical Reviews, Brown University, Providence R. I. Vol. **9** Nr. 1—11, 1948.

706. Physikalische Berichte. Herausgegeben im Auftrag der Physikalischen Gesellschaft Württemberg/Baden. Redaktion M. Schön unter Mitwirkung von L. Dede. Wiesbaden, Dieterich'sche Verlagsbuchhandlung, 1948. Band **27** Heft 1/2, 3/4, 5/6, 7/8. 796 S.

707. Zentralblatt für Mathematik und ihre Grenzgebiete. Deutsche Akad. Wiss. Berlin. Berlin-Göttingen-Heidelberg, Springer-Verlag, 1948. Geleitet von H. L. Schmid. Band **29** Heft 1—10.

708. **F. Baldet,** Bibliographie Mensuelle de l'Astronomie. BSAF **62** 144—145. — Erscheint innerhalb des Bulletin analytique mensuel du Centre National de la Recherche Scientifique (C. N. R. S.) und wird selbständig ausgeliefert.

709. **G. M. Clemence, L. F. Jenkins,** The Astronomical Journal. General Index to the First Fifty Volumes 1849—1944. New Haven, 1948. 14 + 158 S.

710. Annales Françaises de Chronométrie. Tables Générales de la première série Tomes I à XVI (1931—1946). Table Alphabétique per noms d'Auteurs et Table Alphabétique et Méthodique des Matières. Ordonnées par R. Baillaud. Besançon, 1947. 133 S.

711. Arato di Soli. Fenomeni e pronostici. Italienische Übersetzung mit Einleitung und Anmerkungen von G. Zannoni. Firenze, Verlag Sansoni, 1948. 26 + 92 S. Preis 600 Lire. — Übersetzung des Arato aus dem Griechischen. Der erste Teil beschreibt die Sternbilder, der zweite bestimmt die Lage der Himmelskreise, der dritte behandelt den Auf- und Untergang der Gestirne, während der letzte Teil den meteorologischen Vorhersagen gewidmet ist. F. Z.

712. Nicolaus Copernicus, De Revolutionibus. Preface and Book I. Translated by J. F. Dobson, assisted by S. Brodetsky. Vgl. AJB **47** Ref. 705. — Besprechung in J. Franklin Inst. **246** 178 (G. E. Pettengill).

713. G. Galilei. Annunzio sidereo etc. Italienische Übersetzung des Nuncius sidereus mit Vorwort und Anmerkungen von M. Timpanaro Gardini. Firenze, Verlag Sansoni, 1948. 18 +90 S. mit 4 Tafeln. Preis 700 Lire. — Übersetzung aus dem Lateinischen des vollständigen Sidereus Nuncius.

714. G. Galilei, Dialoghi dei massimi sistemi. II—III giornata. A cura di Guido Castelnuovo. Introduzione di Federigo Enriques. Roma, Sandron, 1947. 499 S. — Ref. in ZfMG **31** 337.

715. Galileo Galilei, Dialog über die beiden Hauptsysteme der Welt — das ptolemäische und das kopernikanische. Moskau-Leningrad, Verlag für technisch-theoretische Literatur, 1948. 380 S. mit Abb. im Text und einem Porträt auf Tafel. Preis 23 R. 25 Kop. Übersetzt ins Russische von A. I. Dolgow.

716. S. W. Kowalewskaja, Wissenschaftliche Arbeiten. Moskau-Leningrad, Verlag Akad. Wiss. UdSSR, 1948. 368 S. mit Abb. im Text und 2 Portraits auf Tafeln. Preis 22 R. 50 Kop. (russisch). — Enthält unter anderem Arbeiten zur theoretischen Astronomie.

717. A. M. Ljapunow, Ausgewählte Werke. Herausgegeben von der Kommission der Akad. der Wiss. der Sowjetunion zur Herausgabe wissenschaftlich-populärer Literatur. Im Verlag der Akad. (Serie klassische Wissenschaften), 1948. 540 S. (russisch). — Enthält u. a. folgende Beiträge: Untersuchungen zur Theorie der Figur der Himmelskörper, S. 251—300. Über die Figur der Himmelskörper, S. 301—322. W. I. Smirnow, Biographie von A. M. Ljapunow, S. 325—340. W. I. Smirnow, Abriß der wissenschaftlichen Arbeiten von A. M. Ljapunow, S. 341—350. L. N. Sretenskij, Kommentar zur Arbeit „Untersuchungen zur Theorie der Figur der Himmelskörper", S. 484—492.

718. Sammlung von Aufsätzen Lomonossows. Moskau-Leningrad, Verlag Akad. Wiss. UdSSR, 1946. 306 S. mit einem Bild und 8 Tafeln. Preis 25 R. (russisch). — Biographie und wissenschaftliche Arbeiten Lomonossows.

719. **N. D. Moissejew,** A. M. Ljapunow und seine Arbeiten über die Theorie der Stabilität. Abh. Lomonossow-Staatsuniv. Moskau Nr. **91** S. 139—148, 1947 (russisch).

720. Newtons Principia. Berkeley, University of California Press. Preis $ 6.50. — Anzeige in Pop Astr **56** 279—280.

721. **L. Gabba,** Schiaparelli. Brescia, Verlag La Scuola (ohne Jahresangabe). 160 S. mit Bildnis. Preis 90 Lire. — Biographie und Lebenswerk Schiaparellis mit Inhaltsverzeichnis der 11 Bände der im Verlag Hoepli erschienenen Werke Schiaparellis. F. Z.

722. Naturforschung und Medizin in Deutschland 1939—1946. Für Deutschland bestimmte Ausgabe der FIAT Review of German Science. Wiesbaden, Dieterich'sche Verlagsbuchhandlung W. Klemm, 1948.

Bd. **6**: Angewandte Mathematik, Teil 4. Geodäsie. Herausgegeben von A. Walther. 116 S.

Bd. **7**: Angewandte Mathematik, Teil 5. Herausgegeben von A. Walther. Abschnitt 7: K. Schütte, Mathematische Methoden der Astronomie, S. 89—119.

Bd. **13**: Kernphysik und Kosmische Strahlen, Teil 1. Herausgegeben von W. Bothe, S. Flügge. 230 S. — Besprechung in Z f Naturf **4a** 316 (W. Braunbek).

Bd. **19**: Meteorologie und Physik der Atmosphäre. Herausgegeben von R. Mügge. 306 S. — Besprechung in Sterne **24** 180—181.

Bd. **20**: Astronomie, Astrophysik und Kosmogonie. Herausgegeben von P. ten Bruggencate. 8 + 441 S. — Besprechung in AN **277** 274—275 (W. Grotrian), Sterne **24** 181—182, Z f Naturf **4 a** 241 (H. Klauder). Inhalt: 1. K. Schütte, Geographische Ortsbestimmung. 2. E. Lange, Zeitdienst. 3. K. Stumpff, Himmelsmechanik. 4. A. Kohlschütter, Astrometrie. 5. F. Becker, H. Gollnow, H. Haffner, Photometrie und Spektroskopie. 6. L. Biermann, P. Wellmann, Physik der Sternatmosphären. 7. L. Biermann, Der innere Aufbau der Sterne. 8. P. ten Bruggencate, H. von Klüber, Physik der Sonne. 9. K. O. Kiepenheuer, Solar-terrestrische Erscheinungen. 10. E. Schoenberg, K. Wurm, Sonnensystem. 11. J. Hopmann, Doppelsterne. 12. J. Hellerich, Veränderliche Sterne. 13. W. Becker, W. Fricke, Bau des Sternsystems. 14. O. Heckmann, Statistische Dynamik von Sternsystemen. 15. C. F. von Weizsäcker, Kosmogonie.

723. Fortschritte der astronomischen Wissenschaften III. Moskau-Leningrad, Verlag Akad. Wiss. UdSSR, 1947. 332 S. Preis 27 R. 50 Kop. (russisch). — Die einzelnen Beiträge sind in den entsprechenden Paragraphen aufgeführt.

Desgl. Band IV, 1948. 288 S. Preis 23 R.

Zweiter Teil

Tätigkeit. Geschichte

§ 10

Personalien, Biographie, Briefwechsel

1001. **Nekrologe und Todesanzeigen**

1939

A. A. Iwanow, † 1939 Sept. 22. Himmelswelt **55** 103.

1940

C. Bosch, † 1940 April 26. Himmelswelt **55** 103.
R. Emden, † 1940 Okt. 8. Himmelswelt **55** 104.

1941

L. Bianchi, † 1941 Mai 17. Himmelswelt **55** 104.
J. G. Lohse, † 1941 Jan. 2. Himmelswelt **55** 104.
J. Svoboda, † 1941 Mai 12. Himmelswelt **55** 104.

1942

E. Grabowski, † 1942. Himmelswelt **55** 104.
T. E. R. Phillips, 1868 März 28—1942 Mai 13. JBAA **58** 218, Obs **68** 160. Vgl. AJB **44** Ref. 301.

1943

F. Aguilar, † vermutlich 1943. Himmelswelt **55** 104.
E. Smith, † vermutlich 1943. Himmelswelt **55** 104.
H. Strebel, † 1943 April 26. Himmelswelt **55** 104. Siehe auch AJB **45** Ref. 301.
J. Wilsing, † 1943. Himmelswelt **55** 104.

1944

O. Eggert, † 1944 Jan. 20. Himmelswelt **55** 104.
G. A. Freiberg-Kondratjew, 1854—1944. Priroda **37** Nr. 2 S. 46—48 (S. W. Drosdow).
R. Furuhjelm, 1879 Okt. 12—1944 Nov. 15. Soc. Sci. Fennica Årsbok **25** Nr. 5, 18 S. mit Bild, 1947 = Veröff. Helsinki (G. Järnefelt, H. E. Pipping). Vgl. auch AJB **45, 47** Ref. 301.

1945

E. Anding, † 1945 Juni 30. Himmelswelt **55** 104.
A. Bemporad, 1875 März 19—1945 Febr. 11. Mem SA It (NS) **19** 147—149 mit Bild (S. Taffara). Vgl. auch AJB **45** Ref. 301.
G. Bemporad, 1888 Jan. 3—1945 Juli 10. Mem SA It (NS) **19** 227—228 mit Bild (L. Volta).
O. Fulst, 1865 Mai 6—1945. Deutsche Hydrograph. Z. **1** 43—44 (O. Steppes).
W. Kruse, † 1945 Juni 29. Himmelswelt **55** 104.
E. Leiner, 1885 Sept. 10—1945 Nov. 14. Himmelswelt **55** 104 (Todestag Nov. 24 angegeben), Sterne **24** 127—128 (C. Hoffmeister).
H. Maurer, † 1945 Dez. 7. Deutsche Hydrograph. Z. **1** 44.
R. Prager, 1883 Nov. 30—1945 Juli 20. AN **276** 190—191 (W. Becker). Vgl. auch AJB **45, 47** Ref. 301.
A. Teichgraeber, † 1945 Sept. 23. Himmelswelt **55** 104. Sterne **24** 128 (N. Richter).
W. Theile, † 1945 Juni 3. Himmelswelt **55** 104.
A. Wedemeyer, † 1945 April 23. Deutsche Hydrograph. Z. **1** 41—42 (H. C. Freiesleben).

1946

S. Einbu, 1866—1946 Mai 10. NAT **1948** 37—38.
P. Emanuelli, 1888 Nov. 3—1946 Juli 2. Mem SA It (NS) **19** 229—230 mit Bild (M. G. Fracastoro).
J. Jeans, 1877 Sept. 11—1946 Sept. 16. Naturwiss. Rundschau **1** 182 (H. Klauder), Phys. Blätter **3** 16. Vgl. auch AJB **47** Ref. 301.
W. Kohlhörster, † 1946 Juni 26. Z f Naturf **3a** 690—691 (S. Flügge).
C. Krebs, † 1946 Juni 18. Sterne **24** 127. (C. Hoffmeister). Vgl. auch AJB **47** Ref. 301.
A. van Maanen, 1884 März 31—1946 Jan. 26. Himmelswelt **55** 152. Vgl. auch AJB **45, 47** Ref. 301.
J. A. Miller, 1859 Dez. 16—1946 Juni 15. MN **108** 49—51 = Sproul Obs. Reprints Nr. **64** (P. van de Kamp). Vgl. auch AJB **45** Ref. 301.
J. Mrazek, 1891 April 11—1946 März 25. Sterne **24** 96 (G. Schindler).
G. N. Neujmin, † 1946 Dez. 17. Astr. Kalender Gorkij 1948 S. 138—147 (N. I. Idelson), Himmelswelt **55** 210, Krim Mitt. **2** 136—138 (G. A. Schajn), Priroda **37** Nr. 3 S. 86—87 (B. J. Lewin), Pulk Mitt **17** Nr. 6 (141) S. 1—3. Vgl. auch AJB **45, 47** Ref. 301.
D. B. Pickering, 1873 Jan. 18—1946 Juni 13. MN **108** 51 (W. M. Lindley). Vgl. AJB **47** Ref. 301 S. 8.
H. C. Plummer, 1875 Okt. 24—1946 Sept. 30. Himmelswelt **55** 104. Vgl. AJB **47** Ref. 301.

W. C. Rufus, 1876 Juli 1—1946 Sept. 21. Pop Astr **56** 119—122, mit Bild (F. E. Brasch). Vgl. auch AJB **47** Ref. **301** S. 9.

G. Witt, 1866 Okt. 29—1946 Jan. 3. AN **276** 192 (A. Kahrstedt).

1947

B. Bavink, † 1947 Juni 27. Himmelswelt **55** 104.

L. Becker, 1860 Jan. 8—1947 Nov. 11. MN **108** 41—43 (J. Jackson), Nat **161** 161 (W. M. Smart).

H. van Gent, † 1947 März 29. Hemel en Dampkring **45** 159 (J. H. Oort), Himmelswelt **55** 104. Vgl. auch AJB **47** Ref. **301**.

P. Guthnick, 1879 Jan. 12—1947 Sept. 6. Forschungen und Fortschritte **24** 70—71 (C. Hoffmeister), Himmelswelt **55** 104, Mem SA It (NS) **19** 295 (F. Zagar), MN **108** 35—37 (A. Beer), Sterne **24** 125—127 (C. Hoffmeister).

H. E. Haughton, 1892 Febr. 25—1947 Dez. 15. MN **108** 46—47 (R. H. Stoy), MN ASSA **7** 2.

E. T. Holdaway, 1895—1947 Febr. 14. MN **108** 46.

G. Lehner, † 1947 Jan. 1. Himmelswelt **55** 104.

A. S. D. Maunder, 1868—1947 Sept. 15. MN **108** 48—49 (M. A. Evershed). Vgl. auch AJB **47** Ref. **301** (dort Vorname irrtümlicherweise mit E. W. angegeben).

F. Nölke, 1877 Juli 13—1947 Juni 16. Himmelswelt **55** 152, Z f Naturf **2a** 697—698 (D. Wattenberg).

M. Planck, 1858 April 23—1947 Okt. 4. Himmelswelt **55** 153—154, JBAA **58** 65—66, Nat **161** 13—15 (H. T. Flint), 47—48, 284 (E. N. da C. Andrade).

A. Stauch, † 1947 Mai 7. Sterne **24** 128 (C. Hoffmeister).

S. E. Strömgren, 1870 Mai 31—1947 April 5. Himmelswelt **55** 104, MN **108** 37—41 (K. Lundmark), Orion Genève Nr. **16** S. 354.

R. J. Strutt (Lord Rayleigh), † 1947 Dez. 12. MN **108** 51—53 (Cherwell).

1948

W. K. Abold, † 1948 Nov. 28. Astr Circ USSR Nr. **81** 14.

M. K. Andel, † 1948 März 7. JBAA **58** 221, RH **29** 111—113.

Ö. Bergstrand, 1873—1948 Sept. 27. NAT **1948** 156, PAT **29** 160—161 mit Bild (B. Lindblad).

B. H. Bürgel, 1875 Nov. 14—1948 Juli 8. Forschungen und Fortschritte **24** 269—270 (E. Krug), Naturwiss. Rundschau **1** 83, Sterne **24** 60—62 mit Bild (E. Krug).

H. E. Burton, † 1948 Juli 19. Obs **68** 200, Pop Astr **56** 397, Publ ASP **60** 346.

L. Cap, 1897 Okt. 4—1948 März 17. Gaz astr **30** 24.

R. W. Delaplaine, 1886 Jan. 4—1948 Febr. 12. Obs **68** 80, Pop Astr **56** 168, 206—209 mit Bild = Sproul Obs. Reprints Nr. **55** (P. van de Kamp), Publ ASP **60** 212 (P. van de Kamp).

H. Deslandres, 1853 Juli 24—1948 Jan. 15. BSAF **62** 179—184 mit Bild (L. d'Azambuja), Himmelswelt **55** 210, Nat **161** 194, 303, Obs **68** 79—80, PAT **29** 88, Pop Astr **56** 168, Publ ASP **60** 139, El Universo **46** Nr. 6 S. 14—16, 36.

A. L. Du Toit, 1878 März 14—1948 Febr. 25. Nat **161** 426 (E. B. Bailey).

L. Gabba, † 1948 Sept. 28. Mem SA It (NS) **19** 233.

W. Gaertner, † 1948 Dez. 3. Pop Astr **56** 568.

A. C. Gifford, † 1948 Febr. 28. Publ ASP **60** 278.

R. T. Gould, 1890 Nov. 16—1948. Obs **68** 233—234.

W. Henry, † März 1948. Sky and Telescope **7** 202 mit Bild (C. W. Elmer).

R. Hiller, 1875 Mai 4—1948 März 8. AN **276** 191 (A. Kahrstedt).

W. B. Huey. † 1948 Jan. 25. Pop Astr **56** 168.

A. C. Lane, 1863—1948. Sky and Telescope **7** 203.

C. Mercier, 1889 Mai 15—1948 Jan. 27. Ann. Françaises de Chronométrie (2) 18 193—194 mit Bild (A. Donat), La Montre Française Nr. 5 S. 23—24.

W. F. Meyer, 1880 Dez. 2—1948 Aug. 31. Publ ASP **60** 285—288 mit Bild (J. H. Moore).

A. J. Roy, † 1948 Sept. 11. Publ ASP **60** 400.

A. B. Turner, † 1948 Febr. 5. Publ ASP **60** 139.

L. J. Wilson, 1878 Dez. 1—1948 Mai 18. Strolling Astronomer **2** Nr. 7 S. 2 Nr. 10 S. 1—2 (F. R. Vaughn).

J. W. Cohen, †. Obs **68** 194.

H. A. Lower, †. JBAA **58** 66.

S. Tuchenhagen, †. Himmelswelt **55** 104.

A. S. Wassiljew, †. Astr. Kalender Gorkij 1948 S. 148—152 (L. L. Matkewitsch), Pulk Mitt **17** Nr. 6 (141) S. 4—5.

1002. Personalien

Banachiewicz, Direktor der Sternwarte in Krakau. Himmelswelt **55** 210.

F. Becker, Direktor der Universitätssternwarte Bonn. Himmelswelt **55** 104.

H. A. Brück, Direktor des Dunsink Observatory. Himmelswelt **55** 104.

L. Goldberg, Direktor des Observatoriums der Universität von Michigan. Himmelswelt **55** 152.

Y. Hagihara, Direktor das Mitaka-Observatoriums als Nachfolger von R. Sekiguti. Himmelswelt **55** 152.

F. Kepinski, Direktor des Warschauer Polytechnikums. Himmelswelt **55** 210.

A. Kopff, Direktor der Sternwarte Heidelberg-Königstuhl. Himmelswelt **55** 152.

R. O. Redman, Direktor des Universitäts-Observatoriums und des Observatoriums für Sonnenphysik in Cambridge, Engl., als Nachfolger von F. J. M. Stratton. Himmelswelt **55** 210.

L. Spitzer jr., Direktor des Princeton Observatory als Nachfolger von H. N. Russell. Himmelswelt **55** 104, NAT **1948** 116.

K. A. Strand, Direktor des Dearborn Observatory, Evanston, als Nachfolger von O. J. Lee. Himmelswelt **55** 210, NAT **1948** 79.

G. O. Wallbrecher, Direktor der Sternwarte La Plata. Mem. Anual Obs. La Plata, 1947.

A. E. Whitford, Direktor des Washburn Observatory als Nachfolger von J. Stebbins. Pop Astr **56** 508.

W. Brunner, 70. Geburtstag. Orion Genève Nr. **21** S. 490—491.

A. Dittrich, 70. Geburtstag. RH **29** 126—127.

K. Graff, 70. Geburtstag. Himmelswelt **55** 210.

H. Harting, 80. Geburtstag. Naturwiss. Rundschau **1** 130.

B. Masek, 80. Geburtstag. RH **29** 264—265.

A. A. Michajlow, Vorsitzender des Staatsrates für Astronomie der Sowjetischen Akademie der Wissenschaften. Himmelswelt **55** 210, Naturwiss. Rundschau **1** 94.

60. Geburtstag. RH **29** 275—276.

K. Novák, 60. Geburtstag, RH **29** 11—13.

Sergej Wladimirowitsch Orlow. Zur vierzigjährigen wissenschaftlichen und pädagogischen Tätigkeit. Stalinabad Circ. Nr. **64—65** S. 1 (russisch).

J. G. Porter, Präsident der British Astronomical Association als Nachfolger von F. M. Holborn. Nat **162** 807.

R. Schorr, 80. Geburtstag. Himmelswelt **55** 104.

H. Shapley, Ehrenmitglied der Royal Irish Academy zu Dublin. Naturwiss. Rundschau **1** 287.

A. Becvar erhielt die Donohoe-Kometenmedaille. Publ ASP **60** 75.

H. Bethe erhielt die Henry Draper-Medaille der National Academy of Sciences. Sky and Telescope **7** 224.

M. J. Bester erhielt drei Donohoe-Kometenmedaillen. Publ ASP **60** 75.

M. Davidson erhielt die Lorimer Medaille der Astronomical Society of Edinburgh. Obs **68** 120.

M. Honda erhielt die Donohoe-Kometenmedaille. Publ ASP **60** 75.

H. Jeffreys erhielt die Royal Medal of the Royal Society. Obs **68** 240.

B. Lindblad erhielt die Goldmedaille der Royal Astronomical Society. JBAA **58** 282—283, mit Titelbild, MN **108** 212—213, NAT **1948** 156, PAT **29** 88.

M. G. J. Minnaert erhielt die Gold-Medaille der RAS. MN **108** 9.

D. J. Pratdesaba erhielt die Medalla de Plata de la Ciudad de Vich. Urania Barcelona **32** Nr. 219 S. 161—169, mit 4 Abb.

K. Reinmuth erhielt die Donohoe-Kometenmedaille. Publ ASP **60** 75.

E. Rondanina erhielt die Donohoe-Kometenmedaille. Publ ASP **60** 75.

O. Struve erhielt die Bruce-Goldmedaille der Astronomical Society of the Pacific für 1948. Pop Astr **56** 230, Publ ASP **60** 78, 155—159 mit Bild (C. D. Shane), Sterne **24** 95—96 (S. Günther).

P. Swings erhielt den prix Franqui. Ann d'Astrophys **11** 162, Pop Astr **56** 338.

C. A. Wirtanen erhielt die Donohoe-Kometenmedaille. Publ ASP **60** 75.

1002a. Arthur Stanley Eddington Medal. Obs. **68** 240. — Stiftung dieser Medaille durch die Royal Astronomical Society.

1003. **A. Alvarez Martinez,** Juan Kepler. Matemáticas Elementales 8 4—5.

1004. **G. Armellini,** Lorenzo Respighi nel sessantenario della morte. Quaderni di Roma fasc. 5—6, Sett.-Dic. 1948, S. 161—172 = Oss. Astr. Roma-Monte Mario, Contr. sci. Nr. **144**.

1005. **A. Armitage,** Sun, Stand Thou Still. Vgl. AJB **47** Ref. 501. — Weitere Besprechung in JBAA **59** 44, Obs **68** 195—196, Sky and Telescope **7** 157 (J. W. Streeter).

* * **L. Biermann,** Quantentheorie und Astrophysik. Zum Tode Max Plancks, † 4. 10. 1947. Vgl. Ref. **5002**.

1006. **F. Bravo,** Don Felipe Rivera, primer presidente de la Sociedad Astronomico de Mexico. El Universo **46** Nr. 4 S. 22—23, 28, mit 3 Abb.

1007. **E. Cartan,** La vie et l'œuvre de Georges Perrier. Annuaire Le Bureau des Longitudes 1949 Cl—C4.

1008. **M. Caspar,** Johannes Kepler. Stuttgart, W. Kohlhammer Verlag, 1948. 442 S. Preis geb. 18.— DM. — Besprechung in ApJ **110** 319 (O. Struve), Pop Astr **57** 303—304, Sternenwelt **1** 286 (A. Würstle). — Inhalt: Vorwort und Einleitung. 1. Kindheit und Jugendjahre (1571—1594). 2. Als Landschaftsmathematiker und Lehrer in Graz (1594—1600). 3. Als kaiserlicher Mathematiker in Prag (1600—1612). 4. Als Landschaftsmathematiker in Linz (1612—1626). 5. Die letzten Jahre in Ulm und Sagan. Tod in Regensburg (1626—1630). Rückblick und Würdigung. Literaturhinweise, Bildnisse.

1009. **W. G. Fessenkow,** Aristarch Apollonowitsch Belopolskij. Menschen der russischen Wissenschaft **1** 171—178.

1010. **E. P. Fjodorow,** Zum hundertjährigen Geburtstag von S. P. Glasenap. Priroda **37** Nr. 12 S. 77—78 (russisch).

1011. **P. Frank,** Einstein, His Life and Times. London, Jonathan Cape, Ltd., 1948. 367 S. Preis 16 s. net. — Besprechung in Nat **162** 591 (G. C. McVittie).

1012. **J. A. Gade,** The Life and Times of Tycho Brahe. Vgl. AJB **47** Ref. 504. — Weitere Besprechung in NAT **1948** 78, Pop Astr **56** 54, Sky and Telescope **7** 157—158 (C. M. Huffer).

1013. **P. M. Gorschkow,** Professor Alexander Alexandrowitsch Iwanow — der Gründer der Schule von Astronomie-Theoretikern an der Universität Petersburg-Leningrad (1847 April 4—1939 Nov. 23). Leningrader Universitätsbote **3** Nr. 9 S. 111—121 (russisch).

1014. **J. L. Greenstein,** The seventieth anniversary of Professor Joel Stebbins and of the Washburn Observatory. Pop Astr **56** 283—299, mit Bild. Mit Beiträgen von E. B. Fred, R. H. Baker, O. Struve, J. L. Greenstein, C. T. Elvey, R. R. McMath, A. E. Whitford.

1015. **H. d'Halluin,** Un Astronome-Amateur au XVIIIe siècle. Ciel et Terre **64** 270—271. — Betrifft die Entdeckung des Kometen von Weihnachten 1758 durch den sächsischen Bauern Palizsch.

1016. **W. L. Hinsburg,** N. D. Papalexi und die Radio-Astronomie. Nachr. Akad. Wiss. UdSSR (phys.) **12** 34—37 (russisch).

1017. **L. Hurault,** La vie et l'œuvre de R. Bourgeois. Annuaire Le Bureau des Longitudes 1949 B 1—B 3.

1018. **H. Klauder,** Tycho de Brahes Bedeutung für die Entwicklung der modernen Himmelskunde. Naturwiss. Rundschau **1** 254—256.

1019. **P. G. Kulikowskij,** Lomonossow — Astronom und Astrophysiker. Moskau, Lenin-Staatsuniversität, 1947. 46 S. mit 10 Abb. und einem Bild. Preis 4 R. (russisch). — Besprechung in «Das sowjetische Buch» Nr. 8 S. 10—13 (W. L. Tschenakal).

1020. **M. v. Laue,** Dr. Ludwig Lange, 1863—1936. Naturwiss **35** 193—196.

1021. **B. J. Lewin,** Fjodor Alexandrowitsch Bredichin. Menschen der russischen Wissenschaft **1** 122—132.

1022. **W. Lindemann,** Johann Friedrich Benzenberg, der Düsseldorfer Astronom. Sterne **24** 136—148, mit Bild.

1023. **S. W. Orlow,** Fjodor Alexandrowitsch Bredichin, 1831—1904. Moskau, Verlag der Lomonossow-Staatsuniv., 1948. 32 S. Preis 3 R. (russisch).

1024. **S. W. Orlow,** Die Bedeutung F. A. Bredichins für die Entwicklung der Wissenschaft. Abh. Lomonossow-Staatsuniv. Moskau Nr. 91 S. 157—186, 1947 (russisch).

1025. **J. R. Partington,** Prof. Max Planck. Nat **161** 47—48.

1026. **I. Puig,** Un astrónomo excepcional. Ibérica 8 381—384.

1027. **W. C. Rufus,** David Rittenhouse as a Newtonian philosopher and defender. Pop Astr **56** 122—130.

1028. **H. Schimank,** Zur Nationalität des Wissenschaftlers. Phys. Blätter **4** 382—383. — Enthält u. a. Hinweise auf die deutsche Abstammung des Nikolaus Kopernikus.

1029. **H. Schimank,** Newton und Leibniz. Phys. Blätter **3** 345—352, 1947.

1030. **W. M. Smart,** John Couch Adams and the discovery of Neptune. Vgl. AJB **47** Ref. 518. — Besprechung in J. Franklin Inst. **246** 178, Obs **68** 72—73.

* * **J. W. Streeter,** John Winthrop, junior, and the fifth satellite of Jupiter. Vgl. Ref. **7612.**

1031. **G. Tiercy,** Les relations amicales et la collaboration scientifique entre Urban Le Verrier et Emile Gautier. La fédération horlogère suisse nov. 1947 Nr. 5 S. 39—45, Nr. 6 S. 33—45. — Besprechung in Ann. Françaises de Chronométrie (2) **18** 189.

1032. **R. E. Trembath,** J. A. Brashear. MN ASSA **7** 23—27.

1033. **D. Wattenberg,** Tycho Brahe — sein Leben und Werk. Zum Gedächtnis seines 400. Geburtstages am 14. Dezember 1946. Himmelswelt **55** 169—174, mit 2 Abb. = Mitt. Archenhold-Sternwarte Berlin-Treptow Nr. **6**.

1034. **P. M. Wheeler,** Tennyson, a Victorian Astronomer. Pop Astr. **56** 527—540.

1035. **H. W. Wood,** Tycho Brahe. Australian J. Sci. **9** 177—179, 1947 = Sydney Obs. Papers Nr. **2**.

1036. Astronomers and longevity. JBAA **58** 160. — Liste von Astronomen, welche 80 Jahre und älter geworden sind.

1037. Nicolas Copernicus. Nat **162** 445. — Notiz über die Verhältnisse im Dom zu Frauenburg nach der sowjetischen Besetzung.

1038. Nikolaus Coppernikus. Sammlung von Aufsätzen. — Besprechung in Bote der Akad. Wiss. UdSSR **18** 114—115 (A. P. Juschkewitsch).

1039. En souvenir de Camille Flammarion. Plaquette commémorative du centenaire de Camille Flammarion. BSAF **62** 61—62, mit Bild (Plakette).

1040. En souvenir de Camille Flammarion. BSAF **62** 335—337, mit 1 Abb.

1041. W. Mann, 1817—1873. MN ASSA **7** 48—50.

1042. A tribute to Miss Anne S. Young. Pop Astr **56** 314—316.

1043. Royal Society. Newton Tercentenary Celebrations, 15—19 July 1946. Cambridge, At the University Press, 1947. 15 + 92 S. mit 6 Tafeln. Preis 10 s. 6 d. net. — Besprechung in Nat **161** 375.

* * Meteoritik. Sammlung von Aufsätzen. Nr. **4**. Vgl. Ref. **8333**.

§ 11

Tätigkeitsberichte von Instituten und Gesellschaften, Tagungen

1101. **Tätigkeitsberichte von Instituten**

Ann Arbor, Mich. The Observatory at the University. AJ **53** 145—146 (R. R. McMath). The Observatories of the University of Michigan. AJ **54** 61—64 (R. R. McMath).

Barnehurst, Kent. H. P. Wilkins' Observatory. MN **108** 80.

Berlin-Treptow. Tätigkeitsbericht 1947. Mitt. Archenhold-Sternwarte Berlin-Treptow Nr. **2**, 4 S. (E. Mädlow, H. Pfaffe).

Besançon. Ann. Françaises de Chronométrie (2) **18** 268—271. Activité chronométrique de 1945—1948.

Bloemfontein, South Africa. Lamont-Hussey Observatory. AJ **53** 146 (L. Goldberg).

Bloomington, Ind. Kirkwood Observatory. AJ **53** 142—143 (F. K. Edmondson), AJ **54** 59—61 (F. K. Edmondson).

Brno. BAC **1** 45 (J. M. Mohr).

Cambridge, Engl. University of Cambridge. The Observatories. MN **108** 64—66 (R. O. Redman). Eigenbericht: Report of the Observatories Syndicate for the year ending 1948 September 30. 3 S.

Cambridge. W. H. Steavenson's Observatory. MN **108** 80.

Cambridge, Mass. 102. Annual report of the director of the Astronomical Observatory of Harvard College for the year ending September 30, 1947. Cambridge, Mass. Published by the University, 1948, 6 S. (H. Shapley).

Cape of Good Hope. Royal Observatory. MN **108** 61—64 (J. Jackson). Eigenbericht: Report of His Majesty's Astronomer at the Cape of Good Hope to the Secretary of the Admiralty for the year 1947. 10 Schreibmaschinenseiten (J. Jackson).

Charlottesville, Va. Leander McCormick Observatory. AJ **53** 143—144 (H. L. Alden).

Cheshunt, Hertfordshire. R. Barker's Observatory. MN **108** 78.

Cleveland, Ohio. Warner and Swasey Observatory. AJ **53** 153—155 (J. J. Nassau), AJ **54** 67—68 (J. J. Nassau).

Delaware, Ohio. Perkins Observatory. AJ **53** 148 (N. T. Bobrovnikoff).

Denver. Chamberlin Observatory. AJ **53** 138—139 (A. W. Recht).

Dunsink. MN **108** 69—70 (H. A. Brück).

Edinburgh. Royal Observatory. MN **108** 59—61 (W. M. H. Greaves).

Ewhurst, Surrey. J. Evershed's Observatory. MN **108** 78—79.

Fort Davis, Tex. McDonald Observatory. AJ **53** 157—162 (O. Struve). Vgl. auch Williams Bay.

Glasgow. University Observatory. MN **108** 66 (W. M. Smart).

Greenwich. Royal Observatory. MN **108** 54—59 (H. S. Jones), Nat **162** 540—541 (Auszug aus dem Jahresbericht May 1, 1947—April 30, 1948). Eigenbericht: Report of the Astronomer Royal to the Board of Visitors of the Royal Observatory, Greenwich. 1948, 24 S. (H. S. Jones).— Berichtszeit 1947 Mai 1—1948 April 30.

Grove Park, S. E. 12. Addey's Observatory. MN **108** 78.

Hyderabad. Nizamiah Observatory. MN **108** 74 (A. Ali).

Ithaca, N. Y. Fuertes Observatory. AJ **53** 141—142 (R. W. Shaw), AJ **54** 58—59 (R. W. Shaw).

Johannesburg. Union Observatory. MN **108** 73 (W. H. van den Bos).

Kasan. Astronomisches Engelhardt-Observatorium. Kasan Engelhardt Obs. Bull. Nr. **25** S. 30—32, 1947. — Berichtsjahr 1946.

Kiew. Rechenschaftsbericht über die Arbeit des Astronomischen Observatoriums der Staatsuniversität Kiew für das Jahr 1945. Kiew Publ. Nr. **2** S. 105—110 (russisch).

Desgl. für 1946. Kiew Publ. Nr. **2** S. 111—117 (russisch).

Kingsteignton, Devon. M. B. B. Heath's Observatory. MN **108** 79.

Kodaikanal. Solar Physics Observatory. MN **108** 74—76 (A. K. Das). Eigenbericht: Annual report of the Kodaikanal Observatory for the year 1947. 5 S. (A. K. Das).

Lake Angelus, Pontiac, Mich. McMath-Hulbert Observatory. AJ **53** 146—148 (R. R. McMath).

Leiden. Report on the Observatory of Leiden for the year 1947. BAN 397 **10** 425—431.

London. University of London Observatory, Mill Hill, and University College Observatory. MN **108** 67 (C. C. L. Gregory).

London, Muswell Hill. F. J. Sellers' Observatory. MN **108** 79—80.

London, South Kensington. Imperial College Observatory. MN **108** 66—67 (R. W. B. Pearse).

London, Streatham. F. M. Holborn's Observatory. MN **108** 79.

Middletown, Conn. Van Vleck Observatory. AJ **53** 153 (C. L. Stearns).

Moskau. Staatliches Astronomisches Sternberg-Institut. Moskauer Universitätsbote Nr. **2** S. 156—159, 1947 (russisch). — Tätigkeitsbericht für 1946.

Mount Hamilton. Report from the Lick Observatory University of California. Publ ASP **60** 190—195 (C. D. Shane). — Zeitraum 1947 Jan. 1—1948 Mai 15.

Mount Wilson. Publ ASP **60** 5—17 (I. S. Bowen), Sky and Telescope **7** 203.

Mount Wilson, Mount Palomar. Publ ASP **60** 353—365 (I. S. Bowen). Eigenbericht: Annual report of the director. Carnegie Inst. Washington Year Book Nr. **47**, for the year 1947—1948, S. 3—26 (I. S. Bowen).

Mount Stromlo. Commonwealth Observatory. MN **108** 76—77 (R. v. d. R. Woolley).

Needham, Mass. Cosmic Terrestrial Research Laboratory. AJ **53** 139—140 (H. T. Stetson), AJ **54** 57—58 (H. T. Stetson).

Neuchatel. Rapport du directeur de l'Observatoire Cantonal de Neuchatel à la commission de l'Observatoire sur l'excercice 1946, suivi du rapport spécial sur les concours des chronomètres et des pendules observés en 1947. 32 S. mit 4 Tafeln, 1948 (E. Guyot).

New Haven, Conn. Yale University Observatory. AJ **53** 155—157 (D. Brouwer), AJ **54** 68—70 (D. Brouwer).

Ottawa, Ontario. Dominion Observatory. MN **108** 70—72 (C. S. Beals).

Oxford. University Observatory. MN **108** 67—68 (H. H. Plaskett).

Pittsburgh. Allegheny Observatory. AJ **53** 137—138 (N. E. Wagman).

Prag. Observatoire National de Prague. BAC **1** 45—46 (F. Link).

Prag. Institut Astronomique de l'Université Charles. BAC **1** 47.

Prag. Institut Astronomique de l'Ecole polytechnique. BAC **1** 47.

Prag. Institut d'Astronomie et de Géophysique. BAC **1** 46—47 (E. Buchar).

Pretoria. Radcliffe Observatory. MN **108** 73—74 (H. Knox-Shaw).

Riverview, N. S. W. Riverwiew College Observatory. MN **108** 77 (D. O'Connell).

St. Andrews. University Observatory. MN **108** 68—69 (E. Finlay-Freundlich).

Sidmouth. Norman Lockyer Observatory. MN **108** 69 (D. L. Edwards).

Skalnaté Pleso. BAC **1** 47 (A. Becvár).

Solihull. B. M. Peek's Observatory. MN **108** 79.

Stockholm. Stockholms Observatoriums Årsberättelse för Året 1947. K. Svenska Vetenskapsakad. Årsbok för År 1948, S. 141—149 (B. Lindblad).

Stonyhurst. College Observatory. MN **108** 69 (J. P. Rowland).

Swarthmore, Pa. Sproul Observatory. AJ **53** 148—149 (P. van de Kamp) AJ **54** 64—65 (P. van de Kamp).

Sydney. MN **108** 77—78 (H. Wood).

Toronto. David Dunlap Observatory. AJ **53** 140—141 (F. S. Hogg), MN **108** 72—73 (F. S. Hogg).

Triest. Osservatorio astronomico di Trieste Nr. **215**. Attività dell'Osservatorio astronomico di Trieste dal 1 gennaio 1946 al 31 maggio 1947 (G. B. Lacchini).

Washington. Astrophysical Observatory. Annual Report of the Smithsonian Inst. 1947 S. 118—123 (L. B. Aldrich). Annual Report of the Smithsonian Inst. 1948 S. 121—126 (L. B. Aldrich).

Washington, D. C. United States Coast and Geodetic Survey. AJ **53** 149—150 (L. O. Colbert), AJ **54** 65 (L. O. Colbert).

Washington, D. C. United States Naval Observatory. AJ **53** 150—153 (G. W. Clark), AJ **54** 65—67 (G. W. Clark).

Wellington, N. Z. Carter Observatory. MN **108** 78 (I. L. Thomsen). Eigenbericht: Report of the Carter Observatory Board for the year ended 1948, March 31. Carter Obs. Astr. Bull. Nr. **27**, 22 S. (I. L. Thomsen).

Williams Bay, Wis. Yerkes Observatory. AJ **53** 157—162 (O. Struve), AJ **54** 70—76 (G. P. Kuiper).

Zürich. Tätigkeitsbericht der Eidgenössischen Sternwarte Zürich für das Jahr 1947. Zürich 1948, 5 S. (M. Waldmeier).

1102. **American Association for the Advancement of Science**

C. C. Wylie, The Chicago meeting of the section on Astronomy of the A. A. A. S. Pop Astr **56** 144—146.

1103. American Association of Variable Star Observers

Annual Meeting, 1948 Okt. 15. Sky and Telescope 8 44—45, mit 1 Abb.

Sky and Telescope 7 227. AAVSO convenes at Mount Holyoke College for spring meeting.

1104. American Astronomical Society

78. Meeting. Columbus, Ohio, 1947 Dez. 28—31. Pop Astr. **56** 59—63, mit 2 Tafeln. (C. H. Gingrich), Sky and Telescope **7** 91—93, 102, mit 3 Abb. (J. L. Gossner, S. D. Gossner).

79. Meeting. Pop Astr **56** 341—348, mit 2 Tafeln (O. J. Lee).

G. H. Herbig, Astronomical meeting in Pasadena, June 28—July 1, 1948. Publ ASP **60** 219—220, mit 1 Abb.

Sky and Telescope **7** 252—253, 259, mit 1 Abb. Gatherings of the clan.

Die kurzen Berichte über die auf den Versammlungen gehaltenen Vorträge sind durch «Ref. AAS» gekennzeichnet.

1105. Astronomical Society of the Pacific

Publ ASP **60** 142—144. Minutes of the adjourned special meeting of the Directors, December 5, 1947 (C. H. Adams).

Publ ASP **60** 144—146. Minutes of the annual meeting of the Astronomical Society of the Pacific February 4, 1948 (C. H. Adams).

Publ ASP **60** 146—147. Minutes of the meeting of the newly elected Board of Directors February 4, 1948 (C. H. Adams).

Publ ASP **60** 148—153. Annual Report of the Secretary-Treasurer for the year ending December 31, 1947 (C. H. Adams).

Die kurzen Berichte über die auf den Versammlungen gehaltenen Vorträge sind durch «Ref ASP» gekennzeichnet.

1106. Astronomical Society of South Africa

MN ASSA 7 56—59. Annual reports. 1947/1948 session. Report of the Council.

MN ASSA **7** 68—73. Annual reports of the Centres. 1947/1948 session.

1107. Astronomische Gesellschaft

H. Straßl, Astronomische Gesellschaft in der britischen Zone Deutschlands. Himmelswelt **55** 100—101. Mit Berichtigung in Himmelswelt **55** 210. — Auszug der Statuten.

H. Straßl, Astronomische Gesellschaft in der britischen Zone. Himmelswelt **55** 101—102. — Gründungsversammlung in Göttingen 1947 April 14—16.

H. Straßl, Bericht über die konstituierende Versammlung der «Astronomischen Gesellschaft in der britischen Zone» vom 14. bis 16. April 1947 in Göttingen. Himmelswelt **55** 145—150. — Satzung, Vorstand, Berichte, Vorträge.

Phys. Blätter **3** 130—131, 1947. Astronomen-Tagung in Göttingen. (H. Siedentopf).

Phys. Blätter **3** 132—133, 1947. Astronomische Gesellschaft in der britischen Zone (H. Straßl).

Phys. Blätter **4** 403—404. Tagung der Astronomischen Gesellschaft vom 5. bis 7. Oktober 1948 in Hamburg (H. Siedentopf).

Urania Barcelona **32** Nr. 218, S. 91. La „Astronomische Gesellschaft" reanuda su vida.

Die kurzen Berichte über die auf den Versammlungen gehaltenen Vorträge sind durch «Ref. AG» gekennzeichnet.

1108. Astronomisch-Geodätische Gesellschaft der UdSSR

A. A. Michajlow, Rechenschaftsbericht über die Tätigkeit der Astronomisch-Geodätischen Gesellschaft der UdSSR im Jahre 1945. Bull. Astr.-Geod. Ges. UdSSR Nr. **1** (8) S. 30—33, 1947 (russisch).

Desgl. für 1946 von P. I. Popow. Bull. Astr.-Geod. Ges. UdSSR Nr. **2** (9) S. 25—30, 1947 (russisch).

1109. Astronomisk Selskab

NAT **1948** 38—40, dazu Anhang von 6 S. Den ordinaere Generalforsamling 1948 Febr. 4.

1110. British Astronomical Association

JBAA **58** 1—20. Report of the Annual General Meeting cf the Association, 1947 Oct. 29.

JBAA **58** 235—257. Report of the Council, 1947 Oct. 1—1948 June 30.

JBAA **59** 1—28, mit 7 Fig. Report of the Annual General Meeting the Association, 1948 Oct. 27.

H. L. Kelly, The history of the British Astronomical Association. The first fifty years. A historical Section Memoir. Vol **36** part 2, 132 S. mit 1 Fig.

The British Astronomical Association, its nature, aims and methods. Hounslow West, Middlesex, 1948 June. 44 S. Preis 2 s. — Besprechung in BSAF **62** 222, Obs **68** 159, Orion Schaffhausen **3** 31, Publ ASP **60** 341—342 (E. Pettit).

1111. Bund der Sternfreunde

Himmelswelt **55** 208. Gründungs-Versammlung des „Bundes der Sternfreunde".

1112. Comité National Français d'Astronomie

Réunions scientifiques des 22, 23 et 24 octobre 1946, tenues à Paris avec la participation d'astronomes étrangers pour le Centenaire de la découverte de Neptune. Communications et Mémoires. Orléans, 1948. 166 S. — Die auf der Versammlung gehaltenen Vorträge sind in den entsprechenden §§ des AJB eingeordnet.

1113. Conseil International des Unions Scientifiques

Sixième rapport de la commission pour l'étude des relations entre les phénomènes solaires et terrestres. Orléans, 1948. 215 S. mit einer Einleitung (9 S.) von L. d'Azambuja. — Die einzelnen Arbeiten sind in §§ 41, 43, 44, 46, 48, 53, 54 und 92 aufgeführt.

1114. International Astronomical Union

A. A. Michajlow, Die internationale astronomische Konferenz in Kopenhagen. Bull. Astr.-Geod. Ges. UdSSR Nr. **1** (8) S. 35—36, 1947 (russisch).

G. Abetti, Il Congresso dell'Unione Astronomica Internazionale. Zurigo, 10—19 Agosto 1948. Mem SA It (NS) **19** 285—294.

F. Becker, Die Versammlung der International Astronomical Union in Zürich. Sterne **24** 148—150.

B. Lindblad, Internationella astronomiska unionens kongress i Zürich. PAT **29** 136—138.

F. Link, Tschechoslowakische Teilnahme auf dem Kongreß der IAU in Zürich 1948. RH **29** 215—216 (tschechisch).

L. Rosino, Il VII Congresso dell'Unione astronomica internazionale a Zurigo. Coelum **16** 82—87.

H. Slouka, Ein Referat über den Kongreß der IAU in Zürich 1948. RH **29** 217—228 (tschechisch).

O. Struve, The Zürich Meeting of the International Astronomical Union. Pop Astr **56** 401—420.

H. L. Vanderlinden, De Algemene Vergadering van de Internationale Astronomische Unie. Heelal **4** 65—66.

J. M. Vinter Hansen, Den internationale astronomiske unions Kongres i Zürich, august 1948. NAT **1948** 104—106.

R. E. Wilson, Meeting of the International Astronomical Union. Publ ASP **60** 281—284. — Tagung in Zürich vom 10.—18. August 1948.

Nat **162** 899—900. The International Astronomical Union. — Bericht über die Züricher Tagung 1948.

Obs **68** 161—177. Seventh General Assembly at Zürich, 1948 August 11—18.

Sky and Telescope **7** 291—292, 302—303, **8** 8—11, mit 25 Abb. Congress in Switzerland.

Telegrammschlüssel: Astr Circ USSR Nr. **79** S. 13—14, UAI Circ 1174.

Change of telegraphic code. UAI Circ 1174. — Betr. Festlegung der Kommission 6 auf der UAI-Tagung in Zürich.

1115. **Institute of Meteoritics**
Publ ASP **60** 399. — Kurzer Bericht über Untersuchungen 1939, 1941 und 1948.

1116. **Irish Astronomical Society**
Sky and Telescope **7** 145. News from Ireland.

1117. **The Nantucket Maria Mitchell Association**
Forty-Sixth annual report for the year ending January 31, 1948. Memorial House, Nantucket Mass. 44 S.

1118. **Panel on the Orbits of Eclipsing Binaries**
Z. Kopal, Report of the Panel on the orbits of eclipsing binaries. AJ **53** 120.

1119. **Royal Astronomical Society**
Annual General Meeting, 1948 Febr. 14. MN **108** 3—152.
Anniversary meeting and annual general meeting of the Royal Astronomical Society. Obs **68** 41—46.
Obs **68** 237—238, mit Bild. The Royal Astronomical Society at Edinburgh.

1120. **Royal Astronomical Society of Canada**
J Can RAS **42** 71—92. Minutes of the annual meeting of the Royal Astronomical Society of Canada.

1121. **Schweizerische Astronomische Gesellschaft**
Orion Schaffhausen Nr. **21** S. 488—489. Zur 7. Generalversammlung der Schweizerischen Astronomischen Gesellschaft in Schaffhausen.

1122. **Sociedad Astronomica de España y America**
Urania Barcelona **32** Nr. 218 S. 52—57. Memoira sobre la «Actuación de la Sociedad Astronómica de España y America durante el año 1947». Leida el 29 de Febrero de 1948 en la Asamblea General Anual de la Sociedad. Juan. J. de Orus de Cortada.

1123. **Sociedad Astronomica de México**
El Universo **46** Nr. 4 S. 15—18, mit 2 Abb. El XLVI Aniversario de la Sociedad Astronómica de México.
El Universo **46** Nr. 4 S. 29—32. Visita de la Sociedad Astronomica a Puebla y Tonantzintla.
D. Taboada, Astronomical Society of Mexico. Sky and Telescope **7** 223—224, 229, mit 2 Abb.

1124. **Società Astronomica Italiana**
F. Zagar, La Società Astronomica Italiana nel decennio 1938—1947. Mem SA It (NS) **19** 68—69.

1125. **Société Belge d'Astronomie, de Météorologie et de Physique du Globe**
Assemblée générale statutaire du 13 mars 1948. Ciel et Terre **64** 138—143.

1126. **Société Chronométrique de France**
Assemblée générale des 28 et 29 juin 1947 à Morteau et Villers-le-Lac. Ann. Françaises de Chronométrie (2) **17** 359—361.
Assemblée générale du 8 novembre 1947 à Paris. Ann. Françaises de Chronométrie (2) **18** 171—174.
Assemblée générale de la Société Chronométrique de France à Cluses les 3 et 4 juillet 1948. Ann. Françaises de Chronométrie (2) **18** 255—260.

1127. **Société Suisse de Chronométrie**
XXIIe assemblée générale de la Société Suisse de Chronométrie, à La Chaux-de-Fonds les 31 mai et le 1er juin 1947. Ann. Françaises de Chronométrie (2)

18 175—178.
XXIVe Assemblée générale. Fribourg, 29 mai 1948. Ann. Françaises de Chronométrie (2) 18 261—267, mit 4 Fig.

1128. **Svenska Astronomiska Sällskapet**
PAT **29** 65—68. — Jahresbericht für 1947.

1129. **W. A. Bronstein,** Die achte allbündische Konferenz zur Erforschung der veränderlichen Sterne. Bull Astr.-Geod. Ges. UdSSR Nr. **2** (9) S. 31—32, 1947 (russisch).

1130. **W. Büdeler,** Astronomenarbeit nach dem Kriege. Aus «Der Sternenlauf 1948» S. 144—149, mit 5 Abb. Vgl. Ref. 449.

1131. **A. Dehaen,** Troisième Congrès Annuel des Astronomes Amateurs (1948). Ciel et Terre **64** 272—275. — Kongreß vom 26. Juni 1948 in Gand.

1132. **W. Dieckvoss,** Die Versammlung der Deutschen Sternwartendirektoren in Hamburg-Bergedorf vom 26. bis 28. September 1946. Himmelswelt **55** 100.

1133. **J. Dufay,** Conférence internationale de Londres sur les spectres d'émission du ciel nocturne et des aurores polaires. BSAF **62** 131—136, mit 1 Abb.

1134. **D. Gudzent,** Bericht über die „Arbeitstagung Deutscher Volkssternwarten" an der Archenhold-Sternwarte in Berlin-Treptow. Sterne **24** 77—81. — Tagung 1948 April 3—6.

1135. **W. H. Haas,** The A. L. P. O. as a possible international group. Strolling Astronomer **2** Nr. 11 S. 6—8. — Betrifft die Association of Lunar and Planetary Observers.

1136. **B. W. Kukarkin,** Vollsitzung der Kommission zum Studium der veränderlichen Sterne des Astronomischen Rates der Akademie der Wissenschaften der UdSSR. VS Bull **6** 153—160.

1137. **B. Lyot,** Quelques enseignements d'un voyage aux U. S. A. Comité National Français d'Astronomie, Communications et Mémoires 1948. S. 62—64.

1138. **T. L. MacDonald,** Astronomy in Czechoslovakia. JBAA **58** 229.

1139. **R. Pastiels,** Congrès des Astronomes Amateurs. — 1947. Ciel et Terre **64** 92—93. — 2. Kongreß in Liège am 29. 6. 1947.

1140. **A. Wallenquist,** De astronomiska forskningarna i Argentina. PAT **29** 1—16, mit 22 Fig.

1141. Generalversammlung der Akademie der Wissenschaften der UdSSR aus Anlaß der dreißigjährigen Wiederkehr der großen sozialistischen Oktoberrevolution. — Die von S. I. Wawilow redigierte Zusammenstellung von Vorträgen (720 S. mit Abb. im Text und auf Tafeln sowie 3 Portraits, Preis 44 R., russisch) enthält unter anderem astronomische Beiträge, die in den entsprechenden Paragraphen aufgeführt sind. Loh.

1142. Astronomische Pläne in Rußland. Himmelswelt **55** 103.

1143. The «Domus Galilaeana» JBAA **58** 110. — Institution für Geschichte und Wissenschaft zum Studium Galileis Leben und Wirken.

§ 12

Sternwarten, Planetarien

1201. **Ala-Tau**
Naturwiss. Rundschau **1** 94. — Errichtung eines Observatoriums des Astrophysikalischen Instituts der Sowjetischen Akademie der Wissenschaften.

1202. Asiago
G. de Strobel, Determinazione della latitudine dell'Osservatorio astrofisico di Asiago. Vgl. Ref. 13220.

1203. Auch
H. Camichel, C. Boyer, Comparaison de la qualité des images entre le Pic du Midi et Auch. BSAF **62** 44—45.

1204. Bamberg
E. Zinner, Remeis-Sternwarte Bamberg. Phys. Blätter **3** 57, 1947.

1205. Berlin-Treptow
E. Mädlow, H. Pfaffe, Berichte der Archenhold-Sternwarte. Mitt. Archenhold-Sternwarte Nr. **3**, 30 S. mit 6 Abb. — Das anläßlich des Kongresses Deutscher Volkssternwarten im April 1948 herausgegebene Heftchen enthält vierzehn für Liebhaber gedachte Beiträge aus der Wissenschaft und der Arbeit der Volkssternwarten.

1206. Besançon
R. Baillaud, L'Observatoire de Besançon. Ses obligations scientifiques et industrielles. Ann. Françaises de Chronométrie (2) **17** 339—347, 1947.
J. Haag, L'Institut de Chronométrie. Son passé, son avenir. Ann. Françaises de Chronométrie (2) **17** 349—358, 1947.

1207. Bloemfontein
Naturwiss. Rundschau **1** 94. — Aufstellung eines neuen Baker-Schmidt-Fernrohres gemeinsam vom Armagh-Observatorium, der Dunsink-Sternwarte und der Harvard-Sternwarte.
Publ ASP **60** 399. Search for bright-line stars in the southern sky. — Plan von K. G. Henize am Lamont-Hussey-Obs., Bloemfontein, South Africa.

1208. Bloomington
F. K. Edmondson, Recent developments at the Goethe Link Observatory. Sky and Telescope **8** 34—36, mit 6 Abb.
Sky and Telescope **7** 271. Link Observatory given to Indiana University.

1209. Cambridge, Mass.
Harvard College Observatory. JBAA **58** 287—288.

1210. Catania
J. M. Ramberg, Det astronomiska observatoriet i Catania på Sicilien. PAT **29** 147—154, mit 10 Fig.

1211. Collurania-Teramo
G. Peisino, Osservazioni di latitudine eseguite a Collurania col metodo di Talcott. Mem SA It (NS) **19** 253—269 = Oss. astr. «V. Cerulli» Collurania-Teramo, Note e Comun. Nr. **35**. — Resultate der im Jahre 1947 mit dem Zenitteleskop ausgeführten Breitenbestimmung von Collurania-Teramo.

1212. Cordoba
E. Gaviola, La nueva montura del telescopio reflector de 76 cm, de Córdoba. Asosiación fis. argentina, 10. Versammlung, 1947.

1213. Denver, Colo.
Chamberlin Observatory. University of Denver, 1948. 15 S. mit Abb. — Geschichte und Beschreibung der Sternwarte.

1214. Dublin

Himmelswelt **55** 208. Wiedereröffnung des Dunsink-Observatoriums in Dublin.
JBAA 58 67. — Notiz zum Arbeitsplan.

1215. Exeter

JBAA 58 110. Norman Lockyer Observatory.
Nat **161** 15. University College,Exeter, and the Norman Lockyer Observatory.
Nat **161** 861—862. Norman Lockyer Observatory of the University College of the South West of England, Exeter.
Obs **68** 40. The Norman Lockyer Observatory.
Publ ASP **60** 138—139. The Norman Lockyer Observatory. — Der vollständige Name des auf dem Salcombe Hill, Devon, gelegenen Observatoriums ist: The Norman Lockyer Observatory of the University College of the South West of England, Exeter.

1216. Flagstaff

Himmelswelt **55** 209. Ein neuer Schmidt-Spiegel für das Lowell-Observatorium.

*** * Genève**

G. Tiercy, La première horloge à quartz de l'Observatoire de Genève. Vgl. Ref. **2321.**
G. Tiercy, Résultats des observations de chronomètres en 1947, 1948. Ref. **2322/23.**

1217. Greenwich-Herstmonceux

H. S. Jones, Sur le nouvel observatoire de Greenwich. Comité National Français d'Astronomie, Communications et Mémoires 1948 S. 5—6.
H. S. Jones, El Real Observatorio de Greenwich. El Universo **46** Nr. 6 S. 26—31, mit 3 Abb.
H. S. Jones, The Royal Observatory, Greenwich. Endeavour **7** Nr. 25 S. 9—14.
El Universo **46** Nr. 5 S. 23. El real Observatorio de Greenwich se va de Londres a Essex.
Himmelswelt **55** 208. Isaak Newton-Observatorium.
JBAA 58 111, Pop Astr **56** 231. Australian gift to the Royal Observatory.
JBAA 58 159. Greenwich Observatory and Herstmonceux.
Nat **161** 271. Transit circle for the Royal Observatory, Greenwich.
Obs **68** 79. The Melbourne transit circle. — Schenkung des 8-inch reversible transit circle von Melbourne an das Royal Observatory.
Publ ASP **60** 138. The Royal Observatory, Greenwich.

1218. Haute Provence

J. Houtgast, Het Observatorium van Haute Provence, de grootste moderne sterrenwacht van Europa. Abdruck aus: Hemel en Dampkring (ohne Angabe des Bandes, 1948?), 8 S. mit 4 Fig.

1219. Krakau

Himmelswelt **55** 152. Ein 20 zölliger Reflektor für die Sternwarte Krakau.
Pop Astr **56** 170. A 20-inch reflector for Krakow Observatory.
Pop Astr **56** 448. Professor Charles H. Smiley. — Amerikanische Amateur-Astronomen schenken der Sternwarte Krakau drei Spiegel für ein 20-Zoll-Spiegelteleskop.

1220. Krim

W. F. Hase, Die Wahl des Ortes für das Astrophysikalische Observatorium auf der Krim. Krim Mitt. **3** 99—108 (russisch).

1221. La Plata

Publ. Obs. Astr. La Plata, Serie Especial Nr. **3**, 104 S. mit Abb. Plan de Estudios de La Escuela Superior de Astronomía y Geofísica.

1222. Le Houga

J. Peridier, L'Observatoire et le laboratoire astronomique du Houga. Ciel et Terre **64** 97—107, mit 4 Fig. und 2 Tafeln = Publ. Obs. du Houga Nr. 13.

1223. Lwow

T. L. Mandrykina, Die Zahl der klaren Tage von 1933 bis 1946 nach Beobachtungen am Astronomischen Observatorium Lwow. Lwow Circ. Nr. 3 S. 10—11, 1947.

1224. Madison

Sky and Telescope **7** 301. Anniversaries at Washburn Observatory.

1225. Manila

M. Selga, La agonia del Observatorio de Manila. Ibérica **5** 403—407, 1947.

M. Selga, Las visitas al Observatorio de Manila durante el período 8 Diciembre 1941 a 1 Julio 1943. Ibérica **6** 13—16, 1947.

M. Selga, La labor del Observatorio de Manila durante el período de 8 Diciembre 1941 a 1 Julio 1943. Ibérica **6** 119—124, 1947.

M. Selga, El Observatorio de Manila durante el período 1 Julio 1943 a 21 Septiembre 1944. Ibérica **6** 180—184, 1947.

1226. Miami

Himmelswelt **55** 209. Eine neue Station zur Messung der Sonnenstrahlung.

1227. Moskau

S. N. Blashko, Die Astronomie an der Moskauer Universität. Abh. Lomonossow-Staatsuniv. Moskau Nr. **91** S. 187—194, 1947 (russisch).

N. B. Grigorjewa, Der Sonnendienst am Sternberg-Institut von 1943 bis 1946. Moskauer Universitätsbote **3** Nr. 2 S. 41—44 (russisch).

A. P. Moissejew, Helle Nächte in Moskau. Bull. Astr.-Geod. Ges. Nr. **3** (10) S. 26—29.

1228. Mount Hamilton

Himmelswelt **55** 209. Ein neuer 20 zölliger Doppelastrograph am Lick-Observatorium.

JBAA **58** 68. The Carnegie 20-inch astrograph.

Orion Genève Nr. **16** S. 354, 1947. Neuer Riesenspiegel von drei Meter Durchmesser für das Lick-Observatorium geplant.

1229. Mount Palomar

J. A. Anderson, Optics of the 200-inch Hale Telescope. Publ ASP **60** 221—224.

W. Baade, A program of extragalactic research for the 200-inch Hale Telescope. Publ ASP **60** 230—234. — Besprechung in JBAA **59** 84—85.

N. R. Bolton, Press pilgrimage to Palomar. Sky and Telescope **7** 59—60, mit 3 Abb.

F. Bravo, Una maravilla del ingenio humano: El telescopio de Monte Palomar. El Universo **46** Nr. 6 S. 5—13, 22, mit 4 Abb.

R. R. Coles, The 200-inch telescope. Sky and Telescope **7** 267—269, mit 6 Abb.

A. Due Rojo, La inauguración del telescopio de Hale en Monte Palomar (San Diego, California). Euclides 8 218—219.

J. S. Fassero, Photographic giants of Palomar. Los Angeles, Westernlore Press, 1947. 60 S. Preis 1.95 $. — Besprechung in Sky and Telescope **7** 158.

C. Hoffmeister, Nachricht vom Fünf-Meter-Spiegel. Sterne **24** 174.

A. G. Ingalls, A night on Palomar. Now that the mirror has been through the early tests, where do we go from here? An account of present problems and future astronomical plans. Scientific American **179** Nr. 2, S. 12—17, mit 9 Abb.

A. Lange, Der gläserne Gigant für Mount Palomar. Natur und Technik **2** Heft 13.

M. Lleget, El supertelescopio de Monte Palomar. Ibérica **6** 347—349, 1947.

M. Lleget, La inauguración del supertelescopio de Monte Palomar. Ibérica 8 35—36.

J. M. Ramberg, Femmetersteleskopet på Palomar Mountain, dess uppgifter och möjligheter. PAT **29** 41—51, mit 11 Fig.

R. S. Richardson, 200-Tommers Kikkerten. NAT **1948** 56—62, mit 3 Fig. — Übersetzung aus ASP Leaflet Nr. 226.

R. S. Richardson, Dedication of the Hale Telescope. Publ ASP **60** 215—218.

B. Rule, Engineering aspects of the 200-inch Hale Telescope. Publ ASP **60** 225—229, mit 1 Abb.

D. van N. Schonegevel, Le télescope géant de l'Observatoire du Mont Palomar. BSAF **62** 223.

A. Sciacchitano, Storia della costruzione del più grande telescopio del mondo. Coelum **15** 82—85, 1947. — Geschichte und Beschreibung des Fünf-Meter-Spiegels von Mt. Palomar.

W. T. Skilling, What do astronomers expect of the 200-inch telescope? Sky and Telescope **7** 61—63, mit 4 Abb.

J. M. Vinter Hansen, 200-tommers Halekikkerten paa Mt. Palomar. NAT **1948** 144—146, mit 1 Fig.

D. O. Woodbury, The Glass Giant of Palomar. New York, Dodd, Mead & Comp., 1948. 12 + 383 S. mit 50 Abb.

BSAF **62** 43. Le télescope géant du Mont Palomar.

Himmelswelt **55** 150—151. Der 5 m-Spiegel des Mt. Palomar-Observatoriums.

JBAA **58** 194. The 200-inch telescope. — Nach Pop Astr **56** 172.

JBAA **58** 228. The 200-inch: Some anticipated results. — Besprechung von Publ ASP **59** 153.

Orion Schaffhausen Nr. **21** S. 492. — Einweihung.

Phys. Blätter **3** 278—279, 1947. Der Riesenreflektor auf dem Mt. Palomar. — Gekürzter Bericht eines Artikels aus „Science Digest", Chicago, Mai 1947.

Pop Astr **56** 1. The 200-inch.

Pop Astr **56** 172. The 200-inch telescope adjustments.

Pop Astr **56** 339. Dedication of the Palomar Observatory.

Pop Astr **56** 398. Palomar Observatory stamp announced.

Pop Astr **56** 450—452. Palomar Mountain Observatory commemorative postage stamp inaugurated.

Publ ASP **60** 208—209. Dedication of the Palomar Observatory. — Programm zur Einweihung am 3. Juni 1948.

Publ ASP **60** 275—276. The story of Palomar. — Dokumentar-Farbfilm mit einer Laufzeit von 40 Minuten.

Publ ASP **60** 347—348. Palomar Observatory commemorative stamp.

Sky and Telescope **1** Nr. 11, 1942 (V), **5** Nr. 4, 1946 (V), **7** Nr. 1, 1947 (V), Nr. 3, 1947 (V, R), Nr. 5 (R), Nr. 7 (R), Nr. 9 (R), Nr. 11 (V, R), 8 Nr. 1 (R). — Abbildungen über Mt. Palomar auf der Vorderseite (V) bzw. Rückseite (R) des Heftumschlags.

Sky and Telescope **7** 246. The Hale telescope.

Sky and Telescope **7** 271, mit 1 Abb. — Abbildung der 3-cent-Briefmarke des Observatoriums.

Sky and Telescope **8** 42. Abbildung: The dedication on Palomar Mountain, June 3, 1948. M. F. Baumgardt.

Sterne **24** 89—90, mit 1 Karte. Der Fünf-Meter-Spiegel reist auf den Palomar Mountain. R. Müller.

Sterne **24** 121. Palomar Mountain-Observatorium. — Einweihung.

Sterne **24** 121—123, mit 4 Abb. Bilder vom Fünf-Meter-Spiegel des Palomar Mountain Observatoriums.

El Universo **46** Nr. 3 S. 18—23, mit 3 Abb. El telescopio más grande del mundo.

1230. **Mount Wilson**

PAT **29** 86—88. Från Mount Wilsonobservatoriets första tid.

PAT **29** 172—173. Automatisk ledning av 100-tumsreflektorn vid Mount Wilson.

* * **Odessa**

A. Zessjulewitsch, Die mittlere Breite des Astronomischen Observatoriums Odessa und ihre Schwankungen in den Jahren 1935 bis 1939. Vgl. Ref. **13223**.

1231. **Pic du Midi**

G. Abetti, Six jours à l'Observatoire du Pic du Midi pour observer la couronne solaire. BSAF **62** 176—178.

H. Camichel, C. Boyer, Comparaison de la qualité des images entre le Pic du Midi et Auch. BSAF **62** 44—45.

JBAA **58** 56—63. Impressions of the Pic-du-Midi Observatory. 1. General conditions and scenery (A. J. Newberry). 2. Equipment and work (D. W. Dewhirst). 3. Observations carried out (A. F. O'D. Alexander).

1232. **Pretoria**

H. Knox-Shaw, Installation of the 74-inch mirror at the Radcliffe Observatory, Pretoria. MN ASSA **7** 52—53.

Himmelswelt **55** 151. Der große Spiegel des Radcliffe-Observatoriums.

Himmelswelt **55** 209. Der 74zöllige Radcliffe-Spiegel.

1233. **Pulkowo**

J. E. Gordon, Das neue Programm für das Zenitteleskop von Pulkowo. Pulk Mitt **17** Nr. 6 (141) S. 130—139 (russisch).

Himmelswelt **55** 103. Der Wiederaufbau des Pulkowo-Observatoriums bei Leningrad.

1234. **St. Andrews**

Pop Astr **56** 28—31. Advanced photographic telescope.

1235. **Skalnaté Pleso**

J. M. Vinter Hansen, Det nye bjergobservatorium i Skalnaté Pleso, Czechoslovakiet. NAT **1948** 101—103, mit 1 Abb.

UAI Circ 1137. Geographic position of the Observatory at Skalnaté Pleso. $L = 20° 14' 38\overset{s}{.}6\, E$, $\varphi = 49° 11' 18\overset{''}{.}4$, Höhe 1783 m.

1236. **Stinchfield Woods**

Himmelswelt **55** 152. Ein neues Observatorium der Michigan-Universität.

Pop Astr **56** 173. New Astronomical Observatory at the University of Michigan. — Errichtung eines neuen Observatoriums in Stinchfield Woods bei Ann Arbor mit einem Schmidt-Spiegel von 24 Zoll.

1237. Stonyhurst

P. J. Treanor, Stonyhurst College Observatory. Nat **161** 285.

P. J. Treanor, Stonyhurst College Observatory. Pop Astr **56** 487—489. — Überblick über die seit fast 110 Jahren geleistete Arbeit der Sternwarte und ihre Schließung am 31. Dezember 1947.

Obs **68** 79. Stonyhurst College Observatory. — Betrifft die Schließung der Sternwarte am 31. Dezember 1947.

1238. Swarthmore

The Sproul Observatory of Swarthmore College. 1948, 19 S. mit zahlreichen Abb. — Enthält die Abschnitte: Geschichte und Beschreibung, Arbeitsprogramm, Plattensammlung, Meßtechnik, sonstige Untersuchungen, Unterricht.

* * **Teramo** (Collurania)

G. Peisino, Osservazioni di latitudine eseguite a Collurania col metodo di Talcott. Vgl. Ref. **13217**.

1239. Wendelstein

R. Müller, Das Sonnen-Observatorium auf dem Wendelstein. Aus «Der Sternenlauf 1948» S. 150—166, mit 19 Abb. Vgl. Ref. **449**.

1240. Williams Bay

BSAF **62** 13—19, 46—51, 85—90, 115—120, 146—150, mit 2 Abb. Le cinquantenaire de l'Observatoire Yerkes (1897—1947). P. Swings, G. Abetti, S. Arend, J. Gallo, F. Heard, P. Ledoux, E. A. Milne, M. Minnaert, J. H. Oort, L. J. Pauwen, J. Sahade, G. Shajn, B. Strömgren, P. Swings, A. Unsöld, H. L. Vanderlinden, K. Wurm.

Himmelswelt **55** 151—152. Neuorganisation der Astronomie an der Universität Chicago.

1241. **W. G. Fessenkow,** Über die Organisation des kasachischen Astrophysikalischen Observatoriums. Nachr. Akad. Wiss. kasach. Sowjetrepublik (Astr.-Phys.) Nr. **1** S. 9—14, 1947.

1242. **W. F. Litwinow,** Die Wahl des Ortes für das kasachische Astrophysikalische Observatorium. Nachr. Akad. Wiss. kasach. Sowjetrepublik (Astr.-Phys.) Nr. **1** S. 15—20, 1947.

1243. **W. B. Nikonow, E. K. Nikonowa,** Versuch eines photoelektrischen Vergleichs der Helligkeit des Nachthimmels in Simeis und Partisanowka. Krim Mitt. **3** 109—111 (russisch).

1244. **B. Strömgren,** Indtryk fra amerikanske observatorier. I. Harvard-Observatoriet. II. Perkins-, Princeton-, Warner and Swasey-, Washburn-, Washington- og Yale-Observatorierne. NAT **1948** 90—96, 126—138, mit 8 Abb.

1245. **R. Woolley,** South African Observatories. MN ASSA **7** 50—52.

1246. Die geographische Verteilung der bedeutenderen Sternwarten und ihre Höhenlage. Himmelswelt **55** 70—72, mit 2 Abb.

1247. Observatory in the Congo. Sky and Telescope **8** 6.

1248. Privat- und Volkssternwarten

BSAF **62** 53—54, mit 1 Fig. Un exemple à suivre. L'activité du groupe astronomique du Schaffhouse (Suisse). P. Couderc.

Himmelswelt **55** 99—100. Tätigkeitsbericht der Privatsternwarte W. Sandner in Nürnberg für die Zeit vom 1. 1. 1939 bis 30. 9. 1945. 15 S.

Himmelswelt **55** 102. Eine neue Volkssternwarte in Wien. — Betrifft die ehemals v. Kuffnersche Sternwarte.

Himmelswelt **55** 208—209. Arbeitstagung Deutscher Volkssternwarten vom 3. bis 6. April 1948.

Himmelswelt **55** 209. Eine neue Privatsternwarte. W. Malsch.

JBAA **58** 23—24, mit 1 Tafel. Mr. H. C. King's Observatory at Slough.

JBAA **58** 209—211, mit 2 Abb. (Tafel III und IV). Mr. H. K. Binks's Observatory at Nairobi.

JBAA **58** 211, mit 1 Abb. (Tafel V). The Observatory of Mr. J. R. Bazin, F. R. A. S., Dorchester, Dorset.

MN ASSA **7** 4. Port Elisabeth Observatory.

NAT **1948** 62—63, mit 1 Abb. En af dansk Amatörastronomis Pionerer. E. Hass.

Orion Genève Nr. **16** S. 355, 1947. Neue Wiener Volks-Sternwarte.

Phys. Blätter **3** 243, 1947. Volkssternwarte in München. W. Büdeler.

Sky and Telescope **7** 104—107, mit 3 Abb. A Kansas City Amateur's Observatory. E. D. Tarbell.

Sky and Telescope **7** 120, mit 2 Fig. und einer Berichtigung S. 177. The new Observatory of Cumberland University. G. F. Burns.

Sky and Telescope **7** 227. New observatory. — Eröffnung eines neuen Observatoriums des Alderson-Broaddus College, Philippi, W. Va.

Sterne **24** 62—64. Aus der Arbeit der Volkssternwarten. C. Hoffmeister.

Sterne **24** 177—179, mit 2 Abb. Die Urania-Sternwarte Eilenburg. E. Otto.

Sterne **24** 179. Lagebericht der FDJ-Sternwarten (Frühjahr 1949). H. J. Christoph.

Strolling Astronomer **2** Nr. 1 S. 5—6. A private Observatory. E. L. Forsyth.

Strolling Astronomer **2** Nr. 2 S. 1—2. North Star Observatory and telescope. E. K. White.

Strolling Astronomer **2** Nr. 3 S. 4. A German Telescope.

Planetarien

1249. **R. K. Marshall,** Dismantling a Zeiss planetarium. Sky and Telescope **8** 31—33, mit 5 Abb.

1250. **H. Werner,** Der Werdegang des Zeiss-Planetariums. Himmelswelt **55** 174—176, mit 2 Abb.

1251. **H. Werner,** 25 Jahre künstlicher Sternenhimmel. Von München bis Pittsburgh. Kosmos 1948 Heft 10/11, mit 2 Abb.

1252. **H. Werner,** Das ptolemäische und kopernikanische Weltsystem und das Zeiss-Planetarium. Naturwiss. Rundschau **1** 161—166, mit 10 Abb. — Anläßlich des fünfundzwanzigjährigen Jubiläums des Zeiß-Planetariums im Oktober 1948 schildert der Aufsatz die wesentlichsten Bewegungseigenschaften der Planeten im kopernikanischen und im ptolemäischen Weltsystem und die konstruktiven Grundgedanken, auf denen ihre Demonstration mittels des Bauersfeldschen Planetariumsinstruments beruht. Kdr.

§ 13

Geschichte und Fortschritte der Astronomie

1301. **F. Armenter,** Progresos realizados en la investigación astronómica durante el año 1947. Urania Barcelona **32** Nr. 218 S. 58—74.

1302. **K. L. Bajew,** Die Begründer der modernen Astronomie, Kopernikus, Bruno, Kepler, Galilei. Moskau, Staatsverlag für Unterricht und Pädagogik des Unterrichtsministeriums der russischen Sowjetrepublik, 1948. 116 S. Preis 1 R. 75 Kop. (russisch).

1303. **R. H. Baker,** Astronomy before 1878. Vgl. Ref. **1014.**

1304. **J. C. Bartlett jr.,** As the 17th century saw them. Sky and Telescope **7** 115—116, mit 6 Abb.

1305. **F. Becker,** Geschichte der Astronomie. Vgl. AJB **47** Ref. 502. — Weitere Besprechung in PAT **29** 79—80, Sterne **24** 90—91.

1306. **A. E. Bell,** Christian Huygens and the development of science in the seventeenth century. London, Edward Arnold and Co., 1947. 220 S. mit 7 Tafeln. Preis 18 s. net. — Besprechung in JBAA **58** 223—224, Nat **162** 472—473 (E. N. da C. Andrade).

1307. **R. R. Coles,** Men and stars. Sky and Telescope **7** 178—179, mit 3 Fig.

1308. **L. S. Copeland,** The man who made the constellations famous. Sky and Telescope **8** 38—40, mit 3 Abb. — Aratus von Soli, Sizilien.

1309. **K. K. Dubrowskij,** Der Festtag der Himmelsmechanik. (Zur Entdeckung Neptuns vor 100 Jahren). Astr. Kalender Gorkij 1948 S. 126—133 (russisch).

1310. **R. Dugas,** Le troisième centenaire de Newton. Revue sci. **86** 111—114.

1311. **W. G. Fessenkow,** Abriß der Geschichte der Astronomie in Rußland im 17. und 18. Jahrhundert. Publ. Inst. f. Geschichte der Naturwiss. **2** S. 3—25 (russisch).

1312. **A. A. Fraenkel,** The jewish contribution to mathematics and astronomy. Tel-Aviv, 1947. 32 S. (hebräisch).

1313. **S. G. Gordeladse,** Der Planet Neptun (1846—1946). Kiew, Verlag Akad. Wiss. ukrain. Sowjetrepublik, 1947. 32 S. Preis 1 R. 25 Kop.

1314. **G. A. Gurew,** Die Lehre des Kopernikus. Wissenschaft und Leben Nr. **12** S. 2—9 (russisch).

1315. **B. N. Himmelfarb,** Die Weltgeltung der sowjetischen Astronomie. Priroda **37** Nr. 7 S. 76—80 (russisch).

1316. **P. Humbert,** L'année astronomique 1648. Ciel et Terre **64** 80.

1317. **J. Jeans,** The Growth of Physical Science. Cambridge, University Press, 1947. New York, Macmillan, 1948. 10 + 364 S. mit 39 Fig. und 14 Tafeln. Preis 12 s. 6 d. net., bezw. 4.00 $. — Besprechung in Obs **68** 73—75, Sky and Telescope **7** 230 (D. Brouwer).

1318. **J. Jeans,** Der Werdegang der exakten Wissenschaften. Bern, A. Francke AG Verlag, 1948. 384 S. mit 38 Abb. und 14 Tafeln. — Besprechung in Phys. Blätter **4** 405—406 (Buchwald).

1319. **H. S. Jones,** John Couch Adams and the discovery of Neptune. Vgl. AJB **47** Ref. 313. — Weitere Besprechung in PAT **29** 84, mit 1 Abb.

1320. **N. N. Kalitin,** Die Entwicklung der aktinometrischen Arbeiten in der Sowjetunion in den letzten 30 Jahren. Nachr. Akad. Wiss. UdSSR (geogr., geophys.) **11** 433—439, 1947.

1321. **A. O. Kelly,** On the advancement of science. Pop Astr **56** 503—506.

1322. **R. W. Kunizkij,** Die Entwicklung der Anschauungen über den Bau des Sonnensystems. Kurze historische Skizze. Tallin, Verlag „Pädagogische Literatur", 1947. 76 S. mit 20 Abb. Preis 2 R. 50 Kop. (estnisch). — Außerdem in armenischer Sprache erschienen.

1323. **D. J. Martynow,** Fortschritte der Astronomie 1946. Astr. Kalender Gorkij 1948 S. 92—112 (russisch).

1324. **A. A. Michajlow,** Die Wege der Entwicklung der Sowjetastronomie. RAJ **25** 81—88 (russisch).

1325. **A. A. Michajlow,** Die Wege der Entwicklung der sowjetischen Astronomie. Vgl. Ref. 1141, daselbst S. 422—431 (russisch).

1326. **B. E. Rajkow,** Skizzen zur Geschichte des heliozentrischen Weltbildes in Rußland. Moskau-Leningrad, Verlag Akad. Wiss. UdSSR, 1947. 2. Auflage, 392 S. mit 42 Abb. Preis 18 R. (russisch).

1327. **A. Rodriguez Chaves Lavin,** Centenario del descubrimiento de Neptuno. Ibérica **7** 264—269.

1328. **W. W. Scharonow,** Fortschritte der Planetenforschung in der Sowjetunion. Priroda **37** Nr. 8 S. 3—8 (russisch).

1329. **H. Shapley,** Some astronomical highlights of 1948. Sky and Telescope **8** 42—44, mit 3 Abb. — Besprechung in Sternenwelt **1** 108.

1330. **W. H. Steavenson,** The discovery of Uranus. JBAA **59** 34—35, mit 1 Karte.

1331. **B. Sternberk,** 600 Jahre Astronomie auf der Karls-Universität in Prag. RH **29** 85—87 (tschechisch).

1332. **G. de Vaucouleurs,** Les grandes découvertes de l'astronomie contemporaine. BSAF **62** 344—346. — Hauptdaten zwischen 1923 und 1948.

1333. **J. Vernet,** Astronomía árabe clásica. Mauritania **1948** S. 29—31.

1334. **B. A. Woronzow-Weljaminow,** Fortschritte der sowjetischen Astronomie. Moskau, Verlag «Prawda», 1947. 31 S. mit 16 Abb. Preis 60 Kop. (russisch). — Auch in Lettisch erschienen.

1335. **B. A. Woronzow-Weljaminow,** Geschichte der Astronomie in Rußland im 19. Jahrhundert. Publ. Inst. f. Geschichte der Naturwiss. **2** S. 26—70 (russisch).

1336. **F. Zwicky,** Morphological astronomy. Obs **68** 121—143, mit 4 Fig. (The Halley Lecture 1948). — Verf. entwickelt an Hand von Beispielen die Nützlichkeit einer wissenschaftlichen Betrachtungsweise, die er als „morphologische Methode" bezeichnet. In den Beispielen werden vor allem einige der großen sich z. Zt. darbietenden Aufgaben der Astronomie behandelt. Darüber hinaus wird auf Probleme aufmerksam gemacht, die in der Zukunft auftauchen können und deren Erforschung mit Hilfe neuartiger Instrumente (Elektronenfernrohr, Radar, Raketen) in den Bereich des Zugänglichen rükken wird. Eingegangen wird vor allem auf die Erforschung der Erfüllung des Universums mit Materie im Großen (Nebel, Nebelhaufen), die Existenz verschiedener Sternpopulationen, die Novae und Supernovae und kosmologische Fragen sowie die Verbreitung astronomischer Kenntnisse und die Rolle, die Astronomie und Astronomen beim Wiederaufbau der menschlichen Gesellschaft spielen können. Micz.

1337. Morphological Astronomy. Nat **162** 627—628. — Besprechung der in Obs **68** 121 abgedruckten Halley Lecture von F. Zwicky.

§ 14

Geschichtliche Untersuchungen über Spezialgebiete

1401. **R. Bersihand,** Les pendules japonaises. Ann. Françaises de Chronométrie (2) **17** 269—284, mit 16 Fig., 1947.

1402. **J. Bouska,** 100 Jahre Sonnenrelativzahlen. RH **29** 234—235 (tschechisch).

1403. **D. de Carle,** British time. London, Crosby Lockwood and Son Ltd., 1947. 199 S. — Besprechung in PAT **29** 80—82, mit 2 Abb.

1404. **J. F. Cox, F. H. van den Dungen,** A propos du prochain centenaire de l'expérience de Foucault. Bull. Acad. roy. Belgique, Cl. Sci. (5) **34** 805—808, mit 1 Tafel = Univ. Bruxelles, Inst. d'Astronomie (2) Nr. **44.**

1405. **A. Dittrich,** Agathokles'sche Sonnenfinsternis vom Jahre 310 vor Christi Geburt. RH **29** 249—256 (tschechisch).

1406. **A. Dittrich,** Die ältesten chinesischen Gnomonmessungen. RH **29** 274—275 (tschechisch).

* * **K. E. Edgeworth,** Early chapters in the history of stellar evolution. Vgl. Ref. 5408.

1407. **S. Garcia Franco,** Cómo navegaban los descubridores. Bol. Real Soc. Geográfica **84** 336—367.

1408. **F. W. Glaze,** The optical glass industry, past and present. Annual Report of the Smithsonian Inst. 1948 S. 217—225, mit 2 Fig. und 4 Tafeln.

1409. **L. Gratton,** Napoleone e l'astronomia. Coelum **16** 22—29. — Historische Darstellung einiger astronomischer Episoden aus der Zeit Napoleons. F. Z.

1410. **C. Hoffmeister,** Aus der Frühzeit der Meteorforschung. Zum 150-jährigen Gedächtnis der Arbeiten von Benzenberg und Brandes. Naturwiss. Rundschau **1** 102—107. — Nach biographischen Angaben über Benzenberg und Brandes, die 1798 in Göttingen, angeregt von Lichtenberg, durch korrespondierende Beobachtungen die kosmische Natur der Meteore klarstellten, werden Einzelheiten über diese Beobachtungen mitgeteilt und ihre Bedeutung für die Meteorforschung gewürdigt. Kdr.

* * **C. Hoffmeister,** Hundertfünfzig Jahre Meteorforschung. Zum Gedächtnis der Beobachtungen von Brandes und Benzenberg im Jahre 1798. Vgl. Ref. 8215.

1411. **R. A. Ibn'Ezra,** El libro de los fundamentos de las tablas astronómicas. Introducción crítica de Millás Vallicrosa. Madrid, 1947. 171 S.

1412. **H. S. Jones,** The development of navigation. Pop Astr **56** 263—267. — Besprechung in Ann. Françaises de Chronométrie (2) 18 280.

1413. **R. Müller,** Die Astronomie der Maya. Orion **1948** S. 95—98, mit 5 Abb.

1414. **O. Neugebauer,** The astronomical origin of the theory of conic sections. Proc. Amer. Phil. Soc. **92** 136—138.

1415. **O. Neugebauer,** Studies in ancient astronomy. VIII. The water clock in Babylonian astronomy. Isis, Cambridge Mass. **37** 37—43, 1947. — Ref. in ZfMG **29** 193.

1416. **O. Neugebauer,** Arithmetical methods for the dating of Babylonian astronomical texts. Studies and Essays presented to R. Courant on his 60 th birthday, January 8, 1948. New York, Interscience Publishers, 1948. S. 265—275. — Ref. in Math. Reviews **9** 483.

1417. **J. W. Olmsted,** The „application" of telescopes: 1667 or 1668? Sky and Telescope 8 7, 19, mit 2 Abb.

1418. **A. Pannekoek,** The planetary theory of Copernicus. Pop Astr **56** 2—13, mit 1 Fig. — Copernicus' Werk „De Revolutionibus" kommt in seinen Hauptzügen zur Darstellung. Es wird dabei festgestellt, daß das Buch mit der Entthronung der Erde als Weltmittelpunkt wohl revolutionäres Gedankengut enthält, daß im übrigen aber die Methode, nach der Ptolemäus die Planetenbewegung darzustellen versucht hat, von Copernicus auf das nunmehr heliozentrische System übertragen wird. Ferner beruft sich Copernicus im Hauptpunkt seines Weltbildes, daß nämlich die Sonne Mittelpunkt des Systems sei, auf das griechische Vorbild. Somit stehe Copernicus eigentlich nicht am Anfang einer neuen Epoche, sondern bringe als Verkünder und Verarbeiter antiken Gedankenguts die Renaissance zur höchsten Vollendung. Das ihm auch von kirchlicher Seite entgegengebrachte Interesse und Wohlwollen, im Gegensatz zu dem erst später beginnenden Kampf, rechtfertige diese Beurteilung. Baehr

1419. **A. Pannekoek,** The planetary theory of Kepler. Pop Astr **56** 63—75, mit 2 Fig. — Der Aufsatz vermittelt in gedrängter Darstellung das Verfahren, nach dem Kepler die nach ihm benannten Gesetze der Planetenbewegung in seinem „De Motibus Stellae Martis" überschriebenen Werke entwickelt hat. In der Einleitung wird der Unterschied der Keplerschen Arbeit von Schriften ähnlicher Art hervorgehoben, der darin besteht, daß hier nicht nur Resultate geboten werden, sondern die volle Entwicklung des Gedankenganges einschließlich aller Irrtümer mitgeteilt wird. Diese Entwicklung führt vom Deferenten und Epizykel des Ptolemäus über das Oval als Bahn zur Ellipse. Wie der Titel des Werkes sagt, dienten Kepler Beobachtungen vom Mars zur Zeit seiner Oppositionen zur Untersuchung der Planetenbewegung. Die gefundenen Gesetze hat Kepler nicht im Sinne der späteren Erkenntnis dahin gedeutet, daß die Bewegung des Planeten in seiner Bahn allein durch die Gravitationswirkung zwischen Sonne und Planet zustande kommt, vielmehr finden sich hierüber allerlei Vermutungen, die sogar zum Teil mystischer Art sind. Ebenso wie das Gravitationsgesetz zur Erklärung der Bewegung nicht in Erscheinung tritt, fehlt das Trägheitsgesetz völlig. Neben der Behandlung des rein Wissenschaftlichen wird vom Verf. auch der äußeren Begleitumstände, unter denen Keplers berühmte Arbeit zustande kam, gedacht. Baehr

1420. **A. Pannekoek,** The planetary theory of Newton. Pop Astr **56** 177—192, mit 2 Fig. — Der Betrachtung zugrunde liegt Newtons Werk „Philosophiae naturalis principia mathematica". Mit Hilfe des Trägheitsgesetzes und der Gravitation hat Newton die Bahnen der Himmelskörper abgeleitet. Dabei war die Einführung der Absolutheit von Raum, Zeit und Bewegung erforderlich. Newtons Verdienst ist es, daß er die bisher als besondere Kraft gedeutete Zentripetalkraft mit der Gravitation als aller Materie innewohnenden Massenanziehung gleichgesetzt hat, wodurch Keplers und Galileis Gesetze der Planetenbewegung einerseits und des freien Falles andererseits auf dieselbe Wurzel zurückgeführt wurden. Newton selbst erweiterte die von ihm begründete Punktmechanik auf die Mechanik sphärischer Körper. Die Präzession der Aquinoktien, die Gezeiten und in ersten Ansätzen die Unregelmäßigkeiten in der Mondbewegung wurden ebenfalls von ihm erklärt. Newtons Zeitgenossen waren vorerst nicht gewillt, die von ihm zur letzten Ursache erhobene Gravitation als solche anzuerkennen, vielmehr suchten sie nach der Zurückführung der Gravitation auf eine andere Ursache. Baehr

1421. **A. Pannekoek,** The planetary theory of Laplace. Pop Astr **56** 300—312, mit 1 Fig. — Es wird die Entwicklung der Himmelsmechanik, wie sie besonders durch die Arbeiten von Laplace gekennzeichnet ist, in ihren einzelnen Phasen erläutert. An die Stelle der geometrischen Behandlung mechanischer Probleme war die analytische Methode getreten, die in den Arbeiten von Laplace, vornehmlich in seinem Hauptwerke „Traité de Mécanique Céleste" zur vollen Anwendung kam. Die verfeinerten Beobachtungsmethoden zeitigten Ergebnisse, deren Deutung in vollem Umfang allein mit den fortgeschrittenen mathematischen Hilfsmitteln bewältigt werden konnten. Von besonderer Bedeutung war die von Laplace entdeckte Ursache der langperiodischen Ungleichheit in den Bewegungen von Jupiter und Saturn. Weitere Untersuchungen dieses Astronomen erstreckten sich auf den Einfluß der säkularen Glieder in den Planetenstörungen und auf die Stabilität des Sonnensystems. Baehr

1422. **I. Puig,** La Astronomía en el Celeste Imperio. Ibérica 7 416—419.

1423. **R. Sanchez Mozas,** La Astronomía de los Reyes Magos. Bol. Informativo **1948** S. 77—85.

* * **H. U. Sandig,** 350 Jahre Erforschung der veränderlichen Sterne Zur Geschichte des ältesten bekannten „Veränderlichen o Ceti." Vgl. Ref. **11193.**

1424. **W. Sandner,** Halobeobachtungen aus Altertum und Mittelalter. Himmelswelt **55** 120—121, mit 1 Abb.

1425. **H. B. Sawyer,** Méchain's additions to Messier's catalogue. AJ **53** 117. — Ref. AAS.

1426. **D. J. Schove,** Sunspots and aurorae. JBAA **58** 178—190, mit 1 Fig. Mit einem Zusatz in JBAA **58** 221 und JBAA **59** 39 von C. M. Botley. — Es werden Berichte über Erscheinungen siderischen und terrestrischen Ursprungs diskutiert. Zur Vervollständigung dient eine den Zeitraum von 557 bis 310 v. Chr. einschließende Liste, die derartige Phänomene mit Angabe des Beobachtungsdatums, des Beobachters oder Berichterstatters und andere wichtige Angaben enthält. Baehr

1427. **H. Werner,** Der Sternbilderhimmel aller Völker und Zeiten. Himmelswelt **55** 150. — Ref. AG.

1428. **E. Zinner,** Die griechischen Himmelsbeschreibungen. Naturforschende Ges. Bamberg, 31. Bericht 1948, 23 S.

1429. **E. Zinner,** Schicksalsscheiben, Tolederbriefe und Horoskope. Naturforschende Ges. Bamberg, 31. Bericht 1948, 15 S.

1430. Cosmic phenomena of the past. Nat **162** 289—290. — Besprechung aus Islamic Culture, April, 1948.

1431. An ancient solar eclipse record. Pop Astr **56** 169. — Bericht über die Finsternis vom 10. März des Jahres 601.

Dritter Teil

Instrumente. Technik des Beobachtens

§ 20

Allgemeines, Optik, Alte Instrumente

* * **A. Barangé, A. Esplugas,** Introducción a la observación de las estrellas variables. Vgl. Ref. **11005.**

2001. **E. A. Beet,** Possibilities with a three inch telescope. JBAA **58** 147—150, mit 1 Fig.

2002. **W. A. Bronstein, S. W. Orlow,** Anleitung zur Beobachtung von Planeten und Kometen. Moskau-Leningrad, Verlag Akad. Wiss. UdSSR, 1948. 16 S. Preis 2 R. (russisch).

* * **N. J. Bugoslawskaja, W. W. Basilewitsch,** Anleitung zur Beobachtung der Sonne. Vgl. Ref. **6004.**

* * **W. H. Haas,** How to observe Jupiter. Vgl. Ref. **7605.**

2003 a. **S. A. Issajew, N. J. Bugoslawskaja, W. A. Bronstein,** Anweisungen zur Beobachtung von Nordlichtern und leuchtenden Nachtwolken. Moskau-Leningrad, Verlag Akad. Wiss. UdSSR, 1948. 16 S. Preis 2 R. (russisch).

2003b. **A. König**, Fortschritte im Bau astronomischer Instrumente. Astronomischer Kalender für das Jahr 1949 (Ref. 435 b) S. 82—86, mit 1 Tafel.

* * **E. L. Krinow**, Meteorite. Anweisung zur Beobachtung des Falles von Meteoriten und Vorschriften für ihre Sammlung. Vgl.Ref. 8314.

2004. **H. Michel**, Traité de l'Astrolabe. Vgl. AJB **47** Ref. **614**. — Weitere Besprechung in Ann. Françaises de Chronométrie (2) **18** 185—187 (P. Mesnage), Ciel et Terre **64** 235—236 (P. Bourgeois), Nat **162** 46—47 (F. S. Taylor).

2005 **L. Michiels**, Practische maanwaarnemingen door de amateur. Gaz astr **30** 1—8, 45—54.

2006. **M. E. Nabokow**, Astronomische Beobachtungen mit dem Opernglas. Moskau-Leningrad, Staatsverlag für technisch-theoretische Literatur, 1948. 183 S. mit 73 Fig. und 17 Karten. Preis 3 R. 50 Kop. (russisch). — Ein für den astronomischen Liebhaber gedachtes Buch, das auch dem Lehrer etwas zu bieten vermag. Inhalt: Das Fernrohr, das Opernglas, die Sternenwelt, das Sonnensystem.

2007. **Aa. Nielsen**, Erfaringer med Spejlkikkerter. NAT **1948** 69—71.

* * **E. Ortega**, La fotografia solar con pequeños telescopios. Vgl. Ref. **6013**.

2008. **E. Rosen**, The Naming of the Telescope. Vgl. AJB **47** Ref. 821. — Weitere Besprechung in Ciel et Terre **64** 91—92 (J. Pelseneer), Gaz astr **30** 38—39, JBAA **58** 157, Obs **68** 114, Pop Astr **56** 55, Sky and Telescope **7** 101 (S. G. Barton), Z f Naturf **3a** 64 (A. Klemm).

2009. **L. Rosino**, Lo studio pratico delle stelle variabili. Coelum **15** 1—6, 22—26, 1947. — Anleitungen zum praktischen Studium der Veränderlichen.

2010. **L. Roy**, Sur la clarté d'une lunette pour les étoiles et l'expression de la magnitude limite. Ann. Obs. Astr. Toulouse **18** 1—7. — Es wird ein einfacher Ausdruck für die untere Grenzhelligkeit der in einem Fernrohr sichtbaren Sterne abgeleitet. Micz.

* * **W. W. Scharonow**, Die Sonne und ihre Beobachtung. Vgl. Ref. **6014**.

* * **F. J. Sigel**, Anleitung zur Beobachtung veränderlicher Sterne. Vgl. Ref. **11014**.

2011. Premiers principes d'astronomie et d'observation à l'usage des débutants. Toulouse, R. Lion, 1948. 79 S. 2. Auflage. Preis 60 ffr. — Besprechung dieser von der Société d'astronomie populaire de Toulouse herausgegebenen Schrift in Gaz astr **30** 60.

Optik

2012. **A. Bouwers**, Achievements in Optics. Cleaver Hume Press, 1947. 8 + 125 S. Preis 12 s. net. — Besprechung in Proc Phys Soc **60** 212.

2013. **R. W. Boydston**, Durable and optically improved front surfaced mirrors processed exclusively by thermal evaporation. Phys Rev (2) **74** 124. — Ref. Am. Phys. Soc.

2014. **E. B. Brown**, A null test for paraboloids. Sky and Telescope **7** 161—163, mit 2 Fig.

2015. **A. Buxton**, The relations between an incident ray and its emergent ray through an optical system. Philos. Mag., J. theor. exper. appl. Phys. London **38** 325—331, 1947. — Ref. in ZfMG **30** 183.

2016. **A. Colacevich**, Sistemi ottici a simmetria centrale e loro applicazioni. Mem SA It (NS) **19** 123—133, mit 2 Fig. = Oss. e Mem. Oss. astrofis. Arcetri Nr. **64**, S. 49—61. — Theorie dritter Ordnung monozentrischer Systeme, d. h. optischer Systeme, gebildet aus sphärischen reflektierenden oder beugenden Flächen, deren Mittelpunkte in einem Punkte zusammenfallen.

Es ergibt sich die Möglichkeit zweier Kombinationen, die einzeln untersucht werden und deren Eigenschaften denen der Schmidtspiegel ähnlich sind. Praktische Beispiele zeigen, daß man mit der ersten Kombination das Öffnungsverhältnis 1:2.5, und mit der zweiten bis 1 : 0.5 erreichen kann. F. Z.

2017. **M. Daisomont,** Handleiding bij het gemakkelijk, goedkoop en wetenschappelijk vervaardigen van een Sterrenkijker ten gebruike van de beginneling. Bruges, Editions „De Tempel", 1947. 2. Auflage. 32 S. mit 15 Fig. Preis 40 frs. — Besprechung in Ciel et Terre **64** 287, Gaz astr **30** 40, Heelal **2** 15.

2018. **M. Daisomont,** La pratique de l'Argenture des Miroirs utilisés en Astronomie. Bruges, Editions „De Tempel", 1947. 2. Auflage. 11 S. Preis 20 frs. — Besprechung in Ciel et Terre **64** 287, Gaz astr **30** 40.

2018 a. **M. Daisomont,** La technique du polissage des surfaces optiques sur papier d'après Foucault. Gaz astr **30** 65—69.

2019. **M. Daisomont,** Hoe maak ik zelf mijn Lensjes? Heelal **4** 57—59, mit 2 Fig.

2020. **A. Duran, A. Martin-Tesorero,** Sobre la teoría del sistema catadióptrico de Maksutov. Anales de Física y Quimica 1948 S. 25—52.

* * **P. L. Erizzo,** Conoscere il cielo. Vgl. Ref. 516.

2021. **J. Freymann,** Le télescope de Cassegrain à miroir secondaire sphérique. Orion Schaffhausen Nr. **21** S. 483—485, mit 1 Fig.

2022. **L. N. Gassowskij, K. N. Bulanowa, S. M. Schwarz,** Die Abhängigkeit des Schwellenwertes des Auges von der Ausdehnung farbiger Lichtquellen. DAN **58** 1027—1030, 1947 (russisch).

2023. **E. Gaviola,** Imagenes producidas por telescopios grandes y la medida de estrellas dobles. Asosiación fís. argentina, 9. Versammlung, 1947.

2024. **A. Grabe,** Om tillverkning av linser. PAT **29** 35—40, mit 4 Fig.

2025. **A. Grabe,** Om beräkning av akromatiska objektiv. PAT **29** 155—159, mit 1 Fig.

2026. **J. Holeman,** Characteristics of many kinds of eyepieces. Sky and Telescope **7** 128—130, mit 1 Abb.

2027. **R. Kingslake,** The diffraction of the elementary coma image. Proc Phys Soc **61** 147—158. — Ref. in ZfMG **30** 183—184.

2028. **P. P. Lasarew,** Untersuchungen über die Adaption. Moskau-Leningrad, Verlag Akad. Wiss. UdSSR, 1947. 260 S. mit 90 Abb. und einem Bild. Preis 20 R. (russisch).

2029. **E. Lau, W. Leo,** Über die Augenempfindlichkeit an der ultraroten Grenze. Ann. Physik (6) **2** 242—255, mit 7 Abb. — Bei hinreichender Strahldichte kann Strahlung des Wellenlängenbereichs zwischen 760 und 980 mμ vom Auge noch deutlich als dunkelroter Lichtreiz wahrgenommen werden. Durch Photometrierung intensiver Lichtquellen hinter verschiedenen Ultrarotfiltern gelang es, die Reizkurven dieser Ultrarotwahrnehmung spektral festzulegen und daraus den spektralen Empfindlichkeitsverlauf des Auges in diesem Gebiet zahlenmäßig zu bestimmen. Aus der Tatsache, daß die Wahrnehmung in diesem Spektralbereich kein Purkinje-Phänomen zeigt, kann gefolgert werden, daß es sich — ebenso wie im normalen sichtbaren Rot — um reines Zapfensehen handelt. Verf.

2030. **E. H. Linfoot,** Some recent applications of optics to astronomy. MN **108** 81—93, mit 12 Fig. — Einleitend wird eine Übersicht über Theorie und Geschichte der Spiegelsysteme gegeben. Anschließend beschreibt Verf.

verschiedene Ausführungsformen optischer Systeme, in welchen ein oder zwei Spiegel mit Linsen oder Linsensystemen kombiniert sind. Aufbauend auf früheren Ideen sind Fortschritte hinsichtlich der Korrektion der Abbildungsfehler und der leichten Ausführbarkeit (geringe oder gar keine Abweichung der Flächen von der Kugelgestalt) erzielt worden. Kö.

2031. **E. H. Linfoot,** On the theory of the zonal Foucault test. MN **108** 428—445, mit 9 Fig. — Es wird gezeigt, daß die rein geometrische Theorie für die Behandlung des Problems ungeeignet ist. Aus der beugungstheoretischen Diskussion folgt, daß das Verfahren bei geeigneter Handhabung keine merklichen systematischen Fehler birgt und seine Genauigkeit praktisch nur durch die Kontrastempfindlichkeit des beobachtenden Auges begrenzt ist. Kö.

2032. **E. H. Linfoot,** On the interpretation of the Foucault test. Proc. Roy. Soc. (A) **193** 248—259, mit 7 Fig. — Ref. in ZfMG **30** 332.

2033. **D. D. Maxutow,** Herstellung und Untersuchung astronomischer Optik. Moskau-Leningrad, Staatsverlag für technisch-theoretische Literatur, 1948. 280 S. mit 122 Fig. Preis 13 R. (russisch). — Behandelt die Herstellung optischer Gläser und Prüfung von Linsen und Spiegeln.

2034. **R. Morgan, R. D. Myers,** A study of chemically deposited silver mirrors. J. Franklin Inst. **246** 363—376. — Verf. untersucht insbesondere die Struktur von Silberbelagen und ihre Unsauberkeiten.

2035. **R. A. Oetjen,** An infra-red „lens". Phys Rev (2) **74** 1888. — Ref. Am. Phys. Soc.

2036. **O. Preiß,** Der optische Rechner. Heft 1. Glas und Linsen. Eine Erläuterung wichtiger Grundbegriffe in Frage und Antwort. Göttingen, Druckerei Große, 1948. 46 S. mit 46 Fig.

2037. **O. Preiß,** Der optische Rechner. Heft 2. Elementare Methoden zur Bestimmung der Konstruktionsdaten und die trigonometrische Durchrechnung einzelner Linsen. Glasarten und Brechungsziffern. Göttingen, Dieterichsche Univ.-Buchdruckerei W. Fr. Kaestner, 1948. 46 S. mit 1 Fig. Als Anhang sind Formulare beigelegt, welche ein Berechnungsschema für einzelne Linsen (Farbstrahlen und Randstrahlen) enthalten.

2038. **O. Preiß,** Der optische Rechner. Heft 3. Die trigonometrische Durchrechnung von Linsensystemen für parallel und schräg einfallende Lichtstrahlen. Göttingen, Dieterichsche Univ.-Buchdruckerei W. Fr. Kaestner, 1948. 47 S. mit 8 Fig. Im Anhang sind zwei weitere Figuren und Formulare mit Rechenschemas gegeben.

2039. **H. B. Rumrill,** Light absorption in colored glass. Pop Astr **56** 192—198.

2040. **F. Sheldrake,** Coated lenses in optical instruments. JBAA **58** 191—192.

2041. **J. W. Stein,** Untersuchungen über die Gesichtsfeldkorrektion des Zeißschen Vierlinsers der Vatikanischen Sternwarte. Specola Astr. Vaticana, Ric. Astr. **2** 9—48, mit 11 Abb., 1947. — Die Arbeit bespricht im ersten Teil die meisten der in der astronomischen Literatur erschienenen Bemerkungen über Gesichtsfeldkorrektionen der verschiedensten Astrographen. Im zweiten Teil wird die Gesichtsfeldkorrektion des Zeißschen Vierlinsers der Vatikan-Sternwarte näher untersucht. Verf.

2042. **H. D. Taylor,** The Adjustment and Testing of Telescope Objectives. Vgl. AJB **45** Ref. 1108. — Weitere Besprechung in JBAA **58** 30, Orion Schaffhausen Nr. **22** S. 532.

2043. **G. Thiessen,** Polarisation des Lichtes beim Durchgang durch Metallspalte. Himmelswelt **55** 72—73, mit 1 Abb. — Experimentelle Ergebnisse und theoretische Deutung.

2044. E. Wolf, On the designing of aspheric surfaces. Proc Phys Soc **61** 494—503, mit 10 Fig.

2045. R. A. Woodson, Schmidt system tolerances. J Opt Soc Amer **38** 1102. — Ref. Opt. Soc. Amer. — Hinweis auf eine vom Verf. durchgeführte Diskussion der zulässigen Toleranzen bei Berechnung und Konstruktion von Schmidtspiegeln. Micz.

2046. F. Zernike, Diffraction and optical image formation. Proc Phys Soc **61** 158—164. — Ref. in ZfMG **30** 186—187.

2047. Scientific Instruments II. London, Hutchinson's Scientific and Technical Publications. 300 S. Preis 30 s. — Besprechung in JBAA **59** 43.

2048. Infrared image tubes. JBAA **59** 47. — Wiedergabe eines Briefes von C. G. Bacon in Sky and Telescope **7** 274.

2049. Mirror making in Switzerland. JBAA **58** 110.

2050. Five million pictures a second. Sky and Telescope **7** 64.

2051. Automatic guiding. Sky and Telescope **7** 119.

2052. Photoelectronic telescope. Sky and Telescope **8** 37.

2053. Build your own radar. Sky and Telescope **8** 37.

Alte Instrumente

* * **C. di Fenizio,** Misure del tempo nel primo secolo dell'Era volgare. Vgl. Ref. 3303.

2054. H. C. King, The invention and early development of the achromatic telescope. Pop Astr **56** 75—88.

2055. H. Michel, Un astrolabe latin du XIIe siècle. Ciel et Terre **64** 73—79, mit 2 Abb.

2056. Tycho Brahes Instrumenter. NAT **1948** 41—48, 122—125, mit 3 Fig.

§ 21

Beobachtungsinstrumente

2101. H. W. Babcock, A photoelectric guider for astronomical telescopes. ApJ **107** 73—77, mit 3 Fig. = Contr. Mt. Wilson Obs. Nr. **739**. — Besprechung in PAT **29** 172—173. — Für den 100-Zoll-Spiegel wurde eine lichtelektrische Anlage entwickelt, die eine automatische Nachführung des Instruments ermöglicht. Mit Hilfe einer einzigen Photozelle (Vervielfacher) ist die Vorrichtung imstande, Abweichungen des Sternbildes vom scheinbaren Ort infolge von raschen Refraktionsschwankungen und Unregelmäßigkeiten durch den Antriebsmotor des Reflektors in Rektaszension und Deklination auszugleichen. Micz.

2102. E. B. Brown, A few instruments built by amateurs. Sky and Telescope **7** 75—77, mit 3 Abb.

2102a. A. Couder, Sur une nouvelle lunette zénithale. Comité National Français d'Astronomie, Communications et Mémoires 1948 S. 70—75, mit 5 Fig. — Beschreibt ein Zenitteleskop, bei welchem Autokollimationsbeobachtungen dadurch ermöglicht werden, daß dicht über dem Objektiv eine Planparallelplatte angebracht ist, auf welche eine durchsichtige Flüssigkeit aufgegossen wird. Eine zweite Planparallelplatte dient als Windschutz. Das Zenitteleskop kann sowohl zu Durchgangsbeobachtungen wie auch zur Messung von Zenitdistanzen benutzt werden. Im Schlußabschnitt wird der Einfluß der Luftunruhe und der Temperaturänderungen diskutiert sowie ein Mittel zur Verminderung dieser Störungen angegeben. (Ein sehr ähnlich konstruiertes Zenitteleskop wurde bereits 1903 auf Vorschlag von E. Abbe für die Sternwarte Jena von der Firma Carl Zeiß ausgeführt; vgl. AN **127** 89 und VJS **39** 97. Anmerkung d. Ref.) Kö.

* * **L. Courvoisier,** Vorläufige Ergebnisse der Bestimmung parallaktischer Eigenbewegungen am Großbogenmesser in Babelsberg. Vgl. Ref. 9201.

2103. **M. Daisomont,** De optische eigenschappen van de „Heelal-Telescoop". Heelal **4** 34—35.

2104. **M. Daisomont,** Les télescopes newtoniens à long foyer. Gaz astr **30** 25—27.

2105. **G. Dimitrow, D. Baker,** Teleskope und ihr Zubehör. Aus dem Englischen ins Russische übersetzt von M. S. Nawaschin. Moskau-Leningrad, Staatsverlag für technisch-theoretische Literatur, 1947. 308 S. mit **146** Abb. und 1 Tafel. Preis 5 R. — Vgl. AJB **45** Ref. **1106.**

2106. **I. A. Djukow,** Ein neuer Typ des Meridiankreises. RAJ **25** 133—137, mit 3 Abb. (russisch).

2107. **P. P. Dobronrawin,** Über eine einfache Methode zur Einrichtung der Polachse des Äquatorials. Krim Mitt. **3** 69—72 (russisch).

2108. **D. Fink,** Radar Engineering. New York, McGraw-Hill Book Company, Inc., 1947. 12 + 644 S. Preis 7.00 $ — Besprechung in J Applied Phys **19** 965.

2109. **R. Fleischer,** Guiding small telescopes. Sky and Telescope **7** 243—247, 249, mit 5 Abb.

2110. **M. G. Fracastoro,** Uno strumento per la misura della diffusione atmosferica e della radiazione solare. Mem SA It (NS) **19** 113—122, mit 4 Fig. = Oss. e Mem. Oss. Astrofis. Arcetri Nr. **64** S. 79—90. — Es wird ein Instrument beschrieben, mit dem die durch die Atmosphäre verursachte Diffusion des Sonnenlichtes am Rande der Sonnenscheibe gemessen werden kann. Es wurde gebaut, um Stationen zu Koronabeobachtungen außerhalb von Finsternissen aussuchen zu können. Das Instrument kann auch für andere Zwecke der Sonnenforschung verwandt werden. Verf.

2111. **I. H. Friend, P. B. Sweger,** Novel drives for amateur telescopes. Sky and Telescope **8** 48—50, mit 4 Abb.

2111a. **E. Gigas,** Photographisch registrierende Theodolite. Landesaufnahme Bamberg (Deutschland). 8 S. mit 3 Fig. — Betrifft Askania-Theodolit erster Ordnung und Theodolit T 3 der Firma Wild in Heerbrugg (Schweiz).

2112. **V. von Keussler,** Über die Leistungsfähigkeit von Spektroheliographen. ZfA **25** 220—230, mit 2 Abb. — Es wird auf den Zusammenhang hingewiesen, der zwischen der optimalen Spaltbreite und dem Öffnungswinkel der Abbildung besteht. Die durch die Halbschattenwirkung auf der am Austrittsspalt vorbeigeführten photographischen Platte verursachte Unschärfe wird mit derjenigen bei optischer Abbildung verglichen. Der Vorgang bei der Aufnahme von Spektroheliogrammen wird durch allgemeine Formeln dargestellt und unter Zugrundelegung vereinfachender Annahmen der Intensitätskontrast zwischen eng benachbarten Teilen des monochromatischen Sonnenbildes in Abhängigkeit von den maßgebenden apparatuellen Größen und von dem Luftzustand diskutiert. Auf die Art der Beeinflussung der Qualität von Spektroheliogrammen durch die Luftunruhe wird hingewiesen. Wegen der zwischen der günstigsten Spaltbreite und den übrigen Apparatkonstanten bestehenden Beziehungen hängt die Lichtstärke nur vom Öffnungswinkel ab, unter dem das monochromatische Bild entsteht. Verf.

2113. **V. von Keussler,** Über eine einfache spektroheliographisch-spektrohelioskopische Anordnung zur fortlaufenden Sonnenüberwachung. ZfA **25** 231—254, mit 14 Abb. — Der als Spektroheliograph und zugleich als Spektrohelioskop benutzbare Apparat des Fraunhofer-Instituts auf dem Schauinsland bei Freiburg i. Br. mit Zubehör und Hilfsvorrichtungen wird unter Anführung der bei seiner Konstruktion maßgebend gewesenen Gesichtspunkte und Überlegungen und unter Hervorhebung der Besonderheiten beschrieben. Verf. (gekürzt)

2114. **D. Kotsakis,** Beitrag zur Erforschung des Neigungsfehlers der Horizontalachse des Meridiankreises. Lund Medd (2) Nr. **124,** 11 S. mit 2 Fig. — Die am Meridiankreis der Sternwarte Athen ausgeführten Bestimmungen der Achsenneigung ergaben systematische Unterschiede zwischen den mit Libelle und den mit Quecksilberhorizont bestimmten Werten. Eine genaue Untersuchung läßt die Unzulänglichkeit der Libellenmethode und die Überlegenheit der Messungen mit Quecksilberhorizont erkennen. Bo.

2115. **J. Labs,** Montage van onze populaire V. V. S. kijker. Heelal **4** 18—20, mit 5 Fig.

2116. **J. Labs,** Onze populaire V. V. S. kijker. Heelal **4** 33.

2117. **A. W. Luisow,** Das Meniskus-Teleskop. Priroda **37** Nr. 9 S. 17—27 (russisch).

2118. **G. Matthewson,** Constructing an Astronomical Telescope. Vgl. AJB **47** Ref. 1104. — Weitere Besprechung in Ciel et Terre **64** 91 (J. S. Dubois).

2119. **M. Migeotte,** La chambre photographique de Schmidt et ses applications. Ciel et Terre **64** 145—161, mit 8 Fig. und 2 Tafeln. — Eine Darstellung der Schmidt-Kamera, ihrer Abarten und Anwendungsmöglichkeiten mit der Literatur der letzten zwei Jahrzehnte.

2120. **G. de Mottoni,** Montatura equatoriale semplice per astrofili. Coelum **16** 62—66. — Kurze Beschreibung einer einfachen äquatorialen Montierung.

* * **G. B. Pacella,** Modified astrolabe. Vgl. Ref. 13317.

2121. **R. Ricamo,** Il radar e le sue applicazioni in Astronomia. Coelum **16** 2—5. — Kurzer Bericht über die möglichen Anwendungen des Radargerätes.

2122. **L. N. Ridenour,** Radar System Engineering. New York and London. McGraw-Hill Book Co. Inc., 1947. 18 + 748 S. mit 646 Fig. Preis 37 s. 6 d. net — Besprechung in Proc Phys Soc **60** 398—400 (D. Taylor), Nat **161** 867—868 (R. Watson-Watt).

2123. **A. Roberts,** Radar Beacons. New York, McGraw-Hill Book Co. Inc., 1947. 20 + 489 S. Preis $ 6.—. Besprechung in Proc Phys Soc **61** 488 (D. Taylor).

2124. **J. Rösch,** Combinaisons Schmidt monocentriques. Comité National Français d'Astronomie, Communications et Mémoires 1948 S. 76—80, mit 3 Fig. — Zwei Modifikationen der klassischen Schmidt-Kamera werden abgebildet und beschrieben. Die erste besitzt an Stelle der Korrektionsplatte ein System von zwei Plankonkavlinsen, zwischen denen sich eine plankonvexe Flüssigkeitslinse (Zimtsäureäthylester) befindet. Die konkaven Linsenflächen, die Spiegelfläche und die Bildfläche haben gemeinsames Krümmungszentrum. Die praktische Ausführung der Kamera, welche zunächst zur Photographie von Meteoren dient, wird beschrieben. Bemerkenswert ist, daß der Verschluß und der Filmwechsel weitgehend automatisch erfolgen, so daß Bedienung nur in Abständen von 90^m nötig ist. — Das zweite, bisher noch nicht fertiggestellte System hat statt der Korrektionsplatte eine zweiteilige verkittete Linse. Die freien Linsenflächen, die Spiegelfläche und die Bildfläche haben auch hier einen gemeinsamen Krümmungsmittelpunkt. — Bei beiden Systemen sind asphärische Flächen vermieden. Kö.

2125. **H. B. Rumrill,** Telescope tripods. Pop Astr **56** 479—482.

2126. **F. Schmeidler,** Biegung und Refraktionsstörung am Münchner Vertikalkreis. AN **276** 63—77 = Veröff. Sternwarte München **3** Nr. 9. — Die bei einer Beobachtungsreihe von Fundamentalsternen aufgetretenen extremen $\Delta\delta_\delta$-Fehler des Münchner Vertikalkreises erweisen sich als Biegungseffekt. Während der Beobachtungen wurde die Biegung laufend durch Reflexbeobachtungen kontrolliert und durch ihre Anbringung gelangte das System der im Süden kulminierenden Sterne in gute Übereinstimmung mit dem FK3; im Norden blieben systematische Differenzen von der Größenordnung 0"3. Diese sind durch eine Refraktionsstörung verursacht, für die ein dem Instrument vorgelagertes Gebäude verantwortlich ist. Aus den Beobachtungen wurden absolut, d. h. ohne Benutzung vorgegebener Fixsterndeklinationen, der Jahresgang der Störung und einige Resultate über die mikroklimatischen Vorgänge in der Nähe des Gebäudes gewonnen. Der anschließende Katalog gibt die beobachteten absoluten Deklinationen von 268 Sternen des FK3; die noch unbekannten Polhöhenschwankungen der Beobachtungsepoche (1940—1946) sind nicht angebracht. Verf.

2127. **E. G. Schneider,** Le Radar. Paris, Editions de la Revue d'Optique théorique et expérimentale, 1947. Übersetzung aus dem Englischen von H. Pujade. — Besprechung in BSAF **62** 128.

2128. **W. Stoffregen,** A panoramic ionospheric echo recorder. Terr Mag **53** 269—271, mit 3 Fig.

2129. **L. A. Sucharew,** Über die hauptsächlichsten Vorzüge und Konstruktionseigenschaften des horizontalen Meridianinstrumentes. RAJ **25** 59—65, mit 2 Abb. (russisch).

2130. **J. Texereau,** La construction du télescope d'amateur. I. Considérations génerales et project. BSAF **62** 137—144, 184—189, mit 11 Fig. — Eine verbesserte Fassung der in Circulaires des Instruments 1946/47 gebrachten Beschreibung eines Amateurteleskops mit einem 200-mm-Spiegel. Es wird eine Übersicht gegeben über die geometrische und die Wellenoptik, die Definition nach der Beugungstheorie und die Raleigh-Regel. Eine Diskussion des Refraktors und Reflektors nach Newton und Cassegrain, des Farbfehlers und verschiedener Spiegelschichten folgt. Eine azimutale einfache Montierung wird als Standardmuster dargestellt. Tschunko

2131. **J. Texereau,** La construction du télescope d'amateur. II. Réalisation du grand miroir. BSAF **62** 211—216, 257—264, 287—292, 330—335, mit 12 Fig. — Nach einer Diskussion der Kugel- und Parabelflächen und der Theorien der Oberflächenbearbeitung durch Schliff und Politur werden Spiegelwerkstoffe, Schleif- und Poliermittel und Arbeitsvorrichtungen beschrieben. Die vorbereitenden Arbeitsgänge, Grobschliff, Meßlehren und Feinschliff folgen. (Wird fortgesetzt). Tschunko

2132. **A. J. Thompson,** Making your own Telescope. Vgl. AJB **47** Ref. **1105**. — Weitere Besprechung in JBAA **58** 33—34, Nat **161** 502—503, Pop Astr **56** 281—282.

2133. **A. J. Thompson,** The compound reflecting telescope. Sky and Telescope **7** 184—186, 208—211, 232—235, 256—258, 280—283, 306—310, mit 24 Fig., **8** 20—24, mit 6 Fig.

2134. **F. H. Thornton,** A simple, governed, electric drive. JBAA **58** 175—178, mit 1 Fig.

2135. **J. M. Torroja Menéndez,** Dos nuevos instrumentos en Astronomia geodesica. Urania Barcelona **32** Nr. 218 S. 83—89, mit 4 Fig.

2136. **A. Uttley, S. Jones, L. Manns,** Photo-electric star-following telescopes. Nat **162** 144. — Auf Grund erfolgreicher Vorversuche am 13-Zoll-Astrographen der Sternwarte Greenwich soll für den neuen Hundertzöller in Herstmonceux eine selbsttätige, lichtelektrische Führungseinrichtung konstruiert werden.

2137. **H. Wildey, K. F. Stonebridge,** The construction of a «Richest-Field» telescope. JBAA **58** 173—175, mit 4 Fig.

2138. **W. P. Wjasanizyn, O. A. Melnikow,** Moderne Sonneninstrumente. Fortschritte Astr. Wiss. **3** 3—85, mit 36 Abb., 1947 (russisch). — Enthält, nach dem Stand von 1940: Einleitung, S. 3—14. Zölostate, S. 14—25. Turmteleskope, S. 25—32. Sonnenspektrographen, S. 32—55. Spektroheliographen, S. 55—69. Spectroenregistreur des vitesses, S. 69—73. Spektrohelioskope, S. 73—80. Spektroheliokinematograph, S. 80—85.

2139. **H. Wood,** A cell for an $11^1/_2$-inch lens. J. and Proc. Royal Soc. New South Wales **82** 34—35, mit 1 Fig. = Sydney Obs. Papers Nr. 7.

2140. Wie groß ist das Weltall? Natur und Technik **2** Heft 13. — Kurze Betrachtung über die Ausdehnung des Universums und die zu erwartenden Leistungen des 5-m-Spiegels (Sterne **24** 95).

2141. Transit circle for the Royal Observatory, Greenwich. Nat **161** 271.

2142. Various telescopes. Sky and Telescope 7 146. — Betrifft Neuanschaffung und Verleihung nordamerikanischer Instrumente.

§ 22

Zusatz- und Auswertegeräte, Photographie

* * **C. G. Abbot, L. B. Aldrich,** Energy spectra of some of the brighter stars. Vgl. Ref. **9501**.

* * **J. Bricard, A. Kastler,** Use of Savart-Lyot polariscope in the study of the nocturnal and twilight radiation. Vgl. Ref. **7218**.

2201. **H. W. Cox,** Photoelectric photometry. JBAA **58** 101—104. — Referat über lichtelektrische Photometer mit Elektronenvervielfacher unter besonderer Berücksichtigung der in den USA publizierten diesbezüglichen Arbeiten. Micz.

2202. **J. W. Evans,** A photometer for measurement of sky brightness near the sun. J Opt Soc Amer **38** 1083—1085, mit 1 Fig. = Harv Repr (2) Nr. **28**. — Beschreibung eines einfachen visuellen Photometers zur Messung der Helligkeit des Himmelsuntergrundes in Sonnennähe, bei dem besondere Vorkehrungen getroffen sind, um das Streulicht der Sonne in der Apparatur auszuschalten. Die Photometrie beruht auf dem Vergleich der Helligkeiten von Sonnenscheibe und Himmelsuntergrund. Micz.

2203. **S. M. Fainstein,** Der Sekundär-Elektronenvervielfacher für photometrische Zwecke. Fabriklaboratorium **14** Nr. 1 S. 64—67 (russisch).

2204. **E. P. Fjodorow,** Die Bestimmung des Schraubenwertes des Mikrometers nach Beobachtungen von Skalenpaaren, die aus Washingtoner Zenitsternen zusammengestellt wurden. Poltawa Publ. **2** 79—83 (russisch).

2205. **A. S. Gnewyschewa,** Das neue Interferenzfilter und seine Anwendung in der Sonnenphysik. Priroda **37** Nr. 2 S. 46—48 (russisch).

2206. **W. S. Grebennikow,** Eine einfache Vorrichtung zur Mondphotographie. Bull. Astr.-Geod. Ges. UdSSR Nr. **3** (10) S. 36—37.

2207. **S. Günther,** Ein Photometer zur Messung der Coronalinien. ZfA **25** 306—309, mit 1 Abb. = Mitt. Fraunhofer-Inst. — Es wird ein Photometer beschrieben, mit dem die Helligkeit der grünen Coronalinie 5303 Å unabhängig vom Streulicht und der Auffassung des Beobachters gemessen werden kann. Ihre Helligkeit wird an die des unzerlegten Spaltbildes des Spektrographenspaltes angeschlossen. Zum Vergleich dient das Bild des gestreckten Fadens einer Glühlampe. Verf.

2208. **J. S. Hall,** A photoelectric polarimeter. AJ **54** 39. — Ref. AAS.

2209. **F. Hjerting,** Fotocellers Anvendelse i Astronomien. NAT **1948** 49—55, mit 4 Fig.

2210. **J. Houtgast,** The self recording microphotometer of the Utrecht Observatory. BAN 396 **10** 417—423, mit 7 Fig. — Beschreibt ein auf der Sternwarte Utrecht gebautes Registriermikrophotometer, welches insbesondere zu spektralphotometrischen Zwecken konstruiert ist. Die Übersetzung zwischen den Bewegungen von Originalplatte und Registrierstreifen bewirkt ein zweiarmiger Hebel, und zwar derart, daß das Verhältnis durch Verschieben des Drehpunkts kontinuierlich verändert werden kann. Besonderer Wert ist auf Vermeidung periodischer Fehler der Bewegungsschraube, auf Reproduzierbarkeit und auf möglichst geringen toten Gang gelegt. Als lichtempfindliches Organ dient ein Thermoelement, welches aber gegen eine Photozelle austauschbar ist. Das Instrument hat sich bereits in vierjährigem Gebrauch bewährt. Kö.

2211. **H. L. Johnson,** A theoretical discussion of the ultimate limits of astronomical photoelectric photometers. ApJ **107** 34—47, mit 6 Fig. = Contr. Lick Obs. (2) Nr. **21**. — Das Verhältnis Signal/Störpegel eines lichtelektrischen Photometers kann durch Verwendung eines möglichst großen Widerstandes an der Zelle herabgesetzt werden. Bei den z. Z. größten erhältlichen (10^{13}) überwiegt das Widerstandsrauschen noch das Gitterstromrauschen der Elektrometerröhre. Zur Herabsetzung der mit so hohen Widerständen verbundenen unbequem großen Zeitkonstanten werden zwei Vorschläge gemacht. Für einen Zwölf-Zoll-Refraktor liegt die heute theoretisch erreichbare Grenzhelligkeit bei $16^m.3$ (z. Z. nur mit Elektronenvervielfacher erreichbar), die praktische Grenzhelligkeit mit Antimon-Caesium-Zellen beträgt augenblicklich $11^m.3$. Einige Überlegungen über Reichweiten der Caesiumoxyd-Silber-Zellen und die die theoretischen Reichweiten herabsetzenden Faktoren werden mitgeteilt. Micz.

2212. **H. L. Johnson,** A method of reducing the effective time-constant of astronomical photoelectric photometers. Publ ASP **60** 303—306, mit 1 Fig.

* * **H. von Klüber, H. Müller,** Bemerkungen zur Technik direkter Sonnenaufnahmen mit langbrennweitigen Instrumenten. Vgl. Ref. **6009**.

2213. **W. M. Kolossowa,** Die Eichung der Angaben des Thermoelements als Radiometer. Nachr. Akad. Wiss. kasach. Sowjetrepublik (Astr.-Phys.) Nr. **1** S. 98—102, 1947.

2214. **K. W. Kostylew,** Das Elektrophotometer des Astronomischen Engelhardt-Observatoriums. Kasan Engelhardt Obs. Bull. Nr. **25** S. 3—13, 1947.

2215. **G. E. Kron,** The practical use of photocells at maximum performance. Publ ASP **60** 253—255. — Ref. ASP.

2216. **G. E. Kron,** The construction and use of a photomultiplier type of photoelectric photometer. Harv Circ Nr. **451** S. 10—29, mit 7 Fig. —

Nach kurzer Darlegung elektrischer Prinzipien wird ein mit einem 1 P21-Multiplier ausgestattetes Photometer beschrieben. Der Photostrom kann entweder mit oder ohne weitere Verstärkung mit einem Galvanometer gemessen werden. An einem Zwölfzöller liefert der Multiplier von einem Stern 6^m0 (A0) einen Photostrom von $1{,}5 \times 10^{-7}$ Ampère. Der Dunkelstrom beträgt bei Zimmertemperatur $3{,}2 \times 10^{-11}$ Ampère. Loh.

2217. **G. E. Kron,** Test of an RCA type C-7050 red sensitive multiplier phototube. Harv Circ Nr. **451** S. 37—38. — Die empfindliche Oberfläche des Multipliers besteht aus CsO-Ag. Bei einer Vervielfachung von 2100 liefert er einen Photostrom von 3×10^{-12} Ampère, wenn die Kathode im Zwölfzöller vom Licht eines Sterns 6^m0 (A0) bestrahlt wird. Der Dunkelstrom beträgt bei Trockeneistemperatur $3{,}6 \times 10^{-13}$ Ampère. Preis $ 140. Loh.

2218. **N. F. Kuprewitsch,** Der Thermoregulator mit Thyratron. Pulk Mitt **17** Nr. 3 (138) S. 98—103, 1947.

2219. **E. Lindholm, E. Hullegard,** An electrometer tube amplifier circuit. Ark Mat Astr Fys **34** B Nr. 26, 5 S. mit 2 Fig. — Beschreibung eines Verstärkers für die Messung schwacher Gleichströme. Er arbeitet mit zwei Elektrometerröhren T 114 und wurde besonders im Hinblick auf hohe Arbeitsstabilität entwickelt. Micz.

2220. **H. Mayer,** Die Vielschichten-Photozelle. Über eine Möglichkeit, die Ausbeute einer Photozelle um zwei Größenordnungen zu erhöhen. Z f Phys **124** 345—347, mit 1 Abb. — Es wird ein neues Bauprinzip für Photozellen vorgeschlagen, das auf der experimentell festgestellten Tatsache beruht, daß eine ein bis zwei Atomlagen dicke Schicht praktisch schon den lichtelektrischen Effekt des massiven Metalls gibt und eine sehr hohe Quantenausbeute hat. Verf.

2221. **R. R. McMath, O. Mohler,** The use of a high dispersion spectrograph in the wave-length region 1.0 to 2.0 microns. AJ **53** 114—115. — Ref. AAS.

2222. **R. R. McMath, O. C. Mohler,** A reflecting spectrometer for the solar infra-red. AJ **53** 200—201. — Ref. AAS.

2223. **R. R. McMath, O. C. Mohler,** A solar infrared reflecting spectrometer. Sky and Telescope **7** 143—144, 158, mit 5 Fig.

2224. **O. A. Melnikow,** Untersuchung des Thyratronthermostaten. Pulk Mitt **17** Nr. 3 (138) S. 104—107, 1947.

2225. **P. Muller,** Sur un nouveau micromètre à double image, ses possibilités, et quelques questions connexes. Paris, Gauthier-Villars, 1948. 141 S. mit 61 Fig. (Dissertation). — Beschreibt ein Doppelbildmikrometer, welches ein neuartig ausgeführtes auf dem Schlitten eines Positionsfadenmikrometers angebrachtes Prisma nach Rochon enthält; die Fäden fallen fort. Die Theorie des Prismas und seiner Anwendung bei Messungen wird behandelt. Ferner wird das Instrument im Laboratorium und am Himmel untersucht. Kö.

2226. **M. W. Ovenden,** Stellar magnetism. A note on the use of circular analysers. JBAA **58** 145—147, mit 6 Fig. — Darstellung der Grundlagen der Polarisation, Zeemanaufspaltung und Anwendung von Viertelwellenlängenplättchen und doppelbrechenden Kristallen zur Messung stellarer Magnetfelder. Loh.

2227. **G. Peisino,** Le osservazioni delle stelle doppie con micrometri a birifrangenza e un tipo di micrometro progrettato e costruito all'Osservatorio di Collurania. Vgl. Ref. **10114**.

2228. **R. Platzeck,** Espectrógrafos nebular transparentes al ultravioleta. Asosiación fis. argentina, 10. Versammlung, 1947.

2229. **R. Platzeck,** Dispositivo para aumentar el rendimiento de los espectógrafos estelares. Asosiación fis. argentina, 10. Versammlung, 1947.

2230. **W. I. Sacharow,** Untersuchung der periodischen und fortschreitenden Fehler der Okularmikrometerschraube des großen Zenitteleskops in Pulkowo. Pulk Mitt **17** Nr. 6 (141) S. 140—146 (russisch).

2231. **G. Salerni,** Nuovo tipo di oculare per piccoli telescopi. Coelum **16** 91—93. — Beschreibung eines neuen leicht zu bauenden Okulars für kleine Fernrohre. F. Z.

2232. **K. N. Schistowskij,** Die Herstellung genauer mikrometrischer Skalen und Netze für Mikrometer. Nachr. Akad. Wiss. kasach. Sowjetrepublik (Astr.-Phys.) Nr. **1** S. 111—119, 1947.

2233. **H. T. Sterling,** A commercially available amplifier type photoelectric photometer. Harv Circ Nr. **451** S. 30—36, mit 7 Fig. — Beschreibung und Schaltung eines Verstärkers sehr schwacher Photoströme.

2234. **W. Stoffregen,** Ionosphere reflections recorded mechanically by means of a repetition frequency converter. J Applied Phys **19** 487—490, mit 5 Fig. — Beschreibung eines Frequenzwandlers zwischen Empfänger und Schreiber zur Registrierung von Ionosphärenechos. Echos mit Laufzeiten von 10^{-3} sec und 20—100 $\times$ 10^{-3} sec Impulsbreite können bei seiner Verwendung mechanisch geschrieben werden. Micz.

2235. **H. F. Weaver,** The relative efficiencies of spectrographs of moderate dispersion at the prime, cassegrain, and coudé foci of large reflectors. Publ ASP **60** 79—97, mit 4 Fig.

2236. **G. G. Yates,** A photoelectric photometer employing an electron counting technique. MN **108** 476—490, mit 8 Fig. und 1 Tafel. = Contr. Cambridge (Engl.) Obs. Nr. **1**. — Beschrieben wird ein photoelektrisches Photometer, bestehend aus einer Photozelle mit Elektronenvervielfacher und einer Elektronenzählvorrichtung. Die praktische Erprobung zeigt, daß an einem Refraktor von 15 Zoll Öffnung Sterne bis 12^m photometrierbar sein müssen. Kö.

2237. Das Elektron in der astronomischen lichtelektrischen Photometrie. Himmelswelt **55** 182—183. — Ref. eines Vortrags von H. E. Kron anläßlich der Hundertjahrfeier des Harvard-Observatoriums.

2238. Das Elektronenteleskop. Orion Genève Nr. **16** S. 349, 1947.

2239. Pulse-counting photometer. Sky and Telescope **7** 67, mit 2 Fig. — Ref. AAS.

Photographie

2240. **W. Becker,** Übersensibilisierung photographischer Platten mit Quecksilberdampf. Himmelswelt **55** 130—131. — Besprechung der Arbeit von Oberguggenberger in Mitt. Sternw. Innsbruck Nr. **16**, 1946.

2241. **P. E. Boucher,** Fundamentals of Photography with Laboratory Experiments. New York, D. van Nostrand Co. Inc., 1947. 2. Auflage. 12 + 394 + 53 S. — Besprechung in Proc Phys Soc **60** 402—403 (H. W. Greenwood).

2242. **A. Chaput,** Photographies sur papier. BSAF **62** 304, mit 2 Abb.

* * **K. Haidrich,** Neue physikalische und photographische Probleme der Gasnebelforschung. Vgl. Ref. **12208**.

2243. **T. H. James, G. C. Higgins,** Fundamentals of Photographic Theory. New York, John Wiley & Sons, Inc., 1948. 286 S. mit Fig. Preis $ 3.50. — Besprechung in J. Franklin Inst. **245** 526 (H. N. Michael), Sky and Telescope **7** 304 (R. Fleischer).

2244. **J. M. Keller, K. Maetzig, F. Möglich,** Über die Kinetik des photographischen Entwicklungsprozesses unter besonderer Berücksichtigung rasch arbeitender kombinierter Fixierentwickler. Ann. Physik (6) **1** 301—316, mit 6 Abb., 1947. — Im Anschluß an Arbeiten von Altburger gelang es, Entwicklerlösungen mit hohen p_H-Werten herzustellen, die auch bei Zugabe von Fixiermitteln haltbar bleiben. Die so entstehenden Fixierentwickler wurden eingehend untersucht. Aus den Ergebnissen kann eine Reihe von Schlüssen gezogen werden über die Kinetik des photographischen Entwicklungsprozesses. Insbesondere ergibt sich, daß es sich bei dem Entwicklungsprozeß um Eintreffer-Vorgänge zwischen Entwicklermolekülen und der Oberfläche der zu entwickelnden AgBr-Körner handelt. Verf.

2245. **R. P. Loveland, H. M. Menihan, A. P. H. Trivelli,** Analysis of the particle-size distribution of the grains producing a photographic image. J. Franklin Inst. **246** 459—481, mit 14 Fig.

2246. **A. W. Luisow,** Die Sichtbarkeit der Objekte in Abhängigkeit von der Expositionszeit. DAN **57** 779—783, 1947 (russisch).

2247. **R. Platzeck, J. Landi Dessy,** Nuevo método para imprimir una escala de alta presición sobre una placa fotográfica. Asosiación fis. argentina, 10. Versammlung, 1947.

2248. **P. S. Riggs,** Effects of image imperfections in physical photometry of in-focus stellar photographs. Publ ASP **60** 307—316, mit 5 Fig. — Drake Univ. Obs. Des Moines, Iowa.

2249. **W. Strohmeier,** Die Photographie diffuser Emissionsnebel. Sterne **24** 150—154, mit 2 Fig.

2250. **G. A. Tichow,** Die Abhängigkeit des Schwarzschild-Exponenten von der spektralen Empfindlichkeit photographischer Emulsionen. Nachr. Akad. Wiss. kasach. Sowjetrepublik (Astr.-Phys.) Nr. **1** S. 103—110, 1947.

2251. **G. de Vaucouleurs,** La Science de la Photographie. Que se passe-t-il dans une plaque photographique? Paris, Collection des «Problèmes», Editions Elzévir. 64 S. Preis 45 ffr. — Besprechung in Gaz astr **30** 17—18.

2252. **G. de Vaucouleurs,** Recherches sur les origines et la correction des erreurs locales des couches photographiques en vue d'applications à la photométrie stellaire. Comité National Français d'Astronomie, Communications et Mémoires 1948 S. 160—164, mit 3 Fig. — Die auch bei gleichförmiger Belichtung einer photographischen Platte auftretenden lokalen Schwärzungsunterschiede zeigen keine Abhängigkeit von der wechselnden Schichtdicke, da die reduzierten Silberkörner in der Hauptsache im obersten Teil der Schicht liegen. Nur die Dichte des Schleiers zeigt eine solche Abhängigkeit. Zur Erhöhung der photometrischen Genauigkeit wird empfohlen, die lokalen Schwärzungsunterschiede mittels einer Reihe von gleichmäßig über die Platte verteilten Kontrollschwärzungen zu bestimmen und zur Korrektion der dazwischen liegenden zu messenden Schwärzungen zu verwenden. Bo.

2253. **E. J. Wall, F. I. Jordan,** Photographic facts and formulas. Boston, American Photographic Publishing Co., 1947. 364 S. mit Tafeln. Preis $ 5.00. — Besprechung in J. Franklin Inst. **245** 261 (H. N. Michael).

2254. Roterande sektorer inom den fotografiska fotometrien. PAT **29** 171—172. — Ref. zu der Untersuchung von A. W. J. Cousins und R. H. Stoy in MN **106** 286, AJB **46**.

§ 23

Uhren, Chronographen, Zeitdienst, Sonnenuhren

2301. **J. Argyrakos,** Etude de la marche de la pendule sidérale Fénon 55 de l'Observatoire National d'Athènes. JO **31** 161—163. — Mitteilung von Ergebnissen über das Gangverhalten einer Pendeluhr von Fénon, die sich somit als zu den besseren gehörend erweist. Böh.

2302. **C. Attinger,** La pression barométrique et les montres. Applications diverses. Ann. Françaises de Chronométrie (2) **18** 261. — Ref. Soc. Suisse de Chronométrie, 24. assemblée générale 1948.

2303. **C. Attinger,** La montre et le champ magnétique. Ann. Françaises de Chronométrie (2) **18** 264. — Ref. Soc. Suisse de Chronométrie, 24. assemblée générale 1948.

2304. **S. M. Axelrod,** Die Uhrenmechanik. Moskau-Leningrad, Verlag für Maschinenbauliteratur, 1947. 360 S. mit 265 Abb. Preis 32 R. (russisch).

2305. **J. M. Bosch Bulbena,** Los relojes de sol tiempo solar medio. Ibérica **6** 341—346, 1947.

2306. **B. Decaux,** Les horloges à quartz et leurs applications. Ann. Françaises de Chronométrie (2) **18** 261—262. — Ref. Soc. Suisse de Chronométrie, 24. assemblée générale 1948.

2307. **E. Esclangon,** Sur la précision actuelle de l'heure donnée par l'horloge parlante. BSAF **62** 275—276.

2308. **W. S. Fligelman, I. J. Roginskij,** Die Uhrenmechanik. Leningrader Zeitschriften- und Buchverlag, 1947. 272 S. mit 132 Abb. Preis 12 R. (russisch). — Neben seiner Bestimmung für Uhrmacher wendet sich das Buch auch an praktische Astronomen und Sternwartenmechaniker.

2309. **A. Garcia-Diaz Fontan,** Gnomónica. Ibérica **5** 408—410, 1947.

2310. **E. Guyot,** Ce que nous apprennent les chronomètres contrôlés à l'Observatoire de Neuchâtel. Ann. Françaises de Chronométrie (2) **18** 195—228, mit 14 Fig.

2311. **E. Guyot,** La conservation de l'heure. J. suisse d'horlogerie **1946** S. 365—374, 468—474, 539—544, **1947** S. 96—106.

2312. **J. E. Haswell,** Horology. The Science of Time Measurement and the Construction of Clocks, Watches and Chronometers. With Supplement. London, Chapman and Hall, Ltd., 1947. 16 + 288 S. mit 19 Tafeln. Preis 16 s. net. — Besprechung in Nat **162** 163—164 (R. A. Fell).

2313. **H. S. Jones,** Time determination and time keeping. J. Inst. Navigation **1** 109—118.

2314. **E. Lange,** Zeitdienst. Fiat-Bericht **20** 31—42 (vgl. Ref. 722). — Quarzuhren, Pendeluhren und Chronometer.

2315. **M. Lavet,** Perfectionnement aux récepteurs horaires polarisés tournant par saccades toujours dans le même sens. Ann. Françaises de Chronométrie (2) **18** 229—240, mit 7 Fig.

2316. **K. Novák,** Zur Auswertung des Uhrvergleiches mit Hilfe der Koindizenzsignale durch den Liebhaberastronomen. Himmelswelt **55** 164—168, mit 4 Abb. — Darlegung der Extinktionsmethode mit Beispiel.

2317. **A. L. Rawlings,** The Science of Clocks and Watches. London, Pitman & Sons Ltd., 1948. 2. Auflage. 303 S. Preis 20 s. — Besprechung in PAT **29** 173—174.

2318. **H. P. Smith jr.,** The world's northernmost sundial. Sky and Telescope 7 200—201, mit 4 Abb.

2319. **M. M. Thomson,** Canada's time service. JCan RAS **42** 105—120, mit 7 Fig. = Contr. Dominion Observatory Ottawa **2** Nr. 2.

2320. **G. Tiercy,** Remarques sur l'isochronisme des horloges et la conservation de l'heure. Ann. Françaises de Chronométrie (2) **18** 23—39, mit 4 Fig. — Ausgehend von den Einwirkungen zweier Erdbeben auf drei Pendeluhren mit verschiedener Schneidenaufhängung werden Betrachtungen angestellt über die Abhängigkeit des Uhrgangs vom Schwingungsbogen und insbesondere die von Haag angegebene Schneidenkonstruktion. Weiterhin werden die neueren Arbeiten von Haag, Tricomi und Rolland zum Gangverhalten des mit biegsamer Feder aufgehängten Pendels bei variablem Schwingungsbogen skizziert und kritisch betrachtet. Den Schluß bilden das künftige Programm der Zeitbewahrung und einige Angaben über eine neuerworbene Quarzuhr. Böh.

2321. **G. Tiercy,** La première horloge à quartz de l'Observatoire de Genève. La Suisse Horlogère **1948** 11—21. — Besprechung in Ann. Françaises de Chronométrie (2) **18** 281.

2322. **G. Tiercy,** Résultats des observations de chronomètres en 1947. La Suisse Horlogère **1948** 35—41, J. Suisse d'Horlogerie et de Bijouterie **1948** 151—153. — Besprechung in Ann. Françaises de Chronométrie (2) **18** 281.

2323. **G. Tiercy,** Résultats des observations de chronomètres en 1948. J. Suisse d'Horlogerie et de Bijouterie **1948** 151—153. — Besprechung in Ann. Françaises de Chronométrie (2) **18** 281.

2324. **M. W. Wislenew,** Die Übertragung der Zeitsignale ohne mechanische Relais. Taschkent Bull. **2** Nr. 8 (18) S. 399—402 (russisch).

2325. **M. W. Wislenew,** Der Pendelindikator für Uhrenvergleiche. Taschkent Bull. **2** Nr. 8 (18) S. 403—406 (russisch).

2326. Nautischer Funkdienst 1948 mit Beiheft und Anlageheft. **23.** Auflage. Herausgegeben vom Deutschen Hydrographischen Institut. — Besprechung in Deutsche Hydrographische Z. **1** 232.

2327. Zeitsignale. Sonderabdruck aus «Nautischer Funkdienst 1948», abgeschlossen am 31. August 1948 und herausgegeben vom Deutschen Hydrographischen Institut, Hamburg. Preis 3.— DM. — Besprechung in Z f Naturf **3a** 695.

2328. Radio time signals. JBAA **59** 38—39.

2329. Sundials and the origin of conic sections. Sky and Telescope 8 6.

2330. **Zeitsignale**

Regelmäßige Mitteilungen:

Astr Circ USSR, BAB, Bull hor, Sternberg Circ, Taschkent Circ.

Sendezeiten:

Ann. Françaises de Chronométrie (2) **17** 39, 1947. — Sendezeiten Paris (Bureau International de l'Heure) — Pontoise ab 1. 1. 1947.

Ann. Françaises de Chronométrie (2) **17** 267—268, 1947. Distribution de l'heure par T.S.F. N. Stoyko. — Sendeverzeichnis der Sender Annapolis, Monte-Grande, Moskau, Pontoise, Rio de Janeiro, Rugby und Taschkent ab 2. Mai 1947.

Z f Naturf **3a** 187. Aussendung von Normalfrequenzen. — Ausstrahlung von Normalfrequenzen mit Quarzuhrgenauigkeit über sämtliche Sender des Nordwestdeutschen Rundfunks ab 1. Mai 1948.

§ 24

Beobachtungs- und Reduktionsmethoden

2401. **S. Arend,** Quelques aspects du problème de réduction de positions précises d'astéroides. Comité National Français d'Astronomie, Communications et Mémoires 1948 S. 107—109 = Commun. Obs. Roy. de Belgique Nr. 2. — Die Arbeit bringt einen kurzen Überblick über verschiedene Formeln und Verfahren zur Berechnung eines Planetenortes nach der Methode der Dependenzen. Die in Uccle angewandten Methoden werden besprochen. Bo.

* * **W. Becker,** The method of „Color-difference". Vgl. Ref. **9408.**

2402. **E. A. Beet,** Estimates of star colours by inexperienced observers. JBAA **58** 155.

* * **J. Bigay,** Détermination des magnitudes photographiques globales des nébuleuses par la méthode de Ch. Fabry. Vgl. Ref. **12002.**

2403. **J. Dick,** Bemerkung zur mikrometrischen Parallelbestimmung. AN **276** 117.

2404. **C. Fehrenbach,** Recherches sur la mesure des vitesses radiales au prisme objectif. III. Résultats obtenus avec le prisme à champ normal. Ann d'Astrophys **11** 35—57, mit 10 Fig. = Publ. Obs. Haute-Provence (A) Nr. **14.** — Die Ausführung eines früher vorgeschlagenen Objektivprismas ohne Bildfeldwölbung zur Messung von Radialgeschwindigkeiten wird ausführlich beschrieben. Seine Brauchbarkeit wird an einer Reihe von Sternen in der Coma Berenice dargetan. Sterne bis zur 9. oder 10. Größe können bequem erreicht werden. Die Genauigkeit beträgt etwa ±3 km/sec für das Mittel aus drei Messungen. Unter den untersuchten Sternen finden sich einige mit veränderlicher Radialgeschwindigkeit, so HD 108642, dessen Bahn in guter Übereinstimmung mit Ergebnissen aus Victoria gefunden wird. Eine vorläufige Bahn von HD 107325 wird mitgeteilt, dessen veränderliche Radialgeschwindigkeit vom Verf. entdeckt wurde. Der Arbeitsaufwand ist verhältnismäßig gering, so daß das vorgeschlagene Verfahren für größere Durchmusterungen in Betracht kommt. Micz.

2405. **C. Fehrenbach,** La mesure des vitesses radiales par un prisme objectif à champ normal. Comité National Français d'Astronomie, Communications et Mémoires 1948 S. 65—69, mit 2 Fig. — Verf. gibt eine Übersicht über die Theorie und die Ausführung eines von ihm vorgeschlagenen Objektivprismas zur Bestimmung von Radialgeschwindigkeiten. Micz.

2406. **H. Haffner,** Zur Verwendung des Refraktors in der Integralphotometrie. Himmelswelt **55** 150. — Ref. AG.

* * **H. L. Johnson,** A method of reducing the effective time-constant of astronomical photoelectric photometers. Vgl. Ref. **2212.**

* * **H. von Klüber,** Zur Bestimmung von Zeeman-Effekten im Sonnenspektrum. Vgl. Ref. **6413.**

* * **H. von Klüber, H. Müller,** Bemerkungen zur Technik direkter Sonnenaufnahmen mit langbrennweitigen Instrumenten. Vgl. Ref. **6009.**

2407. **T. W. Krat,** Über die Berücksichtigung des Streulichtes bei der Photometrie von Objekten der Sonnenoberfläche. RAJ **25** 316—326 mit 3 Abb. (russisch).

* * **D. K. Kulikow,** Eine neue Methode zur Bearbeitung der Beobachtungen Zingerscher Paare. Vgl. Ref. **13209.**

2408. **B. J. Lewin,** Die neue Methode zur Ausmessung der Sterndurchmesser. Priroda **36** Nr. 9 S. 50, 1947 (russisch).

* * **H. Löschner,** Freihändige Höhenwinkelmessung im Dienste der Meteorbeobachtung. Vgl. Ref. 8221.

2409. **G. Mannino,** Applicazione del procedimento indicato dal Prof. Silva allo studio della flessione dell'astrospettrografo IV di Potsdam. Rend. Accad. nazionale Lincei (8) **5** 253—256 = Contr. Oss. astrofis. Univ. Padova in Asiago Nr. **10**. — Anwendung eines von Silva angegebenen Verfahrens zur Bestimmung der Beugung eines Sternspektrographen. F. Z.

* * **J. Rösch,** Détermination des mouvements propres par comparaison stéréoscopiques de deux clichés astrographiques. Vgl. Ref. **9206**.

* * **J. Rosenhagen,** Om nya metoder och instrument i nautisk astronomi. Vgl. Ref. **13319**.

* * **P. J. Treanor,** The measurement of radial velocity from slitless spectra. Vgl. Ref. **9221**.

2410. **N. N. Sytinskaja,** Die absolute Photometrie ausgedehnter Himmelsobjekte. Leningrad, Verlag der Shdanow-Staatsuniv., 1948. 199 S. mit 39 Abb. Preis 12 R. (russisch). — Diese Monographie enthält: 1. Zweck und Aufgaben der Oberflächenastrophotometrie (S. 3—9), 2. Die in der Oberflächenphotometrie gemessenen Größenklassen (S. 10—46), 3. Die Prinzipien der absoluten Helligkeitsmessung (S. 47—79), 4. Die Technik des Helligkeitsvergleichs auf visuellem Wege (S. 80—102), 5. Die Technik des Helligkeitsvergleichs auf photographischem Wege und mit anderen objektiven Methoden (S. 103—144), 6. Die Technik der photometrischen Standardisation (S. 145—185).

2411. **Y. Väisälä,** Une modification de la méthode extrafocale dans la photométrie stellaire. Veröff. des Finnischen Geod. Inst. Nr. **36** S. 251—253, mit 1 Tafel = Astr. Obs. Turku Informo Nr. **4**. — Verf. berichtet über Versuche, durch Verwendung eines Systems von Hilfslinsen an einem Reflektor gleichmäßig geschwärzte extrafokale Sternbilder für photographisch-photometrische Zwecke zu erhalten. Micz.

* * **G. de Vaucouleurs,** Recherches sur les nébuleuses extragalactiques. I. Sur la technique de l'analyse microphotométrique des nébuleuses brillantes. II. Analyse des nébuleuses NGC 3115, 3379, 4649 et 4594. Observations et discussion. Vgl. Ref. **12423**.

2412. **G. K. Zimmermann,** Die Verallgemeinerung der Bonsdorffschen Methode zur Bestimmung der Verbesserung der Teilkreisfehler. Poltawa Publ. **2** 74—78 (russisch).

2413. Die Radar- oder Funkmeß-Verfahren. Phys. Blätter **3** 144—147, 1947.

2414. Das Impulsverfahren der Funkmeßtechnik. Phys. Blätter **3** 336—344, mit 2 Abb., 1947.

§ 25

Systematische, Instrumentelle, Methodische Fehler

2501. **G. Becq, L. de Clerck,** Sur l'équation personnelle dans la détermination du nadir. BAB **4** 40—43, 1947. — Die bereits in Ann. Obs. Royal de Belgique (3) **3** fasc. 3 (Ref. **9103**) diskutierten absoluten Zenitdistanzmessungen in direktem und reflektiertem Licht werden benutzt, um den persönlichen Fehler der Nadirmessungen zu bestimmen. Er wird hergeleitet aus dem bei der damaligen Biegungsbestimmung aufgetretenen konstanten Glied und ergibt sich verschieden für die beiden Kreislagen. Es wird auf die Wichtigkeit von Reflexbeobachtungen hingewiesen. Bo.

* * **G. Becq, L. de Clerck,** Sur la discordance R—D. Vgl. Ref. **9103.**

2502. **F. W. C. A. Buijs, F. E. M. Ongering,** Asymmetry in the profiles of the Utrecht Photometric Atlas. BAN 389 **10** 347—350, mit 8 Fig. — Die Profile isolierter Linien im Utrechter Sonnenatlas sind meist unsymmetrisch. Die roten Flügel sind gewöhnlich kräftiger ausgebildet als die violetten. Diese Asymmetrie kann nicht auf Eigentümlichkeiten der mikrophotometrischen Registrierung zurückgeführt werden, sondern liegt am benutzten Spektrographen. Die unsymmetrische Komponente der Apparatefunktion ist in der ersten Ordnung erheblich stärker als in der zweiten Ordnung. Micz.

* * **F. Gondolatsch,** Zur Ableitung von Eigenbewegungen mit Hilfe alter AG-Örter. Vgl. Ref. **9205.**

* * **K. Graff,** Über das System der visuellen Nebelhelligkeiten Holetscheks. Vgl. Ref. **12004.**

* * **W. Gyllenberg,** Systematic corrections and weights of 108 star catalogues. Vgl. Ref. **9113.**

2503. **V. von Keussler,** Über den Einfluß periodischer Spindelfehler auf die Schwärzungsverteilung in Spektroheliogrammen. ZfA **24** 223—229, mit 3 Abb. — Bei der Prüfung einer Anzahl von Meßspindeln auf ihre Verwendbarkeit für Spektroheliographen wurde festgestellt, daß selbst sehr geringe periodische Fehler von der Größenordnung 0.002 mm eine intensive Streifenbildung im Schwärzungsfeld der Aufnahmen verursachen. Durch eine einfache rechnerische Überlegung wird dies verständlich gemacht. An Hand weiterer Aufnahmen und Registrierkurven wird gezeigt, daß die Streifenbildung nur durch Verwendung von Spindeln äußerst hoher Qualität vermieden werden kann. Verf.

2504. **G. Land,** Systematic effects in the probable errors of the Yale parallaxes. Trans. Astr. Obs. Yale Univ. **15** part 3 S. 147—203, mit 4 Fig. — Das in Yale Trans. **8** und **15** Part I publizierte Material von insgesamt 1323 Parallaxen wird sehr eingehend auf zufällige und von verschiedenen Einflüssen herrührende systematische Fehler untersucht. Die Diskussion ermöglicht eine stufenweise durchgeführte Homogenisierung des Materials. Nach Berücksichtigung der systematischen Effekte geht der w. F. von $\pm 0''0245$ auf $\pm 0''0188$ zurück. Kö.

2505. **F. Moreau, J. Verbaandert,** Etude de la forme des tourillons d'une lunette méridienne. BA **13** fasc. 4, 25 S. mit 18 Fig. = Commun. Obs. Royal de Belgique Nr. **5.** — Die zur Bestimmung der Zapfenform angewandte Methode beruht auf Beobachtung der Neigungsänderung eines auf dem Zapfen aufliegenden Hebelarmes, entweder mit Hilfe eines Niveaus oder durch mikrometrische Vermessung der Lageänderung einer am andern Hebelende angebrachten Marke. Am Passage-Instrument von Bamberg der Sternwarte Uccle treten Zapfenfehler auf, deren Einfluß bei Zeitbestimmungen berücksichtigt werden muß. Bo.

* * **H. R. Morgan,** Systematic corrections to the Albany General Catalogue. Vgl. Ref. **9115.**

* * **F. Schmeidler,** Biegung und Refraktionsstörung am Münchner Vertikalkreis. Vgl. Ref. **2126.**

2506. **G. Silva,** Sulla flessione di un astrospettrografo. La Ricerca scientifica **18** 1631—1633 = Contr. Oss. astrofis. Univ. Padova in Asiago N. **9.** —

Der Einfluß der Biegung eines Sternspektrographen auf die Linienverschiebung im Spektrum wird theoretisch untersucht. F. Z.

2507. **M. S. Swerew,** Über einige systematische Beobachtungsfehler am Passageninstrument. Moskauer Universitätsbote **3** Nr. 2 S. 23—35 (russisch).

2508. **G. Vinaccia,** Sulla radiazione solare ricevuta dai solidi. Rend. Accad. nazionale Lincei (8) **4** 75—79. — Einfluß der Größe und Gestalt eines Gebäudes auf die inneren Temperaturverhältnisse durch Sonnenbestrahlung. F. Z.

2509. **E. T. R. Williams,** An investigation of stellar motions. V. On the systematic errors introduced by rejecting large motions. AJ **53** 69—72, mit 1 Fig. = Publ. Leander McCormick Obs. **10** Nr. 5. — Der Ausschluß großer Bewegungen bei der Ableitung von Korrektionen für die Präzessionskonstante und der galaktischen Rotationskonstanten führt dazu, daß sich diese — absolut genommen — als systematisch zu klein ergeben. Loh.

Vierter Teil

Sphärische Astronomie. Chronologie

§ 30

Allgemeines, Tafeln

3001. **T. Banachiewicz,** Formulas fundamentale pro hexagono spherico et polygonos spherico. Rocznik Astr. Obs. Krakowskiego 1948, Suppl. Internationale Nr. **19**, S. 85—97, mit 1 Fig.

3002. **S. N. Blashko,** Lehrbuch der sphärischen Astronomie. Moskau-Leningrad, Staatsverlag für technisch-theoretische Literatur, 1948. 416 S. mit 74 Fig. Preis 8 R. 50 Kop. (russisch).

3003. **E. J. Bugoslawskaja,** Photographische Astrometrie. Moskau-Leningrad, Technischer Staatsverlag, 1947. 296 S. mit 82 Abb. und 1 Nomogramm (Kaiser-Wolf). — Inhalt: Optische und photographische Grundbegriffe, S. 22—66. Die Ausmessung der Platten, S. 67—97. Der Zusammenhang zwischen sphärischen Koordinaten und Plattenkoordinaten, S. 98—125. Die Beziehung zwischen gemessenen und idealen Koordinaten, S. 126—162. Astrophotographische Reduktionsmethoden, S. 163—204. Die Ableitung von Eigenbewegungen und Parallaxen, S. 205—236. Andere Anwendungen der Photographie in der messenden Astronomie, S. 237—256. Formeln und Tafeln, S. 257—296.

3004. **M. Davidson,** Elements of Mathematical Astronomy. Vgl. AJB **47** Ref. 806. — Weitere Besprechung in JBAA **58** 30—32 (J. G. Porter), Obs **68** 75—76.

3005. **O. Eckel,** Auf- und Untergang der Sonne, Tageslänge, Sonnenhöhen. Wetter und Leben **1.** Jahrgang Heft 2. — Auf Grund der Schütteschen Formel bzw. des von diesem entworfenen Diagramms wird unter anderem eine Tabelle der Sonnenhöhen gebracht, die für die Breite von 48° (bei Anbringung von Korrekturen auch für nördliche und südliche Nachbargrade) für den 1. und 15. jeden Monats sowie für jede Tagesstunde (MOZ) zwischen 5 und 19 Uhr die Sonnenhöhe auf Zehntelgrade abzulesen erlaubt (G. Schindler, Sterne **24** 186).

3007. **G. L. Hosmer,** Practical Astronomy. New York, John Wiley & Sons, Inc.; London, Chapman & Hall, Ltd., 1948. Vierte, von J. M. Robbins revidierte Auflage. 15 + 355 S. mit 93 Fig. Preis $ 4.50. — Besprechung in ApJ **109** 183 (D. L. Harris III), JBAA **59** 254, Publ ASP **60** 395—396 (P. E. Wylie), Sky and Telescope **7** 278.

3008. **R. W. Kunizkij,** Tag und Nacht, die Jahreszeiten. Moskau-Leningrad, Staatsverlag für technisch-theoretische Literatur, 1948. 32 S. mit 13 Abb. Preis 60 Kop. (russisch). — Außerdem in weiteren regionalen Ausgaben innerhalb der UdSSR.

3009. **J. J. Nassau,** Practical Astronomy. New York, McGraw-Hill Book Co., Inc., 1948. 2. Auflage. 12 + 311 S. Preis $ 5.00. — Besprechung in ApJ **109** 183, JBAA **59** 216, PAT **29** 174, Publ ASP **60** 339—340 (P. E. Wylie).

3010. **T. Niethammer,** Die genauen Methoden der astronomisch-geographischen Ortsbestimmung. Vgl. AJB **47** Ref. 2103. — Weitere Besprechung in Obs **68** 116—117.

3011. **N. N. Pawlow,** Einige Probleme der Astrometrie. Jubiläumspublikation Lenin-Staatsuniv. Leningrad (Math., Astr.) S. 42—46 (russisch).

3012. **K. Schütte,** Geographische Ortsbestimmung. Fiat-Bericht **20** 1—29 (Vgl. Ref. 722). — 1. Allgemeiner Teil. 2. Die Beobachtungsgeräte zur nautisch-astronomischen Ortsbestimmung. 3. Die Auswertung der nautisch-astronomischen Ortsbestimmung. 4. Besondere Probleme.

3013. **A. Völsch,** Tablas cronológicas de sol para el siglo XX. Buenos Aires, 1947. 34 S. — Chronologische Sonnentafeln für das 20. Jahrhundert nebst Mond-, Planeten- und Sterntafeln. Sconzo

3014. **F. Zagar,** Astronomia sferica e teorica. Bologna, Verlag Nicola Zanichelli, 1948. 16 + 493 S. mit 90 Fig. Preis 2500 Lire. — Besprechung in Mem SA It (NS) **19** 143—145 (G. Abetti). — Lehrbuch der sphärischen und theoretischen Astronomie auf Grund der an der Universität Bologna gehaltenen Vorlesungen. — Darstellung der hauptsächlichsten Argumente der klassischen Astronomie bis zu den Methoden der Bahnbestimmung, in welchen Verf. auch einige Neuheiten wiedergibt. Wo möglich, wurde in den behandelten Problemen Vollständigkeit erstrebt, um auch als Nachschlagewerk dienen zu können. Der erste Teil bezieht sich auf die Grunddefinitionen von Koordinaten und Zeit; der zweite auf die Koordinaten- und Zeitbestimmung; der dritte auf die Reduktionen der astronomischen Beobachtungen (Präzession, Aberration, Parallaxe und Refraktion); der vierte auf die scheinbaren Bewegungen der Gestirne; der fünfte auf das Sonnensystem; der sechste auf die Dynamik des Planetensystems mit besonderer Entwicklung des Zweikörperproblems und der letzte Teil auf die parabolischen und elliptischen Bahnbestimmungsmethoden. F. Z.

3015. Tabellen der Höhen und Azimute von Sonne, Mond und Planeten. I. Für Breiten von 30° bis 44°. Moskau, Ministerium der Streitkräfte der Sowjetunion, 1947. 128 S. (russisch).

Desgl. II. Für Breiten von 46° bis 60°. 1946. 128 S. (russisch).

Desgl. III. Für Breiten von 62° bis 76°. 1947. 128 S. (russisch).

3016. Sammlung von Aufsätzen aus dem Gebiete der Geodäsie und verwandter Wissenschaften. Moskau, Verlag für geodätische und kartographische Literatur beim Ministerrat der UdSSR, 1947. 147 S. mit Abb. Preis 10 R. (russisch). — Enthält unter anderem Beiträge zur sphärischen Astronomie und Refraktion.

§ 31

Astronomische Koordinaten und Konstanten, Ortsbestimmung

3101. **N. Abakumow,** Die Breitenbestimmung nach dem Verfahren von Talcott aus mehreren Sternpaaren. RAJ **25** 21—38 (russisch).

3102. **S. Arend,** Rattachements, en coordonnées équatoriales, d'un objet céleste à deux et à trois étoiles par évanouissement de dépendances. BAB **4** 59—61. — Die in BAB **1** Nr. 9 (AJB **35** Ref. **2404**) abgeleiteten Formeln lassen sich vereinfachen durch Verwendung getrennter Skalenwerte in der α- und δ-Richtung, die aus den Messungen der Anhaltsterne bestimmt werden. Die Methode empfiehlt sich bei enger Konfiguration der Anhaltsterne und für Kleine Planeten, bei denen nicht die äußerste Genauigkeit gefordert wird. Bo.

3103. **G. M. Clemence,** On the system of astronomical constants. AJ **53** 169—179. — Um den unerfreulichen Zustand zu beseitigen, daß die Angaben der Jahrbücher auf Grundkonstanten beruhen, die miteinander nicht verträglich sind und in den einzelnen Ephemeriden sogar verschiedene Werte haben, wird in Fortführung besonders der Arbeiten von de Sitter und Brouwer ein neues System fundamentaler Konstanten gegeben, das in sich verträglich ist, sich möglichst eng an die von den Beobachtungen geforderten Werte anschließt und möglichst geringe Änderungen beim Gebrauch der vorhandenen Tafeln für die Körper des Sonnensystems verlangt. Wesentlich ist ferner die Einführung der Inertialzeit oder Newtonschen Zeit, um die durch die ungleichförmige Erdrotation hervorgerufenen Schwierigkeiten zu beseitigen. Schließlich werden noch Verfahren und Formeln angegeben, um die Ephemeriden für Sonne, Mond, Planeten und Fixsterne auf das neue System von Fundamentalkonstanten zu reduzieren. Böh.

3104. **A. N. Deutsch,** Die Bestimmung des photographischen Ortes eines Objekts nach zwei oder drei Anhaltssternen. RAJ **25** 44—58, mit 2 Abb. (russisch).

3105. **F. Gil Montaner,** Fórmulas y tablas para la preparación y cálculo de determinaciones astronómicas de hora y de latitud por el método de alturas iguales. Anales Asociación Española Progreso Ciencias **12** 499—512, 1947.

* * **H. Jeffreys,** The figures of the earth and moon (third paper). Vgl. Ref. **4308.**

3106. **F. Koebcke.** Evaluation of approximate moments of moonrise and moonset when only almanacs of previous years are available. Bull. Soc.Amis Sci. Poznan (B) **9** 149—159 = Poznan Repr. **12.** — Steht zur Ermittlung eines Mondaufgangs oder Untergangs kein Jahrbuch des laufenden Jahres zur Verfügung, so ist es möglich, mit Hilfe zurückliegender Jahrgänge die betreffende Erscheinung zu berechnen. Geht man von dem betreffenden Datum zeitlich um einen Saros, also um $6585^d\,10^h$ zurück, so läßt sich die Veränderung der in der Formel für den Auf- oder Untergang auftretenden Differenz $\alpha☾ - \alpha☉$ leicht angeben. $\Delta\alpha☉$ hat den konstanten Betrag 10°90. Führt man mit der für chronologische Zwecke gebräuchlichen Genauigkeit die Mondlänge ein und reduziert dann auf den Äquator, so braucht bei der zeitlichen Verschiebung um einen Saros nur die konstante Änderung der mittleren Mondlänge von 12°06, die Veränderung der Reduktion auf den Äquator und die der Längendifferenz von 12°06 entsprechende Veränderung des Stundenwinkels berücksichtigt zu werden. Bei Verwendung einiger dem Benutzer an die Hand gegebenen Hilfstafeln ist die Rechnung somit leicht und mit hinreichender Genauigkeit auszuführen. Baehr

3107. **I. G. Koltschinskij,** Über den Einfluß der Sternfarbe auf die Refraktion. RAJ **25** 369—376, mit 2 Abb. (russisch).

3108. **I. G. Koltschinskij,** Über Verbesserungen der Refraktionstafeln wegen der Sternfarbe. Kiew Publ. Nr. **2** S. 81—90, mit 2 Fig. (russisch).

3109. **M. S. Swerew,** Über die Auswahl der Sterne für die Beobachtung mit dem Passageninstrument. RAJ **25** 267—279, mit 4 Abb. (russisch).

3110. **P. E. Wylie,** A simplified method of finding the Greenwich hour angle of a planet. Pop Astr **56** 312—314.

§ 32

Finsternisse, Bedeckungen

3201. **J. Bouska,** The density of the shadow during the eclipses of the Moon. BAC **1** 16—18, mit 2 Fig. — Theoretische Dichten des Erdschattens im Sommer für die Entfernungen 20′—35′ von der Schattenmitte und für die verschiedenen Positionswinkel. Verf.

3202. **E. Gaviola, R. Platzeck,** Método para determinar los instantes del segundo y tercer contactos en eclipses totales de sol. Asosiación fís. argentina, 11.—12. Versammlung, 1948.

3203. **V. Guth,** Reduction of the occultations observed in Czechoslovakia during the year 1946. BAC **1** 21—23. — Vgl. Ref. 7348.

3204. **F. M. McBain,** Discussion of occultations observed in 1943. AJ **53** 163—164, mit 1 Fig.

3205. **A. A. Michajlow,** Sonnen- und Mondfinsternisse. Moskau-Leningrad, Staatsverlag für technisch-theoretische Literatur, 1947. 40 S. mit 14 Abb. Preis 70 Kop. (russisch). — Außerdem weitere regionale Ausgaben innerhalb der UdSSR.

3206. **Z. Svestka,** The density of the earth's shadow near its centre. BAC **1** 29—32, mit 1 Fig.

3207. **Z. Svestka,** The illumination by diffusion in the centre of the earth's shadow. BAC **1** 48—51, mit 1 Fig.

3208. **J. Torroja Menéndez,** Contribución al estudio general del problema de la repetición de los eclipses. Mem. Obs. Ebro 8, 98 S. mit 15 Fig., 1941. — Bei der Bestimmung von Finsternisperioden ist die Länge des synodischen und des drakonitischen Monats, ferner die anomalistische Umlaufszeit von Sonne und Mond maßgebend. Für das Verhältnis der ersten beiden Zeitgrößen erhält man durch Kettenbruchentwicklung Näherungen, von denen in bezug auf das Auftreten säkularer Glieder die Periode von 716 Mondumläufen die beste ist. Die Periode bleibt über einen Zeitraum von 120 Jahrhunderten unverändert. Andrerseits entspricht der Saros am besten der Forderung, daß die periodischen Glieder in den immerhin nur genähert konstanten Zeitgrößen auf das Datum der Finsternis nahezu ohne Einfluß bleiben. Bei der Verwendung der beiden Perioden ist so zu verfahren, daß man nach dem Saros rechnet, wenn es sich um benachbarte Finsternisse in den Serien handelt, da in diesem Falle die Änderungen der Finsternismerkmale in den Saros-Serien gering sind. Hat man es dagegen mit weit voneinander entfernten Finsternissen zu tun, so verwendet man besser die Periode von 716 Mondumläufen, da die aus dieser Periode stammenden Serien sich auf etwa die zehnfache Dauer gegenüber dem Saros erstrecken. Baehr

§ 33

Chronologie, Kalenderwesen

3301. **H. Chatley,** The Platonic year. JBAA **58** 24—28. — In der Annahme von Beziehungen zwischen Planetenkonstellationen und Weltkatastrophen glaubte man im Altertum an große Weltperioden. So kannten die Griechen eine große Periode von mutmaßlich 72000 Jahren. Der Gedanke, daß derartige Zyklen bestehen, pflanzte sich von Westen nach Osten fort. Wahrscheinlich gelangten die Perser durch ihre Beziehungen zu den Ägyptern zur Annahme einer Periode von 12000 Jahren, wie überhaupt die Zahl 12 in Anlehnung an die Tierkreiszeichen bedeutsam war. Nach babylonischer Annahme waren beim Zusammentreten aller Planeten im Steinbock oder Krebs Weltkatastrophen zu erwarten. Perioden bis zu mehreren Millionen Jahren entwickelten sich in China. Die moderne Astronomie ist von derartigen Spekulationen abgerückt. Aber auch sie kennt periodische Vorgänge langer Dauer, denen eine gewisse Bedeutung für das Leben auf unserem Planeten zukommt, wie z. B. den Perihel-Äquinox-Zyklus von 21000 Jahren und andere ähnlicher Art.
Baehr

3302. **H. Chatley,** Communication to the Association. JBAA **58** 104—105. Ergänzung zu JBAA **57** 208—210 (AJB **47** Ref. 622). — Im Widerspruch zu der Ansicht von Shortt wird darauf hingewiesen, daß der ägyptische Monat zurück bis zur ersten Dynastie solar war und daß ferner die Tierkreiszeichen in der uns bekannten Form in Babylon nicht vor Nebukadnezar II. existierten.
Baehr

3303. **C. di Fenizio,** Misure del tempo nel primo secolo dell'Era volgare. Giornale del Genio Civile Roma 1948 **12**, 16 S. mit 4 Fig. — Nach einigen Betrachtungen zum alten Maßsystem werden einige archäologische Objekte erläutert, welche für die Zeitmessung verwendet wurden. Sodann wird die Technik und Theorie der Klepsydren dargestellt. F. Z.

3304. **D. Macnaughton,** Babylonian and egyptian chronology. JBAA **58** 151—154. — Die Epoche der Venus-Tafeln von Amizaduga wird auf Grund der heliakischen Auf- und Untergänge des Planeten gemeinsam mit den Aufgängen von Spica und Plejaden auf das Zeitintervall 2253—32 v. Chr. festgesetzt. In der ägyptischen Chronologie wird die Annahme einer längeren Zeitskala verfochten und mit Beweisen belegt. Baehr

3305. **D. Macnaughton,** Lt-Col. Shortt's theories. JBAA **58** 281. — Es wird gezeigt, daß entgegen der Ansicht von Shortt etwa für die Zeit der zwölften ägyptischen Dynastie ein aus zwölf Monaten zu dreißig Tagen und fünf Zusatztagen bestehendes Jahr an Hand einer Inschrift ableitbar ist. Ebenso müsse Shortt hinsichtlich der Urkunde von Uni seine Kalendertheorie aufgeben, und endlich sei die Ansicht, Fotheringham pflichte Schochs Ausführungen bezüglich der Venustafeln von Amizaduga bei, irrig. Baehr

3306. **J. M. Oudin,** Un calendrier universel. La Nature Nr. 3145 S. 315—320, 1947. — Ref. in Ann. Françaises de Chronométrie (2) **18** 86.

3307. **I. F. Polak,** Zeit und Kalender. Moskau-Leningrad, Staatsverlag für technisch-theoretische Literatur, 1948. 2. Auflage. 40 S. mit 7 Abb. (russisch). — Außerdem weitere regionale Ausgaben innerhalb der UdSSR.

3308. **J. Pratdesaba,** La reforma del Calendario. Ibérica **8** 455—458.

3309. **P. C. Sengupta,** Ancient Indian Chronology. Kalkutta, University Press, 1947. 28 + 287 S. Preis Rs. 15 net. — Besprechung in Obs **68** 114—116 (H. Chatley).

3310. **A. G. Shortt,** The «Venus-Tablet». JBAA 58 192. — Vgl. auch JBAA 58 104—105, Ref. 3302. — Die Entgegnungen des Verf. auf zwei gegen ihn gerichtete Kritiken beziehen sich auf den ägyptischen Monat, das Alter der Tierkreiszeichen, die Venustafeln von Amizaduga, die Urkunde von Uni und den Sothis-Stern. Baehr

3311. **H. J. Spinden,** Mexican calendars and the solar year. Annual Report of the Smithsonian Inst. 1948 S. 393—405, mit 5 Fig. und 7 Tafeln. — Die Zeitelemente des Maya-Kalenders, Tzolkin und Tun, werden zum Finsterniszyklus in Beziehung gesetzt. Nachdem die Maya-Zeitrechnung in ihrem Aufbau und in ihrer Fixierung gegenüber astronomischen Daten zur Darstellung gekommen ist, wird an Hand der Inschrift im Tempel des Kreuzes gezeigt, auf welche Weise die Maya ihren Kalender im Verhältnis zur Länge des tropischen Jahres abweichend von der sonst üblichen Schaltung kontrollierten. Zuletzt werden einige Daten mitgeteilt, die sich auf den um die Kultur seines Volkes hochverdienten Quetzalcoatl beziehen. Baehr

3312. Studies and Essays, Presented to R. Courant on His Sixtieth Birthday, January 8. New York, Interscience Publishers, Inc., 1948. 470 S. Preis $ 5.50. — Besprechung in ApJ **107** 423—424.

Fünfter Teil

Theoretische Astronomie

§ 40

Allgemeines, Tafeln

4001. **D. Belorizky,** La loi de Newton, le mouvement des étoiles doubles et le problème de Bertrand. JO **31** 183—192, mit 1 Fig. — Ohne, wie bisher, vorauszusetzen, daß die Zentralkraft unabhängig von der Richtung sei, wird durch eine schärfere Diskussion der Lösungen von Darboux und Halphen des Bertrandschen Problems die Gültigkeit des Newtonschen Gesetzes für die Bewegung der Doppelsterne bewiesen, wobei nur die beobachteten Eigenschaften der scheinbaren Bahnellipse und die Formel von Binet für die Zentralkraft benutzt werden. Den Abschluß bilden eine Betrachtung über die Hamiltonsche Lösung für die Zentralbewegung und eine neue analytische Ableitung der wahren Elemente aus der scheinbaren Bahn. Böh.

4002. **B. Hacar,** Mechanika sluneční soustavy. Prag. JCMF, 1948. 128 S., mit 17 Abb. — Erster Teil eines elementaren Lehrbuches der theoretischen Astronomie.

* * **S. W. Kowalewskaja,** Wissenschaftliche Arbeiten. Vgl. Ref. **716**.

* * **F. Zagar,** Astronomia sferica e teorica. Vgl. Ref. **3014**.

4003. Dimensionslose Naturkonstanten. Phys. Blätter **3** 35—42, 1947. — Aufzählung von dimensionslosen Naturkonstanten, die große und sehr große Werte haben.

4004. Training in celestial mechanics. Sky and Telescope **7** 66—67. — Ref. AAS.

§ 41

Raum, Zeit, Licht, Gravitation, Relativitätstheorie, Kosmologie

* * **M. G. Adam,** Interferometric measurements of solar wave-lengths and an investigation of the Einstein gravitational displacement. Vgl. Ref. 6101.

4101. **C. Agostinelli,** Interpretazione elettrodinamica della legge di attrazione universale e nuova spiegazione dello spostamento del perielio di Mercurio. Atti Sem. Mat. Fis. Univ. Modena **1** 148—164, 1947.

4102. **F. Alba,** Motion of a particle on the axis of a rotating ring in Birkhoff's theory of gravitation. Phys Rev (2) **73** 651. — Ref. Am. Phys. Soc.

4103. **R. A. Alpher, R. Herman,** Thermonuclear reactions in the expanding universe. Phys Rev (2) **74** 1198—1199. — Ref. in ZfMG **32** 144.

4104. **G. Armellini,** Il moto del perielio di Mercurio nell'ipotesi di un assorbimento del flusso gravitazionale attraverso i mezzi materiali. Rend. Accad. Naz. Lincei, Cl. Sc. fis., mat. e nat. (8) **5** 288—294 = Oss. Astr. Roma-Monte Mario, Contr. sci. Nr. **143.** — Es wird eine etwaige Absorption der Schwerkraft im Problem der Perihelbewegung Merkurs untersucht. Das Vorrücken des Perihels kann qualitativ durch eine solche Absorption erklärt werden, der Absorptionskoeffizient ergibt sich aber als zu klein. F. Z.

4105. **A. Barajas,** On the hypotheses underlying any theory of gravitation. Phys Rev (2) **73** 651. — Ref. Am. Phys. Soc.

4106. **P. G. Bergmann,** Einführung in die Relativitätstheorie. Unter Redaktion von W. L. Hinsburg aus dem Englischen ins Russische übersetzt von P. Kunin und I. Taxar. Moskau, Staatsverlag für ausländische Literatur, 1947. 380 S. mit 9 Abb. Preis 20 R. (russisch).

4107. **A. F. Bogorodskij,** Das Äquivalenzprinzip und die Feldgleichungen der Allgemeinen Relativitätstheorie. Kiew Publ. Nr. **2** S. 23—29 (russisch).

4108. **A. F. Bogorodskij,** Die Integration der Feldgleichungen für ein System von Massenpunkten. Kiew Publ. Nr. **2** S. 31—45 (russisch).

4109. **H. Bondi,** Review of cosmology. MN **108** 104—120. — Der Bericht über Kosmologie geht aus von dem durch die Erfahrung, insbesondere die Beobachtung der extragalaktischen Nebel, gegebenen Material. Er behandelt in kritischer Weise in erster Linie die auf der Grundlage der allgemeinen Relativität und der kinematischen Relativität (Milne) beruhenden Theorien. Hierauf nicht zurückführbare Ansätze werden nicht oder nur am Rande vermerkt. Eine Liste der wichtigsten Literatur beschließt den Bericht. Micz.

4110. **H. Bondi,** Observation and theory of cosmology. Obs **68** 111—112, mit Erwiderung von McVittie. — Es wird auf einen Irrtum in einer Arbeit von McVittie (Proc Phys Soc **51** 529) hingewiesen und die Notwendigkeit hervorgehoben, in Zukunft das Beobachtungsmaterial über die extragalaktischen Nebel zu publizieren, ohne vorher irgendwelche „Korrektionen" anzubringen, die etwa aus kosmologischen Vorstellungen hergeleitet werden, um die spätere Anwendung verschiedener Diskussionsmethoden zu erleichtern. Micz.

4111. **H. Bondi, T. Gold,** The steady-state theory of the expanding universe. MN **108** 252—270, mit 2 Fig. — Eine Anwendung der Gesetze der „terrestrischen" Physik auf die Kosmologie scheint eindeutig nur in einem stationären homogenen Universum möglich zu sein. Nur in diesem Fall hat die Kosmologie eine logisch begründete Basis. Thermodynamik und astronomische Beobachtungen verlangen ein expandierendes Universum, in dem beständig Materie neu gebildet wird. Der Prozeß, der jedoch für die direkte Beobachtung viel zu langsam ist, wird näher diskutiert. Die in einem expandierenden stationären und homogenen Universum beobachtbaren Eigenschaften werden aufgeführt. Ein abschließendes Kapitel ist der Möglichkeit, eine Feldtheorie zu formulieren, gewidmet. Micz.

4112. **J. Brandmüller, E. Gora, E. Rüchardt,** Zur Frage der «Natürlichen Maßeinheiten». Optik, Z. f. das gesamte Gebiet der Licht- und Elektronenoptik **8** 92—95. — Im Anschluß an einen Bericht von E. Rüchardt in der Bay. Akad. d. Wiss. wird untersucht, ob die bei Berücksichtigung der kosmologischen Inkonstanz der Gravitationskonstanten f berechneten «Natürlichen Maßeinheiten» von Planck durch allgemein kosmologische Überlegungen begründet werden können und zu vernünftigen Werten für die Elementareinheiten führen. Verf.

4113. **H. A. Buchdahl,** On Eddington's higher order equations of the gravitational field. Proc. Edinburgh Math. Soc. (2) **8** 89—94. — Ref. in Math. Reviews **10** 408.

4114. **M. Causse,** Sur la théorie cosmologique de E. A. Milne. Démonstration de la relation $G(\xi) = -1$ pour les systèmes cinématiques simples. CR **226** 876—878. — Ref. in Math. Reviews **9** 539.

4115. **G. L. Clark,** The gravitational field of a rotating nearly spherical body. Phil. Mag., J. theor. exper. appl. Phys. London (7) **39** 747—778. — Ref. in ZfMG **31** 376, Math. Reviews **10** 579.

4116. **L. Courvoisier,** Ein einfaches astronomisches Beobachtungsverfahren zum erneuten Nachweis der «Lorentzkontraktion». Verh. der Naturforschenden Ges. in Basel **59,** 11 S. mit 3 Fig. — Die vom Verf. angenommene Lorentzkontraktion der Erde führt zu der Vorstellung, daß die Achsenneigung eines Meridianfernrohrs im Laufe eines Sterntags Schwankungen von 0″4 in 47.5° Breite zeigen müsse. Messungen mit dem Achsenniveau sollen diesen Effekt erkennen lassen, nicht aber eine Neigungsbestimmung aus dem Unterschied der Durchgangszeiten eines Sterns im direkten bzw. reflektierten Licht. Der Vergleich beider Methoden müßte also den zu erwartenden Effekt zeigen. Beobachtungen von Polsternen an einem kleinen Meridiankreis in Basel ergeben Unterschiede zwischen beiden Neigungsbestimmungen in Übereinstimmung mit früheren Beobachtungen des Verfassers. Es wird auch darauf hingewiesen, daß rein terrestrische Nadirbeobachtungen in Verbindung mit Libellenmessungen denselben Effekt zeigen müßten. Bo.

4117. **W. Dieckvoss,** Über die Natur der universellen Gravitation. Himmelswelt **55** 133—134. — Besprechung der Arbeit von Milne in MN **104** 120, AJB **45** Ref. 3137.

4118. **N. B. Diwari,** Astronomische Beweise der Unzulänglichkeit der ballistischen Lichttheorie. Nachr. Akad. Wiss. kasach. Sowjetrepublik Nr. **54** (Astr. Phys.) Heft 3 S. 12—41.

4119. **P. Drumaux,** Le mouvement de récession des nébuleuses extragalactiques. Comment. Pontificia Acad. Sci. **11** 721—750, 1947. — Ref. in ZfMG **32** 144.

4120. **P. Drumaux,** La récession des nébuleuses extra-galactiques. I—III. Ann. Soc. Sci. Bruxelles (1) **61** 228—234, 1947; **62** 27—35, 74—82, 1948. — Ref. in ZfMG **31** 239—240.

4121. **A. S. Eddington,** Fundamental Theory. Teddington, Cambridge University Press; New York, The Macmillan Comp., 1947. 222 S. Preis $ 6.—. Besprechung in J Applied Phys **19** 114 (E. L. Hill).

4122. **H. Ehrenberg,** A possible explanation of an exploding universe. Pop Astr **56** 337—338. — Der Verf. nimmt an, daß die das — als endlich vorausgesetzte — Universum bildenden Milchstraßen auf Kreisbahnen um dessen Gravitationszentrum rotieren. Die Massenabnahme infolge der Ausstrahlung der Sterne bedingt eine stetige Verminderung der Anziehungskraft des Systems, so daß dessen Teilkörper immer weiter werdende Bahnen beschreiben sollen, was sich, von der Erde aus gesehen, als Fluchtbewegung der Spiralnebel äußern müsse. Kdr.

4123. **A. Einstein,** A generalized theory of gravitation. Rev Mod Phys **20** 35—39. — Ref. in Math. Reviews **10** 157.

4124. **Y. Fourès-Bruhat, A. Lichnerowicz,** Sur un théorème global de réduction des ds^2 statiques généraux d'Einstein. CR **226** 775—777. — Ref. in ZfMG **31** 239.

4125. **E. P. George,** Milne's cosmology and the origin of cosmic rays. Phil. Mag., J. theor. exper. appl. Phys. London (7) **39** 240—243. — Ref. in ZfMG **31** 384.

4126. **A. Gião,** Sur la propagation de la lumière dans un champ électro statique. CR **224** 1212—1214, 1947. — Ref. in ZfMG **29** 287.

4127. **W. Gleissberg,** A feature of Milne's universe. Philos. Mag., J. theor. exper. appl. Phys. **39** 324—325. — Ref. in ZfMG **30** 238.

4128. **J. Gorren,** La courbure de l'espace. Ciel et Terre **64** 49—57.

4129. **J. Gosselin,** Sur le déplacement des spectres des nébuleuses vers le rouge et l'évolution de l'univers. CR **226** 228—230. — Ref. in ZfMG **31** 240, Math. Reviews **9** 539.

4130. **C. Graef Fernández,** Foundation of Birkhoff's theory of gravitation on particle mechanics. Phys Rev (2) **73** 651. — Ref. Am. Phys. Soc.

4131. **L. Gratton,** La durata dell'evoluzione stellare. Siehe Ref. **5411**.

4132. **F. Hoyle,** A new model for the expanding universe. MN **108** 372—382. — Das wichtigste Charakteristikum des vorgeschlagenen Weltmodells besteht in der Annahme kontinuierlicher Materieentstehung, deren Berücksichtigung in den Feldgleichungen der allgemeinen Relativitätstheorie auf ein stationäres, sich ausdehnendes Universum führt. Die Einführung einer kosmologischen Konstante erweist sich dabei als nicht notwendig. Kdr.

4133. **F. Hund,** Zugänge zum Verständnis der allgemeinen Relativitätstheorie. Z f Phys **124** 742—756. — Die Newtonsche Mechanik in bewegten Systemen enthält Züge, die das Verständnis der allgemeinen Relativitätstheorie erleichtern können. Verf.

4134. **H. E. Ives,** The behavior of an interferometer in a gravitational field. II. Application to a planetary orbit. J Opt Soc Amer **38** 413—416. — Ref. in Math. Reviews **9** 539. — The assumption of identity of properties of a body stationary in a gravitational field and of a body falling under an inverse square law of attraction, previously used to account for optical phenomena, is applied to dynamical phenomena by the extension of the same assumption to mass. Force equations corresponding to the gravitational mass are derived, which when solved for a planetary orbit, give the observed advance of perihelion of Mercury. Verf.

4135. **H. E. Ives,** The measurement of the velocity of light by signals sent in one direction. J Opt Soc Amer **38** 879—884, mit 1 Fig. — Es wird das Problem behandelt, die Lichtgeschwindigkeit unter Verwendung von Signalen zu bestimmen, die nur in einer Richtung laufen, so daß die Verwendung zweier Uhren erforderlich wird. Verf. bedient sich dabei neben der im üblichen Sinn definierten Geschwindigkeit des Begriffs des «rod-clock-quotient», um der Lorentz-Kontraktion Rechnung zu tragen. Micz.

4136. **D. D. Iwanenko, A. A. Sokolow,** Quantentheorie der Gravitation. Moskauer Universitätsbote Nr. 8 S. 103—113, 1947 (russisch). — Ref. in Math. Reviews **10** 498.

4137. **G. Järnefelt,** Einsteinin suhteellisuusteorian aksiomaattisista perusteista (Über die axiomatischen Grundlagen der Relativitätstheorie Einsteins). Ylipainos Filosofisen yhdistyksen vuosikirjasta **14** 39—47, 1947 = Veröff. Helsinki.

4138. **M. Johnson,** Time, Knowledge and the Nebulae. New York, Dover Publications, Inc., 1947. 189 S. Preis $ 2.75.— Besprechung in J Applied Phys **19** 970.

4139. **P. Jordan,** Erweiterung der projektiven Relativitätstheorie. Ann. Physik (6) **1** 219—228, 1947. — In der vorgetragenen Theorie wird die Gravitationskonstante $\varkappa$ als raum-zeitlich veränderlich angesehen.

4140. **P. Jordan,** Fünfdimensionale Kosmologie. AN **276** 193—208. — Die Arbeit enthält eine zusammenfassende Gesamtdarstellung der in verschiedenen Arbeiten des Verf. und seiner Mitarbeiter ausgeführten Untersuchungen zur fünfdimensionalen (projektiven) Relativitätstheorie und ihrer Anwendung zur Präzisierung der vom Verf. früher induktiv entwickelten Kosmologie und Sternentstehungstheorie. Der erste Teil bringt eine Erläuterung der projektiven Relativitätstheorie in derjenigen erweiterten Form, welche der Verf. 1944 entwickelt hat. Der zweite Teil beschäftigt sich mit der physikalischen Deutung der so gewonnenen mathematischen Zusammenhänge, mit der Aufstellung der Feldgleichungen und mit der Anwendung auf Kosmologie und Sternentstehung, gemäß den Ergebnissen von Ludwig und Müller, welche die systematische Ausführung des aus dem «Diracschen Prinzip» entwickelten Modells des Kosmos und der Sternentstehung erbrachten. Abschließend werden die Beziehungen der dargestellten Theorie zu den Erfahrungstatsachen besprochen, die Beurteilung einiger diesbezüglicher Punkte hat sich etwas verändert. Verf. (gekürzt)

4141. **P. Jordan,** Über den Riemannschen Krümmungstensor. I. Einsteinsche Theorie. II. Eddingtonsche und Schrödingersche Theorie. Z f Phys **124** 602—613. — Verf. vereinfacht den mathematischen Apparat der allgemeinen Relativitätstheorie und zeigt, daß die entwickelte Methode in ähnlicher Weise auch auf die Theorien von Eddington und Schrödinger angewandt werden kann. Verf.

4142. **S. C. Kar,** Die Lorentztransformation und ihr physikalischer Inhalt. Bull. Calcutta Math. Soc. **40** 83—106. — Ref. in Math. Reviews **10** 408, ZfMG **31** 228.

4143. **O. Klein,** On a case of radiation equilibrium in general relativity theory and its bearing on the early stage of stellar evolution. Ark Mat Astr Fys **34** A Nr. 19, 11 S. mit 2 Fig. — Es wird gezeigt, daß die Einsteinschen Feldgleichungen der allgemeinen Relativitätstheorie im Falle von ungeordneter Strahlung sphärisch-symmetrische Lösungen zulassen, die einer Massendichte entsprechen, die im Zentrum willkürlich gewählt werden kann und sich in großen Entfernungen einem partikulären Integral nähert, nach dem die Dichte dem Quadrat des Mittelpunktabstandes umgekehrt proportional ist. Dieses Resultat scheint es wahrscheinlich zu machen, daß nach der allgemeinen Relativitätstheorie Sterne oder Sternsysteme möglich sind, die gänzlich aus Strahlung bestehen in einem nahezu stationären, aber auf lange Sicht zunehmend instabilen Zustand, wobei die gefundene Lösung bezüglich solcher Strahlungssterne eine ähnliche Rolle spielt wie die Emdensche Gaskugel in der Theorie materieller Sterne. Ein solcher Stern mit einer Zentraltemperatur von

10^{10} ° würde den Bedingungen entsprechen, die von Beskow und Treffenberg in ihrer Arbeit über den Ursprung der Elemente betrachtet wurden und wonach das Gravitationsfeld, abgesehen von den innersten Teilen des Sternmodells, fast ganz vom Strahlungsfeld herrührt. Verf.

4144. **G. Kowalewski,** Képler et les formules de Lorentz. CR **227** 762—763. — Ref. in Math. Reviews **10** 407.

4145. **P. Kustaanheimo,** Some remarks concerning the connexion between two spherically symmetric relativistic metrics. Soc. Sci. Fennica Commentationes Phys.-Math. **13** Nr. 12, 8 S., 1947 = Veröff. Helsinki. — Von Einstein und Straus und später von Qvist ist die Metrik um eine singuläre Massenkonzentration in einem expandierenden Universum bestimmt worden. Unter abweichenden Annahmen über die Materieverteilung um die singuläre Masse hat McVittie im wesentlichen das gleiche Ergebnis erhalten. Die Beziehungen zwischen den in beiden Fällen sich ergebenden Metriken werden festgestellt. Fricke

4146. **P. Kustaanheimo, B. Qvist,** A note on some general solutions of the Einstein field equations in a spherically symmetric world. Soc. Sci. Fennica Commentationes Phys.-Math. **13** Nr. 16, 12 S. = Veröff. Helsinki. — Nach Einführung gewisser isotroper Koordinaten, in denen das Weltsubstrat ruht, wird gezeigt, daß sich eine Lösung der Einsteinschen Feldgleichungen angeben läßt, aus der als Spezialfälle die Metriken von Schwarzschild, Lemaître, McVittie und anderen hervorgehen. Fricke

4147. **A. Lichnerowicz, Y. Fourès-Bruhat,** Théorème global sur les ds^2 extérieurs généraux d'Einstein. CR **226** 2119—2120. — Ref. in ZfMG **31** 239.

4148. **J. Loiseau,** La définition du temps. Ann. Françaises de Chronométrie (2) 18 241—254, mit 1 Fig.

4149. **G. Ludwig,** Skalares Materiefeld in der projektiven Relativitätstheorie mit variablen Gravitationsinvarianten. Z f Naturf **2a** 482—489, 1947. — Ref. in Math. Reviews **10** 408.

4150. **G. Ludwig, C. E. F. Müller,** Ein Modell des Kosmos und der Sternentstehung. Archiv der Mathematik **1** 80—82. — Für ein expandierendes Weltmodell werden die an anderer Stelle abgeleiteten Feldgleichungen für zwei Fälle gelöst. Es wird angenommen, daß die Materie den Kosmos als ideales Gas homogen erfüllt, und zwar sei der Druck im ersten Fall gegenüber der Energiedichte zu vernachlässigen, im zweiten Fall bei sehr hoher Temperatur gleich $^1/_3$ der Energiedichte. Werden alle Größen in natürlichen Einheiten gemessen und die auftretenden Konstanten von der Größenordnung 1 gewählt, so stimmen die Lösungen des ersten Falls mit gewissen von Jordan postulierten kosmologischen Beziehungen überein, während dessen Ansichten über die Entstehung der Sterne durch die Lösungen des anderen Falls eine deduktive Begründung zu erfahren scheinen. Kdr.

4151. **G. Ludwig, C. Müller,** Ein Modell des Kosmos und der Sternentstehung. Ann. Phys. (6) **2** 76—84. — Es wird ein vereinfachtes Modell des expandierenden Weltalls mit abnehmender Gravitationszahl nach der projektiven Relativitätstheorie durchgerechnet und in Übereinstimmung mit den induktiven Überlegungen von P. Jordan gefunden. Ein weiteres Modell scheint geeignet zu sein, deduktiv die von P. Jordan induktiv erschlossenen Beziehungen bei der Entstehung der Sterne zu begründen. Verf.

4152. **D. Maravall,** La aberración y la aceleración de la gravedad. Rev. Mat. Hispano Americana **7** 90—95, 1947.

4153. **J. Mariani,** Unitary field theory and cosmic magnetism. Phys Rev (2) **74** 1265—1266. — Ref. Am. Phys. Soc.

4154. **E. A. Milne,** Kinematic Relativity. A Sequel to Relativity, Gravitation and World Structure. Oxford, Clarendon Press, 1948. 7 + 238 S. Preis $ 6.50. — Ref. in Math. Reviews **10** 578, Besprechung in Mem SA It (NS) **20** 245—247 (M. G. Fracastoro).

4155. **G. C. Omer jr.,** A non-homogeneous cosmological model. AJ **54** 46—47. — Ref. AAS.

4156. **G. C. Omer jr.,** A non-homogeneous cosmological model with a finite cosmological constant. Phys Rev (2) **74** 1564. — Ref. Am. Phys. Soc.

4157. **A. Papapetrou,** The question of non-singular solutions in the generalized theory of gravitation. Phys Rev (2) **73** 1105—1108. — Ref. in Math. Reviews **10** 157.

4158. **A. Papapetrou,** A static solution of the equations of the gravitational field for an arbitrary charge-distribution. Proc. Irish Acad. (A) **51** 191—204, 1947. — Ref. in Math. Reviews **10** 157, ZfMG **29** 184.

4159. **A. Papapetrou,** Einstein's theory of gravitation and flat space. Proc. Roy. Irish Acad. (A) **52** 11—23. — Ref. in Math. Reviews **10** 157.

4160. **B. Qvist,** On a spherically symmetric mass concentration in an expanding universe. Soc. Sci. Fennica Commentationes Phys.-Math. **13** Nr. 11, 12 S., 1947 = Veröff. Helsinki. — In einem isotrop expandierenden Universum gilt in einer leeren Sphäre um eine singuläre Massenkonzentration (etwa eine Sternmasse) die Schwarzschildsche Metrik. Planetenbahnen in dieser Sphäre sind daher unbeeinflußt von dem expandierenden Weltsubstrat. (Bestätigung der Lösung von Einstein und Straus). Fricke

4161. **E. Rabe,** Eine regularisierende Zeittransformation in der metrischen Kosmologie. ZfA **25** 255—260 = Mitt. Astr. Rechen-Institut Heidelberg. — Mit Hilfe einer formalen Analogie zwischen dem zeitlichen Verhalten des Weltkrümmungsradius R in dem pulsierenden sphärischen Weltmodell für $h = 0$, $\varepsilon = +1$ und dem freien Fall in einem entsprechend abgewandelten Schwarzschildschen Gravitationsfeld wird eine von R abhängige Transformation der Zeit hergeleitet. An die Stelle der bisherigen, universellen, absoluten Zeit der metrischen Kosmologie wird dadurch eine expansionsabhängige, relative Zeit gesetzt. Unter allen formal möglichen Zeittransformationen, die von einer ganzen Potenz von R als Faktor abhängen, ist die gefundene die einzige, welche die vorher bei $R = 0$ singuläre fundamentale Differentialgleichung für R regularisiert und zu einer endlichen, nicht verschwindenden Expansionsgeschwindigkeit an dieser Stelle führt. Verf.

4162. **A. Schild,** Discrete space-time and integral Lorentz transformations. Phys Rev (2) **73** 414—415.

4163. **M. F. Schirokow,** Über die Rolle der Gravitation beim Aufbau von Elementarteilchen. Moskauer Universitätsbote Nr. **4** S. 67—75, 1947 (russisch mit englischer Zusammenfassung). — Ref. in Math. Reviews **10** 498.

4164. **H. Schönfeld,** Das Licht und seine Beiträge zu neueren Erkenntnissen über die physikalische Welt. Forschungen und Fortschritte **24** 131—136, mit 2 Abb.

4165. **E. Teller,** On the change of physical constants. Phys Rev (2) **73** 801—802. — Entgegen der Diracschen Ansicht, daß einige physikalische Konstanten vom Weltalter abhängig sind, zeigt Verf., daß eine für das irdische Leben während der letzten 500 Millionen Jahre notwendig sinnvolle Temperatur am leichtesten durch eine wirkliche Konstanz dieser Konstanten erklärt werden kann. Loh.

4166. **A. G. Walker,** Foundations of relativity. I, II. Proc. R. Soc. Edinburgh (A) **62** 319—335. — Ref. in ZfMG **30** 383.

4167. De kemiska grundämnenas uppkomst och det expanderande universum. PAT **29** 77—79.

4168. A cosmological model. Sky and Telescope **7** 300. — Ref. AAS.

§ 42

Himmelsmechanik, Störungstheorie

4201. **G. Armellini,** Sul problema lunare di Hill. Rend. Accad. Naz. Lincei, Cl. Sc. fis., mat. e nat. (8) **4** 352—358 = Oss. Astr. Roma-Monte Mario, Contr. sci. Nr. **137**. — Ref. in Math. Reviews **10** 332—333. — Aus den Bewegungsgleichungen des Hillschen Mondproblems wird durch Elimination der Zeit die Differentialgleichung der Bahn abgeleitet, aus welcher leicht einige Eigenschaften der Bewegung gefolgert werden. F. Z.

4202. **G. M. Bashenow,** Über eine Reihe in der Theorie der Bahnbestimmung der Planeten und Kometen. Charkow Bull. Nr. **7** S. 8—10 (russisch).

4203. **G. M. Bashenow,** Anwendung der Matrizenrechnung zur Herleitung der Bewegungsgleichungen Kleiner Planeten in idealen und Hansenschen Koordinaten. Charkow Publ. 8 95—98 (russisch).

4204. **D. Belorizky,** Sur les formules du mouvement troublé d'une planète, rapporté à des axes mobiles. JO **31** 177—182. — Die Differentialgleichungen für die gestörte Bewegung eines Planeten in bezug auf ein mit ihm bewegtes Achsensystem werden auf direkte Weise (ohne die Methode der Variation der Konstanten) abgeleitet und zum Schluß auf den Fall verschwindender Masse spezialisiert. Böh.

4205. **H. Bucka,** Himmelsmechanik auf der Fallfläche. Phys. Blätter **3** 82, 1947. — Demonstrierung der Planetenbahnen mit einer auf der Fallfläche rollenden Kugel.

4206. **C. Carathéodory,** Über die Integration der Differentialgleichungen der Keplerschen Planetenbewegung. Sitzber. math.-naturw. Abt. Bayer. Akad. Wiss. München **1945/46** 57—76, 1947. — Ref. in ZfMG **32** 84—85.

4207. **J. Chazy,** Sur deux définitions de la longitude du périhélie. CR **226** 1762—1764. — Man kann in der Störungstheorie die Länge des Perihels als einen gebrochenen Winkel in zwei verschiedenen Ebenen (Ekliptik und Bahnebene des betreffenden Planeten), oder als einen in der oskulierenden Bahnebene von einem Fixpunkt an gezählten, ungebrochenen Winkel einführen. Die in diesen beiden Fällen geltenden Differentialgleichungen für die gestörten Elemente unterscheiden sich durch Glieder zweiter Ordnung in bezug auf die Neigung i. Der Einfluß dieser Glieder ist im allgemeinen völlig zu vernachlässigen, doch wird er in der Theorie der Merkur-Bewegung von merklicher Größe und numerisch gerade von solchem Betrage, um die Unterschiede der Perihelbewegung Merkurs nach den Theorien von Le Verrier, Hill und Doolittle aufzuklären, als Folge der verschiedenen Definition der Perihellänge. E. R.

4208. **G. F. Chilmi,** Über die Möglichkeit des Einfanges im Dreikörperproblem. DAN **62** Nr. 1 S. 39—42 (russisch). — Ref. in Math. Reviews **10** 487.

4209. **C. A. Clavo-Rivera,** Sobre la regularizacion del problema plano de los tres cuerpos. Rev. de Ciencias Lima Nr. **459** S. 3—69, 1947. — Nach dem erfolgten Zusammenstoß von zwei der drei Körper untersucht Verf. die analytische Fortsetzung der regularisierenden Veränderlichen als Funktionen der von Sundman und Levi-Civita eingeführten unabhängigen Veränderlichen. Er knüpft seine Betrachtungen an dasselbe von G. Garcia behandelte Thema an (Rev. Ciencias Nr. **443—444**, 1943). Es wird gezeigt, daß die Beschränkung auf die dritte Potenz von u genügt, um zu beweisen, daß nach dem Zusammenstoß und in seiner Nähe die relative Bahn eine Kurve mit einem Regressionspunkt erster Gattung ist. Sconzo

4210. **E. Egervary,** On a new form of the differential equations of the problem of three bodies. Hung. Acta Math. **1** 1—18, 1947. — Ref. in ZfMG **31** 318.

4211. **F. de Franchis,** Deduzione delle equazioni di Eulero-Lagrange della meccanica dal principio dell'Hamilton. Pubbl. Oss. astr. Palermo (2) **9** (ohne Nummer).

4212. **G. Garcia,** The problem of three bodies in the cases of Lagrange and Euler, treated in the general theory of relativity. Summa Brasil. Math. **1**, 1946, Nr. 9 S. 197—205 (spanisch). — Ref. in Math. Reviews **10** 333.

4213. **S. Herrick,** A modification of the «variation-of-constants» method for special perturbations. Publ ASP **60** 321—323 = Astr. Pap. Univ. Calif. Nr. **6**. — Da die neuesten, mit Elektronenröhren arbeitenden Rechenmaschinen zusammengesetzte Operationen mit fast derselben Leichtigkeit ausführen wie einfache, fallen die Gründe weg, die bei der Berechnung spezieller Störungen, insbesondere von Kometen, die Bevorzugung der Methoden von Encke und Cowell gegenüber der erhebliche andere Vorteile bietenden Berechnung spezieller Störungen der oskulierenden Elemente gerechtfertigt haben. Es wird deshalb ein Elementensystem angegeben (die Zeit des Periheldurchgangs und einfache Funktionen der Richtungskosinus der Halbachsen), das auf verhältnismäßig leicht zu behandelnde Differentialgleichungen führt. Die neue Methode hat sich beim Halleyschen Kometen, wo Vergleichsrechnungen von Cowell und Crommelin vorlagen, besonders wirksam in der Umgebung des Periheldurchgangs erwiesen. Böh.

4214. **E. Jegerwari,** Über eine Verallgemeinerung der Lösung des Dreikörperproblems von Lagrange. DAN **55** 805—807, 1947.

4215. **T. O. Kabakcioglu,** Berechnung der langperiodischen Störungen 2. Ordnung der Massen bei mehrfach kommensurablen Typen. Univ. Istanbul, Fac. Sci. Rec. Mém. commém. la Pose de la première Pierre des nouv. Inst. 72—77. — Ref. in ZfMG **31** 235.

4216. **E. Lahaye,** Sur certains mouvements stables et mouvements généraux dans le problème des trois corps. Ann. Obs. Royal de Belgique (3) **3** 245—298. — Durch Integration der Variationsgleichungen und Berechnung der charakteristischen Exponenten werden die periodischen und asymptotischen Bahnen um die Lagrangeschen Librationspunkte des (nicht restringierten) Dreikörperproblems untersucht. Es gelingen mehrere Existenzbeweise im ebenen Fall, aber auch einige Aussagen für die allgemeine räumliche Bewegung. Böh.

4217. **P. Musen,** Zur Reduktion des Dreikörperproblems. ZfNaturf **3a** 360—363. — Die Transformationstheorie des Pfaffschen Ausdruckes wird zur Reduktion des Dreikörperproblems auf acht Koordinaten verwendet. Es wird gezeigt, daß die klassischen Reduktionen kurz durch die Formierung der Pfaffschen Differentialgleichungen für den passend transformierten Pfaffschen Ausdruck gewonnen werden können. Zum Schluß werden die Differentialgleichungen für die Vektorelemente aufgestellt. Die eingeführten Vektorelemente haben eine gewisse Ähnlichkeit mit den Vektorelementen, welche Bilimowitsch in der allgemeinen Störungstheorie benutzt hatte. Verf.

4218. **B. A. Orlow,** Anwendung der Methode Delaunay-Hill im Fall der Kommensurabilität 3 : 4 (Thule). Pulk Mitt **17** Nr. 3 (138) S. 71—92, 1947.

4219. **C. Popovici,** Sur la troisième loi de Kepler dans l'attraction éclairée. CR **224** 723—725, 1947. — Ref. in ZfMG **30** 223.

4220. **C. Popovici,** Mécanique de forces non instantanées. CR **226** 1250—1251. — Ref. in ZfMG **30** 324.

4221. **H. Roth,** Die Verteilung der Jacobischen Konstanten im Dreidimensionalen. (Der Hillsche Grenzraum). Acta Physica Austriaca **2** 23—56, mit 23 Abb. — Ausgehend vom ebenen Problem der Hillschen Grenzkurve wird versucht, eine exakte Untersuchung und Beschreibung des Hillschen Grenzraumes für den Darwinschen Fall mit $\mu = 0.1$ zu geben. Die Jacobische Konstante C läßt wie in der Ebene gewisse Flächen, gewisse Räume zu, die der Bewegung von P zugänglich sind und die die für ihn unzugänglichen Gebiete abgrenzen. Der charakteristische Unterschied zwischen dem ebenen und räumlichen Problem geht klar aus dem Vergleich beider Klassifikationen hervor. In der Ebene existiert als Grenzwert für den Übergang zur unbeschränkten Bewegung ein $C_{\text{Min.}} = 3\,(1 + \mu)$, welches endlich und positiv ist. Im Raume aber ist der analoge Grenzwert $C = 0$. Verf. (gekürzt)

4222. **H. Roure,** Théorie des planètes troyennes (suite). JO **31** 39—48. — Fortsetzung und Schluß zu der Arbeit in JO **30** 49—61, 93—103 (AJB **47** Ref. **3224**). Die Berechnung der allgemeinen von der ersten Potenz der Exzentrizität und Neigung des Trojaners abhängenden Störungen wird beendet. Das zweite Kapitel gibt die Richtlinien zur Berechnung der von den höheren Potenzen dieser Parameter und denen der Jupiterbahn abhängigen Störungsausdrücke in sukzessiven Approximationen, wobei noch angegeben wird, wie die Integrationskonstanten zu bestimmen sind, damit die formal auftretenden säkularen Störungen verschwinden. Kein Anwendungsbeispiel. Böh.

4223. **F. K. Rubbert,** Vektorielle Ableitung der Zentralbewegung. AN **276** 127—129. — Die vektorielle Ableitung der Zentralbewegung wurde bereits von Marcolongo im ersten Band seiner «Theoretischen Mechanik» behandelt. In den neueren Lehrbüchern der Mechanik — selbst bei Levi-Civita und Amaldi — wird man sie vergeblich suchen, nur von den beiden Vektorbüchern von Runge und Dörrie und von der bekannten Formelsammlung von Madelung ist sie übernommen worden. Der Grund hierfür ist einfach der, daß die Gibbssche Vektorrechnung sich für dieses ebene Problem wenig eignet. Das wird aber sofort anders, wenn man zur «ebenen Vektorrechnung», d. h. zum Rechnen mit komplexen Zahlen übergeht; auf diese Weise gelingt es, die Zentralbewegung in unerreicht einfacher und physikalisch durchsichtiger Weise darzustellen. Dabei ergeben sich außer den bekannten Formeln und Sätzen auch neue. Verf.

4224. **F. K. Rubbert,** Direkte Integration des Zweikörperproblems. AN **276** 238—240. — Die direkte Integration des Zweikörperproblems ist bereits von Moulton durchgeführt und wiederholt dargestellt worden; dabei wurde stets von der Differentialgleichung für den Abstand ausgegangen. Das ist aber nicht der einzig mögliche Weg: Auch die Differentialgleichung für den reziproken Abstand kann direkt integriert werden und besitzt sogar manche Vorteile. Verf.

4225. **N. S. Samojlowa-Jachontowa,** Einige Verbesserungen der Bohlinschen Tafeln zur Berechnung der Störungen Kleiner Planeten. BIA **4** Nr. 2 (55) S. 43—56, 1947.

4226. **O. J. Schmidt, G. F. Chilmi,** Das Einfangproblem im Dreikörperproblem. Fortschritte Math. Wiss. **3** Heft 4 (26) S. 157—159 (russisch). — Ref. in Math. Reviews **10** 487.

4227. **P. Sémirot,** Chocs triples imaginaires dans le problème des trois corps. Mathematica, Timisoara **23** 85—87. — Ref. in Math. Reviews **10** 333, ZfMG **31** 40.

4228. **E. Sinding,** On the systematic changes of the eccentricities of nearly parabolic orbits. Kgl. Danske Vid. Selskab, Mat.-fys. Medd. **24**

Nr. 16, mit 1 Fig. = Publ. Köbenhavns Obs. Nr. 146. — Sonne und Jupiter, dessen Einfluß den der anderen Planeten überwiegt, wirken bei genügend weiter Entfernung wie eine einzige kombinierte Masse. Daraus wird die Tatsache theoretisch begründet, daß sehr parabelnahe Kometenbahnen sich bei der Rückwärtsrechnung der Störungen in Richtung auf elliptische Bahnformen verändern. T. L.

4229. **J. D. Sokolow,** Spezielle Bahnen im problème restreint. I, II. Wiss. Mem. Schewtschenko-Universität Kiew **7** Heft 4 S. 41—57 und S. 61—70 (ukrainisch).

4230. **A. J. Staring,** Über Zentralbewegungen, besonders längs einer Ellipse. Simon Stevin, wis. natuurk. Tijdschr. **25** 208—223, 1947 (niederländisch). — Ref. in Math. Reviews **10** 71—72.

4231. **K. Stumpff,** Himmelsmechanik. Fiat-Bericht **20** 43—74, mit 2 Fig. (vgl. Ref. 722). — 1. Darstellungen des Gesamtgebietes. 2. Zweikörperproblem, Ephemeridenrechnung. 3. Spezielle Störungen. 4. Allgemeine Störungen. 5. Sonderfälle des Dreikörperproblems. 6. Graphische und numerische Lösungen des Dreikörperproblems. 7. Verschiedenes.

4232. **G. Tiercy,** Remarque sur les équations donnant les variations des éléments elliptiques. Comité National Français d'Astronomie, Communications et Mémoires 1948 S. 116—118. — Es werden zwei Systeme für die Änderungen der elliptischen Elemente einander gegenübergestellt: 1. wenn $d\omega = d\omega_1 + d\Omega \cos i$, 2. wenn $d\omega = d\omega_1 + d\Omega$ (ω = Länge des Perihels in der Bahn von einem festen Punkt ab gerechnet, ω_1 = Länge des Perihels in der Bahn vom Knoten ab gerechnet, Ω = Länge des Knotens, i = Neigung der Bahn zur Ekliptik). Böh.

4233. **A. A. Wlassow,** Eine neue Formulierung des Vielkörperproblems. J. exp. theor. Phys. **18** 840—856 (russisch). — Ref. in Math. Reviews **10** 666.

§ 43

Figur der Himmelskörper, Rotation, Gezeiten

4301. **S. N. Axentjewa,** Über die Fluten des Baikal-Sees. Poltawa Publ. **2** 106—120 (russisch).

4302. **H. Bondi, R. A. Lyttleton,** On the dynamical theory of the rotation of the earth. I. The secular retardation of the core. Proc. Cambridge Philos. Soc. **44** 345—359. — Ref. in Math. Reviews **10** 160.

4303. **C. Charlier, P. Sanders,** Etude et prédiction des marées par la méthode empirique. Application au port d'Ostende. Ann. Obs. Royal de Belgique (3) **4** 1—68, mit 2 Fig.

4304. **A. H. Finnis,** The tides. MN ASSA **7** 39—44, mit 2 Fig.

4305. **N. L. Ghosh,** A note on the equilibrium of fluid matter in a steady differential rotation. Bull. Calcutta Math. Soc. **39** 131—138, 1947. — Ref. in Math. Reviews **10** 156.

4306. **W. Hansen,** Die Ermittlung der Gezeiten beliebig gestalteter Meeresgebiete mit Hilfe des Randwertverfahrens. Deutsche Hydrographische Z. **1** 157—163, mit 3 Abb. — Es wird ein Randwertverfahren entwickelt, das gestattet, die Gezeiten eines beliebig gestalteten Meeresgebietes in eindeutiger Weise allein aus den Beobachtungen am Rande zu ermitteln. Die Brauchbarkeit des Verfahrens wird am Beispiel des Englischen Kanals gezeigt. Verf.

4307. **W. Horn,** Über die Darstellung der Gezeiten als Funktion der Zeit. Deutsche Hydrograph. Z. **1** 124—140. — 1. Himmelsmechanische Grundlagen, 2. Harmonische Entwicklung des gezeitenerzeugenden Potentials, 3. Hydrodynamische Differentialgleichungen der Gezeiten, 4. Harmonische Analyse der Gezeiten, 5. Darstellung der Hoch- und Niedrigwasser.

4308. **H. Jeffreys,** The figures of the earth and moon (third paper). MN Geophys Suppl **5** 219—247. — Nach einer Darlegung der Schwierigkeiten, die Figur der Erde aus Großbogen- und Schweremessungen beschränkter Gebiete zu bestimmen, und einer umfangreichen kritischen Übersicht der bisherigen Versuche und Ergebnisse wird eine Neubearbeitung aller dieser Messungen durchgeführt, die neue, mit allen Messungen verträgliche Werte für Äquatorhalbmesser und Abplattung der Erde sowie für die absolute Schwerebeschleunigung auf der Erde ergibt. Hierbei ist, besonders auf Grund der Verteilung der Schwereanomalien, von isostatischen Reduktionen abgesehen, und es sind allein geometrische Reduktionen auf die Bezugsfläche berücksichtigt worden. Es wird wahrscheinlich gemacht, daß durch Verwendung isostatischer Reduktionen bisher systematische Fehler eingeführt worden sind. Mit den bekannten mechanischen Beziehungen gewinnt Verf. aus diesen Zahlen neue Werte für die Mondparallaxe (die mit der direkt gemessenen gut übereinstimmt), die Mondmasse, die Präzessionskonstante (aus ihr folgt unter Annahme hydrostatischen Gleichgewichts der Erde ein Wert für die Abplattung mit dem kleinsten mittleren Fehler, der aber begründet nicht weiter benutzt wird) und die Figur des Mondes kennzeichnende Größen. Böh.

* * **A. M. Ljapunow,** Untersuchungen zur Theorie der Figur der Himmelskörper. Vgl. Ref. 717.

4309. **A. Pignedoli,** Sul moto di rotazione di una massa liquida omogenea nel campo gravitazionale di più centri lontani. Atti Sem. Math. Fis. Univ. Modena **1** 59—77, 1947. — Ref. in Math. Reviews **10** 578.

4310. **B. Waters,** Severn Tide. London, J. M. Dent and Sons, Ltd., 1947. 7 + 183 S. mit 16 Tafeln. Preis 15 s. net. — Besprechung in Nat **161** 790.

4311. Roche's limit. JBAA **58** 227. — Besprechung der Untersuchung von H. Jeffreys in MN **107** 260, AJB **47** Ref. 3302.

§ 44

Sternsysteme

4401. **S. Chandrasekhar,** Die Prinzipien der Stellardynamik. Aus dem Englischen ins Russische übersetzt von W. W. Safranow, redigiert von P. P. Parenago. Moskau, Staatsverlag für ausländische Literatur, 1948. 264 S. mit 25 Fig. Preis 18 R. 50 Kop. — Vgl. AJB **45** Ref. 9004.

* * **A. Colacevich,** Relazioni analitiche tra le distribuzioni delle velocità lineari delle stelle. Vgl. Ref. 12335.

4402. **R. Coutrez,** Le rôle des fonctions de répartition dans l'étude des systèmes stellaires. Comité National Français d'Astronomie, Communications et Mémoires 1948 S. 138—141 = Commun. Obs. Royal de Belgique Nr. 2.

4403. **K. E. Edgeworth,** Some aspects of stellar evolution. IV. The mean random velocity of the stars. MN **108** 417—419. — Auf Grund früherer Untersuchungen vertritt Verf. die Ansicht, daß die mittleren Restgeschwindigkeiten der Sterne im Laufe der Entwicklung wesentlich zugenommen hätten. Die Ursache hierfür sieht er in einem der inneren Reibung in einem Gas analogen Effekt infolge der differentiellen Rotation. Numerische Abschätzungen dieses Effekts ergeben für das Alter des galaktischen Systems den Wert 9×10^9 Jahre. Kdr.

* * **G. Gamow,** The origin of elements and the seperation of galaxies. Vgl. Ref. 5410.

4404. **O. Heckmann,** Statistische Dynamik von Sternsystemen. Fiat-Bericht **20** 393—411 (vgl. Ref. 722). — 1. Dynamik von Sternsystemen ohne Rücksicht auf Wechselwirkungen. 2. Dynamik von Sternsystemen mit Rücksicht auf Wechselwirkungen.

4405. **J. H. Kiewiet de Jonge,** On the relationships between the frequency functions of stellar velocities. Wash Nat Acad Proc **34** 553—561, mit 1 Fig. = Harv Repr Nr. **314.** — Ref. in Math. Reviews **10** 407. — In Anlehnung an Ambarzumjan wird gezeigt, wie für Sterne mit bekannter Radialgeschwindigkeit die Verteilungsfunktion der Raumgeschwindigkeiten ermittelt werden kann. Auf Grund dieses Ergebnisses wird dann ein Ausdruck für die entsprechende Verteilungsfunktion der Tangentialgeschwindigkeiten abgeleitet. Es wird nur vorausgesetzt, daß die Raumgeschwindigkeitsfunktion in dem von den Sternen eingenommenen Raum konstant ist. Loh.

4406. **G. Lemaître,** Modèles mécaniques d'amas de nébuleuses. Bull. Acad. Royal Belgique Bull. Cl. Sci. (5) **34** 551—565. — Ref. in Math. Reviews **10** 406—407.

4407. **G. Lemaître, R. van der Borght,** Modèles de nébuleuses à vitesses radiales. Bull. Acad. Roy. Belgique Cl. Sci. (5) **34** 955—965. — Ref. in Math. Reviews **10** 578.

4408. **B. Lindblad,** On the dynamical theory of spiral structure. Comparison between theory and observation. Stockholms Obs. Annaler **15** Nr. 4, 52 S. mit 23 Fig. und 3 Tafeln. — Die Arbeit rekapituliert die vom Verf. entwickelte dynamische Theorie der Spiralstruktur, wobei die bisherigen Ergebnisse in einigen Punkten modifiziert werden. Sodann wird an sechs Spiralnebeln ein Vergleich von Theorie und Beobachtung durchgeführt und schließlich noch die Frage der Rotationsrichtung von Spiralnebeln diskutiert. Kdr.

4409. **B. Lindblad,** On the theory of the spiral nebula Messier 81. Stockholms Obs. Annaler **15** Nr. 5, 11 S. mit 3 Fig. — Die Eigentümlichkeiten der Struktur des Spiralnebels M 81 werden auf Grund der Lindbladschen Spiralarmtheorie interpretiert, wobei insbesondere die Rolle gewisser Wellenbewegungen in rotierenden Sternsystemen als die Bildung der Arme einleitende Ursache erläutert wird. Kdr.

4410. **B. Lindblad,** On the dynamics of stellar systems. MN **108** 214—235, mit 12 Fig. (George Darwin Lecture). — In dieser George-Darwin-Vorlesung faßt Lindblad seine zahlreichen Beiträge zum Thema zu einem einheitlichen Gesamtbild des dynamischen Zustandes und der Entwicklung von rotierenden Sternsystemen zusammen. Kdr.

4411. **B. Lindblad,** Om spiralstrukturens uppkomst och utveckling hos stjärnsystemen. PAT **29** 25—34, mit 14 Fig.

4412. **G. R. Miczaika,** Bemerkungen zur hydrodynamischen Behandlung von Sternsystemen. AN **276** 169—172 = Mitt. Landessternwarte Heidelberg Nr. **52.** — Es wird der Begriff der «mittleren freien Weglänge» in einem Sternsystem betrachtet und die Anwendbarkeit der hydrodynamischen Gleichungen sowie das Auftreten von Turbulenz diskutiert. Verf.

4413. **E. A. Milne,** Star-streaming and the stability of spiral orbits in spiral nebulae I. Motion round a point-nucleus. MN **108** 309—315, mit 1 Fig. = Commun. Univ. Obs. Oxford Nr. **25.** — In früheren Arbeiten (vgl. AJB **46** § **89** und AJB **47** Ref. 8907) war vom Verf. gezeigt worden, daß die kinematische Gravitationstheorie auf Spiralbahnen für die Sterne in den äußeren Teilen eines Spiralnebels führt. Es wird nunmehr der Nachweis geführt, daß diese Bahnen im Feld einer punktförmigen Zentralmasse stabil sind und daß sich ähnlich wie bei der klassischen Behandlung desselben Problems für Kreisbahnen eine elliptische Geschwindigkeitsverteilung ergibt. Doch entspricht das Achsenverhältnis der Geschwindigkeitsellipse nicht dem im Milchstraßensystem beobachteten Wert. Kdr.

4414. **E. A. Milne,** Star streaming and the stability of spiral orbits in spiral nebulae II. Motion in an extended distribution of matter. MN **108** 316—323, mit 1 Fig. = Commun. Univ. Obs. Oxford Nr. **25.** — Die vorstehend referierten Untersuchungen werden auf den Fall ausgedehnt, daß das die Bewegungen bestimmende Kraftfeld nicht von einem punktförmigen Kern, sondern von einer ausgedehnten Massenverteilung herrührt. Hinsichtlich der Geschwindigkeitsverteilung bestehen danach für die Spiralbahnen der kinematischen Gravitationstheorie dieselben Gesetzmäßigkeiten wie für die Kreisbahnen der klassischen Theorie. Kdr.

4415. **K. F. Ogorodnikow,** Die Dynamik nichtstationärer Sternsysteme. Jubiläumspublikation Lenin-Staatsuniv. Leningrad (Math., Astr.) S. 3—8 (russisch).

4416. **K. F. Ogorodnikow,** Einige moderne Probleme der Stellardynamik. Leningrader Universitätsbote **2** Nr. 1 S. 5—16, 1947.

4417. **K. F. Ogorodnikow,** Die Grundzüge der Dynamik rotierender Sternsysteme. Fortschritte Astr. Wiss. **4** 3—68, mit 7 Abb. (russisch). — Besprechung in RAJ **26** 320—321 (W. A. Ambarzumjan, russisch).

4418. **E. v. d. Pahlen,** Einführung in die Dynamik von Sternsystemen. Vgl. AJB **47** Ref. **9012.** — Weitere Besprechung in NAT **1948** S. 77—78.

4419. **M. Schürer,** Sur une généralisation de la dynamique stellaire. Comité National Français d'Astronomie, Communications et Mémoires 1948 S. 146—147. — Umformung des Energieintegrals der Grundgleichungen der Sterndynamik und Ableitung eines Ausdrucks für das Potential, der auf anderem, komplizierterem Wege bereits von Chandrasekhar gefunden wurde. Kdr.

4420. **H. Vogt,** Der Ursprung der Spiralnebel. Sterne **24** 65—68.

4421. **J. Warzée,** Résolution, par une méthode numérique simple, de l'équation intégrale fondamentale de la statistique stellaire. Ann. Obs. Royal de Belgique (3) **3** 219—244. — Zur Auflösung der Grundgleichung der Stellarstatistik $A(m) = \omega \int_0^\infty r^2 D(r)\, \varphi(m + 5 - 5\log r)\, dr$ wird ein numerisches Verfahren entwickelt, das auf einem dem Kapteynschen ähnlichen Schema beruht, jedoch wird nicht die Dichte D, sondern das Produkt VD aus Zellenvolumen V und Dichte als Unbekannte genommen. Die Methode wird sowohl für den Fall ohne als auch mit Berücksichtigung der interstellaren Absorption aufgestellt. Ihre Anwendung auf Dichtebestimmungen aus Abzählungen von Sternen bekannten Spektraltyps ist einfach. Micz.

4422. **C. F. von Weizsäcker,** Die Rotation kosmischer Gasmassen. Zf Naturf **3a** 524—539, mit 6 Abb. — Nach Ableitung der hydrodynamischen Gleichungen für die Bewegungen eines turbulenten Gases werden diese zunächst für ein zweidimensionales rotationssymmetrisches Modell genähert gelöst. Die turbulente Reibung löst eine rotierende Masse in einen Kern und eine ins Unendliche entweichende Hülle, in der sich unter Umständen «Saturnringe» bilden, auf. Die Dichteverteilung wird diskutiert. Die Diskussion des dreidimensionalen Falls kann nicht gleich weit getrieben werden; die Ergebnisse weichen qualitativ nicht vom zweidimensionalen Fall ab. Eine Anwendung auf den Andromedanebel läßt das Babcocksche Rotationsgesetz verständlich erscheinen. Die turbulente Reibung sucht die bestehende komplizierte Dichteverteilung gegen den

Druck zu erhalten. Die äußersten Nebelteile sollten mit einer geringen der Rotation überlagerten Geschwindigkeit nach außen strömen. Die Lebensdauer des Nebels beträgt danach mehrere 10^9 Jahre. Das empirische Rotationsgesetz legt die Frage einer Umkehr des Richtungssinns der Spiralstruktur von innen nach außen nahe. Micz.

4423. **C. F. v. Weizsäcker,** Die obere Grenze der Größe der Spiralnebel. Naturwiss **35** 188—189.

4424. Statistische Methoden in der Dynamik von Sternsystemen. Himmelswelt **55** 186—188. — Bericht von S. Chandrasekhar in Monthly News Letter Nr. 10. — In dem Bericht werden die leitenden Gesichtspunkte und wichtigsten Ergebnisse von Chandrasekhars Untersuchungen zum Thema zusammengestellt. Zunächst werden die Schwankungen der Kraft behandelt, die in einem von einer zufälligen Verteilung von Sternen herrührenden Gravitationsfeld auf einen Stern ausgeübt wird, sodann die Verzögerung, die die Sterne in ihrer Bewegungsrichtung erleiden (dynamische Reibung). Die Anwendung auf das Problem des Entweichens von Sternen aus Sternhaufen führt im Fall der Plejaden auf eine Halbzeit von der Ordnung 3×10^9 Jahre, während man bei Vernachlässigung der dynamischen Reibung nur etwa 5×10^7 Jahre erhält. Auf eine weitreichende Analogie zwischen der Dynamik von Sternsystemen nach diesen Methoden und der Brownschen Bewegung wird hingewiesen. Kdr.

§ 45
Bahnbestimmung

4501. **G. Becq,** La détermination des orbites elliptiques. Acad. Roy. Belgique Cl. Sci. Mém. Coll. (2) **13** Nr. 2, 117 S. — Ref. in Math. Reviews **9** 309.

4502. **P. Herget,** The Computation of Orbits. Published privately by the author. Ann Arbor, E. Brothers, Inc., 1948. Lithoprinted. 9 + 177 S. mit zahlreichen Fig. — Besprechung in AN **277** 274 (A. Kopff), Math. Reviews **10** 155—156 (D. Brouwer), Pop Astr **56** 397. — Einführung in die Bahnbestimmung der Kleinen Planeten und Kometen mit ausführlichen Rechenbeispielen. Behandelt die Methoden von Gauß und Olbers sowie die auf Laplace gegründeten Methoden (insbesondere K. Stumpff, AN **243** und **244**, 1931). Ferner Bahnverbesserung, spezielle und allgemeine Störungen, letztere nach Hansen. Hilfstafeln zur Interpolation und Bahnbestimmung sowie zur Berechnung von $1/r^3$ mit dem Argument r^2. A. Kopff

4503. **B. de Jekhowsky,** Réduction à sa plus simple expression du système principal d'équations des méthodes d'Olbers et de Gauss pour la détermination des orbites paraboliques. CR **226** 161—162. Mit Berichtigung CR **226** 1112. — Ref. in ZfMG **31** 235, Math. Reviews **9** 385.

4504. **R. G. Langebartel,** A note on Kepler's equation. AJ **53** 101—104. — Die Keplersche Gleichung wird nach Potenzen der exzentrischen Anomalie entwickelt und nach einem Verfahren gelöst, das im wesentlichen von Whittaker stammt, um von einem Polynom die Wurzel mit kleinstem Absolutwert zu bestimmen. Die rasch (unter Umständen nach einfacher Transformation) konvergierende Methode ist durch Beispiele erläutert. Böh.

4505. **I. I. Putilin,** The secular perturbations arising from the action of Jupiter. AstrCirc USSR **60** 9—10, 1947.

4506. **E. Rabe,** Über den Einfluß der Präzession auf die Störungen der Bahnlage-Elemente. AN **276** 33—38 = Mitt. Astr. Rechen-Institut Heidelberg Nr. 2. — Es werden Formeln zur Berechnung der Präzession für die Störungsbeträge der Bahnlage-Elemente hergeleitet. Die hiernach zu berechnenden

Präzessionsbeträge sind, wenn die Störungen selbst als Größen erster Ordnung betrachtet werden, Größen zweiter Ordnung. Sie müssen aber berücksichtigt werden, wenn die für ein bestimmtes Bezugsäquinoktium berechneten Störungen der Bahnlage exakt mit den auf ein anderes Äquinoktium bezogenen Ausgangselementen vereinigt werden sollen, um oskulierende Elemente für eine neue Epoche herzustellen. An einem numerischen Beispiel für den Planeten 433 Eros wird gezeigt, daß durch Vernachlässigung des Präzessionseinflusses auf die Störungen die Elemente ω und Ω in den hundertstel Bogensekunden fehlerhaft werden können. In den berechneten Planetenörtern wirken sich diese Fehler jedoch nicht merklich aus, da die Effekte in ω und Ω nahezu entgegengesetzt gleich sind. Die Eros-Arbeiten von G. Stracke bedürfen daher außer der geringen Elementenkorrektion keiner Revision. Verf.

* * **W. Rabe,** Über Bahnverbesserung visueller Doppelsterne durch Variation des Radiusvektors und seiner Geschwindigkeit. Vgl. Ref. **10115**.

4507. **J. Siroky,** On the accuracy of the determination of the elements of a planetary orbit. Contr. Astr. Inst. Masaryk Univ. Brno **1** Nr. 7, 14 S. — Ableitung von Formeln, um bei als richtig vorausgesetzten Erdörtern und geozentrischen Distanzen den Einfluß der Beobachtungsfehler auf die Bahnelemente zu berechnen, und Beispiel; zur Elementenbestimmung werden der zu einem Zeitpunkt gehörende heliozentrische Ort und die zugehörige Geschwindigkeit benutzt (man vergleiche die entsprechenden Untersuchungen Harzers bei Elementenbestimmung aus zwei heliozentrischen Örtern, Publ. Kiel **11** 65—73, AJB **3** Ref. 643). Böh.

4508. **K. Stumpff,** Über die Eulersche Gleichung und verwandte Beziehungen in der Theorie der Parabelbewegung. AN **276** 164—168, mit 2 Abb. — In einer neuen Theorie der Ephemeridenrechnung wurde kürzlich gezeigt, daß alle geometrischen, von der Lage des Koordinatensystems unabhängigen Größen und Beziehungen einer ungestörten Bahnbewegung sich mit Hilfe von drei unabhängigen «lokalen Invarianten» ausdrücken lassen. Eine solche geometrische Beziehung stellt auch die Eulersche Gleichung dar, die in der Theorie der Parabelbahnen auftritt und bei der Bestimmung von Kometenbahnen eine wichtige Rolle spielt. Es wird gezeigt, wie sich diese Gleichung aus den neuen Formeln der Ephemeridenrechnung leicht herleiten läßt. Der Weg, auf dem sie gewonnen wird, führt gleichzeitig auf einige neue geometrische Beziehungen zwischen zwei Örtern der Parabelbahn bzw. den dazugehörigen Geschwindigkeiten. Verf.

Sechster Teil

Theoretische Astrophysik

§ 50

Allgemeines

5001. **W. A. Ambarzumjan,** Die moderne Astrophysik und die Kosmogonie. Vgl. Ref. **1141**, daselbst S. 481—494 (russisch).

5002. **L. Biermann,** Quantentheorie und Astrophysik. Zum Tode Max Plancks, † 4. 10. 1947. Himmelswelt **55** 155—156.

5003. **H. Brown,** A new table of absolute nuclear abundances. Phys Rev (2) **73** 1242—1243. — Ref. Am. Phys. Soc.

5004. **D. A. Frank-Kamenezkij,** Schwankungsprozesse mit großen Perioden in den Sternen. DAN **61** 231—234 (russisch).

5005. **J. L. Greenstein,** Deviations from the elementary theory of ionization. AJ **54** 37—38. — Ref. AAS.

5006. **W. Krat,** Die korpuskulare Instabilität der Sterne. DAN **59** 875—878 (russisch).

5007. **M. Lévy,** Sur la propagation de la lumière dans un milieu dispersif. CR **226** 236—238. — Ref. in ZfMG **30** 188.

5008. **M. Lévy,** Sur la diffusion des ondes sphériques dans un milieu dispersif. CR **226** 330—332. — Ref. in ZfMG **30** 188—189.

5009. **J. Morcillo Rubio,** Teoría termodinámica de la ionización de Saha y sus aplicaciones en Astrofísica. Urania Barcelona **32** Nr. 219 S. 144—157.

5010. **P. Saraiva de Toledo, G. Wataghin,** On the relative abundances of nuclei in the universe. Phys Rev (2) **73** 79—80, mit 2 Fig. — Mit Hilfe einer bereits früher abgeleiteten Formel werden Kernhäufigkeiten berechnet und mit der Beobachtung verglichen. Aus der relativ guten Übereinstimmung kann man schließen, daß die Bildung der Kerne wahrscheinlich unter vom thermischen Gleichgewicht nicht zu weit entfernten Bedingungen stattfand. Loh.

5011. **A. B. Sewerny,** Der gegenwärtige Stand der theoretischen Erforschung der Sternphysik. Fortschritte Astr. Wiss. **3** 301—331, 1947 (russisch). — Bericht nach dem Stand 1944. Inhalt: Sternatmosphären, Innerer Aufbau, Energieerzeugung, Entwicklung, Stabilität und Schwingungen der Sterne. Loh.

5012. **W. W. Sobolew,** Bewegte Sternhüllen. Leningrad, Verlag der Lenin-Staatsuniversität, 1947. 114 S. mit 5 Abb. Preis 7 R. (russisch). — Besprechung in «Das sowjetische Buch» Nr. **7** S. 15—17 (G. A. Schajn). — Inhalt: Ruhende Sternhüllen, S. 9—26. Die Sterne früher Spektraltypen mit hellen Linien, S. 27—48. Gasnebel, S. 49—70. Die Hüllen der Neuen Sterne, S. 71—90. Sterne später Spektralklassen mit hellen Linien, S. 91—108.

5013. **P. Swings,** Réflexions au sujet de l'astrophysique moléculaire. Scientia (6) **42** 10—16 = Inst. d'Astrophys. Liége Mém. Nr. **300**. — Verf. entwirft ein Bild der Rolle, die die Bandenspektren der Moleküle in der Astrophysik spielen, und fordert mit Rücksicht auf ihre Bedeutung ihr systematisches Studium vom experimentellen und theoretischen Standpunkt aus. Micz.

5014. **M. Waldmeier,** Einführung in die Astrophysik. Basel, Verlag Birkhäuser, 1948. Lehrbücher und Monographien aus dem Gebiete der exakten Wissenschaften, 18. Astronomisch-Geophysikalische Reihe Band **3**. 381 S. mit 110 Abb. Preis 42.90 DM. — Das Buch will eine erste lehrbuchartige Darstellung des Gesamtgebietes der Astrophysik geben, die hier im weiteren Sinne als Inbegriff der modernen Astronomie aufgefaßt wird und daher auch Stellarstatistik, Kinematik und Dynamik des Sternsystems, dagegen nicht die Kosmologie, einschließt. Nach einem einleitenden Überblick über Strahlungstheorie, Atombau und Spektroskopie sowie über die Zustandsgrößen und Koordinaten der Sterne und die Ionisation der Sternmaterie werden in vier Teilen Sterninneres, Sternatmosphären, Sternsysteme und interstellare Materie behandelt und darin der Leser in die Hauptprobleme der theoretisch-astrophysikalischen Forschung von heute soweit eingeführt, daß er zu selbständigem Studium von Originalarbeiten und speziellen Werken in der Lage ist. Kdr.

§ 51

Sternatmosphäre, Spektrum

5101. **L. Biermann, P. Wellmann,** Physik der Sternatmosphären. Fiat-Bericht **20** 119—159 (vgl. Ref. 722). — 1. Die Häufigkeit der Elemente in den Sternatmosphären. 2. Das kontinuierliche Spektrum. 3. Die Linienspektren ausgewählter Sterne. 4. Turbulenz in Sternatmosphären.

5102. **S. Chandrasekhar,** On the radiative equilibrium of a stellar atmosphere. XXII. ApJ **107** 48—72, 188—215. — Für die Funktionalgleichungen, die das Problem der diffusen Reflexion und Transmission im Fall einer planparallelen Atmosphäre endlicher optischer Dicke beherrschen, wird eine exakte Lösung abgeleitet an Stelle der in Arbeit XXI (ApJ **106** 152, AJB **47** Ref. **3609**) entwickelten allgemeinen Näherungslösung. Die explizite Rechnung wird für dieselben Spezialfälle wie dort durchgeführt. Kdr.

5103. **S. Chandrasekhar, F. H. Breen,** On the radiative equilibrium of a stellar atmosphere. XXIII. ApJ **107** 216—219. — Fortsetzung von Arbeit XVI und XIX. Es werden die exakten Lösungen der Funktionalgleichungen tabuliert, von denen das Gesetz der diffusen Reflexion an einer planparallelen halb-unendlichen Atmosphäre im Fall der Phasenfunktion λ $(1 + x \cos \Theta)$ abhängt. Kdr.

5104. **S. Chandrasekhar,** On the radiative equilibrium of a stellar atmosphere. XXIV. ApJ **108** 92—111. — Die in Arbeit XXII auftretenden Funktionalgleichungen für die X- und Y-Funktionen werden nach einer Iterationsmethode in zweiter Näherung gelöst und diese Lösungen auf halb-empirischem Wege weiter verbessert. Der zu erwartende Fehler sollte für $\tau < 0.5$ unter 1% liegen. Im Anhang sind einige Hilfsfunktionen tabuliert. Kdr.

5105. **S. Chandrasekhar,** The transfer of radiation in stellar atmospheres. Bull. Amer. math. Soc. **53** 641—711, 1947. — Ref. in ZfMG **31** 236—237.

5106. **S. Candrasekhar,** On the exact solution to the problem of light scattering by a plane-parallel atmosphere in accordance with Rayleigh's laws. Phys Rev (2) **73** 1233. — Ref. Am. Phys. Soc.

5107. **L. Gratton,** Metodi moderni per la soluzione dell'equazione del trasporto. La Rivista del Nuovo Cimento **4** 29—73. — Ausführlicher Bericht über die neueren Arbeiten zum Problem der Transportgleichung für Sternatmosphären. F. Z.

5108. **H. C. van de Hulst,** Scattering in a planetary atmosphere. ApJ **107** 220—246, mit 2 Fig. — Verf. behandelt das Problem der mehrfachen isotropen Streuung in einer Atmosphäre endlicher Dicke zunächst ohne diffus reflektierende Grundfläche. Er berechnet durch direkte Integration exakte Ausdrücke für die einfach und doppelt gestreute Strahlung und zeigt dann, daß die von Chandrasekhar entwickelte Funktionalgleichungsmethode (vgl. On the radiative equilibrium of a stellar atmosphere, XIV, XVII, XXI und XXII) zu denselben Resultaten führt. Nach Ableitung eines Näherungsausdrucks für die dreifach gestreute Strahlung wird der bei Planeten realisierte Fall betrachtet, daß die Atmosphäre auf einer diffus reflektierenden Fläche aufliegt, für welche Reflexion nach dem Lambertschen Gesetz angenommen wird. Die Lösung dieses Problems läßt sich in allgemeiner Weise durch die des ersten Falls ausdrücken. Abschließend werden die mathematischen Eigenschaften einiger auftretender Funktionen diskutiert. Kdr.

5109. **V. Kourganoff,** Sur les fonctions $K_n(x)$ et certaines intégrales ... I et II. Ann d'Astrophys **11** 163—164. — Vgl. AJB **47** Ref. **3610**/11. — Druckfehler und Berichtigungen.

5110. **V. Kourganoff,** Sur la constance du flux intégré dans les atmosphères stellaires et la résolution de l'équation de transfer. CR **225** 491—493, 1947. — Ref. in ZfMG **29** 192.

* * **M. Minnaert,** The theoretical intensities of faint Fraunhofer lines. Vgl. Ref. 6418.

5111. **G. Münch,** The effect of electron scattering on the line spectrum of high-temperature stars. ApJ **108** 116—129, mit 3 Fig. — Es wird die Strahlungstransportgleichung aufgestellt für den Fall einer aus freien Elektronen bestehenden Atmosphäre, wobei die Nichtkohärenz der Streustrahlung berücksichtigt wird. Nach einigen Umformungen erhält die Gleichung eine Form, die nach den üblichen Methoden zu lösen ist. Für die austretende Strahlung ergibt sich in erster Näherung ein zweigliedriger Ausdruck, dessen erster Teil den Bruchteil der in die Atmosphäre eintretenden Strahlung darstellt, der ohne Streuung wieder austritt. Das zweite Glied entspricht der einmal oder mehrmal gestreuten Strahlung. Ihre spektrale Zusammensetzung wird für vier Werte der optischen Dicke der Elektronenatmosphäre numerisch ermittelt. Bezüglich der Absorptionslinien ergibt sich infolge der Nichtkohärenz der Streustrahlung eine Verringerung der Linientiefe und eine Verstärkung und Verbreiterung der Linienflügel. Kdr.

5112. **E. R. Mustel,** Über die hauptsächlichen physikalischen Prinzipien in der Theorie des Strahlungsgleichgewichtes der Sternatmosphären. Krim Mitt. **2** 123—130 (russisch).

5113. **J. C. Pecker,** Sur une méthode d'intégration des équations d'équilibre des atmosphères stellaires. CR **226** 561—563 = Contr. Inst. d'Astrophys. Paris (A) Nr. **15**. — Ref. in ZfMG **30** 240.

5114. **J. C. Pecker,** Sur une méthode variationelle de recherche des solutions approchées de l'équation de transfer. CR **226** 1889—1891. — Ref. in Math. Reviews **10** 156, ZfMG **31** 96.

5115. **J. C. Pecker,** Sur le rapport entre la température de surface et la température effective des étoiles en équilibre radiatif. CR **226** 1961—1962. — Ref. in ZfMG **30** 240.

5116. **S. B. Pikelner,** Der Widerstand der Atombewegungen in den Sternatmosphären in Anwendung auf die Wolf-Rayet-Sterne und die Sonne. Krim Mitt. **3** 51—63 (russisch).

5117. **A. Rosa,** Der Aufbau der Sternatmosphären. I. Teil. Ionisation stellarer Materie. Verhältnis von Gasdruck P_g zu Elektronendruck P_e. Effektives Molekulargewicht μ. ZfA **25** 1—10, mit 4 Abb. = Sonderdruck Sternwarte Kiel. — Für ein Gasgemisch, das neueren Untersuchungen über die Zusammensetzung der Sternatmosphären entspricht, werden Ionisation, Anzahl der Elektronen pro Atomkern, Gasdruck und effektives Molekulargewicht in Abhängigkeit vom Elektronendruck P_e und der Temperatur T bzw. $5040/T = \Theta$ bestimmt. Verf.

5118. **A. Rosa, A. Unsöld,** Der Aufbau der Sternatmosphären. III. Teil. Die spezifische Wärme c_p als Funktion von Druck und Temperatur. ZfA **25** 20—27, mit 2 Abb. = Sonderdruck Sternwarte Kiel. — Für stellare Materie aus 85% Wasserstoff und 15% Helium (nach Atomzahlen) wird unter Berücksichtigung aller Ionisationsprozesse die spezifische Wärme c_p von $\log T =$ 3,7 bis 5,1 und $\log P_g = -2{,}5$ bis $+13{,}5$ (Gasdruck P_g in Bar) berechnet. Als Hilfsgröße ist die Enthalpie W bzw. W/kT in Abhängigkeit von $\log T$ und $\log P_e$ graphisch dargestellt. c_p und W werden benötigt zur Untersuchung des konvektiven Energietransports in Sternen. Verf.

5119. **J. A. Rottenberg,** On the acceleration of hydrogen atoms at the surface of a high temperature star. AJ **53** 202. — Ref. AAS.

5120. **E. Schatzman,** Spectrum of white dwarfs. Nat **161** 61—62. — Besprechung in Sternenwelt **1** 182. — Verf. erklärt das unterschiedliche Auftreten von Metallinien nicht durch Zeeman-Effekt, sondern durch verschiedene Stärken der Wasserstoffhüllen weißer Zwerge. Bei dünnen Hüllen können die an sich nach dem Sternzentrum abgesunkenen schweren Atomkerne durch Konvektion nach außen gespült werden und damit im Spektrum erfaßt werden. Loh.

* * **M. Schwarzschild, B. Schwarzschild, W. S. Adams,** On the pulsation in the atmosphere of Eta Aquilae. Vgl. Ref. **11168.**

5121. **L. Shiwotowskij,** Die Ionisation im nichtkonservativen Kraftfeld und die Sternatmosphären. Pulk Mitt **17** Nr. 4 (139) S. 40—59, 1947 (russisch).

5122. **W. W. Sobolew,** Über die Konturen der Spektrallinien, welche in sich bewegenden Sternatmosphären gebildet werden. RAJ **25** 1—10, mit 4 Abb. (russisch).

5123. **B. Strömgren,** Problems of stellar atmospheres. AJ **53** 107—108. — Ref. AAS.

5124. **R. N. Thomas,** Stellar atmospheric „turbulence" and stellar kinematics. AJ **53** 206. — Ref. AAS.

* * **R. N. Thomas,** Superthermic phenomena in stellar atmospheres. I. Spicules and the solar chromosphere. Vgl. Ref. **6626.**

* * **R. N. Thomas,** Superthermic phenomena in stellar atmospheres. II. Departure from thermodynamic equilibrium in an idealized chromosphere. Vgl. Ref. **6627.**

5125. **G. Tiercy,** Sur la résolution des équations de l'équilibre radiatif dans les étoiles. Comité National Français d'Astronomie, Communications et Mémoires 1948 S. 81—89. — Nach einem Überblick über die bisherige Lösungsmethode der Grundgleichungen des Strahlungsgleichgewichts wird die Frage untersucht, ob die als Absorptionskoeffizient bezeichnete Größe in der Transportgleichung und in dem Ausdruck für den Strahlungsfluß die gleiche Bedeutung hat. Verf. verneint diese Frage und führt daher zwei verschiedene Koeffizienten ein. Ein Lösungsversuch der modifizierten Grundgleichungen führt jedoch zu keinem befriedigenden Ergebnis. Kdr.

5126. **A. B. Underhill,** The Schuster problem for an extended atmosphere. ApJ **107** 247—264, mit 3 Fig. — Die Linienbildung durch selektive Streuung in einer ausgedehnten Atmosphäre mit nicht zu vernachlässigender Krümmung wird in Anlehnung an Chandrasekhar (ApJ **101** 95, AJB **45** Ref. **3609**) untersucht mit dem Ergebnis, daß verglichen mit Linien in planparallelen Atmosphären die Linienkerne heller, die Linienflügel dunkler und die Restintensitäten größer sind, und zwar steigen die Unterschiede mit zunehmender optischer Tiefe an. Kdr.

5127. **A. Unsöld,** Über die Integralgleichung des Strahlungsgleichgewichtes in Sternatmosphären. ZfA **24** 363—383, mit 2 Abb. = Sonderdruck Sternwarte Kiel. — Das von Hopf angegebene Iterationsverfahren zur Lösung der Integralgleichung des Strahlungsgleichgewichts einer «grauen» Atmosphäre wird für den Fall einer Atmosphäre verallgemeinert, in der der Absorptionskoeffizient in beliebiger Weise von der Frequenz und der optischen Tiefe abhängt. Die Ausdehnung der Methode auf Atmosphären, in denen auch die Streuung zu berücksichtigen ist, wird skizziert, und es wird auf weitere

Anwendungsmöglichkeiten hingewiesen. Schließlich wird noch gezeigt, wie man den Aufbau einer beliebigen Atmosphäre durch sukzessive Näherungen ermitteln kann. Kdr.

5128. **A. Unsöld,** Was kann man aus einer gegebenen Wachstumskurve schließen? ZfA **24** 384—388, mit 2 Abb. = Sonderdruck Sternwarte Kiel. — Es wird untersucht, welche Aussagen über die Wellenlängenabhängigkeit des Absorptionskoeffizienten $\varkappa_\nu$ innerhalb einer Spektrallinie oder einer unaufgelösten Liniengruppe man aus der beobachteten Wachstumskurve gewinnen kann. Dabei wird vorausgesetzt, daß die Wellenlängenabhängigkeit von $\varkappa_\nu$ in dem absorbierenden Medium überall dieselbe ist. Es zeigt sich, daß die Wachstumskurve bestimmt ist einzig und allein durch die Gesamtbreite *der* Wellenlängenbereiche, in denen $\varkappa_\nu$ größer als ein jeweils vorgegebener Wert ist und umgekehrt. Die Anwendung auf unaufgelöste Bandenspektren wird skizziert. Verf.

5129. **A. Unsöld,** Der Aufbau der Sternatmosphären. II. Teil. Adiabatische Zustandsänderungen stellarer Materie. Entropie S und Temperaturgradient $\left(\frac{\mathrm{d}\log T}{\mathrm{d}\log P_g}\right)_{ad}$ als Funktion von P_g und T. Grenzbedingung zwischen konvektivem und Strahlungsgleichgewicht. ZfA **25** 11—19, mit 2 Abb. = Sonderdruck Sternwarte Kiel. — Für stellare Materie, die aus $\nu_1 = 85\%$ Wasserstoff, $\nu_2 = 15\%$ Helium (nach Atomzahlen) und vernachlässigbaren Spuren anderer Elemente besteht, wird in dem Bereich $\log T = 3{,}5$ bis 7 und $\log P_g = -3$ bis $+16$ die Entropie S berechnet. Ein S, T, P_g-Diagramm erweist sich für die Behandlung von Sternatmosphären mit Konvektionszonen als sehr nützlich. Der adiabatische Temperaturgradient $\Delta = \left(\frac{\mathrm{d}\log T}{\mathrm{d}\log P_g}\right)_{ad}$ wird ebenfalls in Abhängigkeit von T und P_g größtenteils numerisch berechnet und graphisch dargestellt. Sodann wird gezeigt, wie der Übergang von Strahlungsgleichgewicht zu Konvektion und umgekehrt an Hand des S, T, P_g-Diagramms in einfachster Weise zu übersehen ist. Verf.

5130. **A. Unsöld,** Über den Rosselandschen und Chandrasekharschen Mittelwert des Absorptionskoeffizienten in Sternatmosphären. ZfA **25** 340—351, mit 1 Abb. = Sonderdruck Sternwarte Kiel. — Die von Rosseland bzw. Chandrasekhar angegebenen Vorschriften zur Berechnung des Opazitätskoeffizienten $\bar{\varkappa}$ werden als Spezialfälle eines allgemeineren Verfahrens dargestellt. Der Bereich der Anwendbarkeit beider Vorschriften wird diskutiert. Es zeigt sich, daß das Rosselandsche Verfahren fast durchweg ausreicht. Nur in den äußersten Schichten ($\bar{\tau} < 0.1$ bis 0.2) findet eine gewisse Annäherung des $\bar{\varkappa}$ an den nach Chandrasekhar berechneten Wert statt. Dort sind aber bei stärkerer Frequenzabhängigkeit des Absorptionskoeffizienten ohnedies schon erhebliche Abweichungen von jeder «grauen» Approximation zu erwarten. Zum Schluß werden die allgemeinen Erörterungen an einem speziellen Modell weiter erläutert. Verf.

5131. **E. Vanderkerkhove,** Quelques recherches au sujet des objets résultants. Comité National Français d'Astronomie, Communications et Mémoires 1948 S. 121—131, mit 9 Fig. = Commun. Obs. Royal de Belgique Nr. **2.** — Vgl. die vier Arbeiten des Verf., AJB **46** § **36.**

5132. **L. Zappa,** Assorbimenti continui molecolari nelle atmosfere stellari. Mem SA It (NS) **19** 183—190 = Contr. Oss. Astr. Milano-Merate (NS) Nr. **25.** — Verf. diskutiert die Möglichkeit einer kontinuierlichen Absorption in den Atmosphären von Spättypsternen durch diatomische Moleküle mit bekannten spektroskopischen Daten (H_2, CH, OH, NH, O_2, NO, CN). Es zeigt sich, daß bei Wellenlängen oberhalb von 4000 Å der Beitrag zur Absorption bei diesen Verbindungen unbedeutend ist. Nur Hydride, wie AlH und BH könnten dazu einen Beitrag liefern, vorausgesetzt, daß sie in den betrachteten Sternen vorkommen. Loh.

§ 52

Sterninneres

5201. **L. H. Aller,** The energy of the sun and stars. Sky and Telescope **7** 95—97, mit 5 Fig.

5202. **G. Bandyopadhyay,** On slow homologous contraction of stars. Proc. Nat. Inst. Sci. India **14** 29—43. — Ref. in Math. Reviews **10** 407.

5203. **L. Biermann,** Konvektion in rotierenden Sternen. ZfA **25** 135—144 = Mitt. der Hamburger Sternwarte in Bergedorf **21** Nr. 203. — Die den Aufbau von thermisch instabilen Zonen in rotierenden Sternen bestimmenden Gleichungen werden abgeleitet und die Konsequenzen für den Aufbau und das Rotationsgesetz des Inneren der Sonne diskutiert. Verf.

5204. **L. Biermann,** Die Innentemperaturen der überdichten Zwerge und das Auftreten von Bose-Entartung. Z f Naturf **3a** 481—485, mit 2 Fig. — Die Temperatur des Inneren der überdichten Sterne unterhalb der Hauptreihe im Farbenhelligkeitsdiagramm wird mit den Mitteln der Theorie des Sternaufbaus untersucht. Für die Sterne sehr geringer Leuchtkraft ($<10^{-4}$ derjenigen der Sonne) finden sich Werte um 1 Million Grad. Im Verein mit der überaus hohen Dichte bewirkt dies Entartung (im Sinne der statistischen Mechanik) nicht nur der freien Elektronen, sondern auch der leichtesten Atomkerne. Verf.

5205. **L. Biermann,** Der innere Aufbau der Sterne. Fiat-Bericht **20** 161—179 (vgl. Ref. 722). — 1. Instabilitätskriterien und Typus der Konvektion. 2. Konvektion und Sternaufbau. 3. Theorie der Neuen Sterne. 4. Chemische Zusammensetzung der Sonne. 5. Der Aufbau rotierender Sterne.

5206. **C. M. Bondi,** Inward integration of the stellar equations. MN **108** 324—333. — Die von Hoyle (AJB **47** Ref. 3712) entwickelte Methode zur numerischen Berechnung von Sternmodellen durch Integration von außen nach innen wird auf den Fall ausgedehnt, daß der Strahlungsdruck nicht zu vernachlässigen ist und die Opazität der Streuung an freien Elektronen zuzuschreiben ist. Kdr.

5207. **C. Cailliatte,** Sur une relation empirique donnant le coefficient de condensation vers le centre des étoiles. Ann d'Astrophys **11** 77—89. — Aus Untersuchungen des Verf. über die Dichtekonzentration der Planeten (BA **13** fasc. 1 und 2, AJB **47** Ref. 3301) hatte sich eine empirische Beziehung von der Form $K = \frac{\varrho^\alpha}{\pi^\beta}$ zwischen der die Dichtekonzentration charakterisierenden Größe K, der mittleren Dichte ϱ und der Rotationsperiode π eines Planeten ergeben (C, α und β Konstante). Mit Hilfe dieser Beziehung (für $\alpha = \beta = 1$) wird nach Cowling die Periode der Apsidendrehung für 17 Bedeckungsveränderliche berechnet und bei 14 Systemen Übereinstimmung mit der Beobachtung innerhalb der Fehlergrenzen gefunden. Kdr.

5208. **H. Holl, H. Bucerius,** Potentialverlauf in der polytropen Gaskugel $n = 3$. AN **276** 85—86. — Für den Potentialverlauf in einer polytropen Gaskugel vom Index $n = 3$ wird eine Näherungslösung in Gestalt eines achtgliedrigen Fourierschen Polynoms auf Grund der Integralgleichung des polytropen Sternaufbaus mitgeteilt. Verf.

5209. **F. Hoyle, R. A. Lyttleton,** The internal constitution of the stars. Occasional Notes RAS **2** 89—108. — Die Arbeit bringt einen Überblick über die Entwicklung der Theorie des Sterninnern von der Helmholtzschen Kontraktionstheorie bis zur Gegenwart, wobei das Hauptgewicht weniger auf die Angabe historischer Einzelheiten als vielmehr auf die Herausarbeitung der prinzipiellen

Bedeutung der ausgewählten Probleme und ihrer Lösungen in den verschiedenen Stadien der Entwicklung gelegt ist. Kdr.

5210. **H. Hubenet,** De samenstelling van de sterren. Hemel en Dampkring **1948** 61—69, mit 7 Fig.

5211. **Z. Kopal,** Radial oscillations of the limiting models of polytropic gas spheres. Wash Nat Ac Proc **34** 377—384 = Harv Repr Nr. **310**. — Die Differentialgleichung für die Amplitude radialer Schwingungen von polytropen Sternmodellen wird für den Fall $n = 0$ in eine hypergeometrische Differentialgleichung transformiert, deren Lösung sich durch Jakobische Polynome ausdrücken läßt. Im Fall $n = 5$ wird zunächst von dem Modell mit endlicher Zentraldichte und unendlichem Radius durch eine homologe Transformation auf ein Modell mit endlicher Ausdehnung, aber unendlich großer Zentraldichte übergegangen. Radiale Schwingungen dieses Modells werden ebenfalls durch eine hypergeometrische Differentialgleichung bestimmt, für die aber keine Lösungen mit endlicher Frequenz und Amplitude existieren. Kdr.

5212. **N. A. Kosyrew,** Die Quelle der Sternenergie und die Theorie des inneren Aufbaues der Sterne. Krim Mitt. **2** 3—43 (russisch).

5213. **P. Ledoux,** Sur la structure interne des étoiles. Ciel et Terre **64** 221—225. — Kurze Übersicht über Problemstellung und Ergebnisse der Theorie des Sternaufbaus von Lord Kelvin, Lane und Ritter bis zur Gegenwart. Kdr.

5214. **B. J. Lewin,** Über den inneren Aufbau der Planeten der Erdgruppe. DAN **55** 489—492, 1947.

5215. **A. G. Massewitsch,** Ein Sternmodell mit konvektivem Kern für rote Riesen. RAJ **25** 168—171, mit 4 Abb. (russisch).

5216. **A. G. Massewitsch,** Der Aufbau der heißen Riesensterne. RAJ **25** 216—223, mit Abb. (russisch).

5217. **A. G. Massewitsch,** Über den Aufbau der Zwergsterne. Moskauer Universitätsbote **3** Nr. 1 S. 67—74 (russisch).

5218. **A. G. Massewitsch,** Über den Aufbau der Zwergsterne. Moskauer Universitätsbote **3** Nr. 10 S. 99—105 (russisch).

5219. **A. G. Massewitsch,** Über den Aufbau und die Energiequellen der Sternriesen später Spektralklassen. Moskauer Universitätsbote Nr. 2 S. 147—151, 1947 (russisch).

5220. **A. G. Massewitsch,** Was im Innern von Sonne und Sternen vorgeht. Moskau, Verlag der Prawda, 1948. 30 S. (russisch). — Auch in Lettisch erschienen.

5221. **G. Pal, G. Bandyopadhyay,** Note on homologous and adiabatic radial motion of a star. Bull. Calcutta Math. Soc. **40** 64—68. — Ref. in Math. Reviews **10** 407, ZfMG **31** 382—383.

5222. **C. Prasad,** Radial oscillations of a particular stellar model. MN **108** 414—416. — Für den Spezialfall eines homogenen Sterns, von dessen Masse aber ein Drittel als Punktmasse im Mittelpunkt konzentriert ist, wird die Differentialgleichung für kleine radiale Schwingungen aufgestellt und mit Hilfe einer Reihenentwicklung gelöst. Kdr.

5223. **B. Qvist,** L'intégration d'un modèle d'étoile. Dixième congrès math. scand. Copenhague 1946. S. 363—375, mit 6 Fig. = Veröff. Helsinki. — Die Arbeit behandelt die Integration eines Sternmodells mit konstanter Energieerzeugung bei Gültigkeit des Kramersschen Absorptionsgesetzes. Kdr.

5224. **A. Reiz,** A perturbation problem in the theory of stellar structure. Ark Mat Astr Fys **35**A Nr. 29, 15 S. mit 2 Fig. = Lund Medd (1) Nr. **165**.— Ref. in Math. Reviews **10** 333. — In der Arbeit wird im Anschluß an B. Strömgren und Chandrasekhar eine Methode entwickelt zur Berechnung von Sternmodellen, die dem Standardmodell benachbart sind, d. h. in denen das Produkt $\varkappa \cdot \eta$ nur schwach veränderlich ist. Unter der Voraussetzung, daß die Differenz zwischen der gesuchten Lösung und der Emden-Lösung für die Polytrope $n = 3$ eine kleine Größe erster Ordnung ist, wird für diese Differenz eine Differentialgleichung abgeleitet und für einige Fälle numerisch ausgewertet. Kdr.

5225. **A. Reiz,** A composite giant star model with isothermal core. Kgl. Danske Videnskabernes Selskab, Math.-Fys. Medd. **25** Nr. 1, 19 S. mit 2 Fig. = Lund Medd (1) Nr. **166**. — Zur Prüfung der Frage, ob für Riesensterne die von Gamow (Phys Rev **67** 120, AJB **45** Ref. **3906**) vorgeschlagenen Sternmodelle möglich sind, deren Energie nach dem Kohlenstoffzyklus in einer dünnen Schicht hoher Temperatur an der Grenze zwischen einem isothermen Kern ohne Wasserstoff und einem wasserstoffhaltigen Außenteil erzeugt wird, integriert Verf. numerisch einen Spezialfall, dem für M, L und R die Werte für Capella A zugrunde liegen. Eine den Randbedingungen genügende Lösung ergibt sich für $T = 2 \times 10^7$ Grad in der energieerzeugenden Schicht und einen Wasserstoffgehalt $X \approx 0.31$ bis 0.32 im äußeren Teil, der sich teils im konvektiven, teils im Strahlungsgleichgewicht befindet. Wie in einer Fußnote mitgeteilt wird, führen neuere Rechnungen für $T = 3{,}3 \times 10^7$ Grad auf $X = 0{,}34$ und $L = 4{,}0 \times 10^{35}$ erg/sec. Kdr.

5226. **R. S. Richardson, M. Schwarzschild,** A stellar model for red giants of high central temperature. ApJ **108** 373—387, mit 1 Fig. — In dem vorgeschlagenen Modell wird zwischen einem konvektiven Kern und einer Außenhülle im Strahlungsgleichgewicht eine isotherme Zone angenommen, in der der Energietransport überwiegend durch Kompressionswellen erfolgt, die durch die Turbulenz im Kern hervorgerufen werden. Ob dieser Effekt quantitativ ausreichen kann, muß noch offen gelassen werden. Wird er aber als wirksam vorausgesetzt, so lassen sich Modelle konstruieren, die für $M = 10 M_\odot$ und für Zentraltemperaturen, die eine für Riesensterne hinreichende Energieerzeugung nach dem Kohlenstoffzyklus zulassen, Radien von der Größenordnung derjenigen der roten Riesen besitzen. Kdr.

5227. **E. Schatzman,** Astrophysical evidence for the probability of a nuclear reaction. ApJ **107** 110—111. — Es wird gezeigt, daß die Kernreaktion $H^1 + H^1 = D^2 + e^+$ eine astrophysikalische Bedeutung besitzen kann.

5228. **E. Schatzman,** Naines blanches et supernovae. Comité National Français d'Astronomie, Communications et Mémoires 1948 S. 90—91. — Verf. nimmt als Energiequelle der weißen Zwerge die Kernreaktion $^1H + {}^1H = {}^2D + e^+$ an. Ein Teil der weißen Zwerge soll in Beziehung zum Supernova-Phänomen stehen. Micz.

5229. **E. Schatzman,** Les réactions thermonucléaires aux grandes densités. (Gaz dégénérés et non dégénérés). J. Phys. et Rad. (8) **9** 46—60, mit 4 Fig. — Es wird die Wirkung der hohen Dichten der weißen Zwerge auf die energieliefernden Kernprozesse untersucht. Die Arbeit behandelt zunächst die Potentialschwelle der Kerne; infolge des geringen gegenseitigen Abstandes der Partikel wird sie leichter überwunden, so daß es zu einer beträchtlichen Erhöhung der Reaktionsgeschwindigkeit von Kernprozessen kommen kann. Ferner wird die Entmischung der Elemente behandelt und auf Gründe hingewiesen, die die Reaktion $H^1 + H^1 = {}^2D + e^+$ zulässig erscheinen lassen. Micz.

5230. **E. Schatzman,** L'entropie d'un mélange de gaz en équilibre d'ionisation. Acad. Belg. Bull. Cl. Sci. (5) **34** 748—753. — Ref. in ZfMG **32** 144.

5231. **H. K. Sen,** Anharmonic pulsations of the cepheid variable. ApJ **107** 404—412 = Harv Repr Nr. **308**. — Es wird zunächst gezeigt, daß radiale Pulsationen, die gleichzeitig homolog und adiabatisch sind, nur für homogene

Sterne möglich sind. Verf. untersucht daher allgemeinere Schwingungsformen und wendet auf einige nichthomogene Sternmodelle, darunter die polytropen Modelle, die Rosselandsche Theorie anharmonischer Schwingungen (MN **103** 233, AJB **45** Ref. 3726) an. Er findet eine Abhängigkeit der Periode, der Amplitude und der Asymmetrie der Geschwindigkeitskurve vom Polytropenindex. Für diese Größe ergibt ein Vergleich mit den Beobachtungsdaten im Falle von δ Cephei den Wert $n \approx 4$. Kdr.

5232. **A. B. Sewerny,** Über die Stabilität und die Schwingungen von Gaskugeln und Sternen. Krim Mitt. **1** Teil 2 S. 3—90 (russisch).

5233. **S. A. Shewakin,** Über die Eigenschwingungen eines Modells der Cepheiden. DAN **58** 385—388, 1947 (russisch). — Ref. in ZfMG **29** 384, Math. Reviews **10** 333—334.

5234. **D. Stanley-Jones,** Pulsating stars and nuclear energy. Nat **162** 934. — Besprechung in JBAA **59** 133—134. — Pulsationen und Novaausbrüche werden Kernspaltungen im Sterninnern zugeschrieben.

5235. **R. E. Williamson,** Point source stellar models with varying guillotine factor. AJ **53** 119. — Ref. AAS.

§ 53

Nebel, Interstellare Materie

5301. **L. H. Aller,** The collisional excitation of the λ 3727 radiation of O II. Publ ASP **60** 317—320. — Für das beobachtete Intensitätsverhältnis der Komponenten des in den Spektren von Gasnebeln auftretenden Linienpaares λ 3727 wird eine theoretische Deutung gegeben. An Hand der quantenmechanischen Berechnungen der zugeordneten Übergangswahrscheinlichkeiten und Stoßquerschnitte, wofür Einzelheiten an anderer Stelle mitgeteilt werden, führt Verf. eine Neubestimmung des Verhältnisses Sauerstoff zu Wasserstoff in Gasnebeln durch und findet dafür aus fünf Nebeln im Mittel den Wert 0.0018. Kdr.

5302. **D. Barbier,** L'excitation des raies interdites par chocs électroniques. Nébuleuses — Novae — Aurores polaires. Ann d'Astrophys **11** 193—217, mit 3 Fig. — Die Arbeit behandelt das Auftreten verbotener Linien, vor allem im Polarlichtspektrum. Als Ursache der Anregung werden Elektronenstöße angenommen. Mit Hilfe von Beobachtungen an Nebeln und Neuen Sternen werden genäherte Anregungswahrscheinlichkeiten von [O I] und [N I] berechnet. Als Elektronentemperatur der Nordlichter ergeben sich etwa 28000° K, die Elektronendichte nimmt von 10^{12} cm^{-3} in 80 km auf 10^{8} cm^{-3} in 300 km Höhe ab. Abschließend wird untersucht, wie sich die Daten ändern, wenn das vorausgesetzte statistische Gleichgewicht nicht realisiert ist. Micz.

5303. **D. Barbier,** L'excitation des raies interdites dans les nébuleuses, les novae et les aurores polaires. CR **226** 390—392 = Contr. Inst. d'Astrophys. Paris (A) Nr. **14**. — Bemerkungen über die Anregungsverhältnisse verbotener Linien des O I, O II und N I im Spektrum von Nebeln, Novae und Polarlichtern.

5304. **F. Cernuschi,** Reply to D. ter Haar's remarks on my paper „The physics of cosmic grains". ApJ **107** 417.

5305. **F. Cernuschi,** Beiträge zur Physik der kosmischen Staubteilchen. An. Soc. Ci. Argentina **144** 3—45, 1947 (spanisch). — Ref. in ZfMG **30** 335—336.

5306. **C. Jentzsch, A. Unsöld,** Zur Deutung der interstellaren Kalzium- und Natriumlinien. Z f Phys **125** 370—385, mit 10 Abb. = Sonderdruck Sternw. Kiel. — Nach einer einleitenden Zusammenstellung der für die Intensität der interstellaren Linien verantwortlichen Faktoren erweist sich der Versuch, den Ca+- und Na-Atomen dieselbe Geschwindigkeitsverteilung zuzuschreiben, als unmöglich. Diskutiert wird dann die Überlagerung von Turbulenz und galaktischer Rotation, rechteckiger und Maxwellscher Geschwindigkeitsverteilung sowie die entsprechenden Wachstumskurven. Ca II- und Na-Linien werden getrennt behandelt. Die Verf. können die Anzahl der absorbierenden Atome pro cm^2-Säule und die mittlere Turbulenzgeschwindigkeit als Funktion der Entfernung berechnen. Der galaktische Längeneffekt der Gesamtabsorption und des Dublettverhältnisses der Na-Linien wird in hinreichender Übereinstimmung mit der Beobachtung als unerwartet klein berechnet und eine anschauliche Begründung dafür gegeben. Micz.

5307. **D. Menzel, D. Baker, L. Aller, D. Shortly, M. Hubb, L. Goldberg,** Physikalische Prozesse in Gasnebeln (Sammlung von Arbeiten). Unter Redaktion von W. G. Fessenkow von I. S. Schklowskij aus dem Englischen ins Russische übersetzt. Moskau, Staatsverlag für ausländische Literatur, 1948. 204 S. Preis 15 R.

* * **M. Minnaert,** Turbulence in the Orion nebula. Vgl. Ref. **12212.**

* * **H. Siedentopf,** Bemerkung zur Lichtstreuung an kleinen Partikeln. Vgl. Ref. **7251.**

5308. **L. Spitzer jr.,** The temperature of interstellar matter. I. ApJ **107** 6—33. — Es werden die Prozesse betrachtet, die die (kinetische) Gleichgewichtstemperatur der interstellaren Materie zu erhöhen suchen. Zu den untersuchten Prozessen gehören Elektroneneinfang durch Protonen, neutrale Wasserstoffatome, Metallionen, Moleküle und größere Partikeln. Bei den Einfangprozessen durch feste Partikel spielt ihre elektrische Ladung eine Rolle; die sie bestimmenden Faktoren werden diskutiert. Schließlich wird kurz auf die Energieanlieferung aus der Höhenstrahlung eingegangen. Micz.

5309. **B. Strömgren,** On the density distribution and chemical composition of the interstellar gas. ApJ **108** 242—275. — Die Arbeit enthält eine ausführliche Neudiskussion der zur Auswertung interstellarer Absorptions- und Emissionslinien benötigten Grundlagen. Zuerst wird die Theorie der Wachstumskurven interstellarer Linien behandelt und sodann die Ionisation im interstellaren Raum. Dabei werden für die älteren Ergebnisse auf Grund der Saha-Eddington-Gleichung Korrektionsfaktoren (für Na I, K I, Ca I und Ca II bis zu 1600) berechnet, deren Berücksichtigung auf stärkere Ionisation bzw. geringere Dichte des interstellaren Gases führt. Weiterhin wird die Ionisation des interstellaren Wasserstoffs untersucht, insbesondere die Ausdehnung der Bereiche ionisierten Gases in Abhängigkeit von dessen Dichte und den Eigenschaften der eingelagerten Sterne. Die Anwendung der theoretischen Resultate zur Ableitung von Dichte und chemischer Zusammensetzung in einigen Spezialfällen läßt noch keine eindeutigen Aussagen zu. Wahrscheinlich besitzt das interstellare Gas eine wolkige Struktur. Seine Dichte ist in den Wolken von der Ordnung 10, dazwischen kleiner als 0,1 H-Atome oder -Ionen pro cm^3. Die chemische Zusammensetzung ist ganz roh der in den Sternen ähnlich. In den Wolken ist der Wasserstoff im allgemeinen nicht ionisiert. Doch sind auch Bereiche ionisierten Wasserstoffs bekannt, deren Struktur noch unsicher ist. Ionisierte H-Wolken höherer Dichte ($N_H \sim 50$—1000) werden als diffuse Emissionsnebel durch die Beobachtung als existierend nachgewiesen. Kdr.

5310. **A. D. Thackeray,** On some possible evolutionary trends in the interstellar medium. Obs **68** 22—26. — In Anlehnung an die von Lindblad und Oort entwickelten Anschauungen über Kondensations- und Verdampfungsprozesse in interstellaren Wolken werden deren Entwicklungstendenzen behandelt. Wenn auch durch die Oortsche Stoßverdampfung in den Säumen der Wolken partikelbildende Prozesse etwas gehemmt werden, so sind die Wolken doch auf Grund naheliegender Voraussetzungen immer noch in der Lage, in 10^6 Jahren durch Aufnahmen aus dem interstellaren Raum ihre Masse um 7% zu vergrößern. Da eine Zerstreuung der Wolken durch Sterne hoher Leuchtkraft von relativ untergeordneter Bedeutung ist, so übertrifft das Wachsen der Wolken auch noch wesentlich dasjenige von Sternen aus interstellarer Materie. Ein Gegenprozeß, nämlich das Absprühen stellarer Materie in das interstellare Stratum ist in den betrachteten Zeiträumen praktisch bedeutungslos. Loh.

5311. Physik der festen Teilchen im interstellaren Raume. Himmelswelt 55 190—192. — Bericht von van de Hulst über holländische Arbeiten.

§ 54

Herkunft, Alter und Entwicklung der Sterne.

5401. **R. A. Alpher,** A neutron-capture theory of the formation and relative abundance of the elements. Phys Rev (2) **74** 1577—1589, mit 6 Fig. — Es wird eine Nicht-Gleichgewichts-Theorie über die Bildung der Elemente entwickelt, in der diese durch sukzessive Neutroneneinfänge aufgebaut wurden. Das ursprüngliche Neutronengas zerfiel mit dem Beginn der Expansion des Universums in Protonen und Elektronen. Nach Deuterium bildeten sich noch schwerere Elemente. Die physikalischen Bedingungen zur Zeit der Elementenbildung sind nicht mit dem frühen Zustand eines rein materiellen Universums verträglich. Es scheint viel eher, als ob der Frühzustand einem Strahlungsuniversum mit einer Spur anwesender Materie entsprach. Der Aufbau der Elemente begann etwa 200—300 sec nach dem Einsetzen der Expansion. Loh.

5402. **R. A. Alpher, H. Bethe, G. Gamow,** The origin of chemical elements. Phys Rev (2) **73** 803—804, mit 1 Fig. — Die beobachtete Häufigkeitsverteilung der Elemente wird aus dem Expansionsprozeß des Universums erklärt.

5403. **R. A. Alpher, R. Herman,** Thermonuclear reactions in the expanding universe. Phys Rev (2) **74** 1198—1199. — Nachdem bereits in früheren Arbeiten gezeigt worden ist, daß die Häufigkeit der chemischen Elemente hinreichend dadurch erklärt werden kann, daß sich der Kernaufbau in einem sehr frühen Stadium des expandierenden Universums abspielte, kann die gegenwärtig sehr geringe Häufigkeit von Li, Be und B damit erklärt werden, daß diese infolge ihrer hohen Querschnitte für Protonenreaktionen thermisch zerfielen und sich gleichzeitig zusätzliches Helium bildete. Dieser Prozeß wurde etwa zur Zeit $t_0 = 10^3$ sec bedeutsam. Loh.

5404. **R. A. Alpher, R. Herman,** Evolution of the universe. Nat **162** 774—775. — Bemerkungen zur Arbeit gleichen Titels von G. Gamow in Nat **162,** Ref. 5409.

5405. **W. A. Ambarzumjan,** Die Entwicklung der Sterne und die Astrophysik. Erewan, Verlag Akad. Wiss. armen. Sowjetrepublik, 1948. 39 S. Preis 3 R. (armenisch).

5406. **G. Beskow, L. Treffenberg,** On the so-called prestellar state of matter and the abundance distribution of chemical elements. Part II. Star models and influence of gravitation. Ark Mat Astr Fys **34** A Nr. 17, 23 S. mit 8 Fig. — Da eine Entstehung leichter und schwerer Elemente im heute beobachteten Verhältnis bei denselben Temperatur- und Dichtewerten nicht möglich erscheint, wird untersucht, ob hierfür das Innere von sternartigen, durch die Gravitation zusammengehaltenen Massen geeignete Bedingungen bietet derart, daß die verschiedenen Elemente in verschiedenem Mittelpunktsabstand r (also auch bei verschiedenen Werten der Zustandsgrößen) gebildet und später bei einer Expansion oder Explosion des sternartigen Gebildes zerstreut und gemischt wurden. Es werden zunächst das chemische Potential λ

der Protonen und die Dichte ϱ in Abhängigkeit vom chemischen Potential μ der Neutronen bestimmt, dann werden μ und ϱ als Funktionen von r ermittelt und schließlich für einige Massenzahlen die Gesamtzahl der Kerne im Stern und im Sonnensystem berechnet. Die Temperatur wird zu etwa 10^{10} ° angenommen. Unter bestimmten Verhältnissen erhält man befriedigende Übereinstimmung mit der empirischen Häufigkeitskurve der Elemente, und zwar ergeben sich Massen von der Ordnung $^1/_{10}$ bis 40 Sonnenmassen mit Zentraldichten von 10^{12} bis über 10^{14} g · cm^{-3}. Kdr.

5407. **P. Couderc,** L'âge de la Terre. BSAF **62** 305—315, mit 5 Fig.

5408. **K. E. Edgeworth,** Early chapters in the history of stellar evolution. Sky and Telescope 7 250—251, 272—273, 277, mit 5 Fig.

5409. **G. Gamow,** The evolution of the universe. Nat **162** 680—682, mit 2 Fig. — Die beobachtete Häufigkeitsverteilung der Atomkerne wird als Folge eines Aufbauprozesses angesehen, der infolge der Expansion des Universums plötzlich zum Stillstand gekommen ist. Als Ausgangsmaterie wird ein sehr dichtes Neutronengas hoher Temperatur angenommen, aus dem sich beim Sinken der Temperatur infolge der Expansion zunächst Protonen aus den Neutronen bildeten. Die beobachtete Häufigkeitsverteilung der Kerne kann unter Verwendung der experimentell bestimmten Wirkungsquerschnitte für Neutroneneinfangprozesse dargestellt werden. Der Verf. leitet schließlich Werte für Masse und Ausdehnung der Sternsysteme aus den Naturkonstanten ab und fügt einige Bemerkungen kosmogonischer Art an. Micz.

5410. **G. Gamow,** The origin of elements and the separation of galaxies. Phys Rev (2) **74** 505—506. — Es werden Zeitpunkt und Verhältnisse abgeschätzt, unter denen sich Galaxien nach dem Aufbau der chemischen Elemente ausbildeten. Das trat im Alter des Universums von 10^7 Jahren ein, als Materie- und Strahlungsdichte einander gleich waren (10^{-24} g/cm^3). Da die Temperatur bei 10^3 Grad lag, konnte in den ursprünglich rein gasförmigen Galaxien für manche Elemente Kondensation eintreten. Loh.

5411. **L. Gratton,** La durata dell'evoluzione stellare. Rend. Seminario Mat. et Fis. Milano **18,** 19 S., 1947 = Contr. Oss. Astr. Milano-Merate (NS) Nr. **24.** — Zusammenfassender Bericht über die Methoden und Ergebnisse der Altersbestimmungen aus der Rotverschiebung, dem radioaktiven Zerfall in Gesteinen und Meteoriten sowie aus der dynamischen und statistischen Instabilität der galaktischen Sternhaufen nach Chandrasekhar. Zum Abschluß werden einige kurze Bemerkungen zum Äquipartitionsprinzip, der interstellaren Materie und dem C-N-Zyklus gemacht. Loh.

5412. **S. Günther,** Das Alter der Welt. Sterne **24** 68—72, mit 1 Fig.

5413. **K. Himpel,** Gibt es alte und junge Sterne? Urania, Urania-Verlag Jena, **11** 309—314. — Es hat sich gezeigt, daß wir zahlreiche und voneinander ganz unabhängige Beweise dafür haben, daß das Alter unseres Universums etwa fünf Milliarden Jahre beträgt. Der heutige Kosmos trägt noch wesentlich die Merkmale aus der Zeit seiner Entstehung; was wir z. Z. beobachten, ist überall Expansion und Zerstreuung von Materie, nirgends Kontraktion und Zusammenballung. Die Annahme, es würden in irgendeiner Form fortlaufend neue Sterne gebildet, erscheint nicht genügend begründet, und es kann ihrer auch wohl entbehrt werden. Verf.

* * **K. Himpel,** Probleme der Entwicklung im Universum. Vgl. Ref. 5504.

5414. **A. Holmes,** The age of the earth. Annual Report of the Smithsonian Inst. 1948 S. 227—239, mit 6 Fig. und 2 Tafeln. — Nach einer historischen Übersicht über Versuche, das Erdalter zu bestimmen, behandelt der Verf. einige moderne kernphysikalische Methoden und stellt mit ihnen gewonnene Ergebnisse zusammen. Als wahrscheinlichster Wert wird 3,35 × 10^9 Jahre angesehen. Micz.

5415. **H. Jeffreys,** Lead isotopes and the age of the earth. Nat **162** 822—823. — Das von Ahrens (Nat **160** 874, 1947) gefundene Alter von 2100 Millionen Jahren für das Alter des ältesten Felsengesteins dürfte nicht allzuviel unterhalb des wahren Alters der Erdkruste liegen. Um die Altersschätzungen wesentlich zu verbessern, wäre es notwendig, wenigstens viermal soviel alte Bleierze zu untersuchen wie bisher. Loh.

5416. **P. Jordan,** Die Herkunft der Sterne. Vgl. AJB **47** Ref. **3121**. — Weitere Besprechung in Phys. Blätter **3** 366—367, 1947 (U. Dehlinger).

5417. **P. Jordan,** Die Entstehung der Sterne. Naturwiss. Rundschau **1** 193—200. — Allgemeinverständliche Darstellung der Untersuchungen des Verfassers über die Beziehungen zwischen den fundamentalen Naturkonstanten und der daran anknüpfenden kosmogonischen Spekulationen. Kdr.

5418. **P. Jordan,** Zur Theorie der Sternentstehung. Phys. Blätter **3** 97—106, 1947. — Die Arbeit führt die seit 1944 an mehreren Stellen publizierten Vorstellungen des Verf. von der Entstehung der Sterne fort, und zwar wird ausführlicher auf die Frage einer oberen Massengrenze der Sterne und die Möglichkeit des Verschwindens und Eintretens von Sternen aus unserer bzw. in unsere Welt eingegangen. Den ursprünglich rein spekulativen Gedankengängen läßt sich durch Verknüpfung mit der projektiven Relativitätstheorie eine gewisse theoretische Grundlage geben. Kdr.

5419. **R. Klement,** Das Alter der Erde. Naturwiss. Rundschau **1** 51—56. — Allgemeinverständlicher Bericht über das Problem des Alters der Erde. Das Alter der Meere wird aus ihrem Salzgehalt abgeschätzt, während das Alter der festen Erdkruste auf Grund der Analyse der Zerfallsprodukte radioaktiver Mineralien behandelt wird. Zum Vergleich werden die Ergebnisse an Meteoriten herangezogen. Zum Schluß diskutiert Verf. die Länge der Perioden des gasförmigen und flüssigen Zustands der Erde vor der Erstarrung, die etwa die Hälfte des der Größenordnung nach bei drei Jahrmilliarden liegenden Höchstalters der Erde betragen haben dürften. Kdr.

5420. **W. Krat,** Über die Rolle der Rotation in der Sternentwicklung. DAN **59** 455—458 (russisch). — Ref. in ZfMG **31** 383.

5421. **D. J. Martynow,** Der säkulare Massenverlust als Entwicklungsfaktor. DAN **61** 1149—1152 (russisch).

* * **F. A. Paneth,** Die Meteoriten und das Alter des Weltalls. Vgl. Ref. 8328.

5422. **L. Spitzer jr.,** Stjernernes opstaaen. NAT **1948** 81—89, mit 3 Fig.

5423. **M. F. Subbotin,** Entstehung und Alter der Erde. Tschita, Tschitinsker Gebietsverlag, 1947. 40 S. mit 5 Abb. Preis 90 Kop. (russisch). Tartu, Verlag «Wissenschaftliche Literatur» 1947. 48 S. mit 5 Abb. Preis 2 R. (estnisch).

5424. **A. Unsöld,** Kernphysik und Kosmologie. ZfA **24** 278—305, mit 2 Abb. = Sonderdruck Sternwarte Kiel. — Besprechung in Naturwiss. Rundschau **1** 234 (H. Klauder). — Einleitend wird die Frage der Energieerzeugung der Sterne und die spektroskopische Bestimmung der chemischen Zusammensetzung ihrer Atmosphären behandelt. Aus dem Häufigkeitsverhältnis H : He wird die obere Grenze des Sternalters für O 7.5- bis G0-Sterne (Hauptreihe) abgeleitet. Zum Vergleich werden Bestimmungen des Alters der festen Erdrinde, der Meteoriten, der terrestrischen und meteoritischen Materie, der galaktischen Sternhaufen und des Milchstraßensystems sowie der Dauer der Expansion des Weltalls zusammengestellt. Gebilde älter als 5×10^9 scheinen nicht zu existieren. Die überwiegende Menge der kosmischen Objekte dürfte in einem kurzen Zeitraum vor 3 bis 4 × 10^9 Jahren entstanden sein. O- und B-Sterne der Hauptreihe sind viel jünger (maximal 1,3 × 10^7 Jahre) und entstehen heute noch neu. Dies wird mit dem Auftreten der Supernovae in Verbindung gebracht. Ausführlich wird auf die Ausbildung der Häufigkeitsverteilung der Elemente eingegangen. Schließlich wird der Versuch unternommen, die jetzige Physik in eine «kosmologische» zu extrapolieren, wie sie bei Annäherung an die Verhältnisse im Weltall vor 3 bis 4 × 10^9 Jahren erforderlich zu werden scheint. Die Diskussion darüber gründet sich auf die beiden Ansätze von Jordan und v. Weizsäcker und wird unter dem leitenden Prinzip, soviel wie möglich im Vorstellungsraum der klassischen Physik zu bleiben, vorgenommen. Micz.

5425. **G. Wataghin,** Sur l'origine des noyaux atomiques. CR **226** 633—635. — Ref. in ZfMG **30** 336.

5426. **G. Wataghin,** On the formation of chemical elements inside the stars. Phys Rev (2) **73** 79. — Bei der für den Augenblick der Kernbildung bislang abgeschätzten Dichte von 10^{13}—10^{14} gr/cm³ und der Partikelenergie $k \cdot T \approx 4 \times 10^7$ eV haben sich Kerne nur dann aufbauen können, wenn die Masse des Urgebildes unter 10^{44} gr, also im Bereich der Sternmassen lag. Die zur Bildung der Kerne notwendige Temperatur ist von der Größenordnung der kritischen Temperatur der Entartung eines Neutronengases obiger Dichte. Loh.

5427. **B. A. Woronzow-Weljaminow,** Die Entstehung der Himmelskörper. Moskau, Verlag des Ministeriums der Streitkräfte der Sowjetunion, 1947. 44 S. mit 14 Abb. Preis 40 Kop. (russisch). — Außerdem in Estnisch und Litauisch erschienen.

5428. The universe and the elements. Sky and Telescope **7** 301.

§ 55

Kosmogonie

5501. **H. P. Berlage,** Types of satellite systems and the disc theory of the origin of the planetary system. Proc. Akad. Wet. Amsterdam **51** 965—968. — Ref. in ZfMG **30** 432.

5502. **W. G. Fessenkow,** Über die Entstehung der Erde. Priroda **37** Nr. 9 S. 5—16 (russisch).

5503. **D. ter Haar,** Studies on the origin of the solar system. Danske Vid. Selsk., mat.-fys. Medd. **25** Nr. 3, 74 S. — Ref. in ZfMG **30** 432.

5504. **K. Himpel,** Probleme der Entwicklung im Universum. Stuttgart, Curt E. Schwab, 1948. CES-Bücherei Bd. **2.** 140 S. mit 15 Abb., Preis 3.80 DM. — Besprechung in Sterne **24** 123. — Das Buch gibt einen Überblick über den derzeitigen Stand der wichtigsten kosmogonischen Fragen in populärer Darstellung. Inhalt: Geschichtliches, das wesentliche Beobachtungsmaterial (das Zeugnis der Erde, das Planetensystem, die Welt der Fixsterne, die Welt im großen), die Theorien kosmischer Entwicklung (die kosmische Zeitskala, die Entwicklung der Sonne und der Sterne, der Entwicklungsgang unseres Planetensystems), Hauptergebnisse, die Bedeutung der Kosmogonie für große Menschheitsfragen (Weltuntergangsgefahr, Leben und Kosmos). Kdr.

5505. **H. Jeffreys,** The origin of the solar system. MN **108** 94—103. — Zusammenfassendes Referat über eine Reihe neuerer Arbeiten zum Thema von Jeffreys, Russell, Lyttleton, v. Weizsäcker u. a. Kdr.

5506. **B. J. Lewin,** Die Entstehung der Erde und der Planeten. Moskau, Verlag «Prawda», 1948. 24 S. mit 14 Abb. Preis 50 Kop. (russisch). — Außerdem in Estnisch erschienen.

5507. **B. J. Lewin,** Die kosmogonische Hypothese des Akadamikers Otto Julius Schmidt. Wiss. und Leben Nr. **12** S. 2—6, 1947 (russisch).

5508. **W. J. Luyten,** A review of theories on the origin of the earth. Pop Astr **56** 198—202.

5509. **F. Nölke,** Zu C. F. v. Weizsäckers Hypothese über die Entstehung des Planetensystems. ZfA **25** 58—69. Mit Bemerkungen von C. F. v. Weizsäcker, S. 70—71. — C. F. v. Weizsäcker hat eine an die Kantische Erklärung sich anlehnende Hypothese der Entstehung des Planetensystems aufgestellt. Sein Leitgedanke ist, daß die Titus-Bodesche, die Planetenabstände aufeinander beziehende Formel keine bloß empirische Regel, sondern ein mit bisher unbeachtet gebliebenen Entwicklungsfaktoren verknüpftes Gesetz sei. Er leitet es aus Vorgängen her, die zur Ausbildung von Wirbelringen in der die Sonne im Anfangsstadium ihrer Entwicklung umgebenden Gashülle führten. Da aber v. Weizsäckers Annahmen mit Forderungen der Himmelsmechanik schwerlich zusammenstimmen und aus ihnen zu ziehende Folgerungen mit astronomischen Beobachtungstatsachen unvereinbar sind, so kann die Hypothese nicht als befriedigende Lösung des Problems gewertet werden. Verf.

5510. **E. Rohlfs,** Über die Entstehung des Planetensystems. (Zur Theorie von C. F. v. Weizsäcker). Sterne **24** 108—113, mit 1 Fig.

5511. **O. J. Schmidt,** Die neue Theorie über die Entstehung der Erde und der Planeten. Priroda **35** Nr. 7 S. 6—18, 1946. Nachr. Geogr. Ges. UdSSR **79** 265—274, 1947. Publ. 2. geogr. Kongreß UdSSR **1** 210—222 (russisch).

5512. **K. P. H. Schwarz,** The cosmogony of the solar system. Obs **68** 184—190. — Verf. stellt eine Reihe kosmogonisch wichtiger Beobachtungstatsachen im Sonnensystem zusammen und untersucht, wie sie sich mit den beiden Arten kosmogonischer Theorien, katastrophischen und nichtkatastrophischen, vereinbaren lassen. Danach teilt er die Glieder des Sonnensystems in zwei Gruppen ein: die Erde und die erdähnlichen Planeten sowie die regulären Satelliten einerseits, die übrigen Planeten und Satelliten andererseits. Für die erste Gruppe hält er eine Entwicklung nach einer nichtkatastrophischen Theorie, für die zweite Gruppe eine solche nach einer katastrophischen Theorie für wahrscheinlich. Auf Grund dieser dualen Kosmogonie werden einige Probleme etwas ausführlicher diskutiert. Kdr.

5513. **R. Sudre,** Una nueva teoría de los origines del mundo y de la vida. Euclides 8 211—213.

5514. **V. Vand,** Theory of formation of the planetary system. Mem. Obs. Czechoslovak Astr. Soc. Nr. 8, 16 S. mit 1 Fig., 1947. — In Anlehnung an kosmogonische Betrachtungen von Peek, Edgeworth, v. Weizsäcker, Schmidt und Sourek wird eine Entwicklung des Planetensystems dargestellt, die mit dem in Jeans „Astronomy and Cosmogony" inkorrekt ausgelegten Poincaréschen Theorem in Einklang steht und nahelegt, daß sich in einem sehr frühen Entwicklungsstadium der Sonne ein Sternvorübergang ereignete, der für eine nichtuniforme Verteilung des Drehimpulses verantwortlich ist und dem eine ruhigere Entwicklung im Sinne von Laplace folgte. Loh.

5515. **C. F. von Weizsäcker,** Kosmogonie. Fiat-Bericht **20** 413—426 (vgl. Ref. 722). — 1. Geschichte des Universums. 2. Geschichte einzelner Objekte.

5516. Die Beurteilung der kosmogonischen Hypothese des Akademikers O. J. Schmidt im staatlichen astronomischen Institut «Sternberg». RAJ **25** 280—284 (russisch).

Siebenter Teil

Sonne

§ 60

Astrometrische Beobachtungen, Allgemeines

6001. **Astrometrische Beobachtungen**
Washington 1935—1945. Publ. of the United States Naval Obs. (2) **15** part 5 S. 185—210. H. R. Morgan, F. P. Scott. — α, δ.

6002. **G. Abetti,** Solar meteorology. Sixième rapport de la commission pour l'étude des relations entre les phénomènes solaires et terrestres, S. 201—207, mit 2 Fig. — Für Geophysiker gedachte Beschreibung der Sonnenphänomene.

6003. **P. ten Bruggencate, H. von Klüber,** Physik der Sonne. Fiat-Bericht **20** 181—228, mit 16 Fig. (vgl. Ref. 722). — 1. Photosphäre. 2. Das Linienspektrum der Sonne. 3. Sonnenflecken. 4. Sonnenfackeln. 5. Chromosphäre. 6. Protuberanzen. 7. Korona. 8. Beobachtung magnetischer Felder auf der Sonne.

6004. **N. J. Bugoslawskaja, W. W. Basilewitsch,** Anleitung zur Beobachtung der Sonne. Moskau-Leningrad, Verlag Akad. Wiss. UdSSR, 1948. 16 S. mit 12 Abb. und 8 Netzen auf Pauspapier. Preis 1 R. 25 Kop. (russisch).

6005. **H. W. Dodson, E. R. Hedeman,** A geometrical aid in the determination of the disk positions of solar limb phenomena. AJ **53** 111—112. — Ref. AAS.

6006. **N. I. Grischin,** Erfahrungen zur Sonnenphotographie. Bull. Astr.-Geod. Ges. UdSSR Nr. **3** (10) S. 34—36 (russisch).

6007. **C. de Jager,** Stromingen en bewegingen in de zon. Abdruck aus: Hemel en Dampkring (ohne Angabe des Bandes, 1948?) 161—167, 188—193, mit 8 Fig.

6008. **H. Jarlan,** Le Soleil et son rayonnement. Collection «Que sais-je?» des Presses Universitaires de France, 1948. 128 S. — Besprechung in BSAF **62** 303.

6009. **H. von Klüber, H. Müller,** Bemerkungen zur Technik direkter Sonnenaufnahmen mit langbrennweitigen Instrumenten. ZfA **24** 207—222, mit 10 Abb. = Mitt. Astrophys. Obs. Potsdam Nr. **20.** — Es wird über einen für das Potsdamer Turmteleskop gebauten photographischen Schlitzverschluß berichtet, der sich gut bewährt hat. Ferner wird auf ein vereinfachtes Reduktionsverfahren zur schnellen Ermittlung der heliographischen Koordinaten auf den mit einem Turmteleskop entworfenen Sonnenbildern hingewiesen.
Verf.

6010. **J. Larink,** Die Sonnenparallaxe und die Masse des Mondes, berechnet aus Eros-Beobachtungen der Opposition 1931. Himmelswelt **55** 79—80. — Besprechung der Arbeiten von H. S. Jones in MN **101** 356, AJB **44** Ref. 4110 und in Mem RAS **66** part II, AJB **45** Ref. 4115.

6011. **B. Mogilewskij,** Sonne und Leben. Moskau, Staatsverlag für volksbildende Literatur, 1947. 52 S. mit Abb. Preis 2 R. (russisch).

* * **H. R. Morgan, F. P. Scott,** Results of observations made with the nine-inch transit circle 1935—1945. Observations of the sun and planets. Catalogue of 5446 stars. Corrections to GC and FK 3. Vgl. Ref. **9116**.

6012. **E. R. Mustel,** Was an der Sonnenoberfläche vor sich geht. Moskau, Verlag «Prawda», 1948. 24 S. mit 13 Fig. Preis 60 Kop. (russisch).

6013. **E. Ortega,** La fotografia solar con pequeños telescopios. El Universo **46** Nr. 4 S. 8—14, 32, mit 7 Abb.

6014. **W. W. Scharonow,** Die Sonne und ihre Beobachtung. Moskau-Leningrad, Staatsverlag für technisch-theoretische Literatur, 1948. 203 S. mit 63 Abb. und 11 Tafeln. Preis 4 R., Einband 1 R. (russisch). — Das für Liebhaber und Wissenschaftler gedachte Buch enthält: I. Aufgaben und Methoden der modernen Sonnenphysik, S. 7—44. II. Die Photosphäre und die auf ihr beobachtbaren Erscheinungen, S. 45—80. III. Die äußeren Hüllen der Sonne, S. 81—113. IV. Die Technik der Photosphärenbeobachtungen, S. 114—134. V. Statistik der Sonnentätigkeit, S. 135—151. VI. Die Bestimmung der Koordinaten der Sonnenflecke, S. 152—191. VII. Die Erforschung des Aufbaues und der Entwicklung der Flecke, S. 192—203.

6015. **F. J. Sellers,** Solar projection with a diagonal. JBAA **58** 218—220. Mit einem Zusatz in JBAA **58** 280 von W. H. Steavenson.

6016. **A. Völsch,** Tablas Cronologicas del Sol para el Siglo XX. Buenos Aires, 1947. 34 S. — Besprechung in Pop Astr **56** 54.

6017. **H. L. Willis,** Some further facts suggesting that our sun is a variable star. Pop Astr **56** 370—378, mit 1 Fig.

6018. **R. v. d. R. Woolley, S. C. B. Gascoigne,** The sun's stellar magnitude. MN **108** 491—502, mit 2 Fig. — Besprechung in JBAA **59** 48. — Mit dem Coelostaten des Sonnenturmes vom Mt. Stromlo wurden spektro-photographisch bei den vier Wellenlängen 6209 Å, 5550 Å, 4945 Å und 4510 Å monochromatische Helligkeitsunterschiede zwischen Sonne und Sirius bestimmt. Das Sonnenlicht wurde mit sorgfältig untersuchten Lochblenden, deren beugende Wirkung berücksichtigt wurde, geschwächt. Die Ergebnisse sind $25^{m}_{.}85$, $25^{m}_{.}59$, $25^{m}_{.}34$ und $25^{m}_{.}15$, die Fehler $\pm 0^{m}_{.}04$. Daraus ergibt sich die photovisuelle Größe der Sonne zu $-27^{m}_{.}07$ (Sirius $= -1^{m}_{.}52$) und die absolute zu $4^{M}_{.}52$. Loh.

6019. The sun. BAA Circ Nr. 302. — Helligkeit nach R. Woolley.

6020. Solar notes. Obs **68** 118—119.

§ 61

Theorie, Rotation, Magnetfeld

6101. **M. G. Adam,** Interferometric measurements of solar wave-lengths and an investigation of the Einstein gravitational displacement. MN **108** 446—464, mit 6 Fig. = Commun. Univ. Obs. Oxford Nr. **26**. — Die Wellenlängen im Spektrum der Sonne (von Linien in der Nähe der atmosphärischen Sauerstoffbande λ 6300 Å) werden mit den entsprechenden Werten im Vakuum-Bogen, entlang der ganzen Sonnenscheibe, verglichen. Die Genauigkeit der mit dem Oxford-Sonnenspektrographen (Perot-Fabry-Interferometer) gemessenen Wellenlängen ist ± 0.002 Å. In der Sonnenmitte beträgt die Verschiebung $+0.005$ Å, am Sonnenrand steigt sie rapid auf $+0.013$ Å. Die wegen besonderer physikalischer Bedingungen (Lindholm-Verschiebung) korrigierten Sonnenwerte stimmen schlecht mit den aus der Relativitätstheorie zu erwartenden Werten überein. Es werden Vorschläge gemacht, wie man die Beobachtungen anlegen müßte, um zu einer Lösung des Problems zu gelangen. Str.

6102. **H. D. Babcock,** A study of the sun's general magnetic field. Publ ASP **60** 244—245. — Ref. ASP.

6103. **V. A. Bailey,** Spontaneous waves in discharge tubes and in the solar atmosphere. Nat **161** 599—600. — Verf. erklärt in Anlehnung an theoretische Überlegungen über das Verhalten ebener elektromagnetischer Wellen in einem ionisierten Gas in Anwesenheit eines konstanten elektrischen und konstanten magnetischen Feldes das abnorme solare Rauschen dadurch, daß sich konstante (oder langsam veränderliche) elektrische Felder in der Sonnenatmosphäre erheben können und daß von Zeit zu Zeit große lokale, vorübergehende Veränderungen der Atmosphäre eintreten können. Loh.

6104. **L. Biermann,** Das Magnetfeld im Außenraum der Sonne. Himmelswelt **55** 149. — Ref. AG.

6105. **S. Chapman,** Solar magnetism and the suggested fundamental magnetization by rotation. MN **108** 236—251. — Auf Grund der von Blackett wieder aufgegriffenen Hypothese, nach der jede rotierende Masse mit einem Magnetfeld bestimmter Stärke verbunden ist, berechnet Verf. das Magnetfeld im Sonneninnern, wobei die Dichteverteilung des konvektiven Punktquellenmodells nach Blanch, Lowan, Marshak und Bethe in zwei Approximationen zugrunde gelegt wird. Auch eine Veränderlichkeit der Rotationsgeschwindigkeit wird berücksichtigt. Die magnetische Feldstärke im Mittelpunkt der Sonne ergibt sich zu einigen tausend Gauß. Bis in eine Tiefe von 100000 km läßt sich das Feld durch das Feld eines Dipols im Zentrum annähern, weiter innen steigt die Intensität des Feldes langsamer an. Im Verlauf der Horizontalkomponente findet man von außen nach innen zunächst einen Anstieg bis zu einem Maximum und anschließendes Absinken bis 0 (bei einem Mittelpunktsabstand von einem Drittel Sonnenradius), worauf eine erneute Zunahme bis zum Zentrum, aber mit umgekehrter Feldrichtung folgt. Die Deutung der Magnetfelder der Sonnenflecken auf derselben Grundlage erweist sich als nicht möglich, wodurch natürlich die Wahrscheinlichkeit der fundamentalen Ausgangshypothese eingeschränkt wird. Kdr

6106. **J. O'Reilly, R. F. Christy,** Energy production in the sun. Phys Rev (2) **74** 1559. — Ref. Am. Phys. Soc.

6107. **I. K. Csada,** On the stationary and periodical motions in the atmosphere of the sun. Contr. Konkoly Obs. Budapest-Szabadsághegy (Svábhegy) Nr. **19**, 16 S. mit 1 Fig. — Aus den meridionalen Bewegungen der Sonnenflecken sowie der Änderung der Sonnenrotation mit Höhe und Breite wird der Austauschkoeffizient für diese Bewegungen berechnet, der sich etwas größer, aber von derselben Größenordnung ergibt wie der aus der Granulation folgende Wert. Ferner wird versucht, der Fleckenperiode parallel laufende Schwankungen der Rotationsgeschwindigkeit der Sonne, deren empirischer Nachweis allerdings noch unsicher ist, theoretisch zu begründen. Kdr.

6108. **J. Evershed,** The general magnetic field of the sun. Sixième rapport de la comission pour l'étude des relations entre les phénomènes solaires et terrestres, S. 21—24. — Bericht über nicht erfolgreiche Untersuchungen des Verf. und über den von Thiessen eingeschlagenen Weg.

6109. **J. W. Follin jr.,** The source of the solar magnetic field. Phys Rev (2) **74** 1232. — Ref. Am. Phys. Soc.

6110. **J. Gamow,** El combustible atómico del Sol. Revista Marconi, Abril 1948 S. 12—15.

* * **A. Hammad,** The primary and secondary scattering of sunlight in a plane-stratified atmosphere of uniform composition. Vgl. Ref. **7229.**

6111. **M. H. Harrison,** On the chemical composition of the sun from its internal constitution. ApJ **108** 310—325, mit 2 Fig. — Schwarzschilds Bestimmung des H- und He-Gehalts der Sonne aus Masse-Leuchtkraft-Beziehung und Energieerzeugungsgleichung (ApJ **104** 203, AJB **45** Ref. **4129**) hatte unter der Annahme, daß der Rest aus Russell-Mischung bestehe, zu einem Wasserstoff-Metall-Verhältnis geführt, das mit dem in Sternatmosphären gefundenen Wert nicht zu vereinbaren ist. Die Neudiskussion des Problems ergibt, daß sich diese

Diskrepanz durch Berücksichtigung der Veränderlichkeit des Guillotinefaktors und eine stärkere Beimischung von Elementen der Sauerstoffgruppe beheben läßt. Danach sollte die Sonne zu 60—65% aus H und zu 30—35% aus He bestehen, während die restlichen 5—10% im Verhältnis 2 : 1 auf Sauerstoff und Russell-Mischung verteilt sind. Kdr.

6112. **J. Houtgast,** Ondes de choc dans l'atmosphère solaire. CR **226** 392—393. — Die Note enthält einige qualitative Überlegungen über Wellen, die sich mit Überschallgeschwindigkeit ausbreiten (Stoßwellen), und über die Rolle, die sie möglicherweise in den äußeren Sonnenschichten, insbesondere zur Deutung einiger Eigenschaften der Protuberanzen, spielen können. Kdr.

6113. **C. de Jager,** A working model of the solar atmosphere. Koninkl. Nederl. Akad. Wetensch. Proc. **51** 731—741, mit 4 Fig. — Auf Grund der von Barbier (Ann d'Astrophys **9** 173, AJB **46** § **44**) abgeleiteten Temperaturverteilung in den äußersten Schichten der Sonne wird ein Modell der Sonnenatmosphäre berechnet, das gegenüber älteren Modellen durch Benutzung exakter Daten von Strömgren (Publ. Kopenhagen Nr. 138, AJB **46** § 36) bei der Berechnung des Verhältnisses von Elektronendruck zu Gesamtdruck und durch Berücksichtigung des Einflusses von He verbessert wurde. Für die tieferen konvektiven Schichten wurden die Rechnungen auf rein theoretischer Basis durchgeführt. Kdr.

6114. **G. Keller,** On the physical and chemical composition of the sun. ApJ **108** 347—353, mit 1 Fig. — Es wird ein Sonnenmodell — mit konvektivem Kern und Hülle im Strahlungsgleichgewicht — unter der Voraussetzung untersucht, daß die Sonne aus H, He und O besteht. Die resultierenden Zahlenwerte unterscheiden sich wesentlich von denen Schwarzschilds, der für den Anteil an schweren Elementen Russellmischung an Stelle von Sauerstoff angenommen hatte. Die Beobachtungsdaten der Apsidenbewegung von Doppelsternkomponenten lassen für die Sonne auf eine intermediäre Zusammensetzung schließen, und zwar hält Verf. ein Verhältnis H : He : schwere Elemente = 0.67 : 0.29 : 0.045 für am wahrscheinlichsten, wobei unter den schweren Elementen der Sauerstoff 85% ausmachen sollte. Die spektroskopischen Ergebnisse über die Zusammensetzung der Sternatmosphären stehen damit in gutem Einklang (vgl. auch Ref. **6111**). Kdr.

6115. **A. Kipper,** Die Streuung des Lichtes in der Sonnenatmosphäre. Akad. Wiss. estn. Sowjetrepublik, Sitzber. vom 23. bis 29. April 1947 der Abteilung phys.-math. und techn. Wiss. S. 144—182. Tartu, Estnischer Staatsverlag «Wissenschaftliche Literatur», 1948.

6116. **W. Krat,** Über die positive Ladung der Sonne. DAN **55** 27—210, 1947.

6117. **W. Krat,** Die Rotation der Sonne. Fortschritte Astr. Wiss. **3** 129—145, 1947 (russisch). — Kurzer Bericht nach dem Stand von etwa 1941. Inhalt: Das Rotationsgesetz, die Grundlagen der Theorie rotierender flüssiger Körper, Gleichgewichtsfiguren, das Rosselandsche Theorem, die Theorie von Bjerknes, Strahlungsgleichgewicht und v. Zeipelsches Theorem, die Zähigkeit der Sonnenmaterie. Loh.

6118. **W. Krat,** Hydrodynamik der Sonnenatmosphäre. I. Pulk Mitt **17** Nr. 1 (136) S. 58—88, 1947 (russisch).

6119. **W. A. Krat,** Theorie der Sonnenatmosphäre I. Pulk Mitt **17** Nr. 4 (139) S. 1—30, 1947 (russisch).

6120. **P. Ledoux,** Note sur la structure et la composition interne du soleil. Ann d'Astrophys **11** 174—184, mit 2 Fig. — Verf. untersucht Sternmodelle, die aus einem konvektiven Kern und einer Hülle im Strahlungsgleichgewicht bestehen und deren Molekulargewicht innen größer als außen ist, für den Fall eines beträchtlichen Heliumgehalts. Er findet für die Sonne Übereinstimmung zwischen erzeugter und ausgestrahlter Energie, wenn der H- und He-

Gehalt außen 56% bzw. 40% und innen 26% bzw. 70% beträgt. Die Ausbildung dieses Unterschieds erfordert, wenn die ursprüngliche Zusammensetzung der Sonne einheitlich gleich der gegenwärtigen der Außenzone angenommen wird, Zeiten von der Ordnung 5×10^9 Jahre. Kdr.

6121. **S. Lundquist,** On the angular momentum of the sun. Ark Mat Astr Fys **35** A Nr. 27, 6 S. mit 3 Fig. — Berechnung des Drehimpulses der Sonne unter Zugrundelegung der von Blanch, Lowan, Marshak und Bethe (ApJ **94** 37, AJB **43** Ref. **4504**) ermittelten Dichteverteilung im Sonneninnern und unter verschiedenen Annahmen für das Rotationsgesetz der Sonne. Die resultierenden Werte liegen zwischen 1.5 und 2×10^{48} g cm^2 sec^{-1}. Kdr.

6122. **G. Münch,** Model solar atmospheres. Vgl. AJB **47** Ref. **4114**. — Weitere Besprechung in Urania Barcelona **32** Nr. 219 S. 189.

6123. **G. Münch,** The effect of nongrayness on the temperature distribution of the solar atmosphere. ApJ **107** 265—268. — Für ein Modell der Sonnenatmosphäre wird die Temperatur als Funktion der optischen Tiefe unter Voraussetzung eines frequenzabhängigen Absorptionskoeffizienten in zweiter Näherung bestimmt. Die resultierenden Unterschiede gegen die Temperaturverteilung für konstanten Absorptionskoeffizienten sind nur relativ gering, so daß die Werte für eine graue Atmosphäre als gute erste Näherung zu betrachten sind. Kdr.

6124. **G. Münch,** Model solar atmospheres. Phys Rev (2) **73** 651—652. — Ref. Am. Phys. Soc.

6125. **Y. Öhman,** Aktuella frågor inom solforskningen. Kungl. Svenska Vetenskapsakad. Årsbok 1948, S. 429—448, mit 15 Fig.

6126. **J. O'Reilly, R. F. Christy,** Rates of the carbon reactions in the sun. Phys Rev (2) **73** 536. — Ref. Am. Phys. Soc.

* * **H. Siedentopf,** Das Magnetfeld der Himmelskörper. Vgl. Ref. **9825**.

6127. **J. Tuominen,** On turbulence in the sun. Ann d'Astrophys **11** 165—173. — Die Arbeit schreibt die äquatoriale Beschleunigung der Sonne Strömungen zu, die infolge der instabilen Schichtung im Kern in den äußeren Schichten der Sonne auftreten und entgegen dem Einfluß der Reibung aufrecht erhalten werden sollen. Unter dieser Annahme wird versucht, den Bruchteil der im Innern erzeugten Energie abzuschätzen, der mindestens in kinetische Energie umgesetzt und außen dissipiert wird. Daraus werden weiterhin mittlerer Mischungsweg und mittlere Lebensdauer der Turbulenzelemente abgeschätzt und größenordnungsmäßig in Übereinstimmung gefunden mit Werten, die sich dafür ergeben, wenn die Sonnenflecken als Elemente turbulenter Konvektion aufgefaßt werden, die durch die ungleichförmige Oberflächenrotation der Sonne bedingt sei. Kdr.

6128. **K. Walter,** Zum Problem der Sonnenrotation. Himmelswelt **55** 150. — Ref. AG.

§ 62

Sonnenfinsternisse

6201. **Sonnenfinsternis 1923 September 10**

H. v. Klüber, Isophoten der innersten Sonnen-Corona nach einer Aufnahme während der totalen Sonnenfinsternis von 1923, September 10. ZfA **25** 280—292, mit 4 Fig. = Mitt. Astrophys. Obs. Potsdam Nr. **25**. — Von einer kurzbelichteten Coronaaufnahme der Hamburger Sonnenfinsternis-Expedition von 1923 wurden die Isophoten der innersten Corona im Gesamtlicht bestimmt, um einen erwünschten Beitrag für Vergleiche mit den monochromatischen Isophoten der Corona aus anderen Quellen zu liefern. Die Messungen werden ergänzt durch Isophoten der äußeren Corona nach einer sehr lang belichteten Aufnahme, die während der gleichen Finsternis erhalten wurde. Die innere Corona scheint auch im Integrallicht die von monochromatischen Photometrien her bekanntgewordene Zonenteilung zu zeigen, doch sind die Helligkeitsgradienten wesentlich geringer als im monochromatischen Lichte. In der äußeren Corona hingegen treten detaillereiche Strukturen und Strahlenbildung deutlicher hervor und die Zonenbildung der inneren Corona scheint zu verschwinden. Verf.

6202. Sonnenfinsternis 1936 Juni 19

G. A. Schajn, Über die Ergebnisse von Beobachtungen des Koronaspektrums am 19. Juni 1936 in Omsk. Krim Mitt. **1** Nr. 1 S. 102—115, 1947. — Vgl. AJB **42** Ref. 4210.

6203. Sonnenfinsternis 1941 Sept. 21

A. A. Kalinjak, Bestimmung der Breite der grünen Koronalinie 5203 Å mit Hilfe des Interferometers während der Sonnenfinsternis vom 21. September 1941. Nachr. Akad. Wiss. kasach. Sowjetrepublik Nr. **32** S. 3—15, 1947 (russisch).

6204. Sonnenfinsternis 1943 Febr. 5

K. Saito, Polarigraphic observations of the corona at the eclipse on Feb. 5, 1943. TAB (2) Nr. **8** S. 63—71, mit 8 Fig. — Es werden Messungen der Polarisation und des radialen Helligkeitsverlaufs der Korona während der totalen Finsternis 1943 Februar 5 mitgeteilt, welche mit einem Polarigraphen (Rochon-Prisma) erhalten wurden. Gemessen wurde der Polarisationsgrad bei 24 verschiedenen Polarisationswinkeln und 7 Distanzen vom Sonnenrand zwischen 1ʹ47 und 7ʹ47 sowie die Drehung der Polarisationsebene. Der für die gleichen Positionswinkel gemessene Intensitätsabfall wurde teilweise weiter nach außen verfolgt. Micz.

TAB (2) Nr. **9** S. 76. The results of contact time observation at the total eclipse of Aekesi, Hokkaido, on Feb. 4—5, 1943 (U. T.). Y. Satô.

6205. Sonnenfinsternis 1945 Juli 9

A. M. Bacharew, Die Beobachtung der partiellen Sonnenfinsternis am 9. Juli 1945 in Moskau. Bull. Astr.-Geod. Ges. UdSSR Nr. **1** (8) S. 25, 1947 (russisch).

W. B. Nikonow, E. K. Nikonowa, Absolute Elektrophotometrie der Sonnenkorona während der totalen Sonnenfinsternis vom 9. Juli 1945. Krim Mitt. **1** Nr. 1 S. 83—101, 1947.

I. I. Putilin, Die Beobachtung der totalen Sonnenfinsternis vom 9. Juli 1945 in Sortwala. Bull. Astr.-Geod. Ges. UdSSR Nr. **4** (11) S. 10—13 (russisch).

K. F. Sundman, The motions of the moon and the sun at the solar eclipse of 1945, July 9th. Vgl. Ref. **6215**.

N. N. Sytinskaja, Absolute Oberflächenphotometrie der Sonnenkorona am 9. Juli 1945. Wiss. Bull. Lenin-Staatsuniversität Leningrad Nr. **18** S. 4—5, 1947 (russisch).

S. K. Wsechswjatskij, Die Expedition des Observatoriums Kiew zur Beobachtung der Sonnenfinsternis vom 9. Juli 1945. Kiew Publ. Nr. **2** S. 101—104 (russisch).

6206. Sonnenfinsternis 1946 Nov. 23

J. Ashbrook, Partial eclipse of the sun, November 23, 1946. AJ **53** 104. — Beobachtung des letzten Kontaktes um $19^h 0^m 58^s\!.1$.

6207. Sonnenfinsternis 1947 Mai 20

J. L. Alpert, Über die Untersuchung der F_2-Schicht während der Sonnenfinsternis vom 20. Mai 1947. DAN **58** 1919—1922, 1947 (russisch).

S. E. Chajkin, B. M. Tschichatschew, Untersuchungen der Radiostrahlung der Sonne durch die brasilianische Expedition der Akademie der Wissenschaften der UdSSR nach Beobachtungen der Sonnenfinsternis vom 20. Mai 1947. DAN **58** 1923—1926, 1947 (russisch).

B. H. Dawson, El eclipse del 20 de mayo (1947). Rev Astr Nr. **119** S. 98—105, mit 6 Abb. — Beobachtung der Finsternis in Itatí (Alto Paraná, Arg.).

J. F. Denisse, P. Seligmann, R. Gallet, Résultats des observations ionosphériques effectuées pendant l'éclipse totale de Soleil du 20 mai 1947. CR **225** 1169—1171, 1947.

R. L. Feldman, Shadow band project of 20 May 1947. Pop Astr **56** 24—28.

L. I. Gama, Magnetic effects observed at Vassouras, Brazil, during the solar eclipse of may 20, 1947. Terr Mag **53** 405—428, mit 2 Fig.

B. N. Himmelfarb, Radiophysikalische Beobachtungen während der Sonnenfinsternis vom 20. Mai 1947. Priroda **37** Nr. 10 S. 60—62 (russisch).

R. A. Hirvonen, Den finska solförmörkelse-expeditionen till Brasilien. NAT **1948** 17—30, mit 9 Fig.

A. A. Michajlow, S. E. Chajkin, Vorläufige Ergebnisse der Expedition der Akademie der Wissenschaften der UdSSR nach Brasilien zur Beobachtung der Sonnenfinsternis vom 20. Mai 1947. Vgl. Ref. **1141**, daselbst S. 506—516 (russisch).

Himmelswelt **55** 151. Die totale Sonnenfinsternis vom 20. Mai 1947. — Zusammenfassende Darstellung verschiedener Expeditionen.

Himmelswelt **55** 208. Die totale Sonnenfinsternis vom 20. Mai 1947. — Nach Mitteilung in «Observatory».

Pop Astr **56** 31, mit 1 Abb. Eclipse photograph showing the «diamond ring» effect.

6208. Sonnenfinsternis 1947 November 12

V. A. Estremadoyro, The partial solar eclipse of November 12, 1947. Pop Astr **56** 482—484.

Sky and Telescope **7** 78. Partial eclipse reports.

6209. Sonnenfinsternis 1948 Mai 8—9

K. Osawa, The corpuscular eclipse on May 8—9, 1948 (U. T.). TAB (2) Nr. **9** S. 75, mit 1 Fig.

Y. Satô, The corpuscular eclipse of May 8—9 1948 (U. T.). TAB (2) Nr. **9** S. 73—74, mit 1 Fig.

Astr Circ USSR Nr. **78** 9—10 (russisch). Beobachtungen der partiellen Sonnenfinsternis am 9. Mai 1948. A. A. Kawerin. — Beobachtungen in Irkutsk.

National Research Council of Japan. Solar Eclipse Committee. Provisional reports of observation of the annular eclipse on May 9, 1948. Tokyo, 1948. 75 S. — Der Bericht enthält 36 durch Y. Hagihara zusammengestellte vorläufige Berichte:

M. Torao, Report of observation for solar eclipse 1948.

H. Hirose, Y. Satô, Preliminary report of contact observations.

S. Nakano, Observation of the contact time of the eclipse with the «Wall Camera» by the National Geographic Society of U. S. A.

K. Suzuki, On the determination of the limiting curve.

J. Ueta, S. Fujinami, F. Imagawa, T. Mitsuo, Beaded eclipse observed with movie cameras.

C. Sugawa, Cinematographic observation of the annular solar eclipse of May 9, 1948.

S. Kaho, Photographic observations of partial phases of the annular eclipse on May 9th, 1948.

K. Osawa, Provisional report of the measurement of the distribution of brightness near the solar limb.

M. Ota, Observation and statistics on the geomagnetic variation during solar eclipse.

T. Nagata, K. Hirao, Results of observations of geomagnetic variations at Kanazawa, Sado Island, during the annular eclipse of May 9, 1948.

S. Matsushita, Variation of terrestrial magnetism during solar eclipse.

Kakioka Magnetic Observatory, Magnetic and electric observations during the solar eclipse on May 9, 1948.

T. Yoshimatsu, Observations of earth-currents during the solar eclipse of May 9, 1948.

M. Hirano, T. Takahashi, Observations of the terrestrial magnetism and the earth current at Wakkanai and Fukaura during the solar eclipse of May 9th, 1948.

Y. Kato, Report of the geophysical party of the solar eclipse expedition of Tohoku University on observation at Wakkanai, Hokkaido and Onagawa near Sendai.

Y. Nakata, Ionosphere observation at Wakkanai during the solar eclipse of May 9, 1948.

M. Fukano, Results of the field intensity measurements of vertical incidence impulsive waves during the solar eclipse of May 9, 1948 at Wakkanai.

Y. Aono, S. Suzuki, On the variation of minimum frequency in h'-f curves during the solar eclipse of May 9, 1948.

H. Uyeda, S. Ishikawa, T. Kobayashi, Some influences of the solar eclipse on the E- and F-layers of the ionosphere.

T. Kono, Ionosphere and radio propagation studies at Hiraiso during the solar eclipse of May 9, 1948.

S. Matsuo, Observation of the radio waves at the eclipse of May 9, 1948.

K. Miya, Summary report of the observation of obliquely incident wave in the solar eclipse of May 9, 1948.

A. Kimpara, K. Senda, Observation of ionosphere and atmospherics during partial solar eclipse of May 9, 1948.

Y. Sekido, M. Kodama, Measurement of cosmic rays during the solar eclipse of May 9, 1948.

O. Minakawa, The effect of the solar eclipse on the cosmic-ray.

T. Kitaoka, M. Yamasaki, Variation in the upper atmosphere during the time of eclipse on May 9, 1948.

K. Terada, On the change of air temperature and turbulence in the lower atmosphere and the change of micro-pressure during the solar eclipse.

S. Syono, Y. Ogura, K. Gambo, A. Kasahara, Meteorological observations on the day of the solar eclipse, May 9, 1948.

K. Utsumi, M. Ikeda, M. Fukushima, On the temperature variation and the point-discharge current during the solar eclipse of May 9, 1948.

K. Utsumi, M. Ikeda, K. Tao, On the microvariation of the pressure during the solar eclipse of May 9, 1948.

M. Abe, The observation of the change of cloud amount connected to the annular eclipse at Wakkanai (Hokkaido) on 9th May, 1948.

Y. Takahashi, H. Suzuki, On the rainfall and the change of clouds during the solar eclipse of May 9, 1948.

S. Ohta, Measurement of condensation nuclei during the annular eclipse on May 9th, 1948.

T. Sakanoue, Shadow-bands observed at the annular eclipse of May 9, 1948 in Rebun-Island, Hokkaido.

Y. Miyake, K. Sekihara, K. Kawamura, A preliminary report on the observation of intensity and distribution of ultra-violet sky radiation by the annular eclipse May 9, 1948 on the Rebun Island.

K. Kamiyama, Study on the variation of salivary pH accompanied with the solar eclipse of 9th May, 1948.

Nat **161** 196. Annular eclipse of the sun on May 8—9. — Programm des National Research Council of Japan.

Nat **161** 879. Annular eclipse of May 8—9. — Kurze, vorläufige, vor allem geodätische Studien betreffende Notiz.

Pop Astr **56** 146—149. The annular eclipse of May 8—9, 1948. — Behandelt die verschiedenen Vorbereitungen zu der Finsternis.

Sky and Telescope **7** 225, mit 2 Abb. Annular eclipse observations reported from the Pacific.

6210. Sonnenfinsternis 1948 November 1

C. B. Archer, The solar eclipse of November 1. MN ASSA **7** 77—79, mit einer Karte.

BAA Circ Nr. 303. — Erste Erfolgsmeldung der unter Leitung von R. d'E. Atkinson stehenden Expedition.

Sky and Telescope **8** 37. An eclipse expedition.

6211. G. Aristow, Sonnenfinsternisse. Tallin, Verlag «Pädagogische Literatur», 1947. 52 S. mit Abb. Preis 2 R. (estnisch).

6212. E. Gaviola, On shadow bands at total eclipses of the sun. Pop Astr **56** 353—360, mit 2 Fig. = Obs. Cordoba, Tirada Ap. Nr. **26**. — Verf. berichtet über erfolgreiche Versuche, die bei Sonnenfinsternissen beobachteten „fliegenden Schatten" auch mit Sternlicht in einem lichtstarken Fernrohr zu erzeugen und zu photographieren. Im zweiten Teil der Arbeit wird gezeigt, wie es zur Ausbildung dieser Schatten durch die leuchtende Sonnensichel und den in atmosphärischen Inversionsschichten auftretenden Wellenerscheinungen kommt. Micz.

6213. F. Link, J. Grunbaum, Mission tchécoslovaque pour l'observation de l'éclipse totale de soleil du 20 mai 1947 au Brésil. BAC **1** 18—19, mit 2 Fig. — Über die Instrumente der tschechoslowakischen Sonnenfinsternisexpedition für die photographische Messung der Luminiszenz der Ionosphäre und Polarisation der Sonnenkorona. J. B.

6214. N. S. Orlowa, Die Helligkeit des Himmels und der Helligkeitszustand der Landschaft im Moment der Totalität einer Sonnenfinsternis. Leningrader Universitätsbote **3** Nr. **4** S. 3—17 (russisch).

6215. K. F. Sundman, The motions of the moon and the sun at the solar eclipse of 1945, July 9th. L'activité de la Commission Géodésique Baltique pendant l'année 1944—47, S. 63—94 = Veröff. Astr. Obs. Helsinki-Finland. — Für die Sonnenfinsternis 1945 Juli 9 werden durch numerische Integration gewonnene, auf 0ʺ001 genaue Örter von Mond und Sonne gegeben; die Integrationskonstanten sind durch Anschluß an die Tafeln von Brown und Newcomb bestimmt worden. Unter Berücksichtigung der empirischen Ephemeridenverbesserungen werden noch die Besselschen Elemente der Finsternis berechnet. Böh.

§ 63

Flecke, Fackeln

6301. H. Alfvén, Magneto-hydrodynamic waves and sunspots III. Ark Mat Astr Fys **34** A Nr. 23, 20 S. mit 7 Fig. — Verf. versucht auf der Grundlage seiner Theorie magneto-hydrodynamischer Wellen eine Erklärung der Sonnenfleckenperiodizität zu geben. Danach entstehen die Sonnenflecken als Wirbel in zwei symmetrisch zum Äquator gelegenen Aktivitätszonen des konvektiven Sonnenkerns und bewegen sich längs der magnetischen Kraftlinien nach außen. Nun soll jede Geschwindigkeitszunahme eines Wirbels Anlaß geben zum Auftreten eines «Rückstoß»-Wirbels, der sich in der zur ursprünglichen Bewegung entgegengesetzten Richtung bewegt. Der primäre Wirbel und der zugeordnete Rückstoßwirbel erreichen die Sonnenoberfläche in verschiedenen Hemisphären mit einer Zeitdifferenz, die der Fleckenperiode gleichgesetzt wird. Die Verträglichkeit dieser Auffassung mit dem bisher bekannten Beobachtungsmaterial wird untersucht und auf eine noch unbekannte Korrelation zwischen den Flecken verschiedener Hemisphären in je zwei aufeinanderfolgenden Zyklen geschlossen. Die Realität dieser Korrelation sucht Verf. statistisch zu erweisen. Kdr.

6302. **A. M. Bacharew,** Die Sonnenaktivität 1946. Priroda **36** Nr. 9 S. 51, 1947 (russisch).

6303. **W. A. Baranulko, W. W. Strutschkow,** Der neue Index der Sonnenaktivität. Priroda **37** Nr. 7 S. 48—49 (russisch).

6304. **J. C. Bartlett jr.,** Some experiments with color in natural and artificial sunspots. Pop Astr **56** 89—97.

6305. **J. C. Bartlett jr.,** Solar bookkeeping. Pop Astr **56** 470—477.

6306. **A. Behr, K. O. Kiepenheuer,** Synoptische Karten der Sonne 1946, Juni 19 bis 1947, Juli 1. ZfA **25** 179—186, mit 14 Abb. = Mitt. Fraunhofer Inst. — Rotationen Nr. 1548—1561. — Es wird erstmalig eine zusammenhängende Reihe synoptischer Karten der Sonne wiedergegeben, die neben den photosphärischen und chromosphärischen Erscheinungen die Isophoten der Korona in λ 5303 Å enthalten. Verf.

6307. **E. J. Bugoslawskaja,** Die Klassifikation der Fackelfelder. Bull. Astr.-Geod. Ges. UdSSR Nr. **3** (10) S. 7—8.

6308. **E. J. Bugoslawskaja,** Die Kurven der Sonnenaktivität nach Beobachtungen der Fackeln im Jahre 1942. Bull. Astr.-Geod. Ges. UdSSR Nr. **1** (8) S. 14—19, 1947 (russisch).

6309. **A. K. Das,** Reports on the progress of astronomy: Solar activity. MN **108** 122—123.

6310. **I. Galvenius, H. Wold,** Statistical test of H. Alfvén's theory of sunspots. Ark Mat Astr Fys **34**A Nr. 24, 9 S. mit 1 Fig. — Eine von Alfvén (Ark Mat Astr Fys **34**A Nr. 23, Ref. **6301**) vermutete Korrelation zwischen der Fleckentätigkeit einer Sonnenhemisphäre in einem bestimmten Zyklus und der der anderen Hemisphäre im folgenden oder vorangehenden Zyklus wird statistisch analysiert und als wahrscheinlich reell nachgewiesen. Kdr.

6311. **L. S. Gandin,** Über die theoretische Erklärung der beobachteten Verteilung der Sonnenflecke nach der Breite. DAN **55** 705—708, 1947.

6312. **W. Gleissberg,** Numerical sequences for describing recurrent solar cycles. Obs **68** 29. — Bemerkung zur gleichnamigen Arbeit von D. R. Barber in Obs **67** 183. Vgl. AJB **47** Ref. **4304**.

6313. **W. Gleissberg,** A preliminary forecast of solar activity. Pop Astr **56** 399.

6314. **W. Gleissberg,** Die säkular ausgeglichenen Daten des Sonnenfleckenzyklus Nr. 16. Publ. Istanbul Univ. Obs. Nr. **32**, 3 S. — Der lange Sonnenfleckenzyklus von durchschnittlich sieben elfjährigen Zyklen wird bis in die Zeit Galileis nachgewiesen; er ist auch in den letzten Jahren wirksam gewesen. Micz.

6315. **M. N. Gnewyschew, A. I. Ohl,** Über den 22jährigen Zyklus der Sonnenaktivität. RAJ **25** 18—20, mit 3 Abb. (russisch).

6316. **A. S. Gnewyschewa,** Katalog der Sonnentätigkeit während der Jahre 1938 und 1939. Pulk Publ (2) **58,** 178 S. mit 2 Fig. und 24 synoptischen Karten (russisch).

6317. **N. Gökdogan,** On the origin of the sunspots. Rev. Fac. Sci. Univ. Istanbul (A) **13** 240—242 = Publ. Istanbul Univ. Obs. Nr. **33,** 3 S. — Verf. leitet unter der Voraussetzung, daß Wirbel, die an der Grenzfläche zweier mit verschiedener Geschwindigkeit sich bewegender Strömungen (nichtstarre Rotation der Sonne) auftreten, Ursache der Flecken sind, durch hydrodynamische Überlegungen eine maximale Breite für das Auftreten der Wirbel und damit der Flecke ab. Micz.

6317a. **F. J. Göschl,** Explication planétaire de l'activité solaire du deuxième semestre de 1947. Gaz astr **30** 70—75.

6318. **W. Grotrian,** Die Magnetfelder der Sonnenflecken. Naturwiss **35** 321—329, 353—361, mit 36 Abb. — Die Gesamtübersicht gliedert sich in: Die Beobachtungsmethoden. Die Beobachtungsergebnisse. Die Deutung der Beobachtungsergebnisse. Alfvéns elektromagnetisch-hydrodynamische Wellen. Einfluß der Magnetfelder der Flecken auf andere solare Phänomene. Das allgemeine Magnetfeld kosmischer Objekte.

6319. **L. E. Gurewitsch, A. I. Lebedinskij,** Das Magnetfeld der Sonnenflecke. Jubiläumspublikation Lenin-Staatsuniv. Leningrad (Math., Astr.) S. 21—24 (russisch).

6320. **M. Hotinli,** First report on the solar foreshortening observations of the AAVSO. Publ. Istanbul Univ. Obs. Nr. **34,** 3 S. — Abzählung der von den Mitgliedern der AAVSO Solar Division beobachteten Fleckenanzahlen als Funktion ihres zeitlichen Abstandes vom Durchgang durch den Zentralmeridian. Micz.

6321. **J. Houtgast, A. van Sluiters,** Statistical investigations concerning the magnetic fields of sunspots, I. BAN 388 **10** 325—333, mit 17 Fig. — Mit Hilfe der Mt. Wilson-Beobachtungen der magnetischen Felder der Sonnenflecken (1917—1924) wird die Abhängigkeit der Feldstärke vom Fleckenabstand vom Mittelpunkt der Sonnenscheibe, von der Tiefe (Gradienten zwischen 0.5 und 5.7 Gauß/km) und von der Größe der Flecken untersucht. Die Feldstärken zeigen anscheinend eine ähnliche Ost-West-Asymmetrie wie die Fleckenzahlen und -flächen. Micz.

6322. **K. O. Kiepenheuer,** De l'influence exercée par les taches sur le rayonnement solaire dans l'extrême ultra-violet et dans le domaine des ondes métriques, ainsi que sur le rayonnement corpusculaire. Sixième rapport de la commission pour l'étude des relations entre les phénomènes solaires et terrestres, S. 35—41, mit 1 Fig. — Die Deutung der aufgefundenen Beziehungen zwischen Fleckenrelativzahlen und der in drei Komponenten aufspaltbaren Strahlung im fernen Ultravioletten (600—900 Å) dürfte im wesentlichen auf die veränderlichen magnetischen Felder der Flecke zurückgehen, die, analog zum Effekt des Betatrons, sehr starke Beschleunigungen der freien Elektronen hervorrufen und dadurch die Chromosphäre und die innere Korona aufheizen. Im Gebiet der Kurzwellen kommen ebenfalls zeitweilig intensive Strahlungsausbrüche vor, die sich auf ähnliche Weise erklären lassen. Auch die Korpuskularstrahlung hängt von den veränderlichen Fleckenfeldern ab. Die 1600 km/sec schnelle Komponente entstammt intensiven Eruptionen, die langsamere (300—600 km/sec) Filamenten. Letztere ist mit den weißen Koronastrahlen identisch und hat eine Lebensdauer von oft mehr als sechs Rotationen. In Fleckenfeldern werden die Korpuskularstrahlen abgelenkt. Zusammen mit der sich überlagernden Wirkung der Korona verstärkt sich dadurch die in λ 5303 beobachtbare Helligkeit. Der Durchgang solcher Regionen durch den Zentralmeridian verringert einige Tage später die erdmagnetische Tätigkeit. Loh.

6323. **H. von Klüber,** Aussendung der Sonnenfleckenrelativzahlen durch den Schweizer Kurzwellensender. Sterne **24** 58. — Neue Zeiten und Wellenlängen nach Mitteilung vom 19. Mai 1948.

6324. **H. von Klüber,** Voraussagen zum gegenwärtigen Sonnenfleckenzyklus. Sterne **24** 97—108, mit 10 Fig.

6325. **T. W. Krat,** Die kontinuierliche Absorption im Spektrum der Sonnenflecke. Pulk Mitt **17** Nr. 5 (140) S. 56—74, 1947 (russisch).

6326. **T. W. Krat,** Temperatur und Druck in den Sonnenflecken. Pulk Mitt **17** Nr. 2 (137) S. 1—38 (russisch).

6327. **W. N. Kutscherowa,** Spektralphotometrische Untersuchung von Sonnenfackeln und Protuberanzen. Pulk Mitt **17** Nr. 5 (140) S. 75—116, 1947.

6328. **F. Link, M. Kopecky,** Influences planétaires sur le soleil. I. BAC **1** 51—55, mit 4 Fig. — Über die Einflüsse der Planeten Merkur, Venus und Jupiter auf die Sonnenflecken. In der oberen Konjunktion der Venus mit der Sonne ist die Fleckenrelativzahl viel größer als in der unteren Konjunktion. Für Merkur ist dieser Effekt viel kleiner, und für Jupiter ist er nicht vorhanden. J. B.

6329. **W. A. Luby,** The solution of the sunspot problem. Pop Astr **56** 252—261, mit 2 Fig. — Verf. versucht, die resultierende Präzessionswirkung der fünf Planeten Merkur, Venus, Erde, Jupiter und Saturn auf die Sonne mit dem Sonnenzyklus in Verbindung zu bringen. Die sich ergebende Präzessionskurve von 1922 bis 1952 ist am niedrigsten, wenn Jupiters Wirkung Null ist. Ihre Hauptmaxima fallen mit den Sonnenfleckenmaxima, ihre Nebenmaxima mit den Sonnenfleckenminima zusammen. Loh.

6330. **E. H. Munro,** Tables on sunspot-frequency for 1749—1948. Terr Mag **53** 241—246, mit 3 Fig. — Zusammenstellung der Monats- und Jahresmittel der Sonnenfleckenrelativzahlen in Tabellen- und graphischer Form von 1749 Januar bis 1948 Juni. Micz.

6331. **H. W. Newton,** Reports on the progress of astronomy: Sunspots. MN **108** 122—123.

6332. **S. B. Nicholson,** Large sunspots. Annual Report Smithsonian Inst. 1947 S. 173—176, mit 2 Tafeln = Smithsonian Publ. 3922. — Unter den zirka 16000 Fleckengruppen, die seit 1874 registriert worden sind, finden sich nur 27, deren Fläche mehr als 2500×10^{-6} der Sonnenscheibe bedeckte. Sie sind in einem Verzeichnis zusammengestellt. Die Entwicklung der größten bisher überhaupt beobachteten Gruppe vom Frühjahr 1947 wird in 28 Aufnahmen wiedergegeben. Micz.

6333. **R. Nuez,** La previsión del tiempo a largo plazo y las manchas solares. Rev. Aeronáutica 1948 S. 705—710.

6334. **W. B. Ogilvie,** The measurement of sunspot areas. JBAA **58** 144.

6335. **A. I. Ohl,** Über den 22-jährigen Zyklus der Sonnentätigkeit. DAN **63** 629—630 (russisch).

* * **A. I. Ohl,** Kosmische Strahlen und Sonnenaktivität. Vgl. Ref. **12726.**

6336. **A. I. Ohl,** Über den doppelten Zyklus der Sonnenaktivität. Priroda **37** Nr. 8 S. 39—41 (russisch).

6337. **G. Peisino,** L'attività solare e le precipitazioni a Collurania (Teramo). Coelum **15** 7—8, 1947. — Kurzer Bericht über Sonnentätigkeit und Niederschläge in Teramo. F. Z.

6338. **R. S. Richardson,** Sunspot groups of irregular magnetic polarity. ApJ **107** 78—93, mit 2 Fig. = Contr. Mt. Wilson Obs. Nr. **740.** — Von 7890 in den Jahren 1917—1946 beobachteten Fleckengruppen konnten 91,0% als magnetisch bipolar klassifiziert werden, 8,6% waren unipolar. 3,1% der bipolaren folgten nicht den Regeln über das Verhalten solcher Gruppen. Die differierenden Gruppen sind im Durchschnitt etwas kleiner und kurzlebiger als die sich normal verhaltenden. Die Neigung ihrer Achsen scheint im allgemeinen einen größeren Winkel zum Äquator einzunehmen. Ihr Häufigkeitsverhältnis zu den normalen schwankt von Zyklus zu Zyklus; ihre Breitenverteilung während eines Zyklus weist einige Eigentümlichkeiten auf. Die detaillierte Untersuchung einer Gruppe dieser Art erbrachte in bezug auf Struktur, Magnetfeld usw. nichts Ungewöhnliches. Micz.

6339. **A. Romaña, J. M. Torroja Menéndez,** El predominio de las manchas solares al Este del meridiano central y la inclinación de sus ejes hacia el Oeste. Urania Barcelona **32** Nr. 218 S. 1—23, mit 2 Fig. (Résumé auf S. 17).

* * **M. Ryle,** Solar radio emissions and sunspots. Vgl. Ref. **6538.**

6340. **D. J. Schove,** Sunspot epochs 188 A.D. to 1610 A.D. Pop Astr **56** 247—252, mit 2 Fig. — An Hand von Daten, die bis ins zweite Jahrhundert zurückgehen, werden Sonnenfleckenepochen tabellarisch eingeordnet und untersucht. Es können zwei Gesetze abgeleitet werden, durch die man annähernd den Eintritt eines Maximums oder Minimums im Laufe eines jeden Jahrhunderts angeben kann. Baehr

6341. **W. E. Stepanow,** Über eine neue Gesetzmäßigkeit bei der Entstehung der Sonnenflecken. RAJ **25** 209—215, mit 2 Abb. (russisch).

6342. **H. T. Stetson,** Sunspots in Action. Vgl. AJB **47** Ref. **4328.** — Weitere Besprechung in BSAF **62** 64, J. Franklin Inst. **245** 353 (G. E. Pettengill), Nat **161** 951 (M. A. Ellison), Obs **68** 33—34 (D. Brunt), Pop Astr **56** 176 (C. H. Smiley), Sky and Telescope **7** 126—127 (J. W. Evans).

6343. **H. T. Stetson,** Bursts of solar noise at 45 Mc accompanying the large sunspots of 1947. Science **108** 354—355.

* * **I. L. Thomsen,** Solar radio emissions and sunspots. Vgl. Ref. **6546.**

6344. **I. L. Thomsen,** Pinhole images of sunspots. Sky and Telescope **8** 51, mit 1 Fig.

6345. **A. Thraen,** Zur Statistik der Züricher Sonnenflecken-Reihe. (Eine 89jährige Säkularwelle). Himmelswelt **55** 126—128, mit 2 Abb.

6346. **W. F. Tschistjakow,** Das Maximum des laufenden Zyklus der Sonnentätigkeit. Priroda **37** Nr. 8 S. 41 (russisch).

6347. **M. Waldmeier,** 100 Jahre Sonnenfleckenstatistik. Astr. Mitt. Zürich Nr. **152,** 8 S., mit 2 Abb. — Begünstigt durch eine ungestörte Entwicklung ist aus Wolfs bescheidenen Anfängen eine weltumspannende Organisation geworden und aus der Eidgenössischen Sternwarte eine Stätte moderner Sonnenforschung (Schlußwort des Verf.). Die Hauptdaten sind: 1847 Beginn der Sonnenfleckenbeobachtungen von R. Wolf. 1887 Beginn der Protuberanzenbeobachtungen. 1911 Bau eines Spektroheliographen. 1938 Beginn der Koronabeobachtungen in Arosa. 1946 Einführung von Methoden der Hochfrequenztechnik in die Sonnenforschung. Loh.

6348. An unusual solar activity correlation. JBAA **58** 288. — Besprechung der Untersuchung von Link und Vanysek in CR 1947 Dez. 22.

6349. Verbreitung der Sonnenflecken-Relativzahlen durch Radio. Orion Genève Nr. **16** S. 350, 1947. — Sendezeiten, Wellenlängen, Richtungen.

6350. **Beobachtungen von Sonnenflecken**

Freiburg. SPIM O 12—O 15. Observations ionosphériques et solaires. — Juni—September 1947.

Desgl. O 16—O 24. Observations solaires. — Oktober 1947 — Juni 1948.

Greenwich. Mean areas and heliographic latitudes of sunspots in the year 1940. MN **108** 177—182.

Desgl. für 1941. MN **108** 420—422.

Desgl. für 1942. MN **108** 505—507.

Istanbul. Obs. de Kandilli. Bull (prél.) mensuel des taches solaires. Nr. 7—10. H. Taysi, M. Dizer.

Zürich. Quarterly Bulletin on Solar Activity Nr. 81—82, Januar—Juni 1948.

Zürich. Publ. Eidgen. Sternw. Zürich **9** 29—57, mit 14 Abb. Heliographische Karten der Photosphäre für das Jahr 1947. M. Waldmeier.

Anales Asociación Española Progreso Ciencias **12** 769—771, 1947. Un gigantesco grupo de manchas solares. E. Gullón.

Bol. Astr. Obs. Madrid **3** Nr. 7 S. 34—60, mit 6 Fig., 1947. Actividad solar. Observaciones de manchas solares efectuadas en los Observatorios de Madrid, Valencia, Cartuja (Granada) y Ebro en 1945. E. Gullón.

Bol. Astr. Obs. Madrid **3** Nr. 8 S. 33—61, mit 6 Fig. Actividad solar. Observaciones de manchas solares efectuadas en los Observatorios de Madrid, Valencia, Cartuja (Granada) y Ebro en 1946. E. Gullón.

BAA Circ Nr. 295. Active sunspot.

BAC **1** 43—44. Sunspot relative-numbers in the year 1947. J. Bouska. — Eine Übersicht der statistischen Beobachtung der Sonnenflecken und Vergleich des beobachteten Maximums mit der Vorhersage von Waldmeier. Verf.

BSAF **62** 22—24, 60, 95, 124—125, 158, 222, 252, 299—300, 341—342, mit 14 Fig. L'activité solaire. Cartes synoptiques de la chromosphère et des taches. M. d'Azambuja. — Rotationen Nr. 1258—1271.

BSAF **62** 25. Nombres relatifs de Wolf pour l'année 1946. M. Waldmeier.

Charkow Publ. 8 119—133 (russisch). Beobachtungen von Sonnenflecken und -fackeln. I. M. Gordon, L. I. Kryssenko.

Ciel et Terre **64** 30—32, mit 1 Fig. Le maximum d'activité solaire. G. Coutrez.

Ciel et Terre **64** 33—40, 84—90, 136—137, 174—179, 226—231, 281—283. Observations des taches solaires. G. Coutrez. — Rotationen Nr. 1256—1258, 1259—1261, 1262, 1263—1265, 1266—1268, 1269.

Ciel et Terre **64** 130—135, mit 2 Fig. Les taches solaires en 1947. G. Coutrez.

Gaz astr **30** 56—57. L'activité solaire en 1947. A. P. Moïssejev.

JBAA **58** 212—217, mit 1 Tafel. Solar activity from 1946 August 12 to 1947 September 23: Synodic rotations Nos. 1243 to 1257 inclusive. F. J. Sellers, M. I. Mech.

Kiew Circ. Nr. 8—**12**, 1947. Die Sonnenaktivität August—Dezember 1946. S. K. Wsechswjatskij.

Kiew Circ. Nr. **13**—**16**. Die Sonnenaktivität 1947. S. K. Wsechswjatskij.

Kiew Circ. Nr. **17**—**20**. Die Sonnenaktivität Januar—August 1948. S. K. Wsechswjatskij.

Lwow Circ. Nr. **2**—**3**, 6 + 10 S. Die Sonnenaktivität von Oktober 1946 bis März 1947. G. N. Rodionow, T. L. Mandrykina.

Mem SA It (NS) **19** 271—283, mit 3 Fig. L'attività del Sole nell'anno 1947. L. Taffara. — Die Sonnentätigkeit im Jahre 1946 ist im allgemeinen sehr stark gewesen und hat im Mai das größte Maximum seit 1877 erreicht. Aus 7 numerischen Tabellen und 3 Diagrammen, welche die Beobachtungsresultate enthalten, geht hervor, daß das Jahr 1946 ein anormales Jahr in der Sonnenaktivität darstellt, da erst für 1949 ein flaches Maximum zu erwarten war. F. Z.

Meteorologische Rundschau **1** 312. Vorläufige Sonnenflecken-Relativzahlen Juli—Dezember 1947.

Orion Genève Nr. **16** S. 352—353. Sonnenflecken. — 4. bis 6. Durchgang der Gruppe vom 17. Dezember 1946. Synodische Rotationsdauer 27.166 Tage.

Orion Schaffhausen Nr. **21** S. 494—496, mit 2 Abb.

Pop Astr **56** 116—117. Summary of sun-spot observations at Mount Holyoke College, 1947. A. H. Farnsworth.

Priroda **37** Nr. 7 S. 35 (russisch). Ein Sonnenfleck riesiger Ausmaße. B. N. Himmelfarb.

Publ ASP **60** 98—101, mit 1 Fig. Sunspot activity during 1947. S. B. Nicholson.

Publ ASP **60** 70—73, 125—128, 204—207, 270—273, 332—336, 388—392. Summary of Mount Wilson magnetic observations of sunspots. — 1947 November—Oktober 1948.

Sky and Telescope **7** 237, mit 4 Abb. Activity on the sun during a week in may. W. M. Kearons.

Taschkent Bull. **2** 375—398, 407—433, 475—493. Ergebnisse der Sonnenbeobachtungen 1942, 1943, 1944. J. M. Slonim.

Taschkent Circ. Nr. 190—213. J. Slonim, A. Merkulow. — 1946 Dezember — 1948 November.

Terr Mag **53** 265—267, mit 1 Fig. Final relative sunspot-numbers for 1947. M. Waldmeier.

Terr Mag **53** 34, 152, 268, 348. Provisional sunspot-numbers for October, 1947 to September, 1948. M. Waldmeier.

TAB (2) Nr. **3** S. 19—25, Nr. **4** S. 27—35, Nr. **5** S. 39—46. Monthly Bulletin of solar phenomena. Tokyo Astr. Obs., Mitaka, April 1945—December 1947. M. Notuki, I. Semba, I. Shimizu, M. Ono, K. Tanaka, Z. Suemoto.

§ 64
Photosphäre, Spektrum

6401. **H. D. Babcock, C. E. Moore,** The Solar Spectrum, λ6600 to λ13495. Washington, Carnegie Institution of Washington Publication 579, 1947. Preis 1.40 $ (broschiert) bzw. 2.00 $ (Leinen). — Besprechung in Obs **68** 156—157 unter dem Titel: The infra-red solar spectrum. Ann d'Astrophys **11** 162.

6402. **H. D. Babcock, C. E. Moore, M. F. Coffeen,** The ultra-violet solar spectrum, $\lambda\lambda$2935—3060. ApJ **107** 287—302, mit 1 Tafel = Contr. Mt. Wilson Obs. Nr. **745**. — Im Bereich λ 3060 bis λ 2935 wurden Wellenlängen von 665 Linien gemessen und ihre Intensitäten geschätzt. Die Messungen beruhen auf Aufnahmen mit einem 21-Fuß-Konkavgitter. Dreiviertel der Linien konnten mit Hilfe von Laboratoriumsdaten identifiziert werden. Micz.

6403. **H. A. Brück, F. Rutllant,** Some observations of the H und K lines in the solar spectrum during a magnetic storm. Sixième rapport de la commission pour l'étude des relations entre les phénomènes solaires et terrestres, S. 103. — Auszug aus MN **106** 130, 1946. Vgl. AJB **46** § **44**.

6404. **P. ten Bruggencate, H. Gollnow, S. Günther, W. Strohmeier,** Die Mitte-Rand-Variation der Balmerlinien Hα—Hδ auf der Sonnenscheibe. Naturwiss **35** 312—313. — Vorläufige Mitteilung.

* * **F. W. C. A. Buijs, F. E. M. Ongering,** Asymmetry in the profiles of the Utrecht Photometric Atlas. Vgl. Ref. **2502**.

6405. **D. Chalonge,** Nouveaux progrès dans l'étude du spectre continu du Soleil. Comité National Français d'Astronomie, Communications et Mémoires 1948 S. 56—58, mit 1 Fig. — Absolute Messungen des Spektrums in der Mitte der Sonnenscheibe zwischen 3300 Å und 4800 Å lassen einen Sprung der Energieverteilung bei 3700 von 0.10 erkennen. Oberhalb kann die beobachtete Kurve durch die Farbtemperatur 6700°, unterhalb durch 6100° beschrieben werden. Die Opazität oberhalb von 4500 Å ist dem H^--Ion zuzuschreiben, unterhalb scheint ein weiterer Faktor (eventuell H_2^+) wirksam zu sein. Loh.

6406. **A. J. Deutsch,** The continuous spectrum of the sun. Rev Mod Phys **20** 388—398, mit 8 Fig. = Perkins Obs. Misc. Sci. Papers Repr. Nr. **36**. — In Form einer Übersicht werden die Beobachtungen des Sonnenkontinuums analysiert, die dazu verwandten Instrumente (Bolometer, Spektrobolometer) beschrieben, der beherrschende Einfluß des H^--Ions auf die Opazität behandelt und der Vergleich zwischen Theorie und Beobachtung gebracht. Loh.

6407. **J. Evershed,** On an apparent change of wave-length in solar iron lines. MN **108** 347—351. — Atmosphärische Sauerstofflinien werden benutzt, um die Wellenlängen von vier solaren Eisenlinien über mehrere Jahrzehnte zu kontrollieren. Innerhalb von zwanzig Jahren haben sich die Wellenlängen, gemessen im Licht des Zentrums der Sonnenscheibe, verringert (Minimum 1946). Die Verringerung der Wellenlängen der gleichen Linien am Sonnenrand scheint geringer zu sein. Micz.

* * **W. M. Gottschalk,** Line strengths in the iron spectrum in intermediate coupling with application to the solar curve of growth. Vgl. Ref. **207**.

6408. **J. J. Hopfield, H. E. Clearman jr.,** The ultra-violet spectrum of the sun from V-2 rockets. Phys Rev (2) **73** 877—884, mit 7 Fig. — Mit Hilfe von V2-Raketen wurden Sonnenspektren bis zu 155 km Höhe erhalten. Der dazu benutzte Gitterspektrograph gab eine Dispersion von 34 Å/mm. Das ultraviolette Spektrum erstreckt sich herunter bis zu 2300 Å, spurenweise bis zu 2230 Å. Ein Linienverzeichnis ist gegeben. Das Mg II-Resonanzdublett bei 2800 Å hat Emissionszentren in beiden Absorptionskomponenten. Die Intensität dieser Emission wird zu etwa 10% der des angrenzenden Kontinuums geschätzt. Verf.

6409. **J. Houtgast,** De buitenste lagen van de zonne-atmosfeer. Abdruck aus: Wetensch. Suppl. Nr. 1 van Hemel en Dampkring, Dec. 1948, 10 S. mit 6 Fig.

6410. **J. Hunaerts,** Détermination de la température d'excitation et de l'abondance des molecules CN, CH, C_2, NH et OH par l'analyse du spectre de Fraunhofer. Ann d'Astrophys **10** 237—256, mit 1 Fig. = Commun. Obs. Royal de Belgique Nr. **1**. — Vgl AJB **47** Ref. **4409**.

6411. **C. de Jager,** Solar centre-to-limb variations of the profiles of $H\alpha$—$H\zeta$. Koninkl. Nederl. Akad. Wetensch. Proc. **51** 1159—1168. — In Form von Tabellen werden Profile der Balmerlinien $H\alpha$, $H\beta$, $H\gamma$, $H\delta$ und $H\zeta$ im Sonnenspektrum für zwanzig verschiedene Abstände vom Zentrum der Scheibe mitgeteilt und mit Ergebnissen anderer Autoren kurz verglichen. Die Spektren wurden mit einem Gitterspektrographen erhalten. Micz.

6412. **H. Kienle,** Die Farbtemperatur der Sonne im Bereich $\lambda < 4500$ AE. Himmelswelt **55** 149. — Ref. AG.

6413. **H. von Klüber,** Zur Bestimmung von Zeeman-Effekten im Sonnenspektrum. ZfA **25** 187—208, mit 9 Abb. = Mitt. Astrophys. Obs. Potsdam Nr. **24**. — Es wird auf einige einfache polarimetrische Anordnungen hingewiesen, die sich bei den Potsdamer Versuchen zur Bestimmung von Zeeman-Effekten im Sonnenspektrum gut bewährt haben. Sie gestatten den doppelten Betrag der gesuchten Zeeman-Aufspaltung rein differentiell und unverfälscht durch Doppler-Effekte zu ermitteln. Die Methoden dürften sich insbesondere auch für interferometrische Untersuchungen eignen. Verf.

6414. **W. Krat,** Die Deutung von Spektroheliogrammen. Fortschritte Astr. Wiss. **3** 87—127, mit 4 Abb., 1947 (russisch). — Nach Erörterung der Fehlerquellen bei spektralphotometrischen Untersuchungen von Gebilden der Sonnenoberfläche werden Spektroheliogramme beschrieben und ihre Verwertung erläutert. Dabei wird auf die zentralen Linienintensitäten, den selektiven Strahlungsdruck, das elektrostatische Feld nach Rosseland und die Geoaktivität eingegangen. Loh.

6415. **J. E. Mack,** A prospective means for studying the solar and coronal spectra in the vacuum ultraviolet. Phys Rev (2) **74** 1208—1209. — Ref. Am. Phys. Soc.

6416. **R. R. McMath, O. C. Mohler, L. Goldberg,** Recent developments in infra-red solar spectroscopy. AJ **54** 44. — Ref. AAS.

6417. **M. V. Migeotte,** New identifications in the infra-red solar spectrum. AJ **54** 45—46. — Ref. AAS.

6418. **M. Minnaert,** The theoretical intensities of faint Fraunhofer lines. BAN 389 **10** 339—347, mit 1 Fig. — Unter Berücksichtigung der Schichtung in der Sonnenatmosphäre werden die theoretischen Intensitäten schwacher Absorptionslinien für die Mitte der Sonnenscheibe durch Integration über die Gesamtzahl der absorbierenden und streuenden Partikel ermittelt. Die bei der Integration zu berücksichtigenden Gewichtsfunktionen werden auf drei verschiedene Arten angenommen. Jede Metallinie ermöglicht die Bestimmung des Häufigkeitsverhältnisses Metall: Wasserstoff. Die Anregungstemperaturen aus den schwachen Linien sollen je nach den benutzten zwischen 5200° und 6700° liegen. Die Wellenlängenabhängigkeit der Äquivalentbreiten für eine gegebene Anzahl von Oszillatoren wird diskutiert. Micz.

6419. **M. Minnaert,** The theoretical intensities of faint Fraunhofer lines (Second paper). BAN 394 **10** 399—404, mit 3 Fig. — Der zur Angabe der Häufigkeit eines Elementes viel benutzte aber nur unscharf zu definierende Begriff «Anzahl der Atome oberhalb der Photosphäre», bei dessen Verwendung die Boltzmann-Formel nicht streng gilt, wird ersetzt durch das Häufigkeitsverhältnis der Atome des betreffenden Elementes im Verhältnis zu Wasserstoff. Die aufgestellten Formeln werden zur Bestimmung der Häufigkeit von Fe und O in der Sonnenatmosphäre herangezogen. Für Linien mit χ_r und $\chi_{r,s}$ zwischen 0 und 10 eV sowie Wellenlängen zwischen λ 4260 und λ 8280 wird die effektive Tiefe der Atmosphäre und die mittlere Tiefe der Schicht, in der die Linien absorbiert werden, bestimmt. Micz.

6420. **J. C. Pecker, R. Peyturaux,** Sur la répartition des bandes de CN et CH sur le disque solaire. Ann d'Astrophys **11** 90—106, mit 10 Fig. — In einer photometrischen Untersuchung der Mitte-Rand-Variation der solaren CN-Bande bei λ 3850 und CH-Bande bei λ 4300 ergibt sich ein Maximum ihrer Stärke bei $\sin\vartheta = 0.91$ bzw. $\sin\vartheta = 0.87$. Dieses Verhalten wird von den Verf. theoretisch unter Verwendung klassischer Vorstellungen über die Entstehung des kontinuierlichen Sonnenspektrums und die Bildung von Molekülen verständlich gemacht. Das Phänomen hängt nur wenig von der Verteilung der Moleküle in der Sonnenatmosphäre ab. Micz.

6421. **A. K. Pierre, L. Goldberg,** The solar curve of growth and the kinetic temperature of the solar reversing layer. AJ **53** 202. — Ref. AAS.

6422. **P. Proisy, Gauzit jr.,** Mesure de la température de couleur du Soleil en différents points de la surface. Variations avec la latitude. Comité National Français d'Astronomie, Communications et Mémoires 1948 S. 59—61, mit 1 Fig. — Bis zur Breite 65° und der entsprechenden Länge nimmt die Farbtemperatur auf gleiche Weise vom Zentrum aus ab. Dann erfolgt die Abnahme aber in polwärtiger Richtung bis zum Rand rascher als längs des Äquators. Der Unterschied beläuft sich auf 150—200°. Die Erscheinung wird dadurch erklärt, daß die äquatorealen Gebiete durch Turbulenz stärker erwärmt werden als die polaren. Vielleicht besteht noch ein Zusammenhang mit dem Sonnenfleckenzyklus. Loh.

6423. **G. Rosenberg,** Die Messung der Sauerstoffmenge auf der Sonne. Fortschritte phys. Wiss. **35** 591—594 (russisch).

6424. **E. F. Schaposchnikowa,** Spektrohelioskopische Beobachtungen. Krim Mitt. **3** 81—82 (russisch).

6425. **M. Schwarzschild,** On noise arising from the solar granulation. ApJ **107** 1—5. — Ein Mechanismus, der die Aufheizung der Korona bewirkt und im Transport von mechanischer Energie besteht, wird diskutiert. Die Schallenergie, die von der Granulation abgestrahlt wird, scheint hinreichend zu sein, um die hohe Koronatemperatur aufrechtzuerhalten. Micz.

* * **H. Siedentopf,** Zellenförmige Strömungen im Laboratorium und in der Natur. Vgl. Ref. 237.

6426. **Z. Suemoto,** On the limb effect of faint Fraunhofer lines. TAB (2) Nr. **12** S. 85—89, mit 4 Fig. — Verf. versucht die von M. G. Adam entdeckte Intensitätszunahme der schwachen Fraunhoferlinien (Rowland-Intensitäten 0 und 1) bei Annäherung an den Sonnenrand durch Berücksichtigung der Abhängigkeit des Absorptionskoeffizienten von der optischen Tiefe zu erklären. Die zu erwartenden Effekte erweisen sich als stark abhängig vom Verhältnis Absorptionskoeffizient in der Linie/Opazität und Wellenlänge. Die Ergebnisse numerischer Rechnungen sind mit der Erfahrung nicht unverträglich. Micz.

6427. **A. Unsöld,** Über die Fraunhoferschen Linien und ihre Mitte-Rand-Variation auf der Sonnenscheibe. Ann. Physik (6) **3** 124—138, mit 2 Abb. = Sonderdruck Sternwarte Kiel. — Nach einer zusammenfassenden Darstellung der Entwicklung unserer heutigen Vorstellungen über die Entstehung der Fraunhoferlinien im Sonnenspektrum wird eine einfache und übersichtliche Methode zur Berechnung der Intensität und Mitte-Rand-Variation für schwache Linien und die Flügel starker Linien entwickelt. Ein für einige charakteristische Modelle durchgeführter Vergleich mit der früher vom Verf. angegebenen «Gewichtsfunktionenmethode» ergibt gute Übereinstimmung. An Hand eines von B. Strömgren berechneten Modells der Sonnenatmosphäre wird sodann gezeigt, wie man die Beobachtungen über die Mitte-Rand-Variation von Adam, Minnaert und Redman für schwache Linien sowie von Houtgast für die Flügel starker Fraunhoferlinien in anschaulicher Weise deuten kann. Beiläufig wird der Bereich der Anwendbarkeit der üblichen planparallel geschichteten Atmosphärenmodelle durch eine einfache geometrische Betrachtung abgegrenzt. Auf die Notwendigkeit weiterer Untersuchungen über den Verlauf von Temperatur und Druck in den äußersten Sonnenschichten wird hingewiesen. Verf.

6428. **A. Unsöld,** Quantitative Spektralanalyse der Sonnenatmosphäre. ZfA **24** 306—329, mit 2 Abb. Mit einer Berichtigung in ZfA **25** 352 = Sonderdruck Sternwarte Kiel. — Nach Diskussion einiger methodischer Fragen der quantitativen Spektralanalyse (Turbulenz, Dämpfungskonstante, Abhängigkeit der effektiven Schichtdicke von der Wellenlänge, Oszillatorenstärken) werden aus den Gesamtabsorptionsmessungen von Aller, Mulders, Minnaert und Bannier die Häufigkeiten NH der Elemente bestimmt. Der Vergleich verschiedener Anregungs- und Ionisationsstufen führt auf ein mittleres Ionisationsniveau $\overline{\chi} = 8.33$ Volt, $T = 5675°$ und $\log P_e = 1.51$. Im Spektrum der Sonnenmitte sind Abweichungen vom thermischen Gleichgewicht über ein Intervall von 12 V Ionisierungs- + Anregungsspannung nicht zu erkennen. Für eine Säule von 1 cm² Querschnitt beträgt die Gesamtzahl log NH = 24.47 Atome und $\log n_e$ H = 20.72 Elektronen, ihre Masse 7.4 g, der Druck am Boden $P_g = 0.2$ Atm. Die chemische Zusammensetzung stimmt mit der von τ Scorpii (B 0) für die in beiden erfaßten Elemente gut überein. Dasselbe gilt auch für einen Vergleich mit der Zusammensetzung der Meteoriten, wenn man von den atmophilen Elementen absieht. Eine mittlere Häufigkeitsverteilung der Elemente, die zumindest für die Hauptreihensterne repräsentativ ist, wird gegeben. Wenn die Erde und Sonne gemeinsamen Ursprungs sind, können sich in der Erde nur 0,59% der Urmaterie kondensiert haben. Die empirischen Zustandsgrößen passen gut zu dem Modell der Sonnenatmosphäre von Rudkjöbing. Micz.

6429. **A. Unsöld,** Mitte-Rand-Verdunklung, Temperaturverteilung und kontinuierliche Absorption der Sonnenatmosphäre. ZfNaturf **3a**

486—492, mit 1 Abb. = Sonderdruck Sternwarte Kiel. — Verf. stellt die bisherigen Versuche, aus der beobachteten Mitte-Rand-Verdunklung und der spektralen Energieverteilung im Kontinuum die Temperaturverteilung und Wellen- sowie Tiefenabhängigkeit des kontinuierlichen Absorptionskoeffizienten in der Sonnenatmosphäre zu ermitteln, zusammenfassend dar. Die danach anzunehmende Grenztemperatur T_0 = 4900° bis 5000° ist im Widerspruch zu den niederen Werten direkter Bestimmungen. Es wird gezeigt, daß das Beobachtungsmaterial zu verstehen ist, wenn die Temperatur in der Schicht, die die Fraunhoferlinien absorbiert, im Strahlungsgleichgewicht außen niedriger und innen höher als in einer grauen Atmosphäre ist. Die genannte Grenztemperatur liegt, wie weiter gezeigt wird, erheblich über der wahren. Die anzunehmende Temperaturverteilung in den äußeren Schichten der Sonnenatmosphäre dürfte für die Theorie der Restintensitäten der Linien und die Deutung der Spektroheliogramme wichtig sein. Micz.

6430. **J. Wempe,** Der Gesamtbetrag der Linienabsorption im Sonnenspektrum. Himmelswelt **55** 149. — Ref. AG.

6431. Forbidden lines in absorption. Obs **68** 158. — Kurzer Bericht über den Nachweis der verbotenen OI-Linien λ 5577, λ 6300 und λ 6363 in Absorption im Sonnenspektrum durch Bowen sowie Cabannes und Dufay.

6432. Infrared solar spectrum. Sky and Telescope **7** 65—66, mit 2 Fig. — Ref. AAS.

6433. Reversing layer temperature. Sky and Telescope **7** 150. — Ref. AAS.

§ 65
Strahlung

* * **C. G. Abbot,** Magnetic storms, solar radiation, and Washington temperature departures. Vgl. Ref. 6803.

6501. **C. G. Abbot,** The Smithsonian standard pyrheliometry. Smithsonian Misc. Coll. **110** Nr. 11, 4 S. = Publ. 3945.

6502. **L. B. Aldrich, C. G. Abbot,** Smithsonian pyrheliometry and the standard scale of solar radiation. Smithsonian Misc. Coll. **110** Nr. 5, 4 S. = Publ. 3920. — Im August 1947 wurde auf dem Mt. Wilson die Skala der Smithsonian revised photometry aus dem Jahre 1913 geprüft und festgestellt, daß sie fast 2,4% zu groß ist. Loh.

6503. **E. Bagge, L. Biermann,** Die Erzeugung von Ultrastrahlung auf der Sonne. Naturwiss **35** 120—121, mit 1 Fig. — Wenn sich zwei benachbarte Sonnenflecke gleicher Momente, aber verschiedener Polarität mit einer Geschwindigkeit von einem Erddurchmesser pro Tag annähern, dann können elektrische Teilchen bestimmter Ladung hohe Energien gewinnen, wenn sie sich auf einer Senkrechten zur Verbindungslinie beider Flecken, welche deren Abstand halbiert und zugleich senkrecht zu den Dipolachsen verläuft, befinden und bewegen. Dadurch können auch Höhenstrahlen empfangen werden, wenn eine solche Fleckengruppe am Sonnenrand steht. Loh.

6504. **O. Burkard,** Die F-Strahlung der Sonne. Acta Phys. Austriaca **1** 98—102, 1947.

6505. **A. Ehmert,** Ultrastrahlung von der Sonne. Phys. Blätter **3** 203, 1947. — Ref. Phys. Ges. Württemberg-Baden.

6506. **A. Ehmert,** Ultrastrahlung von der Sonne. Z f Naturf **3a** 264—285, mit 10 Abb. — Ein Teil der in Friedrichshafen 1941—43 beobachteten stärkeren Anstiege der Teilchenzahlen der kosmischen Ultrastrahlung kann mit chromosphärischen Eruptionen in Verbindung gebracht werden. Zwischen Beginn der Eruption und des Anstiegs liegt durchschnittlich eine Stunde. Für symmetrisch zur Mitternacht verlaufende Anstiege wird ebenfalls eine Ultrastrahlungskomponente der Sonne verantwortlich gemacht, wobei solare Protonen und vielleicht auch schwerere Kerne mit Energien bis zu 10^{10} eV eine Rolle spielen. Verf. diskutiert einen Mechanismus, der durch veränderliche Magnetfelder der Flecken ausreichend hohe Beschleunigungen von Protonen bewirkt. Ein Teil dieser Protonen erscheint als solare Ultrastrahlung, ein anderer erzeugt durch Ionisierung chromosphärischer Gebiete chromosphärische Eruptionen. Micz.

6507. **M. G. Fracastoro, G. Righini,** Misure della diffusione atmosferica e della radiazione solare eseguite col fotocianometro di Arcetri. Mem SA It (NS) **19** 209—224, mit 3 Fig. = Oss. e Mem. Oss. astrofis. Arcetri Nr. **65** S. 11—28. — Die Verf. beschreiben Methode und Ergebnisse ihrer Meßreihen der Sonnenstrahlung und atmosphärischen Streuung, die sie mit dem von Fracastoro früher angegebenen „Photocyanometer" bei einer Reihe von effektiven Wellenlängen des sichtbaren Spektrums im Sommer 1947 erhalten haben. Zweck dieser Messungen war, einen geeigneten Ort für eine Höhenstation zur Beobachtung der Sonnenkorona außerhalb von Finsternissen zu finden. Micz.

6508. **J. J. Girupniex,** Die kurzwellige ultraviolette Sonnenstrahlung in der lettischen Sowjetrepublik. Priroda **37** Nr. 12 S. 50—51 (russisch).

6509. **M. N. Gnewyschew,** Über die Natur der Sonnenkorpuskeln. RAJ **25** 109—122, mit 12 Abb. (russisch).

6510. **F. W. P. Götz, E. Schönmann,** Die spektrale Energieverteilung von Himmels- und Sonnenstrahlung. Helvetica Physica Acta **21** 151—168, mit 9 Fig. — Die Energieverteilung des diffusen Himmelslichtes in Arosa und der direkten Sonnenstrahlung im Bereich λ 3300 bis λ 5500 wird mit der Strahlung einer Wolfram-Bandlampe verglichen. Die Strahlung aus dem Zenit wird in Abhängigkeit von Sonnenhöhe und Trübungszustand untersucht. An klaren Tagen können die Verhältnisse durch das Rayleighsche Streugesetz beschrieben werden, während für trübe Tage die Miesche Theorie herangezogen werden muß. Micz.

6511. **E. H. Gowan,** Solar ultra-violet at Edmonton. JCan RAS. **42** 161—165, mit 2 Fig. — Messungen der UV-Strahlung der Sonne 1932—1947 in Edmonton lassen keine Beziehung zur Sonnenfleckenrelativzahl erkennen. Der Jahresgang ist eine Folge des wechselnden Ozongehaltes der Atmosphäre. Zusätzliche Unregelmäßigkeiten finden durch wechselnden Dunst- und Staubgehalt der Luft ihre Erklärung. Micz.

6512. **N. N. Kalitin,** Über die langwellige Sonnenstrahlung. DAN **58** 1349—1351, 1947 (russisch).

6513. **N. N. Kalitin,** Über die Mittagswerte der langwelligen Sonnenstrahlung. Priroda **36** Nr. 12 S. 53—55, 1947 (russisch).

6514. **N. N. Kalitin,** Die Solarkonstante. Priroda **37** Nr. 2 S. 17—25 (russisch).

6515. **W. Krat,** Die korpuskulare Sonnenstrahlung. DAN **58** 1313—1316, 1947 (russisch).

6516. **P. G. Kulikowskij,** Die ultraviolette Sonnenstrahlung. Priroda **36** Nr. 8 S. 47—48, 1947 (russisch).

6517. **E. R. Mustel,** Über den Ausstoß von Kalziumionen von der Sonnenoberfläche. Krim Mitt. **3** 3—30 (russisch).

6518. **E. R. Mustel,** Über den Ausstoßmechanismus geoaktiver Korpuskel von der Sonnenoberfläche. DAN **56** 245—247, 1947.

6519. **J. T. Wilson,** Solar radiation. Elec. Eng. **66** 1209—1213, 1947.

6520. Ausnutzung der Sonnenenergie. Himmelswelt **55** 103. — Versuche in Meudon.

6521. The Langley. Sky and Telescope **7** 94. — Siehe AJB **47** Ref. 4519.

Solare Radiostrahlung

6522. **C. W. Allen,** Solar radio-noise data for correlation with terrestrial phenomena. Sixième rapport de la commission pour l'étude des relations entre les phénomènes solaires et terrestres, S. 25—27. — Nach einer kurzen beschreibenden Übersicht der verschiedenen Arten des solaren Rauschens wird berichtet, daß Beobachtungen bei den Frequenzen von 200 und 60 MHz durchgeführt werden, um Aufschluß über die Herkunft des Rauschens — aus verschiedenen Sonnenschichten — zu erhalten. In erster Linie kommt es darauf an, bei allen derartigen Beobachtungen das ständige Rauschen im stündlichen Mittel und die Zahl der Ausbrüche pro Stunde zu bestimmen. Loh.

6523. **E. Appleton, J. S. Hey,** Solar radio noise. Sixième rapport de la commission pour l'étude des relations entre les phénomènes solaires et terrestres, S. 28—31, mit 2 Fig. — Die am 11. 2. 1946 beobachtete plötzliche Verstärkung des solaren Rauschens bei 4,7 m war mit dem Auftreten eines Flares und einem Radio-Fading verknüpft. Zwischen 2 und 12 m zeigt die Energieverteilung des Spektrums ein ausgeprägtes Maximum bei 5 m, von dem aus die Intensität des Rauschens nach kurzen Wellenlängen sehr rasch, nach langen etwas langsamer abnimmt. Schwankungen des Rausch-Spektrums werden vermutet. Loh.

* * **G. Burkhardt, G. Elwert, A. Unsöld,** Über das langwellige Ende des kontinuierlichen Röntgenspektrums und die Theorie der Radiofrequenzstrahlung der Milchstraße und der Sonne. Vgl. Ref. **12606**.

* * **S. E. Chajkin, B. M. Tschichatschew,** Untersuchungen der Radiostrahlung der Sonne durch die brasilianische Expedition der Akademie der Wissenschaften der UdSSR nach Beobachtungen der Sonnenfinsternis vom 20. Mai 1947. Vgl. Ref. **6207**.

6524. **J. F. Denisse,** Sur les émissions radioélectriques solaires. CR **225** 1358—1360, 1947.

6525. **E. C. Drewe, D. Maurice,** Solar noise. Nat **161** 167. — Beobachtung 1947 August 31.

6526. **R. G. Giovanelli,** Emission of enhanced microwave solar radiation. Nat **161** 133—134. — Die Größe der in der Umgebung entstehender Sonnenflecken induzierten elektrischen Feldstärke und die der Leitfähigkeiten führen zu Elektronenenergien von 10^6–10^7 eV. Die Elektronen, anfänglich parallel den magnetischen Kraftlinien sich bewegend, beginnen bei stärkerer Krümmung derselben sie auf Spiralbahnen mit einer Frequenz zu umlaufen, die für 100 Gauß etwa 10^7 bis 10^8 beträgt. Die auf der Erde zu erwartenden Strahlungsenergien entsprechen der Beobachtung. Thi.

6527. **I. M. Gordon,** Radiostrahlung der Sonne und Eruptionen. Charkow Publ. 8 65—77 (russisch).

6528. **J. S. Hey, S. J. Parsons, J. W. Phillips,** Some characteristics of solar radio emissions. MN **108** 354—371, mit 8 Fig. — Es besteht eine um so engere Korrelation zwischen den Radiostrahlungsausbrüchen bei 4.1 m und den beobachteten Eruptionen einerseits und den Fadings (bei 16—25 m) andererseits, je intensiver letztere sind. Die Radiostrahlungsausbrüche erscheinen im Mittel einige Minuten später als die Eruptionen im Sichtbaren und ebenfalls später als die Fadings. Die Wahrscheinlichkeit für das Auftreten der Radiostrahlungsausbrüche ist am größten, wenn die Eruptionen östlich des Zentralmeridians beobachtet werden, was durch Absorption der Radiostrahlung im ausgelösten Korpuskularstrom erklärt wird. Die von Sonnenflecken ausgehende fluktuierende, kontinuierliche Radiostrahlung hat ein verhältnismäßig scharfes Maximum bei Durchgang des Flecks durch den Zentralmeridian. Thi.

6529. **W. L. Hinsburg,** Neues über die Radiostrahlung der Sonne und der Galaxis. Fortschritte phys. Wiss. **34** 13—33 (russisch).

6530. **J. Houtgast, M. Laffineur,** Observation de perturbations remarquables du rayonnement solaire sur ondes décimétriques. CR **227** 717—718. — Beschreibung einer 1948 September 17 um 11^h 24^m bei der Frequenz 550 MHz beobachteten plötzlichen Verstärkung der solaren Radiostrahlung, die offensichtlich mit einer in Greenwich zur gleichen Zeit beobachteten chromosphärischen Eruption und einer Störung der radiotelegraphischen Verbindungen zusammenhing. Loh.

6531. **K. O. Kiepenheuer,** Über die Sonnenstrahlung im Gebiete der Zentimeter- und Meterwellen. Phys. Blätter **3** 203, 1947. — Ref. Phys. Ges. Württemberg-Baden.

6532. **C. E. Krüger,** Sullo spettro radio del Sole e della Via lattea. Atti del Congresso Internazionale per il Cinquantenario della scoperta Marconiana della Radio. Roma, 1947. S. 131—140, mit 2 Fig. = Contr. Oss. Astr. Milano-Merate (NS) Nr. **26**. — Zusammenfassender Bericht über die Beobachtung und Deutung der Radiostrahlung.

6533. **F. J. Lehany, D. E. Yabsley,** A solar noise outburst at 600 Mc./s. and 1200 Mc./s. Nat **161** 645—646, mit 1 Fig. — Beobachtung 1947 Oktober 4.

6534. **D. F. Martyn,** Solar radiation in the radio spectrum, I. Radiation from the quiet sun. Proc Roy Soc **193** (A) 44—59, mit 4 Fig. — Für die Komponente der solaren Kurzwellenstrahlung, die thermischen Ursprungs zu sein scheint, wird eine detaillierte Theorie der Emission unter Verwendung der Lorentzschen Absorptionstheorie und des Kirchhoffschen Gesetzes abgeleitet. Die von der Wellenlänge abhängige effektive Temperatur der Strahlung erreicht bei etwa $\lambda = 1$ m ein Maximum ($10^{6\circ}$ K). Die klassische Behandlung der Aufgabe erbringt weitgehend das gleiche Ergebnis wie die quantenmechanische mit Hilfe des Gauntschen Ausdrucks für Emission der Frei-Frei-Übergänge. Verf. empfiehlt daher Bevorzugung klassischer Methoden für die Behandlung solarer und galaktischer Kurzwellenprobleme, vor allem wenn der Brechungsindex des Mediums $\ll 1$ ist. Micz.

6535. **D. H. Menzel, W. W. Salisbury,** Audio-frequency radio waves from the sun. Nat **161** 91. — Verf. berichten über den Empfang von Radiowellen der Frequenz 25—400 Hz. Weitere Experimente sollen erweisen, ob diese elektromagnetischen Wellen solaren Ursprungs sind oder ob sie Mikropulsationen des erdmagnetischen Feldes zugeschrieben werden müssen. Ganz allgemein wird darauf hingewiesen, daß derartig niederfrequente Wellen in Sonnenfleckenfeldern bei Schwankungen der magnetischen Feldstärke von wenigen Gauß erzeugt werden können und daß ihre Absorption zur Aufheizung von Chromosphäre und Korona beitragen kann. Loh.

6536. **A. I. Ohl,** Die Radiostrahlung der Sonne. Priroda **37** Nr. 1 S. 44—47 (russisch).

6537. **Y. Öhman,** Solforskning och radio. PAT **29** 139—146, mit 8 Fig.

6538. **M. Ryle,** Solar radio emissions and sunspots. Nat **161** 134—136, mit 1 Fig.

6539. **M. Ryle,** The generation of radio-frequency radiation in the sun. Proc Roy Soc **195** (A) 82—97. — Zur Erklärung der solaren Kurzwellenstrahlung wird angenommen, daß durch das permanente Magnetfeld der Sonne und der nicht-starren Rotation eine große Potentialdifferenz zwischen Äquator und Polen erzeugt wird. Das Feld reicht normalerweise zur Ausbildung von Elektronentemperaturen von 10^6—$10^{8\circ}$ K aus, während der Anwesenheit von Sonnenflecken können sie auf etwa $10^{10\circ}$ K gesteigert werden. Im weiteren Teil der Arbeit wird dargetan, welche Teile der Sonnenatmosphäre für die Emission der Strahlung, insbesondere der erhöhten während des Auftretens von Flecken, in Betracht kommen, wobei auch auf die Polarisationsverhältnisse eingegangen wird. Micz.

6540. **M. Ryle, D. D. Vonberg,** An investigation of radio-frequency radiation from the sun. Proc Roy Soc **193** (A) 98—120, mit 10 Fig. — Verf. beschreiben zunächst eine von ihnen benutzte Methode zur Registrierung der solaren Kurzwellenstrahlung, bei der eine künstliche Rauschspannung mit der solaren automatisch so balanciert wird, daß der Empfänger nur als Nullinstrument dient. Als Antenne findet eine Anordnung Verwendung, die weitgehende Trennung der solaren von der galaktischen Strahlung erlaubt. Gemessen wurde bei 80 und 175 MHz Frequenz. Die zugehörige Oberflächentemperatur der Sonne ergibt sich zu $10^{6°}$ K, steigt aber bei Auftreten großer Fleckengruppen auf 10^8—$10^{9°}$ K. Daneben wurden plötzliche Ausbrüche von einigen Sekunden Dauer beobachtet. Aus Interferenzmessungen geht hervor, daß zu Zeiten erhöhter Intensität der Durchmesser der strahlenden Fläche etwa von Fleckengröße ist und die entsprechenden Temperaturen daher reell sein müssen. Die erhöhte Strahlung ist überwiegend zirkular polarisiert. Die Arbeit gibt zugleich einen Überblick über die bisherigen Meßmethoden und Ergebnisse. Micz.

6541. **M. Ryle, D. D. Vonberg,** Radio frequency radiations from the sun. Sixième rapport de la commission pour l'étude des relations entre les phénomènes solaires et terrestres, S. 42—47, mit 2 Fig. — Mit einer automatisch funktionierenden Apparatur, die die Strahlung der Sonne von der der Galaxis trennt, wurden bei 175 MHz von Juli 1946 bis März 1947 und bei 80 MHz von Dezember 1946 bis März 1947 neben der von Tag zu Tag mehr oder weniger regelmäßig schwankenden mittleren Mittagsstrahlung plötzliche und kurzlebige Ausbrüche beobachtet, deren Stärke oft innerhalb weniger Sekunden auf das Zehnfache der mittleren Intensität anstieg. Längerlebige, etwa von 10 Minuten ab bis zu mehreren Stunden, nahmen auf das Hundertfache an Intensität zu. Bei 150 MHz ergaben sich 1. als Durchmesser der Ausbruchherde 10', 2. zirkulare Polarisation und 3. Temperaturen von 10^9 bis 10^{10} Grad. Die Strahlung ist vermutlich atmosphärischen und nicht subphotosphärischen Ursprungs. Die Strahlungen verschiedener Frequenzen scheinen normalerweise verschiedenen Schichten zu entstammen. Loh.

6542. **A. Schlüter,** Zur Theorie der Kurzwellenstrahlung der Sonne. Naturwiss **35** 154—155. — Die bei Sonnenfleckentätigkeit beobachtete Verstärkung der Strahlung ist weder das Ergebnis eines an sich schon als unzulässig hingestellten magnetischen Effektes nach Kiepenheuer und Denisse, noch eines thermischen Effektes, sondern diese zusätzlich ausgestrahlte Energie kann als mechanische Energie in Form von Stoßwellen oder als magnetische Feldenergie in die Korona transportiert werden. Loh.

6543. **E. Schott,** 175 MHz-Strahlung der Sonne. Phys. Blätter **3** 159—160, 1947. — Verf. berichtet über seine Messungen über die hochfrequente Sonnenstrahlung, die er in den Jahren 1939—45 mit deutschen Funkmeßgeräten durchgeführt hat.

6544. **M. Schulkin, F. T. Haddock, K. M. Decker, C. H. Mayar, J. P. Hagen,** Observation of a solar noise burst at 9500 Mc/s and a coincident solar flare. Phys Rev (2) **74** 840. — Die wohl erstmalig oberhalb von 3000 MHz mit einer Zehn-Fuß-Paraboloidantenne gemachte Beobachtung vom 29. Juli 1948, $12^h\ 50^m$ UT koinzidierte mit einer hellen chromosphärischen Eruption und wurde anderweitig noch bei 25, 50, 75, 110 und 480 MHz beobachtet. Loh.

* * **H. Siedentopf,** Die Strahlung der Milchstraße und der Sonne im Gebiete der kurzen elektrischen Wellen. Ref. **12616**.

6545. **W. Stanner,** Ultrakurzwellen von der Sonne. Orion **1948** S. 189—190.

6546. **I. L. Thomsen,** Solar radio emissions and sunspots. Nat **161** 134—136, mit 1 Fig. = Carter Obs. Repr. Nr. 8. — Das Verhältnis der Äquivalenttemperaturen der solaren Strahlungsquellen für 80 und 175 Mc/s zeigt sehr gute Übereinstimmung mit dem Fleckengang. Die maximale Emission tritt ein beim Durchgang der Fleckengruppe durch den Zentralmeridian. Gruppen, die in heftiger Entwicklung begriffen und von Eruptionen begleitet sind, liefern die größten Emissionen. Thi.

6548. **A. Unsöld,** Die Strahlung der Sonne und der Milchstraße im Radiowellengebiet. Phys. Blätter **3** 320, 1947. — Ref. Phys. Ges.

6549. **M. Waldmeier,** Radiofrequente Strahlung und Elektronentemperatur der Sonnenkorona. Astr. Mitt. Zürich Nr. **154,** 14 S. mit 4 Abb. — Das vorliegende Beobachtungsmaterial über die radiofrequente Sonnenstrahlung führt zu den Klassifikationen R_k und R_e, einer kontinuierlich und einer nur intermittierend von der Sonne ausgehenden Strahlung. Die hier allein zur Diskussion stehende R_k-Strahlung kann wiederum in zwei Komponenten zerlegt werden: $R_{k,C}$, eine zeitlich wenig variable Strahlung, welche von der Sonnenkorona ausgeht, und $R_{k,S}$, eine stark variable Komponente, welche eine enge Korrelation aufweist mit den Sonnenflecken in der Zentralzone der Sonnenscheibe. Es wird die Elektronentemperatur der Korona zu $1{,}4 \times 10^6$ Grad berechnet und gezeigt, daß dieselbe für die betrachteten Wellenlängen optisch dick ist. Die Korona muß somit in diesem Wellenlängenbereich wie ein schwarzer Strahler von $1{,}4 \times 10^6$ Grad emittieren. Tatsächlich sind die beobachteten Äquivalenttemperaturen von dieser Größenordnung. Verf.

6550. **M. Waldmeier,** Radiofrequente Strahlung und Elektronentemperatur der Sonnenkorona. VJS Naturf. Ges. Zürich **93** 122—135, mit 4 Abb. — Vgl. vorstehendes Ref.

6551. **M. Waldmeier,** Die radiofrequente Strahlung der Sonnenkorona. Experentia **4**/2, 5 S. mit 2 Abb. — Auf Grund der Vorstellung, daß die radiofrequente Strahlung der Korona auf frei-freie Übergänge von Elektronen zurückzuführen ist, wird die optische Dicke der Korona für diese Strahlung sowie deren Intensität und spektrale Zusammensetzung in Abhängigkeit vom Abstand vom Zentrum der Sonnenscheibe für den Wellenlängenbereich zwischen 5 cm und 20 m berechnet. Kdr.

6552. **M. Waldmeier, H. Müller,** Spektrale Energieverteilung und Mitte-Rand-Variation der radiofrequenten Koronastrahlung. VJS Naturforsch. Ges. Zürich **93** 186—201, mit 4 Abb. = Astr. Mitt. Zürich Nr. **155.** — Unter der Voraussetzung konstanter Koronatemperatur wird die Intensität der thermischen radiofrequenten Strahlung bis zu $\lambda = 20$ m herauf berechnet. Mit fallender Wellenlänge nimmt der Sonnenradius von 1.6 ab, und von $\lambda = 1$ m bildet sich ein heller Saum am optischen Sonnenrand aus. Anschließend wird die spektrale Energieverteilung in verschiedenen Abständen vom Sonnenzentrum berechnet und der Einfluß der Temperaturschichtung dazu berücksichtigt. Loh.

6553. **S. E. Williams,** Shape of pulses of radio-frequency radiation from the sun. Nat **162** 108, mit 1 Fig. — Die Impulse klingen meist exponentiell ab.

6554. **S. Williams,** Solar radio-frequency noise fluctuations and chromospheric flares. Nat **160** 708—709, 1947.

* * **R. E. Williamson,** The present status of microwave astronomy. Vgl. Ref. **12617.**

6555. Cosmic and solar radio noise. J. Franklin Inst. **245** 339—341. — Umreißt die Pläne des National Bureau of Standards zur Beobachtung der solaren und galaktischen Radiostrahlung.

6556. Solar radio noise. Obs **68** 178—183. — Geophysikalisches Kolloquium der RAS.

6557. Radio waves from the sun — a correction. Sky and Telescope **7** 64.

6558. Beobachtungen der Radiostrahlung
Freiburg. SPIM O 22 — O 24. Observations solaires. — April bis Juni 1948.
Zürich. Quarterly Bulletin on Solar Activity Nr. 81—82, Januar bis Juni 1948.

§ 66

Chromosphäre, Flares, Protuberanzen

6601. M. d'Azambuja, Sur les disparitions brusques des protubérances solaires. Comité National Français d'Astronomie, Communications et Mémoires 1948 S. 49—51. — Aus einem umfangreichen Material von Spektroheliogrammen geht hervor, daß das brüske Verschwinden äquatorialer Protuberanzen etwas durchaus Normales in ihrer Entwicklung ist. Nur bei polaren Protuberanzen ist es eine Seltenheit. Die Häufigkeit des Verschwindens äquatorialer Protuberanzen ist der Sonnenaktivität proportional. Loh.

6602. L. d'Azambuja, Sur la vitesse angulaire de rotation des couches superficielles du Soleil. Comité National Français d'Astronomie, Communications et Mémoires 1948 S. 52—55, mit 1 Fig.

6603. M. d'Azambuja, L. d'Azambuja, Etude d'ensemble des protubérances solaires et de leur évolution effectuée à l'aide des spectrohéliogrammes obtenus à l'observatoire et des cartes synoptiques de la chromosphère publiées par l'établissement sous les auspices de l'Union Astronomique Internationale. Ann. Obs. Paris, Section d'Astrophysique, à Meudon **6** fasc 7, 278 S. mit 34 Fig. und 1 Tafel. — In fünf Hauptabschnitten, versehen mit vielen Photographien, Kurvendarstellungen und Tabellen, werden Beobachtungen zu folgenden Punkten mitgeteilt: 1. Allgemeiner Charakter der ruhenden Protuberanzen, 2. Statistik der Filamente und Korrelation mit den Flecken, 3. Entwicklung der Phänomene, 4. Winkelgeschwindigkeit der Filamente, 5. Allgemeine Bewegung der Protuberanzen zu den Polen hin. Die Hauptergebnisse sind: Die verschiedenen Formen der Protuberanzen lassen sich auf einen Grundtyp zurückführen, der am Sonnenrande das Aussehen einer Brücke mit bis zu zehn Bögen hat. Die Korrelation zwischen äquatorialen Protuberanzen und Flecken ist maximal bei mittlerer Verzögerung der Filamente von drei Rotationen gegen die Flecken. Filamente, mit Aktivitätszentren verbunden, bilden sich 0,9 Rotationen später als der zugehörige Fleck. Protuberanzen, nicht mit Aktivitätszentren verbunden, sind der heliographischen Länge nach unabhängig. Die Breite ihres äquatorialen Endes aber ist gleich derjenigen der Flecken zur gleichen Phase im Zyklus. Äquatoriale Protuberanzen können durch Bewegung in höheren Breiten zu polaren Protuberanzen werden. Die Winkelgeschwindigkeit der äquatorialen Filamente ist gleich derjenigen der langlebigen äquatorialen Flecken. Die polare Verzögerung ist kleiner als bei den Flecken. Äquatoriale und polare Protuberanzen bewegen sich polwärts, wobei die Geschwindigkeit vollkommen kontinuierlich zum Pol hin abnimmt. Diese Bewegung erklärt die Verkleinerung der polaren Verzögerung. Die polaren Protuberanzen sind nicht unabhängig von der äquatorialen Protuberanz, sondern stellen gewissermaßen ihren Endzustand dar. Alle Protuberanzen stammen aus der Aktivitätszone. Die allgemeine Bewegung der Protuberanzen zu den Polen zeugt von der Existenz einer meridionalen Zirkulation, welcher zusammen mit der Langlebigkeit die Protuberanzen das Auftreten in allen Breiten verdanken. Aktivitätszentren und Protuberanzen sind eng verbunden. Thi.

6604. M. C. Ballario, Misure fotometriche dei brillamenti cromosferici in luce d'idrogeno. Mem SA It (NS) **19** 235—252, mit 5 Fig. = Oss. e Mem. Oss. astrofis. Arcetri Nr. **65** S. 29—48. — Aus Messungen auf Spektroheliogrammen im Licht von Hα wird der untere Grenzwert der Intensität eines hellen Wasserstoff-Flocculus in Einheiten der Intensität der ungestörten Umgebung bestimmt, um von einem «flare» der Intensität 1 in der internationalen

Skala sprechen zu können. Die gleiche Eichung wird für die Klassen 2 und 3 der internationalen Skala vorgenommen. Micz.

* * **A. Behr, K. O. Kiepenheuer,** Synoptische Karten der Sonne 1946, Juni 19—1947, Juli 1. Vgl. Ref. **6306**.

6605. L. Biermann, Über den Aufbau und den Ionisationszustand der Sonnenchromosphäre. Himmelswelt **55** 121—122.

6606. L. Biermann, Über die Ursache der chromosphärischen Turbulenz und des UV-Exzesses der Sonnenstrahlung. ZfA **25** 161—177 = Mitt. der Hamburger Sternwarte in Bergedorf **21** Nr. 205. — Verf. entwickelt die Hypothese, daß der zeitunabhängige UV-Exzeß der Sonnenstrahlung, die Turbulenz, der geringe Dichtegradient und die Überanregung in der Chromosphäre aus der Dissipation der Energie fortschreitender Druckwellen herrühren, die durch Stöße der aus der Wasserstoffkonvektionszone aufsteigenden Granulationselemente erregt werden. Micz.

6607. R. Bureau, Eruptions chromosphériques solaires, rayonnement cosmique et phénomènes ionosphériques terrestres. Sixième rapport de la commission pour l'étude des relations entre les phénomènes solaires et terrestres, S. 60—64. — Nach einem knappen sachlichen Überblick hebt Verf. die Wirkung von UV-Strahlung, sichtbarer Strahlung und Radiostrahlung aus chromosphärischen Eruptionen und die sich aus geradliniger Fortpflanzung mit Lichtgeschwindigkeit ergebenden Vorteile zur Beobachtung hervor. Auf Grund ihrer Eigenschaften und Beeinflussung durch (elektro)magnetische Felder läßt sich demgegenüber die Korpuskularstrahlung nur schwieriger beobachten. Da das Auftreten besonders intensiver kosmischer Strahlung im Februar/März 1942 und am 25. Juli 1946 ungefähr mit zwei besonders heftigen chromosphärischen Eruptionen zusammenfiel, wird die Frage aufgeworfen, ob nicht gewisse außergewöhnlich starke chromosphärische Eruptionen hoher Ausbreitungsgeschwindigkeit mit der Emission korpuskularer Strahlung synchron gehen und die kosmische Strahlung verstärken. Loh.

6608. T. G. Cowling, A working hypothesis of solar flares. Obs **68** 108—109. — Kritik an D. S. Evans Tornado-Theorie der Eruptionen. Sie müßten bereits unterhalb der Chromosphäre sichtbar werden. Die Energie scheint zur Deckung der Ausstrahlung nicht ausreichend zu sein. Die Tendenz der ausgestoßenen Materie, auf derselben Bahn zur Oberfläche zurückzukehren, kann nicht durch sie, sondern durch magnetische Führung gedeutet werden. Thi.

6609. A. K. Das, Reports on the progress of astronomy: Prominences. MN **108** 123—124.

6610. H. W. Dodson, A general study of a prominence field. MN **108** 383—397, mit 11 Fig. und 1 Tafel. — Es werden die Untersuchungen der Bewegung von neun Knoten der Protuberanz vom 16. September 1947 mitgeteilt. Sie bewegen sich von einer Region hoch oberhalb einer Fleckenfläche aus fast horizontal bis zu einem Attraktionszentrum in der Chromosphäre. Dabei sind Bahnform, Geschwindigkeit und Beschleunigung an entsprechenden Stellen für alle neun Knoten einander sehr nahe gleich. Die Geschwindigkeit wächst von 0 bis zu über 100 km/sec an, die Beschleunigung erreicht ein Drittel der solaren Gravitationsbeschleunigung mit Komponenten in und senkrecht zur Bahn. Alle Knoten, obwohl zeitlich nacheinander, scheinen denselben Kräften zu unterliegen. Thi.

6611. M. A. Ellison, Chromospheric flares. Obs **68** 31—32. — Anfangs entstehen helle Emissionen als plötzliche Verstärkung bereits vorhandener heller Wasserstofflocculi. Das Maximum wird sehr schnell erreicht. In diesem Augenblick erscheinen in 50% der Fälle Absorptionsflocculi großer Dichte und hoher, abnehmender Aufstiegsgeschwindigkeiten. Nach Erreichen des Gipfels der fast senkrechten Bahn sinkt die Materie auf demselben Weg zurück. Die Eruption verursacht durch starken UV-Ausbruch wahrscheinlich den Aufstieg der Materie. Das bei der Eruption ausstrahlende Gebiet ändert dabei seine Lage nicht. Thi.

6612. **M. A. Ellison,** Spectrum lines in chromospheric flares. Obs **68** 69—71, mit 1 Tafel. — Eruptionen auf der Sonnenscheibe als auch am Rande zeigen in Hα keinerlei Verschiebung, wohl aber die mit ihnen oft verbundenen Protuberanzen, die auf der Scheibe als dunkle flocculi leicht, am Rande aber in Emission schwer von ihnen zu unterscheiden sind. Denkbar sind auch Eruptionen im bewegten Protuberanzenmaterial. Ein Spektrogramm mit Ca II H und Hε zeigt eine erheblich größere Verbreitung von Hε als von Ca II H, was qualitativ mit Stark-Effekt-Verbreiterung übereinstimmt. Thi.

6613. **M. Ellison,** Recent advances in the study of solar prominences. Scientia **82** 7—15, 1947. — Bericht über den gegenwärtigen Stand der Protuberanzenforschung. Anwendung kinematographischer Methoden, des Haleschen Spektroheliskops, des Lyotschen Koronographen und des Öhmanschen Lichtfilters. F. Z.

6614. **M. A. Ellison,** A note on the spectrum of the great solar flare of 1946, July 25. Sixième rapport de la commission pour l'étude des relations entre les phénomènes solaires et terrestres, S. 17—20, mit 1 Fig. — Zwölf Minuten nach Ausbruch erreichte die Emissionsquelle in Hα die dreifache Helligkeit des kontinuierlichen Untergrundes bei einer Äquivalentbreite von 16 Å. Nach zwei bis drei Minuten begann ein etwa eineinhalbstündiger Helligkeitsabfall. Gleichzeitig verstärkte sich im Kurzwellengebiet bei 4,1 m die Plancksche Strahlung auf das 10^8fache. Ähnliches wurde bei 4,7 m beobachtet. Spektrogramme zeigten zwischen λ 6000 und λ 6450 eine Aufhellung des Kontinuums. Die D-Linien waren acht Minuten nach dem Maximum unbeeinflußt. Koronalinien wurden nicht aufgefunden, die Strahlung ist also offenbar rein chromosphärischen Ursprungs. Loh.

6615. **J. Evershed,** Spectrum lines in chromospheric flares. Obs **68** 67—69, mit 1 Tafel. — Mehrere Beobachtungen zeigen die Wasserstofflinien von Eruptionen am Sonnenrand nur zur violetten Seite hin verbreitert. Dies kann nicht auf Absorption des roten Randes beruhen. Es kommen auch Verschiebungen nach rot allein oder nach rot und blau gleichzeitig vor. Linienverschiebungen treten nur auf, wenn die Beobachtungen in Nähe des Sonnenrandes gemacht werden, so daß sie Bewegungen parallel zur Oberfläche anzeigen. Zur Prüfung der Stark-Effekt-Verbreiterung müßten simultan Hα und Ca II H und K aufgenommen und verglichen werden. Thi.

6616. **W. Fedorez, G. Pososchkow,** Die Beobachtung chromosphärischer Gebilde am Spektroheliskop des Astronomischen Observatoriums in Charkow. Charkow Bull. Nr. **7** S. 15—22 (russisch).

6617. **M. G. Fracastoro,** Altezza e distribuzione della cromosfera solare. Mem SA It (NS) **19** 45—57, mit 3 Fig. = Oss. e Mem. Oss. Astrofis. Arcetri Nr. **64** S. 33—47. — Es wird untersucht, ob die in Arcetri von 1921 bis 1946 gemessenen chromosphärischen Höhen systematische Änderungen erkennen lassen. Die Darstellung der Jahresmittel führt auf zwei Minima 1930 und 1944, die möglicherweise reell sind. Eine Beziehung zum Fleckenzyklus ist nicht erkennbar. Die Änderung der Höhen in verschiedenen heliographischen Breiten und in Abhängigkeit von der Phase des Fleckenzyklus ergibt sich ähnlich wie bei anderen Autoren. Micz.

6618. **R. G. Giovanelli,** Chromospheric flares. MN **108** 163—176, mit 6 Fig. — Nach einer kurzen Übersicht über die Beobachtungen an chromosphärischen Eruptionen wird eine Theorie ihrer Entstehung entwickelt. Elektrische Felder, die infolge von Schwankungen des magnetischen Flusses durch Sonnenflecken entstehen, beschleunigen Elektronen soweit, daß es zur Stoßanregung von

Wasserstoffatomen und damit zu monochromatischen Eruptionen kommen kann. Die meisten beobachteten Eigenschaften dieser Eruptionen finden in der Theorie einen Platz. Micz.

* * **A. S. Gnewyschewa,** Katalog der Sonnentätigkeit während der Jahre 1938 und 1939. Vgl. Ref. **6316**.

* * **I. M. Gordon,** Radiostrahlung der Sonne und Eruptionen. Vgl. Ref. **6527**.

6619. J. Houtgast, De protuberansenfilm van Lyot. Abdruck aus: Wetensch. Suppl. Nr. 1 van Hemel en Dampkring, Dezember 1948, S. 14.

6620. F. Hoyle, On the structure of the solar corona and chromosphere. Sixième rapport de la commission pour l'étude des relations entre les phénomènes solaires et terrestres, S. 32—34. — Verf. berichtet über ein gemeinsam mit Bondi und Lyttleton aufgestelltes Modell der Sonnenatmosphäre, in dem das Einfangen interstellaren Wasserstoffes eine wesentliche Rolle spielt. Das Ergebnis ist ein Vierschichtenmodell mit den Trennungshöhen 10000 km, 130000 km, 700000 km über der umkehrenden Schicht. Schicht IV (außen) enthält fast nur eingefangenen Wasserstoff, dessen Eindringgeschwindigkeit etwa 630 km/sec beträgt. Schicht III wirkt als Kissen, von dem die eingegangene Materie durch atomare Stöße gebremst wird. Da die große Energiemenge infolge geringer Materiedichte nicht abgestrahlt werden kann, bildet sich bei hoher Temperatur Konvektion aus. In Schicht II, der inneren Korona, herrscht eine Temperatur von etwa 2×10^6 Grad, in Schicht I eine solche von durchschnittlich 20000 Grad. Letztere erscheint als Chromosphäre. Bei Störung des stationären Zustandes erscheint lokal abgekühlte Koronamaterie als Protuberanz. Loh.

* * **W. N. Kutscherowa,** Spektralphotometrische Untersuchung von Sonnenfackeln und Protuberanzen. Vgl. Ref. **6327**.

6621. R. R. McMath, O. Mohler, Simultaneous observations of solar flares, surges, and high-speed dark flocculi. Obs **68** 110—111, mit 1 Fig. und 1 Tafel. — Simultane Beobachtungen innerhalb und außerhalb des Sonnenrandes mit Hilfe eines die Scheibe schwächenden Filterglases, so daß Protuberanzen und Scheibenhelligkeit einander gleich werden, zeigen, daß die mit Eruptionen auf der Scheibe verbundenen dunklen flocculi hoher Geschwindigkeit identisch sind mit den am Rande mit Eruptionen verbundenen Protuberanzen vom «surge» Typ. Thi.

6622. E. R. Mustel, Über das Gleichgewicht der Sonnenchromosphäre. Krim Mitt. **2** 98—102 (russisch).

6623. H. W. Newton, Solar flare occurence and development-phase of sunspots. Obs **68** 29—31. — Nach Giovanelli ist die Wahrscheinlichkeit für das Auftreten von Eruptionen am höchsten bei größter Änderungsgeschwindigkeit des Sonnenflecks. Sie tritt im allgemeinen innerhalb der ersten zwei Tage nach Erscheinen des Fleckes auf. Eine Statistik des Auftretens sehr großer Eruptionen (3,3+) zeigt aber ein ausgeprägtes Maximum während der Zeit maximaler Größe bzw. bereits beginnenden Zerfalls des Fleckes. Thi.

* * **W. O. Roberts,** Association of solar corona and prominence. Vgl. Ref. **6706**.

6624. A. B. Sewerny, Über den turbulenten Zustand der Sonnenchromosphäre. DAN **58** 1617—1620, 1947 (russisch).

6625. J. Stockley, Polarization of the flash spectrum. AJ **53** 117—118. — Ref. AAS.

6626. R. N. Thomas, Superthermic phenomena in stellar atmospheres. I. Spicules and the solar chromosphere. ApJ **108** 130—141, mit 3 Fig. = Harv Repr Nr. **311**. — Die von Roberts beobachteten «chromospheric spicules» werden als Materiebewegungen mit überthermischer Geschwindigkeit aufgefaßt. Es ist wahrscheinlicher, daß sie ihre Geschwindigkeit durch eine nichtmechanische Ursache als durch Expansion lokaler Überdruckgebiete erhalten haben. Beim Durchgang durch die Chromosphäre wird etwa 10% der anfänglichen kinetischen Energie der «spicules» als Wärme an die Umgebung abgegeben, eine Energiemenge, die zur Erhaltung der hohen kinetischen Chromosphärentemperatur von 35000° ausreichend zu sein scheint. Thi.

6627. **R. N. Thomas,** Superthermic phenomena in stellar atmospheres. II. Departure from thermodynamic equilibrium in an idealized chromosphere. ApJ **108** 142—152. — Der stationäre Zustand einer Wasserstoffchromosphäre mit einer kinetischen Temperatur von 35000°, die von einer Strahlung von 6000° durchdrungen wird, wird berechnet. Es ergibt sich, daß der Wasserstoff zu 99,5% ionisiert ist. Die Abweichungen der Besetzungszahlen vom thermischen Gleichgewichtszustand werden berechnet. Auf eine Deutung des anomalen Verhaltens von He I und He II im Chromosphärenspektrum wird hingewiesen. Die Nettoausstrahlung der Chromosphäre und ihr Energiegewinn durch das «spicule» System werden näherungsweise bestimmt. Beide scheinen in Einklang miteinander zu bringen zu sein. Thi.

6628. **M. Waldmeier,** Statistische Untersuchungen an chromosphärischen Eruptionen. Astr. Mitt. Zürich Nr. **153,** 12 S. mit 6 Abb. — Aus den Untersuchungen zwischen 1934 und 1944 ergibt sich Proportionalität zwischen Eruptionshäufigkeit und Fleckenrelativzahlen. 1937, zur Zeit des Fleckenmaximums, fanden täglich durchschnittlich sieben Eruptionen statt. Ihre mittlere Lebensdauer liegt zwischen 20 und 62 Minuten, wobei ein Drittel der Zeit auf den Helligkeitsanstieg, zwei Drittel auf den Abstieg entfällt. Die Breitenverteilung zeigt dieselbe Zonenwanderung wie die Flecken. Die Mögel-Dellinger-Effekte sind eruptionsbedingt. Loh.

6629. **M. Waldmeier,** Statistische Untersuchungen an chromosphärischen Eruptionen. VJS Naturf. Ges. Zürich **93** 42—53, mit 6 Abb. — Vgl. vorstehendes Ref.

* * **S. Williams,** Solar radio-frequency noise fluctuations and chromospheric flares. Vgl. Ref. **6554.**

6630. **W. P. Wjasanizyn,** Spektralphotometrische Untersuchung von Sonnenprotuberanzen. Pulk Mitt **17** Nr. 1 (136) S. 1—57, 1947 (russisch).

6631. **W. P. Wjasanizyn,** Die Selbstabsorption der Protuberanzen in den Ca^+-Linien H und K. Pulk Mitt **17** Nr. 4 (139) S. 31—39, 1947 (russisch).

6632. **K. Wurm,** Ionisation und Anregung in den Sonnenprotuberanzen. Ann. Physik (6) **3** 139—148 = Mitt. der Hamburger Sternwarte in Bergedorf **21** Nr. 206. — Es wird eine Analyse der Ionisations- und Anregungsverhältnisse der Sonnenprotuberanzen durchgeführt, die im Gegensatz zu der bisher vorliegenden Protuberanzentheorie auf jede Verwendung der Saha-und-Boltzmann-Gleichung verzichtet. Die Ausführungen erstrecken sich in erster Linie auf die Bestimmung folgender Größen: Elektronendichte, Gesamtdichte, Ionisationsgrad des H-Atoms, Elektronentemperatur sowie die relative Besetzung der Balmerterme $n = 2$ und $n = 3$. Es wird ferner eine Methode angegeben, welche die Intensität der Ly α-Strahlung zu ermitteln gestattet. Verf. (gekürzt)

6633. **K. Wurm,** Über den Zusammenhang zwischen Korona- und Chromosphärenspektrum der Sonne und die Überanregung in der Chromosphäre. Himmelswelt **55** 77—79 = Mitt. der Hamburger Sternwarte in Bergedorf **21** Nr. 202. — Beim Übergang von der Chromosphäre zur Korona ändert sich der Charakter des Spektrums ziemlich unstetig, und zwar fehlen im Spektrum der Zwischenzone die eigentlich zu erwartenden Linien, die einer Anregung von 50 bis 200 Volt entsprechen. Dieser Befund wird darauf zurückgeführt, daß unter den dort herrschenden Anregungsbedingungen und bei Berücksichtigung der Häufigkeit der in Frage kommenden mittelschweren Elemente die Linienintensitäten, soweit es sich um normale Linien handelt, unterhalb der Intensität des umgebenden Streukontinuums liegen. Für verbotene Linien ergibt sich das gleiche für Elektronentemperaturen bis etwa 5000°. Schon bei 10000° dagegen übersteigen die Intensitäten der verbotenen Linien die des Streukontinuums um das Zehn- bis Tausendfache. Was die möglichen Ursachen der chromosphärischen Überanregung und -ionisation betrifft, so spricht die Zusammensetzung des Spektrums für eine verstärkte eindringende UV-Strahlung. Kdr.

6634. **K. Wurm**, Über den Zusammenhang zwischen Chromosphären- und Koronaspektrum der Sonne und die Anregung in der Chromosphäre. ZfA **25** 109—134 = Mitt. der Hamburger Sternwarte in Bergedorf **21** Nr. 202. — Die Abweichungen vom Temperaturgleichgewicht in Chromosphäre und Korona sind so stark, daß eine strenge Unterscheidung zwischen Ionisationstemperatur, Anregungstemperatur und Elektronentemperatur durchgeführt werden muß. Die Vorstellung einer kontinuierlich von der Chromosphärenbasis nach außen fortschreitenden Ionisation ist mit dem Spektrum von Chromosphäre und Korona vereinbar. Die Energie der chromosphärischen Überanregung muß als UV-Strahlung oder aufgespeicherte Ionisationsenergie angenommen werden, kinetische Energie von Partikeln muß als ausgeschlossen gelten, was auch für die Protuberanzen zutrifft. Der Gradient der Elektronentemperatur ist in der Chromosphäre verschwindend, T_e ist hier $< 10^4$ Grad. Der Anstieg auf $T_e \approx 10^6$ Grad in der Korona muß in einer Grenzschicht ziemlich schnell erfolgen. Die Erhaltung dieser Temperaturverteilung kann durch Beimischung von Atomen und Ionen kleiner Termenenergie in der Chromosphäre und Verschwinden solcher Ionen durch Übergang in höhere Ionisationsstufen in der Korona erfolgen. Micz.

6635. **K. Wurm**, Über den Zusammenhang zwischen Chromosphären- und Koronaspektrum der Sonne und die Anregung in der Chromosphäre. Himmelswelt **55** 149. — Ref. AG.

6636. **Beobachtungen der Chromosphäre, Flares und Protuberanzen**

Freiburg. SPIM O 12—O 15. Observations ionosphériques et solaires. — Juni bis September 1947.

Desgl. O 16 bis O 24. Observations solaires. — Oktober 1947 bis Juni 1948.

Paris. Observatoire de Paris, Section d'Astrophysique à Meudon, Vol. **1** fasc. 8, années 1938 et 1939. 61 S. Cartes synoptiques de la chromosphère solaire et catalogue des filaments de la couche supérieure. L. d'Azambuja, R. Servajean. — Rotation Nr. 1128—1154, 8. Januar 1938 bis 14. Januar 1940.

Zürich. Quarterly Bulletin on Solar Activity Nr. 81—82, Januar—Juni 1948.

Bol. Astr. Obs. Madrid **3** Nr. 7 S. 1—33, mit 1 Fig., 1947. Protuberancias solares. Resumen de las observaciones realizadas durante el año 1945. E. Gullón.

Bol. Astr. Obs. Madrid **3** Nr. 8 S. 1—31, mit 1 Fig. Protuberancias solares. Resumen de las observaciones realizadas durante el año 1946. E. Gullón.

BSAF **62** 23—24, 60, 95, 124—125, 158, 222, 252, 299—300, 341—342, mit 14 Fig. L'activité solaire. Cartes synoptiques de la chromosphère et des taches. M. d'Azambuja. — Rotationen Nr. 1258—1271.

BSAF **62** 273—274, mit 4 Abb. Apparition d'un filament sombre consécutif à une éruption solaire. R. Servajean.

Charkow Publ. 8 99—118 (russisch). Beobachtungen der Sonnenchromosphäre mit dem Spektrohelioskop des Astronomischen Observatoriums Charkow vom 11. September 1946 bis zum 31. Juni 1947. W. A. Fedorez.

JBAA **58** 212—217, mit 1 Tafel. Solar activity from 1946 August 12 to 1947 September 23: Synodic rotations Nos. 1243 to 1257 inclusive. F. J. Sellers, M. I. Mech.

Kiew Circ. Nr. **13**—**16**. Die Sonnenaktivität 1947. S. K. Wsechswjatskij.

Kiew Circ. Nr. **17—20**. Die Sonnenaktivität Januar—August 1948. S. K. Wsechswjatskij.

Lwow Circ. Nr. **2—3**, 6 + 10 S. Die Sonnenaktivität von Oktober 1946 bis März 1947. G. N. Rodionow, T. L. Mandrykina.

Mem SA It (NS) **19** 31—35, mit 2 Fig. = Oss. e Mem. Oss. Astrofis. Arcetri Nr. **64** S. 25—31. Osservazioni di protuberanze e della cromosfera solare eseguite nel 1946. G. Abetti. — Zusammenstellung der Randprotuberanzen- und Chromosphärenhöhenbeobachtungen in Arcetri im Jahre 1946 und Vergleich mit vorhergehenden Jahren. F. Z.

Mem SA It (NS) **19** 201—207, mit 2 Fig. = Oss. e Mem. Oss. Astrofisico di Arcetri Nr. **65** S. 3—9. Osservazioni di protuberanze e della cromosfere solare eseguite nel 1947 G. Abetti. — Zusammenstellung der in Arcetri im Jahre 1947 erhaltenen Resultate der Beobachtungen von Randprotuberanzen und Chromosphärenhöhen und Vergleich mit den vergangenen Jahren. F. Z.

Mem SA It (NS) **19** 271—283, mit 3 Fig. L'attività del Sole nell'anno 1947. L. Taffara.

Obs **68** 191—194, mit 2 Fig. A brilliant solar flare, 1948 May 21. H. Barton, H. W. Newton.

Publ ASP **60** 366—367, mit 1 Tafel. Solar filament of September 7, 1948. H. W. Dodson, R. R. McMath. — Nachdem diese Protuberanz fast zwei Monate existierte, war sie nach ihrer letzten Beobachtung am 7. September $19^h\,35^m$ am 8. September $12^h\,30^m$ nicht mehr vorhanden. Drei bis vier Tage später konnte sie spurenweise über ihre ganze Länge hin wieder erkannt werden. Loh.

Rend. Accad. Nazionale Lincei (8) **4** 358—359. Altezza della cromosfera nell'anno 1947 ed adamento del ciclo solare. G. Abetti. — Kurze Zusammenfassung der Beobachtungsresultate für die Chromosphärenhöhe im Jahre 1947. F. Z.

TAB (2) Nr. **3** S. 19—25, Nr. **4** S. 27—35, Nr. **5** S. 39—46. Monthly Bulletin of solar phenomena. Tokyo Astr. Obs., Mitaka, April 1945—December 1947. M. Notuki, Z. Suemoto, I. Semba, I. Shimizu, M. Ono, K. Tanaka.

TAB (2) Nr. **3** S. 25—26, Nr. **4** S. 35—37, Nr. **5** S. 47—49. Solar eruptions, observed with a Toepfer's spectroheliograph, April 1945—December 1947. M. Notuki, I. Semba, I. Shimizu, M. Ono.

Taschkent Circ. Nr. 190—213. J. Slonim, A. Merkulow. — 1946 Dezember bis 1948 November.

Taschkent Bull. **2** 375—398, 407—433, 475—493. Ergebnisse der Sonnenbeobachtungen 1942, 1943, 1944. J. M. Slonim.

Urania Barcelona **32** Nr. 218 S. 75—79, mit 2 Fig. Protuberancias solares. Resumen de las observaciones realizadas en el Observatorio de Madrid, durante el año 1945. E. Gullón.

Urania Barcelona **32** Nr. 219 S. 158—160, mit 2 Fig. Protuberancias solares 1946. J. Pratdesaba.

§ 67
Korona

* * Koronabeobachtungen während Sonnenfinsternissen siehe § **62**.

* * **A. Behr, K. O. Kiepenheuer,** Synoptische Karten der Sonne 1946, Juni 19 bis 1947 Juli 1. Vgl. Ref. **6306**.

6701. B. Donn, On the interpretation of the Fraunhofer component of the solar corona. AJ **54** 34. — Ref. AAS.

6702. J. Gauzit, Les identifications d'Edlén et l'origine des raies coronales. Comité National Français d'Astronomie, Communications et Mémoires 1948 S. 46—48. — Gegen die Edlénsche Identifikation der Koronalinien werden folgende Bedenken geltend gemacht: 1. Der erforderliche Ionisationsgrad erscheint zu hoch. 2. Übergangsstufen zum Chromosphärenspektrum werden vermißt. 3. Nur die Elemente Fe, Ni, Ca und Ar kommen vor. 4. Die Wellenlängenberechnungen sind zu ungenau und 5. die Koronatemperatur erscheint zu hoch. Loh.

6703. **E. van den Hoven van Genderen,** Veranderingen van de corona in monochromatisch licht en haar betrekking tot magnetische verschijnselen op aarde. Abdruck aus: Wetensch. Suppl. Nr. 1 van Hemel en Dampkring, Dec. 1948, 4 S. mit 2 Fig.

* * **F. Hoyle,** On the structure of the solar corona and chromosphere. Vgl. Ref. **6620**.

6704. **W. Krat,** Die elektrischen Ladungen in der Sonnenkorona. DAN **61** 31—34 (russisch).

6705. **Y. Öhman,** Quelques remarques concernant la polarisation de la couronne solaire. Comité National Français d'Astronomie, Communications et Mémoires 1948 S. 44—45, mit 1 Fig. — Die von der Farbe zwischen rot und violett unabhängige Polarisation ist für Äquator und Pol verschieden. Am Äquator hat sie im Abstand 0,6 R_0 vom Sonnenrand ihr Maximum mit 45%. Nach innen fügt sie sich der theoretisch berechneten Kurve Baumbachs an, nach außen geht sie linear auf 20% bei 3,0 R_0 zurück, während die theoretische konstant auf 55% bleibt. Am Pol, nur von 0,2 bis 0,8 R_0 beobachtet, fällt sie von 30% auf 15% ab. Diese Ergebnisse scheinen die Hypothese zu bestätigen, daß die resultierende Polarisation aus einem polarisierten und einem nichtpolarisierten Anteil besteht. Loh.

6706. **W. O. Roberts,** Association of solar corona and prominence. AJ **54** 48. — Ref. AAS.

6707. **W. O. Roberts, A. H. Shapley,** Observations of the solar corona at Climax, 1944—46. U.S. Department of Commerce, Nat. Bureau of Standards, Central Radio Propagation Laboratory, Washington. Report CRPL 1—4, 33 S. (Maschinenschrift) mit 1 Fig. = Harv Repr (2) **20**. — In Intervallen von 5 Grad wurden entlang des Sonnenrandes Intensitäten von Emissionslinien des Koronaspektrums geschätzt, und zwar λ 5303 von 1945 August bis 1946 November, λ 6374 von 1944 April bis 1946 November und λ 6704 von 1944 Dezember bis 1946 November.

6708. **W. O. Roberts,** Association of corona with prominence. ApJ **108** 523—525, mit 3 Fig. = Harv Repr Nr. **317**. — Ein Koronaspektrogramm, durch eine aktive Protuberanz laufend, zeigt eine sehr enge Korrelation zwischen der Intensität der Koronalinie λ 6374 und den Protuberanzlinien Hα und D_3. Ferner tritt am Ort der Protuberanz die selten beobachtbare Linie λ 5694 sehr stark auf, die eng mit Sonnenfleckenprotuberanzen verbunden zu sein scheint. Thi.

6709. **G. A. Schajn,** Über die Intensität der Emissionslinien im Koronaspektrum. DAN **58** 767—770, 1947 (russisch).

6710. **G. A. Schajn,** Über die Intensität der Emissionslinien im Koronaspektrum. Krim Mitt. **3** 64—68 (russisch).

6711. **I. S. Schklowskij,** Über die Identifizierung der Koronalinie λ 5694.42. DAN **59** 19—22 (russisch).

6712. **I. S. Schklowskij,** Über die Ionisation der Sonnenkorona. RAJ **25** 145—155, mit 1 Abb. (russisch).

* * **M. Schwarzschild,** On noise arising from the solar granulation. Vgl. Ref. **6425**.

6713. **G. Thiessen,** Zusammenhänge zwischen Sonnenkorona und Zodiakallicht. Himmelswelt **55** 161—164, mit 4 Abb.

* * **M. Waldmeier,** Radiofrequente Strahlung und Elektronentemperatur der Sonnenkorona. Vgl. Ref. **6549** und **6550**.

* * **M. Waldmeier,** Die radiofrequente Strahlung der Sonnenkorona. Vgl. Ref. **6551**.

* * **M. Waldmeier, H. Müller,** Spektrale Energieverteilung und Mitte-Rand-Variation der radiofrequenten Koronastrahlung. Vgl. Ref. **6552**.

6714. **M. Waldmeier,** Die Temperatur der Sonnenkorona. Sterne **24** 8—16, mit 3 Abb.

6715. **R. v. d. R. Woolley, C. W. Allen,** The coronal emission spectrum. MN **108** 292—305, mit 2 Fig. — Der Ionisationsgrad in der Korona wird berechnet für ein Gleichgewicht zwischen Ionisation durch Elektronenstöße (Elektronentemperatur 10^6 Grad) und photoelektrischer Rekombination. Aus den Koronalinien wird ein Verhältnis Wasserstoff/Metalle = 6000/1 (Atomzahlen) abgeschätzt. Für Fe XIV λ 5303 wird der Wirkungsquerschnitt bei Stoßanregung berechnet. Ferner werden Überlegungen über die Linienemission der Korona im UV wiedergegeben. Danach sind die Mg X-Linien in der Nähe von λ 610 kräftig in Emission zu erwarten. Vermutlich ist die Chromosphärenemission im Lyman-Kontinuum stärker als die Koronaemission. Kurz gestreift wird die Bedeutung dieser Emissionsspektren für die Ionosphäre. Micz.

* * **K. Wurm,** Über den Zusammenhang zwischen Korona- und Chromosphärenspektrum der Sonne und die Überanregung in der Chromosphäre. Vgl. Ref. **6633**.

* * **K. Wurm,** Über den Zusammenhang zwischen Chromosphären- und Koronaspektrum der Sonne und die Anregung in der Chromosphäre. Vgl. Ref. **6634/35**.

6716. Strömungen in der Sonnenkorona. Orion Schaffhausen Nr. **21** S. 491. — Besprechung. Vgl. AJB **47** Ref. **4710**.

6717. Några försök till förklaring av koronans höga temperatur. PAT **29** 167—168.

6718. Noise keeps corona hot. Sky and Telescope **7** 179.

6719. **Koronabeobachtungen**

Freiburg. SPIM O 12—O 15. Observations ionosphériques et solaires. — Juni bis September 1947.

Desgl. O 16—O 24. Observations solaires. — Oktober 1947 bis Juni 1948.

Zürich. Quarterly Bulletin on Solar Activity Nr. 81—82, Januar—Juni 1948.

§ 68
Sonnentätigkeit in Beziehung zu terrestrischen Erscheinungen

6801. **C. G. Abbot,** Solar variation attending West Indian hurricanes. Smithsonian Misc Coll **110** Nr. 1, 7 S. mit 1 Fig. = Publ. 3916. — Aus einer Statistik von Hurrikanen zwischen 1923 und 1946 ergibt sich: zehn Tage vor dem Auftreten fällt die Solarkonstante um 0.0016 Kal., zwei Tage vorher nochmals um 0.0031 Kal. zu einem scharfen Minimum ab. Danach folgt ein etwa ähnlicher Wiederanstieg. Für Prognosen bestehen gegenwärtig aus mehreren Gründen noch keine Aussichten. Loh.

6802. **C. G. Abbot,** 1947—1948 report on the 27.0074-day cycle in Washington precipitation. Smithsonian Misc Coll **110** Nr. 4, 2 S. = Publ. 3919.

6803. **C. G. Abbot,** Magnetic storms, solar radiation, and Washington temperature departures. Smithsonian Misc Coll **110** Nr. 6, 12 S. mit 4 Fig. und 2 Tafeln = Publ. 3940. — Es wird gezeigt, daß die Messungen der Solarkonstanten während magnetischer Stürme gegenüber ungestörten Zeiten um etwa $^1/_3$% kleinere Werte ergeben. Zur Erklärung wird Rayleighstreuung des

Sonnenlichtes an dem von der Sonne ausgehenden Ionenschwarm angenommen. Eine erhöhte Schleierbildung in der Erdatmosphäre durch Ionenschwärme ist angedeutet. Die Temperaturen in Washington verringern sich im Durchschnitt während eines magnetischen Sturms. Abschließend wird die Ionendichte zwischen Sonne und Erde abgeschätzt. Micz.

6804. **C. G. Abbót,** Progress of research on solar and terrestrial relations. Sixième rapport de la commission pour l'étude des relations entre les phénomènes solaires et terrestres, S. 55—57. — Neben einem allgemeineren Tätigkeitsbericht wird die Auffindung von 14 Periodizitäten der Solarkonstanten hervorgehoben und darauf hingewiesen, daß irdische Niederschläge und Temperaturgänge eine Folgeerscheinung der Veränderungen der Solarkonstanten sind. Auf einigen Stationen gelangen dadurch brauchbare langfristige Wettervorhersagen. Besonders auffällig ist ein Zyklus von 6,6456 Tagen mit Temperaturschwankungen in Washington, St. Louis und Helena (USA) von etwa 5° F. Loh.

6805. **H. Alfvén,** The electromagnetic conditions in the vicinity of the sun and the earth. Sixième rapport de la commission pour l'étude des relations entre les phénomènes solaires et terrestres, S. 95—100, mit 1 Fig. — Da aus Schwankungen des irdischen und des solaren Magnetfeldes die Schwankungen der kosmischen Strahlung zu Zeiten magnetischer Stürme nicht erklärt werden können, wird versucht, dies in Änderungen des irdischen elektrostatischen Potentials durch solare Ionenwolken zu suchen. Durch die damit im Raum der Erde hervorgerufenen Veränderungen der Leitfähigkeit können größenordnungsmäßig Schwankungen des elektrostatischen Potentials von 10^9 Volt verursacht werden, die ihrerseits die Schwankungen der kosmischen Strahlung bedingen und erklären. Im Gegensatz hierzu ist die geomagnetische Aktivität wahrscheinlich ein Maß für die elektrische Feldstärke im erdnahen Raum. Loh.

* * **C. W. Allen,** Solar radio-noise data for correlation with terrestrial phenomena. Vgl. Ref. 6522.

6806. **C. W. Allen,** Critical frequencies, sunspots, and the sun's ultraviolet radiation. Terr Mag **53** 433—448, mit 8 Fig. — Die von mehreren Stationen 1937 bis 1947 gemessenen Grenzfrequenzen f_0 der E-, F_1- und F_2-Schicht werden auf die Grenzfrequenz $_sf_0$ zur selben Tages- und Jahreszeit, jedoch bei Fleckenrelativzahl $R = 0$, bezogen und mit Daten über Flecken, helle Hα- und Ca-Flocculi, Fackeln, Koronalinien und UV-Intensität korreliert. Ferner wird die Zahl der UV-Quanten berechnet, die zur Bildung der Ionosphärenschichten nötig sind. Micz.

* * **E. Appleton, J. S. Hey,** Solar radio noise. Vgl. Ref. 6523.

6807. **L. d'Azambuja,** Sur les manifestations de l'activité solaire signalées dans les nouveaux messages radio-diffusés par le Bureau ionosphérique français. Sixième rapport de la commission pour l'étude des relations entre les phénomènes solaires et terrestres, S. 208—211, mit 1 Fig. — Behandelt — für Geophysiker gedacht — Wechselwirkungen zwischen solaren Störungen und terrestrischen Reaktionen.

6808. **J. Bartels,** Solar influences on geomagnetism. Sixième rapport de la commission pour l'étude des relations entre les phénomènes solaires et terrestres, S. 58—59. — Bericht und Zusammenstellung der Veröffentlichungen des Verf. seit 1939 über Beziehungen zwischen Wellenstrahlung, Partikelstrahlung und Fleckenrelativzahlen.

6809. **P. Bernard,** Recherches sur l'origine des orages magnétiques. Sixième rapport de la commission pour l'étude des relations entre les phénomènes solaires et terrestres, S. 101—102. — Es wird die Hypothese aufgestellt, daß magnetische Stürme nicht unmittelbar durch solare Erscheinungen ausgelöst werden, sondern durch Wolken ionisierter Partikel, die sich normalerweise unter der Wirkung des Strahlungsdruckes der Sonne in 0,2 astr. Einheiten im Gleichgewicht befinden. Bei anormalen Strahlungsausbrüchen werden sie aus den Wolken herausgeschleudert und rufen in der Erdatmosphäre magnetische Stürme und Nordlichter hervor. Loh.

6810. **W. G. Bowerman,** Life among the sunspots. Pop Astr **56** 13—23.

* * **R. Bureau,** Eruptions chromosphériques solaires, rayonnement cosmique et phénomènes ionosphériques terrestres. Vgl. Ref. **6607**.

6811. **J. Caron,** Recherche d'un nouveau mode d'expression de l'activité solaire. Urania Barcelona **32** Nr. 219 S. 119—123.

6812. **S. Chapman,** Solar influences on the earth's magnetism and on the upper atmosphere. Sixième rapport de la commission pour l'étude des relations entre les phénomènes solaires et terrestres, S. 65—68. — Die auf Grund eines entsprechenden älteren Vorschlages durchgeführten Beobachtungen zeigen, daß zwischen den Sonnenfleckenrelativzahlen und der die höheren Schichten der Erdatmosphäre beeinflussenden solaren täglichen Variationen vom Typus ruhiger Tage eine enge Korrelation besteht. Weiter ist aus Beobachtungen die Vermutung Gewißheit geworden, daß der Korpuskularstrom von der Sonne während eines starken magnetischen Sturmes zusätzliche Absorptionen auf der violetten Seite der H- und K-Linie — einem Dopplereffekt von 1000 km/sec entsprechend — hervorbrachte. Loh.

6813. **H. H. Clayton,** Terrestrial cycles. Pop Astr **56** 360—370, mit 5 Fig.

6814. **T. G. Cowling,** Review of some contributions to solar and terrestrial magnetism. Sixième rapport de la commission pour l'étude des relations entre les phénomènes solaires et terrestres, S. 69—70. — Davon ausgehend, daß infolge der hohen elektrischen Leitfähigkeit der Sonnenmaterie die magnetischen Kraftlinien fest mit dieser Materie verbunden sind, wird unter Hinweis auf Originalarbeiten des Verf. darauf hingewiesen, daß bewegte Materie auch die Kraftlinien versetzt und daß dadurch die in höhere Lagen verschobene Materie elektrische Felder erzeugt, deren Entladungen in Form chromosphärischer Eruptionen sichtbar werden. Loh.

6815. **J. Dufay,** Conférence internationale de Lyon sur les relations entre les phénomènes solaires et géophysiques (1er au 7 septembre 1947). BSAF **62** 243—251. — Bericht über Vorträge aus folgenden Gebieten: Soleil, protubérances et couronne — Actions possibles des ondes radio de bases fréquence émises par le soleil — Mise en évidence du rayonnement corpusculaire — Ionisation de la haute atmosphère terrestre — Travaux des radioélectriciens — Orages magnétiques — Aurores polaires — Lumière en ciel nocturne — Luminiscences crépusculaires — Lumière zodiacale — Travaux de laboratoire — Communications diverses.

6816. **M. S. Eigenson, M. N. Gnewyschew, A. I. Ohl, B. M. Rubaschew,** Die Sonnenaktivität und ihre irdischen Auswirkungen. Moskau-Leningrad, Staatsverlag für technisch-theoretische Literatur, 1948. 323 S. mit 111 Fig. Preis 16 R. (russisch). — Inhalt: Sonnenaktivität, S. 11—97. Sonnenaktivität und Prozesse in der Ionosphäre, S. 98—154. Sonnenaktivität und Erdmagnetismus, S. 155—259. Zusammenhang zwischen Sonnenaktivität und Erscheinungen in der Troposphäre, S. 260—313. Literatur, S. 314—323.

6817. **M. S. Eigenson,** Die säkulare Veränderung der Sonnenaktivität in der gegenwärtigen Epoche und ihre geophysikalischen Folgen. RAJ **25** 101—108 (russisch).

6818. **V. C. A. Ferraro,** Solar influences on geomagnetism and on the upper atmosphere. Sixième rapport de la commission pour l'étude des relations entre les phénomènes solaires et terrestres, S. 71—73. — Verf. berichtet über seine Arbeiten zur Theorie magnetischer Stürme und der Diffusion von Ionen in der Ionosphäre.

6819. **W. G. Fessenkow,** Über die Periodizität der Solarkonstanten in Verbindung mit Wetterprognosen. Fortschritte Astr. Wiss. **3** 147—154, 1947 (russisch). — Bericht über den Stand des Problems 1941. Die Frage nach Zusammenhängen zwischen Schwankungen der Solarkonstanten und Wetter kann noch nicht ausreichend beantwortet werden. Loh.

6820. **F. W. P. Götz,** Some investigations at the Arosa Light-Climatic Observatory touching solar-terrestrial relationships. Sixième rapport de la commission pour l'étude des relations entre les phénomènes solaires et terrestres, S. 166—168, mit 2 Fig. — Behandelt Messungen des Ozongehaltes, in dem sich Perioden von 27^d und $15^d.5$ abzuzeichnen scheinen, Beobachtungen südlicher Nordlichter, bei denen die nebularen Atomlinien charakteristisch für das Sonnenfleckenmaximum waren, Beobachtungen heller Nächte und Messungen über Größe und Anzahl von Trübungspartikeln. Loh.

6821. **S. I. Issajew,** Über den Zusammenhang zwischen Polarlichtern, magnetischen Störungen und der Sonnenaktivität. Vorträge NIISM Nr. **2** S. 1—4, 1947 (russisch).

6822. **S. I. Issajew,** Die Korrelation zwischen der Nordlichtaktivität und den Intensitätsgebieten der Sonnenkorona. Vorträge NIISM Nr. 4 S. 1—4 (russisch).

6823. **R. Jouaust,** Les émissions d'électrons par le soleil et leur influence sur les transmissions radiotélégraphiques. Sixième rapport de la commission pour l'étude des relations entre les phénomènes solaires et terrestres, S. 104—107. — Es wird die Ansicht vertreten, daß Nordlichter von Elektronen solarer Herkunft erzeugt werden und daß dadurch nicht nur magnetische Störungen eintreten, sondern auch der Radioempfang insofern empfindlich gestört wird, als die Elektronenwolken eine Diffusion der Radiowellen bewirken. Loh.

6824. **K. O. Kiepenheuer,** Solar-terrestrische Erscheinungen. Fiat-Bericht **20** 229—284, mit 16 Fig. (vgl. Ref. 722). — 1. Instrumente der Sonnenüberwachung. 2. Ergebnisse der Überwachung. 3. Sonne und Ionosphäre.

6825. **P. Lejay, A. Haubert, J. Durand,** Mise en évidence d'une action solaire sur les régions ionisées de la haute atmosphère. CR **226** Nr. 22.

6826. **H. Mémery,** L'action individuelle des taches solaires sur les phénomènes terrestres. Exposé des observations qui ont amené à reconnaître l'action particulière de chaque tache ou groupe de taches ou de facules. Obs. de Physique solaire et de Météorologie, Talence (Gironde), 40 S. mit 4 Fig. — Besprechung in Gaz astr **31** 57—58.

6827. **N. A. Miljajew,** Über den Zusammenhang zwischen der Größe der Amplitude des täglichen Ganges H in hohen Breiten und der Sonnenaktivität. Vorträge NIISM Nr. **4** S. 5—9 (russisch).

6828. **A. P. Moissejew,** Die säkulare Periodizität der Gewitter in Moskau im Zusammenhang mit der Sonnenaktivität. Priroda **37** Nr. 1 S. 57—60 (russisch).

6829. **H. W. Newton,** Observational aspects of the sunspot-geomagnetic storm relationships. MN **108** 423. (Zusammenfassung aus MN Geophys Suppl **5** Nr. 8, 1949).

6830. **H. W. Newton,** „Sudden commencements" in the Greenwich magnetic records (1879—1944) and related sunspot data. MN Geophys Suppl **5** 159—185, mit 12 Fig. — Statistische Untersuchungen der S. C., in vier Gruppen geteilt, bezüglich Amplitude, Dauer und Richtung des Hauptimpulses und des in der Hälfte aller Fälle vorhergehenden Nebenimpulses werden durchgeführt. Ein unerwarteter täglicher und ein jahreszeitlicher Gang in der Häufigkeitsverteilung des Auftretens von S. C. werden festgestellt. Die Häufigkeit des Auftretens im Fleckenzyklus geht genau parallel zur Fleckenrelativzahl.

S. C. mit folgendem magnetischem Sturm treten sehr häufig einen Tag nach dem Meridiandurchgang einer größeren Fleckengruppe auf. S. C. ohne magnetischen Sturm sind nicht mit großen Flecken korreliert. Thi.

6831. **H. W. Newton,** Geomagnetic „crochet" occurence at Abinger, 1936—46, and allied solar and radio data. MN Geophys Suppl **5** 200—215, mit 5 Fig. — 23 sichere und 32 weniger sichere durch UV-Strahlung während der Tageslichtzeit erzeugte «Crochets» werden in Zusammenhang mit Fleckenrelativzahlen, Dellinger-Effekten und Eruptionen gebracht. Die Häufigkeitsverteilungen sind eng korreliert. Die Zeitdifferenz zwischen Beginn des Cr. und des Dellinger-Effektes beträgt 2^m. Die Richtung des Impulses in den erdmagnetischen Komponenten entspricht genau der allgemeinen täglichen Schwankung. Außer der Zenitdistanz der Sonne scheinen noch andere geophysikalische Faktoren für das Auftreten von Cr. bestimmend zu sein. Thi.

6832. **H. W. Newton,** Magnetic storms and solar activity. Obs **68** 36—37.

6833. **H. W. Newton,** A distinctive geomagnetic epoch, 1941 June 9—14. Obs **68** 60—65, mit 2 Fig.

6834. **H. W. Newton,** Solar-geomagnetic relationships (Greenwich results). Sixième rapport de la commission pour l'étude des relations entre les phénomènes solaires et terrestres, S. 111—115, mit 1 Fig. — Zu den Beziehungen zwischen heftigen chromosphärischen Eruptionen und geomagnetischen Stürmen tritt die Beobachtungstatsache, daß ein großer Teil kleinerer magnetischer Stürme besonders zur Zeit des Fleckenminimums in keinem Fall mit vorhergegangenen sichtbaren Eruptionen in Verbindung gebracht werden kann. Es scheint vielmehr, daß ein mehr oder weniger kontinuierlicher Strom (oder Wolke) von Partikeln wochen- oder monatelang die Sonne verläßt. Die Laufzeit diskreter Korpuskeln ist bei den fünf größten Stürmen mit $20^h.4$ kleiner als bei größeren Stürmen ($25^h.7$). Plötzliche Einbrüche haben im täglichen Häufigkeitsbild um 8^h ein tiefes, um 18^h ein weniger tiefes Minimum. Jahreszeitlich gesehen liegt das Minimum im Winter. «Crochets» dürften auf zur Zeit noch nicht übersehbare Weise von täglichen und jahreszeitlichen Faktoren abhängen. Loh.

6835. **J. Olsen,** Persistent solar rotation-period of $26^7/_8$ days and solar-diurnal variation in terrestrial magnetism. Terr Mag **53** 123—134, mit 9 Fig. — Fünfzehnjährige Registrierungen der erdmagnetischen Horizontalkomponente in Godhavn (Grönland) lassen eine Wiederholungstendenz der mittleren Feldstärke mit einer Periode von $26^7/_8{}^d$ erkennen. Die Rolle, die der tägliche Gang bei der statistischen Auswertung spielt, wird eingehend diskutiert. Die Wiederholungstendenz ist bei den Registrierungen in Sodankylä (Grönland) nicht erkennbar. Grund für das unterschiedliche Verhalten ist vermutlich in der tageszeitlichen Lage des Maximums der magnetischen Störungen zu suchen, welches in Godhavn um Mitternacht auftritt. Das Phänomen wird mit der ultravioletten und korpuskularen Sonnenstrahlung in Zusammenhang gebracht. Micz.

6836. **R. Payne-Scott, L. L. McCready,** Ionospheric effects noted during dawn observations on solar noise. Terr Mag **53** 429—432, mit 1 Fig. — Die Verf. beschreiben von ihnen ausgeführte Messungen, um mit Hilfe der in Horizontnähe stehenden Sonne als Kurzwellenquelle die Refraktion in der Ionosphäre durch Beobachtung von Interferenzerscheinungen zu bestimmen. Die Verwendung der Sonne bringt Komplikationen mit sich, da sie während ihres Aufgehens schnelle Änderungen in der Ionosphäre auslöst. Es wird daher vorgeschlagen, für derartige Messungen den Mond — unter Verwendung eines starken Senders — oder eine im Cygnus liegende ausreichend scharf definierte und kräftige Strahlungsquelle zu verwenden. Micz.

6837. **M. L. Phillips,** Comparative correlations of f^0F2 with „ionospheric sunspot-number" and ordinary sunspot-number. Terr Mag **53** 79—80.

6838. **J. A. Ratcliffe,** Solar abnormal effects on the propagation of very long wireless waves. Sixième rapport de la commission pour l'étude des relations entre les phénomènes solaires et terrestres, S. 87—89. — Versuchsbericht über das Verhalten von Radiowellen (15000 und 18000 m) in Anhängigkeit vom Zustand der Ionosphäre in den Jahren 1936 bis 1939.

6839. **B. M. Rubaschew,** Der Einfluß der Sonnenaktivität auf Prozesse in der Troposphäre. Universität Leningrad. 3 S. (russisch).

6840. **H. U. Sandig,** Sonnentätigkeit und Wetter. Sterne **24** 118—120.

6841. **W. Sandner,** Zur Periodizität der Polarlichter in ihrer Beziehung zur Sonnentätigkeit. Sterne **24** 37—41, mit 1 Fig.

6842. **A. H. Shapley,** Magnetic disturbances and solar corona. Sixième rapport de la commission pour l'étude des relations entre les phénomènes solaires et terrestres, S. 116—120. — Eine kritische Analyse der solar-erdmagnetischen Beziehungen ergibt, daß diese noch zu allgemein gehalten sind, um die einzigen Faktoren für Vorhersagen über den Zustand höherer Atmosphärenschichten sein zu können. Loh.

* * **H. T. Stetson,** Sunspots in Action. Vgl. Ref. **6342.**

6843. **H. T. Stetson,** Changes in ionization and radio reception during the sunspot-period 1944—1947. Terr Mag **53** 449—454, mit 4 Fig.— Für die Grenzfrequenz der *E*- und F-Schicht besteht eine enge Abhängigkeit von der Sonnenfleckentätigkeit, wenn man zur Eliminierung jahreszeitlicher Effekte fortlaufende Zwölfmonatsmittel der Grenzfrequenz benutzt. Neben Messungen der Feldstärken von Kurzwellensendern wurde auch ein Sender im Rundfunkband registriert. Über die mit der Ausbildung und nächtlichen Aufrechterhaltung der ionisierten Schichten zusammenhängenden Fragen werden einige Bemerkungen gemacht. Micz.

6844. **H. T. Stetson,** Changes in ionization and radio reception during the sunspot period 1944—1947. AJ **54** 49—50. — Ref. AAS.

6845. **M. A. Tuve,** Proposed research by the department of terrestrial magnetism, Carnegie Institution of Washington. Sixième rapport de la commission pour l'étude des relations entre les phénomènes solaires et terrestres, S. 74—77, mit 3 Fig. — An die Beschreibung von drei plötzlichen Ausbrüchen kosmischer Strahlung, die etwa eine Stunde nach dem Erscheinen einer solaren Eruption (flare) mit gleichzeitigem Radiofading auftraten und in einem Fall mit Radiorauschen verbunden waren, schließt sich erklärend die Hypothese an, daß es sich dabei um Partikel gehandelt haben dürfte, die von der Eruption selbst außerordentlich beschleunigt wurden. Loh.

6846. **Mme et M. E. Vassy,** Sur les relations entre la région D de l'ionosphère et les éruptions chromosphériques. Sixième rapport de la commission pour l'étude des relations entre les phénomènes solaires et terrestres, S. 90—92. — Verf. suchen zu erklären, auf welche Weise die UV-Strahlung chromosphärischer Eruptionen eine anormale Ionisation der D-Schicht bewirkt. Da die Lα-Strahlung bis auf 0,1% in einer Höhe von 1000 km absorbiert wird, scheint die D-Schicht nur durch Strahlung oberhalb von 1800 Å erreichbar zu sein. Es wird deshalb die Hypothese aufgestellt, daß in den Eruptionen Emissionen von Ca II bei 1838 und 1840 Å stattfinden, die auf das in der Erdatmosphäre vorhandene Natrium ionisierend einwirken, dessen Ionisationspotential λ 2412 entspricht. Loh.

6847. **O. Vecchia,** I mezzi astronomici per lo studio del clima terrestre passato e futuro. Coelum **15** 27—30, 1947. — Bericht über die Beziehung astronomischer und terrestrischer Vorgänge, mit besonderer Besprechung der Arbeiten von Milankovic. F. Z.

* * **L. Vegard,** Report on recent work on ionospheric phenomena and on solar and terrestrial relationships. Vgl. Ref. 7218.

6848. **E. H. Vestine,** The variation with sunspot cycle of the annual means of geomagnetism. Sixième rapport de la commission pour l'étude des relations entre les phénomènes solaires et terrestres, S. 121—122. — Kurzer Überblick über Beobachtungen zwischen 1905 und 1945.

6849. **M. Waldmeier,** New aspects on solar and terrestrial relationships. Sixième rapport de la commission pour l'étude des relations entre les phénomènes solaires et terrestres, S. 48—51. — Verf. berichtet über die Ergebnisse seiner Untersuchungen seit 1938. Während die Herkunft und Wirkung der beiden Wellenstrahlungen und der beiden Korpuskularstrahlungen im großen ganzen als bekannt angesehen werden können, ist das für die beiden Radiostrahlungen nur ungenügend der Fall. Die nichtkontinuierliche Komponente entstammt solaren Eruptionen und ist zeitlich begrenzt, die kontinuierliche scheint ihren Ursprung in der Korona zu haben. Auch Sonnenflecke scheinen eine Quelle der letzteren zu sein, so daß sie selbst wieder aus mehreren Komponenten bestehen dürfte. Loh.

6850. **O. R. Wulf, S. B. Nicholson,** On the identification of the solar M-regions associated with terrestrial magnetic activity. Publ ASP **60** 37—53, mit 7 Fig. und 2 Tafeln.

6851. Radio and sunspots. Sky and Telescope 7 275, mit 1 Fig. — Ref. AAS.

6852. **Solar-terrestrische Beobachtungen**

SPIM O 12—O 21. Observations ionosphériques et solaires en juin 1947. — Zeitraum Juni 1947 bis März 1948.

Rev. Geofísica Nr. **21** S. 84—115, 1947. La actividad solar y geomagnética en 1945. A. Romañá.

Desgl. Nr. **24** S. 562—602, 1947. — Für 1946.

Rev. Geofísica Nr. **23** S. 458—463, 1947. Notas relativas a la actividad solar y geomagnética. A. Romañá. — Oktober—Dezember 1946.

Terr Mag **52** 495—496, 1947. K-indices and sudden commencements, July to September, 1947, at Abinger. H. S. Jones.

Terr Mag **53** 78, 167—168, 303—304. K-indices and sudden commencements, October 1947 to June 1948, at Abinger. H. S. Jones.

Terr Mag **52** 441—447, 1947. Note on „sudden commencements" and other small characteristic impulses. H. W. Newton.

Terr Mag **52** 497—503, 1947. Mean K-indices from thirty magnetic observatories and preliminary international character-figures, C, for 1946. W. E. Scott.

Terr Mag **52** 540—557, 1947. Principal magnetic storms, July to September, 1947.

Terr Mag **53** 84—95, 172—185, 321—331, 481—494. Principal magnetic storms, October 1947 to September 1948. A. M. van Wijk. — Berichte verschiedener Observatorien.

Terr Mag **52** 522, 1947. Cheltenham K-indices for July to September, 1947.

Terr Mag **53** 81, 166—167, 272, 404. Cheltenham K-indices for October 1947 to September 1948. R. G. Gebhardt, P. G. Ledig.

Terr Mag **53** 26. Solar and magnetic data October to December, 1947, Mount Wilson Observatory. S. B. Nicholson.

Terr Mag **53** 66. Five international quiet and disturbed days for January to June, 1947. W. E. Scott.

Terr Mag **53** 166. Five international quiet and disturbed days for the year 1947. W. E. Scott.

Terr Mag **53** 319—320, 477—478. Selected days, preliminary mean K-indices and C-numbers for first, second quarter, 1948. United States Coast and Geodetic Survey. H. F. Johnston, N. F. Eaton.

Terr Mag **53** 479—480. Daily magnetic-activity figures C and three-hour-range indices K and list of sudden commencements, July to September, 1948, at Abinger. H. S. Jones.

Achter Teil

Planeten und Monde

§ 70

Sonnensystem, Allgemeines

7001. **G. A. Aristow,** Gibt es Leben auf den anderen Planeten? Moskau, Staatsverlag für volksbildende Literatur, 1948. 90 S. mit Abb. Preis 2 R. 50 Kop. (russisch).

7002. **C. A. Atwell,** Twenty-nine satellites. Sky and Telescope **7** 153—155, mit 8 Fig.

7003. **A. Bartocci,** Tentativo per una nuova relazione numerica per il sistema solare. Mem SA It (NS) **19** 59—61. — Die Planeten Erde — Neptun erfüllen mit einer Ungenauigkeit von durchschnittlich 7% die Beziehung $\sqrt[3]{m}\ \sqrt[9]{a} : r\ \sqrt[3]{P}$ (m = Masse, a = Sonnenentfernung, r = Radius, P = Rotationsdauer). Loh.

7004. **F. Baur,** Ein Beitrag zur Klärung der Frage eines Einflusses der Planeten. Z. f. Meteorologie **2** 47—55, mit 1 Fig. — Mathematisch-statistisch begründete Untersuchung über einen Zusammenhang zwischen Planetenstellung und Witterung mit dem Ergebnis, daß ein nennenswerter Einfluß der Planeten auf die irdische Witterung nicht besteht.

7005. **F. Baur,** Hat die Stellung der Planeten einen Einfluß auf die Witterung? Wetter und Klima **1948** Heft 11/12 S. 326—331. — Aus statistischen Betrachtungen, die sich über einen Zeitraum von 63 Jahren erstrecken, muß der Schluß gezogen werden, daß ein nennenswerter Einfluß der Planetenstellungen auf die irdische Witterung bestimmt nicht existiert. Loh.

7006. **R. Brandt,** Venus-Jupiter-Konjunktion 1949 Januar 26. Sterne **24** 121. — Beobachtung in Sonneberg.

7007. **A. H. Carpenter,** Principles of historical geology applied to neighboring planets and life on Mars. Pop Astr **56** 233—246. — Von geologischen Prozessen ausgehend, werden Oberflächenbeschaffenheit des Mondes und vor allem des Mars in einer allgemeinverständlichen Studie behandelt. Venus und Mars begrenzen zweifellos die Gebiete möglicher Lebensformen. Loh.

7008. **W. G. Fessenkow,** Meteorische Materie im interplanetaren Raum. Moskau-Leningrad, Verlag Akad. Wiss. UdSSR, 1947. 276 S. mit 19 Abb. Preis 14 R. (russisch).

7009. **F. Giandinoto,** L'influenza delle masse dei pianeti sulla costante newtoniana. Catania 1948, 23 S. (selbständig). — Nach einigen theoretischen Ansätzen und zahlreichen numerischen Berechnungen, deren Resultate tabuliert werden, kommt Verf. zum Ergebnis, daß entweder das Newtonsche Gravitationsgesetz nicht vollständig ist oder die Planetendaten, zum Beispiel die Massen, stark verfälscht sind. F. Z.

7010. **S. Günther,** Über die Atmosphären der Monde im Sonnensystem. Sterne **24** 82—84, mit 1 Fig. — Besprechung der Untersuchungen von Wildt und Kuiper.

* * **H. C. van de Hulst,** Scattering in a planetary atmosphere. Vgl. Ref. 5108.

7011. **C. O. Lampland,** Notes on some planetary problems. AJ **54** 40—42. — Ref. AAS.

* * **B. J. Lewin,** Über den inneren Aufbau der Planeten der Erdgruppe. Vgl. Ref. 5214.

* * **H. R. Morgan, F. P. Scott,** Results of observations made with the nine-inch transit circle. Observations of the sun and planets. Catalogue of 5446 stars. Corrections to GC and FK 3. Vgl. Ref. 9116.

7012. **P. Müller,** Sur la mesure des diamètres planétaires. Comité National Français d'Astronomie, Communications et Mémoires 1948 S. 92—93. — Verf. behandelt die Frage der Messung der Winkeldurchmesser der Planeten und teilt für Merkur und Venus eigene Meßergebnisse mit einem Doppelbild-Mikrometer am 162-mm-Refraktor in Straßburg mit. Micz.

7013. **B. P. Ostaschtschenko-Kudrjawzew,** Bestimmung der Deklinationen der großen Planeten am Meridiankreis des Astronomischen Observatoriums Charkow. Serie II, Deklinationen 1934—1939. Charkow Publ. 8 3—19 (russisch).

7014. **W. H. Ramsey,** On the constitution of the terrestrial planets. MN **108** 406—413, mit 1 Fig. — Der Dichtesprung an der Grenze des Erdkerns kann zwar durch die Annahme verschiedener chemischer Zusammensetzung von Kern und äußerem Mantel erklärt werden. Da dann aber die mittleren Dichten der erdähnlichen Planeten, die sämtlich unter der mittleren Erddichte liegen, kosmogonisch unverständlich sind, schreibt Verf. den Dichtesprung im Erdinnern dem Übergang chemisch einheitlichen Materials von der molekularen zur metallischen Phase unter hohem Druck zu und nimmt auch dieselbe chemische Zusammensetzung wie für die Erde für die erdähnlichen Planeten an. Bei der Berechnung ihres Aufbaus auf dieser Grundlage, wobei die Zunahme der Dichte mit dem Druck durch die adiabatische Beziehung approximiert wird, ergeben sich befriedigende, aber noch etwas zu kleine mittlere Dichten. Die restlichen Diskrepanzen lassen sich durch die Tendenz der schwereren Elemente zur Konzentration nach dem Erdmittelpunkt erklären. Kdr.

7015. **H. U. Sandig,** Sonnentätigkeit und Stellungen der Planeten. Sterne **24** 120—121. — Besprechung der Arbeit von H. H. Clayton «Solar cycles», Smithsonian Publ Nr. 3700.

7016. **E. Schoenberg, K. Wurm,** Das Sonnensystem. Fiat-Bericht **20** 285—314, mit 3 Fig. (vgl. Ref. 722). — 1. Planeten. 2. Meteore. 3. Zodiakallicht. 4. Kometen.

7017. **E. Schoenberg,** Aufgaben der physikalischen Planetenforschung. Himmelswelt **55** 105—112, mit 4 Abb.

7018. **W. W. Sobolew,** Über die Streuung des Lichtes in den Atmosphären der Planeten. Jubiläumspublikation Lenin-Staatsuniv. Leningrad (Math. Astr.) S. 9—11 (russisch).

7019. **K. P. Stanjukowitsch,** Über den Drehimpuls der Planeten. DAN **61** 227—230 (russisch).

7020. **K. Stumpff,** Über die Albedo der Planeten und die photometrische Bestimmung von Planetoidendurchmessern. AN **276** 118—126, mit 7 Abb. — Die sphärische Albedo $A = p \cdot q$ nach der Definition von Bond und Russell kann ohne Kenntnis des Reflexionsgesetzes an den Planetenoberflächen bestimmt werden, wenn der volle Verlauf der Phasenhelligkeitskurve des Planeten bekannt ist. Es werden verschiedene Wege gezeigt, um durch Ableitung empirischer Beziehungen zwischen q und dem Phasenkoeffizienten zum Ziele zu kommen. Für die Kleinen Planeten ist, mit Ausnahme der ersten vier, die

Bestimmung der Albedo auch auf diesem Wege nicht möglich, da die Durchmesser, von denen p abhängt, unbekannt sind. L. Bell hat 1917 eine Korrelation zwischen p und γ gefunden und darauf eine Methode zur Abschätzung der Planetoidendurchmesser gegründet. Durch Hinzunahme der inzwischen durch die Arbeiten von Stebbins (1926—27) bekannt gewordenen Phasenkoeffizienten der vier großen Jupitermonde ließ sich die statistische Grundlage dieser Korrelation bedeutend verbessern. Sie wird zur Ableitung von 21 Planetoidendurchmessern benutzt, einschließlich der vier bekannten, die als Kontrolle dienen. Verf.

7021. **R. E. Trembath,** Conditions necessary for the existence of life. MN ASSA **7** 13—15.

7022. **F. G. Watson,** Between the Planets. Vgl. AJB **44** Ref. **5112**, **45** Ref. **5104**. — Weitere Besprechung in Nat **161** 460, Priroda **37** Nr. 7 S. 87—88 (B. N. Himmelfarb).

7023. **F. G. Watson,** Zwischen den Planeten. Aus dem Englischen ins Russische übersetzt von B. I. Lewin. Moskau-Leningrad, Staatsverlag für technisch-theoretische Literatur, 1947. 227 S. mit 106 Abb. und 1 Tafel. Preis 5 R. 50 Kop. — Vgl. AJB **45** Ref. **5104**.

7024. **R. B. Weitzel,** Mars, Jupiter, and Saturn: approximate conjunctions. Pop Astr **56** 425—428.

7025. **R. B. Weitzel,** Triple planetary conjunctions of Venus and Jupiter. Pop Astr **56** 477—478.

7026. **F. L. Whipple,** Erde, Mond und Planeten. Aus dem Englischen ins Russische übersetzt von N. I. Poljakowa. Moskau-Leningrad, Staatsverlag für technisch-theoretische Literatur, 1948. 270 S. mit 134 Abb. und 2 Tafeln. Preis 4 R. 50 Kop. — Vgl. AJB **45** Ref. **5105**.

7027. Die chemische Zusammensetzung der Planetenatmosphären. Himmelswelt **55** 183—184. — Bericht von R. Wildt in Monthly Astr. News Letter Nr. 15.

7028. De store Planeter i 1948. NAT **1948** 65, mit 12 Fig.
Desgl. für 1949. NAT **1948** 147, mit 9 Fig.

7029. Constitution of the planets. Nat **162** 345—346.

7030. Planeternas infraröda spektra. PAT **29** 69—70, mit 1 Fig.

§ 71

Merkur, Venus

7101. **Merkur. Astrometrische Beobachtungen**

Rom, Monte Mario, 1943 und 1944. Rend. Accad. Lincei (8) **1** 78—84 = Oss. Astr. Roma Contr. sci. Nr. **136**. Osservazioni meridiane dell'ascensione retta di Mercurio e Venere. Nota II. L. Gialanella. — α.

Washington 1935—1944. Publ. of the United States Naval Obs. (2) **15** part 5, S. 211—216. H. R. Morgan, F. P. Scott. — α, δ.

7102. **Merkur. Physische Beobachtungen**
Strolling Astronomer **2** Nr. 8 S. 5.

* * **H. E. Ives,** The behavior of an interferometer in a gravitational field. II. Application to a planetary orbit. Vgl. Ref. **4134**.

* * **P. Müller,** Sur la mesure des diamètres planétaires. Vgl. Ref. **7012**.

7103. **Venus. Astrometrische Beobachtungen**
Rom, Monte Mario, 1943 und 1944. Rend. Accad. Lincei (8) **1** 78—84 = Oss. Astr. Roma Contr. sci. Nr. **136**. Osservazioni meridiane dell'ascensione retta di Mercurio e Venere. Nota II. L. Gialanella. — α.
Washington 1935, 1937—1944. Publ. of the United States Naval Obs. (2) **15** part 5 S. 217—223. H. R. Morgan, F. P. Scott. — α, δ.

7104. **Venus. Physische Beobachtungen**
Astr Circ USSR Nr. 81 9 (russisch). Kolorimetrische Beobachtungen der Venus und einiger anderer Objekte. W. Scharonow.
El Universo **46** Nr. 4 S. 19. E. López López.
Strolling Astronomer **2** Nr. 3 S. 7, Nr. 4 S. 11, Nr. 5 S. 8—9, Nr. 6 S. 5—6, Nr. 7 S. 6—7, Nr. 8 S. 2—4 (W. H. Haas, Venus passes the sun), S. 5—6. Nr. 10 S. 5—8, Nr. 11 S. 1—2, Nr. 12 S. 7.

7105. **A. Burnet,** Two occultations of stars by Venus. JBAA **58** 28—29. — Zwei Vorausberechnungen für 1948 Februar 25 (BD +5° 131) und 1948 März 20 (BD +17° 426).

7106. **W. H. Haas,** Venus occults a star. Strolling Astronomer **2** Nr. 5 S. 1—3. — Beobachtung der Bedeckung von 36 Arietis 1948 März 19.

7107. **M. B. B. Heath,** Observing the planet Venus. Strolling Astronomer **2** Nr. 4 S. 5—7. — Beobachtungen und Hinweise.

7108. **K. Horka,** Tafel zur Helligkeitsbestimmung des Planeten Venus. RH **29** 153 (tschechisch).

7109. **M. A. Kljakotko,** Über die Natur der systematischen Abweichungen der Venusphasen von den theoretischen Werten. Bull. Astr.-Geod. Ges. UdSSR Nr. 4 (11) S. 17—18 (russisch).

7110. **J. G. Porter,** Venus occults a star. JBAA **58** 226. — Beobachtungen der Bedeckung von 36 Arietis durch Venus 1948 März 20.

7111. **W. Rabe,** Der Dämmerungsbogen des Planeten Venus. AN **276** 111—117, mit 1 Abb. — Eine kritische Untersuchung aller bisherigen visuellen Messungen der Hörnerverlängerung in der Umgebung der unteren Konjunktion, denen eigene Messungen aus den Jahren 1937 und 1940 beigefügt werden, beweist die Unmöglichkeit, aus Beobachtungen dieser Art die Refraktionskonstante der Venusatmosphäre zu bestimmen. Die erlangten Werte zeigen eine deutliche Abhängigkeit von der Objektivöffnung der benutzten Instrumente und dem jeweiligen Luftzustand. Verf.

7112. **L. I. Schingarjow,** Über die Rolle der Streuung des Lichtes in der Venusatmosphäre. Charkow Publ. **8** 79—90 (russisch).

7113. A cometary Venus. JBAA **58** 195. — Besprechung der Arbeit von E. L. Hawke in Weather, 1948 Mai.

§ 72

Erde

Allgemeines

7201. **N. P. Barabaschew, A. T. Tschekirda, W. A. Fedorez,** Über die Beleuchtung der Erdoberfläche mit direktem und gestreutem Sonnenlicht. Charkow Publ. **8** 21—27 (russisch).

7202. **A. E. Benfield,** Thermal consequences of the capture of neutrinos by the earth. Phys Rev (2) **74** 621, mit einer Berichtigung **74** 1192.

7203. **R. S. Dietz,** Antarctic „Seeing". Pop Astr **56** 202—203.

7204. **H. C. Freiesleben,** Die Berechnung der Kimmtiefe. Deutsche Hydrograph. Z. 1 26—29, mit 3 Fig. — Auf Grund einer Überlegung über den Verlauf des Lichtstrahles von der Kimm zum Auge des Beobachters wird die Kimmtiefe als $5.'04\sqrt{0.1123h + T_o - T_h}$ abgeleitet, wobei T_o die Temperatur unmittelbar über dem Wasser an der Kimm, T_h die Augeshöhe h des Beobachters bedeutet. Diese allgemeine Formel enthält die bisherigen Formeln für die Kimmtiefe als Näherungen, auch die von Koss-Kohlschütter, obwohl diese nicht T_o, sondern die Temperatur des Wassers enthält; das folgt aber nur aus gewissen heute überholten Vorstellungen über den Temperaturgradienten der Luft über der Meeresoberfläche. Verf.

7205. **H. C. Freiesleben,** Kimmtiefenuntersuchung. Himmelswelt **55** 148. — Ref. AG.

7206. **M. N. Gnewyschew,** Über die Natur der magnetischen und ionosphärischen Störungen. Publ. Inst. für Erdmagnetismus Nr. 1 (11) S. 33—48, 1947 (russisch).

* * **F. W. P. Götz, E. Schönmann,** Die spektrale Energieverteilung von Himmels- und Sonnenstrahlung. Vgl. Ref. 6510.

7207. **L. W. Gulnizkij,** Die effektive Strahlung der Erde. Nachr. Akad. Wiss. kasach. Sowjetrepublik Nr. **32** S. 44—69, 1947 (russisch).

·7208. **J. Jakob,** Der chemische Aufbau unseres Planeten. Eine naturphilosophisch-weltanschauliche Betrachtung. Zürich, Büchergilde Gutenberg, 1945. Zweite, ergänzte Auflage. 274 S. mit 17 Fig. und 12 Tafeln. — Besprechung in VJS Naturf. Ges. Zürich **93** 295—296 (W. Epprecht).

7209. **W. I. Jeserskij,** Über die Helligkeitsverteilung auf der Erdscheibe. Charkow Publ. 8 91—93 (russisch).

7210. **D. M. Packer, C. Lock,** Daytime zenith sky brightness at 18,000 to 38,000 foot altitudes. J Opt Soc Amer **38** 1097. — Ref. Opt. Soc. Amer. — Notiz über Messungen der Helligkeit und der Polarisation des Himmelslichtes im Zenit in verschiedenen Höhen über dem Erdboden (bis zu 34000 Fuß) und Sonnenhöhen von 35° bis 75° sowie ein Vergleich mit der Theorie von Tousey und Hulburt. Micz.

7211. **E. W. Pjaskowskaja-Fessenkowa,** Die Helligkeit des Himmels in verschiedenen Höhen über dem Meeresspiegel. DAN **65** 155—158.

* * **S. M. Poloskow,** Über die Magnetfelder der Erde und Sterne. Vgl. Ref. 9822.

7212. **I. Puig,** El agrandamiento aparente de los astros en el horizonte. Anales Asociación Española Progreso Ciencias **13** 540—560.

7213. **S. K. Runcorn,** The radial variation of the earth's magnetic field. Proc Phys Soc **61** 373—380, mit 3 Fig. Mit einem Anhang von S. Chapman S. 381—382.

7214. **H. Siedentopf,** Wie hoch ist der Himmel? Naturwiss. Rundschau **1** 21—22. — Der Aufsatz behandelt die Frage nach der mittleren Höhe, in der das Licht des blauen wolkenlosen Himmels ausgesandt wird. Aus Messungen der Leuchtdichte des Himmels im Zenit in Abhängigkeit von der Höhe über dem Erdboden geht hervor, daß in der realen dunsterfüllten Atmosphäre die beiden untersten Kilometer den Hauptbeitrag zur Himmelshelligkeit liefern. In einer idealen Rayleigh-Atmosphäre müßte die Abnahme der Leuchtdichte nach oben langsamer erfolgen. Für Orte in geringer Meereshöhe stammt über die Hälfte der Zenithelligkeit aus Schichten, die im Sommer unter 2 km, im Winter sogar unter 1 km liegen. Im Hochgebirge dagegen ist der Beitrag der oberen Atmosphäre größer, z. B. stammt in 3000 m Höhe über 50% des Zenitlichts aus Schichten über 7 km. Kdr.

7215. **N. M. Staude,** Die allgemeine Formel der Himmelshelligkeit. Nachr. Akad. Wiss. kasach. Sowjetrepublik Nr. 32 S. 97—111, 1947 (russisch).

7216. **H. T. Stetson, G. W. Pickard,** Simultaneous observations of field-intensity measurements of WWV at Needham, Massachusetts, and at Intervale, New Hampshire, during the summer of 1947. Terr Mag **53** 67—77, mit 9 Fig.

* * **W. Strohmeier,** Über Himmelsschattierung. Vgl. Ref. **12324.**

7217. **M. S. Vallarta,** On the energy of cosmic radiation allowed by the earth's magnetic field. Phys Rev (2) **74** 1837—1840, mit 8 Fig. — Es werden Kurven berechnet, die in Abhängigkeit von der geomagnetischen Breite die notwendige Durchdringungsenergie von Protonen durch das erdmagnetische Feld in der Vertikalen geben. Korrektionskurven wegen erdmagnetischer Eigenheiten sind beigefügt. Loh.

7218. Report of the Gassiot Committee of the Royal Society on the emission spectra of the night sky and aurorae. Papers read at an International Conference held in London in July 1947. London, 1948. 140 S. Preis 20 s. — Die einzelnen Arbeiten sind unter den Autoren aufgeführt.

7219. Recent work on the earth's main magnetic field. Obs **68** 144—149.

7220. Weather by starlight. Sky and Telescope **7** 179.

7221. Earth's magnetism 100,000,000 years ago. Sky and Telescope **7** 224.

7222. Ice ages from a nebula? Sky and Telescope **8** 6.

Atmosphäre

7223. **A. Adel,** Atmospheric transparency between 16 microns and 24 microns. AJ **53** 109. — Ref. AAS.

7224. **H. D. Babcock, L. Herzberg,** Fine structure of the red system of atmospheric oxygen bands. ApJ **108** 167—190, mit 2 Fig. = Contr. Mt. Wilson Obs. Nr. **750.** — Von den im Roten gelegenen atmosphärischen Sauerstoffbanden wurden mit einem Gitterspektrographen großer Dispersion Aufnahmen erhalten. Die durchstrahlten Luftwege lagen zwischen 30 m und 100 km. Aus den mit hoher Genauigkeit gemessenen Wellenlängen wurden die Rotations-, Schwingungskonstanten und andere Moleküldaten von O_2^{16}, $O^{16}O^{18}$ und $O^{16}O^{17}$ des $^3\Sigma_g^-$- und $^1\Sigma_g^+$-Zustandes ermittelt. Es wird gezeigt, daß die Triplettaufspaltung des $^3\Sigma_g^-$-Grundzustandes des O_2 von der Schwingungsquantenzahl, der Molekülmasse und der Änderung der Rotationsenergie abhängt. Micz.

7225. **V. Barocas, R. M. J. Withers,** Effect of atmospheric variations on a stellar beam. Obs **68** 153—154.

7226. **K. C. Clark,** Absorption by N_2 and O_2 of solar wave-lengths in the extreme ultraviolet. Phys Rev (2) **73** 1250.

7227. **A. Elliott, G. G. MacNeice,** Transmission of the atmosphere in the 1—5 mikron region. Nat **161** 516, mit 1 Fig.

7228. **L. Goldberg, O. C. Mohler, R. R. McMath,** Isotopes of carbon and oxygen in the earth's atmosphere. Phys Rev (2) **74** 1881—1882. — Neben der schon bekannten Kohlensäure $C^{12}O_2^{16}$ wurden die Isotopen $C^{13}O_2^{16}$ und $C^{12}O^{16}O^{18}$ in der Erdatmosphäre aufgefunden, über deren Häufigkeit allerdings noch keine genauen Aussagen gemacht werden konnten. Loh.

7229. **A. Hammad,** The primary and secondary scattering of sunlight in a plane-stratified atmosphere of uniform composition. ApJ **108** 338—346. — Der Inhalt einer früheren Arbeit über das gleiche Thema (Phil Mag (7) 28 99, AJB **41** Ref. **5332**) wird zunächst rekapituliert und die dort erhaltenen Formeln für die Intensitäten der einfach und zweifach gestreuten

Strahlung durch Berücksichtigung der mit der Streuung verbundenen Polarisation, die ursprünglich außer acht gelassen wurde, vervollständigt. Numerische Anwendungen der Ergebnisse sollen in einer weiteren Arbeit gegeben werden.
Kdr.

7230. **A. Hammad,** Scattered and rescattered sunlight. J Opt Soc Amer **38** 611—616. — Es werden einfache Näherungsformeln für die Intensität des in einer ebenen Atmosphäre gleichförmiger Zusammensetzung gestreuten Sonnenlichtes für große Sonnenhöhen abgeleitet. Numerische Rechnungen erweisen die Handlichkeit der Formeln. Micz.

7231. **P. Harteck, J. H. D. Jensen,** Über den Sauerstoffgehalt der Atmosphäre. Z f Naturf **3a** 591—595. — Beim Aufstieg von Wasserdampf in der Erdatmosphäre werden seine Moleküle in der E-Schicht durch die UV-Strahlung der Sonne in ihre Atome gespalten. Der Wasserstoff entweicht in den Weltenraum, während der Sauerstoff an die Erdoberfläche diffundiert und durch Oxydationsprozesse gebunden wird. Jährlich werden etwa $2 \cdot 10^{-7}$ Mol H_2O pro cm^2 Erdoberfläche gespalten bzw. in $3 \cdot 10^9$ Jahren eine etwa 100 m hohe Wasserschicht. Im Verlauf der Erdgeschichte hat sich der atmosphärische Sauerstoff so etwa 50mal regenerieren können. Micz.

7232. **G. Herzberg, L. Herzberg,** Production of nitrogen atoms in the upper atmosphere. Nat **161** 283. — Laboratoriumsversuche der Verf. bestätigen die anderweitig beobachteten Prädissoziationserscheinungen in den Lyman-Birge-Hopfield-(a—X)-Banden des N_2. Sonnenstrahlung mit λ 1200 bis λ 1250 Å kann zur Bildung von dissoziierten N-Atomen in der oberen Atmosphäre über einen beträchtlichen Höhenbereich führen. Micz.

7233. **J. Houtgast, J. A. Hollander, L. D. Boomsma,** Visual intensity-estimates on atmospheric lines of water-vapour in the solar spectrum. BAN 388 **10** 334—338, mit 2 Fig. — Intensitäten von Wasserdampflinien der Regenbande zwischen λ 5900 und λ 6000 Å werden visuell mit künstlichen Fraunhoferlinien verglichen. Der Vergleich mit Feuchtigkeitsmessungen am Erdboden ermöglicht eine schnelle Bestimmung des Wasserdampfgehaltes der Atmosphäre. Micz.

7234. **L. G. Jacchia,** Ballistics of the upper atmosphere. Atmospheric density profile and variations from the study of meteor trajectories. Harv. Coll. Obs. and Center of Analysis of Massachusetts Inst. of Technology. Technical Report Nr. **2**, 30 S. mit 6 Fig. = Harv Repr (2) Nr. **26**. — Nach einer kurzen Einführung in die Theorie der Bewegung eines Meteors in der Atmosphäre werden aus beobachteten Geschwindigkeitsverlusten von 37 Meteoren 60 Dichtebestimmungen der oberen Atmosphäre abgeleitet. Die Dichten sind jahreszeitlichen Schwankungen unterworfen, ihre Maxima und Minima fallen mit den Maxima und Minima der mittleren Bodentemperatur zusammen. Eliminiert man den jahreszeitlichen Gang, so erweisen sich die verbleibenden Abweichungen der Einzelwerte gegen eine mittlere Dichte-Höhe-Kurve als von der Meteorgeschwindigkeit abhängig. Nach Anbringung einer geschwindigkeitsabhängigen Korrektion erweist sich die Dichtefunktion im vergleichbaren Bereich mit der von dem NACA (National Advisory Committee for Aeronautics) benutzten vorläufigen Kurve als nahezu identisch, weicht jedoch von der aus V2-Aufstiegen erhaltenen stärker ab. Die ebenfalls bestimmten Dichten aus Endpunkten der Bahnen streuen stark, sind aber nicht im Widerspruch zu den vorhergehenden Resultaten. Micz.

7235. **B. J. Lewin,** Die Erforschung der Dichte hoher atmosphärischer Schichten mit Meteormethoden. Fortschritte phys. Wiss. **34** 500—511 (russisch).

7236. **F. Link,** Densités de la haute atmosphère d'après les brillances crépusculaires au zénith. Sixième rapport de la commission pour l'étude des relations entre les phénomènes solaires et terrestres, S. 169—170. — Der schwache Dichtegradient oberhalb von 100 km wird aufs neue bestätigt. Zur Erklärung kann auch die Turbulenz der Luft ins Auge gefaßt werden, deren Geschwindigkeit von der Größenordnung 0,8 km/sec ist. Loh.

7237. **F. Link,** Exploration météorique de la haute atmosphère. Sixième rapport de la commission pour l'étude des relations entre les phénomènes solaires et terrestres, S. 171—173, mit 1 Fig. — Die Beobachtungen deuten darauf hin, daß zwischen 80 und 120 km Höhe der Dichtegradient im Winter kleiner als im Sommer ist. Loh.

7238. **R. R. McMath,** New bands in the telluric spectum. Publ ASP **60** 119—120, mit 1 Fig. — Die beiden Banden liegen zwischen 20360 und 20440 Å bzw. 20810 und 20910 Å. Wahrscheinlich sind sie dem CO_2-Molekül zuzuschreiben. Loh.

7239. **R. R. McMath, O. C. Mohler, L. Goldberg,** Telluric bands of methane in the Fraunhofer spectrum. Phys Rev (2) **73** 1203—1204, mit 1 Fig. — Mit einem stark verbesserten Gitterspektrographen wurde das Sonnenspektrum zwischen 1 und 2.5 μ untersucht. Die 1.66 μ-Bande des Methans wurde in einen Nullzweig mit zehn Komponenten, einen positiven Zweig von elf Komponenten und einen negativen Zweig von acht Komponenten aufgelöst. Loh.

7240. **R. R. McMath, O. C. Mohler, L. Goldberg,** The abundance and temperature of methane in the earth's atmosphere. Phys Rev (2) **74** 623—624. — Nach einer bei der Sonnenhöhe von 14½° durchgeführten Beobachtung macht der Methangehalt den Bruchteil $1{,}2 \cdot 10^{-6}$ der Atmosphäre aus. Die mittlere Temperatur der atmosphärischen Säule, in der die Methanabsorption stattfand, betrug —37° C. Loh.

7241. **W. M. Michel,** Der Aufbau der Atmosphäre. Priroda **37** Nr. 12 S. 18—28 (russisch).

7242. **M. V. Migeotte,** Methane in the earth's atmosphere. ApJ **107** 400—403, mit 1 Fig. — Im Sonnenspektrum zwischen λ 3,3 μ und λ 3,5 μ werden dreizehn beobachtete Linien dem Methan der Erdatmosphäre zugeschrieben. Micz.

7243. **M. V. Migeotte,** Spectroscopic evidence of methane in the earth's atmosphere. Phys Rev (2) **73** 519—520. — Kurzer Bericht über die Entdeckung von CH_4-Linien bei 3.3 μ.

7244. **M. V. Migeotte,** Lines of methane at 7.7 μ in the solar spectrum. Phys Rev (2) **74** 112—113. — Beobachtungsnachweis, daß einige von A. Adel zwischen 7.2 und 8.1 μ beobachtete, aber nicht identifizierte Linien dem Methan angehören. Loh.

7245. **V. Migeotte, R. M. Chapman,** Infra-red absorption of atmospheric gases. J Opt Soc Amer **38** 1094—1095. — Ref. Opt. Soc. Amer. — Notiz über den Nachweis von atmosphärischem N_2O und CH_4 im Sonnenspektrum zwischen 2 μ und 13 μ. Trotz sorgfältiger Suche wurden keine Banden des NH_3 gefunden. Micz.

7246. **O. C. Mohler, A. Adel,** Resolution of the carbon dioxide bands at 1.6 microns. AJ **53** 115. — Ref. AAS.

7247. **O. C. Mohler, L. Goldberg, R. R. McMath,** Spectroscopic evidence for ammonia in the earth's atmosphere. Phys Rev (2) **74** 352—353. — Im Gebiet von 2 μ wurden acht Ammoniaklinien terrestrischen Ursprungs im Sonnenspektrum mit denselben Linien eines mit einer Spur Ammoniak versetzten luftgefüllten und von einer Wolframbandlampe durchstrahlten Absorptionsrohres verglichen. Danach ist Ammoniak in der Erdatmosphäre nur spurenweise vorhanden. Loh.

7248. **M. Nicolet,** L'absorption de la radiation solaire dans la haute atmosphère. Sixième rapport de la commission pour l'étude des relations entre les phénomènes solaires et terrestres, S. 125—143. — Die Beobachtungsunterlagen über monochromatische Absorption und Reemission des Natriums, Sauerstoffs und molekularen Stickstoffs scheinen am besten durch die Wirkung solarer Strahlung erklärt werden zu können, die im astronomisch zugänglichen Spektralbereich liegt. Die Photodissoziation ist wesentlich bei Ozon und Sauerstoff, von geringerer Bedeutung bei H_2O, CO_2, NO_2, N_2O usw. Die Photoionisation von O, N, N_2 und He rührt von Sonnenstrahlung unter 910 Å her, deren Herkunft nach Verf. in die Chromosphäre (7000 km Höhe) zu verlegen ist. Für diese Elemente und O_3, O_2, Na, NO, N II, O II und He II werden Absorptionsgrenzen und Schichthöhe der Ionisation angegeben. Schließlich werden die Werte für die Sonnenausstrahlung miteinander verglichen, die aus Annahmen und Werten folgen, welche die ionosphärischen Daten verlangen. Loh.

* * **M. Nicolet,** Deductions regarding the state of the high atmosphere. Vgl. Ref. 7218.

7249. **E. W. Pjaskowskaja-Fessenkowa,** Das Blau des Himmels und die Hinweise auf die Streuung des Lichtes in der Erdatmosphäre. Nachr. Akad. Wiss. kasach. Sowjetrepublik Nr. 54 (Astr. Phys.) Heft 3 S. 95—103.

7250. **J. H. Shaw, G. B. B. M. Sutherland, T. W. Wormell,** Nitrous oxide in the earth's atmosphere. Phys Rev (2) **74** 978—979, mit 2 Fig. — Am Observatorium für Sonnenphysik in Cambridge, Engl., gelang es, bei Untersuchung des Sonnenspektrums im Bereich von 2.5 bis 5.0 μ drei Banden des N_2O bei 3.90, 4.06 und 4.50 μ zu identifizieren und nachzuweisen, daß sie in der Erdatmosphäre erzeugt werden. Loh.

7251. **H. Siedentopf,** Bemerkung zur Lichtstreuung an kleinen Partikeln. Himmelswelt **55** 148. — Ref. AG.

7252. **H. Siedentopf,** Tagesgang der Szintillation. Himmelswelt **55** 149—150. — Ref. AG.

7253. **H. Siedentopf,** Der Einfluß der Erdatmosphäre bei astronomischen Beobachtungen. Naturwiss **35** 289—298, mit 6 Fig. — A. Die Störungen durch die Erdatmosphäre. B. Möglichkeiten zur Überwindung der atmosphärischen Einflüsse.

7254. **H. Siedentopf, F. Wisshak,** Die Szintillation der Strahlung terrestrischer Lichtquellen und ihr Gang mit der Tageszeit. Optik **3** 430—443, mit 10 Abb. — Die Luftunruhe in Bodennähe bewirkt eine Intensitätsmodulation der Strahlung entfernter Lichtquellen. Die Modulation läßt sich oszillographisch messen. Die vorkommenden Frequenzen liegen hauptsächlich im Bereich 1—30 Hz und wachsen mit der Stärke der Modulation, die nahezu 100% erreichen kann. Der Tagesgang des Modulationsgrades bei Strahlungswetter hat zwei Minima kurz nach Sonnenaufgang und vor Sonnenuntergang, ein steiles Mittagsmaximum und ein flaches abendliches Maximum. Den gleichen Verlauf zeigt der von H. Lettau untersuchte Austauschkoeffizient. Mit dem Szintillationsverfahren wird allerdings nicht direkt der Austausch gemessen, sondern die damit in Zusammenhang stehenden Schwankungen des Brechungsindex der Luft. Verf.

7255. **N. M. Staude,** Die Bemporad-Funktion und ihre Bedeutung für die atmosphärische Optik. Nachr. Akad. Wiss. kasach. Sowjetrepublik Nr. **32** S. 22—43, 1947 (russisch).

* * Centennial Symposia, December 1946. Vgl. Ref. 557.

* * Meteorologie und Physik der Atmosphäre. Vgl. Ref. 722.

7256. Upper atmospheres temperatures. Sky and Telescope **7** 119.

7257. Methane in the earth's atmosphere. Sky and Telescope **7** 224.

Ionosphäre

7258. **E. Appleton,** Geomagnetic control of F 2 layer ionisation. Sixième rapport de la commission pour l'étude des relations entre les phénomènes solaires et terrestres, S. 83—86, mit 1 Fig. — Im Winter ist die F-Schicht ziemlich homogen und besitzt gleichzeitig hohe Ionisationsdichte. Im Sommer ist eine Zweiteilung sehr ausgeprägt und die Ionisation der oberen Komponente (F 2) stark herabgesetzt. Ionosphärische Ereignisse in der F2-Schicht werden näherungsweise zur selben Ortszeit auf einer Kurve konstanter geomagnetischer Breite und nicht geographischer Breite dargestellt. Loh.

7259. **E. V. Appleton, W. J. G. Beynon,** Lunar tidal oscillations in the ionosphere. Nat **162** 486.

7260. **E. V. Appleton, W. J. G. Beynon, W. R. Piggott,** Anomalous effects in ionospheric absorption. Nat **161** 967—968, mit 2 Fig.

7261. **A. A. Ashour, A. T. Price,** The induction of electric currents in a non-uniform ionosphere. Proc. Roy. Soc. (A) **195** 198—224, mit 7 Fig. — Verteilung und Magnetfeld von Strömen, die durch äußere periodisch oder stoßähnlich veränderliche Magnetfelder in einer Ionosphäre mit nichtgleichförmiger Leitfähigkeit erzeugt werden, werden berechnet. Eine Abschätzung der Leitfähigkeit der terrestrischen Ionosphäre wird vorgenommen. Für die an der Erdoberfläche zu beobachtende Verteilung von Magnetfeldänderungen erweist sich die Schirmwirkung der Ionosphäre als entscheidend. Abschließend wird auf einige als «Mikropulsationen» bezeichnete Feldänderungen eingegangen. Micz.

7262. **D. K. Bailey,** On a new method for exploring the upper ionosphere. Terr Mag **53** 41—50, mit 1 Fig.

7263. **S. S. Baral, S. N. Ghosh, M. Debray,** Abnormalities in the F-region of the ionosphere at Calcutta. Nat **161** 24, mit 4 Fig. — Örtliche Unterschiede im täglichen Ionisationsverlauf im Januar 1947 in Indien werden wegen Vorhandenseins starker erdmagnetischer Inklinationswinkelunterschiede durch erdmagnetische Steuerung der Ionisation gedeutet. Thi.

* * **D. R. Bates, H. S. W. Massey,** A note on the ionic composition of the upper atmosphere. Vgl. Ref. **7218**.

7264. **W. J. G. Beynon,** Evidence of horizontal motion in region F 2 ionization. Nat **162** 887.

7265. **O. Burkard,** A sporadic F-layer. Terr Mag **53** 63—65, mit 4 Fig.

7266. **O. Burkard,** Gezeiten in der oberen Ionosphäre. Terr Mag **53** 273—277, mit 3 Abb. — Die vom Central Radio Propagation Laboratory in Washington 1945 gemessenen stündlichen Werte der kritischen Frequenz $f^0{}_{F_2}$ wurden vom solar bedingten vierundzwanzigstündigen Tagesgang befreit. Die weitere Analyse erbrachte das Vorhandensein der halbtägigen Mondtide mit 12^h423 Periode und ± 85 km/sec Amplitude. Diese Frequenzschwankung wird als Dichteschwankung der F-Schicht infolge der lunaren Gezeiten der Ionosphäre aufgefaßt. Die relative Druckänderung dp/p berechnet sich in 300 km Höhe zu 0.0342. Micz.

7267. **T. G. Cowling, R. Borger,** Electrical conductivity of the ionospheric D-layer. Nat **161** 515. — Es wird gezeigt, daß weder die D- noch sonst irgendeine unterhalb von E gelegene Schicht eine elektrische Leitfähigkeit von $2 \cdot 10^{-8} - 10^{-7}$ EMU (dem Wert für E + F-Schicht) besitzen kann, da die Elektronen- bzw. Ionendichten dann viel zu hoch sein müßten, um noch mit der beobachteten Dämpfung elektromagnetischer Wellen in Einklang zu sein. Thi.

7268. **E. Eastwood, K. A. Mercer,** A study of transient radar echoes from the ionosphere. Proc Phys Soc **61** 122—134, mit 7 Fig. — Das Auftreten vorübergehender Ionisationsausbrüche in der niederen E-Schicht wurde zwischen 1945 Januar und 1946 Juli systematisch verfolgt. Diese Aktivität schwankt sowohl täglich als auch jahreszeitlich auf eine solche Weise, daß sie Meteoreinwirkungen zugeschrieben werden kann. Nach Beobachtungen während der Sonnenfinsternis im Juli 1945 stammt von der Sonne keine Strahlung, welche für die Ausbrüche verantwortlich gemacht werden könnte. Letztere kommen meist in 86 km Höhe vor. Ein Breiteneffekt existiert nicht. Loh.

7269. **R. A. Helliwell,** On the measurement of ionospheric virtual height at 100 kilocycles. Phys Rev (2) **73** 77, mit 1 Fig. — In der Nacht des 13. Oktober 1947 ergaben sich Höhen zwischen 91 und 98 km. Die Impulse (Zeitkonstante 200 Mikrosekunden) wurden sekundlich von einer auf 100 Kilovolt gebrachten Antenne abgestrahlt und vom 2.7 km weit entfernten Empfänger aufgenommen. Loh.

7270. **F. Hoyle, D. R. Bates,** The production of the E-layer. Terr Mag **53** 51—62, mit 1 Fig. — Die derzeitige Theorie über das Zustandekommen der E-Schicht enthält Unverträglichkeiten, die beseitigt werden können, wenn man energiereiche Quanten als Ursache der beobachteten Ionisation annimmt, die von der Sonnenkorona emittiert werden. Die Rechnung fordert für die Energieverteilung der einfallenden Koronastrahlung ein Maximum bei 325 eV oder 1300 eV, wobei die Übereinstimmung mit der Erfahrung durch den kleineren Wert besser erreicht wird und ihm auch von Vorstellungen über die Korona her die größere Wahrscheinlichkeit zukommt. Micz.

7271. **J. M. Kelso,** A note on the phase difference between two waves reflected from the ionosphere. J Applied Phys **19** 590—591, mit 2 Fig.

7272. **D. F. Martyn,** Atmospheric tides in the ionosphere. III. Lunar tidal variations at Canberra. Proc. Roy. Soc. (A) **194** 429—444, mit 11 Fig. — Eine etwa neun Jahre umfassende Meßreihe (stündliche Werte) der kritischen Frequenzen der E-, F_1- und F_2-Schicht wird auf lunare Gezeitenbewegungen der Ionosphäre in Canberra untersucht. Es ergeben sich sowohl in den Schichthöhen als auch den Grenzfrequenzen lunare halbtägige Wellen. Die Diskussion der harmonischen Analyse erbringt, daß die Ursache in Driftbewegungen von Ionengebieten infolge elektrischer Kräfte zu suchen ist und nicht in einfachen Gezeitenhebungen und -senkungen isobarer Atmosphärenschichten, ferner daß durch den Mond bedingte magnetische Änderungen nicht in den genannten Ionosphärenschichten hervorgerufen werden. Micz.

7273. **D. F. Martyn,** Atmospheric tides in the ionosphere. IV. Studies of the solar tide, and the location of the regions producing the diurnal magnetic variations. Proc. Roy. Soc. (A) **194** 445—463, mit 10 Fig. — Aus einer fast zehnjährigen Meßreihe der kritischen Frequenzen der E-, F_1- und F_2-Schicht werden solare Gezeitenschwankungen nachgewiesen und ihre Amplituden und Phasen bestimmt. Es wird wahrscheinlich gemacht, daß lunar bedingte magnetische Schwankungen überwiegend durch Ströme in der ionosphärischen D-Schicht entstehen. Micz.

7274. **H. S. W. Massey,** Some problems of the upper atmosphere. Sixième rapport de la commission pour l'étude des relations entre les phénomènes solaires et terrestres, S. 176—179. — Behandelt referierend die Ausbildung der ionisierten Schichten unter dem Einfluß der Sonnenstrahlung, den Betrag des Ionisationsverlustes in der E-Schicht und die Herkunft des Nachthimmellichtes. Loh.

7275. **J. H. Meek, T. L. Eckersley,** Triple splitting of ionospheric rays. Nat **161** 597—598, mit 1 Fig.

7276. **D. H. Menzel,** Theory of the ionosphere. AJ **54** 45. — Ref. AAS.

7277. **G. H. Munro,** Short-period changes in the F-region of the ionosphere. Nat **162** 886—887, mit 4 Fig.

7278. **G. Newstead,** Triple magneto ionic splitting of rays reflected from the F_2 region. Nat **161** 312, mit 1 Fig. — Es wird das Auftreten von 39 Dreifachaufspaltungen unter 50000 über ein Jahr verteilte Registrierungen der Reflexionen an F_2 mitgeteilt, die vorwiegend unter gestörten Bedingungen in der Zeit von 17 bis 20^h beobachtet werden. Die Grenzfrequenzen 7.6, 8.5 und 7.0 Mc/s entsprechen der Theorie von Appleton-Hartree. Thi.

7279. **A. I. Ohl,** Die Beziehung zwischen der Ionisation der F_2-Schicht und dem erdmagnetischen Feld. Priroda **37** Nr. 9 S. 50—52 (russisch).

7280. **R. Seeliger,** Bemerkung zu den Trägerbilanzgleichungen der Ionosphäre. Ann. Physik (6) **2** 286—291, mit 2 Abb. — Auch bei einer Beschränkung auf die wichtigsten Elementarprozesse lassen sich die Trägerbilanzgleichungen des Ionosphärenplasmas nicht integrieren. Ihre Lösung wird im folgenden diskutiert nach ihrem qualitativen Verlauf, der sich weitgehend übersehen läßt. Es handelt sich dabei um das Abklingen der Trägerdichten nach dem Aufhören der äußeren ionisierenden Strahlung von einem vorgegebenen stationären Anfangszustand aus. Von Interesse ist insbesondere, wie sich hierbei das Mischungsverhältnis von Elektronen zu negativen Ionen ändert. Verf.

7281. **R. Seeliger,** Die Elektronendiffusion in der Ionosphäre. Ann. Physik (6) **3** 297—304, mit 1 Abb. — Es werden allgemeine Überlegungen zu der Frage angestellt, wieweit die Diffusion der Elektronen für die Aufbaustruktur des Ionosphärenplasmas eine Rolle spielen kann. Nicht unwesentlich ist dabei, daß sich hier eindringlich zeigt: Selbst für derartige abschätzende Betrachtungen steht noch nicht genügend zuverlässiges Material zu bündigen quantitativen Folgerungen zur Verfügung. Verf.

7282. **H. Siedentopf,** Zur Entstehung des Mögel-Dellinger-Effektes. Naturwiss **35** 283. — Infolge der bisher unbefriedigenden Deutung der Entstehung des Mögel-Dellinger-Effektes weist Verf. darauf hin, daß wahrscheinlich eine durch eine Sonneneruption in der Chromosphäre oder Korona ausgelöste Röntgenstrahlung unter 10 AE für diesen Effekt verantwortlich gemacht werden kann. Loh.

7283. **H. W. Wells,** Ionospheric research during the period 1939—1946. Sixième rapport de la commission pour l'étude des relations entre les phénomènes solaires et terrestres, S. 78—80. — Allgemein gehaltener Bericht über Beziehungen zwischen Wellen- und Korpuskularstrahlung der Sonne einerseits und Reaktionen der Ionosphäre andererseits. Loh.

7284. **R. H. Woodward,** A model of the ionosphere. Terr Mag **53** 1—25, mit 14 Fig. — Verf. referiert über eine Reihe geophysikalischer Fragen (magnetisches Erdfeld, magnetische Störungen, Nordlichter, Nachthimmelsleuchten, Erdstrom, atmosphärische Elektrizität, Wellenreflexion an der Ionosphäre), die zur Ionosphäre in Beziehung stehen. Micz.

7285. Radio communication and the ionosphere. Nat **162** 465.

7286. **Ionosphärische Beobachtungen**

SPIM O 12—O 15. Observations ionosphériques et solaires. — Juni bis September 1947.

SPIM O 16—O 27. Observations ionosphériques. — Oktober 1947 bis September 1948.

Licht des Nachthimmels

7287. **D. Barbier,** Résumé des recherches sur le spectre du ciel nocturne. Sixième rapport de la commission pour l'étude des relations entre les phénomènes solaires et terrestres, S. 157—158. — Betrifft die Arbeiten des Verf. in Annales d'Astrophysique **10** 47, 141, 1947 (AJB **47** Ref. 5349, 5350) und Annales de Géophysique **2** 144, 1944, **3** 224, 1945.

* * **D. Barbier,** Présence dans le spectre du ciel nocturne d'un nouveau système de bandes encore inconnu. Vgl. Ref. 7218.

* * **D. R. Bates,** Theoretical considerations regarding the night-sky emission. Vgl. Ref. 7218.

* * **P. M. S. Blackett,** A possible contribution to the light of the night sky from the Cerenkov radiation emitted by cosmic rays. Vgl. Ref. 7218.

7288. **J. Bricard, A. Kastler,** Etude de la polarisation de la raie verte du ciel nocturne. Ann. Géophys. **3** 308—309, 1947.

* * **J. Bricard, A. Kastler,** Use of Savart-Lyot polariscope in the study of the nocturnal and twilight radiation. Vgl. Ref. 7218.

7289. **J. Bricard, A. Kastler,** Rapport concernant les recherches effectuées par les auteurs sur les raies du ciel crépusculaire et nocturne pendant la période de 1940 à 1947. Sixième rapport de la commission pour l'étude des relations entre les phénomènes solaires et terrestres, S. 159—165. — Neben Beschreibungen technischer und methodischer Art wird hervorgehoben, daß zwei verschiedene Mechanismen bei der Entstehung des Nachthimmellichtes von Bedeutung sind: 1. Rediffusion der Resonanzlinie in der nächtlichen Atmosphäre und 2. Anregung der Natriumatome durch Stöße zweiter Art. Loh.

* * **S. Chapman,** The emission spectra of the night sky and aurorae. Vgl. Ref. 7218.

7290. **I. A. Chwostikow,** Die Leuchterscheinungen des Nachthimmels. Moskau-Leningrad, Verlag Akad. Wiss. UdSSR, 1948. 2. Auflage. 496 S. mit 188 Fig. Preis 27 R. (russisch). — Die hier vorliegende 2. Auflage wurde von S. I. Wawilow redigiert. Sie enthält folgende Kapitel: Nordlichter, Helligkeit des Nachthimmels, grüner Strahl, Spektrum des Nachthimmels und der Nordlichter, Diskussion über den atomaren Stickstoff, verbotene Linien in der Atmosphäre, infrarotes Licht des Nachthimmels, Dämmerungslicht, Natrium in höheren atmosphärischen Schichten, photometrische Analyse des Nachthimmellichtes, Polarisation des Nachthimmellichtes, Theorie des Nachthimmellichtes.

* * **G. Déjardin,** Le rayonnement du ciel nocturne: description du spectre et identification des radiations observées. Vgl. Ref. 7218.

* * **J. Dufay,** Variations d'intensité des raies d'émission du ciel nocturne. Vgl. Ref. 7218.

7291. **J. Dufay,** Recherches sur les phénomènes optiques de la haute atmosphère effectuées depuis 1940 à l'Observatoire de Lyon et à l'Observatoire de Haute-Provence. Sixième rapport de la commission pour l'étude des relations entre les phénomènes solaires et terrestres, S. 144—156. — Neben einigen neueren Ergebnissen werden im vorstehenden Bericht die hauptsächlichsten Untersuchungen der Observatorien in Lyon und Haute-Provence über das Licht des Nachthimmels, Nordlichter in niedrigen Breiten, Zodiakallicht und Dämmerungserscheinungen referiert. Loh.

7292. **J. Dufay, Tcheng Mao-Lin,** Recherches spectro-photométriques sur la lumière du ciel nocturne dans la région visible. Deuxième partie. Ann. Géophys. **3** 153—183, 1947.

Desgl. troisième partie. Ann. Geophys. **3** 282—305, mit 7 Fig., 1947 = Publ. Obs. Haute-Provence (A) Nr. **15**.

7293. **C. T. Elvey, F. E. Roach, D. R. Williams,** Research program on the light of the night sky and photometric observations of the night sky from aircraft. AJ **54** 36—37. — Ref. AAS.

7294. **W. G. Fessenkow,** Die Helligkeit des Nachthimmels. Fortschritte Astr. Wiss. **3** 227—255, 1947 (russisch). — Bericht nach dem Stand von 1944.

* * **R. Grandmontagne,** Mesures de brillance du ciel nocturne. Vgl. Ref. 7218.

7295. **E. O. Hulburt,** The brightness and altitude of the luminosity of the night sky. J Opt Soc Amer **38** 1096—1097. — Ref. Opt. Soc. Amer. — Kurze Bemerkung über photometrische Messungen der Helligkeit des Nachthimmels, der Milchstraße, des Mondlichtes und der Magellanschen Wolken. Die Höhe des Nachthimmelsleuchtens wird zu 300—600 km bestimmt. Micz.

* * **E. O. Hulburt,** Measurements of the brightness of the night sky. Vgl. Ref. **7218.**

7296. **M. Huruhata,** Polarization of the night sky light and the zodiacal light. TAB (2) Nr. **10** S. 77—79. — Lichtelektrische Beobachtungen ergeben keine Polarisation des Nachthimmellichtes von meßbarem Betrag. Ähnliche Messungen des Zodiakallichtes erbringen einen polarisierten Anteil von im Mittel 25%. Micz.

7297. **A. B. Meinel,** The near-infrared spectrum of the night sky and aurora. Publ ASP **60** 373—378, mit 1 Tafel und 1 Fig. — Die zwischen 7700 Å und 8900 Å mit Gitterspektrographen durchgeführte Untersuchung hat zur Auffindung vieler Emissionslinien geführt. Im Nachthimmelspektrum treten nur Linien von Molekülen auf, während im Nordlichtspektrum zusätzlich noch O I- und N I-Linien vorkommen. Loh.

7298. **R. W. B. Pearse,** The spectrum of the night sky. Sixième rapport de la commission pour l'étude des relations entre les phénomènes solaires et terrestres, S. 180—184. — Von den spektralen Merkmalen des Nachthimmellichtes finden sich infolge kürzerer Belichtungszeit nur die drei verbotenen Linien 5577, 6300 und 6364 Å des neutralen Sauerstoffs im Nordlichtspektrum. Natriumlinien, das visuelle Kontinuum (bis etwa 3900 Å mit der H- und K-Linie in Absorption) und die Banden des Nachthimmellichtes treten nicht auf. Die in letzterem aber nicht vorkommenden N_2^+-Banden sind typisch für Nordlichter. Die zehn stärksten Banden des Nachthimmellichtes zwischen 3100 und 3900 Å, von den Molekülen DH, N_2, O_2, N_2, Na, NO und NH herrührend, werden tabellarisch nach Beobachtungen am McDonald-Obs. und Obs. Haute-Provence zusammengestellt. Loh.

* * **R. W. B. Pearse,** The spectrum of the night sky: some problems in the identifications. Vgl. Ref. **7218.**

7299. **H. B. Pettit,** Photometric observations of the night sky at elevation of 2300 feet. AJ **54** 47—48. — Ref. AAS.

72100. **P. Swings,** The spectra of the night sky and of the aurorae. Publ ASP **60** 18—26. — Verf. gibt eine Übersicht über neueres Beobachtungsmaterial und theoretische Fortschritte über Erscheinungen, die mit dem Leuchten des Nachthimmels zusammenhängen. Eingefügt sind zahlreiche Hinweise für zukünftige Arbeiten. Besonders behandelt werden Fragen der Identifizierung von Linien und der Anregungsverhältnisse. Micz.

* * **A. Vassy, E. Vassy,** Temporal and spatial variations in night-sky light. Vgl. Ref. **7218.**

* * **A. Vassy, E. Vassy,** Altitude of the layer emitting the night-sky light. Vgl. Ref. **7218.**

72101. Beobachtungen des Nachthimmels

BAA Circ Nr. 306. E. W. Cooper. — Beobachtungen 1948 November 24—26 in Warden Point (Kent).

JBAA 58 93—99. British Astronomical Association. Aurorae and zodiacal Section. Interim report, 1947. June to December. W. B. Housman. — Der Bericht enthält S. 97—98 Beobachtungen des Nachthimmels.

JBAA 58 271. British Astronomical Association. Aurora and Zodiacal Light Section. Report. Luminous Sky. W. B. Housman. — Beobachtung.

UAI Circ 1193. C. Hoffmeister. — Beobachtungen 1948 November 24 und 25. Aufruf zur Einsendung von Beobachtungen.

Halo

72102. **J. Küttner, E. Model,** Nebenuntersonne, Unterjupiter und andere bemerkenswerte Halo-Beobachtungen auf der Zugspitze. Meteorol. Rundschau **1** 218—220, mit 4 Abb. — Es wurde beobachtet: eine Nebenuntersonne, Nebengegensonnen, Nebensonnen des 46°-Halos und geschlossener Horizontalkreis, Untermond und Unterjupiter, Nebensonne unter einer dichten Altostratusdecke, ein seltener weißer Nebelbogen (Radius ca. 9°), ovaler Halo.

72103. **W. Malsch,** Über die Zuverlässigkeit von Halobeobachtungen. Himmelswelt **55** 203—206.

72104. **H. W. Poor,** Lunar halo phenomena. Sky and Telescope **7** 181, mit 1 Abb. von R. E. Cox.

72105. **G. Schindler,** Ergebnisse von Halobeobachtungen der Jahre 1927—1946. Himmelswelt **55** 202—203.

72106. **Halobeobachtungen**

Gaz astr **30** 8—12. Observations de halos en 1935—1946. H. Luft.

Gaz astr **30** 13. Observations de halos en 1945 et 1946. A. P. Moisseiev.

Gaz astr **30** 29—31. Observations de halos en 1947. A. P. Moisseiev.

Gaz astr **30** 55—56. Observations de halos solaires et lunaires. W. de Kort. — Beobachtungen bei Antwerpen.

Gaz astr **30** 75—77. Observations de halos en 1947. V. Tshernov. — Beobachtungen in Saporoshe.

Sky and Telescope **7** 180—181, mit 6 Fig. Stamford halo complex. G. E. Coven.

Polarlicht

* * **H. Alfvén,** On the theory of the aurora. Vgl. Ref. **7218**.

* * **D. R. Bates, H. S. W. Massey, R. W. B. Pearse,** The aurora. Ref. **7218**.

* * **R. Bernard,** Le spectre de l'hydrogène et de l'hélium dans l'aurore boréale. Ref. **7218**.

* * **R. Bernard,** Longueur d'onde de la raie NI ($^4S—^2P$) de l'azote atomique dans le spectre de l'aurore boréale. Vgl. Ref. **7218**.

72107. **C. M. Botley,** Polar Lights. Tunbridge Wells. Preis 3 s. — Besprechung in JBAA **58** 109—110.

* * **S. Chapman,** Theories of aurorae. Vgl. Ref. **7218**.

72108. **C. W. Gartlein,** Aurora spectra showing broad hydrogen lines. Phys Rev (2) **74** 1208. — Ref. Am. Phys. Soc.

* * **F. Hjerting,** Radar iagttagelser af meteorer og nordlys. Vgl. Ref. **8214**.

* * **J. Kaplan,** The laboratory production of auroral afterglows. Vgl. Ref. **7218**.

72109. **K. G. Malmfors,** Experiments on the aurorae. Sixième rapport de la commission pour l'étude des relations entre les phénomènes solaires et terrestres, S. 108—110, mit 1 Fig. — Experimente mit einer magnetisierten Stahlkugel im elektrischen Feld innerhalb einer Vakuumkammer haben ergeben: 1. Nordlichter und magnetische Stürme werden primär nicht durch solare Partikel ausgelöst, sondern durch Entladungen eines elektrischen Feldes, in dem sich die Erde während eines magnetischen Sturmes befindet. 2. Die geladenen Partikel dringen in die Erdatmosphäre nur in einem engen Breitenintervall ein. Das Experiment liefert Übereinstimmung mit Nordlichtbeobachtungen. 3. Wenn das elektrische Feld die von Alfvén vorhergesagte Richtung hat, dann kommen die größten Poldistanzen am Nachmittag vor. Das stimmt mit den Beobachtungen überein. Loh.

* * **M. Nicolet,** Nouveaux aspects du problème de l'interpretation des radiations de l'aurore. Vgl. Ref. **7218**.

72110. **C. Störmer,** Dano-Norwegian Co-operation in Polar Auroras in north-east Greenland, 1938—1939. Copenhagen, C. A. Reitzels Forlag, Bianco Lungs Bogtrykkeri, 1947. 60 S. mit 23 Fig. und 13 Tafeln. Preis 5.00 Kr. — Besprechung in JBAA **58** 108—109.

72111. **C. Störmer,** Remarkable aurora forms in southern Norway. Oslo, Norske Videnskaps Akad., Geofys. Publ. **11**, 5, 12, **13**, 7. — Besprechung in JBAA **59** 46—47.

72112. **C. Störmer,** Nordlichtbeobachtungen im südlichen Norwegen. Phys. Blätter **4** 50—52, mit 6 Abb.

72113. **C. Störmer,** Etudes sur les aurores boréales, effectuées en Norvège de 1939 à 1947. Sixième rapport de la commission pour l'étude des relations entre les phénomènes solaires et terrestres, S. 185. — Schriftennachweise.

72114. **A. Vassy, E. Vassy,** Ozone and auroral spectra. Nat **161** 566.

72115. **L. Vegard, G. Kvifte,** The green auroral line as an initiator of phosphorescence in condensed systems. Nat **162** 967—968, mit 1 Fig.

72116. **L. Vegard,** Report on recent investigations dealing with solar and terrestrial relationships. Sixième rapport de la commission pour l'étude des relations entre les phénomènes solaires et terrestres, S. 186—190. — Besprechung der eingangs aufgeführten Schriften des Verf. nach 1938. Nach Ausmessung und Identifizierung der Banden und Linien des Nordlichtes wird über Variationen der Intensitätsverteilung vor allem in Abhängigkeit von der Höhe berichtet. Temperaturmessungen ergaben in etwa 100 bis 150 km Höhe —40° bis —55° C. Die Bearbeitung von Spektrogrammen der gelben Natriumlinien, die während der Dämmerung aufgenommen wurden, deutet darauf hin, daß das Natrium in den oberen atmosphärischen Schichten extraterrestrischen Ursprungs ist. Loh.

72117. **K. Wurm,** Die Anregung im Nordlicht. Himmelswelt **55** 74—75.

72118. **K. Wurm,** Polarlichtspektrum und Natur der anregenden solaren Korpuskeln. ZfA **25** 28—57, mit 1 Abb. = Mitt. der Hamburger Sternwarte in Bergedorf **21** Nr. 201. — Die Anzahl der Emissionsprozesse in der roten und grünen Sauerstofflinie der strahlenförmigen Nordlichter berechnet sich je nach ihrer Intensität zu 10^4 bis 10^{12} pro Kubikzentimeter. Die Anregung bewirken praktisch ausschließlich direkte Stöße der eindringenden Korpuskeln. Sekundäre Prozesse (Dreierstöße bei der molekularen Rekombination, Stöße zweiter Art metastabiler Teilchen u. a.) liefern keinen merklichen Beitrag. Das Maximum der Anregungsfunktion der Korpuskeln liegt bei kleinen Spannungen (≤ 6 V). Als Hauptkomponente des Korpuskelstromes werden daher H-Atome angenommen. Zur Ermittlung der Dichte des Korpuskelstroms wird eine Abschätzung vorgeführt, die sich in erster Linie auf blau gefärbte Strahlen mit besonders hoher Korpuskeldichte bezieht. Als unterer Grenzwert werden 10^7 cm^{-3} gefunden. Micz.

72119. Radioeko från norrsken. PAT **29** 71. — Aus JBAA **57** 239.

72120. Aurorae. Sky and Telescope **7** 94.

72121. **Polarlichtbeobachtungen**

BAA Circ Nr. 296. Auroral frequency in Graham Land. K. Pawson.

BAA Circ Nr. 302. Aurora in Graham Land. K. Pawson.

Bull. Astr.-Geod. Ges. UdSSR Nr. 3 (10) S. 31—34. Das Nordlicht vom 24. März 1940. N. E. Kurotschkin.

Bull. Astr.-Geod. Ges. UdSSR Nr. 4 (11) S. 25—26. Beobachtungen des Nordlichtes vom 25. bis 26. März 1946. W. S. Grebennikow.

Ciel et Terre **64** 268—269. Tarte, S. Arend. — Beobachtung 1947 August 15.

Deutsche Hydrograph. Z. **1** 35. O. Meyer. — Beobachtung 1947 April 17.

Himmelswelt **55** 143. — Beobachtungen 1947 Juli 17/18, August 13, 15/16.

JBAA **58** 93—99. British Astronomical Association. Aurorae and Zodiacal Section. Interim report, 1947. June to December. W. B. Housman.

JBAA **58** 271. British Astronomical Association. Aurora and Zodiacal Light Section. Report. The aurora. W. B. Housman. — Polarlichtbeobachtungen 1947—1948.

Nat **161** 208. Auroral activity in southern Norway from the middle of August to the middle of October, 1947. C. Störmer.

Orion Genève Nr. **16** S. 354—355, 1947. Das Nordlicht vom 17. April 1947.

Sonstige Erscheinungen

72122. **K. Bullrich,** Die Leuchtdichte des Himmels und die Globalbeleuchtungsstärke während der Dämmerung und in der Nacht. Ber. des Deutschen Wetterdienstes in der US-Zone, Bad Kissingen, Nr. **4**, 27 S. mit 20 Karten. — Besprechung in Sterne **24** 184—185 (G. Schindler).

72123. **L. J. Comrie,** The green (?) flash (?). JBAA **58** 280. Mit Erwiderung von J. E. Bowman in JBAA **59** 40 und von W. H. Steavenson in JBAA **59** 41. — Beobachtung 1948 Juni 25.

72124. **J. Dufay,** Altitude de l'émission des raies D du sodium au crépuscule et rôle de l'absorption par l'ozone. CR **225** 690—692, 1947.

72125. **M. Dufay,** Sur l'excitation des bandes de la molécule d'azote ionisée au crépuscule. CR **227** 777—779, mit 1 Fig. = Publ. Obs. Haute-Provence (B) Nr. **13**. — Nach neuen Beobachtungen des Verf. ist das Auftreten der negativen Stickstoffbande bei λ 4278 im Dämmerungsspektrum ein tägliches Phänomen. Über die Höhe ihres Auftretens und die Art ihrer Anregung — wahrscheinlich in einer sonnenbestrahlten Atmosphärenschicht — werden einige Überlegungen mitgeteilt. Micz.

72126. **J. Dufay, M. Dufay,** Excitation de la raie verte de l'oxygène au crépuscule. CR **226** 1208—1210.

* * **J. Dufay, Tcheng Mao-Lin,** Tentative de détermination de l'altitude des couches lumineuses de l'atmosphère pendant la nuit. Vgl. Ref. 7218.

* * **C. T. Elvey,** Emission spectrum of the upper atmosphere at twilight. Vgl. Ref. 7218.

* * **F. Hoyle,** Extra-terrestrial influences. Vgl. Ref. 7218.

72127. **O. Nögel,** Beobachtung einer Sonnensäule im August 1944. Himmelswelt **55** 143.

72128. **L. Pajdušáková,** Leuchtende Nachtwolken. RH **29** 71 (slowakisch). — Beobachtung vom 9./10. Januar 1948 auf der Sternwarte Skalnaté Pleso.

72129. **W. W. Scharonow,** Die Dämmerung als photometrisches und psycho-physiologisches Phänomen. Jubiläumspublikation Lenin-Staatsuniv. Leningrad (Math., Astr.) S. 47—60 (russisch).

§ 73
Mond

7301. **Mond. Astrometrische Beobachtungen**
Uccle 1945—1946. BAB **4** 26, 1947. F. Moreau, J. Verbaandert. — α, δ. Washington 1945—1946. AJ **53** 192. C. B. Watts.

7302. **Mond. Physische Beobachtungen**
Astr Circ USSR Nr. **81** 9 (russisch). Kolorimetrische Beobachtungen der Venus und einiger anderer Objekte. W. Scharonow.

Allgemeines

7303. **N. P. Barabaschew, A. T. Tschekirda,** Photographische Photometrie der Mondoberfläche. Charkow Publ. 8 29—50 (russisch).

7304. **I. W. Belkowitsch,** Über die Werte der Trägheitsmomente des Mondes. Astr Circ USSR Nr. **81** 7—9 (russisch).

7305. **A. Danjon,** Visibilité de la Lune nouvelle. BSAF **62** 347—348. — Es werden die Umstände genannt, von denen die Sichtbarkeit des Neulichts abhängt. Die Deklination des Mondes ist hierfür weniger ausschlaggebend als vielmehr der Deklinationsunterschied von Sonne und Mond. Von entscheidender Bedeutung aber ist die Längendifferenz beider Himmelskörper. Diese ist keineswegs proportional dem Mondalter. Da sich der Mond im Perigäum am schnellsten bewegt, wird das Intervall vom Neumond bis zum Neulicht dann am kleinsten sein, wenn Neumond und Perigäum dicht beieinander liegen. Baehr

7306. **G. Gurew,** Die Mondwelt. Erewan, Armenischer Staatsverlag, 1948. Wissenschaftlich-populäre Bibliothek. 91 S. mit 9 Fig. Preis 3 R. (armenisch).

7307. **H. Jeffreys,** The earth's core and the lunar nutation. MN **108** 206—209. — Der theoretische Wert der Nutationskonstante 9ʺ227 (Sp. Jones) ist berechnet unter der Annahme einer starren Erde. Die Differenz dieses Wertes gegenüber der beobachteten Nutationskonstante (9ʺ210, Newcomb) wird überkompensiert, wenn man die sehr plausible Annahme eines flüssigen Erdkerns macht. Durch zusätzliche Annahmen über die Elastizität der Erdschale kann Übereinstimmung zwischen den beiden Werten erzielt werden. Numerische Rechnungen nach einem Ansatz von Lamb; Daten über den inneren Zustand der Erde von Bullen. Go.

* * **H. Jeffreys,** The figures of the earth and moon (third paper). Vgl. Ref. **4308.**

* * **F. Koebcke,** Evaluation of approximate moments of moonrise and moonset when only almanacs of previous years are available. Vgl. Ref. **3106.**

7308. **K. Koziel,** The moon's libration and figure as derived from Hartwig's Dorpat heliometric observations. AAa **4** 61—82. — Das hiermit vorliegende erste Kapitel einer größeren Arbeit, die eine umfassende Bearbeitung von Hartwigs Heliometerbeobachtungen in Dorpat zur Bestimmung der physischen Libration des Mondes zum Ziel hat, bringt eine neue analytisch-numerische Entwicklung der Libration in Länge, welche die Ergebnisse von Hayn im wesentlichen bestätigt. Eine Neuberechnung der Libration in Neigung und Knotenlänge wird nicht unternommen, weil hier die bisher vorliegenden Ergebnisse untereinander in voller Übereinstimmung sind. Böh.

7309. **K. Koziel,** The moon's libration and figure as derived from Hartwig's Dorpat heliometric observations. II. The Dorpat heliometer and its reduction constants. AAa **4** 83—98, mit 1 Fig. — Das vorliegende zweite Kapitel der in AA(a) 4 61—82 begonnenen Arbeit gibt die sorgfältige Reduktion von Hartwigs Heliometerbeobachtungen mit Angabe des Verfahrens und sämtlicher Instrumentalkonstanten. Böh.

7310. **K. Koziel,** The moon's libration and figure as derived from Hartwig's Dorpat heliometric observations. AA(a) **4** 99—139, mit 2 Fig. — Fortsetzung der Arbeiten in AA(a) **4** 61—82, 83—98. Das vorliegende dritte Kapitel gibt eine gründliche, ins einzelne gehende und erschöpfende Reduktion der wegen Instrumentalkonstanten korrigierten Distanzen und Positionswinkel Krater—Rand, um sie von der differentiellen Refraktion zu befreien, für jeden Abend auf einen Zeitpunkt zu beziehen und wegen der Randfehler des Mondes zu verbessern; die einzelnen Verbesserungen und Hilfsgrößen, auch die später gebrauchten, werden ausführlich für jede Beobachtung angegeben. Böh.

* * **J. Larink,** Die Sonnenparallaxe und die Masse des Mondes, berechnet aus Eros-Beobachtungen der Opposition 1931. Vgl. Ref. **6010.**

7311. **A. W. Markos,** Die Helligkeitsverteilung auf der Mondscheibe bei Vollmond. RAJ **25** 172—179, mit 1 Abb. (russisch).

7312. **L. Rudaux,** La lune et son histoire. Paris, Nouvelles Editions latines. 250 S. — Besprechung in Ciel et Terre **64** 90 (S. Arend).

7313. **W. W. Scharonow,** Der Mond. Leningrad, Naturwissenschaftliche Bibliothek des Zeitschriften- und Buchverlags, 1947. 79 S. mit 18 Abb. Preis 1 R. (russisch).

7314. **J. E. Spurr,** Geology applied to Selenology. III. Lunar Catastrophic History. Rumford Press, 1948. 245 S. mit 46 Fig. und 1 Tafel. Preis 5.00 $. — Besprechung in Pop Astr **56** 454—457 (F. K. Morris).

* * **K. F. Sundman,** The motions of the moon and the sun at the eclipse of 1945, July 9th. Vgl. Ref. **6215.**

* * **M. S. Vallarta,** Cosmic rays and the magnetic field of the moon. Vgl. Ref. **12730.**

7315. **A. J. Wesselink,** Heat conductivity and nature of the lunar surface material. BAN 390 **10** 351—363, mit 6 Fig.— Auf der Grundlage der Theorie der Wärmeleitung werden Temperaturmessungen der Mondoberfläche während einer Mondfinsternis und einer Lunation zur Bestimmung der Größe $(kc)^{1/2}$ (k Wärmeleitungskoeffizient, c spezifische Wärme des Oberflächenmaterials des Mondes) sowie zur Ermittlung der inneren Temperaturverteilung und der Variation der Oberflächentemperatur während einer Finsternis bzw. einer Lunation ausgewertet. Für $(kc)^{1/2}$ wird der Wert 0.0083 cal cm^{-2} $min^{-1/2}$ $grad^{-1}$ gefunden, der mit Laboratoriumsmessungen an staubförmigen Substanzen im Vakuum in gutem Einklang steht, wenn die Korngröße kleiner als 0.3 mm angenommen wird. Kdr.

7316. **O. R. Wulf, S. B. Nicholson,** A possible influence of the moon on recurrent geomagnetic activity. Phys Rev (2) **73** 1204—1205. — Verf. erbringen Hinweise dafür, daß eine 27tägige Periode der geomagnetischen Aktivität durch sehr hohe oder sehr niedrige Monddeklinationen und damit durch relativ starke Asymmetrie der atmosphärischen Flutwelle bedingt ist. Loh.

7317. **O. R. Wulf, S. B. Nicholson,** Recurrent geomagnetic activity and lunar declination. Publ ASP **60** 259—262, mit 1 Fig. — Ref. ASP.

7318. **H. Caspers,** Mondumlauf und Fortpflanzungsrhythmik bei Tieren. Forschungen und Fortschritte **24** 89—93, mit 6 Abb.

7319. **R. R. Coles,** Moon tales. Sky and Telescope **7** 228—229, mit 2 Abb.

* * **J. Küttner, E. Model,** Nebenuntersonne, Unterjupiter und andere bemerkenswerte Halo-Beobachtungen auf der Zugspitze. Vgl. Ref. **72102.**

7320. **J. A. M. van Liempt,** Brightness of the new moon. Nat **161** 27.

7321. **L. Michiels,** Observations lunaires d'amateurs. Ciel et Terre **64** 184—185. — Beobachtungshinweise.

7322. **H. Quiring,** Die irdische Mondnarbe. Forschungen und Fortschritte **24** 211—214, mit 2 Abb.

7323. **D. W. Rosebrugh,** The black drop effect at the time of moonrise. Strolling Astronomer **2** Nr. 3 S. 3—4.

7324. **G. Schindler,** Über die Früh- und Spätsichtbarkeit des Erdbegleiters um die Neumondszeit. Sterne **24** 113—116.

7325. **I. Widczisk-Franz,** Der Halbmond in der Winternacht und die Frage der Randüberstrahlung des Mondes. Sterne **24** 30—33, mit 3 Fig.

7326. A flash upon the moon. Strolling Astronomer **2** Nr. 12 S. 4—5.

7327. Statistics on searches for lunar meteors. Strolling Astronomer **2** Nr. 10 S. 4—5.

7328. Lunar tidbits. Strolling Astronomer **2** Nr. 9 S. 10. — Meteoreinschläge beobachtet?

7329. Moon televised. Sky and Telescope **7** 148.

7330. Short wave affected by the moon. Sky and Telescope **7** 246.

Mondfinsternisse

7331. **F. Link,** Problèmes soulevés par la photométrie des éclipses de Lune. Sixième rapport de la commission pour l'étude des relations entre les phénomènes solaires et terrestres, S. 174—175. — Die Isophoten des Mondschattens waren bei mehreren Finsternissen in nord-südlicher Richtung abgeplattet. Die Erklärung dafür läßt sich in der von der geographischen Breite abhängigen Verteilung des Ozons finden. Am 18. Dezember 1945 zeigte auch der Halbschatten abgeplattete Isophoten. An der Schattengrenze ist der Halbschatten mehrmals heller als zu erwarten war. Verf. vermutet, daß der Mond unter dem Einfluß der Sonnenstrahlung lumineszent wird. Loh.

7332. **R. Müller,** Neuere Messungen über den Verlauf der Temperatur auf dem verfinsterten Mond. Sterne **24** 43—44, mit 2 Fig. — Berichtet die Ergebnisse der Strahlungsmessungen von Pettit während der Mondfinsternis 1939 Oktober 27.

7333. **A. Pogo,** The two lunar eclipses of 1948. Sky and Telescope **8** 41, mit 2 Fig.

7334. **A. D. Samorskij,** Der Erdschatten. Priroda **36** Nr. 9 S. 61—63, 1947 (russisch).

7335. **Z. Svestka,** The illumination by diffusion in the centre of the earth's shadow. BAC **1** 48—51, mit 1 Fig. — Die Arbeit zeigt, daß die Beleuchtung durch das diffuse Licht in der Erdatmosphäre im ganzen sichtbaren Spektralbereich praktisch keinen Einfluß auf die Schattendichte hat. Verf.

7336. **Z. Svestka,** The density of the earth's shadow near its centre. BAC **1** 29—32, mit 1 Fig. — Verf. bestimmt die Schattendichte in der kleinsten, mittleren und größten Entfernung des Mondes von der Erde, hauptsächlich für die zentrale Partie des Erdschattens. Die Dichten werden für die drei Wellenlängen 6200, 5400 und 4600 Å berechnet. J. B.

7337. **V. Tshernov,** Observations d'éclipses de Lune en 1941—1946. Gaz astr **30** 27—29.

7338. **J. Witkowski,** On a certain phenomenon in connection with total lunar eclipses. Bull. Soc. Amis Sci. Poznan (B) **9** 147—148 = Poznan Repr. 12. — Erklärungsversuch des bei der Mondfinsternis 1910 November 16 beobachteten Schattenkegels. Böh.

7339. Mondfinsternis 1941 September 5
V. Tshernov, Eclipse partielle du 5 septembre 1941. Vgl. Ref. 7337.

7340. Mondfinsternis 1942 März 2
V. Tshernov, Eclipse totale du 2 mars 1942. Vgl. Ref. 7337.

7341. Mondfinsternis 1943 Februar 20
V. Tshernov, Eclipse partielle du 20 février 1943. Vgl. Ref. 7337.

7342. Mondfinsternis 1943 August 15
J. Bouska, Form and enlargement of the earth's shadow during three lunar eclipses. BAC **1** 37—41, mit 1 Fig. — Berechnung der Vergrößerung des Erdschattens aus den Beobachtungen der Kontakte für die Mondfinsternisse 15. August 1943, 19. Dezember 1945 und 8. Dezember 1946. Verf.
A. W. Merkulow, Photometrische Beobachtungen der Mondfinsternis vom 15. August 1943. Taschkent Bull. **2** 494—498 (russisch).
V. Tshernov, Eclipse partielle du 15 août 1943. Vgl. Ref. 7337.

7343. Mondfinsternis 1945 Dezember 19
A. M. Bacharew, Beobachtungen der totalen Mondfinsternis am 19. Dezember 1945 in Aschchabad. Bull. Astr.-Geod. Ges. UdSSR Nr. **1** (8) S. 23—24, 1947 (russisch).
J. Bouska, Form and enlargement of the earth's shadow during three lunar eclipses. BAC **1** 37—41, mit 1 Fig. — Vgl. Ref. 7342.
F. Link, Photométrie photographique de l'éclipse de Lune du 19 décembre 1945. BAC **1** 13—16, mit 4 Fig. — Photographische Bestimmung der Schattendichte in verschiedenen Mittelpunktsentfernungen und Positionswinkeln. J. B.
V. Tshernov, Eclipse totale du 19 décembre 1945. Vgl. Ref. 7337.

7344. Mondfinsternis 1946 Juni 15
V. Tshernov, Eclipse totale du 15 juin 1946. Vgl. Ref. 7337.

7345. Mondfinsternis 1946 Dezember 8
J. Bouska, Form and enlargement of the earth's shadow during three lunar eclipses. BAC **1** 37—41, mit 1 Fig. — Vgl. Ref. 7342.
E. Buchar, Total eclipse of the Moon december 8 1946. BAC **1** 41—43, mit 1 Fig. — Beobachtung der Mondfinsternis: Ein- und Austritte der Mondobjekte und Helligkeitsbestimmungen des Mondes. J. B.
V. Guth, Total eclipse of the Moon december 8, 1946. BAC **1** 27—28. — Beginn der Totalität, Kraterantritte, Sternbedeckungen während der Finsternis.
N. Richter, Photometrische Beobachtungen der Gesamthelligkeit des Mondes während der totalen Verfinsterung vom 8. Dezember 1946. AN **276** 93—94, mit 1 Abb. — Die Gesamthelligkeit des Mondes wird im Verlauf der totalen Verfinsterung vom 8. Dezember 1946 mit einem Silberkugelphotometer fortlaufend bestimmt. Bei einer Amplitude des Lichtabfalles von $11^{m}_{\cdot}7$ entspricht der total verfinsterte Mond einem Stern von der Helligkeit $-0^{m}_{\cdot}85$. Es werden einige Erfahrungen für die Beobachtungspraxis mitgeteilt. Verf.
W. W. Scharonow, Lunar eclipse 1946 Dec. 8. Astr Circ USSR **59** 1—2, 1947 (russisch und englisch). — Visuell-photometrische Beobachtungen.
W. W. Scharonow, Beobachtungen der Mondfinsternis vom 8. Dezember 1946. Wiss. Bull. Lenin-Staatsuniversität Leningrad Nr. 18 S. 3—4, 1947 (russisch).

7346. Mondfinsternis 1948 Oktober 18
Astr Circ USSR Nr. 80 8—9 (russisch). Beobachtungen der Halbschatten — Mondfinsternis 1948 Oktober 18. I. Astapowitsch, A. Sawruchin. — Beobachtungen in Aschchabad.

Astr Circ USSR Nr. 81 11—12 (russisch). Die Halbschatten-Mondfinsternis 1948 Oktober 18. W. M. Tschernow. — Beobachtungen in Saporoshe.

Sternbedeckungen

7347. Vorausberechnungen

BAA Circ Nr. 291, 1947. Grazing occultation of Gamma Virginis, 1948 February 26.

Annuario Astronomico per l'anno 1949, S. 61—64. — Vorausberechnung 1949 für Torino, Trieste, Firenze, Roma und Catania.

Ciel et Terre **64** 48, 96, 144, 192, 240.

Gaz astr **30** 21—22, 42—43, 61—62, 80. — Vorausberechnungen für Anvers.

Hvezdárská rocenka na rok 1949. **25.** Jahrgang. — Vorausberechnungen für Prag.

NAT **1948** 107—108. Maaneokkultationer 1949, beregnet for Köbenhavn. 24. liste.

NAZ **2** 4. Karlsruhe. W. Malsch. — 1947 Oktober—November.

NAZ **2** 9. Stuttgart E. Dolderer, H. Heermann, R. Schneider. — 1948 Februar 18.

NAZ **2** 13. Stuttgart. E. Dolderer, H. Heermann, R. Schneider. — 1948 April 13—16.

NAZ **2** 28. Karlsruhe. W. Malsch. — 1948 März 21 bis Mai 17.

NAZ **2** 33. Stuttgart. E. Dolderer, R. Schneider. — 1948 Mai 11 bis Oktober 8.

Pop Astr **56** 38—39, 99—100, 150, 211—212, 269, 317—318, 380—381, 430—431, 490—491, 541—542. Occultations visible in longitude/latitude: +91°/+40°, +98°/+31°, +120°/+36°. — Februar 1948 bis Januar 1949.

Rocznik Astr. Obs. Krakowskiego 1948, Suppl. Internationale Nr. **19** S. 99—100. Occultationes de estrellas per luna. — Vorausberechnungen 1948 für Poznania, Wroclawia, Torunia, Krakowa, Warszawa.

Sky and Telescope **7** 80, 110, 135, 166, 190, 237, 262, 284, 313, **8** 26, 52. Occultation predictions.

7348. Beobachtungen und Reduktionen

AJ **53** 233—234. Occultations of stars by the moon observed during 1947 with the eight-inch equatorial at South Hadley, Mass. A. H. Farnsworth, R. Hayner.

AJ **54** 31—32 = Obs. Cordoba, Tirada Ap. Nr. **28**. Cordoba, 1947. A. Völsch.

AN **276** 96. Sonneberg 1945—1947. P. Ahnert, C. Hoffmeister, H. Schneller.

Astr Circ USSR Nr. **78** 9. Kitab. D. I. Krawzow, A. G. Lange, W. C. Obraszow. — Januar 20 bis Juli 15 1948.

Astr Circ USSR Nr. **79** 10. Stalinabad. A. M. Bacharew, A. J. Filin. — Mai—Juli 1948.

Astr Circ USSR Nr. **81** 10—11. Taschkent 1948. B. N. Turnstein, W. P. Schtscheglow.

BAC **1** 19—20. Observations of occultations made at the Ondrejov Observatory in the year 1946. V. Guth.

BAC **1** 21—23. Reduction of the occultations observed in Czechoslovakia during the year 1946. V. Guth. — Reduktion der im Jahre 1946 in der Tschechoslowakei beobachteten Sternbedeckungen nach der Methode von Comrie mit Berücksichtigung der Randkorrektion. Einige Bemerkungen zu der Reduktionsmethode. Verf.

BAC **1** 28. Ondrejov 1946. V. Guth. — Beobachtung von Sternbedeckungen während der Finsternis 1946 Dezember 8.

JBAA **58** 92—93. British Astronomical Association. Report. Occultation reductions for 1944. J. G. Porter.

J. and Proc. Roy. Soc. New South Wales **81** 34—35, 1947 = Sydney Obs. Papers Nr. **4**. Occultations observed at Sydney Observatory during 1946. W. H. Robertson.

J. and Proc. Royal Soc. New South Wales **82** 25—26 = Sydney Obs. Papers Nr. **5**. Occultations observed at Sydney Observatory during 1947. W. H. Robertson.

NAT **1948** 55. Observationer af Maaneokkultationer, insendt til Astronomisk Selskab. Medd. Nr. 24. — Beobachtungen aus 1947.

Obs. Cordoba, Tirada Aparte Nr. **22**, 1947. Ocultaciones observadas en el año 1946. A. Völsch.

Rev Astr Nr. **119** S. 106—108, 1947. Cordoba 1946. A. Völsch.

TAB (2) Nr. **2** S. 12—18. Reduction of occultations observed in Japan during 1943—44. H. Hirose.

TAB (2) Nr. **6** S. 51—57. Reduction of occultations observed in Japan during 1945—1947. H. Hirose, R. Manabe.

Union Circ Nr. **105** S. 116—125, 1947. Occultations of stars by the Moon, 1941. W. H. van den Bos, J. A. Bruwer, H. E. Wood.

Desgl. für 1942, 1943. Union Circ Nr. **106** S. 182—186. J. A. Bruwer.

Desgl. für 1944, 1945, 1946, 1947. Union Circ Nr. **107** S. 238—250. W. H. van den Bos, J. A. Bruwer, H. J. F. Burroughs, E. L. Johnson.

7349. Bedeckungen von Planeten

Mars

AJ **53** 216. Occultation of Mars by the Moon, February 24, 1948. E. S. Pashby. — Beobachtung des Ein- und Austritts.

BSAF **62** 113—114. — Zusammenstellung der Beobachtungen vom 28. Januar 1948.

Himmelswelt **55** 142—143. Beobachtung der Bedeckung des Mars durch den Mond 1947, Juli 15 in Hamburg-Bergedorf. W. Dieckvoss.

JBAA **58** 70. Occultation of Mars, 1948 January 28. R. H. Whittome. — Beobachtung in Peterborough.

Sky and Telescope **7** 132—134, mit 2 Fig. Occultations of Mars in 1948 and reports of the January conjunction-occultation.

Sky and Telescope **7** 164. Mars' occultation in February. — Beobachtungen.

Strolling Astronomer **2** Nr. 3 S. 5—6. The January occultation of Mars.

Strolling Astronomer **2** Nr. 4 S. 2—5. The February occultation of Mars.

Jupiter

BSAF **62** 82. O. Xavier.

Mondformationen

7350. **N. Boneff,** Recherches nouvelles sur la distribution des formations sur la surface lunaire. Annuaire de l'Université de Sofia, Fac. Sci. **44**, 1947—1948. Livre 1 — Math. et Phys., S. 67—82.

7351. **D. H. Menzel, R. S. Damon,** Lunar rays and the dike system of the Spanish Peaks, Colorado. AJ **53** 201—202. — Ref. AAS.

7352. **C. F. O. Smith,** Remarks upon Dr. S. R. B. Cooke's paper on the origin of lunar formations. JBAA **58** 154—155.

7353. **H. P. Wilkins,** Cartografía de la Luna. Euclides **7** 18—21, 1947.

7354. Mitteilungen über Mondformationen

BAA Circ Nr. 297. The moon — Proclus.

BSAF **62** 27—28. Les métamorphoses du cirque lunaire Atlas. R. Rigollet.

DOB Nr. **4**, **16**, mit 1 Fig., **19**. Le cirque lunaire Atlas.

DOB Nr. **9**. — Bemerkung zum Gebiet Daguerre-Mädler.

Himmelswelt **55** 140—142. Das Strahlensystem des Tycho. F. Billerbeck-Gentz.

JBAA **58** 32—33. British Astronomical Association. Lunar Section. Report. H. P. Wilkins.

JBAA **58** 53—55, mit 1 Fig. C. F. O. Smith, Visibility of lunar clefts beyond the apparent terminator.

JBAA **58** 99—101, mit 6 Fig. The bands of Aristarchus. R. Barker.

JBAA **58** 171—172. British Astronomical Association. Report. Lunar Section. H. P. Wilkins.

Orion Genève Nr. **16** S. 352, 1947. Strahl-Phänomen im Mondkrater Phocylides. — Genäherte Vorausberechnung des Strahl-Phänomens für August—Dezember 1947. Vgl. Orion Nr. **13** S. 241, AJB **46** § 54.

Orion Schaffhausen Nr. **21** S. 477—483, mit 2 Abb. Die Regio solitudinis. Benennung und Deutung einer Mondlandschaft. J. Gürtler.

Orion Schaffhausen Nr. **21** S. 496—497. — Atlas, Aristarch, Daguerre.

PAT **29** 56—64, mit 7 Fig. Några månbilder ur Dagmar-Observatoriets arkiv. B. Berggren.

Strolling Astronomer **2** Nr. 11 S. 5—6, Nr. 12 S. 9.

Urania Barcelona **32** Nr. 219 S. 173—178. La observacion lunar.

§ 74
Mars

7401. Mars. Astrometrische Beobachtungen

Rom 1946. Mem SA It (NS) **19** 135—141 = Oss. Astr. Roma-Monte Mario, Contr. sci. Nr. **140**. G. Armellini. — α.

Uccle 1946. BAB **4** 26, 1947. G. Becq, F. Moreau, J. Verbaandert. — α, δ.

Washington 1937, 1939, 1941—1944. Publ. of the United States Naval Obs. (2) **15** part 5, S. 224—226. H. R. Morgan, F. P. Scott. — α, δ.

7402. Mars. Physische Beobachtungen

El Universo **46** Nr. 4 S. 19—20. E. López López.

El Universo **46** Nr. 4 S. 21, 27, 32, mit 1 Abb. Marte el 15 de Febrero de 1948. F. J. Escalante.

El Universo **46** Nr. 5 S. 16—19, 22. mit 11 Abb. La ultima oposición de Marte. E. López López, F. J. Escalante.

JBAA **58** 69—70. The canals of Mars. — Besprechung der Arbeit von E. Pettit in Publ ASP **59** 5, 125 (AJB **47** Ref. 5507, 5508).

RH **29** 87, 115, 135, 175, 200, 269 (tschechisch). Neue Beobachtungen des Planeten Mars. — Übersicht der neuen Marsbeobachtungen und Zusammenstellung der Resultate. J. B.

Sky and Telescope **7** 212, mit 1 Abb. J. Sternig.

Strolling Astronomer **2** Nr. 1 S. 7—8, Nr. 2 S. 4—6, Nr. 3 S. 9—11, Nr. 4 S. 8—9, Nr. 5 S. 7—8, Nr. 6 S. 8, Nr. 7 S. 6, Nr. 8 S. 6, Nr. 10 S. 8.

7403. **N. P. Barabaschew,** Über die Farbänderungen der Marsmare. Charkow Bull. Nr. **7** S. 3—8 (russisch).

* * **A. H. Carpenter,** Principles of historical geology applied to neighboring planets and life on Mars. Vgl. Ref. 7007.

7404. **R. R. Coles,** Following Mars. Sky and Telescope **7** 68—69, mit 2 Fig.

7405. **R. R. Coles,** Close-up of Mars. Sky and Telescope **7** 98—99, mit 3 Abb.

7406. **W. Fedorez,** Über die Albedo der Länder und Meere des Mars und seine Atmosphäre. Charkow Bull. Nr. **7** S. 13—14 (russisch).

7407. **P. Gauroy,** Le mystère de la vie martienne. BSAF **62** 33—40, mit 18 Marsaufnahmen.

7408. **W. H. Haas,** Some suggested observations of Mars. Strolling Astronomer **2** Nr. 2 S. 2—4. — Beobachtungshinweise.

7409. **S. L. Hess,** A meteorological approach to the question of water vapor on Mars and the mass of the Martian atmosphere. Publ ASP **60** 289—302, mit 2 Fig. — Trotzdem der Wasserdampfgehalt der Marsatmosphäre nicht mehr als 5% des irdischen (7 mm) beträgt, dürfte er genügen, um bei Sonnenaufgang beobachtete Wolken als wässerige Kondensationsprodukte einer bodennahen Schicht durch die nächtliche Ausstrahlung zu erklären. Auch die im Zentrum der Scheibe vorkommenden und ebenfalls bei Sonnenuntergang festgestellten Wolken können durch einen Wasserdampfgehalt von 0.6 mm oder weniger als wässerige Kondensationsprodukte infolge Konvektion in hohen Schichten (über 8 km) erklärt werden. Spektroskopisch liegt die Wasserdampfmenge an der Grenze der Meßgenauigkeit. Aus plausiblen Zustandsgrößen ergibt sich die Gesamtmasse der Marsatmosphäre zu etwa 20% der Erdatmosphäre. Loh.

7410. **M. Lleget,** Volviendo sobre el enigma de Marte. Ibérica **7** 386—389.

7411. **E. López López,** Otros mundos, otros seres. El enigma del Marte. El Universo **46** Nr. 3 S. 5.—8

7412. **P. Muller,** L'aplatissement de Mars. BSAF **62** 201—203.

7413. **I. F. Polak,** Der Planet Mars und die Frage nach dem Leben auf ihm. Moskau, Verlag «Prawda» 1948. 24 S. mit 12 Abb. Preis 60 Kop. (russisch).

7414. **W. W. Scharonow,** Mars. Moskau-Leningrad, Verlag Akad. Wiss. UdSSR, 1947. 180 S.

7415. **N. N. Sytinskaja,** Photometrische Untersuchung des Planeten Mars. Jubiläumspublikation Lenin-Staatsuniv. Leningrad (Math., Astr.) S. 25—41 (russisch).

7416. **G. A. Tichow,** Die spektrale Reflexionseigenschaft des Grüns im Zusammenhang mit der Frage nach der Vegetation auf dem Mars. Bull. Astr.-Geod. Ges. UdSSR Nr. **1** (8) S. 3—13, 1947 (russisch).

7417. **G. A. Tichow,** Die Vegetation auf dem Mars. Priroda **36** Nr. 2 S. 3—6, 1947.

7418. **G. A. Tichow,** Der Planet Mars. Alma Ata, Verlag Akad. Wiss. kasach. Sowjetrepublik, 1948. 24 S. mit 6 Abb. und 1 Tafel. Preis 4 R. (russisch).

7419. **G. A. Tichow,** Neuere Untersuchungen zur Frage nach der Vegetation des Mars. Moskau, Verlag der Prawda, 1948. 20 S. mit 12 Fig. Preis 60 Kop. (russisch).

7420. **G. de Vaucouleurs,** Le problème martien. Paris, Editions Elzévir, 1948. Preis 50 francs.

7421. **G. de Vaucouleurs,** Commission de la planète Mars. Rapport sur l'opposition de 1939. BSAF **62** 153—158, 217—221, 268—271, mit 12 Fig.

7422. Carbon dioxide on Mars. BAA Circ Nr. 289, 1947.

7423. Planisferio de Marte. El Universo **46** Nr. 5 S. 28—30, mit 1 Karte.

7424. Carbon dioxide on Mars. JBAA **58** 38—39. — Referat über die von G. P. Kuiper (Harv Card 851) gemachte Feststellung, daß Kohlensäure auf Mars etwa in gleicher Menge wie auf der Erde anwesend ist.

7425. Mars and the 200-inch telescope. MN ASSA **7** 15—17. — Auszug aus Publ ASP **59** Nr. 349 (E. Hubble).

7426. Atmosphere of Mars. Nat **161** 594. — Besprechung der Mitteilung in Sky and Telescope **7** 40, 1947 (vgl. AJB **47** Ref. 5514) über den Nachweis von Kohlendioxyd durch G. P. Kuiper.

§ 75

Kleine Planeten

7501. Minor planets for 1947. Elements and opposition ephemerides. Published under the auspices of the International Astronomical Union by the Cincinnati Observatory. Ann Arbor, Lithoprinted by E. Brothers, 1948. 2 + 144 S.

7502. Oppositions-Ephemeriden ausgewählter Kleiner Planeten für das zweite Halbjahr 1948. Veröff. der Badischen Landessternwarte zu Heidelberg (Königstuhl) **15** Nr. 5 S. 43—61. — Enthält 228 Oppositions-Ephemeriden.

7503. Ephemeriden Kleiner Planeten für das Jahr 1948. Teil 1. Institut für theoretische Astronomie der Akad. der Wiss. der Sowjetunion. Moskau und Leningrad, 1947. 71 S. (russisch und französisch). — Enthält Ephemeriden und Oppositionsdaten für 674 Kleine Planeten, die zwischen Januar und Juni in Opposition kommen.

7504. Ephemeriden Kleiner Planeten für das Jahr 1948. Teil 2. Inst. für theoretische Astronomie der Akad. der Wiss. der Sowjetunion. Moskau und Leningrad, 1948. 91 S. (russisch). — Enthält: 1. die Elemente von 1563 numerierten Kleinen Planeten, 2. ihre Oppositionsdaten und 3. die Ephemeriden von 558 Kleinen Planeten, deren Opposition im zweiten Halbjahr 1948 stattfindet.

7505. Efemerides de oposicion de asteroides para 1948. Publ. Obs. Astr. La Plata Circ Nr. **1—4**. — Die Listen enthalten die Ephemeriden von 46 Kleinen Planeten und die Elemente von 1258 Sicilia und 1177 Gonnessia.

7506. Efemerides de pequeños planetas para el año 1949. Publ. Obs. Astr. La Plata Circ Nr. **5**, 16 S. — Enthält die Ephemeriden von 78 Kleinen Planeten, die Oppositionsdaten und 2 Tafeln der Konstanten für die logarithmische und maschinelle Berechnung der äquatorialen heliozentrischen Koordinaten.

7507. Minor planets for 1949. Opposition Ephemerides. Published under the auspices of the International Astronomical Union by the Cincinnati Observatory. 1948. 4 + 108 S. — Enthält Oppositionsdaten und Ephemeriden von 1199 Kleinen Planeten.

7508. Ephemeriden Kleiner Planeten für das Jahr 1949. Inst. für theoretische Astronomie der Akad. der Wiss. der Sowjetunion. Moskau und Leningrad, 1948. 122 S. (russisch). — Enthält Oppositionsdaten und Ephemeriden der 1199 in diesem Jahr in Opposition kommenden numerierten Kleinen Planeten.

7509. **W. A. Albizkij, P. F. Schajn,** Beobachtungen Kleiner Planeten. Krim Mitt. **2** 134—135 (russisch).

* * **S. Arend,** Quelques aspects du problème de réduction de positions précises d'astéroïdes. Vgl. Ref. **2401**.

* * **J. Bobone,** Photographic observations of comets and asteroids. Vgl. Ref. **8104**.

7510. **R. Carrasco,** Observaciones fotográficas de pequeños planetas. Bol. Astr. Obs. Madrid **3** Nr. 7 S. 61—62. — Siehe Ref. **7534**.

* * **G. M. Clemence,** The value of minor planets in meridian astronomy. Vgl. Ref. **9109**.

7511. **J. Febrer,** Contribución al estudio estadístico de los asteroides. Mem. Real Acad. Ciencias Artes Barcelona **29** 193—227.

7512. **A. Kahrstedt,** Neue Elemente des Kleinen Planeten 1221 Amor. AN **276** 39—40. — Nach kurzer Charakterisierung des Objektes wird die angesichts der bevorstehenden Perihelopposition berechnete Bahnverbesserung beschrieben. Die als Grundlage einer Aufsuchungsephemeride für 1948 benutzten neuen Elemente werden gegeben. Verf.

7513a. **A. Kopff,** Die Kleinen Planeten. Astronomischer Kalender für das Jahr 1949 (vgl. Ref. 435b) S. 72—82.

7513b. **A. Kopff,** Småplaneterna. PAT **29** 111—121, mit 4 Fig.

7514. **W. Lohmann,** Die Kleinen Planeten. Kosmos 1948 S. 134—135, mit 2 Fig.

7515. **C. Lombardi,** Perturbazioni ed effemeridi di alcuni piccoli pianeti. Mem SA It (NS) **19** 37—43, 1947 = Contr. Oss. astr. Milano-Merate (NS) Nr. **23**. — Elemente, mit Berücksichtigung der Störungen durch Jupiter, von 25 Phocaea, 1064 Aethusa, 1334 Lundmarka, 1423 Jose und Oppositionsephemeriden für 1947 für die beiden ersten und für 1948 für die beiden letzten. F. Z.

7516. **S. L. McDonald,** General perturbations and mean elements, with representations of 35 minor planets of the Hecuba group. AJ **53** 199—200. — Ref. AAS.

7517. **G. N. Neujmin, N. N. Neujmina-Abramowa,** Genaue Örter Kleiner Planeten nach photographischen Aufnahmen in Simeïs 1940—1941. Pulk Mitt **17** Nr. 6 (141) S. 23—26 (russisch).

7518. **G. Peisino,** Osservazioni del pianetino «Eros» eseguite all'equatoriale Cooke dell'Osservatorio astronomico di Collurania durante la opposizione 1944—45. Mem SA It (NS) **19** 191—193 = Oss. astr. «V. Cerulli» Collurania-Teramo, Note e Comun. Nr. **33**. — 21 Beobachtungen des Planeten Eros aus dem Jahre 1944.

7519. **I. Polit,** Discurso de contestación a J. Febrer, contribución al estudio de los asteroides. Mem. Real Acad. Ciencias Artes Barcelona **29** 229—235.

7520. **I. I. Putilin,** (1036) Ganymed. Astr Circ USSR Nr. 78 7—8 (russisch). — Säkulare Störungen von Saturn.

7521. **I. I. Putilin,** Der Kleine Planet (1036) Ganymed. Priroda **37** Nr. 1 S. 42—44 (russisch).

7522. **I. I. Putilin,** Der Kleine Planet Hidalgo. Priroda **37** Nr. 9 S. 49—50 (russisch).

7523. **H. S. Rice,** Asteroid notes. Pop Astr **56** 37—38, 98—99, 210—211, 268, 318—319, 379—380, 429—430, 490, 541.

7523a. **R. Rigollet,** (192) Nausicaa. DOB Nr. 18, mit 1 Fig. — Ephemeride 1948 November 25 bis 1949 Februar 3, Vergleichsterne und Ephemeride des Lichtwechsels.

7524. **S. G. Scharaf,** Verbesserung der Elemente des Kleinen Planeten (862) Franzia. BIA **4** Nr. 2 (55) S. 87—88, 1947.

7525. **F. Schmeidler,** Genäherte Theorie für 3 Juno. AN **276** 157—163 = Veröff. Sternwarte München **3** Nr. 10. — Unter Benutzung von 289 Beobachtungen aus den Jahren 1930—1941 werden neun Normalorte der Juno gebildet. Die Berechnung genäherter Störungskoeffizienten erfolgt mit Hilfe der Komendantowschen Tafeln für die Minervagruppe. Die Darstellung der Normalorte durch eine Bahnverbesserung gelingt erst, wenn an den größten der Störungskoeffizienten eine Korrektion angebracht wird, die aus dem Vergleich der vorliegenden mit einer alten Theorie der Juno folgt. Eine spätere Beobachtung aus dem Jahr 1946 wird ebenfalls dargestellt. Verf.

7526. **P. Sconzo,** Nuovi elementi dell'orbita del pianetino (1177) Gonnessia. Rend. Accad. nazionale Lincei (8) **2** 604—606, 1947. — Bahnbestimmung aus sieben im Zeitraum 1935—44 gewählten Beobachtungen unter Berücksichtigung der Störungen von Jupiter und Saturn. Die letzte Beobachtung stimmt mit den übrigen nicht überein und gehört wahrscheinlich nicht zu diesem Planeten. F. Z.

7527. **J. Siroky,** On the system of minor planets. Contr. Astr. Inst. Masaryk Univ. Brno 1 Nr. 5, 36 S. — Statistische Untersuchung von 1560 Kleinen Planeten nach einigen ihrer Bahnelemente und ihrer räumlichen Verteilung mit kurzen Referaten der bisherigen Arbeiten anderer Autoren, ohne wesentlich andere Ergebnisse zu erzielen. Besonders behandelt werden die Verteilung an den Kommensurabilitätsstellen, das Entfernungsgesetz von Mohorovicic und die Trojaner. Böh.

7528. **S. M. Warsar,** Allgemeine Störungen und Elemente Kleiner Planeten vom Typ Minerva. BIA 4 Nr. 2 (55) S. 57—76, 1947.

7529. Minor planets. Obs **68** 198. — Reorganisation der Arbeit an den Kleinen Planeten.

7530. Minor planet tables. Sky and Telescope **7** 123. — Ref. AAS.

7531. A new asteroid. Sky and Telescope **7** 177.

7532. New comets and an unusual asteroid. Sky and Telescope **7** 312.

7533. **Helligkeiten Kleiner Planeten**

3 Juno	Astr Circ USSR Nr. 81 13. W. M. Tschernow.
22 Kalliope	BSAF **62** 204. R. Weber, F. Weber.
29 Amphitrite	BSAF **62** 298. E. Antonini, E. Douillet, L. Rebuffat, R. Rigollet.

7534. **Nachweis der Beobachtungen und Berechnungen Kleiner Planeten**

Zeichenerklärung: * = genäherter Ort, Id = identisch

Abkürzungen der Sternwarten

Abastumani	Ab	Kiel	Kl	Pulkowo	Pu
Algier	Al	Kiew	Ki	Rom	Ro
Arcetri	Ar	Kitzingen	Kn	Rutherford	Ru
Athen	At	Kobe	Kb	Santiago	Sn
Babelsberg	Ba	Königsberg	Kö	San Fernando (Cadiz)	SF
Barcelona	Br	Kopenhagen	Ko	Saragossa	Sa
Belgrad	Bl	Krakau	Kr	Schwäbisch Hall	SH
Bergedorf	Be	Kyoto	Ky	Simada	Sm
Berkeley	By	La Plata	LP	Simeïs	Si
Besançon	Bs	Leiden	Ld	Sizuoka	Sz
Bordeaux	Bo	Leipzig	Le	Sonneberg	So
Bosque Alegre	BA	Lemberg (Lwow)	Lm	Stuttgart	St
Bukarest	Bu	Lick (Mt. Hamilton)	Li	Suma	Su
Budapest-Svábhegy	BS	Lissabon	Ls	Tacubaya	Tc
Cambridge	Ca	London	Lo	Taschkent	Ta
Cape of Good Hope	Cp	McDonald	MD	Tokyo	To
Charlottesville	Ch	Madrid	Ma	Tomsk	Tm
Cordoba	Co	Mailand	Mi	Toulouse	Tl
Düsseldorf	Dü	Moskau	Mo	Triest	Tr
Flagstaff (Lowell)	Fl	Mt. Wilson	MW	Turin	Tu
Greenwich	Gr	München	Mü	Turku-Abo	Tk
Hamburg	Hm	Nizza	Ni	Uccle	Uc
Harvard	Ha	Northfield	No	Utrecht	Ut
Headley	Hd	Oak Ridge	Oa	Warschau	Wr
Heidelberg	He	Ohte	Oh	Washington	Wa
Innsbruck	In	Padua	Pd	Wien	Wi
Istanbul	Is	Palermo	Pl	Wiesbaden	Ws
Johannesburg	Jo	Paris	Pa	Yale-Columbia	YC
Karlsruhe	Kh	Pittsburgh (Allegheny)	Pi	Yerkes (Williamsbay)	Ye
Kasan	Ka	Posen	Po	Zô-Sè	Zo
Kharkow	Kw	Prag	Pr		

1 Ceres

40 MPC 90 At
41 BAN **10** 433 Jo*
42 TAB (2) 2 To*
45 MPC 82 Tk*
46 JO **31** 205 Al. JO **31** 202, MPC 90 At. UC **106** Jo*. MPC 118 Sn
47 JO **31** 205 Al. AN **276** 184. NAZ **2** 8 Kh. MPC 76 Ky*. MPC 142, 165 Sn. TAB (2) 2[1]) To*

2 Pallas

40 MPC 90 At
42 TAB (2) 2 To*
45 MPC 90 At. MPC 82, 88 Tk*
46 JO **31** 205 Al. JO **31** 202, MPC 90 At. MPC 117 Sn
47 JO **31** 205 Al. MPC 75, 76 Ky*. MPC 122, Publ Chile Nr. **5** Sn. MPC 175 Si*. TAB (2) 2 To*. BAB **4** 55 Uc
48 MPC 197 Sn
Eph DOB 17
Eph (1948/49) Pop Astr **56** 490

3 Juno

42 UC **105** Jo*
46 JO **31** 205 Al. JO **31** 202, MPC 90 At. MPC 116 Sn
Eph Astr Circ USSR Nr. **45**
47 JO **31** 205 Al. MPC 90 At. MPC 75 Ky*. MPC 121, Publ Chile Nr. **5** Sn. TAB (2) 2 To*. BAB **4** 55 Uc
48 Astr Circ USSR Nr. **80** 8 Ki. MPC 177 Ni*. MPC 188 Sn
Eph DOB 11, 14, Pop Astr **56** 430

4 Vesta

40 MPC 91 At
42 UC **105** Jo*. TAB (2) 2 To*
45 MPC 82 Tk*
46 JO **31** 202, MPC 91 At. MPC 119 Sn
47 TAB (2) 2 To*
48 MPC 94, 99, 131 At. MPC 105 Ky*. MPC 167 Sn. TAB (2) 6 To*
Eph Pop Astr **56** 38, 99

5 Astraea

42 UC **105** Jo*
43 BAN **10** 436 Jo*
47 MPC 75 Ky*
48 MPC 177, 200 Ni*. MPC 188 Sn. MPC 184 Tk*

6 Hebe

42 TAB (2) 2 To*
46 MPC 120 Sn
48 MPC 106 Ky*. MPC 167 Sn. TAB (2) 6 To*. MPC 182 Tk*
Eph Pop Astr **56** 38, 99, 211

7 Iris

42 UC **105** Jo*
46 UC **106** Jo*. MPC 116, 117 Sn
47 MPC 60 Br. MPC 76 Ky*. MPC 142, 165 Sn. TAB (2) 2 To*. BAB **4** 55 Uc
Eph (1948) Pop Astr **56** 38
Eph (1949) MPC 195

8 Flora

40 MPC 60 So*
41 BAN **10** 433 Jo*
44 BAN **10** 437, MPC 153 Jo*. MPC 150 Wü
47 MPC 91 At. MPC 75 Ky*. MPC 120, Publ Chile **4** 2 Sn. TAB (2) 2 To*
48 MPC 186 At. MPC 188 Sn
Eph DOB 11, 14, Pop Astr **56** 380

9 Metis

44 BAN **10** 437, MPC 152 Jo*
47 MPC 74 Ky*. MPC 121 Sn. TAB (2) 2 To*
Eph (1948) Pop Astr **56** 319

10 Hygiea

46 MPC 119 Sn. BAB **4** 28 Uc
47 MPC 128 Al*. MPC 60 Br. MPC 77[2]) Ky*. TAB (2) 2[1]) To*
48 MPC 167 Sn. MPC 174 Tu*

11 Parthenope

41 MPC 61, 64 So*
42 UC **105** Jo*. RI 2363 Tk*
43 MPC 67 So
46 UC **106** Jo*. MPC 116[4]) Sn
47 MPC 76 Ky*. MPC 142, 165 Sn. TAB (2) 2 To*

12 Victoria

42 JO **31** 205 Al. UC **105** Jo*
46 MPC 91 At. UC **106** Jo*. MPC 117 Sn
47 MPC 60 Br
48 MPC 163 SF

13 Egeria

45 MPC 84, 85 Tk*
47 MPC 74 Ky*. TAB (2) 2 To*
Eph Madrid Bol **3** Nr. 6
48 MPC 146 Jo*

14 Irene

42 TAB 706 To*
Eph TAB 619
47 UC **107** Jo*. MPC 75 Ky*. TAB (2) 2 To*
48 MPC 188 Sn

15 Eunomia

41 BAN **10** 433 Jo*
42 TAB (2) 2 To*
46 MPC 91, 92 At. MPC 118 Sn
48 MPC 128 Al*. MPC 105[3]) Ky*. MPC 132 Ni*. MPC 167 Sn. TAB (2) 6 To*

16 Psyche

44 BAN **10** 437, MPC 155, 156 Jo*. MPC 150 Wü
47 MPC 74 Ky*. MPC 121, Publ Chile **4** 3 Sn. TAB (2) 2 To*

[1]) Berichtigung in MPC 214/215.
[2]) Berichtigung in MPC 203.
[3]) Berichtigung in MPC 170.
[4]) Statt 10 Parthenope lies 11 Parthenope MPC 204.

48 MPC 171, 172 Fl*. MPC 105 Jo*. MPC 169 Ky*. MPC 134 Ni*. MPC 163 SF. MPC 174[3]) Tu*. MPC 190 YC*

17 Thetis

42 UC **105** Jo*
45 MPC 80, 81 Tk*
46 UC **106** Jo*. MPC 117 Sn
47 MPC 76 Ky*. TAB (2) 2 To*. BAB **4** 55 Uc

18 Melpomene

42 JO **31** 205 Al. UC **105** Jo*
45 MPC 81, 82 Tk*
46 UC **106** Jo*. Madrid Bol **3** Nr. 6 Ma*. MPC 117 Sn
48 MPC 128 Al*. MPC 105 Ky*. MPC 68, 69 Ni*. MPC 167 Sn. TAB (2) 6 To*

19 Fortuna

43 BAN **10** 436 Jo*
46 UC **106** Jo*. MPC 116 Sn
47 MPC 75 Ky*. TAB (2) 2 To*
48 MPC 192, 193 Ni*. MPC 197 Sn
Eph (1948/49) Pop Astr **56** 541

20 Massalia

41 BAN **10** 433 Jo*
42 MPC 67 So. TAB (2) 2 To*
46 MPC 119 Sn
47 MPC 96, Madrid Bol **3** Nr. 7, Urania Barc. **32** 178 Ma*
48 MPC 108 Jo*. MPC 169 Ky*. Madrid Bol **3** Nr. 8, Ma*. MPC 160 Ni*. MPC 163 SF. MPC 174 Tu*. MPC 190 YC*
Eph Pop Astr **56** 268

21 Lutetia

42 UC **105** Jo*
45 MPC 80 Tk*
46 UC **106** Jo*. MPC 116 Sn. BAB **4** 28 Uc
47 MPC 92 At. MPC 76 Ky*. MPC 65 SF. MPC 142, 165 Sn. TAB (2) 2 To*

22 Kalliope

44 BAN **10** 437, MPC 153 Jo*
46 Madrid Bol **3** Nr. 6 Ma*. MPC 119 Sn. BAB **4** 28 Uc
47 BSAF **62** 21 Pa*
48 BSAF **62** 94 Blaye*. MPC 106 Ky*. Madrid Bol **3** Nr. 8, MPC 97 Ma*. BSAF **62** 203 Pa*. MPC 167 Sn. TAB (2) 6 To*
Eph BSAF **62** 31

23 Thalia

41 BAN **10** 433 Jo*
44 BAN **10** 437, MPC 154 Jo*
48 MPC 108 Jo*. MPC 170 Ky*. MPC 198 Ni*. MPC 174 Tu*
Eph Pop Astr **56** 268

24 Themis[1])

42 UC **105** Jo*. MPC 62 So*
43 BAN **10** 436 Jo*
44 BAN **10** 437, MPC 156 Jo*. MPC 150 Wü
45 MPC 85 Tk*
47 MPC 74[2]) Ky*
Eph Madrid Bol **3** Nr. 6
48 MPC 171 Fl*. MPC 105 Jo*. MPC 169 Ky*. MPC 134 Ni*. MPC 190 YC*

25 Phocaea

46 UC **106** Jo*. BAB **4** 28 Uc
47 MPC 76 Ky*. TAB (2) 2 To*. MPC 174 Tu*
Eph und El Mem SA It (NS) **19** 37 = Contr Milano-Merate (NS) Nr. **23**

26 Proserpina

44 BAN **10** 437, MPC 153 Jo*
46 Madrid Bol **3** Nr. 6 Ma*
48 MPC 106 Ky*. Madrid Bol **3** Nr. 8, MPC 97 Ma*. MPC 167 Sn. MPC 174 Tu*. MPC 182 Tk*. MPC 112 Uc

27 Euterpe

41 BAN **10** 433 Jo*. MPC 61 So*. TAB 584 To*
42 UC **105** Jo*
46 UC **106** Jo*
48 Astr Circ USSR Nr. 78 2 Ki. MPC 106 Ky*. MPC 87, 133 Ni*. MPC 167 Sn. MPC 111 Uc
Eph Pop Astr **56** 38, 99, 211

28 Bellona

43 BAN **10** 436 Jo*
44 MPC 150 Wü
46 MPC 116 Sn
47 MPC 75 Ky*. MPC 121, Publ Chile **4** 3 Sn. TAB (2) 2 To*. BAB **4** 55 Uc
48 MPC 147 Jo*

29 Amphitrite

41 BAN **10** 433 Jo*
46/47 MPC 120 Sn
48 MPC 104 Jo*. MPC 169 Ky*. MPC 107, 134 Ni*. MPC 163 SF. MPC 174 Tu*. MPC 174 Tu. MPC 190 YC*

30 Urania

40 MPC 60 So*
41 BAN **10** 433 Jo*
47 MPC 74 Ky*
48 MPC 169 Ky*. MPC 160 Ni*

31 Euphrosyne

41 BAN **10** 433 Jo*
47 UC **107** Jo*
48 MPC 147 Jo*

32 Pomona

44 BAN **10** 437, MPC 152 Jo*
46 MPC 120 Sn
48 Astr Circ USSR Nr. 78 2 Ki. MPC 169 Ky*. MPC 107 Ni*. MPC 163 SF. MPC 174[3]) Tu*. MPC 190 YC*

---

[1]) Id mit 1947 BA MPC 204.
[2]) Nicht 24 sondern 1947 CF MPC 204.
[3]) Berichtigung in MPC 297.

33 Polyhymnia
41 BAN **10** 433 Jo*
46 UC **106** Jo*
48 TAB (2) 6 To*

34 Circe
44 BAN **10** 437, MPC 154 Jo*
45 MPC 84, 85 Tk*
Eph (1947) Madrid Bol **3** Nr. 6
48 MPC 146 Jo*. MPC 163 SF

35 Leukothea
44 BAN **10** 437, MPC 155 Jo*
48 MPC 129 Al*. MPC 105, 106 Ky*. MPC 132, 133 Ni*. TAB (2) 6 To*. MPC 111, 112 Uc

36 Atalante
46 UC **106** Jo*
48 MPC 133 Ni*

37 Fides
43 MPC 63 So*
44 BAN **10** 437, MPC 152, 153 Jo*
47 Publ Chile Nr. **4** 4, MPC 121 Sn
48 MPC 171, 172 Fl*. MPC 108 Jo*. Madrid Bol **3** Nr. 8 Ma*

38 Leda
44 BAN **10** 437, MPC 155 Jo*
45 MPC 83, 84, 88 Tk*
Eph (1947) Madrid Bol **3** Nr. 6
48 MPC 146 Jo*

39 Laetitia
40 MPC 92 At
41 BAN **10** 433 Jo*
46 MPC 120 Sn
48 MPC 106 Ky*. MPC 133 Ni*. MPC 167 Sn. TAB (2) 6 To*

40 Harmonia
42 UC **105** Jo*
46 MPC 92 At. MPC 119 Sn. BAB **4** 28 Uc
48 Astr Circ USSR Nr. **78** 2 Ki. MPC 106 Ky*. MPC 133, 134 Ni*. MPC 167 Sn. MPC 174 Tu*. MPC 182 Tk*
Eph La Plata Circ Nr. **1**

41 Daphne
44 MPC 150 Wü
45 MPC 84 Tk*
48 BSAF **62** 94, 203 Blaye*. MPC 169 Kh. MPC 106 Ky*. Madrid Bol **3** Nr. 8, MPC 97 Ma*. MPC 133 Ni*. BSAF **62** 203 Pa*. MPC 131 Ro*. MPC 182 Tk*

42 Isis
44 BAN **10** 437, MPC 155 Jo*
48 MPC 190 Jo*. Astr Circ USSR Nr. **80** 8 Ki

43 Ariadne
42 UC **105** Jo*
46 MPC 119 Sn. BAB **4** 28 Uc
48 MPC 128 Al*. MPC 170 Ky*. MPC 68, 132 Ni*. TAB (2) 6 To*

44 Nysa
41 BAN **10** 433 Jo*. MPC 61, 62 So*
44 BAN **10** 437, MPC 153 Jo*. MPC 150 Wü
47 MPC 74 Ky*. TAB (2) 2 To*
48 MPC 146 Jo*. MPC 190 YC*

45 Eugenia[1])
41 MPC 61, 64 So*
43 BAN **10** 436 Jo*
46 MPC 116 Sn
47 MPC 75 Ky*
48 MPC 177, 200 Ni*. MPC 184 Tk*
Id mit 1941 BN MPC 61

46 Hestia
41 BAN **10** 433 Jo*
46 Madrid Bol **3** Nr. 6 Ma*. MPC 120 Sn
48 Astr Circ USSR Nr. **78** 2 Ki. MPC 106 Ky*. Madrid Bol **3** Nr. 8, MPC 97 Ma*. MPC 87 Ni*. MPC 182 Tk*. MPC 111 Uc

47 Aglaja
44 BAN **10** 437, MPC 152 Jo*
45 MPC 83, 88 Tk*
47 Madrid Bol **3** Nr. 7, MPC 96, Urania Barc. **32** 178 Ma*
48 Astr Circ USSR Nr. **78** 2 Ki. MPC 106 Ky*. Madrid Bol **3** Nr. 8, MPC 97 Ma*. MPC 87, 133 Ni*. MPC 111 Uc

48 Doris
42 JO **31** 205 Al
44 BAN **10** 437, MPC 154 Jo*. MPC 150 Wü
45 MPC 83, 88 Tk*
48 MPC 106 Ky*. Madrid Bol **3** Nr. 8, MPC 97 Ma*. MPC 87, 133 Ni*. MPC 182 Tk*. MPC 111 Uc
Eph MPC 185

49 Pales
42 JO **31** 205 Al. UC **105** Jo*
43 BAN **10** 436 Jo*
44 MPC 159 Tk*
48 MPC 108 Jo*. MPC 169 Ky*. MPC 160 Ni*

50 Virginia
42 UC **105** Jo*
43 BAN **10** 436 Jo*
45 MPC 80 Tk*
46 UC **106** Jo*
47 UC **107** Jo*. MPC 75 Ky*

51 Nemausa
42 UC **105** Jo*
43 MPC 67 So
46 JO **31** 205, 206 Al. MPC 117 Sn. BAB **4** 28 Uc
47 JO **31** 206 Al. MPC 92 At. MPC 76 Ky*. MPC 65 SF. MPC 142, 165 Sn. TAB (2) 2 To*

52 Europa
41 BAN **10** 433 Jo*
42 UC **105** Jo*
45 MPC 80 Tk*
46 MPC 116 Sn
47 MPC 75 Ky*
48 MPC 188 Sn

[1]) Berichtigung zu MPC 51 in MPC 203.

53 Kalypso
44 BAN **10** 437, MPC 154, 155 Jo*. MPC 150 Wü
45 MPC 84 Tk*
47 BAB **4** 55 Uc
48 MPC 146 Jo*. MPC 198 Ni*

54 Alexandra
42 UC **105** Jo*
46 BAB **4** 28 Uc
47 MPC 109 LP. MPC 121, 122, Publ Chile Nr. **5** Sn. TAB (2) 2 To*
48 MPC 201 Ni*

55 Pandora
44 BAN **10** 437, MPC 152 Jo*
48 MPC 169 Ky*. Madrid Bol **3** Nr. 8, MPC 97 Ma*. MPC 163 SF

56 Melete
45 MPC 83, 88 Tk*
48 MPC 106 Ky*. Madrid Bol **3** Nr. 8, MPC 97 Ma*. MPC 133 Ni*. MPC 182 Tk*

57 Mnemosyne
41 BAN **10** 433 Jo*
47 MPC 75 Ky*

58 Concordia
41 BAN **10** 433 Jo*
46 BAB **4** 28 Uc
48 MPC 60 Br. MPC 105 Ky*. TAB (2) 6 To*

59 Elpis
40 MPC 92 At
43 MPC 63 So*
44 BAN **10** 437, MPC 153, 154 Jo*. MPC 150 Wü
45 MPC 84, 85 Tk*
48 MPC 169 Ky*. MPC 163 SF. MPC 113 Uc. MPC 190 YC*

60 Echo
41 BAN **10** 433 Jo*
44 BAN **10** 437, MPC 153 Jo*
48 MPC 146 Jo*. MPC 198 Ni*

61 Danaë
45 MPC 80 Tk*
46 UC **106** Jo*
47 MPC 109 LP

62 Erato
41 BAN **10** 433 Jo*
42 UC **105** Jo*
45 MPC 80, 81 Tk*
46 BAB **4** 28 Uc
47 UC **107** Jo
48 MPC 190 YC*

63 Ausonia
44 MPC 159 Tk*
46 MPC 116 Sn
47 UC **107** Jo. MPC 122, Publ Chile Nr. **5** Sn. TAB (2) 2 To*
48 MPC 201 Ni*
Eph Pop Astr **56** 490

64 Angelina
41 BAN **10** 433 Jo*
46 UC **106** Jo*
47 MPC 60 Br. MPC 76 Ky*. MPC 65 SF. MPC 142, 165 Sn. TAB (2) 2 To*. BAB **4** 55 Uc

65 Cybele
47 MPC 128 Al*. MPC 60 Br. MPC 77[1]) Ky*. TAB (2) 2 To*

66 Maja
40 La Plata Publ. **6** 138 LP
44 BAN **10** 437, MPC 154 Jo*
Eph (1947) Madrid Bol **3** Nr. 6
48 MPC 108 Jo*. MPC 198 Ni*

67 Asia
44 BAN **10** 437, MPC 153 Jo*. MPC 150 Wü
48 Astr Circ USSR Nr. **80** 7 Ki
Eph Pop Astr **56** 319

68 Leto
41 BAN **10** 433 Jo*
46 Madrid Bol **3** Nr. 6 Ma*. MPC 119, 120 Sn
48 MPC 128 Al*. MPC 105, 106 Ky*. MPC 111 Uc

69 Hesperia
46 BAB **4** 28 Uc[2])
47/48 BSAF **62** 94 Pa*
48 MPC 128 Al*. BSAF **62** 94 Blaye*. MPC 105 Ky*. TAB (2) 6 To*

70 Panopaea
45 MPC 81, 82 Tk*
46 UC **106** Jo*. MPC 118 Sn
47 MPC 60 Br. MPC 76 Ky*. TAB (2) 2 To*

71 Niobe
43 BAN **10** 436 Jo*
47 UC **107** Jo
48 Astr Circ USSR Nr. **79** 3 Ka. Astr Circ USSR Nr. **80** 8 Ki. MPC 176 Ni*. MPC 182 Tk*

72 Feronia
44 MPC 159 Tk*
47 MPC 75 Ky*

73 Klytia
41 BAN **10** 433 Jo*
46 UC **106** Jo*
47 MPC 76 Ky*

74 Galatea
47 Madrid Bol **3** Nr. 7, MPC 96, Urania Barc. **32** 178 Ma*
48 Astr Circ USSR Nr. **78** 2 Ki. MPC 106 Ky*. MPC 87, 133 Ni*. MPC 182 Tk*. MPC 111 Uc

75 Eurydike
45 MPC 84, 85 Tk*
47 BAB **4** 55 Uc
48 MPC 106 Ky*. Madrid Bol **3** Nr. 8, MPC 97 Ma*. MPC 133 Ni*. MPC 113 Uc*

76 Freia
41 BAN **10** 433 Jo*
42 UC **105** Jo*
43 BAN **10** 436 Jo*
48 MPC 146 Jo*. MPC 135 Ni*

77 Frigga
44 BAN **10** 437, MPC 154 Jo*
45 MPC 83, 84 Tk*
Eph (1947) Madrid Bol **3** Nr. 6
48 MPC 108 Jo*. MPC 170 Ky*. Madrid Bol **3** Nr. 8 Ma*. MPC 174 Tu*

78 Diana
41 BAN **10** 433 Jo*. MPC 61 So*

[1]) Berichtigung in MPC 203.
[2]) Statt Sept. 27. ... lies 29.90766 briefl. Mitt.

44 BAN **10** 437, MPC 152 Jo*
46 MPC 119 Sn
48 MPC 104 Jo*. MPC 169 Ky*. MPC 163 SF. MPC 174 Tu*. MPC 190 YC*

79 Eurynome

42 UC **105** Jo*
46 UC **106** Jo*
47 MPC 76 Ky*. MPC 122, Publ Chile Nr. **5** Sn. BAB **4** 55 Uc

80 Sappho

44 BAN **10** 437, MPC 153 Jo*. MPC 150 Wü
47 UC **107** Jo*. MPC 109 LP
48 MPC 186 At. Astr Circ USSR Nr. **79** 3 Ka. Astr Circ USSR Nr. **80** 8 Ki. MPC 176 Ni*. DOB Nr. 14 Pa*. MPC 168 Sn. MPC 182 Tk*
Eph Pop Astr **56** 379

81 Terpsichore

41 BAN **10** 433 Jo*
46 MPC 119 Sn
48 MPC 106 Ky*. Madrid Bol **3** Nr. 8, MPC 97 Ma*. MPC 69, 133 Ni*. MPC 112 Uc

82 Alkmene

41 BAN **10** 433 Jo*
46 BAB **4** 28 Uc
48 MPC 128 Al*. BSAF **62** 94 Blaye*. MPC 132 Ni*. BSAF **62** 94 Pa*. TAB (2) 6[1]) To*

83 Beatrix

41 BAN **10** 433 Jo*
48 MPC 129 Al*. MPC 105, 106 Ky*. MPC 132 Ni*. TAB (2) 6 To*. MPC 111 Uc

84 Klio

40 MPC 60 So*
41 BAN **10** 433 Jo*
45 MPC 83, 88 Tk*
48 MPC 104 Jo*

85 Io

41 BAN **10** 433 Jo*
42 UC **105** Jo*
46 UC **106** Jo*. BAB **4** 28 Uc
47 NAZ **2** 3 He*. MPC 76 Ky*. Madrid Bol **3** Nr. 7, MPC 96, Urania Barc. **32** 179 Ma*. MPC 122, Publ Chile Nr. **5** Sn. MPC 174 Tu*. BAB **4** 55 Uc

86 Semele

41 BAN **10** 433 Jo*
46 UC **106** Jo*
47 UC **107** Jo*. MPC 76 Ky*. Madrid Bol **3** Nr. 7, MPC 96, Urania Barc. **32** 179 Ma*. MPC 175 Si*. BAB **4** 55 Uc

87 Sylvia

44 BAN **10** 437, MPC 153 Jo*. MPC 150 Wü
47 MPC 77[2]) Ky*. BAB **4** 55 Uc

88 Thisbe

40 MPC 92 At
44 BAN **10** 437, MPC 152, 153 Jo*
45 MPC 85, 88 Tk*
Eph (1946/47) Madrid Bol **3** Nr. 6
47 MPC 74 Ky*. Madrid Bol **3** Nr. 7, MPC 96, Urania Barc. **32** 178 Ma*
48 MPC 104 Jo*. MPC 106[3]) Ky*. MPC 133, 134 Ni*

89 Julia

47 UC **107** Jo*
Eph (1948) Pop Astr **56** 430

90 Antiope

44 BAN **10** 437, MPC 156 Jo*. MPC 150 Wü
45 MPC 86 Tk*
47 BAB **4** 55 Uc
48 MPC 104 Jo*. MPC 106 Ky*. Madrid Bol **3** Nr. 8, MPC 97 Ma*. MPC 134 Ni*. MPC 182 Tk*. MPC 112 Uc

91 Aegina

43 MPC 63 So*
44 BAN **10** 437, MPC 153, 154 Jo*
45 MPC 83, 88 Tk*
47 MPC 74 Ky*
48 MPC 108 Jo*. MPC 170 Ky*. Madrid Bol **3** Nr. 8 Ma*. MPC 198 Ni*. MPC 174 Tu*

92 Undina

41 BAN **10** 433 Jo*
45 MPC 81, 82 Tk*
46 UC **106** Jo*
47 UC **107** Jo. MPC 75 Ky*
48 MPC 200, 201 Ni*

93 Minerva

40 MPC 92 At
44 BAN **10** 437, MPC 152 Jo*
45 MPC 84, 85 Tk*
Eph (1946/47) Madrid Bol **3** Nr. 6
48 MPC 94, 132 At. MPC 104 Jo*. MPC 106 Ky*. Madrid Bol **3** Nr. 8, MPC 97 Ma*. MPC 133, 134 Ni*. MPC 174 Tu*. MPC 182 Tk*. MPC 112 Uc

94 Aurora

44 BAN **10** 437, MPC 152 Jo*
46 Madrid Bol **3** Nr. 6 Ma*. MPC 120 Sn
48 MPC 129 Al*. MPC 105[3]) Ky*. MPC 68, 69 Ni*

95 Arethusa

41 BAN **10** 433 Jo*
46 UC **106** Jo*
47 MPC 75 Ky*. Madrid Bol **3** Nr. 7, MPC 96, Urania Barc. **32** 179 Ma*. MPC 175 Si*. BAB **4** 55 Uc
48 MPC 201 Ni*
Eph (1948/49) Pop Astr **56** 541

96 Aegle

44 BAN **10** 437, MPC 156 Jo*
45 MPC 83, 88 Tk*
48 MPC 106 Ky*. MPC 68, 69 Ni*

---

[1]) Dort mit Tokio G bezeichnet.
[2]) Berichtigung in MPC 203.
[3]) Berichtigung in MPC 170.

97 Klotho
44 BAN **10** 437, MPC 155 Jo*
47 MPC 75 Ky*. MPC 174 Tu*
Eph Madrid Bol **3** Nr. 6
48 MPC 198 Ni*. MPC 174 Tu*

98 Ianthe
45 MPC 83, 84, 88 Tk*
Eph (1947) Madrid Bol **3** Nr. 6
48 MPC 146 Jo*

99 Dike
42 UC **105** Jo*
48 MPC 184 Tk* (?)

100 Hekate
44 BAN **10** 437, MPC 154, 155 Jo*. MPC 150 Wü
48 Astr Circ USSR Nr. 78 2 Ki. MPC 106 Ky*. MPC 87, 133 Ni*. MPC 111 Uc

101 Helena
42 UC **105** Jo*
45 MPC 80 Tk*
47 MPC 76 Ky*. Madrid Bol **3** Nr. 7, MPC 97, Urania Barc. **32** 179 Ma*. MPC 65 SF. MPC 175 Si*

102 Miriam
41 BAN **10** 433 Jo*
46 UC **106** Jo*
48 MPC 129 Al*

103 Hera
41 MPC 61, 64 So*
43 BAN **10** 436 Jo*
47 UC **107** Jo*. MPC 75 Ky*. TAB (2) 2 To*
48 MPC 186 At. Astr Circ USSR Nr. **80** 8 Ki. MPC 177 Ni*. MPC 188 Sn. MPC 183 Tk*
Eph Pop Astr **56** 380

104 Klymene
46 UC **106** Jo*
47 MPC 128 Al*. MPC 77[1]) Ky*. BAB **4** 55 Uc

105 Artemis
45 MPC 84, 85 Tk*

106 Dione
41 BAN **10** 433 Jo*
46 UC **106** Jo*
47 UC **107** Jo*. MPC 76 Ky*. Madrid Bol **3** Nr. 7, MPC 96, Urania Barc. **32** 179 Ma*. MPC 175 Si*. TAB (2) 2 To*. BAB **4** 55 Uc
Eph (1948/49) NAZ **2** 27[2])

107 Camilla
44 BAN **10** 437, MPC 154 Jo*. MPC 150 Wü
46 BAB **4** 28 Uc
48 MPC 128 Al*. MPC 105 Ky*. TAB (2) 6 To*

108 Hecuba
46 UC **106** Jo*
47 MPC 76 Ky*. TAB (2) 2 To*. BAB **4** 55 Uc

109 Felicitas
42 UC **105** Jo*
44 BAN **10** 437, MPC 156 Jo*. MPC 150 Wü
48 MPC 146, 147 Jo*

110 Lydia
43 BAN **10** 436 Jo*
47 MPC 75 Ky*. TAB (2) 2 To*
48 MPC 147 Jo*

111 Ate
41 BAN **10** 433 Jo*
48 MPC 133 Ni*. MPC 174 Tu*

112 Iphigenia
41 BAN **10** 433 Jo*
46 BAB **4** 28 Uc
48 MPC 68, 69 Ni*

113 Amalthea
41 BAN **10** 433 Jo*
48 MPC 106, 169 Ky*. MPC 134 Ni*

114 Kassandra
41 BAN **10** 433 Jo*
46 BAB **4** 28 Uc
48 MPC 128 Al*. MPC 105 Ky*. MPC 132 Ni*

115 Thyra
44 BAN **10** 437, MPC 154 Jo*
47 UC **107** Jo*. MPC 109 LP
48 Astr Circ USSR Nr. 80 7 Ki. MPC 198 Ni*

116 Sirona
44 BAN **10** 437, MPC 155 Jo*
47 MPC 74 Ky*. BAB **4** 55 Uc
48 MPC 108 Jo*

117 Lomia
43 BAN **10** 436 Jo*
Eph (1948) La Plata Circ Nr. 3, MPC 185

118 Peitho
41 BAN **10** 433 Jo*
42 UC **105** Jo*
46 BAB **4** 28 Uc
48 Astr Circ USSR Nr. 78 2 Ki

119 Althaea
43 BAN **10** 436 Jo*
44 MPC 159 Tk*
47 MPC 75 Ky*. TAB (2) 2 To*
48 MPC 198 Ni*. MPC 194 Oa*. MPC 188 Sn. MPC 182, 183 Tk*
Eph Pop Astr **56** 380

120 Lachesis
44 BAN **10** 437, MPC 152 Jo*
46 BAB **4** 28 Uc
47 MPC 77[1]) Ky*

121 Hermione
42 JO **31** 206 Al. UC **105** Jo*
43 BAN **10** 436 Jo*
48 MPC 169 Ky*

122 Gerda
41 BAN **10** 433 Jo*
46 UC **106** Jo*
47 UC **107** Jo*. MPC 75 Ky*. MPC 175 Si*
48 MPC 192 Ni*

123 Brunhild
41 BAN **10** 433 Jo*
42 UC **105** Jo*
46 UC **106** Jo*
47 UC **107** Jo*
48 MPC 201 Ni*

124 Alkeste
44 BAN **10** 437, MPC 153 Jo*. MPC 150 Wü
45 MPC 84, 85 Tk*

[1]) Berichtigung in MPC 203.
[2]) Druckfehler: statt 160 lies 106.

47 MPC 74 Ky*. Madrid Bol **3** Nr. 7, MPC 96, Urania Barc. **32** 178 Ma*. MPC 121, Publ Chile Nr. **4** Sn
48 MPC 172 Fl* (?). MPC 108 Jo*. Madrid Bol **3** Nr. 8 Ma*. MPC 134, 135 Ni*

125 Liberatrix

44 BAN **10** 437, MPC 154 Jo*. MPC 151 Wü
45 MPC 84 Tk*
48 MPC 169 Ky*

126 Velleda

44 BAN **10** 437, MPC 156 Jo*. MPC 151 Wü
47 UC **107** Jo*
48 Astr Circ USSR Nr. **80** 8 Ki. MPC 177, 199 Ni*. MPC 183 Tk*

127 Johanna

44 BAN **10** 437, MPC 155 Jo*
45 MPC 84 Tk*
48 MPC 108 Jo*. Madrid Bol **3** Nr. 8 Ma*. MPC 135 Ni*

128 Nemesis

42 JO **31** 206 Al
44 BAN **10** 437, MPC 155 Jo*
47 MPC 74 Ky*. TAB (2) 2 To*
48 MPC 129 Al*. MPC 108 Jo*. MPC 169 Ky*. Madrid Bol **3** Nr. 8 Ma*. MPC 135, 160 Ni*. MPC 174 Tu*. MPC 190 YC*

129 Antigone

44 MPC 64, 148 So*

130 Elektra

45 MPC 81, 82 Tk*
47 MPC 75 Ky*. BAB **4** 55 Uc
Eph (1948) Pop Astr **56** 490

131 Vala

41 BAN **10** 433 Jo*
48 MPC 132, 133 Ni*. MPC 135 Ni

133 Cyrene

42 UC **105** Jo*
47 UC **107** Jo*
48 MPC 172, 173 Fl*

134 Sophrosyne

41 BAN **10** 433 Jo*. MPC 60, 61 So*
42 UC **105** Jo*
46 UC **106** Jo*
47 MPC 76 Ky*. MPC 65 SF. MPC 122, Publ Chile Nr. **5** Sn. MPC 176 Si*

135 Hertha

43 BAN **10** 436 Jo*
44 MPC 64, 150 So*
47 UC **107** Jo. MPC 75 Ky*. MPC 122, Publ Chile Nr. **5** Sn. MPC 175 Si*
Eph (1948/49) MPC 139, 140

136 Austria

44 MPC 151 Wü
47 MPC 75 Ky*. MPC 174 Tu*. BAB **4** 55 Uc
48 MPC 200 Ni*. MPC 184 Tk*

137 Meliboea

41 MPC 61 So*
47 MPC 55 Ni*. MPC 175, 176 Si*

138 Tolosa

43 BAN **10** 436 Jo*
47 UC **107** Jo*. TAB (2) 2 To*
48 MPC 201 Ni*

139 Juewa

42 UC **105** Jo*
43 BAN **10** 436 Jo*
46 BAB **4** 28 Uc
47 UC **107** Jo*
48 MPC 199 Ni*. MPC 182, 183 Tk*

140 Siwa

41 BAN **10** 433 Jo*
45 MPC 82, 88 Tk*
46 UC **106** Jo*. MPC 118 Sn
47 MPC 77[1]) Ky*. BAB **4** 55 Uc

141 Lumen

42 UC **105** Jo*
46 UC **106** Jo*
47 MPC 76 Ky*. MPC 176 Si*. MPC 174 Tu*

142 Polana

47 UC **107** Jo*. MPC 75 Ky*
48 MPC 200 Ni*. MPC 182, 183 Tk*

143 Adria

41 BAN **10** 433 Jo*

144 Vibilia

44 BAN **10** 437, MPC 152 Jo*
45 MPC 85 Tk*
47 MPC 74 Ky*
48 MPC 169 Ky*. MPC 107, 134 Ni*. MPC 190 YC*

145 Adeona

41 BAN **10** 433 Jo*
47 BSAF **62** 21 Blaye*. MPC 77[1]) Ky*
48 MPC 68 Ni*

146 Lucina

42 UC **105** Jo*
46 BAB **4** 28 Uc
47 UC **107** Jo*. MPC 109 LP
48 MPC 200 Ni*

147 Protogeneia

41 BAN **10** 433 Jo*
45 MPC 80 Tk*
46 UC **106** Jo*
48 MPC 176, 177, 199, 200 Ni*. MPC 183 Tk*
Eph La Plata Circ Nr. **4**, MPC 185

148 Gallia

44 MPC 151 Wü
48 MPC 160 Ni*

149 Medusa

42 UC **105** Jo*
48 MPC 172 Fl*. MPC 108 Jo*. MPC 134 Ni*

150 Nuwa

41 BAN **10** 433 Jo*
46 UC **106** Jo*
47 MPC 76 Ky*. Madrid Bol **3** Nr. 7, MPC 96, 97, Urania Barc. **32** 179 Ma*. MPC 175 Si*. TAB (2) 2 To*

151 Abundantia

41 BAN **10** 433 Jo*
48 Astr Circ USSR Nr. **78** 2 Ki. MPC 133, 134 Ni*. MPC 182 Tk*

[1]) Berichtigung in MPC 203.

Eph La Plata Circ Nr. **1**, MPC 185

152 Atala

41 BAN **10** 433 Jo*
46 UC **106** Jo*
47 MPC 176 Si*

153 Hilda

42 JO **31** 206 Al
44 BAN **10** 437, MPC 154 Jo*
47 TAB (2) 2 To*
48 MPC 128 Al*
Eph (1949) MPC 195

154 Bertha

41 BAN **10** 433 Jo*
47 MPC 109 LP
48 MPC 190 Jo*

156 Xanthippe

41 BAN **10** 433 Jo*
47 MPC 176 Si*

158 Koronis

41 BAN **10** 433 Jo*
45 MPC 83 Tk*
46 UC **106** Jo*
47 MPC 176 Si*

159 Aemilia

44 BAN **10** 437, MPC 154 Jo*
46 Madrid Bol **3** Nr. 6 Ma*. BAB **4** 28 Uc
48 MPC 106 Ky* (?). MPC 68, 69 Ni*

160 Una

41 BAN **10** 433 Jo*. MPC 61, 62, 63 So*
46 BAB **4** 28 Uc
48 MPC 129 Al*. MPC 106 Ky*. MPC 69 Ni*

161 Athor

42 UC **105** Jo*
43 MPC 67 So
45 MPC 80 Tk*
46 UC **106** Jo*
47 MPC 60 Br. MPC 76 Ky*. BAB **4** 55 Uc

162 Laurentia

41 BAN **10** 433 Jo*
46 UC **106** Jo*
47 MPC 60 Br. MPC 176 Si*. BAB **4** 55 Uc

163 Erigone

42 UC **105** Jo*
45 MPC 81, 82 Tk*
47 MPC 76 Ky*

164 Eva

Eph (1947) Madrid Bol **3** Nr. 6

165 Loreley

41 BAN **10** 433 Jo*
42 UC **105** Jo*
47 UC **107** Jo*
48 MPC 198 Ni*

166 Rhodope

41 BAN **10** 434 Jo*
42 UC **105** Jo*
46 UC **106** Jo*

167 Urda

42 MPC 62 So*
43 BAN **10** 436 Jo*
44 MPC 158 Tk*
48 MPC 147 Jo*

168 Sibylla

42 JO **31** 206 Al. UC **105** Jo*
43 BAN **10** 436 Jo*
44 MPC 151 Wü
45 MPC 85, 89 Tk*
48 MPC 104 Jo*. MPC 169 Ky*. Madrid Bol **3** Nr. 8, MPC 97 Ma*

169 Zelia

41 BAN **10** 434 Jo*. MPC 61, 62 So*
Eph (1947) Madrid Bol **3** Nr. 6
48 MPC 146 Jo*

170 Maria

44 BAN **10** 437, MPC 156 Jo*
Eph (1947) Madrid Bol **3** Nr. 6
48 MPC 198 Ni*

171 Ophelia

41 BAN **10** 434 Jo*
46 UC **106** Jo*

172 Baucis

44 BAN **10** 437, MPC 154 Jo*
47 UC **107** Jo*. Madrid Bol **3** Nr. 7, MPC 96, Urania Barc. **32** 179 Ma*
Eph Madrid Bol **3** Nr. 6
Eph (1948) Pop Astr **56** 319

173 Ino

43 JO **31** 206 Al
45 JO **31** 206 Al
47 JO **31** 206 Al
48 MPC 128 Al. MPC 107 Ni*. MPC 112 Uc

174 Phaedra

45 MPC 83 Tk*
48 MPC 106 Ky*. Madrid Bol **3** Nr. 8, MPC 97 Ma*. MPC 87 Ni*. MPC 182 Tk*

175 Andromache

46 UC **106** Jo
47 MPC 76 Ky*. MPC 176 Si*. MPC 174 Tu*

176 Iduna

45 MPC 84, 85 Tk*
47 MPC 109 LP
48 MPC 104 Jo*

177 Irma

41 BAN **10** 434 Jo*
46 BAB **4** 28 Uc
48 MPC 68, 69 Ni*

178 Belisana

41 BAN **10** 434 Jo*. MPC 61 So*
46 UC **106** Jo*

179 Klytaemnestra

41 BAN **10** 434 Jo*
42 UC **105** Jo*
44 MPC 64, 149 So*
46 BAB **4** 28 Uc
47 UC **107** Jo*
48 Astr Circ USSR Nr. 79 3 Ka. MPC 176, 198 Ni*. MPC 182 Tk*

180 Garumna[1])

42 UC **105** Jo*
43 BAN **10** 436 Jo*
46 UC **106** Jo*
47 UC **107** Jo*
48 MPC 177, 199, 200 Ni*

181 Eucharis

47 UC **107** Jo*. BAB **4** 55 Uc

182 Elsa

43 BAN **10** 436 Jo*
44 MPC 159 Tk*
46 UC **106** Jo*
47 UC **107** Jo*
48 MPC 192 Ni*. MPC 197 Sn
Eph (1948/49) Pop Astr **56** 541

[1]) Berichtigung zu MPC 51 in MPC 203.

183 Istria
48 MPC 68, 69 Ni* (?)
184 Dejopeja
41 BAN 10 434 Jo*
42 UC 105 Jo*
48 MPC 147 Jo*
185 Eunike
46 BAB 4 28 Uc
47 MPC 75 Ky*
48 Astr Circ USSR Nr. 79 3 Ka
186 Celuta
47 MPC 75 Ky*
48 Astr Circ USSR Nr. 80 Ki. MPC 184 Tk*
187 Lamberta
46 UC 106 Jo
47 MPC 175 Si*
48 MPC 201 Ni*
188 Menippe
42 UC 105 Jo*
47 UC 107 Jo*. MPC 75 Ky*
189 Phthia
45 MPC 80 Tk*
47 MPC 76 Ky*. MPC 96, 97, Madrid Bol 3 Nr7, Urania Barc. 32 179 Ma*. MPC 175, 176 Si*. TAB (2) 2 To*. BAB 4 55 Uc
190 Ismene
47 UC 107 Jo*. BAB 4 55 Uc
48 MPC 182 Tk*
191 Kolga
45 MPC 81, 82 Tk*
47 MPC 76 Ky*. MPC 175 Si*. TAB (2) 2 To*
192 Nausikaa
40 MPC 92 At
42 JO 31 206 Al
44 MPC 158 Tk*. MPC 151 Wü
46 MPC 116 Sn
47 UC 107 Jo*. MPC 75 Ky*
Eph (1948) DOB 15, 18, Pop Astr 56 490
193 Ambrosia
42 UC 105 Jo*
44 BAN 10 437, MPC 156, 157 Jo*
46 BAB 4 29 Uc
48 MPC 147 Jo*
194 Prokne
47 MPC 75 Ky*. TAB (2) 2 To*. BAB 4 55 Uc
48 MPC 188 Sn
Eph Pop Astr 56 430
195 Eurykleia
43 BAN 10 436 Jo*
44 BAN 10 437, MPC 156 Jo*
45 MPC 85, 89 Tk*
48 MPC 129 Al*. MPC 146 Jo*
Eph La Plata Circ Nr. 3, MPC 185
Eph (1949) MPC 195
196 Philomela
41 BAN 10 434 Jo*
45 MPC 82 Tk*
46 UC 106 Jo*
47 UC 107 Jo* MPC 76 Ky*. MPC 109 LP. MPC 96, Madrid Bol 3 Nr. 7, Urania Barc. 32 179 Ma*. MPC 65 SF. MPC 122, Publ Chile Nr. 5 Sn. MPC 175 Si*. TAB (2) 2 To*
48 MPC 193 Ni*. MPC 197 Sn
197 Arete
42 JO 31 206 Al
47 UC 107 Jo*
198 Ampella
41 BAN 10 434 Jo*
45 MPC 83, 88 Tk*
199 Byblis
41 BAN 10 434 Jo*
45 MPC 80 Tk*
47 UC 107 Jo*
200 Dynamene
41 BAN 10 434 Jo*
42 UC 105 Jo*
46 UC 106 Jo*
47 UC 107 Jo*. MPC 75 Ky*. MPC 175 Si*
201 Penelope
45 MPC 84, 85 Tk*
48 MPC 169 Ky*. MPC 134 Ni*. MPC 97, Madrid Bol 3 Nr. 8 Ma*
202 Chryseïs
42 UC 105 Jo*
43 BAN 10 436 Jo*
47 MPC 75 Ky*. MPC 121, Publ Chile Nr. 4 Sn. TAB (2) 2 To*
48 MPC 146 Jo*
203 Pompeja
41 BAN 10 434 Jo*
46 UC 106 Jo*
47 MPC 97, Madrid Bol 3 Nr. 7, Urania Barc. 32 179 Ma*. BAB 4 55 Uc
204 Kallisto
44 MPC 151 Wü
48 MPC 160 Ni*
205 Martha
42 UC 105 Jo*
47 UC 107 Jo*
48 MPC 176 Ni*. MPC 182 Tk*
206 Hersilia
41 BAN 10 434 Jo*
42 UC 105 Jo*
45 MPC 82, 88 Tk*
46 UC 106 Jo*
47 MPC 176 Si*
207 Hedda
44 BAN 10 437, MPC 155, 156 Jo*
47 UC 107 Jo*
Eph Madrid Bol 3 Nr. 6
48 MPC 192 Ni*. MPC 184 Tk*
208 Lacrimosa
41 BAN 10 434 Jo*
42 UC 105 Jo*
46 UC 106 Jo*
47 UC 107 Jo*
48 MPC 192 Ni*. MPC 184 Tk*
209 Dido
46 BAB 4 29 Uc
47 MPC 77[1]) Ky*
48 MPC 68 Ni*
210 Isabella
41 BAN 10 434 Jo*
46 UC 106 Jo*
48 MPC 132, 133 Ni*
211 Isolda
41 BAN 10 434 Jo*
45 MPC 83 Tk*
46 UC 106 Jo*
47 UC 107 Jo*. MPC 75 Ky*
48 MPC 201 Ni*

[1]) Berichtigung in MPC 203.

212 Medea
41 BAN 10 434 Jo*
42 UC 105 Jo*
43 BAN 10 436 Jo*
47 JO 31 206 Al
48 MPC 147 Jo*

213 Lilaea
41 BAN 10 434 Jo*
46 Madrid Bol 3 Nr. 6 Ma*. BAB 4 29 Uc

214 Aschera
44 BAN 10 437, MPC 152 Jo*
45 MPC 83, 88 Tk*
48 MPC 104 Jo*
Eph La Plata Circ Nr. 2, MPC 185

215 Oenone
41 BAN 10 434 Jo*. MPC 61, 62 So*

216 Kleopatra
41 BAN 10 434 Jo*
42 UC 105 Jo*
46 UC 106 Jo*. BAB 4 29 Uc
47 MPC 75 Ky*. TAB (2) 2 To*. BAB 4 55 Uc

218 Bianca
41 BAN 10 434 Jo*
48 MPC 128 Al*

219 Thusnelda
45 MPC 83. 84, 85, 88 Tk*
48 MPC 170 Ky* (?). MPC 160 Ni*

220 Stephania
42 UC 105 Jo*

221 Eos
41 BAN 10 434 Jo*
45 MPC 81, 82 Tk*
47 UC 107 Jo*. MPC 76 Ky*. MPC 96, Madrid Bol 3 Nr. 7, Urania Barc. 32 179 Ma*. MPC 175 Si*. BAB 4 55 Uc
48 MPC 201 Ni*

222 Lucia
44 BAN 10 437, MPC 152, 153 Jo*

223 Rosa
42 UC 105 Jo*
48 MPC 172[1]) Fl*. MPC 108 Jo*. MPC 135 Ni*

224 Oceana
43 BAN 10 436 Jo*
44 MPC 159 Tk*
47 UC 107 Jo*
48 MPC 177, 199, 200 Ni*. MPC 183 Tk*

225 Henrietta
46 BAB 4 29 Uc

226 Weringia
Eph (1946/47) Madrid Bol 3 Nr. 6
48 NAZ 2 8 He*. MPC 112 Uc

227 Philosophia
43 BAN 10 436 Jo*
44 MPC 158 Tk*
Eph (1946/47) Madrid Bol 3 Nr. 6
48 MPC 104 Jo*

228 Agathe
44 BAN 10 437, MPC 155 Jo*

229 Adelinda
44 BAN 10 437, MPC 152 Jo*

230 Athamantis
44 BAN 10 437, MPC 154 Jo*. MPC 151 Wü
45 MPC 85, 89 Tk*
47 UC 107 Jo*. MPC 75 Ky*
Eph Madrid Bol 3 Nr. 6
48 Astr Circ USSR Nr. 80 7 Ki

231 Vindobona
41 BAN 10 434 Jo*
45 MPC 80 Tk*
46 UC 106 Jo*
47 TAB (2) 2 To*

232 Russia
41 BAN 10 434 Jo*
48 MPC 128 Al*

233 Asterope
40 MPC 92 At
44 BAN 10 437, MPC 153 Jo*. MPC 151 Wü
45 MPC 83, 85, 88 Tk*
Eph (1947) Madrid Bol 3 Nr. 6
48 MPC 104 Jo*. MPC 169 Ky*

234 Barbara
42 UC 105 Jo*
48 MPC 133 Ni*. MPC 112 Uc

235 Carolina
41 BAN 10 434

236 Honoria
41 BAN 10 434 Jo*
46 UC 106 Jo*. Madrid Bol 3 Nr. 6 Ma*. MPC 117 Sn. BAB 4 29 Uc
47 MPC 77[2]) Ky*

237 Coelestina
44 BAN 10 437, MPC 155 Jo*
45 MPC 85 Tk*
Eph (1947) Madrid Bol 3 Nr. 6
48 MPC 169 Ky*. MPC 113 Uc

238 Hypatia
42 UC 105 Jo*
44 MPC 159 Tk*

240 Vanadis
44 BAN 10 437, MPC 153 Jo*
48 MPC 172 Fl*. MPC 108 Jo*. MPC 134 Ni*

241 Germania
41 BAN 10 434 Jo*
42 UC 105 Jo*
45 MPC 80 Tk*
47 UC 107 Jo*. MPC 169 Ky*. MPC 109 LP
48 MPC 182, 183 Tk*.

242 Kriemhild
46 UC 106 Jo*
47 MPC 176 Si*

243 Ida
46 UC 106 Jo*
47 MPC 176 Si*. BAB 4 56 Uc

244 Sita
45 MPC 85, 86 Tk*
Eph (1947) Madrid Bol 3 Nr. 6
48 MPC 199 Ni*. MPC 182, 183 Tk*

245 Vera
41 BAN 10 434 Jo*
42 UC 105 Jo*
45 MPC 80 Tk*
47 UC 107 Jo*

[1]) Berichtigung in MPC 297.
[2]) Berichtigung in MPC 203.

246 Asporina
44 MPC 158 Tk*. MPC 151 Wü
Eph (1947) Madrid Bol 3 Nr. 6
48 Astr Circ USSR Nr. 80 7

247 Eukrate
47 MPC 65 SF. MPC 193[2]) (keine Ortsangabe)
48 TAB (2) 6 To*
Id mit Objekt Benitez NAZ (vM) 24
El BAC 1 26, MPC 194, RH 29 43, 44

248 Lameia
47 UC 107 Jo*
Eph Madrid Bol 3 Nr. 6
48 MPC 200 Ni*. MPC 182, 183 Tk*

250 Bettina
41 BAN 10 434 Jo*
46 UC 106 Jo*
47 MPC 76 Ky*. MPC 176 Si*

251 Sophia
45 MPC 84 Tk*
Eph (1946/47) Madrid Bol 3 Nr. 6

252 Clementina
47 MPC 176 Si*

253 Mathilde
45 MPC 83, 88 Tk*
48 MPC 134 Ni*

254 Augusta
48 MPC 146 Jo*

255 Oppavia
41 BAN 10 434 Jo*
45 MPC 82 Tk*
47 BAB 4 56 Uc
El BIA 53 455

256 Walpurga
43 MPC 63 So*
45 MPC 83, 88 Tk*
48 MPC 133 Ni*

257 Silesia
41 BAN 10 434 Jo*
42 UC 105 Jo*
44 MPC 64, 150 So*
46 BAB 4 29 Uc
48 MPC 147 Jo*

258 Tyche
41 BAN 10 434 Jo*

259 Aletheia
47 UC 107 Jo*. MPC 75 Ky*

260 Huberta
42 JO 31 206 Al. UC 105 Jo*
43 BAN 10 436 Jo*

261 Prymno
42 UC 105 Jo*
45 MPC 81, 82 Tk*
46 UC 106 Jo*
47 MPC 128 Al*. MPC 60 Br. MPC 77[1]) Ky*. BAB 4 56 Uc

262 Valda
47 UC 107 Jo*

263 Dresda
44 BAN 10 437, MPC 155 Jo*
48 MPC 128 Al. MPC 171, 172 Fl*. MPC 105 Jo*. MPC 134 Ni*

264 Libussa
41 BAN 10 434 Jo*
47 MPC 76 Ky*. TAB (2) 2 To*
El BIA 53 455

265 Anna
Eph (1947) Madrid Bol 3 Nr. 6
48 MPC 198 Ni*

266 Aline
47 UC 107 Jo
48 MPC 108 Jo*. MPC 169 Ky*. MPC 135 Ni*

267 Tirza
43 BAN 10 436 Jo*

268 Adorea
41 BAN 10 434 Jo*

269 Justitia
45 MPC 81 Tk*
46 UC 106 Jo*

270 Anahita
42 UC 105 Jo*
46 Madrid Bol 3 Nr. 6 Ma*
48 MPC 104 Jo*. MPC 169 Ky*

271 Penthesilea
42 UC 105 Jo*
43 BAN 10 436 Jo*
44 MPC 158 Tk*
Eph (1947) Madrid Bol 3 Nr. 6
48 MPC 108 Jo*

272 Antonia
41 BAN 10 434 Jo*
48 MPC 132 Ni*. MPC 135 Ni

273 Atropos
41 BAN 10 434 Jo*
Eph (1947) Madrid Bol 3 Nr. 6

274 Philagoria
42 UC 105 Jo*
47 UC 107 Jo
48 MPC 172, 173 Fl*

275 Sapientia
44 BAN 10 437, MPC 153 Jo*. MPC 151 Wü
48 MPC 106, 169 Ky*. MPC 134 Ni*

276 Adelheid
45 MPC 83, 88 Tk*

277 Elvira
43 BAN 10 436 Jo*
48 MPC 147 Jo*

278 Paulina
43 BAN 10 436 Jo*

279 Thule
45 MPC 80 Tk*
46 UC 106 Jo*

281 Lucretia
42 UC 105 Jo*
Id mit 1948 EK MPC 148

282 Clorinde
44 BAN 10 437, MPC 155, 156 Jo*
Eph Madrid Bol 3 Nr. 6

283 Emma
44 BAN 10 437, MPC 154 Jo*
45 MPC 83 Tk*
48 MPC 133 Ni*. MPC 111 Uc

284 Amalia
44 MPC 159 Tk*
47 UC 107 Jo*
48 MPC 193, 200, 201 Ni*

287 Nephthys
43 BAN 10 436 Jo*
44 MPC 64, 148 So*
46 UC 106 Jo*
47 MPC 65 SF

288 Glauke
41 BAN 10 434 Jo*
45 MPC 80, 81 Tk*
46 UC 106 Jo*
48 MPC 192, 193 Ni*

[1]) Berichtigung in MPC 203.
[2]) Mit 1947 TA bezeichnet.

289 Nenetta
41 BAN **10** 434 Jo*
46 UC **106** Jo*

290 Bruna
Eph (1949) MPC 195

291 Alice
44 MPC 158 Tk*
47 UC **107** Jo*
Eph (1948/49) NAZ **2** 27

292 Ludovica
48 MPC 201 Ni*

293 Brasilia
48 Madrid Bol **3** Nr. 8 Ma*. MPC 135 Ni*

294 Felicia
46 UC **106** Jo*

295 Theresia
41 BAN **10** 434 Jo*
El BIA **53** 455

297 Caecilia
41 BAN **10** 434 Jo*
46 UC **106** Jo*

298 Baptistina
41 BAN **10** 434 Jo*
47 UC **107** Jo*
48 MPC 199, 200 Ni*. MPC 184 Tk*

299 Thora
45 MPC 80 Tk*
46 UC **106** Jo*

300 Geraldina
41 BAN **10** 434 Jo*

301 Bavaria
43 BAN **10** 436 Jo
47 UC **107** Jo*
48 MPC 183 Tk*

302 Clarissa
41 BAN **10** 434 Jo*
48 MPC 182 Tk*

303 Josephina
43 BAN **10** 436 Jo*
48 MPC 146 Jo*

305 Gordonia
41 BAN **10** 434 Jo*
42 UC **105** Jo*
44 MPC 64, 148 So*
46 BAB **4** 29 Uc
47 UC **107** Jo*
48 MPC 198 Ni*
El MPC 196

306 Unitas
45 MPC 80 Tk*
46 UC **106** Jo*. MPC 117 Sn
47 MPC 128 Al*. MPC 77[1]) Ky*

307 Nike
42 UC **105** Jo*
44 MPC 64, 148 So*
46 BAB **4** 29 Uc
El BIA **53** 455

308 Polyxo
42 UC **105** Jo*
45 MPC 80 Tk*
46 UC **106** Jo*. BAB **4** 29 Uc
47 UC **107** Jo*
48 MPC 200, 201 Ni*

309 Fraternitas
43 MPC 63 So*
44 BAN **10** 437, MPC 155 Jo*
48 MPC 108 Jo*

310 Margarita
41 BAN **10** 434 Jo*
42 UC **105** Jo*
46 UC **106** Jo*
48 MPC 192 Ni*

311 Claudia
41 BAN **10** 434 Jo*
46 UC **106** Jo*
Eph (1949) u. El La Plata Circ Nr. **5**

312 Pieretta
41 BAN **10** 434 Jo*
45 MPC 81 Tk*
46 UC **106** Jo*
El BIA **53** 455

313 Chaldaea
41 BAN **10** 434 Jo*
46 UC **106** Jo*
48 MPC 169 Kh. MPC 106 Ky*. Madrid Bol **3** Nr. 8, MPC 97 Ma*. MPC 87, 133 Ni*. MPC 167 Sn. MPC 182 Tk*

314 Rosalia
41 BAN **10** 434 Jo*
Eph (1948/49) NAZ **2** 27

316 Goberta
45 MPC 82 Tk*
48 MPC 177 Ni*. MPC 183 Tk*

317 Roxane
42 UC **105** Jo*
45 MPC 80, 81 Tk*
46 UC **106** Jo*

318 Magdalena
41 BAN **10** 434 Jo*
42 UC **105** Jo*
48 MPC 147 Jo*
Eph La Plata Circ Nr. **3**, MPC 185

321 Florentina
44 BAN **10** 437, MPC 155 Jo*
48 MPC 171, 172 Fl*. MPC 108 Jo*

322 Phaeo
41 BAN **10** 434 Jo*
46 UC **106** Jo*. Madrid Bol **3** Nr. 6 Ma*. BAB **4** 29[2]) Uc
48 MPC 60 Br. MPC 105 Ky*. TAB (2) 6 To*

324 Bamberga
41 BAN **10** 434 Jo*
42 UC **105** Jo*
47 UC **107** Jo. MPC 76 Ky*. MPC 175 Si*

325 Heidelberga
46 UC **106** Jo*

327 Columbia
44 BAN **10** 437, MPC 155, 156 Jo*
48 MPC 108 Jo*

328 Gudrun
44 MPC 159 Tk*

329 Svea
44 MPC 158 Tk*
48 MPC 199 Ni*. MPC 184 Tk*

331 Etheridgea
41 BAN **10** 434 Jo*
46 UC **106** Jo*

332 Siri
44 BAN **10** 437, MPC 155 Jo*
48 MPC 171[3]) Fl*. MPC 105 Jo*. MPC 169 Ky*. MPC 134 Ni*

333 Badenia
41 BAN **10** 434 Jo*
45 MPC 82, 88 Tk*
46 UC **106** Jo
47 UC **107** Jo*
48 MPC 201 Ni*

---

[1]) Berichtigung in MPC 203.
[2]) δ um —1° zu korrigieren.
[3]) Berichtigung in MPC 297.
[4]) Berichtigung in MPC 204.

334 Chicago
48 MPC 192, 193 Ni*

335 Roberta
42 UC 105 Jo*
45 MPC 80 Tk*
46 UC 106 Jo*

336 Lacadiera
42 UC 105 Jo*
46 BAB 4 29 Uc

337 Devosa
42 UC 105 Jo*
43 BAN 10 436 Jo*
46 UC 106 Jo*
47 Madrid Bol 3 Nr. 7, MPC 96, Urania Barc. 32 179 Ma*. MPC 175[3]) Si*. BAB 4 56 Uc

338 Budrosa
41 BAN 10 434 Jo*
46 UC 106 Jo*

339 Dorothea
48 MPC 169 Ky*. MPC 134[4]) Ni*. MPC 113 Uc

340 Eduarda
46 UC 106 Jo*
47 BAB 4 56 Uc

341 California
Eph (1948/49) NAZ 2 27

342 Endymion
44 BAN 10 437, MPC 153 Jo*
45 MPC 83, 88 Tk*
48 MPC 135 Ni*

343 Ostara
44 BAN 10 437, MPC 156, 157 Jo*
48 MPC 199 Ni*. MPC 184 Tk*

345 Tercidina
41 BAN 10 434 Jo*
44 BAN 10 437, MPC 153 Jo*. MPC 151 Wü
45 MPC 83, 84, 85, 88 Tk*
47 UC 107 Jo*. Madrid Bol 3 Nr. 7, MPC 96, Urania Barc. 32 179 Ma*

346 Hermentaria
42 UC 105 Jo*
47 UC 107 Jo[2]). TAB (2) 2 To*

347 Pariana
41 BAN 10 434 Jo*
47 MPC 128 Al*. BAB 4 56 Uc

348 May
41 BAN 10 434 Jo*
42 UC 105 Jo*
45 MPC 81 Tk*
47 UC 107 Jo*
48 MPC 200 Ni*

349 Dembowska
41 BAN 10 434 Jo*
46 UC 106 Jo*. MPC 118 Sn
47 MPC 128 Al*. MPC 60 Br. MPC 76 Ky*. TAB (2) 2 To*
El BIA 53 455

351 Yrsa
41 BAN 10 434 Jo*
46 UC 106 Jo*

352 Gisela
45 MPC 80 Tk*
46 UC 106 Jo*
47 MPC 128 Al*

353 Ruperto-Carola
41 BAN 10 434 Jo*

354 Eleonora
40 MPC 93 At
45 MPC 81 Tk*
46 Madrid Bol 3 Nr. 6 Ma*. MPC 117 Sn
47 MPC 76 Ky*. MPC 109 LP. MPC 65 SF. MPC 122, Publ Chile Nr. 5 Sn

355 Gabriella
42 JO 31 206 Al. UC 105 Jo*. MPC 62 So*
44 MPC 159 Tk*
48 MPC 184 Tk*

356 Liguria
41 BAN 10 434 Jo*
46 UC 106 Jo*. BAB 4 29 Uc
48 MPC 106 Ky*. MPC 68, 69 Ni*

358 Apollonia
42 MPC 62 So*
44 BAN 10 437, MPC 156 Jo*
47 UC 107 Jo*
48 MPC 146 Jo*. MPC 160 Ni*

359 Georgia
44 BAN 10 437, MPC 156 Jo*
48 MPC 146 Jo*

360 Carlova
42 UC 105 Jo*
45 MPC 81, 82 Tk*
47 UC 107 Jo*

361 Bononia
41 BAN 10 434 Jo*
42 UC 105 Jo*
44 BAN 10 437, MPC 156 Jo*
45 MPC 84 Tk*
48 MPC 134 Ni*. MPC 182 Tk*. MPC 112 Uc

362 Havnia
47 MPC 75 Ky*
48 MPC 147 Jo*

363 Padua
44 BAN 10 437, MPC 152 Jo*
48 MPC 169 Ky*. MPC 134 Ni*. MPC 113 Uc*

364 Isara
44 MPC 151 Wü
47 UC 107 Jo*

365 Corduba
45 MPC 82 Tk*

366 Vincentina
43 MPC 63 So*
48 MPC 105, 106 Ky*. MPC 132, 133 Ni*. MPC 111 Uc

367 Amicitia
43 BAN 10 436 Jo*
46 UC 106 Jo*

368 Haidea
48 MPC 200 Ni*

369 Aëria
48 MPC 129 Al*. NAZ 2 8 He*. MPC 87 Ni*. MPC 112 Uc

371 Bohemia
42 UC 105 Jo*
44 MPC 64, 149, 150 So*
47 UC 107 Jo*. MPC 109 LP
48 MPC 192 Ni*

372 Palma
43 BAN 10 436 Jo*
46 BAB 4 30[1]) Uc

[1]) Irrtümlich als 872 Holda bezeichnet.
[2]) Druckfehler, statt 364 lies 346.
[3]) Berichtigung in MPC 297.
[4]) Berichtigung in MPC 204.

373 Melusina
48 MPC 177, 199 Ni*. MPC 194 Oa*. MPC 194 Tucson
Eph (1949/50) MPC 194
El MPC 194

374 Burgundia
44 MPC 159 Tk*

375 Ursula
41 BAN **10** 434 Jo*
42 UC **105** Jo*
46 BAB **4** 29 Uc
47 UC **107** Jo
48 MPC 172, 173 Fl*. MPC 182, 183 Tk*

376 Geometria
41 BAN **10** 434 Jo*
45 MPC 83, 85, 88 Tk*
47 Madrid Bol **3** Nr. 7, MPC 96, Urania Barc. **32** 178 Ma*
48 Astr Circ USSR Nr. **80** 7 Ki. MPC 198 Ni*

377 Campania
41 BAN **10** 434 Jo*
46 BAB **4** 29 Uc
48 MPC 106 Ky*
El JO **30** 66

378 Holmia
42 UC **105** Jo*
44 MPC 64, 148 So*
48 MPC 182, 183 Tk*

379 Huenna
41 BAN **10** 434 Jo*
46 UC **106** Jo*
47 UC **107** Jo*
48 MPC 200, 201 Ni*

380 Fiducia
44 BAN **10** 437, MPC 153 Jo*
45 MPC 85, 89 Tk*
48 MPC 172 Fl*. MPC 108 Jo*. Madrid Bol **3** Nr. 8 Ma*. MPC 107, 160 Ni*

381 Myrrha
42 UC **105** Jo*
El u. Bahnverbess. Mem SA It (NS) **17** Nr. 3 = Contr. Oss. Astr. Torino (NS) Nr. **9**

382 Dodona
46 BAB **4** 29 Uc
47 BAB **4** 56 Uc

383 Janina
45 MPC 82 Tk*
47 UC **107** Jo*

384 Burdigala
42 UC **105** Jo*
43 BAN **10** 436 Jo*
46 BAB **4** 27 Uc*

385 Ilmatar
44 MPC 158 Tk*. MPC 151 Wü
47 TAB (2) 2 To*
48 MPC 147 Jo*

386 Siegena
48 MPC 106 Ky*. MPC 133 Ni*. MPC 182 Tk*
El MPC 195

387 Aquitania
48 MPC 128, 129 Al*. MPC 132, 133 Ni*

388 Charybdis
42 UC **105** Jo*

389 Industria
41 BAN **10** 434 Jo*
46 UC **106** Jo*
47 MPC 60 Br. BAB **4** 56 Uc

390 Alma
46 UC **106** Jo*
48 MPC 183 Tk*

391 Ingeborg
47 MPC 176 Si*. MPC 174 Tu*

392 Wilhelmina
41 BAN **10** 434 Jo*

393 Lampetia
45 MPC 85, 89 Tk*

394 Arduina
44 BAN **10** 437, MPC 156 Jo*
48 MPC 169 Ky*. MPC 134 Ni*
Eph NAZ **1** 37

395 Delia
44 BAN **10** 437, MPC 156 Jo*
Eph (1947) Madrid Bol **3** Nr. 6
48 MPC 108 Jo*. MPC 190 YC*

396 Aeolia[1])
42 UC **105** Jo*
48 MPC 200 Ni*

397 Vienna
44 BAN **10** 437, MPC 153 Jo*
45 MPC 84, 85 Tk*

399 Persephone
Id mit 1948 CC MPC 148

401 Ottilia
46 UC **106** Jo*
47 BAB **4** 56 Uc

402 Chloë
41 BAN **10** 434 Jo*
48 MPC 129 Al*. MPC 106 Ky*. MPC 69 Ni*

403 Cyane
42 UC **105** Jo*
44 MPC 159 Tk*
47 UC **107** Jo*
48 MPC 176 Ni*. MPC 182 Tk*

404 Arsinoë
41 BAN **10** 434 Jo*

406 Erna
43 MPC 63 So*
44 BAN **10** 437, MPC 152 Jo*
45 MPC 84 Tk*

407 Arachne
41 BAN **10** 434 Jo*
48 MPC 129 Al*. MPC 68 Ni*

408 Fama
44 BAN **10** 438, MPC 152 Jo*
48 MPC 133 Ni*

409 Aspasia
40 MPC 44 Ni*
42 JO **31** 206 Al
43 BAN **10** 436 Jo*
44 MPC 159 Tk*
47 MPC 75 Ky*. MPC 121, Publ Chile Nr. 4 Sn. TAB (2) 2 To*
48 Astr Circ USSR Nr. 80 Ki. MPC 182, 183 Tk*

410 Chloris
42 JO **31** 207 Al
47 UC **107** Jo*

411 Xanthe
48 MPC 146 Jo*

412 Elisabetha
44 BAN **10** 438, MPC 156 Jo*
48 MPC 129 Al*. MPC 146 Jo*

---

[1]) Berichtigung zu MPC 51 in MPC 203, 297.

Eph La Plata Circ Nr. **3**, MPC 185

413 Edburga

44 BAN **10** 438, MPC 154 Jo*. MPC 151 Wü

48 MPC 170 Ky*. MPC 135 Ni*

414 Liriope

44 BAN **10** 438, MPC 153 Jo*

416 Vaticana

44 MPC 159 Tk*

417 Suevia

45 MPC 85, 89 Tk*

418 Alemannia

41 BAN **10** 434 Jo*

46 UC **106** Jo*

419 Aurelia

45 MPC 80 Tk*

46 UC **106** Jo*

420 Bertholda

46 UC **106** Jo*

48 MPC 192, 193 Ni*

422 Berolina

42 UC **105** Jo*

45 MPC 83 Tk*

46 Madrid Bol **3** Nr. 6 Ma*

423 Diotima

42 JO **31** 207 Al. UC **105** Jo*

48 MPC 129 Al*. MPC 146 Jo*

Eph La Plata Circ Nr. **3**, MPC 185, Pop Astr **56** 319

424 Gratia

41 BAN **10** 434 Jo*

48 MPC 105, 106 Ky*. MPC 132, 133 Ni*. MPC 136 Ni. TAB (2) 6[1]) To*

Id mit 1948 DB MPC 148

425 Cornelia

42 UC **105** Jo*

43 BAN **10** 436 Jo*

47 MPC 174 Tu*

426 Hippo

41 BAN **10** 434 Jo*

427 Galene

42 UC **105** Jo*

43 BAN **10** 436 Jo*

48 MPC 147 Jo*. MPC 198 Ni*

El BIA **53** 455

428 Monachia

42 UC **105** Jo*

429 Lotis

41 BAN **10** 434 Jo*

42 UC **105** Jo*

46 UC **106** Jo*

47 MPC 175 Si*. BAB **4** 56 Uc

431 Nephele

46 UC **106** Jo*. BAB **4** 29 Uc

432 Pythia

47 MPC 109 LP

433 Eros

42 UC **105** Jo*. TAB (2) 2 To*

44/45 Mem SA It (NS) **19** 191—193 Teramo

47 UC **107** Jo*. TAB (2) 2 To*

434 Hungaria

44 MPC 151 Wü

46 BAB **4** 27 Uc*

47 MPC 109 LP

435 Ella

44 MPC 158 Tk*. MPC 151 Wü

48 MPC 200 Ni*. MPC 184 Tk*

437 Rhodia

42 UC **105** Jo*

438 Zeuxo

42 UC **105** Jo*

45 MPC 81, 82 Tk*

46 UC **106** Jo*

439 Ohio

48 MPC 200 Ni*

440 Theodora

46 UC **106** Jo*

441 Bathilde

43 BAN **10** 436 Jo*

48 MPC 135 Ni*

Eph (1949) MPC 195

442 Eichsfeldia

43 BAN **10** 436 Jo*

46 BAB **4** 29 Uc

47 UC **107** Jo*. Madrid Bol **3** Nr. 7, MPC 96, Urania Barc. **32** 179 Ma*. MPC 175 Si*. BAB **4** 56 Uc

443 Photographica[2])

45 MPC 80 Tk*

444 Gyptis

41 BAN **10** 434 Jo*

45 MPC 82, 88 Tk*

46 BAB **4** 29[3]) Uc

47 MPC 76 Ky*

447 Valentine

44 BAN **10** 438, MPC 153 Jo*

46 Madrid Bol **3** Nr. 6 Ma*

448 Natalie

42 UC **105** Jo*

48 MPC 146 Jo*

449 Hamburga[4])

43 BAN **10** 436 Jo*

46 UC **106** Jo*. BAB **4** 27 Uc*. BAB **4** 29 Uc

451 Patientia

47 MPC 76 Ky*

453 Tea

46 UC **106** Jo*

454 Mathesis

43 BAN **10** 436 Jo*

47 UC **107** Jo*

455 Bruchsalia

48 MPC 146 Jo*

456 Abnoba

46 UC **106** Jo*

48 MPC 192 Ni*. MPC 184 Tk*

458 Hercynia

41 BAN **10** 434 Jo*

46 UC **106** Jo*

47 MPC 76[5]) Ky* (?)

459 Signe

48 MPC 68 Ni*

460 Scania

44 BAN **10** 438, MPC 154 Jo*

48 MPC 135 Ni*

461 Saskia

41 MPC 60, 61 So*

42 UC **105** Jo*

44 MPC 159 Tk*

462 Eriphyla

42 UC **105** Jo*

43 BAN **10** 436 Jo*

48 MPC 147 Jo*

---

[1]) Mit Tokio I bezeichnet.
[2]) Berichtigung zu MPC 51 in MPC 203.
[3]) Position fehlerhaft.
[4]) Id mit 1947 OA.
[5]) Vgl. MPC 203.

464 Megaira
48 MPC 129 Al*. MPC 132 Ni*
465 Alekto
41 BAN **10** 434 Jo*
46 UC **106** Jo*
48 MPC 201 Ni*
467 Laura
Eph (1947) Madrid Bol **3** Nr. 6
468 Lina
41 BAN **10** 434 Jo*. MPC 60, 61 So*
42 UC **105** Jo*
48 MPC 147 Jo*. MPC 198 Ni*
469 Argentina
42 UC **105** Jo*
47 UC **107** Jo*
470 Kilia
42 UC **105** Jo*
44 MPC 64, 149 So*
46 UC **106** Jo*
471 Papagena
48 MPC 128 Al*. MPC 132 Ni*
472 Roma
46 UC **106** Jo*
48 MPC 128 Al*. MPC 68, 132 Ni*
474 Prudentia
48 MPC 170 Ky*. Madrid Bol **3** Nr. 8 Ma*. MPC 160 Ni*. MPC 113 Uc
475 Ocllo
47 UC **107** Jo. MPC 109 LP
476 Hedwig
44 MPC 151 Wü
47 Madrid Bol **3** Nr. 7, MPC 96, Urania Barc. **32** 178 Ma*
48 MPC 146 Jo*. MPC 190 YC*
477 Italia
46 UC **106** Jo*
478 Tergeste
41 BAN **10** 434 Jo*
48 Astr Circ USSR Nr. 80 Ki. MPC 182 Tk*
479 Caprera
41 BAN **10** 434 Jo*
48 MPC 112 Uc
480 Hansa
44 BAN **10** 438, MPC 153 Jo*. MPC 151 Wü
48 MPC 171, 172 Fl*. MPC 104 Jo*. MPC 135 Ni*
481 Emita
41 BAN **10** 434 Jo*
44 BAN **10** 438, MPC 153 Jo*
46 Madrid Bol **3** Nr. 6 Ma*. MPC 119 Sn
48 MPC 113 Uc
482 Petrina
48 MPC 129 Al*
483 Seppina
48 MPC 129 Al*. MPC 160 Ni*
Eph La Plata Circ Nr. **3**, MPC 185
484 Pittsburghia
42 UC **105** Jo*
45 MPC 81 Tk*
46 UC **106** Jo*
485 Genua
45 MPC 84 Tk*
47 Madrid Bol **3** Nr. 7, MPC 96, Urania Barc. **32** 178 Ma*
Eph Madrid Bol **3** Nr. 6
486 Cremona
42 UC **105** Jo*
487 Venetia
41 BAN **10** 434 Jo*
48 MPC 128¹) Al*
488 Kreusa
42 UC **105** Jo*
47 UC **107** Jo*
489 Comacina
41 BAN **10** 434 Jo*. MPC 62 So*
45 MPC 82 Tk*
48 MPC 193 Ni*
490 Veritas
41 BAN **10** 434 Jo*
46 UC **106** Jo*
48 MPC 200, 201 Ni*. MPC 184 Tk*
491 Carina
46 BAB **4** 29 Uc
492 Gismonda
47 BAB **4** 56 Uc
494 Virtus
42 UC **105** Jo*
47 UC **107** Jo*
495 Eulalia
44 BAN **10** 438, MPC 153 Jo*
45 MPC 84, 85 Tk*
Eph (1947) Madrid Bol **3** Nr. 6
48 MPC 108 Jo*. MPC 160 Ni*
496 Gryphia
46 BAB **4** 29 Uc
47 UC **107** Jo*
497 Iva
43 MPC 63 So*
498 Tokio
45 MPC 84, 85 Tk*
47 BAB **4** 56 Uc
48 MPC 169 Ky*. MPC 107 Ni*
499 Venusia
43 MPC 63 So*
47 UC **107** Jo*
48 MPC 199 Ni*. MPC 184 Tk*
500 Selinur
41 MPC 64 So*
43 BAN **10** 436 Jo*
46 BAB **4** 29 Uc
47 UC **107** Jo*
48 MPC 200 Ni*
503 Evelyn
41 BAN **10** 434 Jo*
48 MPC 105, 106 Ky*. MPC 132, 133 Ni*. MPC 136 Ni. TAB (2) 6²) To*
Id mit 1948 DA MPC 148
505 Cava
41 BAN **10** 434 Jo*
46 UC **106** Jo*
47 MPC 65 SF
506 Marion
42 UC **105** Jo*
507 Laodica
44 BAN **10** 438, MPC 154 Jo*
45 MPC 83, 88 Tk*
508 Princetonia
42 JO **31** 207 Al
43 BAN **10** 436 Jo*
45 MPC 85, 89 Tk*

¹) Berichtigung in MPC 297.
²) Mit Tokio H bezeichnet.

Eph (1948) La Plata Circ Nr. **2**, MPC 185

509 Iolanda
41 BAN **10** 434 Jo*
46 UC **106** Jo*. BAB **4** 29 Uc
47 BAB **4** 56 Uc
48 MPC 200 Ni*

510 Mabella
41 BAN **10** 434 Jo*

511 Davida
43 BAN **10** 436 Jo*
47 MPC 75 Ky*. MPC 121, Publ Chile Nr. **4** Sn. TAB (2) 2 To*
48 MPC 129 Al*. MPC 170 Ky*. Madrid Bol **3** Nr. 8 Ma*. MPC 160 Ni*. MPC 163 SF. MPC 113 Uc
Eph NAZ **1** 37, Pop Astr **56** 268

513 Centesima
44 BAN **10** 438, MPC 154 Jo*
45 MPC 83, 88 Tk*
48 MPC 106 Ky*. MPC 133 Ni*

514 Armida
46 BAB **4** 29 Uc

516 Amherstia
47 MPC 76 Ky*. MPC 176 Si*

517 Edith
41 BAN **10** 434 Jo*
46 UC **106** Jo*
47 UC **107** Jo*. MPC 109 LP
48 MPC 200 Ni*. MPC 184 Tk*

519 Sylvania
44 BAN **10** 438, MPC 152 Jo*

521 Brixia
42 UC **105** Jo*
43 BAN **10** 436 Jo*
48 MPC 190 Jo*

522 Helga
41 BAN **10** 434 Jo*
42 UC **105** Jo*
44 MPC 64, 148 So*
48 MPC 146 Jo*

523 Ada
45 MPC 80 Tk*
48 MPC 183 Tk*

524 Fidelio
44 BAN **10** 438, MPC 155 Jo*
47 UC **107** Jo*
48 MPC 146 Jo*

526 Jena
46 Madrid Bol **3** Nr. 6[1]) Ma*
48 MPC 134 Ni*. MPC 182 Tk*

527 Euryanthe
41 BAN **10** 434 Jo*
Id mit 1948 EF MPC 148

528 Rezia
42 JO **31** 207 Al. UC **105** Jo*
48 MPC 107 Ni*
Eph La Plata Circ Nr. **2**, MPC 185

529 Preziosa
46 BAB **4** 29 Uc

530 Turandot
46 UC **106** Jo*

532 Herculina
46 UC **106** Jo*
47 UC **107** Jo*. MPC 76 Ky*. MPC 122, Publ Chile Nr. **5** Sn
48 MPC 188 Sn

533 Sara
41 BAN **10** 434 Jo*
45 MPC 82 Tk*
46 UC **106** Jo*. BAB **4** 30 Uc
48 MPC 201 Ni*

534 Nassovia
44 BAN **10** 438, MPC 154 Jo*
45 MPC 83, 84, 88 Tk*

535 Montague
41 BAN **10** 434 Jo*
45 MPC 82 Tk*
47 BAB **4** 56 Uc

537 Pauly
46 BAB **4** 30 Uc
47 UC **107** Jo*

538 Friederike
42 UC **105** Jo*
48 MPC 108 Jo*

539 Pamina
44 BAN **10** 438, MPC 152 Jo*

540 Rosamunde
44 MPC 158 Tk*
47 BAB **4** 56 Uc

541 Deborah
41 BAN **10** 434 Jo*

542 Susanna
42 JO **31** 207 Al
48 MPC 160 Ni*

543 Charlotte
41 BAN **10** 434 Jo*
46 UC **106** Jo*
47 JO **31** 207 Al

544 Jetta
41 BAN **10** 434 Jo*
48 MPC 129 Al*. MPC 68, 132 Ni*

545 Messalina
42 UC **105** Jo*
43 BAN **10** 436 Jo*

546 Herodias
46 BAB **4** 30 Uc
48 Madrid Bol **3** Nr. 8, MPC 97 Ma*. MPC 87 Ni*. MPC 112 Uc

548 Kressida
44 BAN **10** 438, MPC 153 Jo*
48 MPC 146 Jo*
Eph (1949) MPC 195

549 Jessonda
48 MPC 201 Ni*

550 Senta
45 MPC 83, 88 Tk*

551 Ortrud
41 MPC 64 So*
42 UC **105** Jo*
43 BAN **10** 436 Jo*
48 MPC 108 Jo*

552 Sigelinde
41 BAN **10** 434 Jo*
46 UC **106** Jo*
47 UC **107** Jo*. MPC 174 Tu*
Eph (1948) La Plata Circ Nr. **4**, MPC 185

554 Peraga
42 UC **105** Jo*. MPC 62 So*
43 BAN **10** 436 Jo*
46 UC **106** Jo*
47 UC **107** Jo*

556 Phyllis
41 BAN **10** 434 Jo*
48 MPC 111 Uc

557 Violetta
44 BAN **10** 438, MPC 153 Jo*
45 MPC 83 Tk*

[1]) Irrtümlich als 529 Sena bezeichnet.

558 Carmen

41 BAN 10 434 Jo*

45 MPC 81, 82 Tk*

47 UC 107 Jo*. Madrid Bol 8 Nr. 7, MPC 96, Urania Barc. 32 179 Ma*. BAB 4 56 Uc

48 MPC 201 Ni*

559 Nanon

41 BAN 10 434 Jo*

45 MPC 81, 82 Tk*

46 UC 106 Jo*

561 Ingwelde

Eph (1948) MPC 138

Id mit 1931 TX_3 MPC 107

562 Salome

42 JO 31 207 Al. UC 105 Jo*

48 MPC 147 Jo*

563 Suleika

41 BAN 10 434 Jo*

45 MPC 82, 88 Tk*

46 UC 106 Jo*

47 UC 107 Jo*. MPC 76 Ky*. MPC 109 LP. MPC 65 SF

564 Dudu

46 UC 106 Jo*

565 Marbachia

47 UC 107 Jo*

48 MPC 183 Tk*

566 Stereoskopia

42 JO 31 207 Al. UC 105 Jo*

43 BAN 10 436 Jo*

48 MPC 171 Fl*. MPC 104 Jo*. MPC 107 Ni*

567 Eleutheria

44 BAN 10 438, MPC 154 Jo*

568 Cheruskia

43 BAN 10 436 Jo*

48 MPC 108 Jo*. MPC 160 Ni*

569 Misa

42 UC 105 Jo*. MPC 62 So*

48 MPC 147 Jo*

570 Kythera

42 UC 105 Jo*

43 BAN 10 436 Jo*

48 MPC 108 Jo*. MPC 135 Ni*

571 Dulcinea

42 UC 105 Jo*

572 Rebekka

41 BAN 10 434 Jo*

46 BAB 430 Uc

573 Recha

41 BAN 10 434 Jo*

575 Renate

48 MPC 111, 112 Uc

576 Emanuela

41 BAN 10 434 Jo*

46 UC 106 Jo*

577 Rhea

48 MPC 146 Jo*

578 Happelia

41 BAN 10 434 Jo*

579 Sidonia

41 BAN 10 434 Jo*

47 MPC 77[1]) Ky*. TAB (2) 2 To*

580 Selene

42 JO 31 207 Al

45 MPC 85, 89 Tk*

582 Olympia

46 UC 106 Jo*

583 Klotilde

42 UC 105 Jo*

43 BAN 10 436 Jo*

44 MPC 158 Tk*

45 MPC 85, 86 Tk*

48 MPC 108 Jo*

584 Semiramis

44 BAN 10 438, MPC 152 Jo*

48 MPC 147 Jo*. Astr Circ USSR Nr. 80 Ki. MPC 198 Ni*

585 Bilkis

41 BAN 10 434 Jo*

48 MPC 107 Ni*

586 Thekla

44 BAN 10 438, MPC 153 Jo*

46 BAB 4 30 Uc

589 Croatia[2])

45 MPC 82, 88 Tk*

590 Tomyris

44 BAN 10 438, MPC 155 Jo*

591 Irmgard

42 UC 105 Jo*

48 MPC 201 Ni*

592 Bathseba

48 MPC 182 Tk*

Id mit 1948 EB MPC 148

593 Titania

42 UC 105 Jo*

595 Polyxena

46 UC 106 Jo*

47 UC 107 Jo*. MPC 109 LP

48 MPC 177, 199 Ni*. MPC 184 Tk*

596 Scheila

42 UC 105 Jo*

597 Bandusia

41 BAN 10 434 Jo*

45 MPC 82, 88 Tk*

46 UC 106 Jo*

598 Octavia

44 BAN 10 438, MPC 153 Jo*

48 MPC 107 Ni*

599 Luisa

48 MPC 146 Jo*

600 Musa

41 BAN 10 434 Jo*

48 MPC 132 Ni*

602 Marianna

46 UC 106 Jo*

47 NAZ 2 3, 4 He*. MPC 76 Ky*. Madrid Bol 8 Nr. 7, MPC 96, Urania Barc. 32 179 Ma*. BAB 4 56 Uc

603 Timandra

Eph (1947) Madrid Bol 8 Nr. 6

604 Tekmessa

41 BAN 10 434 Jo*

42 UC 105 Jo*

45 MPC 80 Tk*

46 UC 106 Jo*

48 MPC 147 Jo*

605 Juvisia

47 NAZ 2 4 He*

Id mit 1931 RY MPC 69

606 Brangäne

42 UC 105 Jo*

43 BAN 10 436 Jo*

607 Jenny

45 MPC 85, 89 Tk*

609 Fulvia

42 UC 105 Jo*

44 MPC 158 Tk*

---

[1]) Berichtigung in MPC 203.

[2]) Id mit 1947 RA MPC 204.

611 Valeria

45 MPC 82 Tk*
47 Madrid Bol **3** Nr. 7, MPC 96, 97, Urania Barc. **32** 179 Ma*. MPC 175 Si*

613 Ginevra

48 MPC 105, 106 Ky*. MPC 68, 69 Ni*. MPC 111 Uc

615 Roswitha

44 MPC 158 Tk*

618 Elfriede

48 MPC 128 Al*

619 Triberga

46 Madrid Bol **3** Nr. 6 Ma*
48 MPC 133 Ni*

620 Drakonia

47 UC **107** Jo*
48 MPC 201 Ni*

622 Esther

43 BAN **10** 436 Jo*
45 MPC 80, 81 Tk*
46 UC **106** Jo*
47 Madrid Bol **3** Nr. 7, MPC 96, Urania Barc. **32** 179 Ma*. MPC 175 Si*. BAB **4** 56 Uc

623 Chimaera

47 UC **107** Jo*

624 Hektor

48 MPC 198 Ni*

625 Xenia

42 JO **31** 207 Al
43 BAN **10** 436 Jo*
46 BAB **4** 30 Uc
47 MPC 174 Tu*. BAB **4** 56 Uc
48 MPC 201 Ni*

626 Notburga

48 MPC 105 Ky*

628 Christine

41 BAN **10** 434 Jo*
45 MPC 82 Tk*
46 UC **106** Jo*
48 MPC 128 Al. MPC 60 Br

629 Bernardina

41 BAN **10** 434 Jo*
46 BAB **4** 30 Uc
47 UC **107** Jo*

630 Euphemia

48 MPC 201 Ni*

632 Pyrrha

46 UC **106** Jo*

633 Zelima

44 BAN **10** 438, MPC 154 Jo*

636 Erika

48 MPC 171, 172 Fl*

638 Moira

48 MPC 146 Jo*. MPC 198 Ni*

639 Latona

41 MPC 64 So*
42 JO **31** 207 Al. UC **105** Jo*
43 BAN **10** 436 Jo*
44 MPC 151 Wü
48 MPC 104 Jo*

640 Brambilla

48 MPC 201 Ni*
Eph (1948/49) NAZ **2** 27

642 Clara

41 BAN **10** 434 Jo*
47 BAB **4** 56 Uc

643 Scheherezade

42 UC **105** Jo*
48 MPC 108 Jo*

644 Cosima

44 BAN **10** 438, MPC 155 Jo*
48 MPC 146 Jo*. MPC 135 Ni*

645 Agrippina

41 BAN **10** 434 Jo*

647 Adelgunde

44 BAN **10** 438, MPC 152 Jo*

648 Pippa

46 UC **106** Jo*

650 Amalasuntha

Eph (1949) MPC 178

651 Antikleia

42 UC **105** Jo*
48 MPC 147 Jo*

652 Jubilatrix

44 MPC 64, 149, 150 So*
47 UC **107** Jo*

653 Berenike

42 UC **105** Jo*
Eph (1948) La Plata Circ Nr. 4, MPC 185

654 Zelinda

44 BAN **10** 438, MPC 155 Jo*
47 UC **107** Jo*
48 MPC 183 Tk*

655 Briseïs

42 UC **105** Jo*
45 MPC 80 Tk*

656 Beagle

42 JO **31** 207 Al
43 BAN **10** 436 Jo*
44 BAN **10** 438, MPC 156 Jo*

657 Gunlöd

47 UC **107** Jo*
48 MPC 183 Tk*

658 Asteria

44 BAN **10** 438, MPC 155 Jo*
48 MPC 108 Jo*

659 Nestor

43 MPC 63 So*

660 Crescentia

46 UC **106** Jo*. BAB **4** 30 Uc
47 MPC 77[1]) Ky*
48 MPC 128 Al*. MPC 60 Br

661 Cloelia

41 BAN **10** 434 Jo*
45 MPC 88[2]) Tk*

662 Newtonia

41 BAN **10** 435 Jo*

663 Gerlinde

46 BAB **4** 30 Uc
48 MPC 201 Ni*

664 Judith

48 MPC 198 Ni*

665 Sabine

41 BAN **10** 435 Jo*
47 UC **107** Jo*

666 Desdemona

48 MPC 133 Ni*. MPC 111 Uc

667 Denise

43 BAN **10** 436 Jo*

670 Ottegebe

41 BAN **10** 435 Jo*
48 MPC 133 Ni*

672 Astarte

48 MPC 104 Jo*

673 Edda

41 BAN **10** 435 Jo*

---

¹) Berichtigung in MPC 203.
²) Irrtümlich als 201 Penelope bezeichnet MPC 203.

48 MPC 132 Ni*
Eph (1949) u. El Accad. Lincei (8) **1** 949, La Plata Circ Nr. **5**

674 Rachele
41 BAN **10** 435 Jo*
42 UC **105** Jo*
45 MPC 81, 82 Tk*
46 UC **106** Jo*
47 UC **107** Jo*
Eph (1948) Pop Astr **56** 430

675 Ludmilla
42 JO **31** 207 Al
44 BAN **10** 438, MPC 153 Jo*
45 MPC 83, 84 Tk*
48 MPC 104 Jo*. MPC 135 Ni*

676 Melitta
42 TAB (2) 2 To*
43 BAN **10** 436 Jo*
48 MPC 198 Ni*

677 Aaltje
41 BAN **10** 435 Jo*

678 Fredegundis
44 BAN **10** 438, MPC 155 Jo*

679 Pax
45/46 MPC 116 Sn

683 Lanzia
41 BAN **10** 435 Jo*

684 Hildburg
47 UC **107** Jo* (?)

686 Gersuind
42 UC **105** Jo*
46 UC **106** Jo*

689 Zita
44 BAN **10** 438, MPC 154 Jo*
48 MPC 193 Ni*

690 Wratislavia
41 BAN **10** 435 Jo*
46 UC **106** Jo*
47 UC **107** Jo*. MPC 75 Ky*. MPC 109 LP
48 MPC 183 Tk* (?)
El MPC 196

691 Lehigh
44 BAN **10** 438, MPC 154, 155 Jo*
45 MPC 84 Tk*

692 Hippodamia
Vgl. 1941 HK

693 Zerbinetta
44 BAN **10** 438, MPC 157 Jo*

694 Ekard
48 MPC 187 At. Astr Circ USSR Nr. 80 8 Ki
Eph Pop Astr **56** 379

695 Bella
45 MPC 83, 88 Tk*

696 Leonora
42 UC **105** Jo*

697 Galilea
41 BAN **10** 435 Jo*
45 MPC 82, 88 Tk*
47 BAB **4** 56 Uc

699 Hela[1])

701 Oriola
41 BAN **10** 435 Jo*
47 BAB **4** 56 Uc
48 MPC 192 Ni*. MPC 184 Tk*

702 Alauda
44 BAN **10** 438, MPC 155 Jo*
47 Madrid Bol **3** Nr. 7, MPC 96, Urania Barc. **32** 178 Ma*
48 MPC 129 Al*. MPC 104 Jo*
Eph MPC 185

704 Interamnia
41 BAN **10** 435 Jo*
46 UC **106** Jo*
47 MPC 75 Ky*
Eph (1948/49) Pop Astr **56** 541

705 Erminia
45 MPC 85 Tk*

706 Hirundo[2])
41 BAN **10** 435 Jo*
46 BAB **4** 80[3]) Uc

707 Steïna
45 MPC 84 Tk*
48 MPC 147 Jo*. MPC 198 Ni*

708 Raphaela
42 JO **31** 207 Al. UC **105** Jo*
43 BAN **10** 436 Jo*
44 MPC 159 Tk*
48 MPC 199 Ni*. MPC 183 Tk*

709 Fringilla
43 BAN **10** 436 Jo*
El MPC 195

712 Boliviana
46 UC **106** Jo*
47 MPC 65 SF. MPC 142, 165 Sn

713 Luscinia
45 MPC 85 Tk*

714 Ulula
44 MPC 151 Wü
48 MPC 176 Ni* (?)

716 Berkeley
44 BAN **10** 438, MPC 156 Jo*

717 Wisibada
Eph (1948) NAZ (v M) 26

718 Erida
42 UC **105** Jo*

720 Bohlinia
44 BAN **10** 438, MPC 153 Jo*
48 MPC 128 Al
Eph MPC 185
El u. Eph (1949) Accad. Lincei (8) **1** 949, La Plata Circ Nr. **5**

721 Tabora
42 UC **105** Jo*
45 MPC 85, 89 Tk*

723 Hammonia
41 BAN **10** 435 Jo*

725 Amanda
48 MPC 177 Ni*

726 Joëlla
48 MPC 193 Ni* (?)

727 Nipponia
45 MPC 80, 81 Tk*
47 UC **107** Jo*. MPC 175 Si*

728 Leonisis
Id mit 1931 TZ_3 MPC 107

729 Watsonia
41 BAN **10** 435 Jo*

731 Sorga
42 JO **31** 207 Al
44 BAN **10** 438, MPC 154 Jo*
45 MPC 84 Tk*

732 Tjilaki
44 MPC 158 Tk*
48 MPC 184 Tk*

734 Benda
44 BAN **10** 438, MPC 154 Jo*
48 MPC 182 Tk*

---

[1]) Id mit 1948 KD MPC 209.
[2]) Id mit 1948 AE MPC 203.
[3]) Druckfehler: statt Sept. 27 lies 29. 85606 T. U.

736 Harvard
41 BAN **10** 435 Jo*
44 BAN **10** 438, MPC 153 Jo*
48 MPC 200 Ni*

737 Arequipa
45 MPC 84, 85 Tk*
48 MPC 106 Ky*. Madrid Bol **3** Nr. 8, MPC 97 Ma*. MPC 133 Ni*

738 Alagasta
41 BAN **10** 435 Jo*
45 MPC 80 Tk*
46 UC **106** Jo*. BAB **4** 30 Uc
47 UC **107** Jo*
48 MPC 177, 200 Ni*

739 Mandeville
46 UC **106** Jo*
47 MPC 109 LP

740 Cantabia
41 BAN **10** 435 Jo*
45 MPC 81 Tk*
47 UC **107** Jo*
48 MPC 200 Ni*

741 Botolphia
41 BAN **10** 435 Jo*
45 MPC 83 Tk*

742 Edisona
41 BAN **10** 435 Jo*
45 MPC 82 Tk*
46 UC **106** Jo*
47 UC **107** Jo*. MPC 109 LP

743 Eugenisis
42 UC **105** Jo*
47 MPC 109 LP
48 MPC 183 Tk*

744 Aguntina
42 JO **31** 207 Al. UC **105** Jo*

746 Marlu
41 BAN **10** 435 Jo*. MPC 60, 61 So*
48 MPC 184 Tk*

747 Winchester
47 UC **107** Jo*. MPC 175 Si*

749 Malzovia
47 UC **107** Jo*

750 Oskar
Eph (1948) MPC 69

751 Faïna
42 UC **105** Jo*
46 UC **106** Jo*
47 MPC 110 LP. MPC 65 SF

752 Sulamitis
44 BAN **10** 438, MPC 153 Jo*
48 MPC 108 Jo*. MPC 169 Ky*. MPC 135 Ni*

755 Quintilla
42 UC **105** Jo*
43 BAN **10** 436 Jo*

757 Portlandia
44 BAN **10** 438, MPC 155 Jo*
48 Astr Circ USSR Nr. **79** Ka

758 Mancunia
41 BAN **10** 435 Jo*
45 MPC 81 Tk*
48 MPC 190 Jo*

760 Massinga
41 BAN **10** 435 Jo*
47 MPC 175 Si*

762 Pulcova
46 UC **106** Jo*
47 MPC 176 Si*

763 Cupido
43 BAN **10** 436 Jo*

764 Gedania
46 UC **106** Jo*
47 NAZ **2** 3, 4 He*. MPC 77[1])

766 Moguntia
42 JO **31** 207 Al. UC **105** Jo*
44 BAN **10** 438, MPC 156 Jo*

767 Bondia
46 UC **106** Jo*

769 Tatjana
41 BAN **10** 435 Jo*
45 MPC 81, 82 Tk*
46 UC **106** Jo*
47 MPC 176 Si*

772 Tanete
47 UC **107** Jo*. MPC 110 LP
48 MPC 190 Jo*

773 Irmintraud
41 BAN **10** 435 Jo*
46 BAB **4** 30[2]) Uc

774 Armor
44 MPC 158 Tk*
48 MPC 104 Jo*. MPC 169 Ky*
Eph (1949) MPC 195

775 Lumière
44 MPC 64, 149, 150 So*
46 UC **106** Jo*

776 Berbericia
41 BAN **10** 435 Jo*
46 UC **106** Jo*
47 MPC 110 LP

777 Gutemberga
44 BAN **10** 438, MPC 152 Jo*

779 Nina
46 UC **106** Jo*

780 Armenia
44 BAN **10** 438, MPC 155, 156, 157 Jo*
48 MPC 107 Ni*

783 Nora
47 UC **107** Jo*. MPC 175 Si*

784 Pickeringia[3])
42 UC **105** Jo*

785 Zwetana
45 MPC 85, 89 Tk*

786 Bredichina
43 BAN **10** 436 Jo*
48 MPC 107 Ni*

787 Moskva
42 UC **105** Jo*. MPC 62 So*

790 Pretoria
40 MPC 60 So*

791 Ani
45 MPC 80, 81 Tk*

792 Metcalfia
42 UC **105** Jo*
46 UC **106** Jo*
47 NAZ **2** 3, 4 He*

794 Irenaea
41 BAN **10** 435 Jo*

796 Sarita
47 UC **107** Jo*
48 MPC 190 Jo*
Eph Pop Astr **56** 380

797 Montana
41 BAN **10** 435 Jo*
46 BAB **4** 30 Uc
48 MPC 132 Ni*

---

[1]) Berichtigung zu MPC 41. [2]) Irrtümlich als 1001 Gaussia bezeichnet, zweites Datum lies 29.85606.
[3]) Berichtigung zu MPC 9 in MPC 203.

798 Ruth
48 MPC 104 Jo*. MPC 169 Ky*. MPC 134 Ni*
Eph La Plata Circ Nr. 2, MPC 185

799 Gudula
41 BAN 10 435 Jo*
44 BAN 10 438, MPC 153 Jo*
45 MPC 83, 88 Tk*
Id mit 1948 KB MPC 195

800 Kressmannia
48 MPC 146 Jo*

801 Helwerthia
Eph (1949) MPC 195

803 Picka
47 BAB 4 56 Uc
Eph NAZ (v M) 29

804 Hispania
48 MPC 106[1]) Ky*

806 Gyldenia
44 BAN 10 438, MPC 153 Jo*

807 Ceraskia
43 BAN 10 436 Jo*

808 Merxia
41 BAN 10 435 Jo*
47 BAB 4 56 Uc

809 Lundia
46 UC 106 Jo*

811 Nauheima
48 MPC 128 Al. MPC 134 Ni*

813 Baumeia
47 UC 107 Jo*
48 MPC 184 Tk*
Eph La Plata Circ Nr. 4, MPC 185

814 Tauris
42 UC 105 Jo*
47 UC 107 Jo*

815 Coppelia
48 MPC 147 Jo*
Eph (1949) MPC 195

818 Kapteynia
46 UC 106 Jo*

819 Barnardiana
Eph (1949) MPC 195

822 Lalage
43 MPC 63 So*
48 MPC 199 Ni*. MPC 183 Tk*

823 Sisigambis
43 BAN 10 436 Jo*
44 MPC 159 Tk*

824 Anastasia[2])

825 Tanina
43 BAN 10 436 Jo*
46 UC 106 Jo*. BAB 4 30 Uc
Eph (1949) MPC 195

828 Lindemannia
44 BAN 10 438, MPC 156 Jo*
48 MPC 134 Ni*
Eph La Plata Circ Nr. 2, MPC 185

829 Academia
41 BAN 10 435 Jo*
44 BAN 10 438, MPC 152 Jo*
48 MPC 104 Jo*

830 Petropolitana
44 BAN 10 438, MPC 155 Jo*
45 MPC 84 Tk*
Eph (1946/47) Madrid Bol 3 Nr. 6
47 Madrid Bol 3 Nr. 7, MPC 96, Urania Barc. 32 178 Ma*

832 Karin
43 MPC 63 So*
45 MPC 83, 88 Tk*
48 MPC 133 Ni*

833 Monica
48 MPC 201 Ni*
Eph MPC 139

834 Burnhamia
48 MPC 133 Ni*

839 Valborg
41 BAN 10 435 Jo*

840 Zenobia
43 BAN 10 436 Jo*[3])
Eph (1947) Madrid Bol 3 Nr. 6

841 Arabella
45 MPC 81 Tk*

842 Kerstin
45 MPC 84, 85 Tk*

844 Leontina
42 UC 105 Jo*. MPC 62 So*
43 BAN 10 436 Jo*
44 MPC 158 Tk*
48 MPC 104 Jo*. MPC 134 Ni*

845 Naëma
Eph (1949) MPC 195

846 Lipperta
42 UC 105 Jo*
48 MPC 147 Jo*

847 Agnia
42 UC 105 Jo*

848 Inna
47 UC 107 Jo*
48 MPC 183 Tk*

850 Altona
43 BAN 10 436 Jo*
48 MPC 146 Jo*. MPC 176 Ni*
Eph (1949) MPC 195

851 Zeissia
43 BAN 10 436 Jo*
46 UC 106 Jo*. BAB 4 30 Uc

852 Wladilena
42 TAB (2) 2 To*
45 MPC 82, 88 Tk*
Eph (1949) MPC 195

853 Nansenia
45 MPC 83, 88 Tk*
48 MPC 198 Ni*

854 Frostia
Eph (1949) MPC 195

855 Newcombia
45 MPC 81, 82 Tk*

856 Backlunda
47 UC 107 Jo*

857 Glasenappia
42 UC 105 Jo*
45 MPC 81 Tk*
48 MPC 133 Ni*
Eph (1949) MPC 195

858 El Djezaïr
44 BAN 10 438, MPC 153 Jo*
El BIA 53 455

859 Bouzaréah
42 UC 105 Jo*
48 MPC 129 Al*
Eph MPC 70

860 Ursina
42 UC 105 Jo*
47 UC 107 Jo*
48 MPC 201 Ni*
El BIA 53 455

1) Berichtigung in MPC 170.
2) Id mit 1948 BB MPC 203.
3) Nicht zugehörig.

861 Aïda
45 MPC 80, 81 Tk*
47 MPC 110 LP
48 MPC 200 Ni*

862 Franzia
42 UC **105** Jo*
48 MPC 183 Tk*
El BIA **53** 455

863 Benkoela
42 UC **105** Jo*
Eph (1948) La Plata Circ Nr. **3**, MPC 185

864 Aase
48 Astr Circ USSR Nr. 78 Ki

866 Fatme
41 BAN **10** 435 Jo*
45 MPC 81, 82 Tk*
47 UC **107** Jo*
48 MPC 201 Ni*. MPC 184 Tk*
Eph La Plata Circ Nr. **4**, MPC 185

867 Kovacia
41 BAN **10** 435[1]) Jo*

868 Lova
41 BAN **10** 435 Jo*

870 Manto
42 UC **105** Jo*
Eph (1949) MPC 195

871 Amneris
47 UC **107** Jo*

872 Holda
46 BAB **4** 30[2]) Uc
48 MPC 182 Tk*
Eph NAZ (v M) 22, 23

873 Mechthild
43 BAN **10** 436 Jo*
47 UC **107** Jo*

874 Rotraut
46 UC **106** Jo*
47 MPC 174 Tu*

876 Scott
Eph (1947) Madrid Bol **3** Nr. 6

877 Walküre
42 UC **105** Jo*

882 Swetlana
45 MPC 83, 84, 85, 88 Tk*

885 Ulrike
44 MPC 158 Tk*

886 Washingtonia
44 BAN **10** 438, MPC 154 Jo*
45 MPC 85, 89 Tk*

888 Parysatis
42 UC **105** Jo*
45 MPC 80, 81 Tk*
47 UC **107** Jo*. MPC 110 LP
48 MPC 193 Ni*

889 Erynia
45 MPC 81 Tk*
46 UC **106** Jo*

890 Waltraut
46 UC **106** Jo*

891 Gunhild
43 BAN **10** 436 Jo*
Eph (1948) La Plata Circ Nr. **4**, MPC 185

895 Helio
41 BAN **10** 435 Jo*
46 UC **106** Jo*

896 Sphinx
42 UC **105** Jo*

897 Lysistrata
42 UC **105** Jo*
46 UC **106** Jo*

899 Jokaste
42 UC **105** Jo*

901 Brunsia
41 BAN **10** 435 Jo*
48 MPC 184 Tk*

904 Rockefellia
41 BAN **10** 435 Jo*

905 Universitas
47 UC **107** Jo*

906 Repsolda
41 BAN **10** 435 Jo*
45 MPC 81 Tk*
46 UC **106** Jo*
47 UC **107** Jo*
48 MPC 201 Ni*

907 Rhoda
44 BAN **10** 438, MPC 152 Jo*
46 Madrid Bol **3** Nr. 6 Ma*

908 Buda
48 MPC 147 Jo*

909 Ulla
42 UC **105** Jo*
46 BAB **4** 30 Uc
48 MPC 198 Ni*

910 Anneliese
41 BAN **10** 435 Jo*

912 Maritima
42 UC **105** Jo*
44 MPC 159 Tk*

913 Otila
45 MPC 82 Tk*
48 MPC 133, 134 Ni*
Eph (1949) MPC 195

914 Palisana
42 UC **105** Jo*
Eph (1949) MPC 195

915 Cosette
44 BAN **10** 438, MPC 156, 157 Jo*

916 America
44 BAN **10** 438, MPC 155 Jo*

917 Lyka
44 BAN **10** 438, MPC 154 Jo*
47 UC **107** Jo*
48 MPC 198 Ni*. MPC 190 YC*

918 Itha
48 MPC 198, 199 Ni*

919 Ilsebill
42 UC **105** Jo* (?)
48 MPC 200 Ni*(?). MPC 184, 185 Tk* (?)

920 Rogeria
Eph (1949) MPC 195

921 Jovita
47 BAB **4** 56 Uc

923 Herluga
Eph (1949) MPC 195

924 Toni
47 BAB **4** 56 Uc
48 MPC 170 Ky*. MPC 160 Ni*. MPC 113 Uc
Eph (1949) MPC 195

925 Alphonsina
44 BAN **10** 438, MPC 155, 156 Jo*. MPC 151 Wü
Eph (1947) Madrid Bol **3** Nr. 6
48 MPC 146 Jo* (?)

928 Hildrun
44 BAN **10** 438, MPC 154 Jo*
46 JO **31** 207 Al
48 NAZ **2** 8 He*. MPC 87 Ni*. MPC 112 Uc

929 Algunde
41 BAN **10** 435 Jo*
44 BAN **10** 438, MPC 153 Jo*
47 UC **107** Jo*
48 MPC 199, 200 Ni*. MPC 184 Tk*

930 Westphalia
44 MPC 158, 159 Tk*

---

[1]) Nicht zugehörig RI 2444.
[2]) Gehört 372 Palma an, ebenso die gleiche Beobachtung in UAI Circ 1038.

931 Whittemora
46 Madrid Bol **3** Nr. 6 Ma*
Id mit 1948 EM MPC 148

932 Hooveria
47 UC **107** Jo*
48 MPC 177 Ni*

934 Thuringia
45 MPC 80, 81 Tk*

936 Kunigunde
47 UC **107** Jo*
48 MPC 184 Tk*

937 Bethgea
43 BAN **10** 436 Jo*
46 UC **106** Jo*

939 Isberga
44 MPC 64, 150 So*

940 Kordula
44 BAN **10** 438, MPC 155 Jo*
45 MPC 85 Tk*
48 MPC 133 Ni*

944 Hidalgo
48 MPC 176 Wa
Eph DOB 12 MPC 73, 74, NAZ (v M) 42
Eph (1949) MPC 74
El MPC 73

945 Barcelona
47 UC **107** Jo
Eph (1949) MPC 195

946 Poësia
47 BAB **4** 56 Uc

947 Monterosa
46 UC **106** Jo*

949 Hel
42 UC **105** Jo*
43 BAN **10** 436 Jo*
48 MPC 147 Jo*

951 Gaspra
46 Madrid Bol **3** Nr. 6 Ma*
Eph (1949) MPC 195

952 Caia
41 BAN **10** 435 Jo*
47 Madrid Bol **3** Nr. 7, MPC 97, Urania Barc. **32** 179 Ma*. BAB **4** 56 Uc

954 Li
42 UC **105** Jo*
43 BAN **10** 436 Jo*

960 Birgit
48 MPC 184 Tk*

961 Gunnie
46 UC **106** Jo*

963 Iduberga
48 MPC 200 Ni*

966 Muschi
42 UC **105** Jo*
46 UC **106** Jo*
47 UC **107** Jo*. MPC 110 LP
48 MPC 193 Ni*

967 Helionape
44 MPC 159 Tk*
47 UC **107** Jo*

968 Petunia
Id mit 1948 KC MPC 195

969 Leocadia
48 MPC 192 Ni*

971 Alsatia
41 BAN **10** 435 Jo*
47 MPC 60 Br

972 Cohnia
41 BAN **10** 435 Jo*
47 NAZ **2** 3, 4 He*. Madrid Bol **3** Nr. 7, MPC 96, Urania Barc. **32** 179 Ma*. BAB **4** 56 Uc

973 Aralia
48 MPC 172, 173 Fl*

974 Lioba
48 MPC 190 Jo*

975 Perseverantia
48 MPC 184 Tk*

976 Benjamina
45 MPC 83 Tk* (?)
46 UC **106** Jo*
48 MPC 200 Ni*. MPC 184 Tk*
Eph MPC 72

977 Philippa
47 BAB **4** 56 Uc

979 Ilsewa
44 BAN **10** 438, MPC 152 Jo*
45 MPC 83, 88 Tk*

980 Anacostia
41 MPC 64 So*
48 MPC 147 Jo*. Astr Circ USSR Nr. 80 Ki

982 Franklina
44 BAN **10** 438, MPC 155 Jo*

983 Gunila
44 BAN **10** 438, MPC 153 Jo*
45 MPC 83, 88 Tk*

985 Rosina
Eph (1949) MPC 195

986 Amelia
43 BAN **10** 436 Jo*

987 Wallia
42 UC **105** Jo*
44 MPC 158, 159 Tk*

988 Appella
44 MPC 158 Tk*
Eph (1948) MPC 71

990 Yerkes
48 MPC 200 Ni*

992 Swasey
41 BAN **10** 435 Jo*
46 UC **106** Jo*

993 Moultona
43 MPC 63 So*
Id mit 1931 VH_1 MPC 107
Eph (1948) La Plata Circ Nr. 1, MPC 185

994 Otthild
48 MPC 146 Jo*

995 Sternberga
44 BAN **10** 438, MPC 153 Jo*
48 MPC 171, 172 Fl*. MPC 105 Jo*. MPC 134 Ni*

996 Hilaritas
48 MPC 193 Ni*

999 Zachia
Eph (1947) Madrid Bol **3** Nr. 6
48 MPC 146 Jo*

1000 Piazzia
Eph (1948/49) NAZ **2** 27

1001 Gaussia
46 BAB **4** 30[1]) Uc
48 MPC 132 Ni*

1002 Olbersia
41 BAN **10** 435 Jo*

1004 Belopolskya
41 BAN **10** 435 Jo*
47 MPC 110 LP
48 MPC 182 Tk*

1007 Pawlowia
44 BAN **10** 438, MPC 152 Jo*

1008 La Paz
Eph (1947) Madrid Bol **3** Nr. 6

1010 Marlene
42 UC **105** Jo*
48 MPC 184 Tk*

[1]) gehört nicht 1001, sondern 773 Irmintraut an, siehe dort.

1013 Tombecka
Eph (1948) MPC 71
1015 Christa
3 BAN **10** 436 Jo*
4 BAN **10** 438, MPC 157 Jo*
1017 Jacqueline
5 MPC 81 Tk*
1018 Arnolda
1 BAN **10** 435 Jo*
8 MPC 129 Al*. MPC 111, 112 Uc
1020 Arcadia
8 MPC 146 Jo*
1021 Flammario
4 BAN **10** 438, MPC 154, 155 Jo*. MPC 151 Wü
5/46 BSAF **60** 117 Pa*
Eph (1946) BSAF **59** 188
8 MPC 170 Ky*. MPC 135 Ni*
1023 Thomana
8 MPC 200 Ni*
1024 Hale
7 UC **107** Jo*. MPC 110 LP
1025 Riema
Eph (1948) La Plata Circ Nr. **4**, MPC 185
1028 1923 PG
8 MPC 200 Ni*
1029 La Plata
4 BAN **10** 438, MPC 153 Jo*
8 MPC 182 Tk*. MPC 111 Uc
Eph La Plata Circ Nr. **1**, MPC 185
1031 Arctica
7 MPC 176 Si*
1032 Pafuri
1 BAN **10** 435 Jo*
5 MPC 81 Tk*
1034 1924 SS
8 MPC 146 Jo*
1036 Ganymed
1 BAN **10** 435 Jo*
6 JO **31** 207—209 Al. UC **106** Jo*. BAB **4** 30 Uc
7 JO **31** 207—209 Al. MPC 110 LP. BAB **4** 56 Uc

48 MPC 128 Al. MPC 68 Ye
Eph Astr Circ USSR Nr 78
Eph (1949) MPC 160, 161
1040 Klumpkea
Eph (1948) MPC 70
1043 Beate
48 MPC 147 Jo*. MPC 198 Ni*
Eph La Plata Circ Nr. **4**, MPC 185
1044 Teutonia
41 BAN **10** 435 Jo*
48 MPC 132 Ni* (?). MPC 111, 112 Uc
1046 Edwin
43 BAN **10** 436 Jo*
44 MPC 159 Tk*
1048 Feodosia
46 JO **31** 209 Al
48 MPC 128 Al
1049 Gotho
41 BAN **10** 435 Jo*
1050 Meta
48 MPC 132 Ni*
1051 Merope
48 MPC 199 Ni*. MPC 182 Tk*
1054 Forsytia
48 MPC 113 Uc
1055 Tynka
41 BAN **10** 435 Jo*
44 BAN **10** 438, MPC 154 Jo*. MPC 151 Wü (?)
46 BAB **4** 30 Uc
Eph (1948) MPC 72
1056 Azalea
48 MPC 171, 172 Fl*
1057 Wanda
45 MPC 83, 84, 85, 88 Tk*
1058 Grubba
41 BAN **10** 435 Jo*
48 MPC 172, 173 Fl*. MPC 199 Ni*. MPC 182 Tk*
1059 1925 OA
46 UC **106** Jo*. BAB **4** 30[1]) Uc
1061 Paeonia
Id mit 1931 XO MPC 107
1062 Ljuba
43 MPC 63 So*
44 BAN **10** 438, MPC 152 Jo*

1063 Aquilegia
46 BAB **4** 30 Uc
Eph (1948) La Plata Circ Nr. **1**, MPC 185
Id mit 1948 EP MPC 148
1064 Aethusa
42 UC **105** Jo*
46 UC **106** Jo*
47 BAB **4** 56 Uc
Eph u. El Mem SA It (NS) **19** 39 = Contr Milano-Merate (NS) Nr. **23**
1065 Amundsenia
Eph (1948) MPC 138
1067 Lunaria
48 MPC 104 Jo*
1068 Nofretete
46 BAB **4** 30 Uc
1071 Brita
44 BAN **10** 438, MPC 154 Jo*
45 MPC 83, 88 Tk*
1072 Malva
45 MPC 80 Tk*
1075 Helina
41 BAN **10** 435 Jo*
1079 Mimosa
48 MPC 108 Jo*
1081 Reseda
44 MPC 64, 149, 150, So*
1082 Pirola[2])
42 UC **105** Jo*
43 BAN **10** 436 Jo*
1083 Salvia
48 MPC 200, 201 Ni*
1084 Tamariwa
41 BAN **10** 435 Jo*
1085 Amaryllis
43 BAN **10** 436 Jo*
1086 Nata
42 UC **105** Jo*
48 MPC 108 Jo*
1087 Arabis
41 BAN **10** 435 Jo*
42 UC **105** Jo*
46 UC **106** Jo*. BAB **4** 30 Uc
1088 Mitaka
45 MPC 81 Tk*
Eph (1949) MPC 195
1089 Tama
42 JO **31** 209 Al
43 BAN **10** 436 Jo*

[1]) δ um -1° zu korrigieren.

[2]) Berichtigung zu MPC 51 in MPC 203.

45 MPC 81 Tk*
Eph (1949) MPC 195

1090 Sumida

Eph (1948) MPC 137

1093 Freda

47 UC **107** Jo*
Eph (1948) MPC 72

1096 Reunerta

48 MPC 129 Al*. MPC 107 Ni*. MPC 112 Uc

1098 Hakone

41 BAN **10** 435 Jo*
48 MPC 182 Tk*
Eph (1949) MPC 195

1100 Arnica

42 UC **105** Jo*
47 UC **107** Jo*. MPC 110 LP

1102 Pepita

42 UC **105** Jo*
47 UC **107** Jo*
48 MPC 198 Ni*

1103 Sequoia

41 BAN **10** 435 Jo*
47 BAB **4** 56 Uc

1105 Fragaria

42 UC **105** Jo*
48 MPC 190 Jo*

1107 Lictoria

41 BAN **10** 435 Jo*
44 MPC 64, 148 So*
46 BAB **4** 30 Uc
47 UC **107** Jo*
El Mem SA It (NS) **19** 15 = Contr. Oss. Astr. Torino (NS) Nr. **13**

1108 Demeter

44 BAN **10** 438, MPC 152 Jo*

1109 Tata

41 BAN **10** 435 Jo*
42 UC **105** Jo*
47 UC **107** Jo*
48 MPC 172, 173 Fl*. MPC 199 Ni*. MPC 183 Tk*

1110 Jaroslawa

41 BAN **10** 435 Jo*
48 MPC 184 Tk*

1111 Reinmuthia

44 BAN **10** 438, MPC 155 Jo*
45 MPC 84 Tk*

1112 Polonia

44 MPC 158 Tk*

1113 Katja

42 UC **105** Jo*
45 MPC 83, 84 Tk*

1114 Lorraine

42 UC **105** Jo*

1117 Reginita

44 BAN **10** 438[1]), MPC 154, 155 Jo*
48 MPC 200 Ni*. MPC 184 Tk*

1118 Hanskya

42 UC **105** Jo*
44 MPC 158 Tk*

1119 Euboea

43 BAN **10** 436 Jo*
47 UC **107** Jo*
48 MPC 184 Tk*

1120 Cannonia

41 BAN **10** 435 Jo*
46 BAB **4** 30 Uc
48 MPC 200 Ni*. MPC 184 Tk*

1121 Natascha

44 BAN **10** 438, MPC 156 Jo*

1122 Neith

45 MPC 86 Tk* (?)

1124 Stroobantia

46 BAB **4** 30 Uc
Eph (1948) La Plata Circ Nr. **4**, MPC 185

1126 Otero

48 MPC 200 Ni*. MPC 183 Tk*

1127 Mimi

46 BAB **4** 31 Uc
48 MPC 147 Jo*

1128 Astrid

44 BAN **10** 438, MPC 154 Jo*
Eph (1948) La Plata Circ Nr. **2**, MPC 185

1129 Neujmina

44 BAN **10** 438, MPC 153 Jo*
45 MPC 83 Tk*
Eph (1949) MPC 195

1130 Skuld

42 UC **105** Jo*

1132 Hollandia

42 UC **105** Jo*
47 BAB **4** 56 Uc

1135 Colchis

46 UC **106** Jo*

1137 Raïssa

47 UC **107** Jo
48 MPC 192 Ni*. MPC 184 Tk*
Eph (1948/49) MPC 130, 144, 181

1139 Atami

Eph (1948) MPC 138

1140 Crimea

41 BAN **10** 435 Jo*
46 UC **106** Jo*

1142 Aetolia

42 UC **105** Jo*
Eph (1948) La Plata Circ Nr. **2**, MPC 185

1145 Robelmonte

41 BAN **10** 435 Jo*
48 MPC 133 Ni* (?). MPC 111 Uc

1148 Raraju

Eph (1949) MPC 195

1149 1929 PF

47 UC **107** Jo*
48 MPC 108 Jo*

1151 Ithaka

Eph (1948) MPC 139

1154 Astronomia

42 UC **105** Jo*
48 MPC 147 Jo*
Eph La Plata Circ Nr. **3**, MPC 185

1155 Aënna

44 BAN **10** 438, MPC 152 Jo*
48 MPC 146 Jo*

1156 Kira

42 UC **105** Jo*

1167 1930 PB

46 BAB **4** 31 Uc
Eph (1948) NAZ **1** 37

1168 Brandia

46 BAB **4** 31 Uc (?)

1171 Rusthawelia

41 BAN **10** 435 Jo*

1177 Gonnessia

46 JO **31** 209 Al
47 JO **31** 209 Al. BAB **4** 56 Uc
48 MPC 192 Ni*
Eph La Plata Circ Nr. 4, MPC 72, 185
El La Plata Circ Nr. 4

1180 Rita

41 BAN **10** 435 Jo*
Eph (1948) NAZ **2** 8

[1]) Mit G 5 bezeichnet.

1182 Ilona
42 UC 105 Jo*

1185 Nikko
47 TAB (2) 2 To*. MPC 174 Tu*
Eph (1949) MPC 195

1186 Turnera
44 BAN 10 438, MPC 152 Jo*

1188 Gothlandia
46 UC 106 Jo*
48 MPC 87, 133 Ni*
Eph NAZ (v M) 26

1189 Terentia
44 BAN 10 438, MPC 152 Jo*
45 MPC 83, 88 Tk*

1191 1931 CA
46 BAB 4 31 Uc
Eph (1948) La Plata Circ Nr. 4, MPC 185

1193 Africa
44 BAN 10 438, MPC 152 Jo*

1194 Aletta
41 BAN 10 435 Jo*
46 UC 106 Jo*

1197 Rhodesia
41 BAN 10 435 Jo*
46 UC 106 Jo*
48 MPC 200 Ni*

1199 Geldonia
46 BAB 4 31 Uc
48 MPC 201 Ni*

1200 Imperatrix
41 BAN 10 435 Jo*

1201 Strenua
47 UC 107 Jo*
48 MPC 146 Jo*
Eph La Plata Circ Nr. 3, MPC 185

1204 Renzia
41 BAN 10 435 Jo*
48 MPC 177, 199 Ni*. MPC 182, 183 Tk*

1207 Ostenia
Eph (1947/48) NAZ 2 8

1210 Morosovia
42 UC 105 Jo*
45 MPC 80 Tk*
47 UC 107 Jo*

1212 Francette
42 JO 31 209 Al
46 JO 31 209 Al

1213 Algeria
Eph (1948) MPC 72

1214 Richilde
43 BAN 10 436 Jo*

1215 1932 BA
42 UC 105 Jo*
46 JO 31 209 Al. UC 106 Jo*

1216 Askania
46 UC 106 Jo*

1217 Maximiliana
46 BAB 4 31 Uc

1221 Amor
48 MPC 145 Be. MPC 68, 171 Fl. MPC 89 Jo. MPC 77, 89, NAZ (v M) 30 Tk*. MPC 68, 89, 111, 112, 113, NAZ (v M) 30, UAI Circ 1164 Uc
Eph Harv Card 909, MPC 95, 115, 144, NAZ (v M) 26, 27, 30, 35, UAI Circ 1160
El AN 276 39

1222 Tina
46 BAB 4 31 Uc

1223 Neckar
48 MPC 133 Ni*
Eph (1949) MPC 195

1224 Fantasia
46 BAB 4 31 Uc
48 MPC 183 Tk*

1225 Ariane
48 MPC 199 Ni*. MPC 184 Tk*

1227 Geranium
48 MPC 199 Ni*. MPC 182, 183 Tk* (?)

1228 Scabiosa
47 BAB 4 56 Uc
Eph Madrid Bol 3 Nr. 6

1229 Tilia
Eph (1948) MPC 104

1232 Cortusa
45 MPC 80 Tk*

1233 Kobresia
42 UC 105 Jo*

1234 Elyna
47 BAB 4 56 Uc

1235 Schorria
48 LOB 520, MPC 180 Li
Eph MPC 99
Eph (1949) MPC 179

1237 Geneviève
42 UC 105 Jo*
46 UC 106 Jo*
48 MPC 201 Ni*
Eph MPC 72

1241 Dysona[1])

1242 Zambesia
41 BAN 10 435 Jo*
42 UC 105 Jo*
47 Madrid Bol 3 Nr. 7, MPC 97, Urania Barc. 32 179 Ma*. MPC 175 Si*

1243 Pamela
43 BAN 10 436 Jo*
47 UC 107 Jo
Eph (1948) La Plata Circ Nr. 2, MPC 185

1245 Calvinia
41 MPC 60, 61 So*
42 UC 105 Jo*
47 UC 107 Jo*. TAB (2) 2 To*
48 MPC 177, 200 Ni*

1247 Memoria[2])
42 UC 105 Jo*
48 MPC 146 Jo*. MPC 135 Ni*

1248 Jugurtha
41 BAN 10 435 Jo*
48 MPC 133 Ni*
Eph MPC 185

1249 Rutherfordia
44 BAN 10 438, MPC 153 Jo*
45 MPC 84 Tk*
Eph (1947) Madrid Bol 3 Nr. 6

1251 Hedera
44 BAN 10 438, MPC 154 Jo*

1252 Celestia
48 MPC 190 Jo*

1254 Erfordia
Eph (1948) La Plata Circ Nr. 1, MPC 185

1256 Normannia
48 MPC 183 Tk*
Eph La Plata Circ Nr. 4, MPC 185

[1]) Id mit 1948 CE MPC 203.
[2]) Berichtigung zu MPC 51 in MPC 203.

1257 Móra
44 MPC 158 Tk*

1258 Sicilia
42 UC **105** Jo*
Eph (1948) La Plata Circ Nr. **3**, MPC 185
Eph (1949) La Plata Circ Nr. **5**
El La Plata Circ Nr. **3**, **5**

1263 Varsavia
46 BAB **4** 31 Uc
48 MPC 198 Ni*

1264 Letaba
48 MPC 160 Ni*

1266 Tone
42 UC **105** Jo*
48 MPC 146 Jo*
Eph La Plata Circ Nr. **3**, MPC 185
Eph (1949) MPC 195

1267 Geertruida
42 UC **105** Jo*
46 UC **106** Jo*

1268 Libya
48 MPC 172, 173 Fl*

1269 Rollandia
44 BAN **10** 438, MPC 154 Jo*

1271 Isergina
48 MPC 200 Ni*

1274 Delportia
44 BAN **10** 438, MPC 152 Jo*
47 UC **107** Jo*
48 MPC 198 Ni*

1275 Cimbria
45 MPC 85 Tk*

1278 Kenya
48 MPC 146 Jo*

1279 Uganda
44 BAN **10** 438, MPC 154 Jo*
48 MPC 198 Ni* (?)

1280 Baillauda
46 BAB **4** 31 Uc
Id mit 1931 HE MPC 69

1281 Jeanne
41 BAN **10** 435 Jo*

1282 Utopia
44 BAN **10** 439[1]), MPC 156, 157 Jo*

1283 1925 SC
48 MPC 172, 173 Fl*[2])

1284 Latvia
41 BAN **10** 435 Jo*
46 BAB **4** 31 Uc
48 MPC 129 Al*. MPC 68 Ni*

1285 Julietta
48 MPC 147 Jo*
Eph La Plata Circ Nr. **4** MPC 185

1286 Banachiewicza
42 UC **105** Jo*

1289 Kutaïssi
42 UC **105** Jo*
48 MPC 200 Ni*. MPC 184 Tk*

1290 Albertine
44 MPC 159 Tk*

1291 Phryne
46 BAB **4** 31 Uc
48 MPC 146 Jo*

1292 Luce
44 BAN **10** 438, MPC 152 Jo*
48 MPC 171, 172 Fl*. MPC 108 Jo*
Eph La Plata Circ Nr. **2**, MPC 185

1293 Sonja
42 UC **105** Jo*

1295 Deflotte
Eph (1948) MPC 70

1296 Andrée
42 JO **31** 209 Al
44 MPC 159 Tk*
46 UC **106** Jo*
48 MPC 193, 201 Ni*
Eph MPC 72

1298 Nocturna
42 UC **105**[3]) Jo*
Eph (1948) MPC 103

1300 Marcelle
Eph (1948) La Plata Circ Nr. **1**, MPC 185

1301 Yvonne
43 JO **31** 209 Al
46 JO **31** 209 Al
48 MPC 128 Al
Eph MPC 70

1302 Werra
43 MPC 63 So*
48 MPC 111 Uc
Eph (1949) MPC 195

1303 Luthera
46 UC **106** Jo*
Eph (1949) MPC 195

1304 Arosa
48 MPC 192 Ni*

1306 Scythia
41 BAN **10** 435 Jo*
47 BAB **4** 56 Uc

1307 Cimmeria
45 MPC 80 Tk*
47 TAB (2) 2 To* (?)
Eph (1949) MPC 195

1308 Halleria
41 MPC 60, 61 So*
48 MPC 199 Ni* (?). MPC 183 Tk*

1311 Knopfia
48 MPC 133 Ni*
Eph (1949) MPC 195

1316 Kasan
Eph (1948) MPC 138

1323 Tugela
45 MPC 82 Tk*
47 UC **107** Jo*
48 MPC 192 Ni*

1324 Knysna
Eph (1948) MPC 139

1327 Namaqua
Eph (1948) MPC 103

1328 Devota
Eph (1948) MPC 70

1329 Eliane
46 BAB **4** 31 Uc

1330 1925 DB
48 MPC 112 Uc

1331 Solvejg
48 MPC 134 Ni*
Eph (1949) MPC 195

1332 Marconia
41 BAN **10** 435 Jo*
42 UC **105** Jo*
46 UC **106** Jo*
47 UC **107** Jo*

1333 Cevenola
Eph (1948) MPC 71

1334 Lundmarka
44 BAN **10** 438[4]), MPC 155, 156, 157 Jo*
48 MPC 107 Ni*
Eph u. El Mem SA It (NS) **19** 40 = Contr. Milano-Merate (NS) Nr. **23**

1336 Zeelandia
43 BAN **10** 436 Jo*

---

[1]) Mit G19 bezeichnet.
[2]) Berichtigung in MPC 297
[3]) Nicht zugehörig RI 2544.
[4]) Mit G10 bezeichnet.

48 MPC 147 Jo*

1338 Duponta

42 JO **31** 209 Al

1339 Désagneauxa

37
42 JO **31** 209 Al
46
47 JO **31** 209 Al. UC **107** Jo*
Eph (1948) MPC 71

1340 Yvette

42 JO **31** 209 Al
47 JO **31** 209, 210 Al
Eph (1948) MPC 71

1341 Edmée

41 BAN **10** 435 Jo*
46 UC **106** Jo*

1343 Nicole

44 BAN **10**, 438, MPC 155 Jo*
47 JO **31** 210 Al
Eph (1948) MPC 71

1344 Caubeta

45 MPC 81 Tk*

1345 Potomac

48 MPC 133, 134 Ni*
Eph (1949) MPC 195

1347 Patria

42 UC **105** Jo*
Eph (1949) MPC 195

1350 Rosselia

Eph (1949) MPC 195

1352 Wawel

46 UC **106** Jo*

1353 Maartje

41 BAN **10** 435 Jo*
46 UC **106** Jo*
Id mit 1931 ME MPC 69

1354 1935 GK

46 BAB **4** 31 Uc
Eph (1948) MPC 138

1355 1935 HE

Eph (1948) La Plata Circ Nr. **3**, MPC 185

1356 Nyanza

47 UC **107** Jo*
48 MPC 193 Ni*

1357 1935 ND

47 MPC 110 LP

1358 1935 OB

46 UC **106** Jo*

1360 1935 OD

Eph (1948) MPC 137

1362 Griqua

47 UC **107** Jo*
Eph (1949) MPC 190

1364 Safara

42, 43 JO **31** 210 Al
44 BAN **10** 438, MPC 155 Jo*
48 MPC 128 Al

1365 1928 RK

Eph (1949) MPC 195

1366 Piccolo

41 BAN **10** 435 Jo*
46 BAB **4** 31 Uc

1368 Numidia

48 MPC 183 Tk*

1369 1935 QB

45 MPC 82 Tk*
46 BAB **4** 31 Uc

1373 1935 QN

47 LOB 520, MPC 180 Li
48 MPC 192 Li. MPC 192 MD
Eph MPC 162, NAZ **2** 27
Eph (1949) MPC 162, 163

1374 Isora

41 BAN **10** 435 Jo*

1375 Alfreda

42 UC **105** Jo*
46 BAB **4** 31 Uc
48 MPC 111 Uc

1376 Michelle

41 BAN **10** 435 Jo*
48 MPC 198 Ni*
Eph MPC 71

1377 Roberbauxa

Eph (1948) MPC 72, 138

1378 Leonce

47 BAB **4** 56 Uc

1379 1936 FC

48 MPC 134[1]) Ni*. MPC 136[1]) Ni. MPC 182 Tk*. MPC 112 Uc

1380 Volodia

Eph (1948) MPC 71

1382 Gerti

42 UC **105** Jo*
45 MPC 80 Tk*

1383 Limburgia

Eph (1949) MPC 195

1385 Gelria

44 BAN **10** 438, MPC 153 Jo*

1390 1935 TA

45 MPC 82 Tk*
47 MPC 110 LP
48 MPC 192 Ni*

1392 Pierre

48 MPC 128 Al

1395 Aribeda

45 MPC 80 Tk* (?)

1396 1936 PF

46 UC **106** Jo*

1397 1936 PG

40 MPC 44 Ni*

1407 Lindelöf

45 MPC 83, 84, 88 Tk*

1409 Isko

42 UC **105** Jo*
43 BAN **10** 436 Jo*
47 UC **107** Jo*
48 MPC 183 Tk*

1412 Lagrula

42, 47 JO **31** 210 Al
Eph (1948) MPC 71

1413 Roucarie

42, 47 JO **31** 210 Al
Eph (1948) MPC 70

1414 Jérôme

Eph (1948) MPC 71, 103

1415 Malautra

44 BAN **10** 438, MPC 152 Jo*
47 JO **31** 210 Al
48 MPC 172, 173 Fl*
Eph MPC 72

1416 Renauxa

42 JO **31** 210 Al

1417 Walinskia

48 MPC 147 Jo*

1419 Danzig

42 UC **105** Jo*
48 MPC 129 Al

1421 1936 FQ[2])

42 UC **105** Jo*

1423 Jose

Eph u. El (1948) Mem SA It (NS) **19** 42 = Contr. Milano Merate (NS) Nr. **23**

---

[1]) Berichtigung in MPC 204.
[2]) Berichtigung zu MPC 9 in MPC 203.

1426 1937 GF
41 BAN **10** 435 Jo*
1429 1937 NH
41 BAN **10** 435 Jo*
1432 1937 PG
48 MPC 131[1]) Li
1433 Geramtina
46 BAB **4** 31 Uc
1434 Margot
48 MPC 199 Ni* (?)
1435 Garlena
Eph (1948) MPC 137
1436 1936 YA
47 BAB **4** 56 Uc
Id mit 1933 FX_1 MPC 193
1438 Wendeline
Eph (1948) MPC 137
1439 Vogtia
Eph u. El (1949) La Plata Circ Nr. **5**
1445 Konkolya
41 MPC 61 So*
1447 1938 BB
Eph (1948) La Plata Circ Nr. **4**, MPC 185
1453 Fennia
44 MPC 158 Tk*
1456 1937 NG
48 MPC 146 Jo*
1457 Ankara
41 BAN **10** 435 Jo*
1459 Magnya
41 BAN **10** 435 Jo*
48 MPC 177, 192 Ni*
Eph MPC 107, 178
1460 1937 WC
Eph (1948) MPC 103
1461 1937 YL
46 UC **106** Jo*
47 MPC 55 Ni*
1463 1938 CB
41 MPC 61, 62 So*
1467 1938 OE
45 MPC 83, 84 Tk*
Id mit 1948 EG MPC 148
1468 1938 PA
Eph (1948) MPC 138
1469 Linzia
42 UC **105** Jo*
44 MPC 158 Tk*
Eph (1947) Madrid Bol **3** Nr. 6
48 MPC 135 Ni*

1471 1938 SL_1
42 UC **105** Jo*
1472 1938 UQ
Eph (1948) MPC 138
1474 1935 QY
44 BAN **10** 438, MPC 156 Jo*
1479 1938 DE
45 MPC 84 Tk*
Eph (1947) Madrid Bol **3** Nr. 6
1482 Sebastiana
41 RI 2326 BS*
Eph (1946/47) Madrid Bol **3** Nr. 6
Eph (1948) La Plata Circ Nr. **2**, MPC 185
1484 1938 HC
47 BAB **4** 56 Uc
1485 Isa
43 BAN **10** 436 Jo*
1486 Marilyn
41 BAN **10** 435 Jo*
1487 Boda
40 MPC 43 Ni*
41 BAN **10** 435 Jo*
46 BAB 4 27 Uc*. BAB **4** 31 Uc
1494 1938 SI
48 MPC 200, 201 Ni*
1496 1938 SA_1
41 BAN **10** 435 Jo*
44 BAN **10** 438, MPC 152 Jo*
48 MPC 184 Tk*
1497 1938 SB_1
Eph (1948) MPC 138
1498 1938 SK_1
Eph (1948) MPC 102
1500 1938 UH
48 MPC 184 Tk*
1505 1939 HH
48 MPC 146 Jo*
1506 1939 IC
Eph (1948) MPC 138
1509 Esclangona
48 MPC 192 Ni*
Eph MPC 107
1511 Daléra
Eph (1948) MPC 72
1512 1939 FE
41 BAN **10** 435 Jo*

1515 1936 VG
Eph (1948) MPC 87, 104
1516 1938 BG
Eph (1948) MPC 87, 104
1518 1938 UA
48 MPC 184 Tk*
1519 1938 UB
Eph (1948) MPC 102
1520 1938 UY
Eph (1948) MPC 103
1521 1938 UB_1
Eph (1948) MPC 139
1522 1938 WO
Eph (1948) MPC 103
1523 1939 BC
40 MPC 44 Ni*
1524 1939 SB
44 BAN **10** 438, MPC 156 Jo*
1527 1939 UG
42 UC **105** Jo*
1530 1938 SG
Eph (1948) MPC 103
1532 1938 SM
Eph (1948) MPC 103
1539 1940 UB
Id mit 1934 RA MPC 149
1540 1938 WK
45 MPC 82 Tk*
Eph (1948) MPC 139
1544 1941 UK
Eph (1948) MPC 104
1546 1941 SG_1
Id mit 1935 QC und 1938 FM MPC 148
1547 1929 CZ
48 MPC 196 Jo
Eph MPC 103
El MPC 196
1549 Mikko
Eph (1948) MPC 103
1552 1938 DE_1
Id mit 1948 EH MPC 148[2])
1553 1940 AD
45 MPC 80 Tk*
Eph (1948) MPC 138
1554 Yugoslavia
48 MPC 198 Ni*
Benennung MPC 198
1555 Dejan
Id mit 1939 DE? MPC 195

---
[1]) Berichtigung in MPC 297.
[2]) Berichtigung in MPC 204.

1557 1942 AD
Eph (1946/47) Madrid Bol 3 Nr. 6
1559 1942 BF
.6 UC **106** Jo*
Eph (1948) MPC 139
1560 1942 XB
.6 BAB **4** 31 Uc
1561 1941 CG
.8 MPC 146 Jo*
1562 1943 EE
.6 BAB **4** 31 Uc
.7 UC **107** Jo*
d mit 1934 RL, 1936 AA, 1937 NR und 1941 SQ_1, MPC 149
d mit 1931 TQ_3 MPC 157
Eph (1948) MPC 139
1563 Noël
Eph (1948) MPC 139
1565 1948 WA[1])
.8 MPC 201 Ni*. MPC 186, 189 Uc
Eph MPC 186
Eph (1948/49) MPC 189
El MPC 186, 193
912 OX = 1935 IF
922 MY = 1941 BI?
926 VH = 1935 TF
930 QQ = 1935 OI
931 FH = 1936 FA = 1941 CF
931 FO = 1940 DA
931 HE = 1280 Baillauda
931 ME = 1353 Maartje
931 RY = 605 Juvisia
931 TL_1 = 1936 QX
931 TQ_3 = 1562 1943 EE
931 TX_3 = 561 Ingwelde
931 TZ_3 = 728 Leonisis
931 VH_1 = 993 Moultona
931 XO = 1061 Paeonia
932 PC = 1939 DE? = 1555 Dejan
933 FX_1 = 1436 1936 YA
933 OI = 1939 UH
934 RA = 1539 1940 UB
934 RL = 1562 1943 EE
1935 IF = 1912 OX
Eph (1949) MPC 178
1935 OI = 1930 QQ
48 MPC 68 Ni* (?)
Eph (1949) MPC 178

1935 QC = 1546 1941 SG_1
1935 TF = 1926 VH
Eph (1948) MPC 70
Eph (1949) MPC 178[2])
1936 AA = 1562 1943 EE
1936 CA Adonis
Eph (1948) MPC 100
1936 FA = 1931 FH = 1941 CF
1936 QX
Id mit 1931 TL_1 MPC 87[3])
1937 NR = 1562 1943 EE
1938 FM = 1546 1941 SG_1
1939 BG
Kreisbahn MPC 195
1939 BQ
Kreisbahn MPC 195
1939 DE = 1555 Dejan?
Id mit 1932 PC? MPC 195
Kreisbahn MPC 195
1939 UH = 1933 OI
Eph (1948) MPC 69
Eph (1949) MPC 178
1940 DA
40 MPC 45 Ni
Id mit 1931 FO MPC 69
1940 WI
Kreisbahn MPC 195
1941 BI
Id mit 1922 MY? MPC 195
Kreisbahn MPC 195
1941 BK
Kreisbahn MPC 195
1941 BN = 45 Eugenia
1941 BO
Kreisbahn MPC 195
1941 CB = 1941 DD?
1941 CF = 1936 FA = 1931 FH
Eph (1948) MPC 70
Eph (1949) MPC 178
1941 DD = 1941 CB?
41 MPC 60, 61 So*
1941 DF
Kreisbahn MPC 195
1941 FA
41 MPC 61 So*
1941 FB
Kreisbahn MPC 195
1941 FD
Kreisbahn MPC 195
1941 FB_1
41 BAN **10** 435 Jo*

1941 FC_1
41 BAN **10** 435 Jo*
1941 HK = 692 Hippodamia
Kreisbahn MPC 195
1941 HP
Kreisbahn MPC 195
1941 KC
41 BAN **10** 435 Jo*
1941 KD
41 BAN **10** 435 Jo*
1941 KE
41 BAN **10** 435 Jo*
1941 KF
41 BAN **10** 435 Jo*
1941 MC
41 BAN **10** 435 Jo*
1941 MD
41 BAN **10** 435 Jo*
1941 ME
41 BAN **10** 435 Jo*
1941 QA
41 BAN **10** 435 Jo*. MPC 61 So*
1941 QB
41 MPC 61 So*
1941 QC
41 MPC 61 So*
1941 SD
Kreisbahn MPC 195
1941 SE = **1941 SV**
Kreisbahn MPC 195
1941 SZ = 1941 SH_1
Kreisbahn MPC 195
1941 SA_1
Kreisbahn MPC 195
1941 SH_1 = 1941 SZ
1941 SQ_1 = 1562 1943 EE
Kreisbahn MPC 195
1941 SF_2
41 BAN **10** 435 Jo*
1941 WA
El Urania Barc. **32** Nr. 216
1942 EC
42 UC **105** Jo*
1942 EF
42 MPC 62 So*
1942 EG
42 MPC 62 So*
1942 EH
42 MPC 62 So*

[1]) Numerierung in MPC 256.
[2]) Berichtigung in MPC 297.
[3]) Berichtigung in MPC 107.

1942 EI
42 MPC 62 So*
1942 FM
42 UC 105 Jo*
1942 FN
42 UC 105 Jo*
1942 GD
42 UC 105 Jo*
1942 GG
42 UC 105 Jo*
1942 GR
42 UC 105 Jo*
1942 HE
42 UC 105 Jo*
1942 HF
42 UC 105 Jo*
1942 HG
42 UC 105 Jo*
1942 HH
42 UC 105 Jo*
1942 HI
42 UC 105 Jo*
1942 HK
42 UC 105 Jo*
1942 IA
42 UC 105 Jo*
1942 IB
42 UC 105 Jo*
1942 IC
42 UC 105 Jo*
1942 ID
42 UC 105 Jo*
1942 IE
42 UC 105 Jo*
1942 IF
42 UC 105 Jo*
1942 IG
42 UC 105 Jo*
1942 IH
42 UC 105 Jo*
1942 LD
42 UC 105 Jo*
1942 LE
42 UC 105 Jo*
1942 LF
42 UC 105 Jo*
1942 LG
42 UC 105 Jo*
1942 NA
42 UC 105 Jo*
1942 PC
42 UC 105 Jo*
1942 PD
42 UC 105 Jo*
1942 PE
42 UC 105 Jo*
1942 PF
42 UC 105 Jo*
1942 PG
42 UC 105 Jo*
1942 PH
42 UC 105 Jo*
1942 PI
42 UC 105 Jo*
1942 PK
42 UC 105 Jo*
1943 DA
43 MPC 63 So*
1943 EA
43 MPC 63 So*
1943 EB
43 MPC 63 So*
1943 EC
43 MPC 63 So*
1943 MB
43 BAN 10 436 Jo*
1943 MC
43 BAN 10 436 Jo*
1943 MD
43 BAN 10 436 Jo*
1943 ME
43 BAN 10 436 Jo*
1943 OB
43 BAN 10 436 Jo*
1943 OC
43 BAN 10 436 Jo*
1943 OD
43 BAN 10 436 Jo*
1943 OE
43 BAN 10 436, 437 Jo*
1943 PA
43 BAN 10 437 Jo*
1943 PB
43 BAN 10 437 Jo*
1943 PC
43 BAN 10 437 Jo*
1943 PD
43 BAN 10 437 Jo*
1943 QC
43 BAN 10 437 Jo*
1943 QD
43 BAN 10 437 Jo*
1943 QE
43 BAN 10 437 Jo*
1944 KA
44 MPC 152 Wü
1944 KB
44 BAN 10 438, MPC 153 Jo*
1944 KC
44 BAN 10 438, MPC 153 Jo*
1944 MB
44 BAN 10 438, MPC 154 Jo*
1944 MC
44 BAN 10 438, MPC 154 Jo*
1944 MD
44 BAN 10 438, MPC 154 Jo*
1944 OA
44 BAN 10 438, MPC 155 Jo*
1944 OB
44 BAN 10 438, MPC 155, 156, 157 Jo*
1944 OC
44 BAN 10 438, MPC 155, 156, 157 Jo*
1944 OD
44 BAN 10 438, MPC 155 Jo*
1944 OE
44 BAN 10 438, MPC 155 Jo*
1944 OF
44 BAN 10 438, MPC 155 Jo*
1944 OG
44 BAN 10 438, MPC 156, 157 Jo*
1944 QC
44 MPC 152 Wü
1944 QD
44 BAN 10 438, MPC 156, 157 Jo*
1944 QE
44 BAN 10 438, 439, MPC 156, 157[1]) Jo*
1944 QF
44 BAN 10 439, MPC 156, 157 Jo*
1944 QG
44 BAN 10 439, MPC 156 Jo*
1944 QH
44 BAN 10 439, MPC 156 Jo*

[1]) Berichtigung in MPC 204.

1944 QI
44 BAN **10** 439, MPC 157[1]) Jo*
1944 RA
44 MPC 158 Tk*
1944 RB
44 MPC 158 Tk*
1944 RC
44 MPC 158 Tk*
1944 RD
44 MPC 158, 159 Tk*
1944 RE
44 MPC 158 Tk*
1944 RF
44 MPC 158 Tk*
1944 RG
44 MPC 158 Tk*
1944 RH
44 MPC 158 Tk*
1944 RI
44 MPC 158 Tk*
1944 SA
44 MPC 159 Tk*
1944 SB
44 MPC 159 Tk*
1944 SC
44 MPC 159 Tk*
1944 UA
44 MPC 159 Tk*
1944 YA
44 MPC 64, 149 So*
1945 AA[2])
45 MPC 80 Tk*
1945 BA[2])
45 MPC 80 Tk*
1945 BB[2])
45 MPC 80 Tk*
1945 BC[2])
45 MPC 80 Tk*
1945 EA[2])
45 MPC 80 Tk*
1945 EB[2])
45 MPC 81 Tk*
1945 EC[2])
45 MPC 81 Tk*
1945 ED[2])
45 MPC 81 Tk*
1945 EE[2])
45 MPC 81 Tk*
1945 FA[2])
45 MPC 81 Tk*

1945 GA[2])
45 MPC 82 Tk*
1945 GB[2])
45 MPC 82 Tk*
1945 GC[2])
45 MPC 82 Tk*
1945 KA[3])
45 NAZ **1** 19 He*
1945 QA[3])
45 BAB **3** 282, UAI Circ 1019 Uc
1945 QB[3])
45 BAB **3** 282 Uc
1945 QC[3])
45 BAB **3** 282 Uc
1945 QD[3])
45 BAB **3** 282, UAI Circ 1021, 1024 Uc
1945 QE[3])
45 BAB **3** 282, UAI Circ 1024 Uc
1945 TA[2]
45 MPC 84 Tk*
1945 TB[2])
45 MPC 84 Tk*
1945 TC[2])
45 MPC 84 Tk*
1945 TD[2])
45 MPC 85 Tk*
1945 VA[2])
45 MPC 85 Tk*
1945 VB[2]
45 MPC 85 Tk*
1945 VC[2])
45 MPC 85, 88 Tk*
1945 VD[2])
45 MPC 86 Tk*
1945 VE[2])
45 MPC 86 Tk*
1945 VF[2])
45 MPC 86 Tk*
1945 VG[2])
45 MPC 86 Tk*
1945 VH[2])
45 MPC 86 Tk*
1945 VI[2])
45 MPC 88, 89 Tk*
1946 FB[3])
46 BAB **4** 31, UAI Circ 1038 Uc

1946 FC[3])
46 BAB **4** 31, UAI Circ 1038 Uc
1946 GB[3])
46 UC **106**, UAI Circ 1045 Jo*
1946 GC[3])
46 UAI Circ 1045 Jo*
1946 GD[3])
46 UAI Circ 1045 Jo*
1946 GE[3])
46 UAI Circ 1045 Jo*
1946 HC[3])
46 BAB **4** 31, UAI Circ 1038 Uc
1946 IA[3])
46 UC **106**, UAI Circ 1045 Jo*
1946 IB[3])
46 UC **106**, UAI Circ 1051 Jo*
1946 KA[3])
46 UC **106**, UAI Circ 1053 Jo*
1946 KB[3])
46 UC **106**, UAI Circ 1053 Jo*
1946 KC[3])
46 UC **106**, UAI Circ 1053 Jo*
1946 LA[3])
46 UC **106**, UAI Circ 1053 Jo*
1946 LB[3])
46 UAI Circ 1053 Jo*
1946 MA[3])
46 UC **106**, UAI Circ 1061 Jo*
1946 MB[3])
46 UAI Circ 1061 Jo*
1946 NA[3])
46 UAI Circ 1061 Jo*
1946 OA[3])
46 BAB **4** 31, UAI Circ 1060 Uc
1946 OB[3])
46 BAB **4** 32, UAI Circ 1060 Uc
1946 OC[3])
46 BAB **4** 32, UAI Circ 1060 Uc

---

[1]) Berichtigung in MPC 204.
[2]) Provisorische Bezeichnung MPC 204.
[3]) Provisorische Bezeichnung MPC 382.

1946 OD[1])
46 UC **106**, UAI Circ 1065 Jo*
1946 OE[1])
46 UC **106**, UAI Circ 1065 Jo*
1946 OF[1])
46 UC **106**, UAI Circ 1065 Jo*
1946 OG[1])
46 UAI Circ 1065 Jo*
1946 QB = Objekt Johnson = Komet 1946 i
1946 QE[1])
46 UC **106**, UAI Circ 1070 Jo*
1946 QF[1])
46 UC **106**, UAI Circ 1070 Jo*
1946 QG[1])
46 UC **106**, UAI Circ 1070 Jo*
1946 SF[1])
46 BAB **4** 32, UAI Circ 1075 Uc
1946 SG[1])
46 BAB **4** 32, UAI Circ 1075 Uc
1946 UN[1])
46 BAB **4** 32, UAI Circ 1075 Uc
1946 UO[1])
46 BAB **4** 32 Uc
1946 YA[1])
46 NAZ **1** 19 He*
1947 BA = 24 Themis[2])
47 BAB **4** 56 Uc
1947 BB
47 BAB **4** 56 Uc
1947 BC
47 BAB **4** 56 Uc
1947 BD
47 BAB **4** 56 Uc
1947 BE
47 BAB **4** 56 Uc
1947 CF
47 MPC 74[3]) Ky*
1947 FE[1])
47 UC **107** Jo*
1947 FF[1])
47 UC **107** Jo*
1947 FG[1])
47 UC **107** Jo*
1947 FH[1])
47 UC **107** Jo*
1947 FI[1])
47 UC **107** Jo*
1947 FK[1])
47 UC **107** Jo*
1947 FL[1])
47 TAB (2) 2 To*
1947 HF[1])
47 UC **107** Jo*
1947 KA
47 UC **107** Jo*
1947 KF[1])
47 TAB (2) 2 To*
1947 LO
47 BAB **4** 56 Uc
1947 NA = 63 Ausonia
47 UC **107** Jo*
1947 NB
47 UC **107** Jo*
1947 NC = 1047 Geisha
47 UC **107** Jo*
1947 ND = 837 Schwarzschildia
47 UC **107** Jo*
1947 NE
47 UC **107** Jo*
1947 NF
47 UC **107** Jo*
1947 NG
47 UC **107** Jo*
1947 NH = Objekt Wirtanen 1947—1
47 LOB 520, MPC 180 Li
Eph (1948/49) Harv Card 933, MPC 145, UAI Circ 1173
El Harv Card 932, MPC 145, UAI Circ 1173
1947 NL[1])
47 TAB (2) 2 To*
1947 OA = 449 Hamburga
47 UC **107** Jo*
1947 OB
47 UC **107** Jo*
1947 OC[1])
47 TAB (2) 2 To*
1947 PA
47 MPC 110, 111 LP
1947 PB[4])
47 UC **107** Jo*
1947 RA = 589 Croatia
47 UC **107** Jo*
1947 RB
47 UC **107** Jo*
1947 RD
47 UC **107** Jo*
1947 RG[5])
47 UC **107** Jo
1947 RI[5])
1947 SA
47 UC **107** Jo*
1947 SB
47 MPC 176 Si*
1947 SC
47 MPC 176 Si*
1947 TA = 247 Eukrate = Objekt Benítez
1947 TD
47 MPC 176 Si*
1947 UA
47 BAB **4** 56 Uc
1947 UB
47 BAB **4** 56 Uc
1947 UC = Objekt Wirtanen 1947—2
47, 48 } LOB 520, MPC 180 Li
1947 UI[4]) = Tokio E
47 TAB (2) 2 To*
1947 WB
47 MPC 111 LP
El MPC 111
1947 XA
47, 48 } MPC 135 Ni
Kreisbahn MPC 195
1947 XB
47 MPC 174 Tu*
1947 XC = Objekt Giclas
47 Harv Card 877, NAZ **1** 36, UAI Circ 1131 Fl
Eph (1947/48) Harv Card 880, NAZ **1** 36, UAI Circ 1131
Eph (1948) Harv Card 877, UAI Circ 1127
El Harv Card 879, NAZ **1** 36, UAI Circ 1131
1948 AA
48 MPC 98 MW
Eph (1949) MPC 98

[1]) Provisorische Bezeichnung MPC 382.
[2]) MPC 204.
[3]) Mit 24 Themis bezeichnet, Berichtigung MPC 204.
[4]) Provisorische Bezeichnung MPC 383.
[5]) Berichtigung zu MPC 10 und 41 in MPC 77.

El MPC 98

1948 AB

48 MPC 128 Al*

1948 AC

48 MPC 128 Al*

1948 AD

48 MPC 132, 133 Ni*. MPC 135 Ni

El MPC 136

1948 AE = 706 Hirundo

48 MPC 132, 133 Ni*. MPC 135 Ni

El MPC 136

1948 AF = Objekt Wirtanen 1948—1

48 LOB 520, MPC 181 Li

1948 AG = Objekt Rand 1948—1

48 LOB 520, MPC 181 Li

1948 BA

48 MPC 129 Al*

1948 BB = 824 Anastasia

48 MPC 132, 133 Ni*. MPC 135, 136 Ni

El MPC 136

1948 BC

48 MPC 132 Ni*

1948 BD[1]) = Tokio F

48 TAB (2) 6 To*

1948 CA

48 MPC 68, 69 Ni*

1948 CB

48 MPC 68 Ni*

1948 CC = 399 Persephone

48 MPC 111, 112 Uc

1948 CD

48 MPC 129 Al*

Kreisbahn MPC 195

1948 CE = 1241 Dysona

48 MPC 133 Ni*. MPC 136 Ni

El MPC 136

1948 DA = 503 Evelyn

48 MPC 111 Uc

1948 DB = 424 Gratia

48 MPC 111 Uc

1948 EA = Objekt Wirtanen 1948—2

48 Harv Card 912, 926, UAI Circ 1162, 1170 BA. Harv Card 898 Fl. MPC 99, UAI Circ 1151 Jo. Harv Card 899 LP. Harv Card 895, LOB 520, MPC 78, 181, NAZ (vM) 34, NAZ 2 7, UAI Circ 1145 Li

Eph Harv Card 895, 896, 898, MPC 78, 79, 140, UAI Circ 1145, 1146, 1170

Eph (1948/49) Harv Card 927, 928, MPC 141

El Harv Card 895, 927, MPC 78, 141, NAZ 2 7, UAI Circ 1145, 1170

1948 EB = 592 Bathseba

48 MPC 87 Ni*. MPC 111 Uc

1948 EC

48 MPC 87 Ni*

1948 ED

48 MPC 87 Ni*

1948 EE

48 MPC 87 Ni*

1948 EF = 527 Euryanthe

48 MPC 134 Ni*. MPC 111, 112 Uc

1948 EG = 1467 1938 OE

48 MPC 111, 112 Uc

1948 EH = 1552 1938 DE_1

48 MPC 111, 112 Uc

1948 EI

48 MPC 111 Uc

1948 EK = 281 Lucretia

48 MPC 112 Uc

1948 EL

48 MPC 112 Uc

1948 EM = 931 Whittemora

48 MPC 112 Uc

Kreisbahn MPC 195

1948 EN

48 MPC 112 Uc

1948 EO

48 MPC 112 Uc

1948 EP = 1063 Aquilegia

48 MPC 112 Uc

1948 EQ

48 MPC 112 Uc

1948 ER

48 MPC 112 Uc

1948 ES

48 MPC 133 Ni*

1948 ET

48 MPC 134 Ni*. MPC 136 Ni

El MPC 136

1948 GA

48 MPC 129 Al*

1948 GB

48 MPC 129 Al*

1948 GC

48 MPC 129 Al*

Kreisbahn MPC 195

1948 GD

48 MPC 134 Ni*

1948 GE

48 MPC 134 Ni*

1948 GF

48 MPC 134 Ni*

1948 GG

48 MPC 134 Ni*

1948 HA

48 MPC 104 Jo*

1948 HB

48 MPC 134 Ni*

1948 HC

48 MPC 134 Ni*

1948 IA

48 MPC 104 Jo*

1948 IB

48 MPC 105 Jo*

1948 IC

48 MPC 105 Jo*

1948 ID

48 MPC 108 Jo*

1948 IE

48 MPC 171 Fl*

1948 IF

48 MPC 171 Fl*

1948 IG

48 MPC 171 Fl*

1948 IH

48 MPC 171, 172 Fl*

1948 II

48 MPC 171, 172 Fl*

1948 IK

48 MPC 190 YC*

1948 KA

48 MPC 108 Jo*

Kreisbahn MPC 195

1948 KB = 799 Gudula

48 MPC 108 Jo*

Kreisbahn MPC 195

1948 KC = 968 Petunia

48 MPC 108 Jo*

Kreisbahn MPC 195

---

[1]) Provisorische Bezeichnung in MPC 383.

1948 KD = 699 Hela
48 MPC 108 Jo*
1948 KE
48 MPC 170 Ky*
1948 KF
48 MPC 170 Jo
El MPC 170
1948 LA
48 MPC 129 Al*
1948 LB
48 MPC 146 Jo*
1948 LC
48 MPC 146 Jo*
1948 LD
48 MPC 146 Jo*
1948 LE
48 MPC 170 Ky*
1948 LF
48 MPC 170 Ky*
1948 LG
48 MPC 170 Ky*
1948 LH
48 MPC 172 Fl*
1948 LI
48 MPC 172 Fl*
1948 LK
48 MPC 198 Ni*
1948 MA
48 MPC 146 Jo*
1948 MB
48 MPC 146 Jo*
1948 MC
48 MPC 146 Jo*
1948 MD
48 MPC 146 Jo*
1948 ME
48 MPC 147 Jo*
1948 MF
48 MPC 147 Jo*
1948 MG
48 MPC 147 Jo*
1948 NA
48 MPC 147 Jo*
1948 NB
48 MPC 147 Jo*
1948 NC
48 MPC 147 Jo*
1948 ND
48 MPC 147 Jo*
1948 NE
48 MPC 196 Jo
El MPC 196
1948 NF
48 MPC 196 Jo
El MPC 197

1948 OA =
Objekt Wirtanen 1948—3
48 Harv Card 923 Fl*. Harv Card 918, NAZ (vM) 43, UAI Circ 1165 Li*. Harv Card 920, MPC 130, UAI Circ 1166 Li
Eph Harv Card 922, 923, 930, MPC 130, 131, 144 NAZ (vM) 45, UAI Circ 1167, 1172, 1184
Eph (1948/49) Harv Card 947
Eph (1949) UAI Circ 1190
El Harv Card 922, 946, MPC 130, NAZ (vM) 45, UAI Circ 1167, 1184
1948 OB
48 MPC 147 Jo*
1948 OC
48 MPC 147 Jo*
1948 OD
48 MPC 147 Jo*
1948 OE
48 MPC 147 Jo*
1948 PA
48 MPC 175 LP
El MPC 175
1948 PB
48 MPC 190 YC*
1948 PC
48 MPC 196 Jo
El MPC 197
1948 PF
48 MPC 198 Ni*
1948 PG
48 MPC 198 Ni*
1948 RA
48 MPC 172, 173 Fl*
1948 RB
48 MPC 172, 173 Fl*
1948 RC
48 MPC 172, 173 Fl*
1948 RD
48 MPC 172, 173 Fl*
1948 RE
48 MPC 172, 173 Fl*
1948 RF
48 MPC 172, 173 Fl*
1948 RG
48 MPC 172, 173 Fl*
1948 RH
48 MPC 172, 173 Fl*
1948 RI
48 MPC 172, 173 Fl*

1948 RK
48 MPC 172, 173 Fl*
1948 RL
48 MPC 172, 173 Fl*
1948 RM
48 MPC 172, 173 Fl*
1948 RN
48 MPC 172, 173 Fl*
1948 RO
48 MPC 172, 173 Fl*
1948 RP
48 MPC 172, 173 Fl*
1948 RQ
48 MPC 183, 185 Tk*
1948 RR
48 MPC 199 Ni*
1948 RS
48 MPC 199 Ni*
1948 RT
48 MPC 199 Ni*
1948 RU
48 MPC 199 Ni*
1948 RV
48 MPC 199 Ni*
1948 RW
48 MPC 199 Ni*
1948 RX
48 MPC 199 Ni*
1948 RY
48 MPC 199 Ni*
1948 RZ
48 MPC 199, 200 Ni*
1948 SA
48 MPC 185 Uc
Eph MPC 186
El MPC 186
1948 SB
48 MPC 185 Uc
Eph MPC 186
El MPC 186
1948 SC
48 MPC 199 Ni*
1948 TA
48 MPC 183, 185 Tk*
1948 TB
48 MPC 183, 185 Tk*
1948 TC
48 MPC 183, 185 Tk*
1948 TD
48 MPC 183, 185 Tk*
1948 TE
48 MPC 183, 185 Tk*
1948 TF
48 MPC 183, 185 Tk*
1948 TG
48 MPC 183, 185 Tk*

1948 TH
48 MPC 184, 185 Tk*
1948 TI
48 MPC 184, 185 Tk*
1948 TK
48 MPC 184, 185 Tk*
1948 TL
48 MPC 184, 185 Tk*
1948 TM
48 MPC 184, 185 Tk*
1948 TN
48 MPC 184, 185 Tk*
1948 TO
48 MPC 184, 185 Tk*
1948 TP
48 MPC 184, 185 Tk*

1948 TQ
48 MPC 199 Ni*
1948 TR
48 MPC 199, 200 Ni*
1948 TS
48 MPC 200 Ni*
1948 TT
48 MPC 200 Ni*
1948 TU
48 MPC 200 Ni*
1948 UA
48 MPC 184, 185 Tk*
1948 UB
48 MPC 184, 185 Tk*
1948 UC
48 MPC 184, 185 Tk*

1948 VA
48 MPC 192 Ni*
1948 VB
48 MPC 200, 201 Ni*
1948 WB
48 MPC 192 Ni*
1948 WC
48 MPC 200 Ni*
1948 WD
48 MPC 200 Ni*
1948 WE
48 MPC 201 Ni*

7535. Verzeichnis der Sternwarten und Beobachter

Algier	L. Boyer
Athen	G. Adamopoulos, S. Plakidis
Barcelona	J. Febrer, Orus, I. Polit
Blaye	E. Douillet
Bosque Alegre	D. McLeish
Flagstaff	H. L. Giclas, V. M. Slipher
Fort Davis	G. van Biesbroeck
Hamburg-Bergedorf	A. A. Wachmann
Heidelberg	K. Reinmuth
Johannesburg	W. H. van den Bos, J. A. Bruwer, H. van Gent, E. L. Johnson
Karlsruhe	W. Malsch
Kasan	M. Balaschowa, D. J. Martynow
Kiew	A. M. Borbat, N. A. Chinkulowa, W. P. Konoplewa, E. W. Sandakowa, A. N. Sergejewa
Kyoto	T. Higami, T. Mitani
La Plata	M. Itzigsohn, C. Jaschek, C. Rogati
Madrid	R. Carrasco
Mount Hamilton	J. Ashbrook, S. J. Inglis, H. M. Jeffers, B. J. Mattson, R. B. Mathews, C. D. Shane, S. D. Shane, W. Shane, C. A. Wirtanen
Mount Wilson	W. Baade
Nizza	A. Patry
Oakridge	R. C. Cameron (Cincinnati), W. J. Luyten (Minnesota)
Paris	F. Weber, R. Weber
Prag	Z. Bochnicek
Rom	—
Santiago	M. Dujisin, R. Grandon
San Fernando	—
Simeis	V. A. Albitzky, P. T. Shajn
Sonneberg	P. Ahnert, C. Hoffmeister, A. van de Voorde
Teramo	G. Peisino
Tokyo	H. Hirose, K. Tomita
Tucson	R. C. Cameron (Cincinnati), W. J. Luyten (Minnesota)
Turin	N. Missana, A. Vergnano
Turku	H. Alikoski, L. Oterma, Y. Väisälä
Uccle	S. Arend, E. Delporte, F. Rigaux
Washington	—

Williamsbay	G. van Biesbroeck
Würzburg	O. Volk
(Yale-Columbia)	C. Jackson

7536. Verzeichnis der Berechner

K. Akiyama	E. L. Johnson	I. I. Putilin
J. Bobone	A. Kahrstedt	E. Rabe
Z. Bochnicek	S. Kanda	G. Reiss
L. Boyer	A. Kettenacker	R. S. Richardson
R. C. Cameron	O. Kippes	P. Sconzo
L. E. Cunningham	L. Kresák	V. Stern
A. Fresa	M. Laugier	W. Strobel
L. Gaertner	T. Lederle	T. Takenouchi
H. L. Giclas	C. Lombardi	T. Ura
I. Groeneveld	R. B. Mathews	C. Vick
P. Herget	B. J. Mattson	H. F. Weaver
T. Higami	D. McLeish	C. A. Wirtanen
H. Hirose	P. Musen	F. Zweck
W. P. Hirst	S. Ogata	
O. Hurukawa	A. Patry	

§ 76
Jupiter

7601. Jupiter. Astrometrische Beobachtungen

Rom 1945—1947. Mem SA It (NS) **19** 135—141 = Oss. Astr. Roma-Monte Mario, Contr. sci. Nr. **140**. G. Armellini. — α.

Washington 1937—1944. Publ. of the United States Naval Obs. (2) **15** part 5 S. 227—229. H. R. Morgan, F. P. Scott. — α, δ.

7602. Jupiter. Physische Beobachtungen

Astr Circ USSR Nr. 81 9 (russisch). Kolorimetrische Beobachtungen der Venus und einiger anderer Objekte. W. Scharonow.

BAA Circ Nr. 302.

NAZ v M Nr. 49. L. Fornfischer, E. Wiesenfeld. — Heller Fleck.

Orion Genève Nr. **16** S. 338—342, mit 2 Fig., 1947. La planète Jupiter en 1947. M. du Martheray.

Orion Schaffhausen Nr. **21** S. 493. Nördliches Äquatorialband auf Jupiter unterbrochen. — Besprechung einer Beobachtung an der Münchener Volkssternwarte.

Orion Schaffhausen Nr. **21** S. 497—500, mit 2 Abb.

Strolling Astronomer **2** Nr. 2 S. 7, Nr. 3 S. 7, Nr. 4 S. 10, Nr. 5 S. 8, Nr. 6 S. 2—3 (E. J. Reese, Jupiter in 1947), S. 8, Nr. 7 S. 1 (Fortsetzung von Nr. 6 S. 2—3), S. 4—5, 7, Nr. 8 S. 7—8, Nr. 10 S. 8—10, Nr. 11 S. 2—5, Nr. 12 S. 9.

El Universo **46** Nr. 6 S. 21—22, mit 1 Fig. Jupiter en 1948. F. J. Escalante.

7603. A. M. Bacharew, Über die Abhängigkeit der Intensität der Jupiterstreifen von der Fleckentätigkeit der Sonne. Bull. Astr.-Geod. Ges. UdSSR Nr. **4** (11) S. 14—16 (russisch).

7604. N. P. Barabaschew, Photometrie der hellen und dunklen Zonen Jupiters. Charkow Publ. 8 51—64 (russisch).

7605. W. H. Haas, How to observe Jupiter. Strolling Astronomer **2** Nr. 6 S. 3—5.

* * **J. Küttner, E. Model,** Nebenuntersonne, Unterjupiter und andere bemerkenswerte Halo-Beobachtungen auf der Zugspitze. Vgl. Ref. 72102.

7606. **W. Löbering,** Beobachtungsergebnisse einer 25jährigen Überwachung des Planeten Jupiter. AN **276** 130—132.

7607. **E. Mädlow,** Zur Nomenklatur der Oberflächendetails auf Jupiter. Himmelswelt **55** 197—200, mit 15 Abb. = Mitt. Archenhold-Sternwarte Berlin-Treptow Nr. 7.

7608. **E. Schoenberg,** Die äquatoreale Beschleunigung bei Jupiter. Sitzungsberichte Bay. Akad. Wiss., Math.-naturwiss. Klasse **1948** 115—147, mit 5 Abb. = Mitt. Sternwarte München **1** Nr. 1. — Ausgehend von der Annahme einer halbfesten oder flüssigen Oberfläche des Planeten, die in der Konstanz des GRF und der mittleren Breiten der fünf Hauptstreifen des Planeten ihre Stütze hat, wird eine Theorie der Beschleunigung der äquatorealen Zone als einer rein atmosphärischen Strömung entwickelt. Die innerhalb des NEB und des SEB aus dem Innern des Planeten aufsteigenden Ströme heißen Gases liefern die Energie, die notwendig ist, die äquatoreale gegen die Oberfläche beschleunigte Strömung zu unterhalten. Verf.

7609. Standard nomenclature on Jupiter. Strolling Astronomer **2** Nr. 6 S. 1, mit 1 Fig. Mit Berichtigung in Nr. 7 S. 2.

Jupitermonde

7610. **J. Ashbrook,** Eclipses of Jupiter's satellites observed in 1947—48. AJ **54** 87—88.

7611. **J. C. Bartlett jr.,** Jovian satellite phenomena for small telescopes. Strolling Astronomer **2** Nr. 9 S. 3—7.

7612. **Jupitermond V**

J. W. Streeter, John Winthrop, junior, and the fifth satellite of Jupiter. Isis, Official Quarterly J. of the History of Sci. Soc. **39** part 3 Nr. **117** S. 159—163.

7613. **Jupitermond VIII**

H. R. J. Grosch, The orbit of the eighth satellite of Jupiter. AJ **53** 180—187, mit 2 Fig. — Die Bahnbestimmung verwendet die Beobachtungen von 1930 bis 1947 und ist als vorläufig anzusehen. Zwei Figuren und eine Tabelle der oskulierenden Elemente von 80 zu 80 Tagen geben eine Vorstellung von den Veränderungen der Bahn. Eine vollständigere Bearbeitung dieser Beobachtungen und eine Integration bis zum Entdeckungsjahr 1948 sind in Aussicht gestellt. Böh.

W. F. Proskurin, Untersuchung der Bewegung des achten Jupitermondes. Universität Leningrad, 2 S. (russisch).

7614. **Jupitermond IX**

S. Herrick, Ephemeris of Jupiter's ninth satellite. Publ ASP **60** 116. — 1948 April 9 bis September 16.

§ 77

Saturn

7701. **Saturn. Astrometrische Beobachtungen**

Rom 1945—1947. Mem SA It (NS) **19** 135—141 = Oss. Astr. Roma-Monte Mario, Contr. sci. Nr. **140**. G. Armellini. — α.

Uccle 1945—1946. BAB **4** 26—27, 1947. G. Becq, F. Moreau, J. Verbaandert. — α, δ.

Washington 1935, 1937—1944. Publ. of the United States Naval Obs. (2) **15** part 5 S. 230—232. H. R. Morgan, F. P. Scott. — α, δ.

7702. **Saturn. Physische Beobachtungen**

BAA Circ Nr. 289, 1947. E. J. Reese.

BAA Circ Nr. 293. Saturn.

BAA Circ Nr. 296. Saturn.

BSAF **62** 1—3, mit 1 Abb. La planète Saturne. J. E. Focas.

El Universo **46** Nr. 4 S. 20, mit 1 Abb. E. López López.

Sterne **24** 84. Saturnbeobachtungen im September/November 1948 auf der Volkssternwarte München. W. Sandner.

Strolling Astronomer **2** Nr. 1 S. 6—7, Nr. 2 S. 6—7, Nr. 3 S. 8—9, Nr. 4 S. 9—10, Nr. 5 S. 4—5 (W. H. Haas, Detail in the rings of Saturn), S. 5—7, Nr. 6 S. 6—8, Nr. 7 S. 5—6, Nr. 8 S. 1—2 (T. Cragg, Saturn with the 200-inch), S. 6—7, Nr. 9 S. 1—3 (J. C. Bartlett jr., Rapid variations in the south polar cloud cap of Saturn), S. 7—9 (W. H. Haas, Saturnian rotation rates and belt latitudes), Nr. 11 S. 1, Nr. 12 S. 7—9.

7703. **J. Bosler,** L'évolution de l'anneau de Saturne. JO **31** 145—150. — Einfluß von Begegnungen auf die mittlere Entfernung der betreffenden Teilchen, Abschätzung der dabei auftretenden Geschwindigkeiten, Endschicksal der Teilchen (Erklärung des Florringes), Erklärung der Anhäufungen an den Ringteilungen, der Rotationsverhältnisse und gelegentlichen Flecken auf der Saturnscheibe, Vermutungen über das weitere Schicksal des Rings durch Vergleich mit den Satellitensystemen bei Jupiter und Uranus. Böh.

7704. **E. E. Hare,** A new interpretation of the Crape Band on Saturn. Strolling Astronomer **2** Nr. 3 S. 1—3.

§ 78

Uranus, Neptun, Pluto

7801. **Uranus. Astrometrische Beobachtungen**

Rom 1945—1947. Mem SA It (NS) **19** 135—141 = Oss. Astr. Roma-Monte Mario, Contr. sci. Nr. **140**. G. Armellini. — α.

Torino 1946—1947. Rend. Accad. nazionale Lincei (8) **5** 37—42 = Contr. Oss. astr. Torino, Pino Torinese (NS) Nr. **15**. A. M. Vergnano. — α.

Uccle 1945. BAB **4** 27, 1947. S. D. Téhérany. — α.

Washington 1935—1943. Publ. of the United States Naval Obs. (2) **15** part 5, S. 233—235. H. R. Morgan, F. P. Scott. — α, δ.

7802. **Uranus. Physische Beobachtungen**

Strolling Astronomer **2** Nr. 3 S. 7.

7803. **J. Ashbrook,** Variations in the brightness of Uranus. Publ ASP **60** 116—118, mit 1 Fig. — Besprechung in JBAA **58** 196—197. — Beobachtungen mit dem Opernglas zwischen 1936 und 1947 bestätigen die bereits früher gefundene Helligkeitsperiode der Oppositionshelligkeiten von etwa 8 Jahren. Die Amplitude beträgt 0.4 Größenklassen. Das letzte Minimum fand Ende 1944 statt. Loh.

7804. **P. Melchior,** Eléments canoniques des orbites et représentations des distances planétaires III. Bull. Acad. roy. de Belgique, Cl. des Sci. (5) **34** 413—414, mit 1 Fig. = Univ. Bruxelles, Inst. d'Astronomie (2) Nr. **38**. —

Vgl. AJB **47** Ref. **5108**. — Ergänzung zu Nr. **37**, indem die dort angegebene Darstellung der Abstände im Uranussystem durch Hinzunahme des neu entdeckten Satelliten abgeändert wird. Böh.

7805. **W. H. Steavenson,** Observations of the satellites of Uranus. MN **108** 183—185. — Beobachtungen der Positionswinkel von Umbriel, Titania und Oberon. Für Ariel ergibt sich eine Korrektion der berechneten Länge um +6°1. Aus Helligkeitsbeobachtungen wird auf Veränderlichkeit von einem der beiden äußeren Satelliten geschlossen.

7806. **Mitteilungen über die Entdeckung des 5. Uranusmondes**
Entdeckung: G. P. Kuiper, Fort Davis, 1948 Febr. 15.
DOB Nr. **2** mit 1 Fig., BAA Circ Nr. 295, BSAF **62** 54, El Universo **46** Nr. 5 S. 22, Gaz astr **30** 36, Harv Card 890, Himmelswelt **55** 152, JCan RAS **42** 99, Kop Akt Medd 317, Nat **161** 637, NAT **1948** 73—74, NAZ v M Nr. 32, NAZ **2** 7, PAT **29** 69, Pop Astr **56** 231, Priroda **37** Nr. 8 S. 41—42 (russisch), Publ ASP **60** 213, Sky and Telescope **7** 153, **8** 43 mit 1 Fig., Sterne **24** 57, UAI Circ 1142, Urania Barcelona **32** Nr. 218 S. 90.

7807. **Neptun. Astrometrische Beobachtungen**
Washington 1936—1944. Publ. of the United States Naval Obs. (2) **15** part 5, S. 236—238. H. R. Morgan, F. P. Scott. — α, δ.

7808. **Pluto. Astrometrische Beobachtungen**
Algier 1941—48. JO **31** 95. L. Boyer. — α, δ.
1948. UAI Circ 1140, 1147. L. Boyer. — α, δ.
Hamburg-Bergedorf 1939. Himmelswelt **55** 99. W. Dieckvoss. — α.
San Fernando 1948. UAI Circ 1139, 1147, 1149. — α, δ.
Tokyo 1947 TAB (2) Nr. **2** S. 12 H. Hirose, K. Tomita. — α, δ.
1948 TAB (2) Nr. **6** S. 58. H. Hirose, K. Tomita. — α.
Toulouse 1948. JO **31** 193. P. Prêtre. — α, δ.
UAI Circ 1148. P. Prêtre. — α, δ.
Uccle 1947. BAB **4** 56. S. Arend. — α, δ.
1948. MPC 111. S. Arend. — α, δ.
NAZ **2** 17. S. Arend. — α, δ.
UAI Circ 1160. S. Arend. — α, δ.

7809. **Pluto-Ephemeride**
Harv Card 944 = NAZ **2** 30 = UAI Circ 1185. — Ephemeride 1948 Nov. 25 — 1949 April 24.

7810. **S. Günther,** Die Masse des Pluto. Sterne **24** 86—87, mit 1 Fig. — Besprechung der Arbeit von Wylie (AJB **46** Ref. **5911**).

Neunter Teil

Kometen. Meteore. Meteorite. Zodiakallicht

§ 80

Kometen im allgemeinen

8001. **R. R. Coles,** Comets and meteors. Sky and Telescope **7** 117—118, mit 3 Fig.

8002. **O. W. Dobrowolskij,** Über die Entdeckung der Kometen. Stalinabad Circ. Nr. 58 — **60** S. 3—5 (russisch).

8003. **O. W. Dobrowolskij,** Zur Arbeit Bernard's über plötzliche Formänderungen in Kometen. Stalinabad Circ. Nr. **66** S. 1—2, mit 1 Fig. (russisch).

8004. **A. D. Dubjago,** Über die Säkularbeschleunigung der Bewegung periodischer Kometen. RAJ **25** 361—368 (russisch).

8005. **J. Dufay,** Structure des bandes du carbone dans les spectres des comètes. Comité National Français d'Astronomie, Communications et Mémoires 1948 S. 32—38, mit 5 Fig. — Die Struktur der Swan-Banden des Kohlenstoffs in den Spektren der Kometen Peltier 1936 a, Finsler 1937 f, Jurloff-Achmaroff-Hassel 1939 b und Whipple-Fedtke 1942 g entspricht im wesentlichen einer Temperatur von etwa 3000°. Das Auftreten des Moleküls $C^{12}C^{13}$ ist sicher nachweisbar, während die Existenz von $C^{13}C^{13}$ zweifelhaft bleibt. Die Häufigkeit des Isotops C^{13} relativ zu C^{12} ist in den Kometen wahrscheinlich erheblich höher als auf der Erde. Micz.

8006. **S. Hamid,** Prediction of theoretical radiants from very short periodic comets. AJ **54** 39. — Ref. AAS.

8007. **R. Herman,** Remarques sur les spectres cométaires. Comité National Français d'Astronomie, Communications et Mémoires 1948 S. 39—43, mit 4 Fig. — Verf. macht auf Grund von eigenen Laboratoriumsversuchen plausibel, daß die Bande in den Kometenspektren bei λ 4050 dem Molekül CH_2 zuzuschreiben ist. Ein weiteres Kapitel beschäftigt sich mit den Swan-Banden des C_2 und den ebenfalls in Kometen beobachteten Banden des CO^+. Micz.

8008. **J. Hunaerts,** Considérations sur les possibilités d'identification des émissions cométaires dans le domaine infrarouge proche. Bull. Acad. royale de Belgique (Sci) **1948** 531—546, mit 3 Fig. = Commun. Obs. Royal de Belgique Nr. **4**. — Im Hinblick auf die 1947 erfolgte Auffindung von Molekülbanden im nahen Infrarot der Kometenspektren werden Profile der infraroten Emissionsbanden des HCN, C_2H_2, CO_2, NH_3, CH_4, CN und H_2S unter der Voraussetzung berechnet, daß die Besetzung der unteren Niveaus durch die Boltzmannformel geregelt wird. Micz.

8009. **B. J. Lewin,** Fortschritte der Kometenphysik. Fortschritte Astr. Wiss. **3** 191—225, mit 3 Abb., 1947 (russisch). — Bericht nach dem Stand von 1945. Inhalt: Die Identifizierung neuer Moleküle im Spektrum der Kometenköpfe, der Anregungsmechanismus der Moleküle, Kometenspektroskopie und Kometenphysik, die Ausscheidung von Gasen aus den Kometenköpfen und die Veränderung ihrer absoluten Helligkeit, die Untersuchung der absoluten Helligkeit, Struktur und Zerfall der Kometen, die Theorie der Kometenformen Loh.

8010. **B. J. Lewin,** Kann man eine Radiostrahlung der Kometen entdecken? Priroda **36** S. 50, 1947, (russisch).

8011. **B. J. Lewin,** Die Veränderung der Kometenhelligkeit in Abhängigkeit von ihrer heliozentrischen Entfernung. RAJ **25** 246—255, mit 3 Abb. (russisch).

8012. **R. A. Lyttleton,** On the origin of comets. MN **108** 465—475. — Nach der vom Verf. vorgetragenen Hypotese sind Kometen beim Durchgang der Sonne durch eine Dunkelwolke entstanden. Um den von der Sonne zurückgelegten Weg sammelten sich die ihr nachlaufenden Partikel. Durch eine einzige Passage konnten mehrere Tausend Kometen entstehen, von denen ein Teil durch die Störungen großer Planeten gehindert wurde, direkt auf die Sonne zu stürzen. Loh.

8013. **G. Merton,** Reports on the progress of astronomy: Comets. MN **108** 124—130.

8014. **S. W. Orlow,** Zur Verteidigung der neuen Klassifizierung der Kometenformen. RAJ **25** 289—298, mit 4 Abb. (russisch).
8015. **S. B. Pikelner, O. N. Metropolskaja,** Die Ladung des Kometenschweifes und ihr Einfluß auf die Ausdehnungsgeschwindigkeit des Schweifes. RAJ **25** 299—305, mit 1 Abb. (russisch).
8016. **S. M. Poloskow,** Die Rolle der Rayleigh-Streuung im Reflexions- und Streuprozeß der Strahlung durch Kometenkerne. Moskauer Universitätsbote **3** Nr. 2 S. 37—39 (russisch).
8017. **S. M. Poloskow,** Der Mechanismus der Molekülanregung in den Kometenköpfen. RAJ **25** 224—236, mit 11 Abb. (russisch).
8018. **S. M. Poloskow,** Der auf die Moleküle der Kometen ausgeübte Lichtdruck und die Schichtung der Moleküle in Kometenatmosphären. RAJ **25** 343—355, mit 4 Abb. (russisch).
8019. **N. Richter,** Lichtkurven und physikalische Bestimmungsgrößen von Kometen. II. Phasenkurve, Albedowerte und lineare Durchmesser von Kometenkernen. AN **276** 41—48, mit 2 Fig. — Verf. bestimmt von 14 Kometen eine mittlere empirische Phasenkurve. Der Vergleich mit der theoretischen Phasenkurve von Lambert und den beobachteten Kurven des Mondes, der Planeten Merkur, Venus, Mars und der Saturnringe ergibt für die Kometenkurve einen grundsätzlich anderen Verlauf als die Mehrzahl der anderen Phasenkurven. Nur das Phasengesetz der Saturnringe ähnelt ihr bei kleineren Phasenwinkeln. Mit Hilfe des neugewonnenen Phasengesetzes werden Albedowerte und lineare Durchmesser in km für 17 bzw. 22 Objekte berechnet.
8020. **N. Richter,** Objekt Keuskamp und das Problem der unbestätigten Kometenentdeckungen. Sterne **24** 52—54. — Verf. gibt eine Erklärung für unbestätigte Kometenentdeckungen.
8021. **P. Swings,** La physicochemie des comètes. Ciel et Terre **64** 16—27, mit 5 Abb. — Nach einer einführenden Darstellung der Struktur der Kometenspektren wird der Anregungsmechanismus der Banden betrachtet. Bei der Diskussion der molekularen Anregungs-, Ionisations- und Häufigkeitsverhältnisse in den Kometen wird häufig auf ähnliche Probleme der Erdatmosphäre sowie der inter- und circumstellaren Materie eingegangen. Micz.
8022. **E. Vandekerkhove,** Procédé pour déterminer les filaments dans les queues cométaires. BAB **4** 70, mit 6 Abb. — Verf. berichtet über ein Verfahren, um aus der Anordnung einzelner geschwärzter Silberkörner der photographischen Platte auf schwache Strukturelemente von Kometenschweifen zu schließen. Micz.
8023. **J. C. de Wet,** Comets. MN ASSA **7** 30—36.
8024. **A. J. J. van Woerkom,** On the origin of comets. BAN 399 **10** 445—472, mit 9 Fig. — Die ausführliche und alle Einzelheiten berücksichtigende Arbeit gibt nach einer kritischen Übersicht der wesentlichen früheren Untersuchungen über den Ursprung der Kometen eine Berechnung der Jupiterstörungen, des Einflusses der kleinen Störungen auf die Verteilung der großen Achsen, der Wirkung eines interstellaren Feldes auf die Verteilung der großen Achsen und der Folgen, auf welche die Eruptionshypothese führt. Der Vergleich der Ergebnisse mit den Beobachtungen läßt keine der bisherigen Annahmen über den Ursprung als für alle Kometen völlig befriedigend erscheinen. Böh.
8025. **S. K. Wsechswjatskij,** Die Helligkeit der Kometen in den Jahren 1880—1900 und einige Besonderheiten in der Verteilung ihrer absoluten Größen. RAJ **25** 337—342 (russisch).
8026. **S. K. Wsechswjatskij,** Über die Entstehung der Kometen. RAJ **25** 256—266 (russisch).
8027. **S. K. Wsechswjatskij,** Nachtrag zum Katalog der absoluten Größen von Kometen. III. Die Kometen von 1880 bis 1900. Über einige Besonderheiten in der Verteilung der absoluten Helligkeiten der Kometen. Kiew Publ. Nr. **2** S. 3—21 (russisch).

8028. Comets and sunspots. JBAA 58 70. — Es wird darauf hingewiesen, daß möglicherweise Kometen durch heftige Ausbrüche korpuskularer Teilchen und ultravioletter Strahlung aus Sonnenflecken zu starkem, plötzlichem Leuchten angeregt werden. Loh.

8029. Kometers passage gennem Jupitersystemet. NAT **1948** 72—73.

8030. Comets and meteor radiants. Sky and Telescope **7** 299. — Ref. AAS.

8031. Comet statistics. Sky and Telescope **8** 37.

§ 81
Einzelne Kometen

Anmerkung:

Die Kometen der unten folgenden Liste sind eingeteilt
(1) in periodische Kometen, welche mindestens in zwei Erscheinungen beobachtet sind und
(2) in allen übrigen Kometen.

Die Kometen der Gruppe (1) sind in der bereits von Galle[1]) angewendeten und seit Kobold einheitlich durchgeführten Schreibweise[2]) durch Anhängung der Silbe «scher» an den Namen des Kometen gekennzeichnet. Diese Kometen sind im AJB nach ihrem Namen alphabetisch geordnet. Die zuletzt beobachtete Erscheinung des Kometen ist in einer Klammer beigefügt.

Unter (2) folgen alle übrigen Kometen, welche nach ihrer definitiven Bezeichnung bzw. nach ihrer Erscheinung geordnet sind. Für Kometen dieser Gruppe, die in einer Erscheinung beobachtet und für welche sicher periodische Bahnen gerechnet sind, ist an die Kometenbezeichnung ein (P) angehängt.

Ein (p) bedeutet, daß «predicted elements» für den Kometen gegeben sind.

8101. **I. S. Astapowitsch,** Die Kometen des Jahres 1948. Priroda **37** Nr. 11 S. 43—44 (russisch).

8102. **M. Beyer,** Die Kometen des Jahres 1947. Himmelswelt **55** 200—202.

8103. **G. v. Biesbroeck,** Comet notes. Pop Astr **56** 51—52, 114—116, mit 1 Fig., 163—166, mit 5 Fig., 229—230, 277—278, 336—337, 395—397, mit 1 Fig., 446—447, mit 1 Fig., 501—502, 565—567, mit 2 Fig.

8104. **J. Bobone,** Photographic observations of comets and asteroids. AJ **52** Nr. 8 = Obs. Cordoba, Tirada Ap. Nr. **23**. — Beobachtungen siehe AJB **47**.

8105. **H. M. Jeffers,** Comet notes. Publ ASP **60** 74, 129—130, 210—211, 274, 337—338, 393—394, mit 2 Tafeln.

8106. **E. L. Johnson,** Report of the Comet Section of the Astronomical Society of South Africa for July 1947 — Jan. 1948 (with special reference to comets discovered and observed in South Africa). MN ASSA **7** 9.

8107. **P. Naur,** Kometerne. NAT **1948** 30—32, 66—67, 109—111, 149—150. — Artikel 22—25.

8108. **H. Nowacki, W. Strobel,** Definitive Bezeichnungen von Kometen. NAZ **1** 35, **2** 21.

8109. **W. J. B. Pienaar,** Observations of the comet of 1652 recorded in the Journal of Jan van Riebeeck. MN ASSA **7** 10.

8110. **N. Richter,** Kometenjahr 1947 — viele Kometen und wenig zu sehen. Sterne **24** 55—57.

8111. **N. Richter,** 1948 — wieder ein reiches Kometenjahr. Sterne **24** 169—172.

8112. **B. S. Schulman,** Spektralphotometrische Untersuchung einiger Kometen. Pulk Mitt **17** Nr. 5 (140) S. 1—55, 1947 (russisch).

---

[1]) J. G. Galle, Verzeichnis der Elemente der bisher berechneten Cometenbahnen nebst Anmerkungen und Literatur-Nachweisen, neu bearbeitet, ergänzt und fortgesetzt bis zum Jahre 1894. Leipzig, 1894.
[2]) Vgl. AN, BZ, NAZ, VJS.

8113. **S. K. Wsechswjatskij**, Beobachtungen der Integralhelligkeit und des Ortes von Kometen am Astronomischen Observatorium Kiew. Kiew Publ. Nr. **2** S. 95—99 (russisch).

8114. Les comètes de 1947. Gaz astr **30** 32—33.

8115. Les comètes de 1948. Gaz astr **30** 33—35, 57—58, 77—79.

8116. Comet notes. JBAA **58** 34—36.

8117. British Astronomical Association. Comet Section. Report. JBAA 58 265—269, mit 2 Fig. (G. Merton).

8118. Comet notes. Obs **68** 38—39, 77—79, 119—120, 158—159, 197—198, 238—240.

8119. Kometer 1947. PAT **29** 71—74, mit Aufnahme des Kometen 1947 n in Montevideo, 1947 Dez. 11.

8120. Kometer 1948. PAT **29** 74—75, 164—167.

8121. Fourteen comets in 1947! Sky and Telescope **7** 64.

8122. **Zweiter Brooksscher Komet** (**1946 e**)

Beobachtung:	Fort Davis	AJ **54** 83
	Kásan	Astr Circ USSR Nr. **80** 1
	Mt. Hamilton	Lick Bull 520 **19** 190
	Williamsbay	AJ **54** 83

8123. **Comas-Solàscher Komet** (**1944 II**)

Mitteilung von genauen Örtern an die Sternwarte Kopenhagen erbeten. UAI Circ 1186.

8124. **Crommelinscher Komet** (**1928 III**)[1])

Komet Pons-Coggia-Winnecke-Forbes erhält den Namen: Crommelin's comet. Obs **68** 197—198.

8125. **Enckescher Komet** (**1947 i**)

Beobachtung:	Algier	JO **31** 176
	Frauenfeld	NAZ **1** 33
	Karlsruhe	AN **276** 184
	Mt. Hamilton	Lick Bull 520 **19** 193
	Paris	BSAF **62** 127
	Poznan	UAI Circ 1153
	Prag	BAC **1** 28
	Skalnaté Pleso	UAI Circ 1144
	Tokyo	TAB (2) Nr. **2** S. 11 u. S. 12
	Williamsbay	AJ **54** 85
Phys. Beob.:	J. Gadomski, M. Mazur J. Pagaczewski	NAZ **1** 33
	L. Rebuffat, R. Rigollet, F. et R. Weber	BSAF **62** 127
Notiz:		PAT **29** 73

A. M. Bacharew, Beobachtungen des Kometen Encke-Backlund (1947 i). Stalinabad Circ. Nr. **57**—**58** S. 3—4 (russisch).

J. Dufay, M. Bloch, Recherches sur les spectres des comètes. II. Spectres des comètes Wilk (1937 c), Whipple (1937 b) et Encke (1937 h). Ann d'Astrophys **11** 107—116, mit 3 Fig.

P. Swings, Le spectre de la comète d'Encke, 1947 i. Ann d'Astrophys **11** 124—136, mit 2 Tafeln. — Im Spektrum des Kometen Encke 1947 i konnten im Oktober 1947 zwischen λ 3000 und λ 6700 Banden des OH, NH, CN, CH_2, CH^+, C_2 und NH_2 sowie einige nicht identifizierte nachgewiesen werden. Das Spektrum unterscheidet sich nicht vom Spektrum derjenigen Kometen, die zum ersten Mal in Sonnennähe beobachtet werden, und ist ausschließlich ein

[1] Nach Yamamoto mit (1928 IV) bezeichnet.

Spektrum mehratomiger Gase. In der Diskussion wird die Anregung der Banden, die Bildung der betr. Moleküle, unterschiedliches Verhalten einzelner Objekte, die Regeneration der Gase der periodischen Kometen u. a. behandelt. Micz.

F. Link, Variations lumineuses de la comète Encke. Ann d'Astrophys **11** 73—76, mit 4 Fig. — Die Arbeit enthält einen Bericht über eine Untersuchung der Helligkeitsänderungen des Kometen Encke von 1786 bis 1947. Die Helligkeit blieb bis 1905, abgesehen von sekundären Schwankungen ziemlich konstant, um darnach um 1,5 bis 2 Größenklassen sprunghaft geringer zu werden. Die sekundären Lichtschwankungen stehen wahrscheinlich mit der Sonnenaktivität in Verbindung, ohne daß Näheres darüber gesagt werden kann. Micz.

DOB Nr. **17**. La comète d'Encke et l'essaim des Taurides.

Die Warschauer Sternwarte beabsichtigt die Berechnung der definitiven Lichtkurve. NAZ **1** 33.

8126. **Fayescher Komet (1947 f)**

Auffindung: H. M. Jeffers, Mt. Hamilton, 1947 Juni 19.
Anzeige: Orion Genève Nr. **16** S. 353.
Beobachtung: Algier — UAI Circ 1140
Mt. Hamilton — Lick Bull 520 **19** 192
Williamsbay — AJ **54** 84
Helligkeit: G. van Biesbroeck — Pop Astr **56** 52

8127. **Forbesscher Komet (1948 e)**

Auffindung: H. M. Jeffers, Mt. Hamilton, 1948 Mai 14.
Anzeige: BAA Circ 297, BSAF **62** 130, Gaz astr **30** 35, Harv Card 900, Kop Akt Medd 319, NAT **1948** 109, NAZ **2** 11, Obs **68** 119, PAT **29** 164, Pop Astr **56** 396, UAI Circ 1151.
Elemente: F. R. Cripps — NAZ **1** 34
Ephemeride: F. R. Cripps — Pop Astr **56** 166, 230
L. E. Cunningham — Harv Card 914
J. M. A. Danby, H. Procter — BAAH 1949, UAI Circ 1190
P. Geddes, R. McAlpin — NAZ **1** 34, **2** 11

8128. **Galescher Komet (1938 I)**

Ephemeride: J. M. A. Danby, C. Dinwoodie — BAAH 1949, UAI Circ 1180
J. M. A. Danby — BAAH 1949, UAI Circ 1191

8129. **Giacobini-Zinnerscher Komet (1946 c)**

Beobachtung: Johannesburg — UC **106** 191
Kasan — Astr Circ USSR Nr. **80** 1
Mt. Hamilton — Lick Bull 520 **19** 190

8130. **Grigg-Skjellerupscher Komet (1947 a)**

Beobachtung: Johannesburg — UC **107** 254
Mt. Hamilton — Lick Bull 520 **19** 191
Tokyo — TAB (2) Nr. **2** S. 11
Williamsbay — AJ **54** 84

8131. **Holmesscher Komet (1906 III)**

F. Koebcke, On the orbit of comet Holmes (I part). Preliminary researches. Bull. Soc. Amis Sci. Poznan (B) **9** 47—56 = Poznan Repr. **12**.

8132. **Kopffscher Komet (1945 b)**

Beobachtung: Johannesburg — BAN 398 **10** 441

8133. **Erster Neujminscher Komet (1948 f)**

Auffindung: S. B. Nicholson, Mt. Wilson, 1948 Mai 6.

Anzeige: BAA Circ 298, BSAF **62** 130, Gaz astr **30** 35, Harv Card 901, Kop Akt Medd 320, NAT **1948** 109, NAZ vM 37, NAZ **2** 16, Obs **68** 120, PAT **29** 164, Pop Astr **56** 396, Publ ASP **60** 210, UAI Circ 1153.
Elemente: T. A. Goodchild, B. Harris — NAZ **2** 11
Elementenverbesserung: L. E. Cunningham — NAZ **2** 16
Ephemeride: L. E. Cunningham — Harv Card 910, 967, NAZ **2** 16, UAI Circ 1160, 1195
T. A. Goodchild, B. Harris — NAZ **2** 12
E. Longbottom — BAAH 1949, NAZ **2** 32, UAI Circ 1188, DOB Nr. **9**
Notiz: R. Rigollet — DOB Nr. **9** mit Karte, Nr. **11**, UAI Circ 1153

N. Richter, Ein Komet ohne Gasentwicklung. Sterne **24** 44—46.

8134. Zweiter Neujminscher Komet (1927 I)
Elemente: F. R. Cripps — NAZ **2** 26
Aufsuchungsephemeride: H. Cunliffe — BAAH 1949, UAI Circ 1189
R. McAlpin — NAZ **2** 26

G. N. Neujmin, Untersuchung der Bahn des Kometen Neujmin. Teil 3 und 4. Pulk Mitt **17** Nr. 6 (141) S. 6—22 (russisch).

8135. Otermascher Komet (1942 VII)
Auffindung: Y. Väisälä, Turku, 1948 Okt. 26.
Anzeige: NAZ **2** 30.
Beobachtung: Algier — UAI Circ 1189
Mt. Hamilton — Lick Bull 520 **19** 190[1])
Turku — UAI Circ 1185
Williamsbay — AJ **54** 87[2])
Ephemeride: P. Herget — BAAH 1948, UAI Circ 1162
L. Oterma — UAI Circ 1185, 1190
Helligkeit: — Lick Bull 520 **19** 190

8136. Pons-Winneckescher Komet (1945 a)
Beobachtung: Algier — JO **31** 169—170
Johannesburg — BAN 398 **10** 441

A. Bacharew, Der Komet 1939 c (Pons-Winnecke). Stalinabad Circ. Nr. 57—58 S. 6—7 (russisch).

8137. Erster Schwassmann-Wachmannscher Komet (1941 VI)
Beobachtung: Mt. Hamilton — Lick Bull 520 **19** 189
Tokyo — TAB (2) Nr. **2** S. 9
Williamsbay — AJ **54** 87
Elemente: P. Herget — BAAH 1949, NAZ **2** 32
Ephemeride: P. Herget — BAAH 1949, NAZ **2** 26, 32, UAI Circ 1183, 1193
Helligkeit: G. van Biesbroeck — Pop Astr **56** 52, 278
Lick Bull 520 **19** 190, Obs **68** 77—78

8138. Zweiter Schwassmann-Wachmannscher Komet (1947 I)
Auffindung: G. van Biesbroeck, Williamsbay, 1947 Okt. 20.
Anzeige: BAA Circ 289, NAZ **1** 32, PAT **29** 71, Pop Astr **56** 337.
Beobachtung: Mt. Hamilton — Lick Bull 520 **19** 194

---

[1]) Mit comet Oterma (1943 a) bezeichnet.
[2]) Mit comet 1943 a (Periodic Oterma) bezeichnet.

Elemente:	W. E. Beart, W. P. Henderson	NAZ **1** 32
	H. Q. Rasmusen	BAAH 1949, NAZ **2** 31, UAI Circ 1176
Ephemeride:	L. E. Cunningham	Harv Card 887, UAI Circ 1136,
	J. G. Masters, H. Procter	NAZ **2** 20
	H. Q. Rasmusen	BAAH 1949, NAZ **2** 31, UAI Circ 1176, 1180, 1186
Helligkeit:	G. van Biesbroeck	Pop Astr **56** 52

H. Q. Rasmusen, The motion of comet Schwassmann-Wachmann 2 in the years 1942—1949. Publ. Kopenhagen Nr. **148**, 9 S.

8139. **Stephan-Otermascher Komet (1942 IX)**

Beobachtung:	Tokyo	TAB (2) Nr. **2** S. 9

8140. **Zweiter Tempelscher Komet (1946 b)**

Beobachtung:	Algier	JO **31** 174
	Johannesburg	UC **106** 190
	Kasan	Astr Circ USSR Nr. **80** 1
	Williamsbay	AJ **54** 82
Phys. Beob:	R. Rigollet	BSAF **62** 31

Tcheng Mao-Lin, C. Fehrenbach, Le groupe 4050 Å dans le spectre des noyaux des comètes 1946 a et 1946 b. CR **226** 1345—1347, mit 1 Fig. = Publ. Obs. Haute-Provence (B) Nr. **12**.

8141. **Whipplescher Komet (1947 g)**

Auffindung:	H. M. Jeffers, Mt. Hamilton, 1947 Juni 21.	
Anzeige:	Orion Genève Nr. **16** S. 353, Pop Astr **56** 337.	
Beobachtung:	Mt. Hamilton	Lick Bull 520 **19** 192
	Williamsbay	AJ **54** 84
Elemente:	C. Dinwoodie	NAZ **1** 34
Ephemeride:	L. E. Cunningham	Harv Card 900
	C. Dinwoodie	NAZ **1** 35, **2** 20, UAI Circ 1148
	H. Procter	BAAH 1949, NAZ **2** 32, UAI Circ 1191

R. N. Thomas, Study of close approach of comet Whipple 1933 f to Jupiter in 1922. AJ **53** 188—191, mit 2 Fig. = Harv Repr (2) Nr. **22**.

8142. **Erster Wolfscher Komet (1942 VI)**

N. T. Bobrovnikoff, Periodic comet Wolf I. Pop Astr **56** 130—144, mit 3 Fig. = Perkins Obs. Misc. Sci. Papers, Reprint Nr. **35**. — Die absolute Helligkeit des Kometen blieb zwischen 1884 und 1925 mit $10^m\!.8$ etwa dieselbe. Bei der Erscheinung 1918/19 betrug der Exponent der heliozentrischen Entfernung $n = 3.25 \pm 0.46$. Nach 1925, während der Erscheinungen 1934 und 1942, nahm die Helligkeit stark ab. Vermutlich verschwand 1934 die runde Atmosphäre des ausgesprochen kleinen Kernes. Die mittlere tägliche Bewegung beträgt $4'\!.2 \times 10^{-7}$ pro Tag. Loh.

I. I. Putilin, Der Komet Wolf I und die Entstehung der Kometen. Priroda **37** Nr. 6 S. 44—46 (russisch).

8143. **Komet 1889 VI Swift (P)**

J. Y. Stephens, Study of the orbits computed for comet 1889 VI. AJ **54** 48—49. — Ref. AAS.

8144. **Komet 1907 V Mellish**

Die definitive Bearbeitung des Kometen übernimmt N. Iljassova, Kasan. NAZ **1** 36.

8145. **Komet 1914 II Kritzinger**

Die definitive Bearbeitung des Kometen übernimmt J. Witkowski und Mitarbeiter, Posen. NAZ **1** 36.

8146. **Komet 1914 IV Campbell**

Die definitive Bearbeitung des Kometen übernimmt J. Witkowski und Mitarbeiter, Posen. NAZ **1** 36.

8147. Komet 1916 II Neujmin 2
Siehe unter Zweiter Neujminscher Komet (1927 I).

8148. Komet 1925 II Schwassmann-Wachmann 1
Siehe unter Erster Schwassmann-Wachmannscher Komet (1941 VI).

8149. Komet 1925 III Reid
Die definitive Bearbeitung des Kometen übernimmt J. Witkowski und Mitarbeiter, Posen. NAZ **1** 36.

8150. Komet 1927 VI Gale
Siehe unter Galescher Komet (1938 I).

8151. Komet 1929 II Forbes
Siehe unter Forbesscher Komet (1948 e).

8152. Komet 1931 I Neujmin 1
Siehe unter Erster Neujminscher Komet (1948 f).

8153. Komet 1932 V Peltier-Whipple
O. W. Dobrowolskij, Der Komet 1932 V (Peltier-Whipple). Stalinabad Circ. Nr. **57—58** S. 5—6 (russisch; Bezeichnung des Kometen mit 1932 Y).

8153a. Komet 1933 IV Whipple
Siehe unter Whipplescher Komet (1947 g).

8154. Komet 1933 f Whipple
Siehe unter Whipplescher Komet (1947 g).

8155. Komet 1937 IV Whipple
J. Dufay, M. Bloch, Recherches sur les spectres des comètes. II. Spectres des comètes Wilk (1937 c), Whipple (1937 b) et Encke (1937 h). Ann d'Astrophys **11** 107—116, mit 3 Fig.
Die Sternwarte Cluj, Rumänien, übernimmt die definitive Bahnbestimmung. NAZ **2** 33, UAI Circ 1186.

8156. Komet 1937 b Whipple
Siehe unter 1937 IV Whipple.

8157. Komet 1937 c Wilk
J. Dufay, M. Bloch, Recherches sur les spectres des comètes. II. Spectres des comètes Wilk (1937 c), Whipple (1937 b) et Encke (1937 h). Ann d'Astrophys **11** 107—116, mit 3 Fig.

8158. Komet 1937 f Finsler
Beobachtung: Algier — JO **31** 164
A. Solowjow, Die Messung des Durchmessers des Kometenkopfes Finsler (1937 f). Stalinabad Circ. Nr. **57—58** S. 6 (russisch).

8159. Komet 1937 h Encke
Siehe unter Enckescher Komet (1947 i).

8160. Komet 1938 I Gale
Siehe unter Galescher Komet (1938 I).

8161. Komet 1939 I Kozik-Peltier
Beobachtung: Algier — JO **31** 165—166
Rev. Geofísica Nr. **23** S. **464** (R. M. Aller)
Die definitive Bearbeitung des Kometen übernimmt A. Przybylski, Posen. NAZ **1** 36.

8162. Komet 1939 III Jurlof-Achmarof-Hassel
Beobachtung: Algier — JO **31** 166—168

8163. Komet 1939 IV Väisälä (P)
Ephemeride: L. Oterma, H. Rantaseppä — UAI Circ 1193

8164. Komet 1939 V Pons-Winnecke
Siehe unter Pons-Winneckescher Komet (1945 a).

8165. Komet 1939 a Kozik-Peltier
Siehe unter Komet 1939 I Kozik-Peltier.

8166. Komet 1939 c Pons-Winnecke
Siehe unter Pons-Winneckescher Komet (1945 a).

8167. Komet 1939 d Jurlof-Achmarof-Hassel
Siehe unter Komet 1939 III Jurlof-Achmarof-Hassel.

8168. Komet 1939 n Friend
Beobachtung: Athen — JO **31** 200—201

8169. Komet 1941 III Wipple
Siehe unter Whipplescher Komet (1947 g).

8170. Komet 1941 IV de Kock-Paraskevopoulos
Beobachtung: Johannesburg — BAN 398 **10** 439

8171. Komet 1941 VI Schwassmann-Wachmann 1
Siehe unter Erster Schwassmann-Wachmannscher Komet (1941 VI).

8172. Komet 1941 VII Du Toit-Neujmin-Delporte (P)
Beobachtung: Johannesburg — BAN 398 **10** 440
Elemente: N. Bojeva — Astr Circ USSR Nr. **61** 1—2
Ephemeride: N. Bojeva — Astr Circ USSR Nr. **61** 1—2

8173. Komet 1941 VIII van Gent-Howarth-Bernasconi
Beobachtung: Johannesburg — BAN 398 **10** 439

8174. Komet 1941 c de Kock-Paraskevopoulos
Siehe unter 1941 IV de Kock-Paraskevopoulos.

8175. Komet 1941 d van Gent-Howarth-Bernasconi
Siehe unter 1941 VIII van Gent-Howarth-Bernasconi.

8176. Komet 1941 e Du Toit-Neujmin-Delporte (P)
Siehe unter 1941 VII Du Toit-Neujmin-Delporte (P).

8177. Komet 1942 I Schwassmann-Wachmann 2
Siehe unter Zweiter Schwassmann-Wachmannscher Komet (1947 l).

8178. Komet 1942 III Forbes
Siehe unter Forbesscher Komet (1948 e).

8179. Komet 1942 IV Whipple-Bernasconi-Kulin
Beobachtung: Johannesburg — BAN 398 **10** 440
Tokyo — TAB (2) Nr. **2** S. 9[1])

8180. Komet 1942 VII Oterma
Siehe unter Otermascher Komet (1942 VII).

8181. Komet 1942 IX Stephan-Oterma
Siehe unter Stephan-Otermascher Komet (1942 IX).

[1]) Mit Komet Bernasconi bezeichnet.

8182. **Komet 1942 a Whipple-Bernasconi-Kulin**
Siehe unter Komet 1942 IV Whipple-Bernasconi-Kulin.

8183. **Komet 1942 f Stephan-Oterma**
Siehe unter Stephan-Otermascher Komet (1942 IX).

8184. **Komet 1942 g Whipple-Fedtke-Tevsadse**
Beobachtung: Tokyo TAB (2) Nr. **2** S. 10
O. W. Dobrowolskij, Der Komet 1942 g (Tevsadse 2—Whipple 2). Stalinabad Circ. Nr. **64—65** S. 6—9 (russisch).

8185. **Komet 1943 a Oterma**
Siehe unter Otermascher Komet (1942 VII).

8186. **Komet 1943 b Oterma**
Siehe unter Otermascher Komet (1942 VII).

8187. **Komet 1943 f = 1943 g van Gent-Daimaca-Peltier**
Siehe unter Komet 1944 I van Gent-Daimaca-Peltier.

8188. **Komet 1944 I van Gent-Daimaca-Peltier**
Beobachtung: Johannesburg BAN 398 **10** 440[1])
Tokyo TAB (2) Nr. **2** S. 10[2])

8189. **Komet 1944 II Comas Solà**
Siehe unter Comas Solàscher Komet (1944 II).

8190. **Komet 1944 III Du Toit (P)**
Beobachtung: Johannesburg BAN 398 **10** 440

8191. **Komet 1944 c Du Toit (P)**
Siehe unter Komet 1944 III Du Toit (P).

8192. **Komet 1944 IV van Gent**
Beobachtung: Johannesburg BAN 398 **10** 441[3])

8193. **Komet 1945 a Pons-Winnecke**
Siehe unter Pons-Winneckescher Komet (1945 a).

8194. **Komet 1945 b Kopff**
Siehe unter Kopffscher Komet (1945 b).

8195. **Komet 1945 c Du Toit (P)**
Beobachtung: Johannesburg BAN 398 **10** 441

8196. **Komet 1945 d Du Toit**
Beobachtung: Johannesburg BAN 398 **10** 441

8197. **Komet 1946 a Timmers**
Beobachtung: Algier JO **31** 171—173[4])
Fort Davis AJ **54** 81—82
Kasan Astr Circ USSR Nr. **80** 1
Mt. Hamilton Lick Bull 520 **19** 190
Uccle BAB **4** 32
Williamsbay AJ **54** 81—82

[1]) Mit Komet 1943 e bezeichnet.
[2]) Mit Komet Van Gent-Peltier-Daimaca bezeichnet.
[3]) Mit Komet 1944 d (van Gent) bezeichnet
[4]) Mit comète Zimmus (1946 a) bezeichnet

Elemente: A. Schmitt JO **31** 199

A. Schmitt, Eléments précis de la comète Timmers (1946 a) déduits des observations d'Alger. JO **31** 193—199.

Tcheng-Mao-Lin, C. Fehrenbach, Le groupe 4050 Å dans le spectre des noyaux des comètes 1946 a et 1946 b. CR **226** 1345—1347, mit 1 Fig. = Publ. Obs. Haute-Provence (B) Nr. **12**.

S. K. Vsessviatsky, Photographic observations of the comet 1946 a Timmers. Astr Circ USSR Nr. **60** 1—3, 1947. — 25 genaue Örter von 1946 Febr. 25 — 1946 Mai 29.

8198. **Komet 1946 b Tempel 2**

Siehe unter Zweiter Tempelscher Komet (1946 b).

8199. **Komet 1946 c Giacobini-Zinner**

Siehe unter Giacobini-Zinnerscher Komet (1946 c).

81100. **Komet 1946 d Pajdusáková-Rotbart-Weber**

Beobachtung:	Algier	JO **31** 173
	Uccle	BAB **4** 32
Aufnahme:		BAB **4**, Tafel neben S. 70

V. Guth übernimmt die definitive Bahnbestimmung des Kometen. NAZ **2** 7, UAI Circ 1147.

81101. **Komet 1946 e Brooks 2**

Siehe unter Zweiter Brooksscher Komet (1946 e).

81102. **Komet 1946 h Jones**

Beobachtung:	Johannesburg	UC **106** 191—192
	Kasan	Astr Circ USSR Nr. **80** 2
	Mt. Hamilton	Lick Bull 520 **19** 190
	Uccle	BAB **4** 56
	Williamsbay	AJ **54** 82
Ephemeride:	L. E. Cunningham	UAI Circ 1149
	H. Sherman	Harv Card 872, 899, 913, UAI Circ 1126, 1162
Helligkeit:	G. van Biesbroeck	Pop Astr **56** 52
		Lick Bull 520 **19** 191

81103. **Komet 1946 i Johnson**

Beobachtung:	Flagstaff	MPC 17
	Johannesburg	UC **106** 190
	Mt. Hamilton	Lick Bull 520 **19** 195, MPC 179, 180
Elemente:	J. Bobone	Harv Card 785
	L. E. Cunningham	Harv Card 875, NAZ **1** 37, UAI Circ 1128
Ephemeride:	L. E. Cunningham	Harv Card 875, 878, 897, MPC 79, 86, NAZ **1** 37, UAI Circ 1128, 1147

81104. **Komet 1946 k Bester**

Beobachtung:	Algier	JO **31** 174—175, UAI Circ 1140
	Cordoba	AJ **54** 30
	Johannesburg	UC **106** 192
	Kasan	Astr Circ USSR Nr. **80** 2
	Mt. Hamilton	Lick Bull 520 **19** 191
	Santiago	Publ. Chile Nr. **4** S. 1

	Tokyo	TAB (2) Nr. **2** S. 11[1])
	Williamsbay	AJ **54** 83
Ephemeride:	L. E. Cunningham	Harv Card 874, 917, UAI Circ 1164
Helligkeit:	G. van Biesbroeck	Pop Astr **56** 52

81105. **Komet 1947 a Grigg-Skjellerup**
Siehe unter Grigg-Skjellerupscher Komet (1947 a).

81106. **Komet 1947 b Rondanina-Bester**

Beobachtung:	Johannesburg	UC **107** 255
	Mt. Hamilton	Lick Bull 520 **19** 191
	Santiago	Publ. Chile Nr. **4** S. 2
	Williamsbay	AJ **54** 84
Elemente:	L. E. Cunningham	NAZ **1** 34
Ephemeride:	L. E. Cunningham	Orion Genève Nr. **16** S. 353
Notiz:		PAT **29** 73

81107. **Komet 1947 c Becvár**

Beobachtung:	Algier	JO **31** 175
	Mt. Hamilton	Lick Bull 520 **19** 191

V. Guth übernimmt die definitive Bahnbestimmung des Kometen. NAZ **2** 7, UAI Circ 1147.

81108. **Komet 1947 d Bester**

Beobachtung:	Johannesburg	UC **107** 255—256
	Mt. Hamilton	Lick Bull 520 **19** 192
	Williamsbay	AJ **54** 84

81109. **Komet 1947 f Faye**
Siehe unter Fayescher Komet (1947 f).

81110. **Komet 1947 g Whipple**
Siehe unter Whipplescher Komet (1947 g).

81111. **Komet 1947 h Wirtanen**

Beobachtung:	Cordoba	AJ **54** 30 = Obs. Cordoba, Tirada Ap. Nr. **27**
	Mt. Hamilton	Lick Bull 520 **19** 193
	Uccle	BAB **4** 56
	Williamsbay	AJ **54** 85
Elemente:	L. E. Cunningham	Harv Card 921, NAZ **2** 20, UAI Circ 1166
Ephemeride:	L. E. Cunningham	Harv Card 876, 921, 925, 953, UAI Circ 1149, 1166
	N. Sherman	Harv Card 899, UAI Circ 1129

81112. **Komet 1947 i Encke**
Siehe unter Enckescher Komet (1947 i).

81113. **Komet 1947 j Reinmuth 2 (P)**

Beobachtung:	Algier	JO **31** 175, UAI Circ 1140
	Heidelberg	NAZ **1** 33
	Mt. Hamilton	Lick Bull 520 **19** 193
	Uccle	BAB **4** 56, NAZ **1** 33
	Williamsbay	AJ **54** 85

[1]) Mit Komet Bester (1947 g) bezeichnet.

Elemente:	L. E. Cunningham	Harv Card 888, NAZ **1** 33, **2** 2, UAI Circ 1138
		JBAA **58** 36
Ephemeride:	L. E. Cunningham	Harv Card 889, 931, UAI Circ 1138
Helligkeit:	G. van Biesbroeck	Pop Astr **56** 52
Notiz:		PAT **29** 73—74, UAI Circ 1137

Die definitive Bearbeitung des Kometen übernimmt E. Rabe, Heidelberg (jetzt Cincinnati). NAZ **1** 36.

81114. Komet 1947 k Bester

Beobachtung:	Algier	JO **31** 175—176, UAI Circ 1147, 1150 mit Berichtigung in 1153, UAI Circ 1153, 1162
	Athen	UAI Circ 1148, 1151, 1160, 1172
	Barcelona	UAI Circ 1151, 1174
	Canberra	UAI Circ 1133
	Cordoba	AJ **54** 30 = Obs. Cordoba, Tirada Ap. Nr. **27**
	Innsbruck	NAZ **2** 20
	Johannesburg	UAI Circ 1140, 1146, UC **107** 256—257
	London	BAA Circ 296 mit Berichtigung in 298, UAI Circ 1151 mit Berichtigung in 1157
	Mt. Hamilton	Lick Bull 520 **19** 194
	Poznan	UAI Circ 1183
	San Fernando	UAI Circ 1146, 1149
	Santiago	MPC 165, 167
	Sonneberg	NAZ **2** 6, UAI Circ 1146, 1148
	Tokyo	TAB (2) Nr. **6** S. 58[1])
	Toulouse	JO **31** 193, UAI Circ 1149, 1152
	Turku	UAI Circ 1185
	Uccle	NAZ **2** 17, UAI Circ 1160
	Washington	Harv Card 891
	Williamsbay	AJ **54** 85—86
Elemente:	L. E. Cunningham	BAA Circ 289, JBAA **58** 35
Ephemeride:	R. R. Coles	Sky and Telescope **7** 117. — Graphische Darstellung. Bahn des Kometen von Feb.—Mai 1948
	L. E. Cunningham	BAA Circ 289, 293, 296, Ciel et Terre **64** 72, Gaz astr **30** 14, Harv Card 908, 925, Himmelswelt **55** 202, JBAA **58** 35, Kop Akt Medd 319, NAZ **1** 32, Obs **68** 39, 78, Pop Astr **56** 166, 229, 336, Publ ASP **60** 129, UAI Circ 1129, 1169
	G. Merton	NAZ vM 37, UAI Circ 1154
	A. Schmitt	Obs **68** 119
		BAA Circ 297, NAT **1948** 30, Pop Astr **56** 116
Phys. Beob.:	P. Ahnert	NAZ **2** 7, UAI Circ 1146
	P. L. Brown	BAA Circ 296, 297, Obs **68** 119, UAI Circ 1151 (mit Koordinaten der Sternwarte)

[1]) Mit Komet Bestar (1947 k) bezeichnet.

	S. W. Drosdow	Astr Circ USSR Nr. **79** 8—9
	J. S. Paraskevopoulos	Harv Card 872
	F. Zweck	NAZ **2** 7
		BAA Circ 294, Pop Astr **56** 397, Sky and Telescope **7** 164
Spektrum:	C. Bertaud	BSAF **62** 200
	N. Richter	NAZ **2** 6, UAI Circ 1146
Aufnahme:	C. Bertaud	BSAF **62** 199. — 1948 März 13
		El Universo **46** Nr. 4 (Beilage)
		Sky and Telescope **7** 190. — Aufnahme 1948 März 7, 11, 16 und 19
Karte:		DOB Nr. **2**
Notiz:		BAA Circ 294, BSAF **62** 96, Obs **68** 77, PAT **29** 74, El Universo **46** Nr. 4 S. 27, 28 mit einer Karte

P. Bacchus, Etude photométrique de la comète Bester IV. CR **227** 521—523, mit 1 Fig. = Publ. Obs. Haute-Provence (B) Nr. **18**.

A. M. Bacharew, Ort des Kometen Bester (1947 k). Stalinabad Circ. Nr. **57**—**58** S. 4 (russisch).

F. Baldet, La comète Bester 4 (1947 k) et la Nova Serpentis 1948. BSAF **62** 198—201, mit 2 Abb.

T. Page, The spectrum of comet Bester (1947 k). Publ ASP **60** 249—251. — Ref. ASP.

81115. Komet 1947 l Schwassmann-Wachmann 2

Siehe unter Zweiter Schwassmann-Wachmannscher Komet (1947 l).

81116. Komet 1947 m Honda

Anzeige: BAA Circ 290, NAT **1948** 30, NAZ **1** 31, PAT **29** 71, Pop Astr **56** 51.

Beobachtung:	Johannesburg	UC **107** 257—258
	Tokyo	Pop Astr **56** 51
Elemente:	L. E. Cunningham	BAA Circ 290, NAT **1948** 31, NAZ **1** 32, Pop Astr **56** 51
	H. Hirose	NAT **1948** 31, NAZ **1** 32, Obs **68** 39
Ephemeride:	L. E. Cunningham	Harv Card 878, UAI Circ 1130
	J. M. A. Danby	BAA Circ 290
	V. Stern	Harv Card 906, UAI Circ 1158

81117. Komet 1947 n[1])

Anzeige:	BAA Circ 290, PAT **29** 71—73.	
Beobachtung:	Algier	UAI Circ 1132, 1139
	Athen	UAI Circ 1136
	Canberra	UAI Circ 1126 (Berichtigung zu 1124 und 1125), 1133
	Capetown	UAI Circ 1144
	Cordoba	AJ **54** 30 = Obs. Cordoba, Tirada Ap. Nr. **27**
	Flagstaff	UAI Circ 1144
	Johannesburg	UAI Circ 1131 mit Berichtigung in 1138, UAI Circ 1144, UC **107** 258
	Mt. Hamilton	Lick Bull 520 **19** 194
	Oklahoma	Harv Card 871

[1]) I. L. Thomsen bringt für den Kometen den Namen «Arbutus» in Vorschlag. JBAA **58** 64, NAZ v M Nr. 22, NAZ **2** 6, Sky and Telescope März 1948.

	Santiago	MPC 165,167
	Tokyo	TAB (2) Nr. **6** S. 68
	Williamsbay	AJ **54** 86, UAI Circ 1144
Elemente:	J. Bobone	NAZ vM 25, Obs **68** 39, Popp Astra **56** 114, UAI Circ 1128
	L. E. Cunningham	BAA Circ 291, Nat **161** 17, NAZ vM 23
	W. P. Hirst	MN ASSA **7** 21, 22, NAZ **2** 6, Obs **68** 78, UAI Circ 1144
	J. Jackson	NAZ v M 24, Obs **68** 39
	A. Schmitt	NAT **1948** 31, NAZ **1** 31, **2** 2, Obs **68** 39, PAT **29** 73, UAI Circ 1132, 1139
	R. v. d. R. Woolley, B. F. Mason	NAZ v M 24
Ephemeride:	Z. Bochnicek	UAI Circ 1132
	L. E. Cunningham	BAA Circ 291, Harv Card 873, Nat **161** 17, NAZ v M 23, UAI Circ 1128
	C. A. Etchecopar	Harv Card 871
	W. P. Hirst	UAI Circ 1144
	H. Nowacki	NAZ vM 25
	A. Schmitt	NAZ **2** 2, UAI Circ 1132, 1139, 1158
	K. A. Thernöe	NAZ v M 24
Duplizität:	W. H. van den Bos	Harv Card 869, UAI Circ 1128
	B. S. Whitney	Harv Card 871, UAI Circ 1129
		BAA Circ 292, Harv Card 873, JBAA **58** 88, MN ASSA **7** 7, NAT **1948** 31, NAZ **1** 31, Obs **68** 38, Pop Astr **56** 115, UAI Circ 1133
Aufnahme:	J. Bobone	Pop Astr **56** 165. — 1947 Dez 9 und 12
	J. Bobone	Sky and Telescope **7** 125, 136. — 1947 Dez. 9.
	E. Casal	PAT **29** 72. — 1947 Dez. 11.
	M. Dartayet	Pop Astr **56** 165. — 1947 Dez. 9.
	J. S. Paraskevopoulos	Sky and Telescope **7** 87. — 1947 Dez. 17.
	E. Rondanina	Pop Astr **56** 115. — 1947 Dez. 14.
		BSAF **62** 129. — Montevideo, 1947 Dez. 12.
		Sky and Telescope **7** 88. — Johannesburg, 1947 Dez. 13.
		Sky and Telescope **7** 89. — La Plata, 1947 Dez. 14.
Notiz:	E. L. Johnson	MN ASSA **7** 53
	G. P. Kuiper	Harv Card 870, UAI Circ 1129
	B. S. Whitney	Harv Card 871, UAI Circ 1129
		BAA Circ 292, BSAF **62** 129—130, Gaz astr **30** 32—33, JBAA 58 84, 88, MN ASSA **7** 8, NAZ **1** 31, Obs **68** 38, UAI Circ 1128

F. Baldet, La comète 1947 n. BSAF **62** 41—43.

W. H. van den Bos, Nuclei of comet 1947 n. UC **107** 259.

L. E. Cunningham, The bright southern comet, 1947 n. Publ ASP **60** 27—36, mit 2 Fig. — Beschreibung der Entdeckung, ersten Beobachtungen und Bahnverhältnisse dieses hellsten Kometen der letzten 20 Jahre. Micz.

W. P. Hirst, Comet 1947 n. MN ASSA 7 20—22.

J. Jackson, Comet 1947 n. Obs **68** 27—28, mit 2 Aufnahmen. Dänische Übersetzung in NAT **1948** 66—67.

J. Sahade, The spectrum of comet 1947 n. ApJ **108** 159, mit 1 Tafel = Obs. Cordoba, Tirada Ap. Nr. **25**. — Kurze Notiz über das Spektrum des Kopfes des Kometen 1947 n.

P. Swings, T. Page, The spectrum of comet 1947 n. ApJ **108** 526—536, mit 1 Fig. = Contr. Mc Donald Obs. Nr. **157**. — Das Spektrum (3000—8900 Å) des Kometen 1947 n ist zwischen den heliozentrischen Distanzen r = 0.504 und r = 1.135 AE verfolgt und die beobachteten Emissionen in einer Tabelle zusammengestellt worden. Außer den Banden viel- (NH_3, NH_2, HCN, C_2H_2, CO_2) und zweiatomiger (C_2,CN) Moleküle treten als atomare Linien nur die D-Linien des Na auf. Die beiden Teile des Kometenkerns zeigen genau dasselbe Spektrum. Die absolute Helligkeit wird zu M = 6.2 angegeben, was der durchschnittlichen Leuchtkraft eines Kometen entspricht. St.

Sky and Telescope 7 87—88, mit 5 Abb. The great comet of 1947.

Sky and Telescope 7 125, 136, mit 1 Abb. More about the great comet.

P. Sconzo übernimmt die definitive Bahnbestimmung des Kometen. Harv Card 869, NAZ **1** 36, UAI Circ 1128.

81118. Komet 1948 a Mrkos

Entdeckung: A. Mrkos, Skalnaté Pleso, 1948. Januar 18 (Nachträglich bereits 1947 Dez. 20 entdeckt).
B. Protitch, Belgrad, 1948 Jan. 10.

Anzeige: BAA Circ 292, BSAF **61** 384, Gaz astr **30** 33—34, Harv Card 881, JBAA **58** 88, Kop Akt Medd 314, MN **108** 124, NAT **1948** 31—32, NAZ v M 27, NAZ **2** 1, Obs **68** 39, 159, PAT **29** 74, Pop Astr **56** 163, Sky and Telescope 7 134, UAI Circ 1132, 1135.

Beobachtung:	Algier	UAI Circ 1140, 1147, 1150, 1153, 1162, 1179, 1183, 1189
	Barcelona	UAI Circ 1141, 1151
	Belgrad	NAZ **2** 1, UAI Circ 1135
	Flagstaff	Harv Card 882, 884, UAI Circ 1133
	Mt. Hamilton	Lick Bull 520 **19** 194
	Pino Torinese	UAI Circ 1165
	Skalnaté Pleso	Harv Card 883, 884, NAZ v M 27, UAI Circ 1132, 1133, 1134, 1135, 1137, 1139, 1148
	Tokyo	TAB (2) Nr. **6** S. 58
	Turku	UAI Circ 1185
	Williamsbay	AJ **54** 86, Harv Card 882
Elemente:	E. Buchar	NAZ **2** 2, PAT **29** 74, UAI Circ 1135, 1138
	L. E. Cunningham	BSAF **62** 272, Harv Card 885, 924, NAZ **2** 2, 19, Obs **68** 39, Pop Astr **56** 163, UAI Circ 1135, 1168
	A. D. Maxwell	Harv Card 884, Pop Astr **56** 163
	P. Naur	BAA Circ 293, Harv Card 884, NAT **1948** 32, NAZ v M 28, Pop Astr **56** 163, UAI Circ 1134
Helioz.Koord.:	E. Buchar	UAI Circ 1139

Ephemeride:	E. Buchar	BAA Circ 294, NAZ v M 29, UAI Circ 1139
	L. E. Cunningham	Harv Card 885, 924, 928, 965, Pop Astr **56** 164, UAI Circ 1168, 1195
	L. E. Cunningham, J. M. A. Danby	Obs **68** 39
	T. A. Goodchild	Obs **68** 78
	P. Naur	BAA Circ 293, Harv Card 884, Kop Akt Medd 315, NAT **1948** 32, NAZ v M 28, 36, UAI Circ 1134, 1149
	K. A. Thernöe	NAZ v M 36, UAI Circ 1149
Aufnahme:	G. van Biesbroeck	Pop Astr **56** 163. — 1948 Jan. 7.

A. M. Bacharew, Der Komet 1948 a Mrkos. Stalinabad Circ. Nr. **56** S. 4 (russisch).

E. Buchar, Komet Mrkos 1948 a. RH **29** 57—60 (tschechisch). — Berechnung einer elliptischen Bahn und Ephemeride.

Die definitive Bahnbestimmung des Kometen übernimmt E. Buchar. NAZ **2** 2, UAI Circ 1138.

81119. **Komet 1948 b Wirtanen (P)**

Entdeckung: C. A. Wirtanen, Mt. Hamilton, 1948 Jan 17.

Anzeige: BAA Circ 292, BSAF **62** 31, Gaz astr **30** 34, Harv Card 881, Kop Akt Medd 314, NAT **1948** 32, NAZ v M 27, NAZ **2** 1, Obs **68** 39, PAT **29** 74, Pop Astr **56** 164, Sky and Telescope **7** 134, UAI Circ 1132.

Beobachtung:	Mt. Hamilton	Harv Card 883, Lick Bull 520 **19** 195, NAZ **2** 1, UAI Circ 1133
	Williamsbay	AJ **54** 86, Harv Card 882, UAI Circ 1133
Elemente:	L. E. Cunningham	Harv Card 886, 892, NAT **1948** 32, NAZ **2** 1, 6, Obs **68** 78, PAT **29** 164, Pop Astr **56** 164, UAI Circ 1135, 1143
Ephemeride:	L. E. Cunningham	Harv Card 886, 892, UAI Circ 1135, 1143
Notiz:		BAA Circ 295

81120. **Komet 1948 c Keuskamp**

Entdeckung: Keuskamp, Holland, 1948 März 7.

Anzeige: BAA Circ 294, BSAF **62** 63, Gaz astr **30** 34, Harv Card 891, Kop Akt Medd 316, NAT **1948** 67, NAZ v M 31, NAZ **2** 5, Obs **68** 77, PAT **29** 74, Pop Astr **56** 277, Publ ASP **60** 130, Sterne **24** 52, UAI Circ 1141.

Beobachtung:	(Holland)	BSAF **62** 63, Kop Akt Medd 316, NAZ v M 31, PAT **29** 74, UAI Circ 1141
Notiz:	P. Ahnert, C. Hoffmeister	NAZ **2** 5, UAI Circ 1148
	J. H. Oort	NAZ v M 33, Kop Akt Medd 318, UAI Circ 1143
		Gaz astr **30** 57—58

N. Richter, Objekt Keuskamp und das Problem der unbestätigten Kometenentdeckungen. Vgl. Ref. 8020.

81121. Komet 1948 d Pajdusáková-Mrkos

Entdeckung:	L. Pajdusáková, A. Mrkos, Skalnaté Pleso, 1948 März 13.	
Anzeige:	BAA Circ 294, BSAF **62** 63, Gaz astr **30** 34, Harv Card 891, Kop Akt Medd 317, NAT **1948** 67, NAZ v M 32, NAZ **2** 5, Obs **68** 77, PAT **29** 75, Publ ASP **60** 130, UAI Circ 1142.	
Beobachtung:	Algier	Harv Card 893, UAI Circ 1143, 1146, 1147, 1150, 1152, 1153, 1158
	Athen	MPC 187, UAI Circ 1172, 1185
	Barcelona	UAI Circ 1146, 1151, 1174
	Flagstaff	Harv Card 894
	Heidelberg	NAZ v M 33, NAZ **2** 5, UAI Circ 1146, 1147
	Paris	BSAF **62** 127[1]), 159
	Pino Torinese	UAI Circ 1165
	Poznan	UAI Circ 1148, 1153, 1183
	Skalnaté Pleso	Harv Card 893, 894, UAI Circ 1143, 1148
	Sonneberg	NAZ **2** 5, UAI Circ 1148
	Tokyo	TAB (2) Nr. **6** S. 58
	Toulouse	JO **31** 193, UAI Circ 1149, 1152
	Turku	UAI Circ 1144
	Uccle	NAZ **2** 16, 19, UAI Circ 1160, 1164
	Washington	Harv Card 897
Elemente:	L. Boyer	NAZ **2** 5, UAI Circ 1147
	L. E. Cunningham	BAA Circ 302, Harv Card 938, NAZ v M 50, PAT **29** 164, UAI Circ 1179
	V. Guth	NAZ **2** 5, UAI Circ 1144, 1146, 1147
	A. D. Maxwell	Harv Card 894, Pop Astr **56** 278
	P. Naur	BAA Circ 295, Harv Card 894, Kop Akt Medd 318, NAZ v M 33, Obs **68** 78, UAI Circ 1143
	A. Schmitt	NAT **1948** 67, NAZ v M 34, 37, UAI Circ 1146, 1152
Helioz. Koord.:	V. Guth	UAI Circ 1146
	A. Schmitt	UAI Circ 1152
Ephemeride:	L. E. Cunningham	BAA Circ 302, Harv Card 938, 939, NAZ v M 50, Pop Astr **56** 502, UAI Circ 1179
	V. Guth	BAA Circ 296, BSAF **62** 96, NAZ v M 35, Pop Astr **56** 336, UAI Circ 1144, 1147
	D. L. Harris III	Pop Astr **56** 278
	A. D. Maxwell	Harv Card 894
	P. Naur	BAA Circ 295, Harv Card 894, Kop Akt Medd 318, NAZ v M 33, Obs **68** 78, UAI Circ 1143
	A. Schmitt	BAA Circ 297, Gaz astr **30** 34, NAT **1948** 67, NAZ v M 34, 37, Pop Astr **56** 397, UAI Circ 1146, 1152
	K. A. Thernöe	BAA Circ 301, NAZ v M 47, UAI Circ 1172
Phys. Beob.:		BAA Circ 297, 301
Karte:		DOB Nr. **2**

[1]) In BSAF **62** 127 lies vermutlich April 11 anstatt März 11.

A. M. Bacharew, Der Komet Pajdusáková-Mrkos (1948 d). Stalinabad Circ. Nr. **59—60** S. 8 (russisch).

Die definitive Bahnbestimmung des Kometen übernimmt V. Guth. UAI Circ 1147.

81122. Komet 1948 e Forbes

Siehe unter Forbesscher Komet (1948 e).

81123. Komet 1948 f Neujmin 1

Siehe unter Erster Neujminscher Komet (1948 f).

81124. Komet 1948 g Honda-Bernasconi

Entdeckung: M. Honda, Kurashiki (Okayama), 1948 Juni 2. Weitere Entdeckung durch: G. Bernasconi Cagno (Como), Juni 4; P. Stevens, Rochester, Juni 6; R. Brandt, Sonneberg, Juni 9.

Anzeige: BAA Circ 298, BSAF **62** 130, Gaz astr **30** 35, Harv Card 903, Kop Akt Medd 320, NAT **1948** 109, NAZ v M 38, NAZ **2** 15, Obs **68** 120, PAT **29** 165, Publ ASP **60** 210, Sky and Telescope **7** 221, UAI Circ 1155, 1156.

Beobachtung:	Algier	UAI Circ 1162
	Athen	MPC 187, UAI Circ 1185
	Bamberg	NAZ **2** 25
	Barcelona	UAI Circ 1174
	Bergedorf	NAZ **2** 15, 19
	Berlin-Treptow	NAZ v M 39
	Bologna	UAI Circ 1156
	Castel Gandolfo	UAI Circ 1158 mit Berichtigung in 1159, UAI Circ 1159, 1160
	Flagstaff	Harv Card 907
	Göttingen	NAZ **2** 15
	Karlsruhe	NAZ **2** 15
	Kiew	Astr Circ USSR Nr. **80** 7
	London	BAA Circ 299, Harv Card 905, UAI Circ 1156, 1157
	Lund	UAI Circ 1159
	Mt. Hamilton	Harv Card 905
	Odessa	Astr Circ USSR Nr. **78** 3
	Oxford	UAI Circ 1157
	Poznan	UAI Circ 1162, 1183
	Skalnaté Pleso	UAI Circ 1159
	Sonneberg	NAZ v M 39, NAZ **2** 15
	Tokyo	Harv Card 904, TAB (2) Nr. **6** S. 58
	Uccle	UAI Circ 1164
	Wien	UAI Circ 1160
	Williamsbay	Harv Card 904, 907, UAI Circ 1157
	Zürich	UAI Circ 1157
Elemente:	L. E. Cunningham	BAA Circ 299, 300, BSAF **62** 190, Gaz astr **30** 58, Harv Card 905, 915, NAT **1948** 109, NAZ v M 39, 43, NAZ **2** 15, Obs **68** 159, PAT **29** 165, Pop Astr **56** 396, UAI Circ 1157, 1164

[1]) In MN ASSA 7 73 mit 1948 e bezeichnet.

Ephemeride: L. E. Cunningham BAA Circ 300, Harv Card 905, 907, 915, Kop Akt Medd 321, NAZ v M 39, 43, Pop Astr **56** 396, Sky and Telescope **7** 221, UAI Circ 1157, 1164

G. Merton NAZ v M 40, UAI Circ 1158

BAA Circ 299

Phys. Beob.: P. L. Brown BAA Circ 298

S. W. Drosdow Astr Circ USSR Nr. **81** 10

J. Herrmann NAZ **2** 16

W. Malsch NAZ **2** 16

H. U. Sandig NAZ **2** 25

W. M. Tschernow Astr Circ USSR Nr. **78** 2

BAA Circ 299, Pop Astr **56** 396—397

Aufnahme: H. L. Giclas Sky and Telescope **7** 271. — 1948 Juni 13.

R. Mévolhon BSAF **62** 193

Pop Astr **56** 397. — Williamsbay, 1948 Juni 13.

Spektrum: C. Fehrenbach BSAF **62** 193

Notiz: Sky and Telescope **7** 221

C. Fehrenbach, Comparaison entre le groupe 4050 Å de la comète 1948 g et les bandes attribuées à CH_2. CR **227** 519—521, mit 2 Fig. = Publ. Obs. Haute-Provence (B) Nr. **17**.

J. Houtgast, De komeet 1948 g en Nova Cygni 1948 waargenomen op het Observatorium van Haute Provence. Hemel en Dampkring 1948(?) 138—139, mit 3 Abb. — Aufnahme 1948 Juni 6 und Spektrum.

81125. Komet 1948 h Wirtanen

Entdeckung: C. A. Wirtanen, Mt. Hamilton, 1948 Juli 15.

Anzeige: BAA Circ 300, BSAF **62** 222, Gaz astr **30** 58, Harv Card 916, Kop Akt Medd 322, NAT **1948** 110, NAZ v M 43, NAZ **2** 19, Obs **68** 197, PAT **29** 165, Pop Astr **56** 446, UAI Circ 1163.

Beobachtung: Algier UAI Circ 1179, 1183

Mt. Hamilton Harv Card 916, 919, NAT **1948** 110, NAZ **2** 19, UAI Circ 1164, 1666

Elemente: L. E. Cunningham Astr Circ USSR Nr. **78** 1, BAA Circ 300, BSAF **62** 272, Harv Card 919, 957, NAT **1948** 110, NAZ v M 44, 54, Obs **68** 239, Pop Astr **56** 446, UAI Circ 1166, 1190

Ephemeride: L. E. Cunningham Harv Card 919, 957, 959, NAZ v M 44, 54, UAI Circ 1166, 1190

Notiz: Sky and Telescope **7** 312

81126. Komet 1948 i Ashbrook-Jackson (P)

Entdeckung: J. Ashbrook, Flagstaff, 1948 Aug. 26. C. Jackson, Johannesburg, 1948 Aug. 26.

Anzeige: BAA Circ 301, 302, BSAF **62** 272, Gaz astr **30** 58, 77, Harv Card 929, Kop Akt Medd 323, NAT **1948** 110, NAZ v M 46, NAZ **2** 25, Obs **68** 197, Orion Schaffhausen Nr. **21** S. 492, PAT **29** 165, Pop Astr **56** 446, Publ ASP **60** 337, Sky and Telescope **7** 312, UAI Circ 1171.

Beobachtung: Algier UAI Circ 1179, 1183 mit Berichtigung in 1189, UAI Circ 1189

Barcelona UAI Circ 1194

	Berkeley	Harv Card 929, 933, NAZ v M 46, UAI Circ 1171
	Flagstaff	Harv Card 933, 936 mit Berichtigung in 941, UAI Circ 1173
	Johannesburg	Harv Card 934, NAT **1948** 110, UAI Circ 1171, 1174
	Kasan	Astr Circ USSR Nr. **78** 1, **79** 1
	Kiew	Astr Circ USSR Nr. **79** 1—2
	Milwaukee	Harv Card 940
	Oxford	UAI Circ 1176
	Poznan	UAI Circ 1183, 1184
	San Fernando	UAI Circ 1179
	Washington	Harv Card 930, 934, UAI Circ 1172
	Wien	UAI Circ 1181
Elemente:	J. Bobone	Harv Card 935, 941, 958
	L. E. Cunningham	Astr Circ USSR Nr. **79** 2, BAA Circ 302, Harv Card 937, 948, 949, NAT **1948** 111, 149, NAZ v M 50, NAZ **2** 30[1]), Orion Schaffhausen Nr. **21** 492, PAT **29** 166, Pop Astr **56** 501, UAI Circ 1178, 1185
	C. Jackson	BAA Circ 301, MN ASSA **7** 81, MPC 161, NAZ v M 49, NAZ **2** 30, UAI Circ 1176, 1184
	A. D. Maxwell	BAA Circ 301, Harv Card 934, 940, 944, Kop Akt Medd 324, NAZ v M 48, NAZ **2** 30, Pop Astr **56** 501, UAI Circ 1175, 1180, 1183
Ephemeride:	L. E. Cunningham	BAA Circ 302, Harv Card 939, NAT **1948** 111, NAZ v M 50, Pop Astr **56** 502, UAI Circ 1179
	A. D. Dubjago	Astr Circ USSR Nr. **79** 3, **80** 10
	C. Jackson	BAA Circ 301, MN ASSA **7** 81, MPC 161, NAZ v M 49, UAI Circ 1176
	A. D. Maxwell	Harv Card 934
	P. Naur	Kop Akt Medd 324, NAZ v M 48, UAI Circ 1175
	K. A. Thernöe	NAZ v M 56, UAI Circ 1194
Phys. Beob.:		BAA Circ 302
Aufnahme:	G. van Biesbroeck	Pop Astr **56** 447. — 1948 Sept. 2.
Notiz:	L. E. Cunningham	Harv Card 937, 948, 949
		BSAF **62** 272, DOB Nr. **17**

81127. Komet 1948 j Johnson

Entdeckung: E. L. Johnson, Johannesburg, 1948 Sept. 1.

Anzeige: BAA Circ 301, BSAF **62** 230, Gaz astr **30** 58, 78, Harv Card 934, Kop Akt Medd 324, NAT **1948** 111, NAZ v M 48, NAZ **2** 25, Obs **68** 197, Orion Schaffhausen Nr. **21** S. 492, PAT **29** 166, Pop Astr **56** 447, Publ ASP **60** 337, Sky and Telescope **7** 312, UAI Circ 1174.

Beobachtung:	Flagstaff	Harv Card 935, 936 mit Berichtigung in 941, UAI Circ 1176
	Johannesburg	UAI Circ 1176, 1180, 1188, 1194
Elemente:	J. Bobone	Harv Card 950, NAZ **2** 30, UAI Circ 1186

[1]) Elemente vor der großen Jupiterannäherung im Jahre 1945.

	L. E. Cunningham	Harv Card 951, NAZ **2** 30, UAI Circ 1186
	C. Jackson	MN ASSA **7** 82, NAZ **2** 30, UAI Circ 1180
	P. Naur	Harv Card 936, NAT **1948** 111, NAZ v M 49, Pop Astr **56** 502, UAI Circ 1177
Ephemeride:	J. Bobone	Harv Card 950, UAI Circ 1186
	L. E. Cunningham	Harv Card 951
	C. Jackson	MN ASSA **7** 82
	P. Naur	Harv Card 936, NAZ v M 49, UAI Circ 1177, 1181
Helligkeit:	M. J. Bester	UAI Circ 1188

81128. Komet 1948 k Wirtanen

Entdeckung: C. A. Wirtanen, Mt. Hamilton, 1948 Okt. 7.

Anzeige: BAA Circ 302, BSAF **62** 293, Gaz astr **30** 78, Harv Card 942, Kop Akt Medd 325, NAT **1948** 149, NAZ v M 51, NAZ **2** 29, Orion Schaffhausen Nr. **21** S. 492, PAT **29** 166, Pop Astr **56** 567, UAI Circ 1181.

Beobachtung:	Algier	UAI Circ 1189
	Mt. Hamilton	Harv Card 943, UAI Circ 1182
Elemente:	L. E. Cunningham	Harv Card 945, 966, NAT **1948** 149, NAZ **2** 29, Obs **68** 239, UAI Circ 1184. 1195
	A. D. Maxwell	Harv Card 943, NAT **1948** 149, NAZ v M 51, UAI Circ 1183
Ephemeride:	L. E. Cunningham	Harv Card 945, 966, UAI Circ 1184, 1195
	A, D. Maxwell	Harv Card 943 mit Berichtigung in 945
	K. A. Thernöe	NAZ v M 51, UAI Circ 1183

81129. Komet 1948 l Eclipse Comet

Entdeckung: 1948 Nov. 1.

Anzeige: Astr Circ USSR Nr. **81** 1—3, BAA Circ 303 304, Gaz astr **30** 78, Harv Card 952, 954, Kop Akt Medd 325, MN **109** 252, MN ASSA **7** 97, NAT **1948** 150, NAZ v M 51, 52, NAZ **2** 29, 31, Pop Astr **56** 565, Sterne **24** 172, UAI Circ 1186, 1187 mit Berichtigung in 1188, UAI Circ 1189, 1190.

Beobachtung:	Algier	UAI Circ 1188
	Aschchabad	Astr Circ USSR Nr. **80** 1, UAI Circ 1189
	Barcelona	UAI Circ 1194
	Bloemfontein	UAI Circ 1188
	Canberra	BAA Circ 303, Harv Card 955, NAZ v M 52, UAI Circ 1186, 1187, 1190
	Capetown	Harv Card 955, MN ASSA **7** 95—96, UAI Circ 1187
	Denver	Harv Card 960
	Flagstaff	Harv Card 955
	Hong	Harv Card 955
	Johannesburg	UAI Circ 1186, 1188, 1189, 1191 mit Berichtigung in 1994, UAI Circ 1194
	Kitab	Astr Circ USSR Nr. **80** 1

	Mt. Stromlo	UAI Circ 1190
	Nairobi	UAI Circ 1188
	San Fernando	UAI Circ 1190
	Skalnaté Pleso	UAI Circ 1188
	Stalinabad	Stalinabad Circ. **66** 4, **80** 1, UAI Circ 1189
	Tewantin	UAI Circ 1191 (mit Koordinaten der Sternwarte)
	Williamsbay	Harv Card 956
Elemente:	L. E. Cunningham	BAA Circ 304, Harv Card 956, NAZ **2** 31 ,Obs **68** 239, Publ ASP **60** 394, UAI Circ 1189
	W. P. Hirst	MN ASSA **7** 98
	W. P. Hirst, Stoy	Harv Card 955, NAT **1948** 150, NAZ v M 53, Pop Astr **56** 506, UAI Circ 1187
	A. D. Maxwell	Harv Card 955, NAZ **2** 31, UAI Circ 1188
		Sterne **24** 172
Ephemeride:	L. E. Cunningham	BAA Circ 304, Harv Card 956
	W. P. Hirst	MN ASSA **7** 98
	W. P. Hirst, Stoy	NAT **1948** 150, NAZ v M 53, UAI Circ 1187
	G. Merton	UAI Circ 1191
	H. Procter	BAA Circ 305, Gaz astr **30** 78, NAZ v M 55, UAI Circ 1193
	K. A. Thernöe	UAI Circ 1189
Phys. Beob.:	T. Cragg	The Strolling Astronomer **2** Nr. 12 S. 6
	R. C. Maag	The Strolling Astronomer **2** Nr. 12 S. 6
		BAA Circ 306
Aufnahme:	Mr. Braun	Pop Astr **56** 567. — 1948 Nov. 14.
		Publ ASP **60** Tafel 14—15
		Sky and Telescope 8 30. — 1948 Nov. 10.
Notiz:		DOB Nr. **19**, MN ASSA **7** 97, 99, NAT **1948** 150, Publ ASP **60** 393—394, UAI Circ 1186, 1188, 1189

M. Lleget, El nueva cometa 1948 L. Ibérica 8 459—461.

81130. Komet 1948 m Bester

Entdeckung:	M. J. Bester, Bloemfontein, 1948 Nov. 24.	
Anzeige:	BAA Circ 305, BSAF **62** 347, Gaz astr **30** 79, Harv Card 958, Kop Akt Medd 326, NAZ v M 55, UAI Circ 1191.	
Beobachtung:	Cape	MN ASSA **7** 95—97
	Johannesburg	UAI Circ 1191, 1194
Elemente:	W. P. Hirst	BAA Circ 305, Harv Card 961, NAZ v M 55, UAI Circ 1192
Ephemeride:	W. P. Hirst	Harv Card 961, NAZ v M 55, UAI Circ 1192
	G. Merton	BAA Circ 305, Gaz astr **30** 79, NAZ v M 56, UAI Circ 1194
	H. Q. Rasmusen	UAI Circ 1193

81131. Komet 1948 n Honda-Mrkos-Pajdusáková

Entdeckung: M. Honda, Kurashiki (Okayama), 1948 Dez. 5. Unabhängig entdeckt von A. Mrkos und L. Pajdusáková, Skalnaté Pleso, 1948 Dez. 7.

Anzeige:	BAA Circ 305, BSAF **62** 347, Gaz astr **30** 79, Harv Card 960, Kop Akt Medd 326, NAZ v M 55, UAI Circ 1192, 1193.	
Beobachtung:	Algier	Harv Card 962, UAI Circ 1193, 1195
	Flagstaff	Harv Card 962
	Johannesburg	UAI Circ 1193, 1194
	Skalnaté Pleso	UAI Circ 1193
	Williamsbay	BAA Circ 305, Harv Card 961, 962, UAI Circ 1193
Elemente:	L. E. Cunningham	BAA Circ 306, Harv Card 963, 964, NAZ v M 55, UAI Circ 1193
	A. Schmitt	UAI Circ 1195[1])
Ephemeride:	L. E. Cunningham	Harv Card 963, 964, NAZ v M 55, UAI Circ 1193
	H. Procter	BAA Circ 306
	H. Q. Rasmusen	NAZ v M 56, UAI Circ 1194
	A. Schmitt	UAI Circ 1195
Notiz:		Sky and Telescope **7** 64

81132. Objekt Nicholson

Entdeckung: S. B. Nicholson, Mt. Wilson, 1948 Mai 6.
Anzeige: Harv Card 901, NAZ v M 37, NAZ **2** 16, UAI Circ 1153.

81133. Kometarisches Objekt

Anzeige: NAZ **2** 2, UAI Circ 1138 (Beobachtung in Lyon durch J. Bigay).

81134. Kometen. Sternwarten und Beobachter

Algier	L. Boyer, A. Schmitt, O. Schmitt-Bancilhon
Aschchabad	I. Astapowitsch, M. K. Kadyrew
Athen	G. Adamopoulos
Bamberg	H. U. Sandig
Barcelona	J. Febrer, Orus, I. Pólit
Belgrad	B. Protitch
Bergedorf	W. Dieckvoss, A. A. Wachmann
Berkeley	N. Sherman
Berlin-Treptow	E. Mädlow
Bloemfontein	J. S. Paraskevopoulos
Bologna	G. Horn d'Arturo
Canberra	K. Gottlieb, A. R. Hogg
Capetown	J. v. B. Lourens, R. H. Stoy, T. W. Russo
Castel Gandolfo	J. de Kort
Cordoba	J. Bobone, D. Mc Leish
Denver	Bartlett, Parks, A. W. Recht
Flagstaff	J. Ashbrook, H. L. Giclas
Fort Davis	G. van Biesbroeck
Frauenfeld (Schweiz)	E. Leutenegger
Göttingen	B. Meyermann
Heidelberg	K. Reinmuth
Hong	Gottlieb
Innsbruck	O. Schneider
Johannesburg	W. H. van den Bos, W. S. Finsen, H. van Gent, C. Jackson, E. L. Johnson, G. Pels
Karlsruhe	W. Malsch
Kasan	B. N. Kadomskij, S. T. Chabibullin, D. J. Martynow

[1]) Ähnlichkeit der Elemente mit denen des Kometen Biela.

Kiew	A. M. Borbat, W. P. Konoplewa, W. P. Pawlisch, A. N. Sergejewa, S. K. Vsessviatsky
Kitab	W. C. Obraszow
Leiden	Van Bueren
London	P. L. Brown, C. C. L. Gregory
Lund	Nyman
Milwaukee	E. A. Halbach
Mt. Hamilton	G. van Biesbroeck, S. J. Inglis, H. M. Jeffers, R. B. Mathews, B. J. Mattson, C. D. Shane, H. W. Stackpole, C. A. Wirtanen
Mt. Stromlo	K. Gottlieb, G. V. Simonow
Nairobi	R. d' E. Atkinson
Odessa	B. A. Dragomirezkaja, E. N. Kramer, N. I. Lobanow, A. E. Prichodko, W. P. Zessewitsch
Oklahoma	B. S. Whitney
Oxford	G. Merton
Paris	F. Weber, R. Weber
Pino Torinese	A. Fresa, N. Missana
Poznan	H. Hurnik
Prag	V. Letfus
San Fernando	
Santiago	M. Dujisin
Skalnaté Pleso	A. Becvár, L. Gaertner, A. Mrkos, L. Pajdusáková, B. Sternberk, V. Vanysek
Sonneberg	C. Hoffmeister
Stalinabad	A. M. Bacharew, L. A. Katassew, Nikitin, A. W. Solowjow
Tewantin (Queensland)	W. A. Wallace
Tokyo	H. Hirose, M. Honda, S. Kaho, K. Tomita
Toulouse	P. Prêtre
Turku	L. Oterma, Y. Väisälä
Uccle	S. Arend, E. Delporte, F. Rigaux
Washington	R. Leclaire, E. G. Reuning
Williamsbay	G. van Biesbroeck
Wien	H. Krumpholz
Zürich	R. A. Naef

§ 82
Meteore

8201. **V. Anyzeski,** Electrical meteors. Pop Astr **56** 167—168.

8202. **A. M. Bacharew,** Die Erforschung der teleskopischen Meteore. Bull. Astr.-Geod. Ges. UdSSR Nr. **1** (8) S. 34—35, 1947 (russisch).

8203. **A. M. Bacharew,** Teleskopische Beobachtungen von Meteoren im Jahre 1941. Bull. Astr.-Geod. Ges. UdSSR Nr. **3** (10) S. 9—19.

8204. **A. M. Bacharew,** Radianten der teleskopischen Meteore in der Nähe des Nordpols nach Beobachtungen im Jahre 1942. RH **29** 61—63 (tschechisch).

8205. **A. Bacharew,** Die Meteorspur vom 11. August 1942. Stalinabad Circ. Nr. **53** S. 2—3 (russisch).

8206. **A. M. Bacharew,** Relative Höhen und Helligkeiten von Telemeteoren. Stalinabad Circ. Nr. **56** S. 1—3 (russisch).

8207. **S. van den Bergh,** Some remarks on telescopic meteors. JBAA **59** 36—37, mit 2 Fig.

8208. **R. Boutet,** Perturbations de la haute atmosphère observées après le passage d'un météore. BSAF **62** 30, mit 1 Fig. — Betrifft Meteor 1947 Juni 17/18.

8209. **V. Bumba, F. Link,** Etudes météoriques. J. Tchécoslov. de Math. et de Phys., Prague **73** 101—108, mit 2 Fig. = Publ. Obs. National Prague Nr. **20**. — Meteorische Untersuchung der hohen Atmosphäre und thermische Klassifikation der Meteore. Mittels der im Laboratorium bestimmten thermischen Konstanten und der Sternschnuppentheorie von Öpik ist es möglich, den Dichtegradienten der Atmosphäre zwischen 50 und 150 km zu berechnen. Weiter kann aus der Höhe des Anfangs- und Endpunktes der Typ bestimmt werden. J. B.

8210. **R. L. Chotinok,** Beobachtungen der Trift von Meteorspuren in Tula. Astr Circ USSR Nr. **81** 14 (russisch). — Im August 1948 wurden an verschiedenen Tagen 11 beständige Meteorspuren beobachtet, die sich in rund 83 km Höhe mit einer Geschwindigkeit von 120 m/sec nach verschiedenen Richtungen bewegten. Loh.

* * **R. R. Coles,** Comets and meteors. Vgl. Ref. **8001**.

8211. **O. W. Dobrowolskij, A. M. Bacharew,** Die Trift von Meteorspuren über Tadshikistan. Mitt. Tadshik. Abt. Akad. Wiss. UdSSR Nr. **1** S. 42, 1947 (russisch).

* * **E. Eastwood, K. A. Mercer,** A study of transient radar echoes from the ionosphere. Vgl. Ref. **7268**.

8212. **W. W. Fedynskij, I. S. Astapowitsch,** Kleinkörper des Weltraumes. Moskau-Leningrad, Staatsverlag für technisch-theoretische Literatur, 1948. 48 S. mit 23 Abb. Preis 80 Kop. (russisch).

8213. **H. V. Griffiths, S. E. Martingell, R. W. Bayliff,** Meteor whistles. Nat **161** 478—479.

8214. **F. Hjerting,** Radar iagttagelser af meteorer og nordlys. NAT **1948** 139—143, mit 4 Fig.

8215. **C. Hoffmeister,** Hundertfünfzig Jahre Meteorforschung. Zum Gedächtnis der Beobachtungen von Brandes und Benzenberg im Jahre 1798. Sterne **24** 33—37.

* * **L. G. Jacchia,** Ballistics of the upper atmosphere. Atmospheric density profile and variations from the study of meteor trajectories. Vgl. Ref. **7234**.

8216. **A. R. Khan,** Streak meteors without perceptible nuclei. Pop Astr **56** 498—499.

8217. **L. Kresák,** Observations of long enduring meteor trains. BAC **1** 55—56. — Ergebnisse der Beobachtung von 6 langdauernden meteorischen Spuren, beobachtet auf der Sternwarte Skalnaté Pleso in den Jahren 1946—1947. J. B.

8218. **L. Kresák,** On the heights of long-enduring noctilucent meteor trains. BAC **1** 56—59, mit 3 Fig. — Statistische Bearbeitung der Höhen der langdauernden Sternschnuppenspuren aus dem in Oliviers Katalog angegebenen Beobachtungsmaterial. J. B.

8219. **M. Laffineur,** La détection des météores par la radio. BSAF **62** 121—124, mit 2 Fig.

8220. **C. A. Little,** Diurnal variations of meteor trails. Phys Rev (2) **74** 1875—1876, mit 2 Fig. — Radarbeobachtungen (27 MHz) ergaben zwischen dem 17. April und 19. Juni 1948, daß die Meteorhäufigkeit im Verlauf des Tages um 7^h ein Maximum und um 17^h ein Minimum besitzt und daß die Entfernung der Meteore zwischen 7^h und 12^h über 100 Meilen (maximal 130 um 9^h), sonst aber bei etwa 80 Meilen liegt. Loh.

8221. **H. Löschner,** Freihändige Höhenwinkelmessung im Dienste der Meteorbeobachtung. Himmelswelt **55** 116—119, mit 3 Fig. — Ergebnisse vielfacher Versuche und Probemessungen.

8222. **A. C. B. Lovell, J. A. Clegg,** Characteristics of radio echoes from meteor trails: I. The intensity of the radio reflections and electron density in the trails. Proc Phys Soc **60** 491—498, mit 2 Fig. — Unter der Voraussetzung, daß von einem Meteor Elektronen in einer engen Säule, deren Durchmesser klein gegen die Wellenlänge der Radiowelle ist, erzeugt werden, leiten Verf. eine Formel über die Intensität der von der Meteorspur reflektierten Welle ab. Zusammen mit visuellen Beobachtungen ergibt sich daraus, daß die Elektronendichte in der Spur eines Meteors 5. Größe etwa 2×10^{10} Elektronen/cm ist. Loh.

8223. **L. A. Manning,** The theory of the radio detection of meteors. J Applied Phys **19** 689—699, mit 10 Fig. — Verf. berichtet über beobachtete Reflexionserscheinungen von Kurzwellen an Ionisationsbahnen von Meteoren. Die Beobachtungen wurden z. T. mit Sendungen kommerzieller Rundfunkstationen gemacht. Es ist möglich, aus den Echos Geschwindigkeit und Entfernung der Spur zu bestimmen. Zur genauen Orts- und Richtungsbestimmung der Bahnen wird eine Methode entwickelt, die drei getrennte Empfangsstationen benötigt. Micz.

8224. **P. M. Millman, D. W. R. McKinley,** A note on four complex meteor radar echoes. J Can RAS **42** 121—130, mit 7 Fig. = Contr. Dom. Obs. Ottawa 2 Nr. 3. — Aus einem großen Material photographischer Funkmeßregistrierungen von Sternschnuppen werden die Echoaufzeichnungen vier heller Meteore, die den Geminiden 1947 (1) und Lyriden 1948 (3) angehören, im einzelnen beschrieben. Alle Echos besitzen einen Anteil, dessen Ursprung in etwa 90 km Höhe als fest anzunehmen ist, und einer weiteren Komponente, deren Ursprung sich mit der Geschwindigkeit des Meteors selbst bewegt. Von beiden Sternschnuppenströmen werden die Geschwindigkeiten bestimmt. Micz.

8225. **C. P. Olivier,** Meteor notes from the American Meteor Society. Pop Astr **56** 39—41, 100—105, 151—156, 212—217, 319—322, 381—384, 431—434, 491—496, 542—548.

8226. **S. W. Orlow,** Die Beobachtung von Meteoren von den Endpunkten einer Basis. Stalinabad Circ. Nr. **64—65** S. 2—6, mit 2 Fig. (russisch).

8227. **P. P. Polatbekow,** Untersuchung der optischen Eigenschaften meteorischer Materie. Nachr. Akad. Wiss. kasach. Sowjetrepublik Nr. **54** (Astr. Phys.) Heft 3 S. 42—51.

8228. **F. L. Whipple,** The orbits of meteors photographed at two stations. AJ **54** 53. — Ref. AAS.

8229. **J. W. Winter,** Whistling meteors. Pop Astr **56** 506—507.

8230. **F. W. Wright, F. L. Whipple,** Photographic meteor results for the month of October. AJ **54** 54. — Ref. AAS.

8231. Radar et météores. BSAF **62** 300—301.

8232. Did a meteorite do it? Sky and Telescope **7** 119—120.

8233. Meteors and meteorites at the AAAS. Sky and Telescope **7** 120, 136.

8234. Meteors by radar. Sky and Telescope **7** 123, mit 1 Fig. — Ref. AAS.

8235. Meteor velocities from radio waves. Sky and Telescope **7** 224.

8236. Meteor orbits. Sky and Telescope **7** 276. — Ref. AAS.

* * Comets and meteor radiants. Vgl. Ref. **8030**.

Meteorströme

8237. **A. M. Bacharew,** Die Radianten einiger Ströme nach den Beobachtungen teleskopischer Meteore 1942 und 1945. Stalinabad Circ. Nr. **66** S. 2—4 (russisch).

8238. **A. Becvar,** with the collaboration of **M. Dzubák, L. Kresák, A. Mrkos, L. Pajdusáková,** Activity of great meteoric swarms 1946 and 1947. BAC **1** 34—36. — Resultate der Beobachtung der Lyriden, Delta-Aquariden, Perseiden, Gamma-Draconiden, Orioniden, Leoniden, Geminiden und Ursiden min. vom Jahre 1946 und der Lyriden, Delta-Aquariden, Perseiden, Orioniden, Leoniden und Geminiden vom Jahre 1947. J. B.

8239. **Z. Ceplecha,** Meteorschwärme im Herbst 1947. RH **29** 69—70 (tschechisch). — Bericht über die Beobachtung von Orioniden, Leoniden und Geminiden. J. B.

8240. **J. A. Clegg, V. A. Hughes, A. C. B. Lovell,** Becvár's meteor stream. JBAA **58** 134—139, mit 4 Fig. — Der von Becvár 1945 Dez. 22 und 1946 Dez. 22 entdeckte Meteorstrom wurde mittels Radioecho 1947 Dez. 22 und 23 wieder beobachtet. Der Radiant liegt bei $\alpha = 195° \pm 8°$, $\delta = +78° \pm 5°$. Loh.

8241. **J. A. Clegg,** Determination of meteor radiants for the daytime showers of 1948 May. JBAA **58** 271—279, mit 7 Fig.

8242. **C. D. Ellyet, J. G. Davies,** Velocity of meteors measured by diffraction of radio waves from trails during formation. Nat **161** 596—597, mit 2 Fig. — Durch Reflexion von Radiowellen ($\lambda = 4.2$ m) am Kopf von Meteoren der Quadrantiden und Geminiden gelang es, deren Geschwindigkeiten zu messen. Für die Geminiden ergab sich mit 34.4 km/sec (Mittelwert) gute Übereinstimmung mit der von Whipple photographisch abgeleiteten geozentrischen Geschwindigkeit (34.7 km/sec). Bei den Quadrantiden treten neben die Hauptgruppe bei 35 km/sec noch 2 Gruppen bei 23 bzw. 41 km/sec. Loh.

8243. **C. Hoffmeister,** Meteorströme. Meteoric currents. Weimar, Verlag Werden und Wirken, 1948. S. mit 55+54 Fig. — Besprechung in Sternenwelt **1** 167—168 (G. Weinmann). — Enthält: Kapitel 1. Einleitung und Darlegung der Grundgedanken. Kapitel 2. Die Beobachtungen. Kapitel 3. Der Einfluß der Beobachtungsfehler auf die Erkennung der Ströme und die Bestimmung der Radianten. Kapitel 4. Das Radiationsproblem in kollektiver Behandlung. Kapitel 5. Katalog der Konvergenzstellen. Kapitel 6. Aufstellung eines Stromkatalogs. Kapitel 7. Kosmologische Probleme der Meteorforschung in statistischer Behandlung. Kapitel 8. Die einzelnen Ströme mit Ausschluß der ekliptikalen. Kapitel 9. Die planetarischen Ströme. Kapitel 10. Ergänzungen. Kapitel 11. Allgemeine Übersicht der Ergebnisse. Anhang 1. Katalog der Konvergenzstellen. Anhang 2. Tafel der Funktion $N_{m,n} = \left[\begin{matrix} n \\ m \end{matrix}\right] \cdot \left[\frac{k-1}{k}\right]^{n-m} \cdot k^{1-m}$. Anhang 3. Karten der Verteilung der Bahnverlängerungen nach Kapitel 4. 4. — Jedem Kapitel sind abgekürzte Darstellungen in englischer Sprache beigegeben.

8244. **C. Hoffmeister,** Meteorströme. Universitas **3** 1465—1474. — Verf gibt vor allem in Anlehnung an eigene Arbeiten eine Übersicht über den Stand des Problems der Meteorströme. Nach geschichtlichen und methodischen Betrachtungen wird besonders auf die Existenz von Ekliptikalströmen eingegangen, die sich gegenüber den kometarischen Strömen erheblich in ihren physikalischen Merkmalen unterscheiden. Die Herkunft der Ekliptikalströme bleibt noch ungeklärt, in kosmogonischer Hinsicht verdienen sie zweifellos Beachtung. Loh.

8245. **J. G. Porter,** The great daylight meteor shower. JBAA **58** 50—53. — Kurzer Bericht über einen mit Funkmeßgeräten von A. C. B. Lovell entdeckten am Tage auftretenden Meteorstrom, der etwa 3 Monate lang verfolgt werden konnte. Gründe, die gegen Meteore als Ursache der Echos sprechen, werden diskutiert und vorläufige Versuche, die Bahn des Schwarms zu berechnen, mitgeteilt. Micz.

8246. **J. P. M. Prentice,** Visual observations of Becvár's meteor stream. JBAA 58 140.

8247. Becvár's meteor stream. BAA Circ Nr. 292.

8248. Daylight meteor streams. BAA Circ Nr. 295.

8249. The day-time meteor streams, 1948. BAA Circ Nr. 297.

8250. The day-time meteor streams, 1948 June-July. BAA Circ Nr. 300.

8251. The daytime meteoric activity — summer 1948. BAA Circ Nr. 305. — Bemerkungen über die η-Aquariden, Pisciden, ξ-Perseiden, Arieiden, 54 Perseiden, β-Tauriden, α-Orioniden, ν-Geminiden, λ-Geminiden und Θ-Aurigiden.

8252. Les courants écliptiques. DOB Nr. 7, 14, mit 2 Fig..

8253. Tagesbeobachtung eines Meteorstromes. Himmelswelt 55 152.

8254. En meteorström funnen med radar. PAT 29 70.

8255. On naming meteoric shower. Pop Astr 56 109—110.

8256. The day-time meteor streams, 1948. Pop Astr 56 449—450. — Beobachtung, Radiant.

8257. **Aquariden**

BAC 1 35—36. — Beobachtungen 1946 und 1947.

8258. **Bieliden**

A. C. B. Lovell, J. P. M. Prentice, Radio echo and visual observations of the Bielid meteor streams, 1946—47. JBAA 58 140—143.

BAA Circ Nr. 293. G. E. D. Alcock, R. W. Panther, J. P. M. Prentice. — Beobachtungen 1947 Nov. 12—16.

8259. **Bootiden**

BSAF 62 94. — Beobachtungen 1947 Jan. 3/4.

8260. **Camelopardaliden**

BSAF 62 338—341, mit 1 Aufnahme von E. Douillet. Détermination du radiant d'un essaim de Camélopardides. E. Delporte, S. Arend.

DOB Supplément, mit 4 Fig. Le nouvel essaim des Camélides du 14 décembre 1947.

8261. **Cassiopeiden**

M. Plavec, Beta Cassiopeiden. RH 29 45 (tschechisch). — Radiant des Schwarmes vom 14./15. Juli 1947.

8262. **Cygniden**

C. Hoffmeister, Meteorströme vom Typus der Cygniden. Forschungen und Fortschritte 24 35—36. — Es handelt sich um Ströme, die dem System der Ekliptikalströme zugehören. Ihre Bahnebenen fallen aber im Gegensatz zu letzteren nicht mit der Hauptebene des Planetensystems zusammen. Verf. schlägt für die Ekliptikalströme und die vom Typ der Cygniden die Bezeichnung „Planetarische Meteore“ vor. Loh.

C. Hoffmeister, Meteoric currents of the Cygnid type. Pop Astr 56 215—217. —Verf. berichtet über einige Sternschnuppenströme, vornehmlich die Cygniden (Juli 25 bis September 8) und Velaiden (Dezember 5 bis Januar 7), deren Bahncharakter trotz großer Neigung dem der ekliptikalen Ströme weitgehend ähnelt. Micz.

8263. Draconiden

A. M. Bacharew, Die Beobachtungen des Meteorregens der Draconiden in Paris. Priroda **37** Nr. 3 S. 45 (russisch).

W. W. Fedynskij, Die Draconiden im Jahr 1946. Bull. Astr.-Geod. Ges. UdSSR Nr. **2** (9) S. 3—5, 1947 (russisch).

L. A. Katassew, Beobachtungen des Meteorstromes der Draconiden am 9.—10. Oktober 1946. Bull. Astr.-Geod. Ges. UdSSR Nr. **2** (9) S. 5—6, 1947 (russisch).

8264. Geminiden

J. Bouska, Geminiden 1947. RH **29** 68—69 (tschechisch). — Physikalische Eigenschaften und Häufigkeiten nach Beobachtungen an der Sternwarte Skalnaté Pleso vom 6. bis 19. Dez. 1947. J. B.

BAC **1** 35—36. — Beobachtungen 1946 und 1947.

DOB Nr. 18, mit 1 Fig. Les Géminides.

8265. Giacobiniden

G. de V. Gipps, Note on probable ionization by the Giacobinid meteor shower. J. Council Sci. Indust. Res. Melbourne **20** 407—408, 1947.

M. Plavec, Z. Ceplecha, Giacobiniden 1947. RH **29** 45—46 (tschechisch). —Reduktion der Beobachtung.

BAC **1** 35. — Beobachtungen 1946.

Himmelswelt **55** 92. Der Sternschnuppenfall der Giacobiniden am 9./10. Oktober 1946. — Besprechung der Beobachtungen in Aarhus, Posen und Prag (Smíchov).

8266. Leoniden

A. M. Bacharew, Die Leoniden 1947. Stalinabad Circ. Nr. **59—60** S.1—2 (russisch).

BAC **1** 35—36. — Beobachtungen 1946 und 1947.

8267. Lyriden

BAC **1** 35—36. — Beobachtungen 1946 und 1947.

8268. Orioniden

A. M. Bacharew, Die Radianten und Bahnen der Perseiden und Orioniden im Jahr 1942 nach teleskopischen Beobachtungen. Bull. Astr.-Geod. Ges. UdSSR Nr. **4** (11) S. 19—22 (russisch).

BAC **1** 35—36. — Beobachtungen 1946 und 1947.

8269. Perseiden

A. M. Bacharew, Die Radianten und Bahnen der Perseiden und Orioniden im Jahr 1942 nach teleskopischen Beobachtungen. Bull. Astr.-Geod. Ges. UdSSR Nr. **4** (11) S. 19—22 (russisch).

G. Guigay, Recherches sur la constitution du courant d'étoiles filantes des Perséides. II. Etude photographique du déplacement du radiant des Perséides. JO **31** 1—32, mit 8 Fig. — Fortsetzung der Untersuchungen in JO **30** 33—48, 69—87 (AJB **47** Ref. 6752). Siehe auch nachstehendes Ref.

G. Guigay, Recherches sur la constitution du courant d'étoiles filantes des Perséides. III. Les Perséides dans l'espace. JO **31** 49—64, 77—94, mit 19 Fig. — Ausführliche Besprechung in Sterne **24** 168—169 (E. Rohlfs).

C. de Jager, A. J. Lehr, De radiant der Perseïden in 1947. Abdruck aus: Hemel en Dampkring Wetensch. Suppl. Nr. **1**, 7 S. mit 3 Fig.

W. T. Kondratenko, N. M. Jaschin, Die Perseiden im Jahr 1940. Bull. Astr.-Geod. Ges. UdSSR Nr. **2** (9) S. 6—11, 1947 (russisch).

P. M. Millman, D. W. R. McKinley, M. S. Burland, A. C. B. Lovell, Combined radar, photographic and visual observations of the Perseid meteor shower of 1947. Nat **161** 278—280, mit 1 Fig. — Bericht über gleichzeitige Funkmeß-, visuelle und photographische Beobachtungen der Perseiden 1947 in Kanada und kurze Bemerkungen über die Theorie der Echoausbreitung. Micz.

P. F. Sitnikow, Die Perseiden 1937. Bull. Astr.-Geod. Ges. UdSSR Nr. **3** (10) S. 19—24.

BAC **1** 35—36. — Beobachtungen 1946 und 1947.

BSAF **62** 190, mit 1 Fig. Les perséides du 9—10 août 1947. B. Klotchkoff

8270. Pisciden

UAI Circ 1141. Daylight meteor current. — Mitteilung von C. Hoffmeister.

8271. Quadrantiden

A. M. Bacharew, Die Quadrantiden im Jahre 1946. Bull. Astr.-Geod. Ges. UdSSR Nr. **2** (9) S. 11—13, 1947 (russisch).

8272. Tauriden

DOB Nr. **17**. La comète d'Encke et l'essaim des Taurides.

UAI Circ **1141**. Daylight meteor current. — Mitteilung von C. Hoffmeister.

8273. Ursiliden

Z. Bochnícek, V. Vanysek, The meteoric swarm of the Ursids. BAC **1** 26—27. — Neue Elemente des Sternschnuppenschwarmes Ursiden min. nach auf der Sternwarte Skalnaté Pleso im Jahre 1946 ausgeführten Beobachtungen. J. B.

BAC **1** 36. — Beobachtungen 1946.

Einzelne Meteore

8274. Beobachtungen von Feuerkugeln

1943 Juli 19/20 Pop Astr **56** 382—384. C. P. Olivier.

1946 Okt. 21 AJ **53** 197. The Alberta twilight meteor of **1946** October 21. W. Buscombe.

Dez. 14 Astr Circ USSR **59** 2—3, 1947 (russisch), W. Tschernow. BAC **1** 23—24. L. Kresák.

1947 Apr. 21 Orion Genève Nr. **16** S. 350, 1947. A. Kaufmann.

Mai 14 RH **29** 66—68 (slowakisch). Bolid vom 14. Mai 1947. L. Gaertner, M. Dzubák.

Nov. 9 BSAF **62** 82—83. L. Chevalier.

16 Sky and Telescope **7** 77. Fireball over Tennessee.

22 Sky and Telescope **7** 108, mit 1 Karte. The blue cascade meteor — November 22. J. H. Pruett.

Dez. 6 BSAF **62** 32. P. Sizaire.

14 BSAF **62** 93—94.

1948 Feb. 19 Sky and Telescope **7** 164. Daylight bolide explodes over Kansas.

März 14 BSAF **62** 127—128. Photographie d'un brillant bolide. R. Weber.

Aug. 5 Ciel et Terre **64** 269.

Hemel en Dampkring (ohne Angabe des Bandes) 201—203, mit 2 Fig. De heldere meteoor van 5 Augustus. J. van Diggelen.

Sept. 8 BSAF **62** 301—302. Observation d'une brillante trainée météorique persistante. A. Duflot, C. Fehrenbach.

Orion Schaffhausen Nr. **21** S. 494. Zwei helle Meteore am 8. September 1948. G. Sarasin, E. Koch.

25 DOB Nr. **16**.

8275. **Elemente von Feuerkugeln**

1936 Febr.15 AN **276** 185—189. Die Bahn der Feuerkugel 1936 Februar 15, $0^h 56^m 50^s$ MEZ. J. Gawlik.

1946 Dez. 16 BAC **1** 24—25. Great fireball with low level of extinction. Z. Bochníček. — Beobachtung und Berechnung der Bahn des Boliden. J. B.

1947 Mai 14 BAC **1** 23—24. L. Kresák.

Juni 27/28 Pop Astr **56** 39—41. C. H. Smith, C. P. Olivier.

Nov. 21/22 Pop Astr **56** 493—494. N. E. Weber, C. P. Olivier.

Dez. 6/7 Pop Astr **56** 382. C. P. Olivier.

Dez. 30 Pop Astr **56** 433—434. N. E. Weber.

1948 März 4/5 Pop Astr **56** 494—496. C. P. Olivier, N. E. Weber.

8276. **Mitteilungen über Meteore**

BAA Circ Nr. 303. K. Pawson. — Beobachtungen zwischen — 65° und — 68° Breite von 1948 März 15 bis August 5. Vorläufige Werte der Radianten.

BSAF **62** 7—9, 93—94, 108, 196, 233—234, 322.

§ 83

Meteorite

8301. **V. Anyzeski,** The amateur astronomer and meteoritics. Pop Astr **56** 332—334.

8302. **I. S. Astapowitsch,** Das Erdbeben vom 30. Juni 1908 in der Taiga in Zusammenhang mit dem Fall des tungusischen Meteoriten. Priroda **37** Nr. 1 S. 86—87 (russisch).

8303. **I. S. Astapowitsch,** Die Fallgeschwindigkeit von Meteoriten an der Erdoberfläche. Nachr. turkmen. Abt. Akad. Wiss. UdSSR Nr. **5—6** S. 167—170, 1947 (russisch).

8304. **C. A. Bauer,** Meteoric helium. AJ **53** 110. — Ref. AAS.

8305. **C. A. Bauer,** On the origin of meteorites. AJ **53** 196. — Ref. AAS.

8306. **C. A. Bauer,** The absorption of cosmic radiation in meteorites. Phys Rev (2) **74** 225—226, mit 2 Fig. — In Abhängigkeit von der Masse wird für kugelförmige metallische Meteorite unter verschiedenen Voraussetzungen über das Verhältnis der Endmasse zur voratmosphärischen Masse der Heliumgehalt für Mitte und Rand berechnet, wobei angenommen wird, daß die kosmische Strahlung im Innern eines 10 kg-Meteorites eine He-Menge von $4 \cdot 10^{-5}$cc/g erzeugt. Die Randpartien sind unter sonst gleichen Voraussetzungen immer etwas reichhaltiger an He, doch sind die Unterschiede bei verschiedenen Massenverhältnissen weniger ausgeprägt. Die Übereinstimmung zwischen Theorie und Beobachtung ist nicht ganz befriedigend. Loh.

8307. **C. A. Bauer,** Rate of production of helium in meteorites by cosmic radiation. Phys Rev (2) **74** 501—502. — Wenn man annimmt, daß die Beobachtungen an einigen Bethany-Meteoriten (Südwest-Afrika), nämlich die Differenz des Heliumgehaltes verschiedener Fragmente einerseits und Unterschiede innerhalb ein und desselben Fragmentes andererseits der Wirkung kosmischer Strahlung zu verdanken sind, dann folgt, daß die Zeit seit Verfestigung des Mutterplaneten und auch die seit dessen Zerstörung kleiner als 60 Millionen Jahre ist. Die He-Produktion ist 70 mal so groß, wie früher (Vgl. AJB **47** Ref. **6757**) abgeschätzt wurde. Loh.

8308. **J. D. Buddhue,** Synthetic metallic meteorites. Pop Astr **56** 105—108, mit 4 Fig. — Nach Darstellung der Versuche anderer Forscher berichtet Verf. über eigene Versuche zur synthetischen Herstellung verschiedener metallischer

Meteorite, deren Zusammensetzung, Hitzebehandlung, Härte und verschiedentlich auch spezifisches Gewicht angegeben werden. In zwei Fällen konnten sogar Widmanstättensche Figuren erzeugt werden. Loh.

8309. **F. C. Cross,** A new glass of possibly extraterrestrial origin. Pop Astr **56** 549—552.

8310. **G. Grimminger,** Probability that a meteorite will hit or penetrate a body situated in the vicinity of the earth. J Applied Phys **19** 947—956, mit 2 Fig. — Besprechung in JBAA **59** 134—135. — Verf. versuch dtie Wahrscheinlichkeit, daß ein Körper (Rakete) in größerer Höhe über der Erdoberfläche durch einen Meteoriten getroffen wird, zu bestimmen. Weiter werden die notwendigen Wandstärken für Metalle abgeschätzt, um bei einem Aufprall das Durchschlagen zu verhindern. Die Kollisionswahrscheinlichkeit mit Partikeln, die Metallwände von der im Flugzeugzellenbau üblichen Stärke durchschlagen können, erweist sich als unbedeutend gering. Micz.

8311. **E. P. Henderson,** American meteorites and the National collection. Annual report of the Smithsonian Inst. 1948 S. 257—268, mit 6 Tafeln.

8312. **M. G. Inghram, D. C. Hess jr.,** On the isotopic composition of meteoritic and terrestrial gallium. Phys Rev (2) **74** 343—344. — Praktisch kein Unterschied des Verhältnisses $Ga^{69}/Ga^{71} = 1.51$.

8313. **R. Jouaust,** Radioélectricité et météorites. Onde Electrique **28** 150—157.

8314. **E. L. Krinow,** Meteorite. Anweisung zur Beobachtung des Falles von Meteoriten und Vorschriften für ihre Sammlung. Moskau-Leningrad, Verlag Akad. Wiss. UdSSR, 1947. 54 S. mit 21 Abb. (russisch).

8315. **E. L. Krinow,** Meteorite. Moskau-Leningrad, Verlag Akad. Wiss. UdSSR, 1948. 336 S. mit 76 Abb., 2 Tafeln und einer Karte. Preis 20 R. (russisch). — Besprechung in «Das sowjetische Buch» Nr. **5** S. 48—51 (W. W. Fedynskij). — Diese wissenschaftlich-populäre Monographie enthält: Bewegung und Fall von Meteoriten, S. 23—86. Morphologie der Meteorite, S. 87—117. Chemische Zusammensetzung der Meteorite, S. 118—131. Mineralogische Zusammensetzung und Gase der Meteorite, S. 132—160. Struktur und physikalische Eigenschaften der Meteorite, S. 161—196. Klassifikation der Meteorite, S. 197—204. Tektite, S. 205—214. Meteorite unseres Landes, S. 215—306. Herkunft der Meteorite, S. 307—315. Literatur, Index, S. 316—335.

8316. **E. L. Krinow,** Meteorite. Fortschritte Astr. Wiss. **3** 257—300, mit 16 Abb., 1947 (russisch). — Bericht nach dem Stand von 1946. Inhalt: Angaben über die größten Meteorite und Meteoritenregen, Fallverhältnisse, Karte mit den in der UdSSR gefallenen Meteoriten. Meteoritenkrater, chemische Zusammensetzung der Meteorite, Minerale und Gase in Meteoriten, Form, Struktur und Klassifikation, Tektite, Herkunft der Meteorite. Loh.

8317. **E. L. Krinow,** Katalog der Meteoritensammlung der Akademie der Wissenschaften der UdSSR. Moskau-Leningrad, Verlag Akad. Wiss. UdSSR, 1947, 88 S. mit 47 Abb. Preis 4 R. (russisch). — Der auf dem Stand von 1. Januar 1946 beruhende Katalog enthält ausführliche Daten über 95 Meteorite der Sowjetunion und über 82 in der Sammlung befindliche ausländische Meteorite.

8318. **L. La Paz,** Sampling theory applied to meteoritic populations. Pop Astr **56** 220—225, 269—273. — Mit einer wahrscheinlichkeitstheoretischen Rechnung wird gezeigt, daß die vielfach behaupteten Anomalien der geographischen Verteilung aufgefundener Meteorite verschwinden, wenn man solche aus beobachteten und nichtbeobachteten Niedergängen getrennt behandelt. Micz.

8319. **L. La Paz,** The exhibit of the Institute of Meteoritics at the 46th annual meeting of the American Anthropological Association, December 26 to 31, 1947. Pop Astr **56** 322—324, mit 1 Fig.

8320. **L. La Paz,** Meteoritical pictographs. Pop Astr **56** 324—330, mit 8 Fig.

8321. **L. La Paz,** The Valverdites; A weathered obsidian form superficially resembling certain tektites. Pop Astr **56** 552—558, mit 2 Fig.

8322. **F. C. Leonard,** Contributions of the Meteoritical Society. Pop Astr **56** 41—48, 105—110, 156—159, 217—225, 269—275, 322—334, mit 9 Fig., 385—391, 434—443, mit 1 Fig., 496—501, mit 1 Fig., 549—560.

8323. **F. C. Leonard,** A classificational sequence of meteorites. Pop Astr **56** 41—46.

8324. **F. C. Leonard,** A simplified classification of meteorites and its symbolism. Pop Astr **56** 437—442.

8325. **F. C. Leonard,** A request for information concerning newly reported meteoritic falls. Pop Astr **56** 442—443.

8326. **H. H. Nininger,** Research program of the American Meteoric Museum. AJ **54** 46. — Ref. AAS.

8327. **H. H. Nininger,** American Meteorite Museum opposite meteor crater on Highway 66. Sky and Telescope **7** 151—152, mit 3 Abb.

8328. **F. A. Paneth,** Die Meteoriten und das Alter des Weltalls. Himmelswelt **55** 83—85. — Bericht aus Monthly Astr. News Letter Nr. 36.

8329. **A. N. Sawarizkij,** Einige Bemerkungen über Meteorite. Mitt. mineralog. Ges. UdSSR **77** 117—123 (russisch).

8330. **K. P. Stanjukowitsch, W. W. Fedynskij,** Über die zerstörende Wirkung von Meteoriteneinschlägen. DAN **57** 129—132, 1947 (russisch).

8331. **C. C. Wylie,** A proposed sky patrol by the Meteoritical Society. Pop Astr **56** 217—220. — Es wird auf Grund von Erfahrungen der Meteoritical Society eine Organisation für die USA vorgeschlagen, die zufällige Beobachtungen heller Meteore systematisch sammeln und auswerten soll. Auf die Bedeutung dieser Organisation für Zwecke der Landesverteidigung wird aufmerksam gemacht. Micz.

8332. **C. C. Wylie,** The orbits of three stone-dropping meteors: Tilden, Paragould, and Archie. Pop Astr **56** 273—274.

8333. Meteoritik. Sammlung von Aufsätzen unter der Redaktion von W. G. Fessenkow. Nr. **4**. Moskau-Leningrad, Verlag Akad. Wiss. UdSSR, 1948. 128 S. mit Abb. Preis 10 R. (russisch). — Enthält neben biographischen Mitteilungen über W. I. Wernadskij, A. E. Fersman, L.A.Kulik und P. L. Drawert Beiträge vor allem zur mineralogischen Beschaffenheit der Meteorite.

8334. Debris of a planet? Sky and Telescope 8 6.

* * Did a meteorite do it? Vgl. Ref. 8232.

* * Meteors and meteorites at the AAAS. Vgl. Ref. 8233.

Einzelne Meteorite

8335. **J. D. Buddhue,** The Cavour, South Dakota, aerolites (980, 442). Pop Astr **56** 385—387.

8336. **I. I. Gusselnikow,** Das Auffinden des Meteoriten im Njandelga-Bassin. Priroda **37** Nr. 1 S. 47—49 (russisch).

8337. **L. La Paz,** The energy of the Podkamennaya Tunguska, Siberia, meteoritic fall (∓ 1019, 609). Pop Astr **56** 330—331.

8338. **F. C. Leonard,** The largest known meteorites of the world: supplementary paper. Pop Astr **56** 156—158.

8339. **F. C. Leonard,** The Furnas County stone of the Norton County, Kansas-Furnas County, Nebraska, achondritic fall (1000, 400). Pop Astr **56** 434—437, mit 1 Fig. — Besprechung in Sterne **24** 118.

8340. **O. C. Monnig,** Some real meteorite finds at Brenham Township, Kiowa County, Kansas. Pop Astr **56** 47—48, mit 1 Fig.

8341. **R. A. Morley,** The oxide crust of the Willamette, Oregon, meteorite. Pop Astr **56** 558—559.

8342. **H. H. Nininger,** Tracing the Norton, Kansas, meteorite fall. Sky and Telescope **7** 293—295, mit 5 Fig.

8343. **J. H. Pruett,** A note on «The Lost» Port Orford, Oregon, Pallasite (1245, 428). Pop Astr **56** 158.

8344. Chute d'une météorite en Alsace. BSAF **62** 27, mit 1 Abb. — 1947 Nov. 2.

8345. The Norton County, Kansas, Achondritic fall (1000, 400). Pop Astr **56** 391.

8346. Another big meteorite. Sky and Telescope **8** 37. — Drum Mountain, Utah, Meteorit.

8347. Bemerkenswerter Meteoritenfall. Sterne **24** 118—119. — Meteorit vom 18. Feb. 1948.

8348. World's largest stony meteorite. Strolling Astronomer **2** Nr. 10 S. 10—11. Mit einer Berichtigung in Nr. 11 S. 8—9. — Betrifft den im August in Furnas County, Nebraska aufgefundenen Meteoriten.

8349. **Der Sichoté-Aliner Meteorit**

N. B. Diwari, Die Bestimmung der Bahnbewegung des Sichoté-Aliner Meteorites auf Grund von Augenzeugenberichten. RAJ **25** 66—73, mit 2 Abb. (russisch).

N. B. Diwari, Die erste Expedition zum Sichoté-Aliner Meteorit. Astr. Kalender Gorkij 1948 S. 119—125 (russisch).

W. G. Fessenkow, Die Umstände über den Fall des Sichoté-Aliner Meteorites. RAJ **25** 192—200 (russisch).

W. G. Fessenkow, Vorläufige Ergebnisse der Untersuchung des Sichoté-Aliner Meteorites. Bote Akad. Wiss. kasach. Sowjetrepublik **4** Nr. 3 (24) S. 28—30, 1947 (russisch).

W. G. Fessenkow, Über die Arbeit der Expedition zur Untersuchung des Sichoté-Aliner Meteorites. Bote Akad. Wiss. kasach. Sowjetrepublik **4** Nr. 6, 1947 (russisch).

W. G. Fessenkow, Die Umstände über den Fall des Sichoté-Aliner Meteorites. Nachr. Akad. Wiss. kasach. Sowjetrepublik Nr. **54** (Astr. Phys.) Heft 3 S. 3—11.

W. G. Fessenkow, Der Riesenmeteorit vom 12. Februar 1947. Wissenschaft und Leben Nr. **11** S. 37—42, 1947 (russisch).

W. G. Fessenkow, Über die Untersuchungsergebnisse des Sichoté-Aliner Meteorites. Vgl. Ref. **1141**, daselbst S. 495—505 (russisch).

C. Hoffmeister, Großer Meteoritenfall in Ostasien. Sterne **24** 173. — Bespricht den Meteoritenfall vom 12. Feb. 1947 (Vgl. AJB **47** Ref. **6777**).

A. A. Jawnel, Untersuchung der Struktur des Sichoté-Aliner Meteorites. DAN **60** 1381—1384 (russisch).

E. L. Krinow, Der Sichoté-Aliner Meteorregen. Moskau-Leningrad, Verlag Akad. Wiss. UdSSR, 1948. 64 S. mit 15 Abb. Preis 3 R. (russisch). — Inhalt: I. Natur und Herkunft der Meteorite, S. 4—28. II. Der Fall des Sichoté-Aliner Meteorites, sein Suchen und seine Auffindung, S. 29—38. III. Die erste Meteoritenexpedition der Akademie der Wissenschaften und ihre Ergebnisse.

E. L. Krinow, Der Sichoté-Aliner Eisenmeteoritenregen. Astr. Kalender Gorkij 1948, S. 113—118 (russisch).

E. L. Krinow, Einige Charakterzüge des Sichoté-Aliner Eisenmeteoritenregens. DAN **59** 459—462 (russisch).

E. L. Krinow, Ein riesiger Meteorit. Priroda **36** Nr. 12 S. 3—13, 1947 (russisch).

B. J. Levin, The fall of a meteorite in the Far East. Astr Circ USSR Nr. **60** 10, 1947 (englisch und russisch). — Meteorfall 500 km NE von Wladiwostok 1947 Febr. 12. Mehr als 30 Meteorkrater mit Durchmessern bis zu 25 m und Tiefen bis zu 9 m sowie Bruchstücke eines Eisenmeteorites im Gewicht von einigen Zehnern von kg wurden gefunden. W. Gl.

B. J. Levin, Some additional data concerning Far East Meteorite of 12 February 1947. Astr Circ USSR Nr. **61** 4, 1947 (russisch).

A. W. Miserow, Noch etwas über den Fall des Sichoté-Aliner Meteorites. Priroda **36** Nr. 9 S. 51—52, 1947 (russisch).

J. H. Schilling, The Russian meteorite of 1947 February 12. Pop Astr **56** 389—390.

F. K. Schipulin, Der Sichoté-Aliner Meteorit. Wladiwostok, 1947. 40 S. mit 10 Abb. Preis 1 R. 50 Kop. (russisch).

F. K. Schipulin, Der Sichoté-Aliner Meteorit. Nachr. Geograph. Ges. UdSSR **79** 595—596, 1947 (russisch).

La gigantesque météorite de Sihoté-Aline (U.R.S.S.). BSAF **62** 294—295. Aus dem Russischen übersetzt von A. Kaplan nach einem der Gazette littéraire gegebenen Interview vom Expeditionsteilnehmer Krinow. Vgl. AJB **47** Ref. **6777**.

Meteoritenkrater

8350. **J. D. Buddhue,** A sieve analysis of crushed sandstone from the Canyon Diablo, Arizona, meteorite crater. Pop Astr **56** 387—389.

8351. **C. Grant,** Meteoritic origin of the «Carolina Bays» questioned. Pop Astr **56** 511—527, mit 6 Fig.

8352. **L. La Paz,** An announcement concerning future explorations at the Canyon Diablo, Arizona, meteorite crater. Pop Astr **56** 559—560.

8353. **W. F. Prouty,** A reply to an article by Mr. Brandon Barringer on the origin of the «Carolina Bays». Pop Astr **56** 499—501.

8354. **W. W. Zimmerman,** The non-circularity of the Canyon Diablo, Arizona, meteorite crater. Pop Astr **56** 496—498, mit 1 Fig.

8355. A request for information. Pop Astr **56** 170—171. — Aufruf zur Erfassung der Meteorite des Canyon Diablo Kraters in Arizona.

§ 84

Zodiakallicht

8401. **F. Schmid,** Das Erdlicht und seine Beziehungen zum Zodiakallicht, zum Gegenschein und zur Lichtbrücke. II. Orion Genève Nr. **16** S. 342—347, mit 2 Fig., 1947.

* * **J. Dufay,** Recherches sur les phénomènes optiques de la haute atmosphère effectuées depuis 1940 à l'Observatoire de Lyon et à l'Observatoire de Haute-Provence. Vgl. Ref. **7291**.

* * **M. Huruhata,** Polarization of the night sky light and the zodiacal light. Vgl. Ref. **7296**.

* * **G. Thiessen,** Zusammenhänge zwischen Sonnenkorona und Zodiakallicht. Vgl. Ref. **6713**.

8402. **Beobachtungen**

BSAF **62** 11—12 mit 1 Abb. Cinématographie de la lumière zodiacale. A. Dauvillier.

JBAA 58 93—99. British Astronomical Association. Aurorae and Zodiacal Section. Interim report, 1947. June to December. W. B. Housman. — Der Bericht enthält S. 95 Zodiakallichtbeobachtungen, 1947 März bis Okt.

JBAA 58 270—271. British Astronomical Association. Aurora and Zodiacal Light Section. Report. W. B. Housman. — Beobachtungen 1947—1948 des Zodiakallichtes und des Gegenscheins.

Zehnter Teil

Sterne

§ 90

Allgemeines

* * **L. Biermann, P. Wellmann,** Physik der Sternatmosphären. Vgl. Ref. 5101.

9001. **W. J. Luyten, J. Schilt, P. van de Kamp,** Some comments on the future of positional work in Astronomy. Pop Astr **56** 421—425 = Sproul Obs. Reprints Nr. **63**. — Es wird der Tendenz entgegengetreten, die Bestimmung trigonometrischer Parallaxen und Eigenbewegungen als eine abgeschlossene Aufgabe anzusehen, und die Notwendigkeit hervorgehoben, auch weiterhin Parallaxen, insbesondere von weißen Zwergen, absolut schwachen Sternen und Sternen zwischen der Haupt- und Nebenreihe, zu messen. Als Desiderata der Messung von Eigenbewegungen werden die Vollendung der Überwachungsprogramme für große Eigenbewegungen und ihre Ausdehnung bis zur 19. und 20. Größe bezeichnet. Micz.

* * **B. A. Mateer,** The system of the McCormick spectral classification in the Yale Zones. Vgl. Ref. **9520**.

9002. **H. De Meyer,** Perseus. Heelal **4** 49—55.

9003. **D. Sutcliffe,** Untriangulated Stars: Letters of Edwin Arlington Robinson to Harry de Forest Smith, 1890—1905. Cambridge Mass., Harvard University Press; London, Oxford University Press, 1947. 348 S. Preis 27 s. 6 d. net.

9004. **R. Tousey, E. O. Hulburt,** The visibility of stars in the daylight sky. J Opt Soc Amer **38** 886—896, mit 8 Fig. — Verf. entwickeln eine Theorie über die Sichtbarkeit einer punktförmigen Lichtquelle auf hellem Untergrund im Gesichtsfeld eines Fernrohrs und ihrer Abhängigkeit von dessen optischen Eigenschaften (Vergrößerung, Ein- und Austrittspupille usw.) und vergleichen sie mit Beobachtungen künstlicher und natürlicher Sterne. Beigefügt sind Tafeln und Diagramme über die Sichtbarkeit von Sternen am Tageshimmel als Funktion der Beobachtungsbedingungen. Micz.

9005. **H. Zoch,** Ich zeige Dir die Sternbilder. Ein zuverlässiger Wegweiser am Sternenhimmel für Anfänger und Fortgeschrittene. München. Im Auftrag der Volkssternwarte herausgegeben. 32 S. Preis 0.95 DM. — Besprechung in AN **276** 272, Gaz astr **31** 21, Sterne **24** 123.

9006. Lyra. Heelal **4** 35—45, mit einer Karte. — Beschreibung der sehenswerten Objekte dieses Sternbildes für Liebhaber.

9007. Lijst van alle zichtbare sterren in de Lier en van de meeste sterren tot de grootte 8.7 die dubbel of veranderlijk zijn. (Uittreksels uit Schlesingers Catalogue of Stellar Parallaxes 1935 en 1940). Heelal **4** 45.

9008. Lijst der sterren in Perseus tot en met de grootte 5.0 De gegevens van de volgende tabel zijn ontleed aan Schlesingers Catalogue of Stellar Parallaxes 1940. Heelal **4** 55.

9009. Visibility of stars in daylight. JBAA 58 281 (siehe auch JBAA 58 220—221 und JBAA 59 39—40).

9010. Astronomisk expedition från observatoriet i Leiden till Kenia i Östafrika. PAT 29 84—85.

§ 91

Positionen, Kataloge, Fundamentalsystem, Karten

9101. **L. D. Agafonowa,** Deklinationsbeobachtungen von 537 Sternen des Fundamentalkatalogs schwacher Sterne am Meridiankreis des Astronomischen Engelhardt-Observatoriums. Kasan Engelhardt Obs. Bull. Nr. **26**, 44 S. (russisch).

9102. **I. Barney,** Catalogue of the positions and proper motions of 8967 stars. Re-observation by photography of the Astronomische Gesellschaft Zone between declinations + 10° and + 15°, reduced to 1950.0 without applying proper motions. Trans. Astr. Obs. Yale Univ. **19**, 9 + 185 S.

9103. **G. Becq, L. de Clerck,** Sur la discordance R—D. Ann. Obs. Royal de Belgique (3) **3** 139—189. — Besprechung in Ann. Françaises de Chronométrie (2) **18** 179—180 (V. Maître). — Die am Repsold-Merz'schen Meridiankreis in Uccle angestellten Zenitdistanzmessungen von Zirkumpolarsternen in direktem und reflektiertem Licht lassen das Vorhandensein einer Biegung besonders bei den Reflex-Beobachtungen erkennen. Die aus den Zenitdistanzen und den Deklinationen des FK3 abgeleiteten Polhöhen lassen sich über den ganzen Bereich vom Zenit bis Nadir in gute Übereinstimmung bringen bei Annahme folgender Biegungsglieder: b·cos z für alle z, d·cos 2 z für z = —135° bis —180° und e·sin 4 z für z = —90° bis —135°. Nach Anbringen dieser Biegungskorrektionen werden absolute Deklinationen hergeleitet, die gute Übereinstimmung mit dem FK 3 zeigen. Bo.

9104. The R—D discordance. Obs **68** 118. — Kurze Besprechung der in Uccle durchgeführten und in Ann. Obs. Royal de Belgique (3) **3** 139—189 veröffentlichten direkten und reflektierten Beobachtungen. Vgl. vorstehendes Ref.

9105. **S. I. Beljawskij,** Astrographischer Katalog von 11322 Sternen zwischen 70° nördlicher Deklination und dem Nordpol (Wiederholung der AG-Zone). Pulk Publ (2) Nr. **60**.

9106. **J. Bobone,** El catálogo Cordoba D. Asosiación fís. argentina, 11.—12. Versammlung, 1948.

9107. **A. Bohrmann,** Bemerkung zur Rektaszension des Sternes 61 Cygni. NAZ **1** 38. Mit Zusatz von A. Kopff. — Da die Rektaszension des Sterns im FK3 falsch ist, kann er als Anhaltsstern zur Zeit nicht gebraucht werden.

9108. **N. F. Bojewa,** Katalog von 1967 Sternen des Talcott-Programms für die Epoche 1950 (System FK3) mit Reduktionsgrößen auf den scheinbaren Ort. Moskau-Leningrad, Verlag Akad. Wiss. UdSSR, 1948. Preis 7 R. 50 Kop.

9109. **G. M. Clemence,** The value of minor planets in meridian astronomy. AJ **54** 10—11. — Durch eine Versuchsrechnung wird die Methode der Bestimmung von Äquinoktium und Äquatorpunkt aus den Beobachtungen von Kleinen Planeten am Meridiankreis dargelegt. Angenommen wird, daß in einem Zeitraum von 5 Jahren 330 Beobachtungen der Ceres erhalten wurden, und hierfür sind die Koeffizienten der Normalgleichungen, sowie Abschätzungen der wahrscheinlichen Fehler der Resultate hergeleitet. Zu erwarten ist, daß bei über 5 Jahre ausgedehnten Beobachtungsreihen der vier ersten Planetoiden

Äquinoktium und Äquatorpunkt mit wahrscheinlichen Fehlern von wenigen hundertstel Bogensekunden erhalten werden können. A. Kopff

9110. **W. Gyllenberg,** Declinations of 77 stars observed with the meridian circle of Lund. Lund Circ Nr. **13** S. 377—378.

9111. **W. Gyllenberg,** Positions of 84 stars in the AG-Zone of Lund, observed by A. A. Psilander in 1895—1896. Lund Circ Nr. **13** S. 379—381.

9112. **W. Gyllenberg,** Remarks on some data in Boss' General Catalogue. Lund Circ Nr. **13** S. 381—382. — Berichtigung der Sterne GC 174, 9640, 17604, 18773 und 26778, insbesondere der EB des Sterns GC 3089 = BD —13° 483.

9113. **W. Gyllenberg,** Systematic corrections and weights of 108 star catalogues. Lunds Univ. Årsskrift (NF) Avd. 2. Bd **44** Nr. 2 = Kungl. Fysiogr. Sällskapets Handlingar (NF) **59** Nr. 2, 70 S. = Lund Medd (2) Nr. **122**. — Tafeln der systematischen Korrektionen $\Delta\,\alpha_\alpha$, $\Delta\,\alpha_\delta$, $\Delta\,\alpha_m$, $\Delta\,\delta_\alpha$, $\Delta\,\delta_\delta$ und der Gewichte p_α, p_δ zur Reduktion von 108 Sternkatalogen auf den General Catalogue. Alle behandelten Kataloge sind bei der Bearbeitung des GC nicht benutzt worden; die Äquinoktien liegen zwischen 1790 und 1950. Die Korrektionen sind jeweils aus mehreren hundert gemeinsamen Sternen (mit möglichst homogener Verteilung an der Sphäre und in den Helligkeitsklassen) abgeleitet. Go.

9114. **A. Kohlschütter,** Astrometrie. Fiat-Bericht **20** 75—91 (Vgl. Ref. 722). — 1. Fundamentalkatalog. 2. Zonenunternehmen der Astronomischen Gesellschaft. 3. Verschiedene astrometrische Arbeiten.

9115. **H. R. Morgan,** Systematic corrections to the Albany General Catalogue. AJ **54** 1—9. — Durch Vergleich mit zahlreichen Beobachtungsreihen bis zurück auf Hornsby werden die Korrektionen des G. C. in bezug auf Äquinoktium, Äquatorpunkt, periodische Fehler in AR und Dekl., sowie systematische Fehler beider Koordinaten in ihrer Abhängigkeit von der Deklination diskutiert. Besondere Aufmerksamkeit erfährt ferner die Helligkeitsgleichung in beiden Koordinaten; es wird auch versucht, den Einfluß der Helligkeitsgleichung auf die EB zu ermitteln. Der letztere Punkt ist von besonderer Bedeutung für die Bestimmung der Präzessionskonstante. A. Kopff

9116. **H. R. Morgan, F. P. Scott,** Results of observations made with the nine-inch transit circle 1935—1945. Observations of the sun and planets. Catalog of 5446 stars. Observed in the years 1935 to 1945, reduced without proper motion to the equinox 1940.0. Corrections to GC and FK3. Publ. United States Naval Obs. (2) Vol. **15** part 5. Washington 1948. 390 S. mit 1 Fig.

9117. **A. A. Nemirow,** Vergleich der Rektaszensionen des Katalogs von 2957 hellen Sternen mit Deklinationen von —10° bis +90° mit dem System des FK3. Pulk Mitt **17** Nr. 6 (141) S. 125—128 (russisch).

9118. **E. Paloque,** Positions et mouvements propres des étoiles de repère de la zone photographique de Toulouse (suite). Ann. Obs. Astr. Toulouse **18** 97 — 135. — Sterne 1136—1512.

9119. **E. Paloque,** Quatrième catalogue de Toulouse. Positions et mouvements propres des étoiles de repère de la zone +4°, +12° pour l'époque et l'équinoxe 1900.0 (suite). Ann. Obs. Astr. Toulouse **18** 137—147. — Sterne 1136—1512.

* * **F. Schmeidler,** Biegung und Refraktionsstörung am Münchner Vertikalkreis. Vgl. Ref. **2126**.

9120. **R. Schorr, A. Kohlschütter,** Bericht über das Zonenunternehmen der A. G. Himmelswelt **55** 146—148.

9121. **K. Tuzi,** The observation of right ascensions of zenith stars. TAB (2) Nr. **7** S. 59—62. — Fortsetzung von TAB (2) Nr. **1**, 1947.

9122. **K. Tuzi,** The observation of right ascension and the determination of proper motion of zodiacal stars. Tokyo Astr. Obs. Repr. Nr. **32,** 5 S. mit 1 Fig. — Die Rektaszensionen der Gill'schen Zodiakalsterne wurden am Repsoldschen Meridiankreis der Sternwarte Tokyo im Anschluß an den FK3 in den Jahren 1937—42 neu bestimmt und die Ergebnisse laufend in Tokyo Astr. Bull. veröffentlicht. Auch früher beobachtete Zodiakal-Kataloge wurden mit Hilfe der in ihnen enthaltenen Fundamentalsterne in das System des FK3 gebracht und durch Vergleich mit den neuen Beobachtungen die E. B. abgeleitet. Die Katalogvergleichungen werden diskutiert. Bo.

9123. **N. W. Zimmermann,** Katalog von 2957 hellen Sternen mit Deklinationen von —10° bis +90°. Pulk Publ (2) **61** (russisch).

9124. A. G. Cambridge Mass. Zone. Stars No. 3466 and 3473. NAZ **1** 38, UAI Circ 1129. — Beide Sterne wurden von W. Benítez nicht gesehen.

9125. Geschichte des Fixsternhimmels, enthaltend die Sternörter der Kataloge des 18. und 19. Jahrhunderts. Abteilung II. Der südliche Sternhimmel. Herausgegeben von der Deutschen Akad. der Wissensch. zu Berlin. Karlsruhe, G. Braun, 1948. Bd. 8: 7^h Rektaszension, 2. Lieferung 32^m—59^m, S. 145—273.

9126. Observatoire de Toulouse. Catalogue Photographique du Ciel. Coordonnées rectilignes. Tome **1,** zone +9° à + 11°. Laval, 1948. 15 + 357 S.

9127. Astrographic Catalogue 1900.0. Sydney Section. Vol **25.** R. A. 0^h to 12^h, Dec. —57° to —59°. Sydney, 1948. 3 + 26 S. H. Wood.

9128. Astrographic Catalogue 1900.0. Sydney Section. Vol. **26** with plate constants for Vols. **17—19.** R. A. 6^h to 12^h. Dec. —57° to —59°. Sydney, 1947. 7 + 128 S. H. Wood.

9129. Astrographic Catalogue 1900.0 Sydney Section. Vol. **27.** R. A. 12^h to 18^h, Dec. —57° to —59°. Sydney, 1948. 3 + 97 S. H. Wood.

Sternkarten

9130. **A. Becvar,** Atlas Coeli Skalnaté Pleso. Tschech. Astr. Ges. Prag 1948. Preis Kcs 460 = 9 $. — Besprechung in Pop Astr **57** 360 (P. S. Riggs). — Ein neuer Sternatlas, enthaltend auf 16 Karten 32571 Sterne bis zu 7,75 Größe für das Äquinoktium 1950.0. Als Grundlage diente der neue General Catalogue von Boss, ferner der Henry Draper Katalog. Dieser Atlas soll hauptsächlich den Kometenbeobachtern dienen und enthält alle Sternhaufen, Nebelflecke, sowie Doppelsterne und Veränderliche, die mit kleineren Instrumenten sichtbar sind. Die Sternbildgrenzen sind nach den Richtlinien der IAU gezeichnet. Eine Einführung zu diesem Atlas ist in tschechischer, russischer und englischer Sprache gegeben. J. B.

9131. **Z. Kopal,** A new atlas of the heavens. Sky and Telescope **8** 13—16, mit einer Karte — Betrifft die Herausgabe des vom Observatorium Skalnaté Pleso geschaffenen Sternatlasses.

9132. **G. B. Lacchini,** Atlante celeste. Triest, Selbstverlag des Verfassers, 1948 Preis 450 Lire. — 43 kleine, gut ausgeführte Himmelskarten bis zur 6.5 Sterngröße, mit Angabe der Doppelsterne, Veränderlichen und Nebel. F. Z.

9133. **K. Novák,** Das Uranoskop. Sterne **24** 16—21, mit 3 Abb. — Himmelsglobus aus dem Jahre 1847 nach J. G. Böhm. Beschreibung und Gebrauch.

9134. **P. Tardi,** La lecture des cartes célestes. Paris, Librairie Gauthier-Villars, 1947. — Besprechung in BSAF **62** 303.

9135. Norton's Star Atlas and Telescopic Handbook. AJB **45** Ref **7136.** — Besprechung der 10. Auflage in JBAA **58** 30.

9136. Un nouvel atlas stellaire. Gaz astr **30** 58—59. — Anzeige von Sternkarten, welche auf 55 Blättern alle Sterne des Nordhimmels bis —30° Deklination enthalten. Grenzhelligkeit 7.8.

9137. Connais-tu les étoiles? Paris, Editions du Seuil, 1947. Preis ffrs 50. — Besprechung in Orion Genève Nr. **16** S. 356, 1947. — Enthält 22 Karten in Taschenformat.

§ 92

Eigenbewegung, Radialgeschwindigkeit

9201. L. Courvoisier, Vorläufige Ergebnisse der Bestimmung parallaktischer Eigenbewegungen am Großbogenmesser in Babelsberg. AN **276** 97—110. — Ausführliche Beschreibung des neuartigen Instruments, seiner Aufstellung und Handhabung. Aufsuchung aller BD-Sterne bis zur Größe $8^{m}_{.}9$ in einer $1^{\circ}_{.}2$ breiten Großkreiszone, deren Pol der als „Sonnenapex-Stern" ausgewählte Stern o Herculis ist. Von 1933 bis Ende 1939 wiederholte mikrometrische Vermessung der rund 90°-Abstände zwischen den ungefähr 500 beobachtbaren Zonensternen und dem Apexstern, und daraus Ableitung der vom Koordinatensystem unabhängigen parallaktischen Eigenbewegungen der Zonensterne bzw. von absoluten Gruppenparallaxen. Wegen des Krieges mußten die Beobachtungen, ganz entgegen dem Programm, viel zu früh abgebrochen werden, so daß die Ergebnisse unvollständig und durchaus nur als vorläufige zu betrachten sind, aber zunächst mindestens als Beweis für die Leistungsfähigkeit des Instrumentes gelten können. Eine Fortsetzung der Beobachtungen an dem unversehrt gebliebenen Instrument durch einen jüngeren Astronomen wäre sehr zu wünschen. Verf.

9202. A. N. Deutsch, W. W. Lawdowskij, Eigenbewegungen von 376 Sternen in der Nähe des Vertex der Kapteynschen Sternströme ($\alpha = 6^{h}0^{m}$, $\delta = +22^{\circ}$). Pulk Mitt **17** Nr. 3 (138) S. 60—70, 1947.

9203. A. N. Deutsch, W. W. Lawdowskij, Eigenbewegungen von 3188 Sternen in fünf Kapteyn'schen Eichfeldern. Pulk Mitt **17** Nr. 6 (141) S. 57—88 (russisch).

9204. R. Furuhjelm, V. R. Ölander, Recherches sur les mouvements propres des étoiles dans la zone photographique de Helsingfors. III. Clichés de 3^{h} à 6^{h}. Acta Soc. Sci. Fennicae (NS) A **3** Nr. 12, 193 S., 1947 = Veröff. Helsinki. — Katalog der Eigenbewegungen.

9205. F. Gondolatsch, Zur Ableitung von Eigenbewegungen mit Hilfe alter AG-Örter. AN **276** 221—224 = Mitt. Astr. Recheninstitut Heidelberg. — C. Wirtz hat 1934 die in der Einleitung eines Yale-Zonen-Kataloges gegebenen Stundenmittel der Eigenbewegungskomponenten in Rektaszension $\bar{\mu}_{\alpha}$ analysiert und festgestellt, daß sich in den resultierenden Konstanten der α- und 2α-Terme die erwarteten kosmischen Effekte nicht zeigen. Der von Wirtz daraus gezogene Schluß, die alten AG-Örter seien mit unbekannten systematischen Fehlern behaftet, die ihre stellarastronomische Verwendung unmöglich machen, ist — wie hier gezeigt wird — glücklicherweise nicht stichhaltig: Bringt man an die alten AG-Örter systematische Korrektionen an, die sich in das Eichelberger-System übertragen (in dem sich die Yale-Kataloge befinden), so ergeben sich sinnvolle Werte für die Apex-Rektaszension und die galaktische Länge des Rotationszentrums. Verf. (Teil)

* * **G. P. Kuiper,** High and low velocity dwarf stars. Vgl. Ref. **9703**.

* * **W. J. Luyten, P. D. Jose,** Color indices of proper-motion stars. Vgl Ref. **9412**.

* * **E. Paloque,** Positions et mouvements propres des étoiles de repère de la zone photographique de Toulouse (suite). Vgl. Ref. **9118**.

* * **E. Paloque,** Quatrième catalogue de Toulouse. Positions et mouvements propres des étoiles de repère de la zone +4°, +12° pour l'époque et l'équinoxe 1900.0 (suite). Vgl. Ref. **9119**.

9206. **J. Rösch,** Détermination des mouvements propres par comparaison stéréoscopique de deux clichés astrographiques. Comité National Français d'Astronomie, Communications et Mémoires 1948 S. 94—106, mit 7 Fig. — Es wird vorgeschlagen, von den beiden zu verschiedenen Epochen aufgenommenen Platten zunächst Kontakt-Kopien und von diesen wieder durch Projektion mittels eines geeignet justierten sphärischen Spiegels nebeneinander liegende Kopien auf einer einzigen Platte herzustellen. Da es sich bei der zweiten Kopie um eine Abbildung durch außeraxiale Strahlen handelt, werden die Sterne durch den Astigmatismus des Spiegels kurze Striche, was die stereoskopische Vermessung erleichtert. Durch Drehung der Positiv-Platten um 90° erhält man Striche in der x- und y-Richtung. Die Formeln zur Berechnung der E. B. aus den rein differentiellen Messungen werden auf eine möglichst einfache Form gebracht. Bo.

9207. **R. F. Sanford,** The velocity variation of Boss 1074. Publ ASP **60** 251—252. – Ref. ASP.

9208. **P. Sawizky,** Sterne mit großen Eigenbewegungen. Astr Circ USSR Nr. 78 8 (russisch). — 12 Sterne aus der weiteren Umgebung von M 11 (NGC 6705), deren Örter vom Jahre 1941 (Aufnahmen von Zukerwanik) mit denen von 1895/96 (Aufnahmen von Stratonow) verglichen wurden. Die Sterne gehören nicht zum Haufen selbst. Loh.

9209. **R. B. Schazowa,** Die Asymmetrie der Eigenbewegungen der Sterne des GC (Boss). Universität Leningrad. 2 S. (russisch).

* * **K. Tuzi,** The observation of right ascension and the determination of proper motion of zodiacal stars. Vgl. Ref. **9122**.

9210. **A. N. Vyssotsky, E. T. R. Williams,** An investigation of stellar motions. I. The McCormick proper motion catalogues. AJ **53** 49—56, mit 1 Fig. = Publ. Leander McCormick Obs. **10** Nr. 1. — Der vorgelegte zweite Katalog enthält in 441 etwa je $^1/_2$° großen Feldern zwischen $\delta = -25°$ und $+90°$ bei einer Epochendifferenz von durchschnittlich 15 Jahren Eigenbewegungen von 11 320 und Spektraltypen von 7604 Sternen von $m_{pv} \approx 7.5$ bis zu $m_{pv} \sim 12.5$ bzw. $m_{pg} \approx 12.0$. Im Durchschnitt beträgt der totale Fehler der Eigenbewegungen $\pm 0''007$, ist also etwas kleiner, als der im ersten Katalog ($\pm 0''008$). Zur Reduktion in das System des FK3 sind Korrektionen angegeben. Loh.

9211. **E. T. R. Williams,** An investigation of stellar motions. III. Reduction of the Cape photographic proper motions to the FK3 system. AJ **53** 58—63 = Publ. Leander McCormick Obs. **10** Nr. 3. — Die Reduktion der Eigenbewegungen der 40000 vom Cape Observatory zwischen $\delta = -40°$ und $-52°$ beobachteten Sterne ist notwendig geworden, nachdem auch die McCormick-Eigenbewegungen in das System des FK3 gebracht wurden. Die Reduktion wurde durch 1661 GC-Sterne schwächer als 6^m9 ermittelt und in Abhängigkeit von der Rektaszension tabuliert. Eine Helligkeitsgleichung für Sterne schwächer als 8^m0 ergab sich nur für Deklination. Loh.

9212. **Eigenbewegungen einzelner Sterne**

S Vir — W. Gyllenberg, The proper motion of S Virginis. Lund Circ Nr. **13** S. 375—376, mit 1 Fig.

BD + 5° 1668 — P. van de Kamp, Parallax and proper motion of BD + 5° 1668 from photographs taken with the 24-inch Sproul refractor. AJ **53** 229—233, mit 1 Fig. = Sproul Obs. Repr. Nr. **60**.

Ross 248 — P. van de Kamp, Parallax and proper motion of Ross 248 from photographs taken with the 24-inch Sproul refractor. AJ **54** 24—30 = Sproul Obs. Repr. Nr. **62**.

Radialgeschwindigkeiten

9213. **W. A. Albizkij,** Radialgeschwindigkeiten von 107 B8 — A0 Sternen. Krim Mitt. **1** Nr. 1 S. 20—43, 1947.

9214. **W. A. Albizkij,** Radialgeschwindigkeiten von 114 Sternen. Krim Mitt. **2** 103—122 (russisch).

9215. **W. A. Albizkij,** Radialgeschwindigkeiten von 53 G0—K5-Sternen. Krim Mitt. **3** 31—45 (russisch).

* * **C. Fehrenbach,** Recherches sur la mesure des vitesses radiales au prisme objectif. III. Résultats obtenus avec le prisme à champ normal. Vgl. Ref. **2404**.

9216. **C. Fehrenbach,** Liste de vitesses radiales déterminées au spectrographe à fente. Ann d'Astrophys **11** 157—161, mit 1 Fig. = Publ. Obs. Haute-Provence (A) Nr. **16**. — Verzeichnis von Radialgeschwindigkeitsmessungen an 31 hellen Sternen, meist vom Spektraltyp B, sowie Mitteilung einer Radialgeschwindigkeitskurve und Bahn des spektroskopischen Doppelsterns π_1 Cygni. Micz.

9217. **A. H. Joy, S. A. Mitchell,** Spectroscopic observations of 90 stars. ApJ **108** 234—236 = Contr. Mt. Wilson Obs. Nr. **747**. — Mitteilung der Spektraltypen und Radialgeschwindigkeiten von 90 K- und M-Sternen.

* * **F. Link,** Tables d'apex solaire. Vgl. Ref. **12344**.

9218. **D. M. Popper,** Radial velocities of two stars of the W Ursae Majoris class. ApJ **108** 490—496, mit 2 Fig. = Contr. McDonald Obs. Nr. **155** = Astr. Pap. Univ. Calif. Nr. **7**. — Von VW Cep und TX Cnc wurden Radialgeschwindigkeitskurven und Elemente abgeleitet. Trotz geringer Unterschiede der Leuchtkräfte sind im Widerspruch zur Masse-Leuchtkraftfunktion die Massenverhältnisse relativ groß. Dasselbe gilt für 5 weitere W UMa-Sterne. Loh.

9219. **G. A. Schajn,** Radialgeschwindigkeiten von 131 Sternen schwächer als $6^m\!.75$. Krim Mitt. **1** Nr. 1 S. 44—58, 1947.

9220. **O. Struve, A. Blaauw,** The radial velocity of RR Lyrae. ApJ **108** 60—77, mit 8 Fig. = Contr. McDonald Obs. Nr. **150**. — Eine dichte Folge von 390 Radialgeschwindigkeitsmessungen läßt eine sekundäre Periode von etwa 75 P = 42^d erkennen. Das maximale Vorrücken und Zurückbleiben der Radialgeschwindigkeitskurve beträgt $0^P\!.024$. Die Zeiten größter Abweichung sind dieselben, wie sie aus gleichzeitigen photometrischen Beobachtungen folgen. Die Balmerlinien nehmen bei mittlerer Helligkeit auf dem ansteigenden Ast Emissionskomponenten an, wenn die Verzögerung ein Maximum erreicht hat. Geringe Änderungen der Radialgeschwindigkeitskurve mit der Phase der sekundären Oszillation sind vorhanden. Der Spektraltyp ist $0^d\!.05$ vor dem Geschwindigkeitsminimum A2 und A8—F1 etwa $0^d\!.15$ nach dem Geschwindigkeitsmaximum. Die Amplitude der Spektraländerung ist vielleicht abhängig von der Phase der sekundären Schwankung. Micz.

9221. **P. J. Treanor,** The measurement of radial velocity from slitless spectra. MN **108** 189—205, mit 2 Fig. = Commun. Univ. Obs. Oxford Nr. **24**. — Die älteren Methoden zur Messung von Radialgeschwindigkeiten mit Hilfe von spaltlosen Spektren werden kritisch untersucht. Zur Vermeidung systematischer Fehler infolge von Temperaturänderungen, Durchbiegung des Instrumentes und Bildfeldverzerrung wird ein Verfahren vorgeschlagen, das sich eines spaltlosen Spektrographen an Stelle von Objektivprismen bedient. Mit einem geradsichtigen Hilfsprisma wird als Bezugspunkt ein direktes Sternbild auf der Platte mit aufgenommen. Micz.

9222. **R. E. Wilson,** Radial velocities of 204 stars in the region of the Hyades. ApJ **107** 119—125 = Contr. Mt. Wilson Obs. Nr. **741**. — Die Radialgeschwindigkeiten von 204 vermutlichen Mitgliedern der Hyaden vervollständigen die Kenntnis der Radialgeschwindigkeiten der Haufensterne bis zur scheinbaren visuellen Helligkeit $10^m\!.0$. Für 93 Sterne auf einer Fläche von 15° Durchmesser um den Haufenmittelpunkt wird die Zugehörigkeit zu den Hyaden sichergestellt. Micz.

9223. Radialgeschwindigkeiten einzelner Sterne

λ And	L. Gratton, The radial velocity of λ Andromedae from the Ca II emission lines. AJ **54** 38—39. — Ref. AAS.
μ Col	W. P. Bidelman, Two high-velocity stars of early type. Publ ASP **60** 264—265.
RZ Com	O. Struve, L. Gratton. Vgl. Ref. **11144**.
RV Crv	O. Struve, L. Gratton. Vgl. Ref. **11144**.
RR Lyr	O. Struve, A. Blaauw. Vgl. Ref. **9220**.
V 502 Oph	O. Struve, L. Gratton. Vgl. Ref. **11144**.
BF Vir	O. Struve, L. Gratton. Vgl. Ref. **11144**.
HR 2149	W. P. Bidelman, Two high-velocity stars of early type. Publ ASP **60** 264—265.

§ 93
Parallaxe

9301. **E. P. Belserene,** A note on mean parallaxes. AJ **54** 79—80, mit 1 Fig. — Untersuchung der Abhängigkeit der mittleren Parallaxen $\bar{\pi}$ (b, m) von der scheinbaren Helligkeit m und der galaktischen Breite β; dabei b = 5 log cosec β. Unter der Annahme, Sterndichte und Leuchtkraftfunktion hängen nur vom Abstand von der galaktischen Ebene ab, erhält man lg $\bar{\pi}$ (b, m) + 0.2 b = log $\bar{\pi}$ (0, m—b); also log $\bar{\pi}$ (b, m) als Funktion der einen Variablen m—b. Graphische Darstellung des Zusammenhanges mit Hilfe der numerischen Resultate von van Rhijn-Bok, Vyssotsky-Williams, Binnendijk. Trotz der sehr vereinfachenden Voraussetzung ist diese Formel besser als die bisher zur Darstellung der Abhängigkeit von der galaktischen Breite benutzten rein empirischen Formeln. Go.

9302. **A. Colacevich,** Gli elementi orbitali di τ Persei. Rend. Accad. nazionale Lincei (8) **4** 201—206. — Ausgehend von den vom Verf. berechneten spektroskopischen Bahnelementen wird der Einfluß der Duplizität von τ Persei auf die Parallaxenbestimmung untersucht. F. Z.

9303. **A. N. Deutsch,** Säkulare Parallaxen schwacher Sterne, abgeleitet aus dem Pulkowoer Katalog von Eigenbewegungen in Kapteynschen Eichfeldern. DAN **44** 100—103, 1944. Pulk Mitt **17** Nr. 3 (138) S. 2—59, 1947.

9304. **J. Jackson,** Occulting shutters used in parallax determination. Obs **68** 109. — Hinweis auf eine Fehlerquelle, die bei Verwendung rotierender Sektoren zur Abschwächung des Lichtes des Parallaxensterns eine systematische Verschiebung seines Bildes auf der Platte bewirken kann. Micz.

* * **P. van de Kamp,** Parallax and proper motion of BD +5° 1668 from photographs taken with the 24-inch Sproul refractor. Vgl. Ref. **9212**.

* * **P. van de Kamp,** A determination of the parallax and mass-ratio of ξ Bootis from photographs taken with the 24-inch Sproul refractor. Vgl. Ref. **10129**.

* * **F. Link,** Tables d'apex solaire. Vgl. Ref. **12344**.

9305. **K. A. Strand,** The parallax of SS Cygni. ApJ **107** 106—107. — Eine Neubestimmung der absoluten trigonometrischen Parallaxe von SS Cygni führt auf $0\rlap{.}''032$. Der Stern steht damit im Minimum und Maximum erheblich unterhalb der Hauptreihe. Micz.

9306. **A. N. Vyssotsky, E. T. R. Williams,** An investigation of stellar motions. VIII. Secular parallaxes, luminosity distribution, and distances for stars of ninth to eleventh magnitudes. AJ **53** 78—85 = Publ. Leander McCormick Obs. **10** Nr. 8. — Während die aus den Eigenbewegungen in Rektaszension abgeleiteten säkularen Parallaxen gut mit den aus Deklination abgeleiteten übereinstimmen, ergibt sich beim Vergleich mit den Ergebnissen des Ersten McCormick-Kataloges vor allem in hohen galaktischen Breiten ein systematischer Unterschied. Bei den späten Typen nehmen die Zwerge anteilmäßig mit wachsender Größe zu. Für Sterne derjenigen Gruppen, in denen die Dispersion der Größen nicht so hoch ist, also B 8 bis G 0, werden abschließend mittlere Entfernungen angegeben. Loh.

9307. **F. Zagar,** Sulle parallassi radiali. Rend. Accad. Naz. Lincei, Cl. Sci. fis., mat. e nat. (8) **4** 633—638 = Contr. Oss. astrofis. Univ. di Padova in Asiago Nr. 8. — Aufstellung und Diskussion einer einfachen Formel zur Bestimmung der Parallaxe aus Radialgeschwindigkeit und der dadurch bedingten Helligkeitsänderung. Loh.

9308. **Parallaxen einzelner Sterne**

ζ Aqu	A. N. Giannuzzi. Vgl. Ref. **10130**.
ξ Boo	P. van de Kamp. Vgl. Ref. **10129**.
η Cas A	P. van de Kamp. Vgl. Ref. **10130**.
α Car	JBAA **58** 208—209. A note on the distance of Canopus. O. R. Walkey. — Besprechung in Nat **162** 989.
τ Cyg	R. G. Hall jr. Vgl. Ref. **10129**.
SS Cyg	JBAA **58** 110—111. —Parallaxe 0ʺ032.
99 Her	L. Binnendijk. Vgl. Ref. **10129**.
	D. Duke, K. A. Strand. Vgl. Ref. **10129**.
ADS 671	= η Cas A
BD+5° 1668	P. van de Kamp. Vgl. Ref. **9212**.
4 Melb	W. P. Hirst. Vgl. Ref. **10129**.
Ross 248	P. van de Kamp. Vgl. Ref. **9212**.
Σ 60	= η Cas A

§ 94

Helligkeit, Farbe

9401. **F. Becker, H. Gollnow, H. Haffner,** Photometrie und Spektroskopie. Fiat-Bericht **20** 93—118 (Vgl. Ref. 722). — 1. Grundlagen und Methoden der astronomischen Photometrie. 2. Integralphotometrische Helligkeitskataloge. 3. Spektralphotometrische Helligkeitskataloge. 4. Spektraldurchmusterung. 5. Astrophysikalisch bedeutsame spektroskopische Arbeiten.

9402. **E. R. Dyer jr.,** An investigation of stellar motions. II. The magnitudes of the Second McCormick Catalogue. AJ **53** 56—58 = Publ. Leander McCormick Obs. **10** Nr. 2. — Die Skala der Helligkeiten wurde mit einem geeichten Gitter erzeugt, als Nullpunkt diente die gut bekannte Helligkeit eines hellen Sternes. Die auf verschiedenen Wegen erhaltenen Ergebnisse für Skala und Nullpunkt stimmen untereinander und mit der internationalen Polsequenz gut überein. Der wahrscheinliche Fehler einer Helligkeit beträgt $\pm$ 0ᵐ14. Loh.

9403. **O. Eklöf,** Polarsekvensen, dess tillkomst och användning. PAT **29** 89—104, mit 11 Fig.

9404. **S. D. Gossner, J. L. Gossner,** Photographic magnitudes in Harvard Standard Region C 7. AJ **53** 209—211 = Harv Repr (2) **21**. — Durch eine größere Reihe von Polübertragungen und Einschätzen in eine künstliche Skala werden photographische Helligkeiten in der Harvard-Standard-Region C 7 (α =

13^h2^m, $\delta = +14°7'$) zwischen $11^m\!.0$ und $13^m\!.5$ bestimmt, sowie mit älteren verglichen. Außerdem wird die winterliche Extinktionskonstante für Oak Ridge ermittelt. Micz.

9405. **J. S. Hall,** Photoelectric observations of bright stars in full daylight. AJ **53** 112—113. — Ref. AAS.

* * **H. L. Johnson,** A theoretical discussion of the ultimate limits of astronomical photoelectric photometers. Vgl. Ref. 2211.

9406. **P. P. Parenago,** Die Skalen und Kataloge von Sternhelligkeiten. Fortschritte Astr. Wiss. **4** 257—287, mit 3 Abb. (russisch). — Besprechung in RAJ **26** 320—321 (W. A. Ambarzumjan, russisch).

9407. **L. N. Radlowa, O. W. Katz,** Die photographischen Helligkeiten der Wolf-Rayet-Sterne. RAJ **25** 359—360 (russisch).

Farbe

9408. **W. Becker,** The method of „Color-difference". ApJ **107** 278—280. — Kurze Beschreibung der vom Verf. (ZfA **15** 225 und AN **272** 179) vorgeschlagenen Methode der Farbdifferenzen.

9409. **R. R. Coles,** Color in the sky. Sky and Telescope **7** 119—200, mit 1 Abb.

9410. **S. Günther,** Sechsfarbenphotometrie von Sternen. Sterne **24** 87—88. — Besprechung der Untersuchungen von Stebbins und Whitford in ApJ **102** 318, AJB **46** Ref. 7448.

9411. **J. v. B. Lourens,** A very red star: Co. D.—62°466. MN **108** 503—504. — Auf dem Cape-Observatorium wurde nach eingehender Klärung der Identität von Co. D. —62°466 mit C. P. D. —62°1643 ein Farbenindex dieses Sternes von etwa 5^m festgestellt. Str.

9412. **W. J. Luyten, P. D. Jose,** Color indices of proper-motion stars. ApJ **107** 269—275. — Farbenindizes von 139 Einzelsternen mit Eigenbewegungen zwischen $0\rlap{.}''1$ und $0\rlap{.}''3$ p. a. sowie 214 weiten Doppelsternen mit gemeinsamer Eigenbewegung werden mitgeteilt. Unter den Doppelsternen wurden 6 neue weiße Zwerge gefunden. Micz.

9413. **E. Vandekerkhove,** Rougissement résultant des étoiles de type spectral B ou A. BAB **4** 43—47, 1947. — Es wird die Rotverfärbung des Gesamtlichtes von über 90 Doppelsternen mit helleren Komponenten vom Typ B oder A durch die schwächere Komponente berechnet. Micz.

9414. **E. Vandekerkhove,** Effets résultants moyens sur les gradients stellaires. BAB **4** 62—69.

9415. **A. Velghe,** Sur la détermination théorique d'un équivalent de couleur. Commun. Obs. Royal de Belgique Nr. **3**, 16 S. mit 4 Fig.

9416. **Farbe einzelner Sterne**

α Aur	W. Scharonow. Vgl. Ref. 7104.
B 10	Sky and Telescope **7** 149. A peculiar blue star. — Ref. AAS.

§ 95
Spektrum

9501. **C. G. Abbot, L. B. Aldrich,** Energy spectra of some of the brighter stars. Smithsonian Misc Coll **107** Nr. 19, 9 S. mit 4 Fig. = Publ. 3914. — Vorläufiger Bericht über Radiometermessungen an 8 Sternen (Aldebaran, Arktur, Atair, Capella, Fomalhaut, Rigel, Sirius, Wega) im Bereich λ 4230 Å bis λ 8170 Å. Der Inhalt betrifft hauptsächlich technische Fragen der Apparatur und des Meßvorganges. Micz.

9502. **L. H. Aller,** Atmospheres of early type stars. AJ **53** 105. — Ref. AAS.

9503. **D. Barbier,** Le spectre continu de Gamma Cassiopeiae. Ann d'Astrophys **11** 13—30, mit 1 Fig. — Bereits früher zum größten Teil von Barbier und Chalonge veröffentlichte Messungen des kontinuierlichen Spektrums von γ Cas werden neu reduziert. Sein Verhalten wird unter der Voraussetzung, daß die Strahlung des „Kerns" (Stern ohne Hülle) unveränderlich geblieben ist, und daß die beobachteten Veränderungen nur durch die wechselnde Absorption und Emission in der Hülle zustande gekommen sind, diskutiert. Die Beobachtungen, die während der Zeit maximaler Emissionserscheinungen erhalten wurden, können mit dem angenommenen Modell verstanden werden; die zeitlichen Änderungen zu erklären, ist die aufgestellte Theorie jedoch nicht in der Lage. Micz.

* * **F. Becker, H. Gollnow, H. Haffner,** Photometrie und Spektroskopie. Vgl. Ref. **9401**.

9504. **U. Becker,** ζ Ophiuchi, ein ungewöhnlicher B0-Stern. Z f Naturf **3 a** 258—259 = Mitt. Sternwarte Königstuhl-Heidelberg Nr. **63**. — Im Spektrum von ζ Ophiuchi wurden Äquivalentbreiten gemessen und aus ihnen Elektronendichte, Elektronendruck und Schwerebeschleunigung sowie Häufigkeit von Wasserstoff und Helium bestimmt. Elektronendruck und effektive Schwerebeschleunigung sind für einen Hauptreihenstern ungewöhnlich hoch. Verf.

9505. **W. Becker,** Klassifikation von Spektren kleinster Dispersion für stellarstatistische Zwecke. Himmelswelt **55** 179—180. — Versuch, die kleinste Dispersion zu bestimmen, bei der man Wasserstoffsterne noch zuverlässig als solche entdecken kann.

9506. **W. Buscombe, A. McKellar,** Intensities of molecular bands in the spectra of R-type stars. AJ **53** 111. — Ref. AAS.

9506 a. **A. Daudin, C. Fehrenbach,** Les bandes de CN et C_2 dans les spectres des étoiles carbonées (classe C). J. Physique **9** Nr. 5 = Publ. Obs. Haute-Provence (B) Nr. **16**, 3 S. mit 4 Fig. — Die Anwesenheit der Atome C^{12}, C^{13}, N^{14} und N^{15} in den Spektren der C-Sterne erlaubt die komplizierte Natur der CN- und C_2-Banden zu erklären. Die für verschiedene Isotope (C^{13} und N^{15}) gefundenen Häufigkeiten sind überraschend hoch. Loh.

9507. **W. M. H. Greaves,** The photometry of the continuous spectrum MN **108** 131—151, mit 7 Fig. — Der Verf. entwickelt in seinem Bericht über die Photometrie des kontinuierlichen Spektrums eine Betrachtung, wie beobachtende und theoretische Untersuchungen zur Erzielung von Fortschritten zusammenwirken. Nach Behandlung des Gradienten und verschiedener Temperaturbegriffe wird die Energieverteilung in den Spektren vom Standpunkt theoretischer Rechnungen über die Sternatmosphären behandelt. Ein weiterer Abschnitt enthält einen Überblick über Probleme, die sich für das Kontinuum abnorm verfärbter Sterne frühen Spektraltyps bieten, wobei auf zahlreiche Einzelobjekte eingegangen wird. Micz.

9508. **J. L. Greenstein,** A study of τ Ursae majoris and other F stars. AJ **53** 106—107. — Ref. AAS.

9509. **J. L. Greenstein,** Spectrophotometry of the F stars and of τ Ursae majoris. I. ApJ **107** 151—187, mit 10 Fig. = Contr. McDonald Obs. Nr. **145**. — In den Spektren der F-Sterne α CMi, α Per, ϱ Pup, Θ UMa und τ UMa (F+A) wurden auf Coudé-Aufnahmen etwa je 350 Linien photometriert. Das Spektrum des „metallischen" A-Sterns τ UMa ist kein „spectrum compositum", wie aus der Untersuchung der Linientiefen hervorgeht. Die Theorie der Wachstumskurven wird vom Standpunkt des Milne-Eddington- und Schuster-Schwarzschild-Modells behandelt. Die F-Sterne werden dabei mit der Sonne verglichen. Die Wachstumskurve der Sonne weist selbst für die besten verfügbaren Äquivalentbreiten Abweichungen von der theoretischen auf. Die Dämpfungskonstanten sind niedrig. Die Turbulenzgeschwindigkeit wächst in den Riesen. Temperatur,

Druck, Ionisationsgrad, Schwerebeschleunigung und Opazität sowie relative Häufigkeit der Elemente gegenüber der Sonne werden bestimmt. Abgesehen von τ UMa ergeben sich keine Unterschiede, die einen Faktor 2 übersteigen; jedoch besteht eine leichte Andeutung, daß in den Überriesen die schwereren Elemente etwas häufiger sind als in den Zwergen. Aus den Wasserstofflinien allein wird ein der Sonne entsprechendes Wasserstoff/Metalle-Verhältnis abgeleitet. Micz.

9510. **S. Günther,** Druck- und Temperatureinfluß auf die Wasserstoffabsorption in Sternspektren. ZfA **25** 209—219, mit 3 Abb. — Das Verhalten der Wasserstoffabsorption in den Balmerlinien und an der Seriengrenze wird noch einmal diskutiert. Dabei werden die Sterne nach dem Elektronendruck in ihrer Atmosphäre gruppiert. Als Maß für den Elektronendruck wird die Anzahl der sichtbaren Balmerlinien bzw. die spektroskopische Helligkeit angewandt. Es ergeben sich in jedem Fall eindeutige Beziehungen, aus denen insbesondere hervorgeht, daß die Wasserstoffabsorption nicht in allen Spektralklassen eine monotone Funktion des Elektronendruckes ist. Durch Vergleich mehrerer Meßreihen werden die von der normalen Beziehung abweichenden Sterne untersucht. Verf.

9511. **W. F. Hase, G. A. Schajn,** Untersuchung des Spektrums der Kohlenstoffsterne. Krim Mitt. **2** 51—97 (russisch).

9512. **G. H. Herbig,** A search for isotopes of Titanium in late-type stars. Publ ASP **60** 378—380. — Neun helle Riesen und Überriesen mit Spektren zwischen K0 und M6 wurden auf Grund der geringen Verschiedenheit der Lage der Bandenköpfe des TiO in Abhängigkeit von der Ti-Masse auf Ti-Isotope (Ti^{46} — Ti^{50}) untersucht. Wenn ihre Häufigkeit auch noch sehr unsicher ist, so konnten sie doch wenigstens nachgewiesen werden. Loh.

9513. **G. Herzberg,** Fe II emission lines in α Herculis and α Scorpii. ApJ **107** 94—95, mit 1 Tafel = Contr. McDonald Obs. Nr. **143.** — Im Bereich λ 3100 bis λ 3300 wurde im Spektrum von α Herculis und α Scorpii eine Reihe von Emissionslinien gefunden, die dem Fe II zugehören. Es wird vermutet, daß sie in einem koronaähnlichen Nebel um den Stern ihren Ursprung haben. Micz.

9514. **D. Hoffleit,** International Business Machines for spectroscopic absolute-magnitude reductions and results for 500 A5-G5 stars. AJ **54** 39—40. — Ref. AAS.

9515. **A. van Hoof,** Emission lines of Ca II in X Cygni. ApJ **108** 160—161, mit 1 Tafel. — Auf den violetten Flügeln der H- und K-Linie treten in der Nähe der Phasen 0ᴾ918, kurz nach dem Durchlaufen eines Buckels der Lichtkurve, und 0ᴾ062 Emissionslinien auf, deren Verschiebung gegen die Absorptionslinien in beiden Fällen nahezu die gleiche ist. Micz.

9516. **A. H. Joy,** Emission lines in stellar spectra. AJ **53** 107. — Ref. AAS.

* * **A. H. Joy, S. A. Mitchell,** Spectroscopic observations of 90 stars. Vgl. Ref. **9217.**

9517. **P. C. Keenan,** On the occurrence of Lanthanum oxide in S-type stars. ApJ **107** 420—421 = Contr. Perkins Obs. Nr. **25.** — Beobachtungen der von Nassau und Albada angezeigten Bande λ 7950 und einer schwächeren bei λ 7440. Ihr Ursprung wird versuchsweise dem LaO zugeschrieben. Sie sind anscheinend gegen Änderungen der atmosphärischen Verhältnisse sehr empfindlich, wie aus Spektren des veränderlichen S UMa hervorgeht. Micz.

9518. **P. C. Keenan, W. W. Morgan, G. Münch,** Spectra of high-velocity giants. AJ **53** 194. — Ref. AAS.

9519. **C. C. Kiess,** Red and infrared bands of Titanium and Zirconium oxides. Publ ASP **60** 252—253. — Ref. ASP.

9520. **B. A. Mateer,** The system of the McCormick spectral classification in the Yale Zones. AJ **54** 12—14. — Die am McCormick Observatory durchgeführte Spektralklassifikation von 37000 BD-Sternen, die nicht im Henry Draper Katalog enthalten sind, wird mit der Bergedorfer Spektraldurchmusterung und der Henry Draper Extension verglichen. Es ergeben sich kleine systematische Unterschiede, die jedoch selten 2/10 einer Spektralklasse übersteigen. Loh.

9521. **A. McKellar,** The far violet region in the spectra of the cool carbon stars. ApJ **108** 453—457, mit 2 Fig. = Contr. Dominion Astrophys. Obs. Nr. **15**. — Die Untersuchung von 8 N-Sternen vor allem im Gebiet von $\lambda\lambda$3900—4100 hat insbesondere bei WZ Cas ergeben, daß trotz der sehr niedrigen Temperatur das Spektrum im Violetten noch relativ kräftig ist. Von anderen N-Sternen unterscheidet sich WZ Cas merklich. Bei Y CVn kann die λ 4050-Gruppe höchstwahrscheinlich dem CH_2-Molekül zugeschrieben werden, zum ersten Mal also einem polyatomischen Molekül. Loh.

9522. **A. McKellar,** Evidence for the existence of polyatomic molecules in the atmospheres of late N-type stars. Publ ASP **60** 257—258. — Ref. ASP.

9523. **P. W. Merrill,** Wave lengths of atomic absorption lines in the spectra of long-period variable stars. ApJ **107** 303—316 = Contr. Mt. Wilson Obs. Nr. **743**. — Von den langperiodischen Veränderlichen R Leonis (Me) und R Andromedae (Se) wurden im Bereich λ 3442 bis λ 4575, bzw. λ 3342 bis λ 5064 und λ 5797 bis λ 6832 Wellenlängen von Absorptionslinien gemessen, ihre Intensitäten geschätzt und ihr Ursprung zum größten Teil identifiziert. Micz.

9524. **P. W. Merrill,** The spectrum of Z Andromedae in 1946 and 1947. ApJ **107** 317—326, mit 3 Fig. = Contr. Mt. Wilson Obs. Nr. **744**. — Die im Jahre 1946 gemessenen und mitgeteilten scharfen Absorptionslinien des Hüllenspektrums waren 1947 nicht zu sehen. Die Linienverschiebungen variieren von Aufnahme zu Aufnahme. Für die dunklen Balmerlinien nehmen sie mit der Liniennummer zu. Bei den hellen Linien sind die Verhältnisse komplizierter. Manche Liniengruppen deuten Fluktuationen von 700^d bis 750^d und Phasenverschiebungen an. Micz.

9525. **P. W. Merrill,** The Balmer series in the spectrum of HD 45 910. ApJ **108** 481—489, mit 6 Fig. = Contr. Mt. Wilson Obs. Nr. **751**. — Die raschen und sehr eigenartigen Strukturänderungen der Balmer- und anderen Linien des Be-Sterns HD 45 910 werden zusammen mit ihren wechselnden Verschiebungen untersucht. Die Wasserstofflinien sind häufig doppelt oder sogar dreifach. Die einzelnen Balmerlinien werden, wie der Verf. vermutet, in verschieden tiefen Schichten absorbiert. Die Ca II-Linien ähneln in ihrem Verhalten den Balmerlinien, insbesondere den höheren. Die Linien der Metalle sind ebenfalls starken Änderungen in bezug auf Aussehen und Verschiebung unterworfen. Eine Coudé-Platte zeigt im roten Bereich ein überlagertes schwaches Linienspektrum, das an M2 erinnert. Micz.

9526. **P. W. Merrill,** Survey of recurrent changes in stellar spectra. Publ ASP **60** 123—124. — Geordnet nach wachsender Periode von 0.2 Tagen bis zu einigen Jahrzehnten wird eine Gruppierung von Sternen mit spektralen Veränderungen gegeben. Loh.

9527. **P. W. Merrill,** Displacements of certain Helium lines in stellar spectra. Publ ASP **60** 326—327. — Die vor allem die Heliumlinie D 3 betreffende Verschiebung in den Spektren von c-Sternen erreicht bis zu 10 km/sec. Sie scheint nicht völlig durch Starkeffekt erklärbar zu sein. Loh.

9528. **G. R. Miczaika,** Das Spektrum von ζ Tauri. Veröff. Landessternwarte Heidelberg **15** Nr. 7 S. 75—78. — Es werden über 90 Linien zwischen λ 3500 und λ 5000 im Spektrum von ζ Tauri nachgewiesen, die vor allem dem H, He I, C II, O I, Mg I, Mg II, Si II, Ti II, Cr II, Fe II, Fe III und Ni II angehören. Das Spektrum zeigt Schichtung der Elemente in der Hülle, deren Radius etwa das Zwei- bis Dreifache des Sternradius beträgt. Die Komponente des Systems, die die photosphärischen Absorptionslinien erzeugt, rotiert mit einer Geschwindigkeit, die den Stern an die Stabilitätsgrenze bringt. Verf.

9529. **G. R. Miczaika,** Messungen des Intensitätssprunges an der Grenze der Balmer-Serie im Spektrum von B-, A- und F-Sternen. Z f Naturf **3a** 129—134, mit 5 Abb., mit einer Berichtigung in **4a** 640, 1949 = Mitt. Landessternwarte Heidelberg Nr. **53.** — Es werden Messungen des Intensitätssprungs im Kontinuum an der Grenze der Balmer-Serie für 31 A-, B- und F-Sterne mitgeteilt und mit Messungen von Barbier und Chalonge verglichene Die Abhängigkeit der Größe der Diskontinuität von Spektraltyp und absolute Helligkeit für Zwerge, Riesen und Überriesen sowie für Sterne mit Emissionserscheinungen wird untersucht. Verf.

9530. **G. R. Miczaika,** Über die beobachtbare Anzahl der Balmerlinien in B-, A- und F-Sternen. ZfA **25** 72—76, mit 2 Fig. = Mitt. Landessternwarte Heidelberg Nr. **54.** — Es werden in den Spektren von 28 B-, A- und F-Sternen Abzählungen der beobachtbaren Anzahl der Balmerlinien mitgeteilt und ihre Abhängigkeit von Spektraltyp und absoluter Helligkeit betrachtet. Die Nummer der letzten erkennbaren Linie ist ein empfindliches Kriterium für den Elektronendruck in diesen Sternen innerhalb jeder Spektralunterklasse. Für die frühen Spektralklassen der Hauptreihe werden mittlere Elektronendrucke abgeleitet. Verf.

9531. **G. R. Miczaika,** Die Wasserstoffabsorption in Sternen vom Spektraltyp B bis F. ZfA **25** 77—91, mit 4 Abb. = Mitt. Landessternwarte Heidelberg Nr. **56.** — Es werden Messungen der Tiefe und Totalabsorption der Balmer-Linien für 29 A-, B- und F-Sterne mitgeteilt und mit Ergebnissen anderer Herkunft verglichen. Für alle Sterne wird die Anzahl der Wasserstoffatome im 2. Quantenzustand über 1 cm^2 Sternoberfläche ermittelt. Für 5 frühe B-Sterne werden Anzahl der freien Elektronen und der Wasserstoffatome, Elektronendruck und effektive Schwerebeschleunigung berechnet. Diese Rechnungen — an Hand völlig unabhängigen Beobachtungsmaterials — sind im Einklang mit den quantitativen Ergebnissen, die Unsöld kürzlich für frühe B-Sterne erhalten hat. Verf.

9532. **G. R. Miczaika,** Das Häufigkeitsverhältnis von Wasserstoff und Helium in den Atmosphären der O-Sterne. Z f Naturf **3a** 250—251 = Mitt. Sternwarte Königstuhl-Heidelberg Nr. **58.** — Aus Äquivalentbreitenmessungen von R. M. Petrie wird nach einem Verfahren von Unsöld das Häufigkeitsverhältnis H/He für 18 Sterne vom Spektraltyp O ermittelt und darauf hingewiesen daß dieses Verhältnis entlang der Hauptreihe von O bis G0 konstant zu sein scheint. Micz.

9533. **G. R. Miczaika,** Die Atmosphäre von γ Pegasi. Z f Naturf **3a** 241—249, mit 3 Abb. = Mitt. Landessternwarte Heidelberg Nr. **60.** — Es wird mit Hilfe von Messungen der Äquivalentbreiten von Absorptionslinien im Spektrum und einer von Unsöld entwickelten Methodik die Verteilung der leichten Elemente in der Atmosphäre von γ Pegasi untersucht. Ihre relative Häufigkeit wird mit der in den planetarischen Nebeln sowie in 10 Lacertae, τ Scorpii und der Sonne verglichen. In allen Objekten ist die relative Häufigkeit der Elemente innerhalb der Fehlergrenzen dieselbe. Neon ist in den planetarischen Nebeln vielleicht etwas seltener. Helium hat einen bemerkenswert hohen Anteil an der Sternmaterie. Elektronendichte und Elektronendruck sowie Schwerebeschleunigung an der Oberfläche des Sterns werden ermittelt. Verf.

9534. **R. Müller,** Über eine unerklärte helle Linie bei einer Objektivprisma-Aufnahme. Sterne **24** 81. — Besprechung einer Arbeit von W. M. C. Miller in Publ ASP **52** 335.

9535. **J. J. Nassau, G. B. van Albada,** A faint S-type star in the clear region in Cygnus. ApJ **107** 418, mit 1 Tafel.

9536. **J. J. Nassau, G. B. van Albada,** A new band in the infrared spectra of S-type stars. ApJ **107** 418—419, mit 2 Fig. — Bemerkungen über Banden im infraroten Spektrum von 17 S-Sternen. Eine bisher unbekannte Bande bei λ 7950 wird angezeigt. Micz.

9537. **F. J. Neubauer, L. H. Aller,** Spectrophotometry of the Wolf-Rayet star HD 45166. ApJ **107** 281—286 = Contr. Lick Obs. (2) Nr. **22**. — Das Spektrum des Wolf-Rayet-Sterns HD 45166 besteht aus einem Kontinuum mit starken Balmer-Linien in Absorption und schmalen Emissionslinien von H, He, N, O, C und Si. Das Spektrum entsteht jedoch nicht durch Überlagerung einer B- und einer Wolf-Rayet-Komponente. Der Stern ist wahrscheinlich ein Angehöriger der Hauptreihe. Das Aussehen des Emissionsspektrums entspricht der Erwartung, wenn man annimmt, daß HD 45166 eine Wolf-Rayet-Hülle ausreichender Anregung besitzt, in der die Häufigkeit der mit Emissionslinien erscheinenden Elemente dieselbe wie etwa in 10 Lacertae und τ Scorpii ist. Micz.

9538. **R. M. Petrie,** A study of absorption line intensities in the spectra of 30 stars of class O. AJ **53** 116. — Ref. AAS.

9539. **N. G. Roman, W. W. Morgan, O. J. Eggen,** The classification of the «metallic line» stars. ApJ **107** 107—109. — Die Gruppe der „metallischen" A-Sterne wird definiert. Die K-Linie der Sterne ist merklich schwächer als dem Metallinienspektrum entsprechen würde; das Spektrum ist kein „spectrum compositum", noch das eines Hüllensternes oder eines normalen Sterns. Es unterscheidet sich stark von der Silizium-Mangan- oder Europium-Gruppe der A-Sterne. Für einige Standard-Sterne dieser Art werden Spektraltypen, scheinbare und absolute Helligkeiten, Farbenindizes und -exzesse sowie einige andere Daten mitgeteilt. Micz.

9540. **G. A. Schajn, W. F. Hase,** Über die Banden der Kohlenstoffsterne Krim Mitt. **1** Teil 1 S. 74—82 (russisch).

9541. **G. A. Schajn, W. F. Hase,** Die Banden des schweren Zyanmoleküls in den Spektren der Kohlenstoffsterne (Violettsystem $^2\Sigma - ^2\Sigma$) Krim Mitt. **2** 131—133 (russisch).

9542. **G. A. Schajn,** Über die inneren Teile der Wasserstofflinien in den Spektren der Sterne früher Typen. Krim Mitt. **3** 46—50 (russisch).

9543. **A. Slettebak,** Three Be stars showing bright lines of Fe II. ApJ **108** 156—157. — HD 45995, 60855, 208682 zeigen helle Fe-Linien wie φ Per.

9544. **O. Struve,** Peculiar H lines in the spectrum of RR Lyrae and some comments on the problem of Cepheid variation. AJ **53** 108—109. — Ref. AAS.

9545. **O. Struve, M. Rudkjöbing,** Stellar spectra in the region of the obscuring clouds of Ophiuchus and Scorpius. AJ **54** 51—52. — Ref. AAS, Besprechung in Sternenwelt **1** 157.

9546. **O. Struve, H. Chun,** The higher members of the (2^3P^0—n^3D) series of He I in the spectrum of 55 Cygni. ApJ **107** 109—110, mit 1 Fig. — Die Profile der höheren Glieder der diffusen Triplett-Serie des Heliums von 55 Cygni lassen erkennen, daß Stark-Verbreiterung auch im Spektrum der Überriesen nicht völlig vernachlässigt werden darf. Micz.

9547. **O. Struve, M. Rudkjöbing,** A note on the spectrum of HD 698 (J. A. Pearce's star of large mass). ApJ **108** 537—540, mit 1 Fig. — Diskussion über die absolute Helligkeit des spektroskopischen Doppelsterns HD 698 (B9). Die Massen sind nach Pearce sehr groß ($m_1 \sin^3 i = 113 \odot$); die absolute Helligkeit aus der Masse-Leuchtkraft-Beziehung würde in der Nähe von -8^m liegen, das Spektrum spricht dagegen für eine sehr viel kleinere von -2^m bis -3^m. Verf. weisen auf die Bedeutung der Diskrepanz, falls sie reell ist, hin. Micz.

9548. **O. Struve, P. Swings,** An unusual stellar species. Publ ASP **60** 61—64. — Auf den Barnard-Nebel B 10 im Stier projiziert findet sich u. a. ein Stern mit starken Emissionslinien der Balmerserie bis H 14, des Ca II und weniger stark des He I. Das starke Kontinuum (bis λ 3330) geht wahrscheinlich auf kontinuierliche Paschen- und Balmeremission zurück. Die McDonald-Spektrogramme zeigen keine Absorptionslinien. Das Objekt steht vermutlich vor dem Nebel, seine absolute Helligkeit wird auf $+10^m$ geschätzt. Zumindest ein erheblicher Teil des Nebellichtes ist reflektiertes Licht dieses Sterns. Die Verf. betrachten die ungewöhnliche Natur des Sterns als einen Fall von Wechselwirkung zwischen kosmischem Staub und Sternen. Micz.

9549. **P. Swings,** Anomalies in the earliest spectral types. Ann d'Astrophys **11** 228—246. — Die Arbeit stellt eine ausführliche Übersicht über Klassifizierungsfragen der Wolf-Rayet-Sterne und Kerne der planetarischen Nebel sowie beobachtete Anomalien in den Spektren der Sterne frühen Typs (W, Of, B und Be) dar. Als Mechanismen, die die absoluten und relativen Linienintensitäten beeinflussen, werden behandelt: Geometrische und physikalische Strahlungsverdünnung, Fluoreszenz, Schichtung, Linienverschiebungen, Intensitätsverteilung der anregenden Strahlung, insbesondere bei Existenz von Hüllen, und Unterschiede der relativen Häufigkeit der Elemente. Micz.

9550. **P. Swings, A. McKellar,** Polyatomic molecules in late-type stars ApJ **108** 458—461 = Contr. Dominion Astrophys. Obs. Nr. **16**. — Nach einer Betrachtung über die Nachweisbarkeit von dreiatomigen Molekülen (H_2O, CH_2, NH_2 u. a.) in Sternatmosphären wird versucht, die Schwankungen der Energieverteilung im Spektrum der N-Sterne von λ 4100 ab zu kürzeren Wellenlängen, insbesondere auch den Energieabfall, durch Bandenabsorption von CH_2 zu erklären. Micz.

9551. **W. S. Tai, A. D. Thackeray,** The spectrum of ϱ Cassiopeiae in 1939. MN **108** 271—275. — Das Ergebnis der Identifizierung von 264 Linien zwischen λ 4226 und λ 6374 im Spektrum des unregelmäßigen Veränderlichen ϱ Cas aus dem Jahre 1939 wird in summarischer Form mitgeteilt. Die Linien der seltenen Erden Sc II, Zr II und Y II sind auffallend stark, von H und Fe dagegen schwach. Micz.

9552. **A. D. Thackeray,** The spectrum of ϱ Cassiopeiae 1946—1947. MN **108** 276—291, mit 1 Fig. und 2 Tafeln. — Während des Minimums 1946 erhaltene Spektren des unregelmäßigen Veränderlichen ϱ Cas zeigen Hα und D (Na) in Emission. Einige weitere Emissionslinien werden versuchsweise dem Ti zugeschrieben und durch die Bildung von TiO-Molekülen aus dem ^3P-Zustand des Ti erklärt. Im April 1947 verschwanden die TiO-Banden, der Stern war wieder fast so hell geworden wie 1939. Das Überriesenspektrum ließ jedoch auf eine tiefere Temperatur schließen. Y, Sc, Zr waren wieder stark, H und Fe schwach. Über den Mechanismus des Lichtwechsels werden einige Bemerkungen gemacht. Micz.

9553. **A. D. Thackeray,** Stellar spectra. MN ASSA **7** 86—90, mit 2 Fig.

9554. **A. B. Underhill,** The spectrum of γ Pegasi. ApJ **107** 337—348, mit 2 Fig. = Contr. McDonald Obs. Nr. **146**. — Auf Coudé-Platten wurden die Wellenlängen von 877 Linien zwischen λ 3965 und λ 4921 gemessen. Die Identifizierung gelang zu 70%. Alle auf der Erde häufigeren Elemente — ausgenommen K — können in der Atmosphäre von γ Pegasi nachgewiesen werden, wenn ihre Anregungsspannung bei 20—25 V liegt. Die He I-Linien zeigen zum Teil leichte

Verschiebungen, eine quantitative Untersuchung ergab, daß sie mit der Theorie der Stoßverbreiterung von Krogdahl zum Teil in besserer Übereinstimmung sind als mit der Theorie des Stark-Effektes. Einige [He I]-Linien der $2\,^1P—m\,^1P$ Serie sind wahrscheinlich vorhanden. Für die geringe Leuchtkraftabhängigkeit von λ 4026 bei B-Sternen wird eine Erklärung vorgeschlagen. Micz.

9555. **A. B. Underhill,** The intensities and profiles of lines in some B-type stars. ApJ **107** 349—370, mit 6 Fig. = Contr. McDonald Obs. Nr. **149**. — Es werden Äquivalentbreiten und zentrale Absorptionen einiger H-, He-, Mg- und Si-Linien mehrerer B-Überriesen und einiger anderer Sterne bestimmt. Für alle Sterne werden Profile von Hγ gegeben. In Verbindung mit Rechnungen über Modellatmosphären und mit den relativen Intensitäten der Si-Linien kann log g abgeschätzt werden. Für γ Peg ergibt sich ein Wert zwischen 2.00 und 4.09, für χ Ori und o^2 CMa etwa 2.00. Der Linienabsorptionskoeffizient hat eine Doppler-Halbbreite von 37 km/sec im Überriesen o^2 CMa und 27 km/sec im Riesen ε CMa. Loh.

9556. **A. B. Underhill,** On the interpretation of the continuous spectrum of α Lyrae. ApJ **108** 83—86, mit 1 Fig. — Mit der Annahme neutraler und negativer Wasserstoffionen als Ursache der Opazität einer effektiven Temperatur von 10080° und einem Elektronendruck von 10^4 kann die beobachtete Energieverteilung im Kontinuum von α Lyr zwischen λ 4040 und λ 9870 befriedigend dargestellt werden. Micz.

9557. **A. B. Underhill,** The spectrum of Gamma Pegasi. II. ApJ **108** 476—480. — Wellenlängen und Identifizierung von Linien zwischen Hβ und λ 5323. Die Existenz von [He I] λ 4910.75 wird vermutet. Micz.

9558. **T. Walraven,** The line spectrum of δ Cephei. Publ. Astr. Inst. Univ. Amsterdam Nr. 8, 80 S. mit 17 Fig. — Aus gemessenen Äquivalentbreiten im Spektrum von δ Cephei wurden Nf-Werte relativ zur Sonne und Wachstumskurven für verschiedene Elemente bestimmt. Die von der Lichtwechselphase und dem Element unabhängige Dopplerverbreiterung wird als Turbulenzeffekt gedeutet. Die Phasenabhängigkeit der Nf-Werte wird diskutiert. Weitere Kapitel behandeln die Anregungs- und Ionisationstemperatur und den Elektronendruck. Beide Temperaturen variieren mit der Phase ähnlich wie die Farbtemperatur. Die Änderung des Elektronendrucks hat große Ähnlichkeit mit der Änderung der Radialgeschwindigkeit. Unter Verwendung der von Strömgren entwickelten Methode der Berechnung von Modellatmosphären wird die effektive Schwerebeschleunigung, die um einen Faktor 35 kleiner ausfällt als der statische Wert, berechnet. Ihre Phasenabhängigkeit ist im Widerspruch zur Eddingtonschen Pulsationstheorie, mit den M. Schwarzschildschen Vorstellungen jedoch verträglich. Vielleicht ist in der geringen effektiven Oberflächenbeschleunigung ein Hinweis für auswärts gerichtete Gasströme oder periodisch abgestoßene Schichten in Verbindung mit den nach außen laufenden Wellen zu erblicken. Micz.

9559. Forbidden lines in absorption. Obs **68** 158.
9560. Spektra av M-stjärnor i det nära infraröda. PAT **29** 77.
9561. Stars with umbrellas. Sky and Telescope 7 119.
9562. Band spectra data. Sky and Telescope 7 299. — Ref. AAS.
9563. Abundance abnormalities. Sky and Telescope 7 299—300.—Ref. AAS.
9564. Completion of Miss Cannon's work. Sky and Telescope **7** 301.

9565. **Spektren einzelner Sterne**

Außer dieser Liste sind auch noch die in diesem Paragraphen aufgeführten Referate einzusehen.

Z And	P. W. Merrill. Ref. **9524**.
R Ara	J. Sahade. Vgl. Ref. **11135**.
TX Cnc	D. M. Popper. Vgl. Ref. **9218**.

27 CMa	O. Struve, Shu-Koo Kao, A note on the spectrum of 27 Canis Majoris. ApJ **108** 537. — Notiz über Struktur und Verschiebung einiger Linien in 27 CMa.
α CMi	J. L. Greenstein. Vgl. Ref. **9509**.
Y CVn	A. McKellar. Vgl. Ref. **9521**.
γ Cas	D. Barbier. Vgl. Ref. **9503**.
	W. G. Hase, Das Spektrum von γ Cassiopeiae 1940 und 1941. Krim Mitt. **1** Teil 1 S. 59—73 (russisch).
	C. Payne Gaposchkin, The Perkins spectrograms of γ Cassiopeiae. AJ **53** 198. — Ref. AAS.
ϱ Cas	J. L. Greenstein. Vgl. Ref. **11184**.
	W. S. Tai, A. D. Thackeray. Vgl. Ref. **9551**.
	A. D. Thackeray. Vgl. Ref. **9552**.
WZ Cas	A. McKellar. Vgl. Ref. **9521**.
Proxima Cen	R. Platzeck. Asosiación fís. argentina, 11.—12. Versammlung, 1948.
δ Cep	T. Walraven. Vgl. Ref. **9558**.
VW Cep	D. M. Popper. Vgl. Ref. **9218**.
55 Cyg	O. Struve, H. Chun. Vgl. Ref. **9546**.
X Cyg	A. van Hoof. Vgl. Ref. **9515**.
V 444 Cyg	= AD 193576.
τ^9 Eri	J. Sahade. Vgl. Ref. **11135**.
α Her	G. Herzberg. Vgl. Ref. **9513**.
γ Leo	G. R. Miczaika, Schnelläuferspektren. NAZ v M Nr. 34, NAZ **2** 9.
48 Lib	P. W. Merrill, A damped oscillation in the atmosphere of 48 Librae. Publ ASP **60** 258—259. — Ref. ASP.
	A damped oscillation. Sky and Telescope **7** 275—276, mit 1 Fig. — Ref. AAS.
α Lyr	A. B. Underhill. Vgl. Ref. **9556**.
RR Lyr	O. Struve. Vgl. Ref. **9544**.
ζ Oph	U. Becker. Vgl. Ref. **9504**.
γ Peg	G. R. Miczaika. Vgl. Ref. **9533**.
	A. B. Underhill, The spectrum of γ Peg. AJ **53** 119. — Ref. AAS.
	A. B. Underhill. Vgl. Ref. **9554**, **9557**.
α Per	J. L. Greenstein. Vgl. Ref. **9509**.
ϱ Pup	J. L. Greenstein. Vgl. Ref. **9509**.
α Sco	G. Herzberg. Vgl. Ref. **9513**.
	Antares och dess komponent. PAT **29** 170—171.
ζ Tau	G. R. Miczaika. Vgl. Ref. **9528**.
Θ UMa	J. L. Greenstein. Vgl. Ref. **9509**.
τ UMa	J. L. Greenstein. Vgl. Ref. **9508/09**.
α Vir	O. Struve, Peculiar features in the spectrum of α Virginis. ApJ **108** 154—155, mit 1 Tafel. — Beschreibung ungewöhnlicher Profiländerungen von He I λ 4472 und Mg II λ 4481 im Spektrum des spektroskopischen Doppelsternes α Vir. Micz.
AD 193 576	G. Münch. Vgl. Ref. **11125**.
Boss 1985	D. B. McLaughlin, Changes in the spectrum of Boss 1985. Publ ASP **60** 200—201.
DM —27° 11944	P. W. Merrill, Measurements in the spectrum of DM —27° 11944. Publ ASP **60** 381—382, mit 1 Tafel. — Das Spektrum dieses durch eine rasch expandierende Atmosphäre gekennzeichneten Sternes hat sich seit 1921 kaum verändert.
HD 698	O. Struve, M. Rudkjöbing. Vgl. Ref. **9547**.

HD 25878 W. P. Bidelman, Note on the peculiar spectrum of HD 25878. ApJ **107** 413, mit 1 Fig. — Das Spektrum des Überriesen HD 25878 ähnelt sehr dem von R CrB. Tatsächlich konnte durch Yuin die R CrB-Natur des Sterns mit Hilfe photometrischer Beobachtungen nachgewiesen werden. Micz.

HD 30353 W. P. Bidelman, The peculiar star, HD 303 53. AJ **53** 110—111. — Ref. AAS.

HD 45166 F. J. Neubauer, L. H. Aller. Vgl. Ref. **9537**.

HD 45910 P. W. Merrill. Vgl. Ref. **9525**.

HD 45995 A. Slettebak. Vgl. Ref. **9543**.

HD 50896 O. C. Wilson, Variations in the spectrum of the Wolf-Rayet star HD 50 896. Publ ASP **60** 383—384, mit 1 Fig. — Wenn dieser Stern auf Grund des Verhaltens seiner Linien nicht ein ungewöhnlicher Doppelstern ist, dann — mit größerer Wahrscheinlichkeit — ein Spektraltypveränderlicher vom Typ WN 5. Loh.

HD 60855 A. Slettebak. Vgl. Ref. **9543**.

HD 66141 G. R. Miczaika. Vgl. γ Leo.

HD 83425 G. R. Miczaika. Vgl. γ Leo.

HD 168607 R. Herman, Etude spectrographique de HD 168 607 et HD 168 625. Ann d' Astrophys **11** 31—34, mit 1 Fig. — Kurze Beschreibung der Spektren der ungewöhnlich stark verfärbten B-Sterne HD 168 607 und HD 168 625. Ihre Rotverfärbung wird mit der Nähe von M 17 in Verbindung gebracht. Micz.

HD 168625 Vgl. HD 168 607.

HD 208682 A. Slettebak. Vgl. Ref. **9543**.

HD 236031 P. W. Merrill, C. G. Burwell, W. C. Miller, The variable spectrum of HD 236 031. Publ ASP **60** 68—39.

MWC 315 und 2 Cyg (BD +29° 3584) D. Wattenberg, Merkwürdige Emissionen in einem Sternspektrum. Sterne **24** 169.

§ 96

Temperatur, Strahlung

9601. C. S. Beals, R. D. Hatcher, The photoelectric temperatures of the P Cygni stars. AJ **53** 196. — Ref. AAS.

9602. C. S. Beals, R. D. Hatcher, The photoelectric temperatures of the P Cygni stars. Canadian Journal of Research (A) **26** 149—166, mit 3 Fig. = Contr. Dominion Obs. Ottawa **2** Nr. 1. — Mit Hilfe der Zanstraschen Methode werden aus den Emissionslinien von 52 P Cygni-Sternen Temperaturen bestimmt. Die Spektraltypen liegen zwischen A4 und O5, die zugehörigen Temperaturen zwischen 10000° und 42000° K. Für A0, O5 und B0 ergibt sich 16000°, 35000° und 40000° K im Mittel. Die gefundenen Werte werden mit den Ergebnissen anderer Methoden verglichen. Micz.

*** * W. Becker,** Reduktion der Farbtemperaturen Neuer Sterne auf das Göttinger Fundamentalsystem. Vgl. Ref. **11301**.

9603. W. Becker, Eine empirische Beziehung zwischen Farbtemperatur und Strahlungstemperatur. Himmelswelt **55** 150. — Ref. AG.

9604. W. Becker, Über eine empirische Beziehung zwischen Farbtemperatur und Strahlungstemperatur, abgeleitet aus Bedeckungsveränderlichen. ZfA **25** 145—160, mit 4 Abb. = Mitt. der Hamburger Sternwarte in Bergedorf **21** Nr. 204. — Für 18 Bedeckungsveränderliche bekannten

Spektraltyps wird aus der Amplitude des Lichtwechsels und dem Radienverhältnis der Unterschied der Strahlungstemperatur beider Komponenten berechnet. Unter Hinzuziehung der Farbtemperaturen (aus dem Spektraltyp) wird eine Beziehung zwischen Farb- und Strahlungstemperatur abgeleitet (getrennt für visuelle und photographische Amplituden). Qualitativ hatte sich die gleiche Beziehung früher aus den δ Cephei-Sternen ergeben. Mit Hilfe einer ausgeglichenen Kurve werden die Farbtemperaturen der Bedeckungsveränderlichen in Strahlungstemperaturen umgewandelt, die sich für die beiden Spektralbereiche nur noch bei den tiefsten Temperaturen merklich unterscheiden. Die Skala der Strahlungstemperaturen ähnelt sehr der von Pilowski bzw. Kuiper, wenn man von den späten Riesen absieht. Zwerge und Riesen unterscheiden sich anscheinend in der Beziehung zwischen Farb- und Strahlungstemperatur nicht. Micz.

9605. **J. Gauzit, P. Proisy,** Mesure de la température de couleur de 146 étoiles. Ann d'Astrophys **11** 137—156, mit 6 Fig. — Mit einer photometrischen Anordnung, die auf dem Prinzip des „Leukoskops" von Priest (Rotationsdispersion) beruht, werden durch Angleichen der Farbe eines Sternes und einer Vergleichslampe die Temperaturen von 146 hellen Sternen mit Spektraltypen B—M (Harvard) visuell bestimmt. Als mittlere Temperaturen ergeben sich Werte, die keine systematischen Unterschiede gegen solche aufweisen, die auf photographisch-spektralphotometrischem Wege gewonnen wurden. Micz.

9606. **E. R. Mustel,** Die gegenwärtige Skala der Sterntemperaturen. Fortschritte Astr. Wiss. **3** 155—189, mit 3 Abb., 1947 (russisch). — Bericht über den Stand des Problems 1944. Inhalt: Allgemeines über Temperaturen und ihre Definition, die Ionisationstemperaturen der Sterne früher Spektralklassen, die aus der spektralen Energieverteilung abgeleiteten effektiven Temperaturen, die bolometrische Korrektion, die Skala der effektiven Temperaturen, die Farbtemperaturen und Farbenindizes. Loh.

§ 97

Leuchtkraft, Durchmesser, Masse, Zustandsdiagramme

9701. **L. Biermann,** Zur Frage der Masse-Leuchtkraftbeziehung der Trümplerschen Sterne. ZfA **25** 92—93.

9702. **J. A. Hynek,** Giant binary stars and the mass-luminosity law. Nat **162** 815—816. — Verf. kommt zu dem Schluß, daß die mittleren beobachteten Werte der trigonometrischen, dynamischen und spektroskopischen Parallaxen von Doppelstern-Riesen mit der Hypothese verträglich sind, daß diese Sterne (die Hauptkomponenten) oberhalb des Riesenastes des Russell-Diagramms liegen, aber für ihre Masse zu leuchtschwach sind. Loh.

9703. **G. P. Kuiper,** High and low velocity dwarf stars. AJ **53** 194—195. — Ref. AAS.

9704. **W. Lohmann,** Ein Beitrag zur bolometrischen Korrektion. AN **276** 83—84, mit 2 Abb. = Mitt. Landessternwarte Heidelberg Nr. **57**. — Aus radiometrischen Beobachtungen von Emberson werden bolometrische Korrektionen abgeleitet. Verf.

9705. **W. Lohmann,** Die Leuchtkraft von Sonne und Sternen. Kosmos 1948 S. 13—15, mit 2 Fig.

9706. **W. Lohmann,** Die innere Struktur der Masse-Leuchtkraftfunktion und die chemische Zusammensetzung der Sterne der Hauptreihe. ZfA **25** 94—108, mit 4 Abb. = Mitt. Landessternwarte Heidelberg Nr. **55**. — Die empirischen Unterlagen über die Masse-Leuchtkraftfunktion lassen deutlich eine Aufspaltung in Abhängigkeit vom Spektraltyp erkennen. Für Sterne einer Spektralklasse ist die Beziehung zwischen Masse und absoluter bolometrischer Größe weniger steil, als für die Gesamtheit aller Sterne der Hauptreihe

Die chemische Zusammensetzung einiger Sterne mit kleineren Massen als die Sonnenmasse erweist sich als recht gleichförmig. Einschließlich des B0-Sterns τ Sco ist sie massenmäßig durch das Verhältnis H : He : übrige Elemente = 49 : 45 : 6 gekennzeichnet. Verf.

9707. **W. J. Luyten, D. McLeish,** New white dwarfs. Harv Card 926, NAZ **2** 23, UAI Circ 1170.

9708. **G. Mannino, L. Rosino,** Sulla posizione nel diagramma di Russell delle componenti le stelle binarie visuali. Mem SA It (NS) **19** 91—104, mit 3 Fig. = Pubbl. Oss. astr. univ. Bologna **5** Nr. 6. — Aus einer Diskussion der Lage von Doppelsternkomponenten mit bekannten Spektraltypen und Helligkeiten im Hertzsprung-Russell-Diagramm wird geschlossen, daß die Hypothese von Kuiper über den gleichen Wasserstoffgehalt von Doppelsternkomponenten erfüllt ist. Micz.

9709. **G. R. Miczaika,** Ein Leuchtkraftkriterium für Sterne frühen Spektraltyps. ZfA **25** 268—275 = Mitt. Landessternwarte Heidelberg Nr. **61**. — Für vier Spektralintervalle zwischen B0 und A8 werden Eichkurven für eine Beziehung zwischen der Hauptquantenzahl n der letzten erkennbaren Balmerlinie und der absoluten Helligkeit M aufgestellt. Die Beziehungen sind linear. Die Änderung der Leuchtkraft beträgt pro $\Delta n_m = \pm 1$ etwa $\Delta M = \pm 0^m6$. Mit „gebrochenen Grenzquantenzahlen" dürfte sich eine Genauigkeit von etwa $\pm 0^m3$ bei der Benutzung der Grenzquantenzahlen als Leuchtkraftkriterium erzielen lassen. Rotation scheint die n_m nicht merklich zu beeinflussen. Für den Bereich B0 bis A5 werden effektive Elektronendrucke in den Atmosphären abgeleitet. Der Elektronendruck in den c-Sternatmosphären ist um einen Faktor 10 geringer als in den Atmosphären der Hauptreihensterne. Verf.

9710. **G. R. Miczaika,** Ein neues Leuchtkraftkriterium. Himmelswelt **55** 195—196.

9711. **N. G. Roman,** The H-R diagram and space distribution of the members of the Ursa Major cluster. AJ **53** 116—117. — Ref. AAS.

9712. **M. Rudkjöbing,** The luminosities of Trumpler's stars. ApJ **108** 159—160. — Mit der Temperatur der B0-Sterne, 35000°, lassen sich die Trümplerschen Sterne in die Masse-Leuchtkraft-Beziehung einordnen.

* * **E. Schatzman,** Spectrum of white dwarfs. Vgl. Ref. 5120.

* * **E. Schatzman,** Les réacti ons thermonucléaires aux grandes densités. (Gaz dégénérés et non dégénérés). Ref. 5229.

9713. Die weißen Zwerge. Himmelswelt **55** 80—82. — Bericht von W. Luyten aus Monthly Astr. News Letter Nr. 31.

9714. New white dwarfs. Harv Card 976, JBAA **59** 47—48.

9715. Hvide dværgstjerner. NAT **1948** 114. — Aus Harv Card 926.

9716. Nya upptäckter av vita dvärgstjänor och andra intressanta svaga blå stjärnor. PAT **29** 75—76, mit 1 Fig. — Besprechung der Untersuchung von M. L. Humason und F. Zwicky in ApJ **105** 85, AJB **47** Ref. **9003**—04.

§ 98
Rotation, Magnetfeld

9801. **N. Arley, J. Fuchs,** Blacketts hypothesis of the magnetic field of rotating bodies. Nat **161** 598—599. — In zwei voneinander unabhängigen Bemerkungen zur Blackettschen Beziehung zwischen Drehimpuls U und magnetischem Dipolmoment P der Himmelskörper weist Arley auf ihre Schwierigkeiten hin. Fuchs schreibt sie in eine magnetische und elektrische Konstante (Permeabilität μ und Dielektrizitätskonstante ε) enthaltende Form $2P = U\mu\sqrt{\varepsilon/\gamma}$ ($\gamma = 1$: Gravitationskonstante) um. Loh.

9802. **H. W. Babcock,** The magnetic field of Gamma Equulei. ApJ **108** 191—200, mit 1 Fig. = Contr. Mt. Wilson Obs. Nr. **748.** — 5 Doppelspektrogramme von γ Equ mit einer Dispersion von 2,9 AE/mm, die mit geeigneter Polarisationsoptik am 100 inch Spiegel erhalten wurden, ergaben eine Polfeldstärke $H_p = 1900 \pm 250$ Gauss. Zeitliche Variationen wurden nicht festgestellt. Aus der Umlaufsrichtung eines visuellen Begleiters und der Annahme, daß Rotations- und Umlaufsrichtung im System übereinstimmen, wird geschlossen, daß das Verhältnis der Richtungen von Rotation und Magnetisierung genau umgekehrt ist wie bei Erde und Sonne. Die scheinbare Abnahme der Feldstärke mit wachsender Linienintensität wird mit Hilfe der Wachstumskurven für die Zeemankomponenten der stärkeren Linien erklärt. Thi.

9803. **H. W. Babcock,** Magnetic variable stars as sources of cosmic rays. Phys Rev (2) **74** 489. — In Anlehnung an eine Überlegung von Davis (Vgl. AJB **47** Ref. 7807), nach der eine an sich mögliche Aussendung kosmischer Strahlen an den Polen hochmagnetischer Sterne durch eine Ionenakkumulation gehemmt wird, schließt Verf., daß im Falle eines magnetischen Wechselfeldes, wie er es z. B. in HD 125 248 beobachtete, diese Hemmung wegfallen dürfte und daß positive Ionen und Elektronen durch elektrostatische Repulsion von den polaren Zonen in Teilen jedes magnetischen Zyklus ausgesandt würden. Loh.

9804. **H. W. Babcock,** Magnetic intensification of absorption lines. Publ ASP **60** 245—247. — Ref ASP.

9805. **H. W. Babcock,** Test for a magnetic field in the white dwarf 40 Eridani B. Publ ASP **60** 368—370, mit 1 Fig. — In Übereinstimmung mit Ergebnissen für Wolf 1346 scheint es, daß nicht der Paschen-Back-Effekt, sondern vielmehr der Stark-Effekt für die Linienverbreiterung in 40 Eri B verantwortlich ist. Loh.

9806. **P. M. S. Blackett,** Das Magnetfeld rotierender Körper. Fortschritte Phys. Wiss. **33** 52—76, 1947 (russisch).

9807. **S. Chapman,** The dipole moment of the supposed fundamental magnetic field due to rotation. Proc Phys Soc **61** 95. — Die Formel P/U = 1/2 K gilt für jeden rotationssymmetrischen Körper, auch wenn Dichte und Winkelgeschwindigkeit beliebige Funktionen vom Abstand von der Rotationsachse und vom Abstand von einer zur Rotationsachse senkrechten Ebene sind. (P = Dipolmoment, U = Drehimpuls, K = const.). Loh.

9808. **A. Dauvillier,** Sur le magnétisme des corps célestes. CR **225** 839—841, 1947.

9809. **L. Davis jr.,** Stellar electromagnetic fields. Phys Rev (2) **73** 536. — Ref. Am. Phys. Soc.

9810. **M. Forró,** Comments on the theories interpreting the magnetism of celestial bodies. Phys Rev (2) **74** 218—219.

9811. **A. Gião,** Sur la relation entre le moment magnétique et le moment de rotation des masses sphériques. CR **225** 924—926, 1947. — Ref. in ZfMG **29** 191.

9812. **A. Gião,** Sur le champ magnétique périodique de certaines étoiles. CR **226** 2126—2127. — Ref. ZfMG **30** 432.

9813. **B. N. Himmelfarb,** Über den Magnetismus der Himmelskörper. Priroda **37** Nr. 11 S. 13—20 (russisch).

9814. **H. G. Küssner,** Die Magnetfelder der Himmelskörper. Phys. Blätter **3** 411—413, 1947. — Referierende Darstellung in Anlehnung an neuere Beobachtungen und die vom Verf. entwickelte Theorie des gravielektrischen Feldes.

9815. **J. Mariani,** Magnetism of celestial bodies and gravitation. Nat **162** 612—613.

9816. **J. Mariani,** On magnetism of celestial bodies. Phys Rev (2) **73** 78—79. — Theoretische Interpretation der Proportionalität zwischen Drehimpuls und magnetischem Moment.

9817. **D. H. Menzel,** Stellar electrodynamics. AJ **53** 201. — Ref. AAS.

9818. **P. W. Merrill,** A rapidly rotating G-type star. Publ ASP **60** 382—383. — HD 117 555, ein später G-Stern, besitzt stark verbreiterte Linien, die auf eine äquatoriale Rotationsgeschwindigkeit von 75 km/sec hindeuten. Die beobachteten Emissionen in Hα dürften einem den Stern umgebenden Ring entstammen, der sich wohl durch Rotationsinstabilität gebildet hat. Loh.

9819. **H. Müller,** Über die Messung von Magnetfeldern in Sternen. Himmelswelt **55** 192—195. — Allgemeinverständliche Darlegung über Prinzipien, praktische Erfahrungen und Ergebnisse.

9820. **J. J. de Orus Navarro,** El campo magnético de los cuerpos celestes. Urania Barcelona **32** Nr. 219 S. 124—127. — Behandelt die Formel von Blackett und ihre empirische Bestätigung.

9821. **H. T. H. Piaggio,** Magnetic field of massive rotating bodies. Nat **161** 450.

9822. **S. M. Poloskow,** Über die Magnetfelder der Erde und Sterne. Moskauer Universitätsbote **3** Nr. 9 S. 41—46 (russisch).

9823. **S. Procopiu,** Champ magnétique d'une masse en rotation. Bull. Ecole Polytechn. Jassy **3** 453—458. — Ref. in ZfMG **30** 432.

9824. **E. Schatzman,** Le magnétisme des étoiles. BSAF **62** 225—230, mit 6 Fig. — Allgemeinverständliche Darstellung der Prinzipien und Ergebnisse.

9825. **H. Siedentopf,** Das Magnetfeld der Himmelskörper. Himmelswelt **55** 131—132. — Bericht nach der zusammenfassenden Darstellung von Blackett in Nat **159** 658—666, 1947.

9826. **A. Slettebak,** Rotational velocities of Bnn stars. AJ **53** 204. — Ref. AAS.

9827. **H. Y. Tzu,** Universal constants in Blackett's formula. Nat **160** 476—477, 1947.

9828. Magnetic fields in white dwarfs. BAA Circ Nr. 290, 1947.

9829. Magnetic fields in white dwarfs. JBAA **58** 38. — Bericht über Versuche von A. D. Thackeray an Wolf 1346 und 40 Eri B.

9830. An attempt to detect the magnetic field of a white dwarf. Nat **162** 483—484. — Besprechung der Arbeit von A. D. Thackeray in MN **107** 463—467.

9831. Stellar rotations. Sky and Telescope **7** 149, mit 1 Fig. — Ref. AAS.

9832. Magnetic fields in stars. Sky and Telescope **7** 275. — Ref. AAS.

Elfter Teil

Doppelsterne

§ 100

Allgemeines

10001. **R. M. Aller,** Medida de estrellas dobles. Rev. Geofísica **24** 603—606, 1947.

10002. **P. Baize,** Catalogue de 392 étoiles doubles accessibles aux petits instruments. Toulouse, R. Lion, 1948. 14 S. Preis 50 ffr. — Besprechung in Gaz astr **30** 60.

10003. **D. Belorizky,** Nouvelle méthode de calcul des éphémérides et des corrections des éléments des étoiles doubles. CR **227** 893—895. — Ref. in Math. Reviews **10** 406.

* * **D. Belorizky,** La loi de Newton, le mouvement des étoiles doubles et le problème de Bertrand. Vgl. Ref. **4001.**

10004. **P. Couderc,** Sur les étoiles doubles de la Carte du Ciel. Comité National Français d'Astronomie, Communications et Mémoires 1948 S. 132—137, mit 2 Fig. — Es werden auf den Pariser Originalaufnahmen der Carte du Ciel neue Zählungen der Doppelsterne mit Distanzen zwischen 3′ und 18′ vorgenommen, die eine andere Häufigkeitsverteilung ergeben als die bereits früher gemachten Zählungen. Die neuen Zahlen für den prozentualen Anteil der Doppelsterne an der Gesamtsternzahl stimmen praktisch völlig überein mit den bei gleichförmiger Raumverteilung zu erwartenden Anzahlen optischer, scheinbarer Paare. Der Prozentsatz physischer Paare muß also bei dem benutzten Material, in der Hauptsache Sterne 12.5^m bis 15^m, sehr gering sein. Bo.

10005. **J. Hopmann,** Doppelsterne. Fiat-Bericht **20** 315—334 (Vgl. Ref. 722).

10006. **J. A. Hynek,** The Russell-Moore discordant parallax stars. AJ **54** 40. — Ref. AAS.

10007. **R. Jonckheere,** The outlook for double-star astronomy. Obs **68** 150—152. — Besprechung in JBAA **59** 85—86. — Die Bedeutung der Beobachtung schwacher Doppelsterne insbesondere für die Auffindung absolut schwacher Sterne wird hervorgehoben. Micz.

10008. **J. Larink,** Sterne mit unsichtbaren Begleitern. Naturwiss **35** 118—120, mit 2 Abb.

* * **G. Mannino, L. Rosino,** Sulla posizione nel diagramma di Russell delle componenti le stelle binarie visuali. Vgl. Ref. **9708.**

10009. **L. W. Mirsojan,** Über die Statistik der Radiusvektoren, welche die Komponenten der Doppelsterne verbinden. DAN armen. Sowjetrepublik **8** Nr. 2 S. 53—57 (russisch).

10010. **L. Rosino,** Storia della stella Sirio. Coelum **15** 85—89, 1947.

10011. **O. J. Schmidt,** Die Einfangtheorie und die statistischen Gesetze in der Verteilung der Doppelsternbahnen. DAN **62** Nr. 1 S. 43—46 (russisch). — Ref. in Math. Reviews **10** 487.

10012. **O. Struve,** Whirlpools of gas around binary stars. Publ ASP **60** 160—173, mit 1 Fig. — Besprechung in JBAA **58** 286—287. — Die Verzerrung der Radialgeschwindigkeitskurven spektroskopischer Doppelsterne ist der Existenz von Gasströmungen zuzuschreiben, in die beide Komponenten eingebettet sind und die sich — zumeist schneller — im Sinne der Revolution bewegen. Kurz vor der Hauptbedeckung spektroskopischer Doppelsterne, die gleichzeitig Bedeckungsveränderliche sind, sorgen wegströmende Gasmassen, d. h. die von der dunkleren zur helleren Komponente strömenden, für eine Rotverschiebung der Absorptionslinien der helleren Komponente, während kurz nach der Bedeckung durch den sich nähernden Gasstrom die Linien nach dem Violetten verschoben werden. Die Folge ist eine Verzerrung der Radialgeschwindigkeitskurve und daraus eine Häufung von ω zwischen 0° und 90°, wie es statistisch beobachtet worden ist. Loh.

10013. **A. Wallenquist,** Dubbelstjärnfotometri. PAT **29** 17—24, mit 5 Fig.

10014. Large reflectors and double stars. JBAA **58** 159. — Auszugsweise Wiedergabe der Arbeit von G. van Biesbroeck in AJ **52** 34, 1946. (AJB **45** Ref. 8103).

§ 101

Visuelle Doppelsterne

10101. **R. M. Aller,** Las estrellas dobles visuales. Investigaciones en el Observatorio de la Universidad de Santiago de Compostela. Urania Barcelona **32** Nr. 219 S. 100—118, mit 8 Fig. — Enthält nach methodischen Darstellungen die Bahnelemente folgender Doppelsterne: ADS Nr. 1631, 6871, 7203, 8539, 11077, 14787, 16538.

10102. **S. Arend,** L'étoile double ADS 12050 = BDS 9043 = Σ 2455 est-elle une binaire ou un couple optique? BAB **4** 35—40, 1947. — Eine Bearbeitung aller Beobachtungen 1828—1939 ergibt, daß es sich bei dem System um ein optisches Paar handelt; das Ergebnis wird durch die gemessenen Parallaxen und Spektraltypen gestützt. Zum Schluß wird eine Ephemeride für 1945—2000 gegeben. Böh.

10103. **P. Baize,** La magnitude des composantes d'étoiles doubles. Estimations visuelles et mesures photométriques. Rev.Geofísica **28** 356—364.

10104. **W. H. van den Bos,** Reports on the progress of astronomy: Double stars. MN **108** 121—122.

10105. **E. de Caro, G. Veca,** Su un metodo dinamico per il calcolo d'orbita di un sistema binario visuale. I—II. Bollettino Accad. Gioenia Catania (4) **1,** 20 S. = Oss. astrofis. Catania, Contr. astrofis. Nr. **62—63.** — Ein auf Reihenentwicklungen der relativen orthogonalen Koordinaten gegründeter Ansatz Silvas zur Bestimmung der Bahn eines visuellen Doppelsternsystems wird vom Verf. ausgearbeitet. Es folgt eine Anwendung auf 61 Cygni. F. Z.

10106. **E. de Caro,** Su un metodo dinamico per il calcolo d'orbita di un sistema binario visuale. III. Bollettino Accad. Gioenia Catania (4) **1,** 5 S. = Oss. astrofis. Catania, Contr. astrofis. Nr. **64.** — Anwendung der Resultate einer vorhergehenden Arbeit über die Bahnbestimmung visueller Doppelsterne auf Spezialfälle. F. Z.

10107. **H. Haffner,** Untersuchungen zum System 42 Comae. AN **276** 145—156, mit 1 Abb. = Mitt. Univ. Sternwarte Göttingen Nr. **1.** — Besprechung in Orion Schaffhausen Nr. **21** S. 493. — Für das System 42 Comae, dessen Bahnneigung nahezu 90° beträgt, werden unter Verwendung aller bisherigen Beobachtungen neue Bahnelemente, teilweise nach neuen Methoden, berechnet. Die Abweichung der Bahnneigung von 90° beträgt 4′.6 ± 4′.0, woraus mit einer Wahrscheinlichkeit 0.80 bzw. 0.28 auf das Eintreten einer photometrischen Bedeckung in der Periastron- bzw. Apastronkonjunktion geschlossen wird. Die nächsten Konjunktionen finden im Oktober 1948 (Apastron, Sonnennähe) und im März 1963 (Periastron, Oppositionszeit) statt; ihre photometrische Beobachtung ist erwünscht. Verf.

10108. **W. P. Hirst,** The mass-ratio and parallax of Melb. 4 from micrometer measures. Appendix I: The magnitudes and colour indices of the components of Melb 4. Appendix II: The radial velocity of A and the sign of i in the orbit of A—B. Appendix III: Summary of information relating to the triple system Melb. 4. Union Circ Nr. **105** S. 172—180, 1947.

10109. **J. Hopmann,** Zur Bahnbestimmung visueller Doppelsterne. Himmelswelt **55** 148. — Ref. AG.

10110. **J. Hopmann,** Photometrie von 115 Doppelsternen. ZfA **24** 263—277, mit 1 Abb. — Von dem ursprünglichen Beobachtungsprogramm, etwa 400 Doppelsterne mit $d > 2''$, $m\ ]9^m$ und bekannter Parallaxe zu photometrieren, kam es infolge Zerstörung der Sternwarte Leipzig nur zur Messung von 115.

Die gemessenen Helligkeitsdifferenzen werden mitgeteilt und mit den Schätzungen von Struve sowie einigen anderen Meßreihen verglichen. Auf die Frage der Veränderlichkeit von Doppelsternkomponenten wird kurz eingegangen. Micz.

10111. **G. R. Miczaika,** Photometrische Messungen von Helligkeitsdifferenzen in 827 Doppel- und Mehrfachsystemen. Veröff. Landessternwarte Heidelberg **15** Nr. 6, S. 63—73, mit 5 Abb. — Mit einem Keilphotometer nach Zöllner wurden Helligkeitsdifferenzen in 827 Doppel- und Mehrfachsystemen gemessen und mit älteren photometrischen Beobachtungen, insbesondere einem umfangreichen Katalog von Wallenquist, verglichen. Verf.

10112. **G. de Mottoni,** Su una semplificazione del primo metodo di John Herschel per il calcolo d'orbita di una doppia visuale. Applicazione al sistema di Sirio A—B. Mem SA It (NS) **19** 105—111, mit 3 Fig. — Es wird eine Berechnungsart der Elemente eines Doppelsternes nach der ersten Methode von John Herschel beschrieben, welche eine Vereinfachung der Endformel bringt. Die Methode wird auf Sirius A—B angewandt auf Grund der bis 1938 bekanntgegebenen Messungen. Verf.

10113. **P. Muller,** Mesures photométriques d'étoiles doubles. Ann. Obs. Strasbourg **5** 1—19, mit 5 Fig. — Es wird über Messungen der Helligkeitsdifferenzen von zum Teil engen Doppelsternen berichtet, die der Verf. mit dem von ihm konstruierten Doppelbildphotometer erhalten hat. Einige mit der Methode zusammenhängende Fragen, darunter auch die Fehler der Messungen, werden diskutiert. Beigefügt ist ein Katalog der Meßergebnisse von etwa 70 Sternen, darunter einige mit Komponenten, die der Veränderlichkeit verdächtig sind. Micz.

* * **R. Müller,** Fünf Doppelsterne unter den Veränderlichen der Klasse RW Aurigae. Vgl. Ref. **11206.**

10114. **G. Peisino,** Le osservazioni delle stelle doppie con micrometrio a birifrangenza e un tipo di micrometro progettato e costruito all' Osservatorio di Collurania. Rend. Accad. nazionale Lincei (8) **5** 42—48 = Oss. astr. «V. Cerulli» Collurania-Teramo, Note e Comun. Nr. **34.** — Kurzer Bericht über Doppelsternbeobachtungen mit doppelbrechendem Prisma und Beschreibung eines für Collurania gebauten Doppelbildmikrometers mit Wollaston-Prisma. F.Z.

10115. **W. Rabe,** Über Bahnverbesserung visueller Doppelsterne durch Variation des Radiusvektors und seiner Geschwindigkeit. AN **276** 49—59. — Die Behandlung der Bahnverbesserung als Variationsproblem besitzt, wie im 1. Teil gezeigt wird, gegenüber der üblichen Methode der Ausgleichung erhebliche Vorteile. Die Zahl der Unbekannten sinkt auf 4 herab, die durch die deiden Hauptvariationen des Radiusvektors und seiner Geschwindigkeit und die beiden Hilfsvariationen der Flächenkonstante und Anziehungskonstante ermittelt werden können. Im 2. Teil wird das vollständige Formelschema der Methode übersichtlich zusammengestellt. Der 3. Teil bringt als Beispiel die Bahnverbesserung des Systems Σ 2576, dessen Beobachtungen von der Ausgangsbahn bis zu 180° abweichen. Verf.

10116. **W. Rabe,** Bahnverbesserung für das Doppelsternsystem λ Ophiuchi = Σ 2055. AN **276** 60—62. — Die Bahnverbesserung wird nach eigener Methode der Variation des Radiusvektors und seiner Geschwindigkeit durchgeführt, um eine Prüfung der Verwendbarkeit dieser Methode auch für ungünstiger gelegene Fälle durchzuführen. Während der den Ausgangselementen zugrundeliegende Bahnbogen nur 120° im Positionswinkel beträgt, werden durch die Bahnverbesserung 300° zur Darstellung gebracht. Verf.

10117. **W. Rabe,** Bahnen von 8 OΣ Sternen. AN **276** 262—268. — Für die Systeme OΣ 18, 20, 53, 149, 224, 387, 413 und 515 werden auf Grund eigener neuer Beobachtungen Bahnelemente abgeleitet. Normalorte und deren Darstellung sowie eine Ephemeride bis 1960 werden für jedes System nebst der sich ergebenden dynamischen Parallaxe und darausfolgenden Massen mitgeteilt. Verf.

10118. **R. F. Sanford,** Vor nærmeste stellare nabo. NAT **1948** 97—100, mit 1 Fig. — Übersetzung aus ASP Leaflet Nr. 222.

10119. **O. J. Schmidt,** Über die Bahnebenen der visuellen Doppelsterne. RAJ **25** 184—188, mit 4 Abb. (russisch).

10120. **W. W. Sobolew,** Über die Verteilung der Bahnebenen der visuellen Doppelsterne. RAJ **25** 189—191 (russisch).

* * **E. Vandekerkhove,** Rougissement résultant des étoiles de type spectral B ou A. Vgl. Ref. **9413.**

10121. **E. Vidal,** On parabolic orbits of double stars with application to Σ1639 (ADS 8539). AJ **54** 77—79, mit 1 Fig. — Skizzierung einer an anderer Stelle ausführlich behandelten Methode der parabolischen Bahnbestimmung bei Doppelsternen. Mitteilung der Ergebnisse bei Anwendung auf das oben angeführte System. Böh.

10122. **E. Vidal Abascal,** Determinación de la órbita parabólica de una estrella doble dada por tres observaciones. Rev. Geofísica **22** 458—469, 1947.

10123. **A. Wallenquist,** Determinations of magnitude differences in double stars. Kgl. Svenska Vet. Handl. (3) **24** Nr. 6, 50 S. mit 9 Fig., 1947 = Uppsala Astr. Obs. Ann. **2** Nr. 2. — Mit einem Keilphotometer wurden von 2346 Doppelsternsystemen nördlich von $\delta = -5°$, Gesamthelligkeit größer als $8^m.5$ und Distanzen $\geqq 5''$ 3255 Helligkeitsdifferenzen gemessen und in einem Katalog mitgeteilt. Eine ausführliche Diskussion behandelt die systematischen und zufälligen Fehler sowie einen Vergleich mit Messungen anderer Herkunft. Zusätzlich gemessen wurden 66 Paare mit $d < 5''$ unter Verwendung eines eigens dafür auf photographischem Wege hergestellten Keils. Micz.

10124. **A. Wallenquist,** Determination of magnitude differences in southern double stars. Kgl. Svenska Vet. Handl. (3) **24** Nr. 9, 13 S. mit 2 Fig. = Uppsala Astr. Obs. Ann. **2** Nr. 3. — Mit dem bereits in Uppsala benutzten Keilphotometer (Uppsala Annaler Bd. **2** No. 2, vgl. vorstehendes Ref.) wurden am 43 cm-Refraktor in La Plata an 521 Doppelsternen des Südhimmels, Gesamtlicht größer als $7^m.5$ und Distanzen bis unterhalb $2''$ 542 Helligkeitsdifferenzen gemessen. Für Vergleichszwecke wurden zusätzlich 70 Paare des Nordhimmels photometriert. Die Diskussion der Ergebnisse wurde ähnlich wie in der erwähnten früheren Publikation vorgenommen. Micz.

10125. **S. Wierzbinski,** Méthode semi-graphique pour déterminer l'orbite vraie d'une étoile double visuelle avec application à l'étoile β 794 = ADS 8337. Bull. Soc. Amis Sci. Poznan (B) **9** 57—65, mit 2 Fig. = Poznan Repr. **12.** — Abweichend von den üblichen Methoden, bei denen der durch den Hauptstern gehende Durchmesser der scheinbaren Ellipse und der dazu konjugierte mit den entsprechenden Positionswinkeln benutzt wird, leitet der Verf. die wahre aus der scheinbaren Bahn bei Verwendung ihrer Halbachsen und deren Positionswinkeln ab; Formelzusammenstellung und Anwendung auf das oben angegebene System. Böh.

10126. **S. Wierzbinski,** Remarques sur la „Détermination de l'orbite vraie du compagnon d'une étoile double visuelle à l'aide de trois positions — de M. T. Rakowiecki. Bull. Soc. Amis Sci. Poznan (B) **9** 163—165 = Poznan Repr. **12.** — Verf weist auf die Ähnlichkeit der von Rakowiecki in Bull.

Soc. Amis Sci. Poznan (B) **9** 166 (Ref. **10207**) gegebenen Methode mit der von Thiele-Innes hin und gibt Vereinfachungen der Rechnung an. Böh.

10127. Beobachtungen visueller Doppelsterne

G. Armellini, Osservazioni e orbite di stelle binarie. Mem SA It (NS) **19** 3—14 = Oss. astr. Roma, Contr. sci. Nr. **135**. — Visuelle Beobachtungen von 14 Doppelsternen und Vergleich mit den berechneten Örtern. F. Z.

P. Baize, Mesures d'étoiles doubles faites à l'équatorial de 0.^{m}305 de l'Observatoire de Paris. JO **31** 99—112. — Enthält 158 Paare.

Desgl. JO **31** 138—144. — Enthält 79 Paare.

Desgl. JO **31** 151—160. — Enthält 109 Paare.

W. H. van den Bos, Measures of double stars, 25 th series. Union Circ Nr. **105** S. 134—171, 1947. — Liste enthält 447 Paare.

W. H. van den Bos, Measures of double stars. 26 th series. Union Circ Nr. **106** S. 193—235. — Liste enthält 1004 Paare.

W. H. van den Bos, Measures of double stars, 27 th series. Union Circ Nr. **107** S. 259—296. — Liste enthält 460 Paare.

W. H. van den Bos, Double stars. MN **108** 121. — ADS 671, 784, 1631, 8987, 9071, 9494, 11077, 11520, 14761, 15176, 16138, 16173, 16314, $2^h\,15^m\!.6$ — 35°, $16^h\,56^m\!.1$ — 8°, $17^h\,12^m\!.1$ —34°.

R. Jonckheere, Mesures d'étoiles doubles faites au réfracteur de 0m. 49 de l'Observatoire de Strasbourg. JO **31** 65—76. — Enthält 199 Paare.

I. F. Korbut, Mikrometrische Messungen von Doppelsternen. Pulk Mitt **17** Nr. 6 (141) S. 97—114 (russisch).

G. P. Kuiper, A new bright double star. ApJ **108** 542. — Der Stern 1 Gem, $5^h\,58^m\!.0$; +23°16′ (1900); 4.30 G 5 ist ein Duplex.

W. J. Luyten, I. MacLeish, Two new faint binaries. Publ ASP **60** 331—332. —$\alpha_1 = 7^h\,21^m\!.7$, $\delta_1 = -79°\,26'$; $\alpha_2 = 21^h\,42^m\!.2$, $\delta_2 = -78°\,13'$.

M. Mündler, Doppelsternbeobachtungen am Kressmann-Refraktor der Königstuhl-Sternwarte. Veröff. Landessternwarte Heidelberg **15** 87—92. — 96 zwischen Oktober 1945 und Oktober 1947 beobachtete Paare.

H. Wood, Micrometrical measures of double stars. J. and Proc. Royal Soc. New South Wales **82** 27—33 = Sydney Obs. Papers Nr. **6**. — 210 Messungen von 71 Sternen.

R. v. d. R. Woolley, K. Gottlieb, G. V. Simonow, B. Mason, Double star results 1945—1947. Measurements of position angle and separation made with a filar micrometer attached to the 9 inch Oddie refractor. Mem. Mount Stromlo **2** Nr. 4 (9), 5+33 S. — Enthält die Beobachtungen von 319 Paaren.

10128. Mitteilungen über einzelne visuelle Doppelsterne

ADS 6650	= ζ Cnc
ADS 12050	S. Arend. Vgl. Ref. **10102**.
ζ Cnc	P. v. d. Kamp, On the mass of the unseen companion in ζ Cancri. AJ **53** 207—209 = Sproul Obs. Reprints Nr. 58.
α Cen	R. F. Sanford. Vgl. Ref. **10118**.
α Sco	JBAA **58** 70. Antares and its companion.
	PAT **29** 170—171. Antares och dess komponent.
BD +66° 34	PAT **29** 77. En osynlig följeslagare till en dubbelstjärna i Cassiopeia.
BDS 9043	= ADS 12050
CPD —62° 1643	= GC 14544
GC 14544	J. v. B. Lourens, An interesting star — GC 14544 (CPD —62° 1643). MN ASSA **7** 90—93. — Nachweis der Doppelsternnatur.
Σ 2455	= ADS 12050

10129. Massenverhältnisse von visuellen Doppelsternen

ξ Boo	P. van de Kamp, A determination of the parallax and mass-ratio of ξ Bootis from photographs taken with the 24-inch Sproul refractor. AJ **53** 226—228 = Sproul Obs. Repr. Nr. **59**.
τ Cyg	R. G. Hall jr., The mass-ratio and parallax of τ Cygni. AJ **54** 55—56.
α Gem	E. Holmberg, The mass ratios of Castor and 70 Ophiuchi. Lund Medd (1) Nr. **164**, 11 S. mit 2 Fig.
99 Her	L. Binnendijk, A determination of the parallax and mass-ratio of 99 Herculis from photographs taken with the 24-inch Sproul refractor. AJ **54** 21—23 = Sproul Obs. Repr. Nr. **61**.
	D. Duke, K. A. Strand, The determination of the parallax and mass-ratio of 99 Herculis. AJ **54** 34—35. — Ref. AAS.
70 Oph	E. Holmberg. Vgl. α Gem.
4 Melb	W. P. Hirst. Vgl. Ref. **10108**.

10130. Elemente visueller Doppelsterne

ADS 588	W. Rabe. Vgl. Ref. **10117**.
ADS 671	= η Cas
ADS 746	W. Rabe. Vgl. Ref. **10117**.
ADS 940	W. Rabe. Vgl. Ref. **10117**.
ADS 1631	R. M. Aller. Vgl. Ref. **10101**.
ADS 2446	W. Rabe. Vgl. Ref. **10117**.
ADS 5234	W. Rabe. Vgl. Ref. **10117**.
ADS 6871	R. M. Aller. Vgl. Ref. **10101**.
ADS 7203	R. M. Aller. Vgl. Ref. **10101**.
	P. Baize. Vgl. 10 UMa.
ADS 7871	W. Rabe. Vgl. Ref. **10117**.
ADS 8032	P. Baize. Vgl. 10 UMa.
ADS 8337	S. Wierzbinski. Vgl. Ref. **10125**.
ADS 8539	R. M. Aller. Vgl. Ref. **10101**.
	E. Vidal, On parabolic orbits of double stars with application to Σ 1639 (ADS 8539). AJ **54** 77—79, mit 1 Fig.
ADS 8739	= 78 UMa
ADS 8804	= 42 Com
ADS 11077	R. M. Aller. Vgl. Ref. **10101**.
ADS 12889	W. Rabe. Vgl. Ref. **10115**.
ADS 12972	W. Rabe. Vgl. Ref. **10117**.
ADS 14296	W. Rabe. Vgl. Ref. **10117**.
ADS 14787	R. M. Aller. Vgl. Ref. **10101**.
ADS 16538	R. M. Aller. Vgl. Ref. **10101**.
ADS 16800	J. A. Russell, The orbital elements of ADS 16800 (β 1266). Publ ASP **60** 64—66.
BDS 6406	= 42 Com
φ And	= ADS 940
ζ Aqr	M. A. Giannuzzi, Orbita preliminare e parallasse di ζ Aquarii. Rend. Accad. Naz. Lincei, Cl. Sci. fis., mat. e nat. (8) 4 fasc. 6, S. 715—718 = Oss. Astr. Roma—Monte Mario, Contr. sci. Nr. **138**.
η Cas A	P. van de Kamp, Parallax and orbital motion of η Cassiopeiae A from photographs taken with the 24-inch refractor. AJ **53** 165—168 = Sproul Obs. Repr. Nr. **57**.
42 Com	H. Haffner. Vgl. Ref. **10107**.

λ Cyg	= ADS 142 96
o_2 Eri BC	N. M. Artjuchina, Bahnverbesserung des Doppelsternes o_2 Eridani BC. RAJ **25** 180—183 (russisch).
p Eri	J. Landi Dessy, p Eridani, nueva órbita, masa y clasificación espectral. Rev. Union Mat. Argentina **13** Nr. 4.
λ Oph	W. Rabe. Vgl. Ref. **10116**.
10 UMa	P. Baize, Eléments orbitaux des étoiles doubles Fl. 10 Ursae-Majoris, ADS 7203 et ADS 8032. JO **31** 33—38.
78 UMa	P. Baize, Eléments orbitaux de l'étoile double 78 Ursae-Majoris (ADS 8739 = β 1082). BSAF **62** 55—57.
β 205	B. Mason. Mem. Mount Stromlo **2** Nr. 4 (9) S. 41—42.
β 794	= ADS 8337
β 1074	R. Cid Palacios, Orbita de la estrella doble β 1074. Rev. Geofísica **21** 70—76, 1947.
β 1082	= 78 UMa
β 1266	= ADS 16 800
δ 31	J. Voûte, Orbit of the binary δ 31. Riverview Publ. **2** 64—65.
h 3494	H. W. Wood, The orbit of h 3494 (2^h $15^m.6$, —35° 54′ : 1900). J. and Proc. Roy. Soc. New South Wales 81 12—14, 1947 = Sydney Obs. Papers Nr. **3**.
h 3555	R. v. d. R. Woolley. Mem. Mount Stromlo **2** Nr. 4 (9) S. 39—40.
h 4707	R. v. d. R. Woolley. Mem. Mount Stromlo **2** Nr. 4 (9) S. 43.
HN 126	K. Gottlieb. Mem. Mount Stromlo **2** Nr. 4 (9) S. 48—49.
I 27	R. v. d. R. Woolley. Mem. Mount Stromlo **2** Nr. 4 (9) S. 37—38.
Melb 4 B—A	W. P. Hirst. Vgl. Ref. **10108**.
See 258	R. v. d. R. Woolley, B. Mason. Mem. Mount Stromlo **2** Nr. 4 (9) S. 44—46.
See 264	R. v. d. R. Woolley. Mem. Mount Stromlo **2** Nr. 4 (9) S. 47.
See 492	R. v. d. R. Woolley, B. Mason. Mem. Mount Stromlo **2** Nr. 4 (9) S. 50.
Slr 14	R. v. d. R. Woolley. Mem. Mount Stromlo **2** Nr. 4 (9) S. 51—52.
OΣ 18	= ADS 588
OΣ 20	= ADS 746
OΣ 53	= ADS 2446
OΣ 149	= ADS 5234
OΣ 224	= ADS 7871
OΣ 387	= ADS 12972
OΣ 413	= ADS 142 96
OΣ 515	= ADS 940
Σ 60	= η Cas
Σ 1639	= ADS 8539
Σ 1728	= 42 Com
Σ 2055	= λ Oph
Σ 2576	= ADS 12889

§ 102

Spektroskopische Doppelsterne

10201. **H. Berthomieu,** Les étoiles doubles spectroscopiques et la relation masse-luminosité. Ann. Obs. Astr. Toulouse **18** 9—96, mit 10 Fig. — Die umfangreiche Monographie enthält in ihren 3 Kapiteln 1.) Die Neigungen.

Statistische Eigenschaften und Anwendung auf das Problem der Massen. 2.) Paare mit einem Spektrum und Parallaxe. Maxima und Minima der Bahnelemente. 3.) Paare mit 2 beobachteten Spektren. Maximale und mittlere Parallaxe.

10202. **L. Gratton,** Sur une classe nouvelle d'étoiles à raies d'émission. Comité National Français d'Astronomie, Communications et Mémoires 1948 S. 30—31. — Hinweis auf das gelegentliche Auftreten von Emissionslinien des CaII in den Spektren spektroskopischer Doppelsterne.

10203. **W. A. Hiltner,** Spectroscopic and photometric observations of a faint Wolf-Rayet spectroscopic binary. ApJ **108** 56—59, mit 2 Fig. = Contr. McDonald Obs. Nr. **153.** — Radialgeschwindigkeitsmessungen und photoelektrische Lichtkurve eines schwachen Bedeckungsveränderlichen vom Wolf-Rayet-Typ. Die Radialgeschwindigkeitskurve weicht von der Sinusform ab, die Lichtkurve zeigt eine bemerkenswerte Deformation bei der Phase $0^d.5$. Micz.

10204. **J. H. Moore, F. J. Neubauer,** Fifth catalogue of the orbital elements of spectroscopic binary stars. Lick Bull 521 **20** 1—31. — Der Katalog umfaßt 480+44 Sterne in Tabelle I und II.

10205. **R. J. Northcott,** The orbits of the spectroscopic binaries HD 99967, HD 181 144, HD 209 813 and HD 213 389. Publ. David Dunlap Obs. **1** 369—379, mit 4 Fig., 1947.

10206. **T. Rakowiecki,** Détermination de l'orbite d'une binaire spectroscopique à laide des temps des positions opposées. Bull. Soc. Amis Sci. Poznan (B) **9** 66—73 = Poznan Repr. **12.** — Mit Hilfe der Radialgeschwindigkeitskurve einer Komponente als Funktion der Zeit und der einfachen Gleichung für die Radialgeschwindigkeit als Funktion ihrer Extremwerte und des Arguments der Breite werden zu zwei vorgegebenen Zeitpunkten die Zeiten bestimmt, die zu den gegenüberliegenden Punkten der Bahn auf der Sehne durch den Brennpunkt gehören, und hieraus mit der bekannten Periode die Bahnelemente gewonnen; Anwendung auf die hellere Komponente von u Herculis. Böh.

10207. **T. Rakowiecki,** Détermination de l'orbite d'une binaire spectroscopique à l'aide des distances des points de l'orbite le plus éloigné et le plus rapproché à la ligne des noeuds par rapport à la terre. Bull. Soc. Amis. Sci. Poznan (B) **9** 166—169 = Poznan Repr. **12.** — Für den Fall, daß die Radialgeschwindigkeit des Systems bekannt ist, wird gezeigt, wie aus der Radialgeschwindigkeitskurve als Funktion der Zeit einer Komponente auf einfache Weise die Bahnelemente bestimmt werden können; Anwendung auf die hellere Komponente von u Herculis. Das Wesentliche der Methode besteht darin, graphisch zwei Integrale zwischen den Zeiten der Extremwerte der Kurve und ihren Nullstellen zu ermitteln und geometrisch zu deuten. Böh.

10208. **O. Struve,** J. S. Plaskett's star of large mass, HD 47129. ApJ **107** 327—336, mit 4 Fig. = Contr. McDonald Obs. Nr. **147.** — Die Geschwindigkeitskurve der Hauptkomponente stimmt im wesentlichen mit früheren Beobachtungen Plasketts überein, doch schwankt das Maximum etwas. Die Absorptionslinien zeigen kleine unregelmäßige Veränderungen ihrer Intensitäten und Profile. Die Absorptionslinien der 2. Komponente sind stark veränderlich hinsichtlich Geschwindigkeit und Intensität. Allem Anschein nach umgibt ein Gasstrom das System, der aber wohl nicht mit einer von beiden Komponenten allein zusammenhängt. Loh.

10209. **O. Struve,** The masses and mass-ratios of close binary systems. Ann d'Astrophys **11** 117—123. — Verf. berichtet über Untersuchungen von Radialgeschwindigkeitskurven spektroskopischer Doppelsterne, die Abweichungen von der Masse-Leuchtkraft-Beziehung anzeigen. Die betreffenden Objekte stellen drei Gruppen dar: 1. W Ursae majoris-Sterne (spektroskopisches Massenverhältnis entspricht nicht dem geringen Leuchtkraftunterschied aus Spektrum und Lichtkurve), 2. schwächere Komponenten der Algol-Sterne (aus Spektrum und Lichtkurve folgen Leuchtkräfte, die viel größer sind als nach ihren kleinen Massen zu erwarten ist, die Differenz beträgt etwa $10^{m\prime}$), 3. schwächere Komponenten einiger sehr massereicher Doppelsterne wie HD 698 und HD 47129. Micz.

10210. **O. Struve,** The distribution of the longitudes of periastron of spectroscopic binaries. Pop Astr **56** 348—353, mit 1 Fig. — Die Häufigkeitskurve der Längen des Periastrons zeigt bei $\omega = 15°$ ein ausgeprägtes Maximum und bei $\omega = 225°$ ein breites Minimum. Dieses aus 419 Fällen gewonnene Ergebnis unterscheidet sich etwas von dem von Aitken 1935 aus 275 Daten hergeleiteten, wonach das Maximum bei $\omega = 45°$ lag. Loh.

10211. **R. W. Tanner,** Spurious periods in spectroscopic binaries. AJ **53** 205—206. — Ref. AAS.

10212. **R. W. Tanner,** Spurious periods in spectroscopic binaries. JCan RAS **42** 177—188, mit 4 Fig. = Commun. David Dunlap Obs. Nr. **16.** — Bericht über eine Untersuchung von spektroskopischen Doppelsternen auf scheinbare Perioden. Nach einer Erörterung über ihr Zustandekommen werden Vorschläge zu ihrer Vermeidung bzw. Auffindung gemacht. Ein größeres Material publizierter verdächtiger Bahnen wird auf falsche Perioden durchgesehen, diejenigen Bahnen, die neu berechnet wurden, sollen an anderer Stelle veröffentlicht werden. Micz.

10213. **Mitteilungen über einzelne spektroskopische Doppelsterne**

γ Per	Sky and Telescope **7** 124. — Ref. AAS.
BD +40° 4220	O. C. Wilson. Vgl. HD 177 230.
HD 471 29	O. Struve. Ref. **10208.**
HD 177 230	O. C. Wilson, Three interesting spectroscopic binaries. Publ ASP **60** 385—386. — Diese drei sich durch Emissionen auszeichnenden Sterne wurden als spektroskopische Doppelsterne erkannt.
HD 197 406	O. C. Wilson. Vgl. HD 177 230.

10214. **Elemente spektroskopischer Doppelsterne**

γ Per	D. B. McLaughlin, The orbit of γ Persei. AJ **53** 200. — Ref. AAS.
HD 432 46	R. M. Petrie, The orbits and dimensions of the components of the spectroscopic binary HD 43246. JCan RAS **42** 140—152, mit 2 Fig. = Contr. Dominion Astrophys. Obs. Nr. **9.**
HD 852 17	D. Popper, G. A. Schajn, Die Bahnen der Komponenten des spektroskopischen Doppelsterns HD 85 217. Krim Mitt. **2** 44—50 (russisch).
HD 999 67	R. J. Northcott. Vgl. Ref. **10205.**
HD 181 144	R. J. Northcott. Vgl. Ref. **10205.**
HD 193 611	J. K. McDonald, The spectroscopic binary HD 193 611. AJ **54** 43. — Ref. AAS.
HD 196 133	R. J. Northcott, A spectroscopic binary of high eccentricity, HD 196 133. AJ **53** 116. — Ref. AAS.
HD 209 813	R. J. Northcott. Vgl. Ref. **10205.**
HD 213 389	R. J. Northcott. Vgl. Ref. **10205.**

Zwölfter Teil

Veränderliche Sterne. Novae

§ 110

Ephemeriden, Allgemeines

11001. **B. W. Kukarkin, P. P. Parenago,** Generalkatalog veränderlicher Sterne. 1. Ausgabe, enthaltend eine Zusammenstellung von 10912 bis zum Jahre 1948 entdeckten und bezeichneten veränderlichen Sternen (russisch). Moskau-Leningrad, Verlag der Akademie der Wiss. der Sowjet-Union, 1948. 15+528 S. Preis 60 Rubel. — Besprechung in JBAA **59** 43—44, Pop Astr **57** 473, RAJ **26** 187—188 (D. J. Martynow). — Vorwort S. III—XV. Katalog S. 1—393. Erläuterungen S. 395—404. Verzeichnis der veränderlichen Sterne, nach Typen geordnet, S. 405—438. Verzeichnis der Supernovae, S. 439—440. Verzeichnis der veränderlichen Sterne, nach Rektaszensionen geordnet. S. 441—506. Identifikationen von Zinner-Sternen, S. 507—510. Identifikationen von Prager-Sternen, S. 511—520. Julianisches Datum, S. 521—524. Umwandlung von Stunden und Minuten in Bruchteile des Tages, S. 525—527. Inhaltsverzeichnis, S. 528. Druckfehlerverzeichnis.

11002. Rocznik Astronomiczny Obserwatorjum Krakowskiego. Supplemento Internationale Nr. **19.** Kraków 1948, 7+101 S. Herausgegeben von T. Banachiewicz. — Enthält Ephemeriden von 531 Bedeckungsveränderlichen für 1948, eine Arbeit von T. Banachiewicz, Ref. **3001,** und eine Vorausberechnung von Sternbedeckungen 1948 für Posen, Warschau, Thorn, Krakau und Warschau, Ref. **7347.**

11003. 44 th Name-List of Variable Stars. International Astronomical Union. 1948. 29 S. — Liste enthält 266 Veränderliche.

11004. **J. A. Bancroft-Wilson,** Algolminimer 1949. NAT **1948** 154.

11005. **A. Barangé, A. Esplugas,** Introducción a la observación de las estrellas variables. Urania Barcelona **32** Nr. 218, S. 35—51, mit 3 Fig.

11006. **A. Barangé,** Descubrimiento y estudio de las estrellas variables. Urania Barcelona **32** Nr. 219 S. 141—143, mit 1 Tafel.

11007. **L. Campbell, L. Jacchia,** The Story of Variable Stars. London, J. and A. Churchill, Ltd., 1947. 5+226 S. Preis 18 s. — Vgl. AJB **43** Ref. 8403, **45** Ref. 8401, **47** Ref. 8401. Weitere Besprechung in Nat **161** 460.

11008. **F. J. Escalante,** El misterio de las estrellas variables. El Universo **46** Nr. 3 S. 9—17, mit 3 Fig. — Fortsetzung aus **45** Nr. 2, AJB **47** Ref. 8402.

11009. **J. Hellerich,** Veränderliche Sterne. Fiat-Bericht **20** 335—356 (Vgl. Ref. 722).

11010. **Z. Kopal,** An Introduction to the Study of Eclipsing Variables. Vgl. AJB **45** Ref. 8402. — Weitere Besprechung in VS Bull **6** 222—224 (D. J. Martynow und W. Krat).

11011. **B. W. Kukarkin,** Die veränderlichen Sterne. Fortschritte Astr. Wiss. **4** 172—207 (russisch). — Besprechung in RAJ **26** 320—321 (W. A. Ambarzumjan, russisch).

11012. **P. P. Parenago, B. W. Kukarkin,** Die veränderlichen Sterne und ihre Untersuchungsmethoden. Moskau-Leningrad, Staatsverlag für technisch-theoretische Literatur, 1947. 2. verbesserte Auflage. 168 S. mit 102 Abb. und 1 Tafel. Preis 3 R. (russisch). — Besprechung in «Das sowjetische Buch» Nr. **6** S. 20—22 (A. A. Michajlow). — Das Buch ist für Liebhaber gedacht, die selbständig Beobachtungen von Veränderlichen mit Opernglas und Feldstecher durchführen und ihre Beobachtungen selbst auswerten wollen.

11013. **H. Schneller,** Algolminima 1949. Sterne **24** 173—174.

11014. **F. J. Sigel,** Anleitung zur Beobachtung veränderlicher Sterne. Moskau-Leningrad, Verlag Akad. Wiss. UdSSR, 1948. 16 S. mit 34 Karten. Preis 1 R. 50 Kop. (russisch).

11015. **M. S. Swerew, B. W. Kukarkin, D. J. Martynow, P. P. Parenago, N. F. Florja, W. P. Zessewitsch,** Veränderliche Sterne. Band 3. Die Methoden zum Studium der Veränderlichen Sterne. Moskau-Leningrad, OGIS, Staatsverlag für technisch-theoretische Literatur, 1947. 659 S. mit 105 Abb. Preis 31 R. (russisch). — Inhalt: Die allgemeinen Methoden zur Untersuchung der veränderlichen Sterne, S. 9—189. Die Methoden zur Untersuchung der Bedeckungsveränderlichen, S. 190—492. Tafeln zur Bearbeitung der Veränderlichenbeobachtungen, S. 494—655.

11016. Minima of Algol. Sky and Telescope **7** 79, 110, 134, 165, 188, 261, 312, **8** 26, 52.

11017. Observación de estrellas variables. El Universo **46** Nr. 5 S. 10—13.

§ 111

Veränderliche Sterne

Bedeckungsveränderliche

* * **W. Becker,** Über eine empirische Beziehung zwischen Farbtemperatur und Strahlungstemperatur, abgeleitet aus Bedeckungsveränderlichen. Vgl. Ref. **9604.**

11101. **W. A. Bronstein,** Untersuchung des Bedeckungsveränderlichen RV Ophiuchi. VS Bull **6** 246—255, mit 3 Fig. (russisch). — Ableitung der photometrischen Bahnelemente. Die Unsymmetrie des Haupt- und Nebenminimums zeugt von der Unähnlichkeit und schrägen Lage der rasch rotierenden Komponenten. Loh.

11102. **Y. C. Chang,** Spectrographic observations of the eclipsing binaries of the W Ursae Majoris type: AH Virginis and TZ Bootis. ApJ **107** 96—101, mit 2 Fig. und 1 Tafel = Contr. McDonald Obs. Nr. **144.** — Nach spektroskopischen Beobachtungen hat das Verhalten des W Ursae Majoris Sternes AH Vir große Ähnlichkeit mit dem von YY Eri. Zur Zeit der Quadraturen konnte die Aufspaltung der Linien beobachtet werden. Im Hauptminimum bedeckt die hellere und massigere Komponente die schwächere, die demzufolge die größere Flächenhelligkeit besitzt. Das Massenverhältnis der Komponenten steht mit dem Helligkeitsverhältnis nicht in einer der Masse-Leuchtkraftfunktion gehorchenden Beziehung. — Bei TZ Boo konnte zur Zeit der Quadraturen keine Linienverdopplung beobachtet werden. Loh.

11103. **Chang Yuin,** The new eclipsing variable BD—6° 2376. Vgl. AJB **47** Ref. 8414. — Weitere Besprechung in Urania Barcelona **32** 190—191.

11104. **A. F. Cook,** The eclipsing variable WZ Andromedae. AJ **53** 211—215, mit 2 Fig. — Vgl. § **112.**

11105. **O. W. Dobrowolskij,** Der Bedeckungsveränderliche AW Pegasi. VS Bull **6** 265—278, mit 3 Fig. (russisch). — Diskussion des gesamten vorliegenden Beobachtungsmaterials und Ableitung photometrischer Bahnelemente und weiterer Systemkonstanten. Loh.

11106. **O. J. Eggen,** The system of Algol. ApJ **108** 1—14, mit 5 Fig. — Aus 17 lichtelektrisch beobachteten Minima zwischen 1919 und 1942 und einem von

1947 zusammen mit dem älteren Beobachtungsmaterial werden die langperiodischen Änderungen des Lichtwechsels von Algol neu bestimmt. Danach besteht das System aus 4 Komponenten. Außer den beiden Hauptkomponenten, die den Bedeckungslichtwechsel hervorrufen, sind ein dritter Körper mit einer Umlaufsperiode von 1.873 Jahren und ein vierter mit einer solchen von 188.4 Jahren vorhanden. Ferner wird noch eine schon früher festgestellte Helligkeitsschwankung mit 32 jähriger Periode bestätigt, die als Apsidendrehung der beiden Hauptkomponenten aufgefaßt für diese einen mittleren Polytropenindex 3.8 ergibt. Die Gesamtmasse des Systems beträgt 11 Sonnenmassen, die im Verhältnis 5 : 1 : 1.2 : 3.8 auf die 4 Komponenten verteilt sind. Aus 6-Farben-Beobachtungen von Stebbins folgt für die schwächere Verfinsterungskomponente die Farbe eines F8-Unterriesen, während es sich bei dem dritten Teilkörper um einen G-Zwerg, bei dem vierten um einen weißen Zwerg handeln dürfte. Kdr.

11107. **O. J. Eggen,** The system of 44 i Bootis. ApJ **108** 15—27, mit 4 Fig. — Auf Grund lichtelektrischer Beobachtungen des Gesamtlichtes dieses visuellen Doppelsterns von 1930 und 1947 wird die Lichtkurve der einen Komponente, eines Bedeckungssystems, abgeleitet und genäherte photometrische Elemente bestimmt. Das für die Bedeckungskomponenten gefundene Massenverhältnis von 2 : 1 widerspricht in Anbetracht ihrer fast gleichen Leuchtkräfte der Masse-Leuchtkraft-Beziehung, was für W UMa-Sterne charakteristisch ist und vielleicht auf einen besonders großen Reflexionseffekt zurückzuführen ist. Ferner werden eine ungleiche Höhe der Maxima, eine Vertiefung und Verschiebung des sekundären Minimums im März 1947 und deutliche Änderungen der Periode festgestellt und diskutiert. Kdr.

11108. **K. C. Gordon,** A photoelectric study of the eclipsing binary RT Andromedae. AJ **53** 198. — Ref. AAS.

11109. **K. Graff,** Die Lichtkurve von β Lyrae zwischen 1930 und 1935. Wien Mitt. **4** Nr. 3 S. 21—25, mit 1 Abb. — Die vom Verf. gefundenen spitzen Formen der Hauptminima lassen einen totalen Bedeckungsvorgang als unwahrscheinlich erscheinen. Auch die Maxima haben eine spitzbogenartige Form. Loh.

11110. **P. Guthnick,** Über einen eigenartigen neuen Bedeckungsveränderlichen. Erste Mitteilung. Abh. Deutsch. Akad. Wiss. Berlin Math.-naturwiss. Kl. 1947 Nr. 7. 18 S. mit 4 Abb. — Besprechung in JBAA **59** 131. — Die mit einer mächtigen Chromosphäre begabte G 1-Komponente von ε UMi ist von einem Nebelring längs der Bahn des Begleiters umgeben, in dem der Begleiter, der ein bereits völlig konsolidierter Stern ist, an der dichtesten (oder breitesten) Stelle steht. Die Dichte (oder Breite) der ihm unmittelbar vorangehenden und nachfolgenden Materie des Nebelringes nimmt nach dem Begleiter hin zu. Die Nebelmaterie übt eine merkliche allgemeine Absorption aus, vielleicht ist auch ihre Emission im Gesamtlicht des Systems nicht ganz unmerklich. Diese Annahme erklärt zwanglos die große Verschiedenheit des Verlaufs der beiden Minima, die beide als Bedeckungsminima aufgefaßt werden. Sollte sich die gegebene Erklärung als zutreffend erweisen, so würde in ε UMi der erste näherer Untersuchung zugängliche Fall nächst dem Planetenystem der Sonne vorliegen, auf den die Gruppen kosmogonischer Hypothesen Anwendung zu finden scheinen, die von der Kantschen Hypothese und von der Laplaceschen Nebularhypothese ihren Ausgang nehmen. Verf.

11111. **H. Haffner,** Das System TX Cancri. AN **276** 233—237, mit 2 Abb. = Mitt. Univ. Sternwarte Göttingen Nr. **2**. — Für das physische Gruppenmitglied der Praesepe TX Cnc, einen Veränderlichen vom Typ W Ursae Majoris, sind Parallaxe, Lichtkurve, vorläufige spektroskopische Bahnelemente (2 Spektren) und das Verhältnis der Leuchtkräfte bekannt. Da die Lichtkurve nach Abzug der Elliptizität praktisch keine Bedeckung mehr zeigt, liegt ein streifender Vorübergang beider Sternscheiben in den Konjunktionen vor, der ebenso wie eine Bedeckung zur Ableitung relativer Systemdimensionen herangezogen werden kann. Ein dabei zunächst freibleibender Parameter läßt sich durch notwendige Forderungen hinsichtlich der oberen Grenzen von Elliptizität und Dichte so stark einengen, daß der für die relativen Dimensionen in Frage kommende Bereich kaum größer ist als bei normalen Bedeckungsveränderlichen. Aus den relativen Dimensionen, den spektroskopischen Daten und der Parallaxe folgen dann die Masse (log M = —0.017), der mittlere Radius (log R = —0.102) und die absolute Leuchtkraft (log L = —0.108) einer Komponente in Sonneneinheiten und aus Radius und Leuchtkraft die effektive Temperatur 6030°. Der Spektraltyp, nach dem Farbenindex dF6, ist noch nicht unmittelbar bestimmt. Die Abweichungen des Sterns im Masse-Leuchtkraft-Diagramm sind sehr klein. Verf.

11112. **A. van Hoof,** Colored atmospheres, true elements and limb darkening in eclipsing variables. AJ **54** 52—53. — Ref. AAS.

11113. **I. M. Ischtschenko,** Periode und photometrische Bahn von Z Draconis. Taschkent Bull. **2** 435—471, mit 6 Fig. (russisch).

11114. **I. M. Ischtschenko,** Über eine statistische Gesetzmäßigkeit bei den Bedeckungsveränderlichen. Taschkent Bull. **2** 472—474, mit 1 Fig. (russisch).

11115. **Z. Kopal,** Remarks on the determination of intermediary orbits of eclipsing binary systems. ApJ **108** 46—52 = Harv Repr Nr. **312.** — Verf. gibt einige ergänzende Betrachtungen zu der von Piotrowski (ApJ **108** 36, Ref. 11128) entwickelten Methode der Bahnbestimmung von Bedeckungsveränderlichen für den Fall partieller Bedeckungen. Kdr.

11116. **W. Krat,** Spektralphotometrische Untersuchungen von u Herculis. Pulk Mitt **17** Nr. 2 (137) S. 39—46 (russisch).

11117. **W. Krat, S. Petrow,** Tabellen der Hilfsfunktion ψ und χ zur Bestimmung der Elemente von Bedeckungsveränderlichen. Pulk Mitt. **17** Nr. 5 (140) S. 117—120, 1947 (russisch).

11118. **G. P. Kuiper,** Note on W Ursae Majoris stars. ApJ **108** 541—542. — Gewisse Anomalien der W Ursae majoris-Sterne, vor allem bei Anwendung der Masse-Leuchtkraft-Beziehung, werden durch die Annahme von Gasströmen, die beide Komponenten umschließen, zu erklären versucht. Micz.

11119. **D. B. McLaughlin,** Notes on the spectrum of Zeta Aurigae during eclipses. ApJ **108** 237—241, mit 2 Fig. — Ein Vergleich von Spektren, die anläßlich der Bedeckungen 1934, 1937, 1939/40, 1942 und 1947/48 aufgenommen wurden, spricht für sehr ähnliche Ausdehnung der Atmosphäre, nur 1937 erschien sie während der Eintrittsphase etwas vergrößert. Bei allen Bedeckungen erzeugt die Atmosphäre während der Eintrittsphase kräftigere Absorptionslinien als während der Austrittsphase. Aus den 1947/48 erhaltenen Spektren wird als Mitte dieser Bedeckung J. D. 243 2553.5 bis 243 2553.6 angenommen. Micz.

11120. **D. B. McLaughlin,** An eclipse reveals a giant star's atmosphere. Sky and Telescope **7** 219—221, mit 5 Fig.

11121. **J. Mergentaler,** Variations de l'éclat de RY Per au rouge. Travaux de la Soc. des Sci. et des Lettres de Wroclaw (B) Nr. 4, S. 28—31, mit 1 Fig. = Contr. Wroclaw Astr. Obs. Nr. **1**, troisième Commun.

11122. **J. Mergentaler, E. Rybka,** Etoile variable VW Cep. Effet périastron. Travaux de la Soc. des Sci. et des Lettres de Wroclaw (B) Nr. 4, S. 32—44, mit 1 Fig. = Contr. Wroclaw Astr. Obs. Nr. **1**, quatrième Commun. — Verf. zeigt, daß Reflexionseffekt und Periastroneffekt klein sind und daß die Elliptizität am wesentlichsten ist.

11123. **B. Meyermann,** Die Bahnkurve von SX Cas. AN **276** 172.

11124. **G. R. Miczaika,** Das Minimum von ζ Aurigae 1947/48. ZfA **25** 276—279, mit 1 Abb. = Mitt. Landessternwarte Heidelberg Nr. **65**.

11125. **G. Münch,** On the spectrum of HD 193 576 = V 444 Cygni. ApJ **108** 540—541, mit 1 Fig. — Bemerkung über Profiländerungen im Spektrum von V 444 Cygni während einer Bedeckung. Die Beobachtungen sind mit der Deutung der Lichtkurve, wonach die O-Komponente durch die ausgedehnte Hülle der Wolf-Rayet-Komponente bedeckt wird, verträglich. Micz.

11126. **D. J. K. O'Connell,** Orbital elements and apsidal motion of the eclipsing binary, V 526 Sagittarii. MN **108** 334—342, mit 2 Fig. — Mit Hilfe von fast 1300 photographischen Beobachtungen werden eine mittlere Lichtkurve und photometrische Elemente abgeleitet. 20 Haupt- und 23 Nebenminima (zum Teil fremder Herkunft) dienen zur Untersuchung der Apsidenbewegung des Systems, ihre Periode beträgt etwa 35000 P = 184a, die Exzentrizität e = 0.26. Micz.

11127. **E. Pettit,** Light-curves of ζ Aurigae in four colors. Publ ASP **60** 102—112, mit 3 Fig. — Bericht über eine lichtelektrische Beobachtungsreihe von ζ Aurigae in vier Spektralbereichen während des Minimums 1947/48.

11128. **S. L. Piotrowski,** An analytical method for the determination of the intermediary orbit of an eclipsing variable. ApJ **108** 36—45 = Harv Repr Nr. **312**. — Aus den Grundgleichungen des Problems wird ein System von Bedingungsgleichungen abgeleitet, das als Unbekannte außer den von den gesuchten Elementen abhängigen Größen die Korrektion enthält, die an den provisorisch angenommenen Näherungswert der Helligkeit im Minimum anzubringen ist. Auch eine eventuell notwendige Verbesserung der Maximalhelligkeit außerhalb der Bedeckungen läßt sich berücksichtigen. Durch Ausgleichung der in geeigneter Weise gewichteten Bedingungsgleichungen werden die wahrscheinlichsten Bahnelemente eines Bedeckungsveränderlichen gefunden. Kdr.

11129. **S. L. Piotrowski,** A study of the orbit of Beta Aurigae. ApJ **108** 510—518 = Harv Repr Nr. **318**. — Auf Grund photoelektrischer Beobachtungen von Stebbins und einer spektroskopischen Bestimmung der Leuchtkräfte von Petrie sind nach einer vom Verf. entwickelten analytischen Methode (2 Näherungsverfahren) die Elemente des Systems abgeleitet worden. Das Radienverhältnis ist k = 0.912, wobei ein Leuchtkraftverhältnis von 0.887 zu Grunde liegt ($L_1 = 0.469 \pm 0.007$, $L_2 = 0.529 \pm 0.007$). Weitere Systemgrößen sind $i = 78\overset{\circ}{.}5$ und $B_0 = 1.0025$. Str.

11130. **D. M. Popper,** Spectra of long-period eclipsing binaries. Publ ASP **60** 248—249. — Ref. ASP. Siehe § **112**.

11131. **H. N. Russell,** Preliminary solutions for eclipsing binaries from accurate observations. ApJ **108** 53—55 = Harv Repr Nr. **312**. — Im Anschluß an Piotrowskis Untersuchungen (ApJ **108** 36, Ref. **11128**) skizziert Verf. einen Weg, unter geringstem Zeit- und Arbeitsaufwand aus wenigen (mindestens vier) Beobachtungen hoher Genauigkeit vorläufige Elemente von Bedeckungsveränderlichen zu berechnen. Kdr.

11132. **H. N. Russell,** Idealized models and rectified light-curves for eclipsing variables. ApJ **108** 388—412 = Contr. Lick Obs. (2) Nr. **23**. — Die Arbeit gibt auf Grund von Vorlesungen, die Verf. 1947 an der Lick-Sternwarte gehalten hat, einen Überblick über den derzeitigen Stand des Problems der Rektifizierung der Lichtkurven von Bedeckungsveränderlichen, d. h. des Prozesses, dem die Beobachtungen solcher Systeme wegen verschiedener Effekte (Elliptizität der Komponenten, Reflexion) zu unterwerfen sind, um auf sie die einfache Theorie sphärischer Komponenten anwenden zu können. Die Eigenschaften der sich ergebenden idealisierten Modelle und die verschiedenen Fälle, je nachdem ob eine exakte oder nur genährte Rektifizierung möglich ist, werden diskutiert und einige weitere Effekte, die von Einfluß sind, sowie die günstigste Auswahl und Verteilung der Beobachtungen besprochen. Kdr.

11133. **H. N. Russell,** Present needs in the study of eclipsing binaries. Harv Circ Nr. **451** S. 3—9. — Besondere Aufmerksamkeit sollte den Systemen geschenkt werden, in denen die Bestimmung aller Zustandsgrößen möglich ist. Durch Steigerung der Beobachtungsgenauigkeit soll ein Höchstmaß an Präzision erzielt werden, damit vor allem für astrophysikalische Theorien und die Dynamik der (engen) Doppelsterne exakte Unterlagen bereit gestellt werden können. Loh.

11134. **H. N. Russell,** The penumbral part of the reflection effect in eclipsing variables—a reconnaissance. Harv Circ Nr. **452** S. 1—8, mit 5 Fig. — In einem engen Doppelsternsystem schließt sich an die Hemisphäre der einen Komponente, die von der anderen beleuchtet wird, ein Übergangsgebiet an, von dem aus ein Beobachter die letztere nur teilweise sehen würde. Es werden die Beleuchtungsverhältnisse in dieser Zone untersucht mit dem Ergebnis, daß ihr Beitrag zum Reflexionseffekt im allgemeinen zu vernachlässigen ist. Kdr.

11135. **J. Sahade,** Observaciones espectrográficas del sistema R Arae y de τ^9 Eridani. Rev. Unión Matemática Argentina **13** Nr. 2, 1947.

11136. **A. Schulberg,** Über Algol-Sterne mit ausgedehnten Photosphären. Odessa Bull. Nr. **3** S. 1—29, 1947 (russisch).

11137. **R. A. Seely,** Checking the period of Algol. Sky and Telescope **7** 260—261, mit 4 Fig.

11138. **H. K. Sen,** Reflection effect in eclipsing binaries for a point-source of light. Wash Nat Ac Proc **34** 311—317, mit 2 Fig. = Harv Repr **307**. — Verf. leitet einen Ausdruck ab für den Reflexionseffekt bei Bedeckungsveränderlichen unter der Annahme der Gültigkeit des Cosinus-Gesetzes. Der beleuchtende Stern wird dabei als punktförmige Lichtquelle angenommen. Micz.

11139. **O. Struve,** An attempt to detect polarization in the Ca II emission lines of AR Lacertae. ApJ **108** 155—156, mit 1 Fig. — Der Polarisationsgrad des Lichtes der zentralen Emissionskomponente der K-Linie von AR Lac kann nach Messungen des Verf. nicht größer als 10% sein. Micz.

11140. **B. Smith,** A spectroscopic study of Beta Aurigae. ApJ **108** 504—509, mit 1 Fig. = Contr. McDonald Obs. Nr. **154**. — Aus 26 Spektrogrammen (67 Linien, Dispersion 2.2 Å bei 4071 Å) sind Radialgeschwindigkeiten bestimmt und dann neue Bahnelemente gerechnet worden. Veränderungen in der Intensität und in der Kontur der Spektrallinien mit der Bedeckungsphase oder zur Zeit größter Geschwindigkeit waren nicht zu erkennen. Als mittlere Geschwindigkeit des Systems wurde —17.06 ± 0.27 km/sec gefunden, als Massenverhältnis 1.0303 ± 0.0075. Str.

11141. **D. W. N. Stibbs,** A photometric light curve for μ^1 Scorpii. MN **108** 398—405, mit 2 Fig. — Aus lichtelekrischen Beobachtungen (eff. Wellenlänge λ 3970) wird eine Lichtkurve abgeleitet, die als Grundlage für die Untersuchung von Elliptizitäts- und Reflexionseffekten dient. Die nach der Methode von Kopal aus der rektifizierten Lichtkurve abgeleiteten Elemente stellen die Normalpunkte gut dar. Unter Hinzuziehung der spektroskopischen Elemente von Struve werden Massen und Dimensionen der Komponenten ermittelt. Micz.

11142. **O. Struve,** The spectrum of the eclipsing binary UX Monocerotis. Vgl. AJB **47** Ref. **7538**. — Weitere Besprechung in Urania Barcelona **32** Nr. 219 189—190.

11143. **O. Struve,** The spectrum of the eclipsing binary UX Ursae Majoris. ApJ **108** 153—154. — Notiz über Radialgeschwindigkeitsmessungen und bemerkenswerte spektrale Änderungen von UX UMa.

11144. **O. Struve, L. Gratton,** Spectrographic observations of the eclipsing binaries RZ Comae, V 502 Ophiuchi, RV Corvi, and BF Virginis.

ApJ **108** 497—503, mit 1 Fig. = Contr. McDonald Obs. Nr. **156**. — Für die beiden ersten Systeme ergeben sich recht große Massenverhältnisse, (2.1 bzw. 2.5), die mit den etwa gleichen Leuchtkräften nicht verträglich sind. Bei RV Crv und BF Vir sind jeweils nur die Linien einer Komponente sichtbar. Ihre Massenfunktionen sind mit 0.033 bzw. 0.025 klein. Ähnlich anderen kurzperiodischen Systemen vom Spektraltyp A ist auch BF Vir ein Vertreter der relativ leuchtschwachen A-Sterne. Loh.

11145. **R. Szafraniec,** Results of observations of eclipsing variables in 1934/5 and 1947. AAc **4** 81—84, mit 1 Fig. und 1 Pause. — Über die beobachteten Minima vgl. § **112**. — Die Arbeit enthält außerdem die Beschreibung einer von Kordylewski eingeführten graphischen Methode zur Bestimmung des Augenblicks des Minimums. Loh.

11146. **N. Tamm,** Den nya variablen BD+31°3932 i Cygnus. PAT **29** 52—55, mit 4 Fig.

11147. **S. D. Tscherny,** Die Stabilität der Bedeckungsveränderlichen. Kiew Publ. Nr. **2** S. 47—69 (russisch).

11148. **K. Walter,** Photometrische Untersuchungen am System U Cephei. AN **276** 225—232, mit 4 Abb. — Von dem aus einem A-Stern und einem Unterriesen von spätem Spektraltypus zusammengesetzten Bedeckungsveränderlichen wurden in den Jahren 1934 bis 1936 in Königsberg an einem langbrennweitigen Instrument 324 Aufnahmen im Blau und 386 Aufnahmen im Rot erhalten, lichtelektrisch ausgemessen und die Normalkurve außerhalb der Bedeckungen, im Nebenminimum und in den tiefsten Teilen des Hauptminimums bestimmt. Die Beobachtungen im Rot zeigen das Nebenminimum sehr deutlich in der Mitte zwischen aufeinanderfolgenden Hauptminima. Die Elliptizitätskonstante ergibt sich im Rot etwas größer als im Blau, bleibt jedoch in beiden Farben gegen die theoretischen Werte merklich zurück. Andere bemerkenswerte Eigenschaften der Normalkurve sind ihre eigentümliche Form außerhalb der Bedeckungen und die Veränderlichkeit der Helligkeit während der totalen Phase. Im Ultraviolett scheint der Veränderliche ungewöhnlich hell zu sein. Verf.

11149. **B. S. Whitney,** A photored study of the eclipsing variable QY Aquilae. ApJ **108** 519—522, mit 1 Fig. — An Hand der photoroten Lichtkurve (1390 Rot-Helligkeiten) ist in Kombination mit der schon früher gewonnenen photographischen Lichtkurve das Verhältnis der Dimensionen (0.77) und das der Massen (1.9) abgeleitet worden. Der FI ist im Maximum der Lichtkurven $0^m_{.}63$, im Minimum $1^m_{.}76$. Das zweite Minimum liegt bei der Phase 0.487, das Spektrum der schwachen Komponente ist zu K 2 angenommen worden. Str.

11150. **B. S. Whitney,** A photo-red study of the eclipsing variable QY Aquilae. Publ ASP **60** 255—256. — Ref. ASP.

11151. **O. C. Wilson,** The structure of the atmosphere of the K-type component of Zeta Aurigae. ApJ **107** 126—150, mit 5 Fig. = Contr. Mt. Wilson Obs. Nr. **742**. — Die Arbeit stellt die Auswertung der während der Bedeckung 1939/40 erhaltenen Gitterspektren dar. Für insgesamt 7 verschiedene atmosphärische Niveaus (4 während der Eintritts-, 3 während der Austrittsphase) werden Wachstumskurven konstruiert. Die Turbulenzgeschwindigkeit nimmt mit der Höhe von 6,5 km/sec bei h = 0.8×10^6 km auf 13,0 km/sec bei h = 20.6×10^6 km zu. Im gleichen Sinne wachsen die Anregungstemperaturen aus der Besetzung der a^5 F-, a^3 F- und a ^{5}D-Zustände des Fe I von 3780° bei h = 0.8×10^6 km auf 5660° bei h = $13{,}5 \times 10^6$ km. Die atmosphärischen Dichtegradienten sind für die untersten Niveaus aller neutralen und ionisierten Zustände steiler als für die höheren und mit Ausnahme dessen von Ca I untereinander gleich. Die theoretisch unter der Annahme hydrostatischen Gleichgewichtes folgenden Gradienten sind zum Teil um mehrere Größenordnungen stärker als der beobachtete. Die Ionisationstemperatur in der K-Atmosphäre ist nahezu die gleiche wie die des K-Sterns. Ferner wird gezeigt, daß die Ca-Ionisation und die anderer Elemente mit gleichem Ionisationspotential nicht durch die B-Komponente bewirkt werden kann. Abschließend wird die Frage der Opazität der K-Atmosphäre als Funktion der Wellenlänge und der Zunahme der Anregungstemperatur mit der Höhe behandelt. Micz.

11152. **F. B. Wood,** The eclipsing variable AO Cassiopeiae. ApJ **108** 28—35, mit 1 Fig. — Eine Neubestimmung der Elemente und Dimensionen dieses wichtigen Bedeckungssystems unter Verwertung neueren Beobachtungsmaterials ergibt für die Massen und Radien der beiden Komponenten, zweier Überriesen vom Spektraltyp O 8.5 n, etwas kleinere Werte als bisher angenommen, nämlich $m_1 = 29.9\ m_{\odot}$, $m_2 = 27.9\ m_{\odot}$, $a_1 = 15.5\ a_{\odot}$, $a_2 = 9.9\ a_{\odot}$. Diese Werte werden durch Berücksichtigung des Reflexionseffekts noch etwas vergrößert. Für die Dichten und Leuchtkräfte findet Verf. $\varrho_1 = 0.0100\ \varrho_{\odot}$, $\varrho_2 = 0.034\ \varrho_{\odot}$, $L_1 = 3.17 \times 10^5\ L_{\odot}$, $L_2 = 1{,}31 \times 10^5\ L_{\odot}$. Bemerkenswert ist die Feststellung, daß sich die Lichtkurve von Jahr zu Jahr ändert. Kdr.

11153. **K. O. Wright, E. van Dien,** The spectrum of ε Aurigae, 1946—48. AJ **54** 53. — Ref. AAS.

Cepheiden

11154. **P. Ahnert,** Einige Bemerkungen über δ Cephei- und RR Lyrae-Sterne. Sterne **24** 46—52, mit 6 Fig. — An Hand von 428 δ Cepheisternen und 989 RR Lyraesternen werden statistische Betrachtungen angestellt.

11155. **W. Becker,** Über die Strahlung der Delta Cephei-Veränderlichen im Infrarot. Himmelswelt **55** 75.

11156. **R. Canavaggia,** Sur la variation de la pression électronique et de la gravité de δ Cephei avec la phase. CR **226** 466—468, mit 1 Fig. = Contr. Inst. d'Astrophys. Paris (A) Nr. **13**. — Aus Messungen des Balmersprungs in Abhängigkeit von der Phase des Lichtwechsels wird versucht, die Änderung von Elektronendruck und Oberflächenschwerebeschleunigung zu ermitteln. Micz.

11157. **I. M. Gordon,** Die Verteilung der Cepheiden verschiedener Leuchtkraft auf der Scheibe der Großen Magellanschen Wolke. Charkow Bull. Nr. **7** S. 10—13 (russisch).

11158. **M. Hack,** Ricerche su T Vulpeculae. Mem SA It (NS) **19** 171—182, mit 7 Fig. = Oss. e Mem. Oss. Astrofis. Arcetri Nr. **64** S. 91—104. — Aus Aufnahmen mit einer Spiegel-Prismen-Kamera werden monochromatische Lichtkurven für neun Wellenlängen zwischen λ 4000 und λ 6000 bestimmt sowie Farb- und Gradiententemperaturen abgeleitet. Kurz eingegangen wird auf die Intensitätsänderungen von Hγ, Hδ und der G-Bande sowie auf die Änderungen des photosphärischen Radius. Micz.

11159. **J. Hellerich,** Das Problem der δ Cephei-Veränderlichen. Himmelswelt **55** 150. — Ref. AG.

11160. **O. A. Melnikow,** Über die Konstanz der Massen der langperiodischen Cepheiden. Pulk Mitt **17** Nr. 2 (137) S. 46—62 (russisch).

11161. **O. A. Melnikow,** Die Periode-Helligkeitsbeziehung nach spektroskopischen Parallaxen. Pulk Mitt **17** Nr. 3 (138) S. 93—94, 1947.

11162. **O. A. Melnikow,** Die Beziehung zwischen Periode und Dichte der Cepheiden. Pulk Mitt **17** Nr. 3 (138) S. 95—97, 1947.

11163. **J. Mergentaler,** Observations photographiques des étoiles variables RX Aur et SV Per. Travaux de la Soc. des Sci. et des Lettres de Wroclaw (B) Nr. 4, S. 7—21, mit 3 Fig. = Contr. Wroclaw Astr. Obs. Nr. 1, première Commun.

11164. **J. Mergentaler,** Courbe photographique des variations de l'éclat de BB Her. Travaux de la Soc. des Sci. et des Lettres de Wroclaw (B) Nr. 4, S. 22—27, mit 2 Fig. = Contr. Wroclaw Astr. Obs. Nr. 1, deuxième Commun.

11165. **A. Opolski,** Blue, yellow and red photometry of RT Aur, AW Per and of some neighbouring stars. Travaux de la Soc. des Sci. et des Lettres de Wroclaw (B) Nr. 5 S. 5—20, mit 7 Fig. = Contr. Wroclaw Astr. Obs. Nr. 2, paper 1.

11166. **A. Opolski,** Photometric investigation of Cepheid pulsation. Travaux de la Soc. des Sci. et des Lettres de Wroclaw (B) Nr. 5 S. 21—38, mit 4 Fig. = Contr. Wroclaw Astr. Obs. Nr. 2, paper 2.— Nach Aufspaltung der Helligkeitsänderungen der Cepheiden in zwei Anteile, von denen der erste durch die Änderung der Flächenhelligkeit (Temperatur!) und der zweite durch die Radiusänderung verursacht wird, berichtet Verf. über die Ergebnisse einer Methode, welche gestattet, den 2. Anteil aus den Lichtkurven in zwei photometrischen Systemen (pg, pv) zu berechnen und daraus und aus der beobachteten totalen Änderung auch den ersten Anteil. Loh.

11167. **A. Opolski,** Some remarks on radiation of Cepheids. Travaux de la Soc. des Sci. et des Lettres de Wroclaw (B) Nr. 5 S. 39—46 = Contr. Wroclaw Astr. Obs. Nr. 2, paper 3. — Aus dem Verhalten der Radialgeschwindigkeiten von δ Cephei in Abhängigkeit von der Phase des Lichtwechsels schließt Verf., daß, soweit zur Deutung der Veränderlichkeit Radiusänderungen in Frage kommen, es solche des Photosphärenradius sind, die von den beobachteten Radialgeschwindigkeiten der äußeren Schichten unabhängig sind. Einige Konsequenzen dieser Auffassung werden erörtert. Kdr.

11168. **M. Schwarzschild, B. Schwarzschild, W. S. Adams,** On the pulsation in the atmosphere of Eta Aquilae. ApJ **108** 207—233, mit 4 Fig. — Radialgeschwindigkeitsmessungen an 43 Fe-Linien auf 20 Coudé-Spektren, die den gesamten Lichtwechselzyklus überdecken, zeigen, daß die Fe I- und Fe II-Linien in derselben atmosphärischen Schicht absorbiert werden. Aus den gemessenen Tiefen dieser Linien wird die Änderung des Elektronendrucks und der Anregungstemperatur mit der Phase bestimmt. Aus Äquivalentbreiten in der Nähe der Mitte des absteigenden Astes der Lichtkurve wird gezeigt, daß das Häufigkeitsverhältnis Wasserstoff/Metalle dem der Sonne nahe kommt. Die Turbulenzgeschwindigkeit aus der Wachstumskurve bei dieser Phase ist sehr viel kleiner als aus den Linienprofilen folgt. Die Verf. vermuten die Existenz großer Turbulenzelemente hoher Geschwindigkeit. Ein Vergleich der berechneten Dichteänderung mit der Geschwindigkeitskurve zeigt, daß die Pulsationen der Photosphäre weder stehende noch einfache fortschreitende Wellen in einer homogenen Atmosphäre darstellen. Wahrscheinlich wächst die kinetische Gastemperatur stark mit der Höhe, und nur in den äußeren Schichten über der Photosphäre wird die Pulsation durch eine einfache stehende Welle gebildet. Micz.

* * **H. K. Sen,** Anharmonic pulsations of the Cepheid variable. Vgl. Ref. **5231**.

11169. **H. Shapley,** Photometry of Small Cloud Cepheids. AJ **53** 117. — Ref. AAS.

11170. **H. Shapley,** Galactic and extragalactic studies, XVIII. The pulse index for eighty-nine variable stars in the Magellanic clouds. Wash Nat Ac Proc **34** 27—32, mit 2 Fig. = Harvard Reprint **305**. — Verf. führt zur Charakterisierung der Lichtkurven der Cepheiden einen Index („pulse index") p. i. = $P/t_M'-t_m'$ ein, worin t_M' die Phase der photographischen Helligkeit 0^m2 unterhalb des Maximums und t_m' die Phase der photographischen Helligkeit 0^m2 oberhalb des Minimums auf dem aufsteigenden Ast bedeuten. Er wird für 89 Cepheiden der beiden Magellanschen Wolken abgeleitet. Seine Korrelation mit absoluter Leuchtkraft und Periode ist gering. Eine Abhängigkeit der Lichtkurvenform von der Periode (Hertzsprung-Effekt) ist darnach kaum vorhanden. Micz.

11171. **H. Shapley, V. McKibben Nail,** Cepheid variable stars in the Small Magellanic Cloud. Proc. Am. Phil. Soc. **92** 310—323, mit 3 Fig. = Harv Repr (2) Nr. **25**. — Nach allgemeinen und historischen Bemerkungen werden von 49 Cepheiden verbesserte Perioden zwischen 1.25 und 118.6 Tagen, Amplituden und Lichtkurven gegeben. In einer statistischen Diskussion werden weitere Unterlagen aus HA **109** Nr. 11 herangezogen. Für Perioden unter 20 Tagen liegt das Häufigkeitsmaximum für die Cepheiden der kleinen bzw. großen Magellanschen Wolke und der Galaxis bei 2.2 bzw. 3.9 und 4.6 Tagen. Auswahleffekte dürften das Grundsätzliche dieser Tatsache nur geringfügig ändern. Die Cepheiden längerer Periode bevorzugen in der kleinen Wolke das zentrale Gebiet, diejenigen kürzerer Periode die Randgebiete. Loh.

11172. **H. Shapley,** The standard Cepheid light curve. Proc. Am. Phil. Soc. **93** 40—44, mit 4 Fig. = Harv Repr (2) Nr. **29**.— Die Lichtkurven von 88 Cepheiden in den beiden Magellanschen Wolken wurden zur Aufstellung einiger Standardlichtkurven benutzt. Bei Perioden $< 8^d$ erfolgt das Minimum 2/10 Periode später, als bei Perioden $> 10^d$. Der Helligkeitsunterschied Min-Max liegt bei 1^m05, doch ist ein geringer Gang der Amplitude mit der Periode (Proportionalität) vorhanden. Die Periode-Helligkeitsbeziehung wird im Intervall $1^d < P < 100^d$ bestätigt. Loh.

11173. **O. Struve,** Spectrographic observations of short-period Cepheids. AJ **54** 50—51. — Ref. AAS.

11174. **L. P. Swetlowa,** Über die Phasenunterschiede in den Intensitätsschwankungen von Spektrallinien der Sterne η Aquilae und δ Cephei. VS Bull **6** 241—245, mit 2 Fig. (russisch). — Eine Bearbeitung von Beobachtungen Whipples, Melnikows und Ogorodnikows — Auftreten der maximalen und minimalen Linienintensitäten in Abhängigkeit von der Phase — ergibt, daß keinerlei Phasenverschiebung der Intensitätsschwankungen mit der Schichthöhe vorkommt. Loh.

11175. **Yuin Chang,** Changes in the period and light curve of the cluster-type variable SX Ursae Majoris. AJ **54** 16—21, mit 4 Fig. = Harv Repr (2) Nr. **27**. — Die Periodenänderungen von SX UMa werden mit Hilfe von 1627 photographischen Beobachtungen, die einen Zeitraum von fast 50 Jahren überdecken, sowie anderweitigem Material untersucht. Die aufgestellten Normallichtkurven für je 1000^d Intervall legen Schwankungen der Helligkeit der Maxima, Minima und der Amplitude nahe. Diese scheinen zu Änderungen von M—m in Beziehung zu stehen, auch zwischen den Periodenänderungen und den Änderungen der Extremahelligkeiten und Amplitude wird eine Korrelation vermutet. Micz.

11176. **W. P. Zessewitsch,** Untersuchung des Blashko-Effektes. Kiew Publ. Nr. **2** S. 71—74, mit 1 Fig. (russisch).

11176a. **W. P. Zessewitsch,** Über zwei Cepheiden. Odessa Bull. Nr. **2**, 1947.

Sonstige Veränderliche

11177. **M. Beyer,** Beobachtungen von Mira-Veränderlichen. AN **276** 11—32 = Mitt. der Hamburger Sternwarte Nr. **63** S. 203—224. — Siehe § **112**.

11178. **M. Beyer,** Über den Lichtwechsel der Veränderlichen und Perioden von 30 bis 150 Tagen. Astr. Abh., Ergänzungshefte zu den AN **11** Nr. 4, 113 S. mit 7 Fig. — Besprechung in AN **277** 273—274 (J. Wempe), Sterne **24** 184, Z f Naturf **4a** 475 (D. Wattenberg). — Eine im Jahre 1923 begonnene visuelle Überwachung der physischen Veränderlichen mit Perioden von 30 bis 150 Tagen mußte im Herbst 1939 abgebrochen werden. Der größte Teil der erhaltenen Beobachtungen sowie die daraus abgeleiteten Ergebnisse sind bereits früher in einer Reihe von Abhandlungen in den „Astron. Nachr." und in

„Erg. Hefte z. d. Astron. Nachr." 8, C mitgeteilt worden. In der vorliegenden Arbeit sind zunächst die noch vorhandenen unveröffentlichten Beobachtungen für 66 Sterne zusammengestellt. Anschließend ist der Versuch unternommen, alle bis 1943 bekannten 502 Veränderlichen des genannten Periodenbereichs nach ihren Lichtkurven zu ordnen und einzuteilen. Die auf Grund dieses Ergebnisses durchgeführten statistischen Betrachtungen bieten einen Überblick über die Verteilung der Periodenlängen auf die einzelnen Sterngruppen, über die galaktische Verteilung dieser Veränderlichen sowie über die Beziehungen zwischen ihren Perioden und Spektren. Verf.

11179. **O. J. Eggen,** Sudden changes in the β Cephei variables. AJ **53** 197—198. — Ref. AAS.

11180. **A. J. Filin,** Über fünf nichtuntersuchte Veränderliche. Stalinabad Circ. Nr. **59**—**60** S. 6 (russisch).

11181. **H. van Gent †,** Provisional elements and light-curves of the variables 133 and 159 in ω Centauri. (Discussed and prepared for publication by P. Th. Oosterhoff). BAN 392 **10** 377—382, mit 2 Fig. — Siehe § **112**.

11182. **H. van Gent†,** Light-curves and elements of five variable stars in the region around β Centauri. (Prepared for publication and partly discussed by P. T. Oosterhoff). BAN 392 **10** 382—387, mit 7 Fig. — Siehe § **112**.

11183. **H. van Gent†,** Photographic observations of an interesting variable star. (Prepared for publication by P. Th. Oosterhoff). BAN 392 **10** 387—389, mit 1 Fig. — Siehe § **112**.

11184. **J. L. Greenstein,** Rapid variations in the spectrum of Rho Cassiopeiae. ApJ **108** 78—82, mit 2 Tafeln = Contr. McDonald Obs. Nr. **151**. — Verf. beschreibt im November 1947 vorübergehend aufgetretene schnelle Änderungen im Spektrum von ϱ Cas. Ein Teil der Linien atomaren und molekularen Ursprungs wurde erheblich geschwächt, ein Teil verstärkt. In einer Nacht wurde das Fehlen eines 500 Å breiten Stückes des Kontinuums beobachtet. Über die Ursache dieser Änderungen werden einige Bemerkungen gemacht. Micz.

11185. **G. H. Herbig,** The irregular variable RW Aurigae and related objects. Publ ASP **60** 256—257. — Ref. ASP.

11186. **W. A. Hiltner,** The light curves of two Wolf-Rayet stars in Cepheus. AJ **53** 198—199. — Ref. AAS.

11187. **W. P. Judkina,** Bestimmung der absoluten Helligkeit der Veränderlichen vom Typ AF Cygni. VS Bull **6** 278—281 (russisch). — Aus den Eigenbewegungen von 48 Sternen (Liste Ref. **11203**) dieses Typs ergibt sich auf statistischem Weg für die absolute visuelle (mediane) Helligkeit der Wert — $1^{m}\!.1 \pm 0^{m}\!.2$. Loh.

* * **P. G. Kulikowskij,** Über die räumlichen Bewegungen der langperiodischen Veränderlichen vom Typ Mira Ceti. Vgl. Ref. **12342**.

11188. **I. W. Matwejew,** Untersuchungsergebnisse halbregelmäßiger und unregelmäßiger veränderlicher Sterne am Observatorium der Kujbyschewer Abteilung der astronomisch-geodätischen Gesellschaft der UdSSR. Bull. Astr.-Geod. Ges. UdSSR Nr. **3** (10) S. 24—26.

11189. **G. R. Miczaika, U. Becker,** Die absolute Helligkeit der U Geminorum-Sterne und der Novae. Veröff. Landessternwarte Heidelberg **15** Nr. 8, S. 79—85. — Auf Heidelberger Bruce-Platten wurden Eigenbewegungen von 8 U Geminorum-Sternen abgeleitet. Zusammen mit einigen anderen Bestimmungen ergibt sich daraus ihre absolute Helligkeit im Minimum zu $+ 11^{m}$. Die U Geminorum-Sterne stehen daher erheblich unterhalb der Hauptreihe, vermut-

lich in der Gegend der weißen Zwerge. Wahrscheinlich haben die Novae im Ruhezustand die gleiche absolute Leuchtkraft wie die U Geminorum-Sterne.
Verf.

11190. **G. R. Miczaika,** Zum Lichtwechsel der langperiodischen Veränderlichen mit besonderer Berücksichtigung ihres Bewegungszustandes im Raum. AN **276** 78—82, mit 1 Abb. = Mitt. Landessternwarte Heidelberg Nr. **51**. — Es werden einige Überlegungen zur Pulsationstheorie der langperiodischen Veränderlichen mitgeteilt, und es wird dabei darauf hingewiesen, daß die Abhängigkeit der relativen Verschiebung der Emissions- gegen die Absorptionslinien von der Lichtwechselperiode für die schnell- und normalbewegten Sterne verschieden ist. Zur Deutung wird eine Hypothese von Gamow über die Entwicklung von Haupt- und Nebenreihensternen herangezogen. Schnellbewegte Sterne haben vermutlich chemisch andere Zusammensetzung als normalbewegte. Verf.

* * **R. Müller,** Fünf Doppelsterne unter den Veränderlichen der Klasse RW Aurigae. Vgl. Ref. **11206**.

11191. **A. Prichodko,** Über fünf nichtuntersuchte Veränderliche. Odessa Bull. Nr. **2**, 1947.

11192. **H. U. Sandig,** Über Periode und Lichtkurve von *o* (Mira) Ceti. AN **276** 247—261, mit 9 Abb. — Es wird eine Zusammenstellung der Maxima von *o* Ceti, abgeleitet aus allen bisher bekannt gewordenen Beobachtungen, gegeben. Mit diesem Material wird die von T. E. Sterne behauptete Konstanz der mittleren Periode des Lichtwechsels bestätigt. Die Abweichungen der Länge der einzelnen Zyklen von dieser mittleren Periode zeigen alle Eigenschaften zufälliger Fehler. Der bekannte Zusammenhang zwischen Zyklenlänge und Maximalhelligkeit erweist sich als scheinbar. Er entsteht durch Überlagerung eines »Erschöpfungseffektes« (alternierende Höhen der Maxima) einerseits und eines ausgeprägten positiven Zusammenhanges zwischen Höhe und Breite der Maxima andererseits. Die Asymmetrie der Lichtkurve nimmt seit 1900 langsam und stetig ab. (Anstiegszeit nimmt zu). Hier besteht kein Zusammenhang mit der mittleren Helligkeit im Maximum, die über alle Epochen konstant bleibt.
Verf. (gekürzt)

11193. **H. U. Sandig,** 350 Jahre Erforschung der veränderlichen Sterne. Zur Geschichte des ältesten bekannten Veränderlichen, *o* Ceti. Himmelswelt **55** 112—116.

11194. **G. A. Schajn,** Die Emissionslinien von H, Fe II und Fe in den Spektren der langperiodischen Veränderlichen. Krim Mitt. **1** Teil 1 S. 5—19 (russisch).

11195. **H. Schneller,** Über verwandtschaftliche Beziehungen zwischen den verschiedenen Klassen der veränderlichen Sterne. AN **276** 87—92. — Es wird wahrscheinlich gemacht, daß sowohl die Veränderlichen des Riesenastes wie auch die des Zwergastes des Russell-Diagramms bezüglich der Ursachen des Lichtwechsels je eine einheitliche Gruppe bilden. Bei den Veränderlichen der Riesenreihe sind Pulsationen, bei den Veränderlichen der Zwergreihe zeitweilige Expansionen der Sternphotosphären die Ursache der Veränderlichkeit. Die Pulsationen bewirken einen kontinuierlichen, periodischen, die Expansionen einen diskontinuierlichen, unperiodischen Lichtwechsel. Eine dritte Gruppe bilden die Sterne vom Typus R Coronae Borealis. Verf.

11196. **H. Shapley, V. McKibben Nail,** Galactic and extragalactic studies, XIX. Giant variable stars of the Loop nebula (30 Doradus). Wash Nat Ac Proc **34** 173—179, mit 1 Fig. = Harv Repr **306**. — Besprechung in JBAA **59** 83—84. — In einem Gebiet von der Größe eines Quadratgrades, dessen Mitte der 30 Doradus Nebel einnimmt, wurden 36 Veränderliche untersucht. Von den 18 Cepheiden wird die Periode-Helligkeitsbeziehung gut erfüllt. Die Absorptionen durch den Nebel betragen nicht mehr als 0ᵐ1 bis 0ᵐ2. Die im gleichen Gebiet vorkommenden drei β Lyrae Sterne, deren Zugehörigkeit zu der Gruppe auch räumlich plausibel gemacht wird, besitzen darnach eine absolute photographische Helligkeit im Maximum von —2^m. Loh.

11197. **O. Struve,** Prominence activity in stars. AJ **53** 118. — Ref. AAS.

11198. **A. A. Wachmann,** Beobachtungen von Veränderlichen in der Umgebung von Kapteyn-Feldern der nördlichen Milchstraße, Teil 2 (Eichfeld 64). Astr. Abh., Ergänzungshefte zu den AN **11** Nr. 5, 48 S. mit 5 Fig.— Besprechung in AN **277** 274 (J. Wempe), Sterne **24** 184, Z f Naturf **4a** 475 (D. Wattenberg). — Mit dem kurzbrennweitigen Triplet (300/1500) des Lippert-Astrographen wurden einige erweiterte Kapteynsche Eichfelder der nördlichen Milchstraße systematisch auf Veränderliche untersucht. Hier werden die Ergebnisse aus der Bearbeitung eines 80 Quadratgrad großen Feldes im Cygnus, welches das Eichfeld 64 enthält, mitgeteilt. Die Statistik der 68 untersuchten Veränderlichen ergibt, daß etwa 50% der Klasse der Bedeckungsveränderlichen angehören. Auffällig ist der geringe Prozentsatz (9%) langperiodischer Veränderlicher. Nach Abgrenzung der eigentlichen Cygnuswolke folgt aus den Bedeckungsveränderlichen mit bekanntem Spektrum eine Entfernung von D $\leqq$ 870 Parsec unter Annahme einer Absorption von 0ᵐ6. Eine Zusammenstellung aller bisherigen Untersuchungen über die Cygnuswolke läßt vermuten, daß es sich einmal um eine lokale Verdichtung in etwa 750 Parsec, zum anderen um die eigentliche Wolke in etwa 2750 Parsec Entfernung handelt. Als merkwürdiges Ergebnis folgt, daß alle beobachteten δ Cephei-Sterne sich in wesentlich größeren Entfernungen befinden. Verf.

11199. **W. P. Zessewitsch,** Über acht halbregelmäßige Veränderliche. Odessa Bull. Nr. **3**, 1947.

111100. Spots and faculae on a star? JBAA **58** 195. — Besprechung der Arbeit von G. Kron in Publ ASP **59** 261, AJB **47** Ref. 8433.

111101. Surface patches on a star. Sky and Telescope **7** 124. — AR Lac. Ref. AAS.

111102. Beta Cephei variables. Sky and Telescope **7** 150. — Ref. AAS.

* * Centennial Symposia, December 1946. Vgl. Ref. 557.

§ 112

Listen veränderlicher Sterne, Einzelbeobachtungen

11201. **L. Campbell,** Observations of variable stars by the American Association of Variable Star Observers. Harv Ann **116** Nr. 4, S. 191—259.

And R, T, U, V, W, X, Y, Z, RR, RU, RV, RW, RX, RY, RZ, ST, SV, SZ, TV, TY, UZ, VY
Aps S, T
Aqr R, S, T, U, V, W, X, Y, RR, RS, VZ
Aql R, S, V, W, X, Z, RR, RS, RT, RU, RV, RW, SY, TY, UU, VW
Ara U, RW
Ari R, S, T, U
Aur R, S, U, V, W, X, Z, RS, RU, SS, SV
Boo R, S, U, V, Z
Cae R
Cam R, S, T, U, V, X, Z, RR
Cnc R, T, U, V, W, RV
CVn R, T
CMi R, S, T, U, V
Cap R, T, U, V, W, X, Y, Z, RR

Car R, S, Z, RR, RV, RW, RY, RZ, AF, 1
Cas R, S, T, U, V, W, X, Y, Z, RR, RV, SS, WZ, α, γ, $0^h47^m+46°$, $23^h49^m+56°$
Cen R, T, U, W, X, RS, RT, RV, RX
Cep S, T, X, Y, Z, RR, μ
Cet R, S, U, V, W, X, Z, o
Cha R, S
Col R, S, T
Com R
CrB R, S, T, V, W, X, Y, Z, RR
Crv R
Cyg R, S, U, V, Z, RS, RT, RU, RV, RZ, SS, ST, SX, TU, TW, TY, TZ, UX, WX, AF, AV, BG, χ, P
Del R, S, T, U, V, X, Y, Z
Dor R, β
Dra R, T, U, V, W, X, Y, SS, SV, AB
Equ R
Eri T, U, W
For R
Gem R, S, T, U, V, X, Y, RS, SW
Gru R, S, T, π
Her R, S, T, U, W, RS, RT, RU, RV, RY, RZ, SS, SV, SX, TV, UU, DQ, α
Hor R, T
Hya R, S, T, V, X, RR, RS, RT, RU
Ind R, S
Lac R, S, RS, RV, RY
Leo R, S, V, W, X, RY
LMi R, S, U
Lep R, T
Lib R, S, T, U, V, W, X, Y, RR, RS, RT, RU
Lup R, S, Y
Lyn R, S, T, U
Lyr S, U, V, W, X, Z, RS, RT, RU, RW, RX, RY, SZ, TU, AY, ER
Mic R, S, U
Mon R, V, X, Y, RR, SW
Mus 12^h 29^m $-67°$
Nor R, T
Oct R, S, T, U
Oph R, S, T, V, W, X, Z, RR, RS, RT, RU, RY, SS, TT, TX
Ori R, S, T, U, V, AN, CN, CZ, α
Pav R, S, T, W, Y, κ
Peg R, S, T, V, W, X, Y, Z, RR, RS, RU, RV, RW, RZ, β
Per R, S, T, U, W, Y, RR, RU, RZ, TX, TZ, UV
Phe R, T, V
Pic R, S, T
Psc R, S, U
PsA R, S, V
Pup U, W, Z, L_2
Pyx S, T
Ret R
Sge R, V
Sgr R, S, T, Z, RR, RT, RU, RV, RW, RX, RY, ST, SW, TY, VX
Sco R, S, W, X, Y, Z, RR, RS, RT, RU, RW, RZ, SV
Scl S, U, V
Sct R
Ser R, S, T, U
Sex S

Tau R, S, T, V, W, Z, RR, RU, RX, SU, TV, TX, XX
Tel R
Tri R
Tuc R, S, T, U
UMa R, S, T, X, Z, RS, RZ, SU, SW, δ
UMi R, S, T, U, V
Vel W, Y, Z
Vir R, S, T, U, V, Y, Z, RR, RS, RU, RV, SS, SU
Vol R, S
Vul R, V, RU

11202. **L. Campbell,** Variable star notes from the American Association of Variable Star Observers. Pop Astr **56** 48—51, 110—114, 159—163, 226—229, 276—277, 334—336, 392—395, 443—446, 560—565, mit 4 Fig. = Harv Repr Nr. **316**, 33 S.

11203. **W. P. Judkina,** Bestimmung der absoluten Helligkeit der Veränderlichen vom Typ AF Cygni. VS Bull **6** 278—281. Siehe auch Ref. 11187. — Liste der in der Untersuchung benutzten Sterne, für die Amplitude, Spektrum, Periode und Eigenbewegungen gegeben sind:

And	TV, TY	CrB	RR	Lyr	R
Aqr	RU	Cyg	AF, CH, W	Ori	BQ
Aql	TZ	CVn	V	Pav	SX
Aur	RS, UX	Dra	TT, TX, UU, UV	Peg	ST, TX, TW, UW
Boo	RX	Eri	Z	Per	SW, TT, UZ, ϱ
Cam	RR, RS, RV, RY	Gem	η	Sgr	SU
Cnc	RS, RT	Her	ST, X, g	UMa	Z, RY, ST
Cep	SS, TZ	Leo	Z	UMi	V
Cet	T	Lep	S		

11204. **P. G. Kulikowskij,** Über die räumlichen Bewegungen der langperiodischen Veränderlichen vom Typ Mira Ceti. VS Bull **6** 225—241. Siehe auch Ref. **12342**. — Liste der in der Untersuchung benutzten Sterne:

And	R, T, X, Y, SX	Cyg	R, S, Z, RT, χ	Oct	R
Aqr	R, S, T, W, Z	Del	R, S, T	Oph	R, S, W, X, RY
Aql	R, S, W, Z	Dra	R, Y	Ori	R, S, U, V
Ari	R, U	Equ	R	Pav	S
Aur	R	Eri	T	Peg	R, S, T, V, Z
Boo	R, S, V	Gem	R, S, T, V	Per	R, U
Cam	R, T	Gru	S	Phe	R
Cnc	R, U, V	Her	R, S, T, U, W, RS, RU	Pic	R
CVn	R			Psc	R
CMi	R, S	Hor	R	Pup	Z, L_2
Cap	T	Hya	R, S, T, W, X	Ret	R
Car	R, S	Lac	R, S	Sgr	R, S, T, RR
Cas	R, T, U, V, Y	Leo	R, V	Sco	RR, RS
Cen	R, T, X	LMi	R	Scl	S
Cep	T	Lib	S, RR, RS	Ser	R, S, U
Cet	R, S, U, o	Lyn	R	Tau	R, V
Col	T	Lyr	W	Tri	R
CrB	S	Mon	V, Y	UMa	R, S, T
Crv	R	Nor	T	Vir	R, S, T, U, V, RS
				Vul	R

11205. **F. Lenouvel,** Observations de variables rouges au télescope électronique. CR **226** 320—322 = Publ. Obs. Haute-Provence (B) Nr. **11**. — UU Aur, W Ori, V Aqu, ST Cam, S Scu, R Lep, UX Dra, RS Cyg, WZ Cas,

T Aqr, R Tri, R Boo, R Pis, U Ari, Z Cyg, o Cet, ST Her, T Ari, R Cas, T Cep, R Can, W And, U Ori, T Cas, T Lep.

11206. **R. Müller,** Fünf Doppelsterne unter den Veränderlichen der Klasse RW Aurigae. Sterne **24** 84—85, mit 1 Abb. — RW Aur, UY Aur, S CrA, UX Tau, UZ Tau. (Nach Publ ASP **56** Nr. 330, 1944).

11207. **A. V. Nielsen,** Oversigt over Astronomisk Selskab Observationer af foranderlige Stjerner (1. Aug. 1945—31. Juli 1947). NAT **1948** 34—35.

11208. **L. Plaut,** Estimates of 91 variable stars on Franklin-Adams plates centred at l = 325°, b = —2°, taken by the late Dr. H. van Gent. Ann. Sterrewacht Leiden **20** Nr. 1, 37 S. mit 12 Fig. — Karten, Beobachtungen, Lichtkurven.

11209. **H. U. Sandig,** Mitteilungen über 85 verdächtige und veränderliche Sterne. AN **276** 173—180, mit 6 Abb. —

Zi 803, 820, 911, 917, 932, 967, 1004, 1034, 1438, 1462, 1471, 1561, 1594, 1640, 1868, 1959, 1971,

Pr 685, 705, 761, 767, 888, 890, 909, 1245, 1256, 1262, 1268, 1276, 1638, 1652, 1653, 1676, 1780, 1943, 1974, 2011, 2028, 2031, 2045, 2250, 2269, 2271, 2298, 3390, 3393, 3510, 3558, 3563, 3591, 3655, 4224, 4301, 4400, 4497, 4500, 4587, 4645, 4999, 5013, 5025, 5150, 5405, 5415,

SZ Cyg, TV Cyg, VX Cyg, FZ Cyg, V 370 Cyg, V 393 Cyg, V 395 Cyg, SZ Her, DM Her, UV Lyr, U Vir, V Vir, W Vir, RX Vir, VZ Vir, WW Vir,

BD—9° 3371,

1855 (18^h $30^m.0$+49° 5′), (19^h $15^m.0$+29°14′).

Die letzten drei Sterne, welche als neue Veränderliche angezeigt sind und diejenigen, für welche Elemente gegeben sind, sind außerdem in Ref. **11212, 11214, 11218** und **11220** enthalten.

11210. **H. Shapley, A. S. Carlston,** The light curves of forty-nine selected Cepheids in the Small Magellanic Cloud. Harv Ann **109** Nr. 11, S. 46—56. — HV 815—818, 823, 827, 836, 851, 855—858, 1328, 1333—1335, 1338, 1342, 1351, 1365, 1400, 1425, 1426, 1446, 1460, 1492, 1505, 1513, 1610, 1619, 1768, 1790, 1818, 1855, 2017, 2031, 2052, 2053, 2060, 2063, 2076, 2081, 2085, 2103, 2124, 2127, 2128, 10364, 11206.

11211. Observations d'étoiles variables à longues périodes ou irrégulières effectuées par les membres de l'Association Française d'Observateurs d'Etoiles Variables et reçues durant les mois d'avril 1938 —juillet 1938 à l'Observatoire de Lyon. BAF 8 fasc. 1 S. 6—43. J. Bigay V. Rivet.

And	R, W, X, RV, RW, RX, TV	CrB	R, S, V, W, Y
Aql	R, S, V, RT	Crv	R
Aqr	R, T, Z	CVn	R, T, Y
Ari	R, T, U	Cyg	R, U, V, W, Z, RS, RT, RU, RV, SS, TY, UX, AB, AF, χ_2
Aur	R, X, Z, SS, AE		
Boo	R, S, V, RX	Dra	R, S, T, W, X, Y, TX, UU
Cam	R, S, T, U, V, X, Z, RS, ST	Gem	R, S, T, U, X
Cap	RT	Her	R, T, U, V, X, RS, RU, ST
Cas	R, S, T, V, RV	Hya	R, S, T, U, V, Y
Cep	S, T, X, Y, Z, RR, RU	Leo	R, X
Cet	R, S, W, Z, *o*	Lep	R, S, T
CMa	W	Lib	RS
CMi	R, S	LMi	R
Cnc	R, V, X, RS, RT	Lyn	R, S, Z
Com	R	Lyr	R, W

Mon	R, U, V, X, RV
Oph	R, V, X, Z, RY
Ori	T, U, W, Bl, BQ
Peg	R, S, W, X
Per	S, U, W, Y, RR, RZ, TX, UV, XX
Psc	R
Sct	R
Ser	R
Sge	R, T, V
Sgr	R, T, RY
Tau	R, S, T, X, Y, RR, RV, RX, SU
Tri	R
UMa	R, S, T, Z, RS, RX, RZ, ST
UMi	R, S, T, U, V
Vir	R, S, Y, RS, SS, SU, SW
Vul	RT

11212. Nachweis der Beobachtungen und Bearbeitungen Veränderlicher

Die Abkürzungen bedeuten:

aD	absolute Dimensionen
Am	Amplitude
An	Anzeige
B	Beobachtung
C	Farbe
CI	Farbenindex
EB	Eigenbewegung
El	Lichtwechselelemente
Elb	Photometrische Bahnelemente
Els	Spektroskopische Elemente
Elsb	Spektroskopische Bahnelemente
Ka	Karte
Lk	Lichtkurve
Mon	Monographie
Na	Benennung
Not	Allgemeine Mitteilung
O	Ort
P	Periode
Par	Parallaxe
RG	Radialgeschwindigkeit
Sp	Spektrum
Tem	Temperatur
Typ	Typus
VS	Vergleichssterne

Außer dieser Liste sind noch die vorhergehenden Tabellen von Beobachtungen und § 111 einzusehen.

Andromeda

R	AN **276** 95	B
	ApJ **107** 303 = Ref. 9523	Sp
	NAZ **2** 28	B, Typ
	Pop Astr **56** 334 = Harv Repr **316** 18	B, Not
Z	ApJ **107** 317 = MWC **744**	Lk, Sp
	DOB **10**	Ka, VS, Not
	Pop Astr **56** 162 = Harv Repr **316** 10	B, Am
RT	AJ **53** 198	Not, Typ
RV	Pop Astr **56** 160 = Harv Repr **316** 8	B, Not, P
RX	Pop Astr **56** 160 = Harv Repr **316** 8	Not
RY	AN **276** 11	VS, B
TV	Pop Astr **56** 162 = Harv Repr **316** 10	P
TY	Pop Astr **56** 162 = Harv Repr **316** 10	Typ, P?
VY	Pop Astr **56** 162 = Harv Repr **316** 10	P, C
WY	Ref. 11178	VS, B, Typ, Lk, Am, El, Sp
WZ	AJ **53** 211	O, Lk, El, Elb, Sp
XX	Odessa Mitt. **1** Nr. 1 S. 42	Mon
XZ	AAc **4** 81	B
AD	VS Bull **6** 281	Ka, VS, B, Lk, Am, El
AL	AN **276** 12	VS, B, El
AO	AN **276** 12	VS, B, El
o	AJ **53** 104	Not

Apus

S	Pop Astr **56** 161 = Harv Repr **316** 9	B, Typ
	Pop Astr **56** 335 = Harv Repr **316** 19	B, Not
	Pop Astr **56** 444 = Harv Repr **316** 26	B

Aquarius

R	Pop Astr **56** 162 = Harv Repr **316** 10	B
RU	Ref. 11178	VS, B, Typ, Am, El, Sp
RV	AN **276** 13	VS, B, El
RW	Ref. 11178	VS, B, Typ, Am, El, Sp

SU	Krim Mitt. **3** 73	Elb
TU	Ref. **11178**	VS, B, Typ, Am, El
TW	Ref. **11178**	Not, Typ, El
XY	Ref. **11178**	VS, B, Typ, El, Sp
AC	Ref. **11178**	VS, B, Typ, Am, El, Sp
AE	Pop Astr **56** 162 = Harv Repr **316** 10	Not
BQ	Stalinabad Circ. Nr. **56,** S. 4	Not
CY	NAT **1948** 113	Not, P
	Odessa Mitt. **1** Nr. 2 S. 15	Not
	Orion Schaffhausen Nr. **16** S. 486	Ka, Not, Par

Aquila

R	AN **276** 95	B
S	Ref. **11178**	Lk
X	AN **276** 14	B
RS	AN **276** 31	B
RT	AN **276** 31, 32	VS, B
SV	AN **276** 31	B
SX	AN **276** 14	VS, B, El
SZ	Stalinabad Circ. Nr. **57—58** S. 2-3	Not
TW	BAF **8** fasc. 1 S. 5	O, VS, Lk, Sp?
	Ref. **11178**	VS, B, Typ, Am, P, El, Sp?
VW	Pop Astr **56** 161 = Harv Repr **316** 10	Not, Am
VY	AN **276** 14	VS, B, El
WX	Ref. **11178**	VS, B, Typ, P, El
AA	Odessa Mitt. **1** Nr. 2 S. 3	Mon
AD	Ref. **11178**	VS, B, Typ, Am, El, CI
AK	AN **276** 15	VS, B, El
DM	AN **276** 15	VS, B, El
EX	Ref. **11178**	VS, B, Typ, Am, El, CI
FX	AN **276** 32	Not
KK	Ref. **11178**	VS, B, Typ, Am, El
KO	AAc **4** 81	B
LO	AN **276** 16	VS, B
LU	Ref. **11178**	VS, B, Typ, Am, El, Sp
MU	Ref. **11178**	B, Typ, (Lk), El
NO	Ref. **11178**	VS, B, Typ, Lk, Am, El
NY	AN **276** 32	Not
QT	AN **276** 16	B, El
QY	ApJ **108** 519 = Ref. **11149**	VS, B, Lk, El, Elb
	Publ ASP **60** 255	Elb
V336	Astr Circ USSR **61** 8	El
V337	Stalinabad Circ. Nr. **57—58** S. 1-2	Not, Typ
V343	AAc **4** 81	B
V344	AN **276** 17	VS, B, El
V345	AN **276** 17	VS, B, El
V417	Odessa Mitt. **1** Nr. 1 S. 37, 39	Not
	VS Bull **6** 287	VS, B, Lk, El
η	ApJ **108** 207	Ref. **11168**
	Stalinabad Circ. Nr. **59—60** S. 6	Not
	VS Bull **6** 241 = Ref. **11174**	Sp

Ara

R	Ref. **11135**	Sp

Aries

R	AN **276** 95	B
RR	AJ **53** 104	const
SS	Astr Circ USSR **79** 9	El
	Odessa Mitt. **1** Nr. 2 S. 74	Not

Auriga

R	AN **276** 95	B
S	NAT **1948** 112	B, Lk
	Pop Astr **56** 334 = Harv Repr **316** 18	Not
V	AN **276** 31, 32	VS, B
Z	Pop Astr **56** 160 = Harv Repr **316** 9	Not
RS	AN **276** 31	B
	Pop Astr **56** 160 = Harv Repr **316** 9	P
	Pop Astr **56** 334 = Harv Repr **316** 18	P
RT	Ref. **11165**	B, Lk, aD, Sp, CI, Tem
RW	Publ ASP **60** 256	Not
	Sky and Telescope **7** 276	Not
RX	Ref. **11163**	VS, B, Lk, Am, El

RY	AAc 4 81	B
SS	BAA Circ 289, 291 296, 302	B
	Pop Astr 56 113 = Harv Repr 316 4	B
	Pop Astr 56 277 = Harv Repr 316 17	B, Typ
	Pop Astr 56 334 = Harv Repr 316 18	B, Typ
SV	Pop Astr 56 160 = Harv Repr 316 9	Not
VV	AN 276 31	B
AA	AN 276 18	B
AG	Ref. 11178	VS, B, Typ, Am, El, Sp
β	ApJ 108 504 = McDC 154	Ref. 11140
	ApJ 108 510 = Harv Repr 318	Ref. 11129
ε	AJ 54 53	Ref. 11153
ζ	BAA Circ 291, 292	Not
	ApJ 107 126 = MWC 742	Ref. 11151
	ApJ 108 237	Ref. 11119
	Harv Card 888	Sp
	NAZ 2 4	Sp
	Pop Astr 56 48 = Harv Repr 316 1	VS, Not
	Pop Astr 56 227 = Harv Repr 316 13	Not
	Publ ASP 60 102	Ref. 11127
	Sky and Telescope 7 219	Not
	UAI Circ 1137	Sp
	ZfA 25 276 = Ref. 11124	Sp

Bootes

R	AN 276 95	B
U	AN 276 18	VS, B
V	AN 276 95	B
TU	VS Bull 6 255	Ka, VS, B, Typ, Lk, El
TZ	AJ 53 111	Not
	ApJ 107 96 = McDC 144	Ref. 11102
UY	ApJ 107 276	El, Sp, RG
	Odessa Mitt. 1 Nr. 2 S. 25	Not
44i	ApJ 108 15	Ref. 11107

Camelopardalis

U	Pop Astr 56 160 = Harv Repr 316 8	Not, C
Z	Pop Astr 56 113 = Harv Repr 316 7	B
	Pop Astr 56 334 = Harv Repr 316 18	Not
	Pop Astr 56 444 = Harv Repr 316 25	B, Not
RR	Pop Astr 56 160 = Harv Repr 316 9	Not, Typ, P
RS	Ref. 11178	VS, B, Typ, Am, El, Sp
TW	Ref. 11178	VS, B, Typ, Lk, Am, El
VZ	AJ 54 14	O, VS, B, Typ, Lk, Sp

Cancer

V	AN 276 95	B
RV	Pop Astr 56 160 = Harv Repr 316 9	B, const?
TT	AJ 53 215	Ka, VS, Lk, El
TW	DOB 19	Ka, VS, Not
	Publ ASP 60 248	Sp
TX	AN 276 233	Ref. 11111
	ApJ 108 490 = McDC 155	Ref. 9218
	NAZ 2 9	Typ, El

Canes venatici

R	AN 276 18	VS, B
	AN 276 95	B
RZ	Odessa Mitt. 1 Nr. 2 S. 64	Not
ST	VS Bull 6 259	VS, B, Lk, El

Canis maior

UY	Ref. 11178	VS, B, Typ, Am, El, Sp
UZ	Ref. 11178	VS, B, Typ, P, El

Canis minor

XZ	Krim Mitt. 3 93	Not

Capricornus

RV	Astr Circ USSR 61 8	B
RX	Ref. 11178	VS, B, Typ, Lk, P, El
	Stalinabad Circ. Nr. 54 S. 3—4	Not
SS	AN 276 31	B
TW	Odessa Mitt. 1 Nr. 2 S. 40	Mon
	Stalinabad Circ. Nr. 54 S. 1—2	P

Carina

X	Asosiación fis. argent. 1947	Not
RR	Pop Astr **56** 161 = Harv Repr **316** 9	Am, P?
	Pop Astr **56** 444 = Harv Repr **316** 25	Am, P
IW	Pop Astr **56** 335 = Harv Repr **316** 18	Am, P
η	Asosiación fis. argent. 1948	Sp

Cassiopeia

R	AN **276** 95	B
	NAZ **2** 28	B, Typ
S	Pop Astr **56** 334 = Harv Repr **316** 18	Not, Typ
	Pop Astr **56** 444 = Harv Repr **316** 25	B, Typ
T	AN **276** 95	B
V	AN **276** 95	B
RS	Stalinabad Circ. Nr. **59—60**, S. 5	Not
RZ	AAc **4** 81	B
SX	AN **276** 172	Not
TY	AN **276** 18	B, El
	VS Bull **6** 291	B, El
UY	Ref. **11178**	VS, B, Typ, Am, El
VY	Ref. **11178**	Lk
VZ	AN **276** 19	B
AO	ApJ **108** 28	VS, B, Lk, El, Elb, Sp
BM	Publ ASP **60** 248	Sp
α	Pop Astr **56** 159 = Harv Repr **316** 8	Not
γ	DOB **13**	Not
	DOB **14**	VS, Not
	Pop Astr **56** 159 = Harv Repr **316** 8	Not
ϱ	ApJ **108** 78 = McDC **151**	Ref. **11184**
	Astr Circ USSR **60** 7	B
	BSAF **62** 152	B
	DOB **13**	Not
	NAZ **1** 38	B, Sp
	Pop Astr **56** 49 = Harv Repr **316** 1	B, Lk
	Pop Astr **56** 162 = Harv Repr **316** 10	Not

Centaurus

R	Pop Astr **56** 335 = Harv Repr **316** 19	B, Typ
	Pop Astr **56** 444 = Harv Repr **316** 25	B
XX	BAN **10** 382	O, VS, B, Typ, Lk, Am, El
MY	BAN **10** 382	O, VS, Typ, Lk, Am, El
V381	BAN **10** 382	O, VS, Typ, Lk, Am, El

Cepheus

T	AN **276** 95	B
	Pop Astr **56** 335 = Harv Repr **316** 19	B, Typ
U	AAc **4** 81	B
	AN **276** 225	Ref. **11148**
RU	Ref. **11178**	VS, B, Typ, Lk, Am, El, Sp
RV	AN **276** 31	B
SS	Ref. **11178**	VS, B, Typ, Am, El, Sp
VW	ApJ **108** 490 = McDC **155**	Ref. **9218**
	Kiew Publ. Nr. **2** S. 77	Lk, Not, C
	Ref. **11122**	VS, B, Lk, El
δ	Publ. Amsterdam Nr. **8**	Ref. **9558**
	Sterne **24** 85	Not
	VS Bull **6** 241 = Ref. **11174**	Sp

Cetus

TT	Stalinabad Circ. Nr. **57—58** S. 7	Not
TU	Stalinabad Circ. Nr. **56** S. 3	Not
o	AN **276** 31, 32	VS, B
	AN **276** 95	B
	AN **276** 247	Ref. **11192**
	BSAF **62** 31, 127	B
	Krim Mitt. **1** Teil 1 S. 116	Sp
	NAT **1948** 151	Not
	NAZ **1** 38	B, Sp
	NAZ **2** 28	B, Typ
	Pop Astr **56** 160 = Harv Repr **316** 8	B
	Pop Astr **56** 395 = Harv Repr **316** 24	B
	Pop Astr **56** 444 = Harv Repr **316** 25	B

Chamaeleon

S	Pop Astr **56** 161 = Harv Repr **316** 9	B, const?

Coma Berenices

RZ	ApJ 108 497 = McDC 156	Ref. 11144
42	NAZ 2 8	Not

Corona austrina

R	Pop Astr 56 161 = Harv Repr 316 10	Not, Am
S	Pop Astr 56 161 = Harv Repr 316 10	Not, Am
T	Pop Astr 56 161 = Harv Repr 316 10	Not, Am

Corona borealis

R	AN 276 181	B, Lk
	Harv Card 959	B
	NAZvM 55	B
	Pop Astr 56 161 = Harv Repr 316 9	B
	Pop Astr 56 335 = Harv Repr 316 19	B
	Rend. Lincei (8) 4 316 = Oss. Roma Monte Mario, Contr. sci. Nr. 139	VS, B, Lk
	UAI Circ 1194	B
S	AN 276 95	B
T	Siehe § 113	
U	AAc 4 81	B
RR	Ref. 11178	VS, B, Typ, Lk, Am, El, Sp
	Pop Astr 56 161 = Harv Repr 316 9	Not
RY	Ref. 11178	VS, B, Typ, Am, El

Corvus

RV	ApJ 108 497 = McDC 156	Ref. 11144

Crater

W	Odessa Mitt. 1 Nr. 2 S. 27	Not
X	Odessa Mitt. 1 Nr. 2 S. 68	Not
	Stalinabad Circ. Nr. 53 S. 4	El

Cygnus

R	Pop Astr 56 335 = Harv Repr 316 19	B, Not
	Pop Astr 56 445 = Harv Repr 316 26	B, Not
X	ApJ 108 160	Ref. 9515
RT	AN 276 95	B
RY	Ref. 11198	O, Typ, Sp
SS	AN 276 182	B, Lk
	ApJ 107 106	Par
	BAA Circ 304	B
	Orion Genève Nr. 16 S. 354	Not
	PAT 29 76	Par
	Pop Astr 56 110 = Harv Repr 316 4	B, Lk
	Pop Astr 56 228 = Harv Repr 316 14	Not, Par
	Pop Astr 56 277 = Harv Repr 316 17	B
	Pop Astr 56 335 = Harv Repr 316 19	B
	Pop Astr 56 395 = Harv Repr 316 24	Not
	Pop Astr 56 445 = Harv Repr 316 26	B
SX	Ref. 11198	O, VS, B, Typ, Am? El, Sp
SZ	AN 276 177	Typ, Lk, El
TY	AN 276 19	VS, B
TZ	Pop Astr 56 161 = Harv Repr 316 10	Not, P?
VW	Ref. 11198	O, VS, B, Typ, Am, Lk, El, Sp
VX	AN 276 178	Typ, Lk, El
WX	AN 276 19	B
AD	Ref. 11198	O, Typ?, Sp
AI	Ref. 11198	O, VS, Typ, Am, Sp
AU	Ref. 11198	O, VS, B, Typ, Am, El, Sp
AV	Ref. 11178	VS, B, Typ, Am, El, Sp
	Pop Astr 56 161 = Harv Repr 316 10	Am, P
BG	AN 276 20	B, El
	Pop Astr 56 161 = Harv Repr 316 10	Am, P
BS	AN 276 31	B
CD	Ref. 11198	O, VS, B, Typ, Am, Lk, El, Sp
CH	Ref. 11178	VS, B, Typ, Am, P, El, Sp
CN	NAT 1948 152	B, Not, Lk, El
DF	Ref. 11178	VS, B, Typ, Lk, El, Sp
EH	AN 276 20	B, El

EL	AN **276** 21	B, El
EV	Ref. **11198**	O, VS, B, Typ, Am, El
EW	Ref. **11198**	O, VS, B, Typ, Am
EX	Ref. **11198**	O, VS, B, Typ, Lk, Am, El
EY	Ref. **11198**	O, VS, Typ
EZ	Ref. **11198**	O, VS, B, Typ, Lk, Am, El, Sp
FZ	AN **276** 21	VS, B, El
GG	Ref. **11198**	O, VS, B, Typ, Lk, Am, El, Sp
GH	Ref. **11198**	O, VS, B, Typ, Lk, Am, El, Sp
GI	Ref. **11198**	O, VS, B, Typ, Lk, Am, El
GK	Ref. **11178**	VS B, Typ, Lk, El, CI
IW	Ref. **11198**	O, VS, B, Typ, Am, El
IX	Ref. **11198**	O, VS, B, Typ, Am, El
IY	Ref. **11198**	O, VS, B, Typ, Am, Lk, El
KL	Ref. **11198**	O, VS, B, Typ, Am, El
KR	Ref. **11198**	O, VS, B, Typ, Lk, Am, El, Sp
KU	Publ ASP **60** 248	Sp
KV	Astr Circ USSR **60** 3	El
	VS Bull **6** 286	Ka, O, VS, Lk, Am, El
MW	Ref. **11198**	O, VS, B, Typ, Lk, Am, El, Sp
MY	Ref. **11198**	O, VS, B, Typ, Lk, Am, El, Sp
PP	AN **276** 32	Not
V338	AN **276** 32	Not
V345	Ref. **11198**	O, VS, B, Typ, Lk, Am, El, Sp
V360	Ref. **11178**	VS, B, Typ, Am, El
V369	Ref. **11178**	VS, B, Typ, (Lk), El
V371	Ref. **11198**	O, VS, B, Typ, Lk, Am, El
	Publ ASP **60** 248	Sp
V383	Ref. **11198**	O, VS, B, Typ, Lk, Am, El
V388	Ref. **11198**	O, VS, B, Typ, Lk, Am, El, Sp
V397	Ref. **11198**	O, VS, Typ, Am
V404	Ref. **11198**	Ka, O, VS, B, Typ, Lk, Am?
V430	Ref. **11198**	O, VS, B, Typ?, Am
V 442	Ref. **11198**	O, VS, B, Typ, Lk, Am, El, Sp
V444	ApJ **108** 540 = Ref. **11125**	Sp
V447	Ref. **11198**	O, VS, B, Typ, Lk, Am?, El
V448	Ref. **11198**	O, VS, B, Typ, Lk, Am, El, Sp
V449	Ref. **11198**	O, VS, Typ, Am, Sp
V454	= SVS 966	
χ	AN **276** 95	B
	Pop Astr **56** 162 = Harv Repr **316** 10	B, Not
	Pop Astr **56** 335 = Harv Repr **316** 19	Not, Typ
	Pop Astr **56** 395 = Harv Repr **316** 24	B
	Pop Astr **56** 445 = Harv Repr **316** 26	B
P	Pop Astr **56** 162 = Harv Repr **316** 10	B, Not
57	DOB **12**	An

Delphinus

V	AN **276** 31, 32	VS, B
Y	AN **276** 31, 32	VS, B
Z	AN **276** 31	B
RW	AN **276** 31, 32	VS, B
RX	AN **276** 31	B

RY	AN **276** 31	B
RZ	AN **276** 31, 32	VS, B
SY	Ref. 11178	VS, B, Typ, Am, El
TU	Ref. 11178	VS, B, Typ, Am, P
TW	Ref. 11178	VS, B, Typ, P, El
UZ	Ref. 11178	VS, B, Typ, El
YZ	AN **276** 31	B

Dorado

R	Pop Astr **56** 160 = Harv Repr **316** 9	Not, Am
	Pop Astr **56** 444 = Harv Repr **316** 25	Am

Draco

R	AN **276** 95	B
Z	Taschkent Bull **2** 435 = Ref. 11113	Ka, VS, B, Lk, P, Elb
SS	Ref. 11178	VS, B, Typ, Am, El, Sp
TT	Ref. 11178	Lk
TW	AAc **4** 81	B
UV	Ref. 11178	Lk

Equuleus

R	AN **276** 22	B
S	AAc **4** 81	B

Eridanus

RW	Ref. 11178	VS, B, Typ, El
RX	Odessa Mitt. 1 Nr. 2 S. 31	Not

Gemini

R	AN **276** 22	B
U	BAA Circ 295, 304	B
	Pop Astr **56** 113 = Harv Repr **316** 7	B
	Pop Astr **56** 277 = Harv Repr **316** 17	B, Typ
	Pop Astr **56** 334 = Harv Repr **316** 18	B
Y	Pop Astr **56** 160 = Harv Repr **316** 9	Am
SS	AN **276** 133	VS, B, Typ, Lk, Am, El
SU	Ref. 11178	VS, B, Typ, Lk, El, Sp
SW	Pop Astr **56** 334 = Harv Repr **316** 18	B, P
TU	DOB **13**	Ka, VS, Not
WY	DOB **13**	Ka, VS, Not
BU	DOB **13**	Ka, VS, Not
η	DOB **13**	Ka, VS, Lk, RG

Grus

π^1	Pop Astr **56** 162 = Harv Repr **316** 10	Am

Hercules

S	AN **276** 95	B
	NAZ **2** 28	B, Typ
T	AN **276** 31, 32	VS, B
	AN **276** 95	B
U	AN **276** 95	B
W	AN **276** 23	B
	BAF 8 fasc. 1 S. 3	Ka, O, VS, B, Typ, Lk, El, Sp
RS	AN **276** 95	B
RT	AN **276** 23	B
SU	AN **276** 23	VS, B
SX	Pop Astr **56** 161 = Harv Repr **316** 9	Typ, P?
SZ	Odessa Bull. Nr. **2** S. 11	P
TU	Astr Circ USSR **80** 9	El
UU	Ref. 11178	B, Typ, Lk, Am, P. El. Sp
VZ	Odessa Mitt. **1** Nr. 2 S. 46	Mon
AC	Publ ASP **60** 66	VS, Lk, El
AZ	AN **276** 23	B
BB	Ref. 11164	VS, B, Lk, El
CF	AN **276** 24	VS, B
DF	BAF 8 fasc. 1 S. 4	Ka, O, VS, B, Typ, Lk, El
DM	Ref. 11178	VS, B, Typ. Am, El
EE	Odessa Mitt. 1 Nr. 2 S. 34	B
EP	Odessa Mitt. 1 Nr. 2 S. 34	B
EY	AN **276** 31	B
FI	AN **276** 31	B
u	AAc **4** 81	B
	Pulk Mitt **17** Nr. 2 (137) S. 39	Sp

Horologium

R	Pop Astr **56** 160 = Harv Repr **316** 8	B, Am

Hydra

R	AN **276** 95	B

Lacerta

RS	AN **276** 24	VS, B
VX	AAc **4** 81	B
AR	ApJ **108** 155	Ref. **11139**
BT	Publ. Oss. astr. univ. Bologna **5** Nr. 8	B, El
CM	Kasan Engelhardt Obs. Bull. **25** 14	Lk
12	Pop Astr **56** 276 = Harv Repr **316** 16	Not, Am, P

Leo

R	ApJ **107** 303 = Ref. **9523**	Sp
	Pop Astr **56** 335 = Harv Repr **316** 19	B, Typ
Z	AN **276** 140	VS, B, Typ, Lk, Am, El, Sp
	Ref. **11178**	Lk

Leo minor

W	Ref. **11178**	VS, B, Typ, (Lk), Am, El

Lepus

T	BSAF **62** 174	B
U	Odessa Mitt. **1** Nr. 2 S. 18	Not
RS	Astr Circ USSR **61** 8	El

Libra

SS	Stalinabad Circ. Nr. **59—60** S. 2-3	Not
TV	Odessa Mitt. **1** Nr. 2 S. 70	Not
VZ	Astr Circ USSR **61** 8	El

Lynx

V	Ref. **11178**	B, Typ, P, El, C

Lyra

R	AJ **53** 104	B, El
W	AN **276** 95	B
Z	AN **276** 31, 32	VS, B
RR	ApJ **108** 60 = McDC **150**	Ref. **9220**
SZ	Pop Astr **56** 161 = Harv Repr **316** 10	Am, P
TU	Pop Astr **56** 161 = Harv Repr **316** 10	Not, Am
TY	AN **276** 24	VS, B
UV	AN **276** 25	VS, B, El
UW	AN **276** 25	B, El
XX	AN **276** 32	Not
AD	AN **276** 26	VS, B
AE	Ref. **11178**	VS, B, Typ, Am, El
AI	AN **276** 26	B, El
DP	Ref. **11178**	VS, B, Typ, Lk, Am, El
DW	Ref. **11178**	VS, B, Typ, Am, P, El
EP	Ref. **11178**	VS, B, Typ, Lk, El
FK	Ref. **11178**	VS, B, Typ, Am, El
β	Wien Mitt. **4** 21	Vgl. Ref. 11109

Monoceros

U	Ref. **11178**	VS, B, Typ, Lk, Am, El, Sp
X	AN **276** 27	B, El
BO	AAc **4** 81	B

Ophiuchus

U	AAc **4** 81	B
RV	VS Bull **6** 246 = Ref. **11101**	P, Elb
SW	AAc **4** 81	B
TT	Pop Astr **56** 161 = Harv Repr **316** 9	P?
UW	AN **276** 31	B
UX	AN **276** 31, 32	VS, B
UZ	Ref. **11178**	VS, B, Typ, Lk, Am, El, Sp
XX	DOB Nr. **5**	Ka, VS, Not
AP	AN **276** 32	Not
BF	Stalinabad Circ. Nr. **59—60** S. 7	Not
V502	ApJ **108** 497 = McDC **156**	Ref. **11144**

Orion

T	BSAF **62** 174	B
X	BSAF **62** 32	Not
RS	Lwow Circ. Nr. **3** S. 11	Not
VV	JO **31** 97	B, El
BM	AN **276** 144	Not, Typ, El, Els
CI	AJ **53** 104	Not, const

DH	Ann d'Astrophys 11 223	Sp
ET	AAc 4 81	B
FL	AAc 4 81	B
FR	AAc 4 81	B
α	BAA Circ 292	B
	Pop Astr 56 160 = Harv Repr 316 9	Am, P
	Pop Astr 56 226 = Harv Repr 316 12	Not, Lk
ζ	BSAF 62 63	Not
	NAZ 2 4	P
	UAI Circ 1138	P
25	BSAF 62 323	B

Pegasus

RU	Pop Astr 56 162 = Harv Repr 316 10	B
SS	AN 276 27	B
SX	AN 276 28	B
TW	Ref. 11178	VS, B, Typ, P, El, Sp
WY	AN 276 28	B
AF	Ref. 11178	VS, B, Typ, Am, El, Sp
AG	BSAF 62 20	Not
	BSAF 62 297	B
	JBAA 59 49	Not
AS	AN 276 28	VS, B, El
AW	VS Bull 6 265	VS, B, Lk, El, Elb, Els, Elsb, aD, Tem, Sp
BC	Ref. 11178	VS, B, Typ, Am, P
BD	Ref. 11178	VS, B, Typ, Am, El, Sp
BE	Ref. 11178	VS, B, Typ, Am, P
BU	Ref. 11178	VS, B, Typ, Am, El
DH	AJ 53 162	B, El
DI	AAc 4 81	B
DN	Ref. 11178	VS, B, Typ, Am, El
DY	BAN 10 391	VS, B, Lk, El, CI
β	VS Bull 6 289	VS, B, Lk

Perseus

S	Pop Astr 56 160 = Harv Repr 316 8	B, P
T	Pop Astr 56 160 = Harv Repr 316 8	const
W	Pop Astr 56 160 = Harv Repr 316 8	B, Typ
RT	AAc 4 81	B
RU	Pop Astr 56 160 = Harv Repr 316 8	Not, Am
RY	Ref. 11121	B, Lk, El
SV	Ref. 11163	VS, B, Lk, Am, El
TX	Pop Astr 56 160 = Harv Repr 316 8	Am, P
	Ref. 11178	VS, B, Typ, Am, P, El, Sp
UV	Pop Astr 56 160 = Harv Repr 316 8	Not
	Pop Astr 56 444 = Harv Repr 316 25	B, Typ
AH	AN 276 29	B, El
AI	AN 276 29	B, El
AW	Ref. 11165	B, Lk, aD, Sp, CI, Tem
BS	Ric Astr 2 Nr. 4 S. 70	Ka, VS, B, Lk
BV	Ric Astr 2 Nr. 4 S. 75	Ka, VS, B, Lk
β	AAc 4 81	B
	ApJ 108 1	Ref. 11106
	BAA Circ 304	Not
	Sterne 24 174	El

Pisces

RU	Odessa Mitt. 1 Nr. 1 S. 1	Mon
RX	AN 276 30	VS, B, El
SS	Odessa Mitt. 1 Nr. 1 S. 23	Mon
SX	AAc 4 81	B
TV	AJ 53 104	B, El

Puppis

RU	Pop Astr 56 444 = Harv Repr 316 25	Typ, Am
AD	Stalinabad Circ. Nr. 59—60 S. 6	Not
L_2	Pop Astr 56 160 = Harv Repr 316 9	Not, P

Sagitta

U	AAc 4 81	B
V	Pop Astr 56 162 = Harv Repr 316 10	Not, Am

Sagittarius

RS	MN 108 343	O, Lk, P Elb, aD

RY	Pop Astr **56** 161 = Harv Repr **316** 10	B, Not, Typ
	Pop Astr **56** 335 = Harv Repr **316** 19	B, Not, Typ
	Pop Astr **56** 445 = Harv Repr **316** 26	B
SS	Pop Astr **56** 161 = Harv Repr **316** 10	Typ, Am
TW	Stalinabad Circ. **66** 4	B, El
TY	Stalinabad Circ. **66** 4	B
AL	Stalinabad Circ. **66** 4	B, El
XZ	Asosiación fis. argent. 1948	Sp
V505	AAc **4** 81	B
V526	MN **108** 334 = Ref. **11126**	VS, Lk, El, Elb, Elsb
V733	Stalinabad Circ. **66** 4	B

Scorpius

V381	Publ ASP **60** 248	Sp
V383	Publ ASP **60** 248	Sp
V472	Publ ASP **60** 248	Sp
μ^1	MN **108** 398	Lk, El, Elb, Elsb, aD, Vgl. Ref. 11141

Sculptor

S	Pop Astr **56** 159 = Harv Repr **316** 8	Not
RR	Pop Astr **56** 159 = Harv Repr **316** 8	Not
	Pop Astr **56** 334 = Harv Repr **316** 18	const?

Scutum

R	AN **276** 95	B
	Pop Astr **56** 335 = Harv Repr **316** 19	B, Typ
X	Riverview Publ. **2** 53	Ka, VS, Lk, Am, El
Y	Riverview Publ. **2** 53	Ka, VS, B, Lk, Am, El
Z	Riverview Publ. **2** 53	Ka, VS, Lk, Am, El
RU	Riverview Publ. **2** 53	Ka, VS, B, Lk, Am, El
RY	Harv Circ **452** 9	VS, B, Not, Lk, El
SS	Riverview Publ. **2** 53	VS, B, Lk, Am, El
ZZ	BAN **10** 415	O, Lk, El
δ	Pop Astr **56** 276 = Harv Repr **316** 17	Am, P

Serpens

R	AN **276** 95	B
Z	Ref. **11178**	VS, B, Typ, Am, El
AM	Ref. **11178**	VS, B, Typ, Am, El

Taurus

T	Pop Astr **56** 160 = Harv Repr **316** 8	B, Typ
RR	Pop Astr **56** 160 = Harv Repr **316** 9	Not, Typ, Am
	Sterne **24** 85	Lk
RW	AAc **4** 81	B
SU	Pop Astr **56** 160 = Harv Repr **316** 9	B, Not, Typ
	Pop Astr **56** 334 = Harv Repr **316** 18	B, Typ
SV	AAc **4** 81	B
VY	AN **276** 32	Not
WW	Ref. **11178**	B, Typ, Lk, Am, El, Sp
AB	Ref. **11178**	VS, B, Typ, Am, El
AL	AAc **4** 81	B
AU	Ref. **11178**	VS, B, Typ, Am, El

Telescopium

RR	MN ASSA **7** 74	O, B
	Pop Astr **56** 443 = Harv Repr **316** 25	B, Not, P
	Pop Astr **56** 563 = Harv Repr **316** 31	Lk

Triangulum

R	AN **276** 95	B
X	AAc **4** 81	B

Ursa maior

R	AN **276** 95	B
S	AN **276** 95	B
T	AN **276** 95	B
W	AJ **53** 111	Not

X	AN **276** 30	VS, B
Z	NAT **1948** 64	Lk
	Pop Astr **56** 161 = Harv Repr **316** 9	P
RZ	Pop Astr **56** 160 = Harv Repr **316** 9	Am, P?
SX	AJ **54** 16	Ka, VS, B, Typ, Lk, El
SY	AJ **53** 104	Not, const
UV	Ref. **11178**	VS, B, Typ, Am, P, El, CI
UX	ApJ **108** 153	Ref. **11143**

Ursa minor

U	AN **276** 95	B
α	Sterne **24** 85	Not
ε	Sterne **24** 116	Not
	Ref. **11110**	Mon, VS, B, P, aD

Vela

AL	Publ ASP **60** 248	Sp

Virgo

R	AN **276** 95	B
S	Lund Circ **13** 375 = Ref. **9212**	EB
W	AN **276** 179	El
VV	Astr Circ USSR **80** 10	El
AD	Odessa Mitt. **1** Nr. 2 S. 21	Not
AH	AJ **53** 111	Not
	ApJ **107** 97 = McDC **144**	Ref. **11102**
BB	Odessa Mitt. **1** Nr. 2 S. 13	Not
BF	ApJ **108** 497 = McDC **156**	Ref. **11144**

Vulpecula

R	AN **276** 31, 32	VS, B
	AN **276** 95	B
S	AN **276** 135	VS, B, Typ, Lk, Am, El
T	Vgl. Ref. **11158**	Lk, P, El, Sp, CI, Tem, monochr. Helligkeit
V	AN **276** 241	VS, B, Lk, P, El
Z	AAc **4** 81	B
	NAZ **2** 23	VS, B
RU	AN **276** 95	B
	Pop Astr **56** 162 = Harv Repr **316** 10	Not, Am, P
SV	Ref. **11178**	Lk
SW	Mem SA It (NS) **19** 27 = Contr. Asiago Nr. **6**	Ka, VS, O, B, Not, Typ?
	Pubbl. Oss. astr. uni. Bologna **5** Nr. 8	B, El
UW	AN **276** 32	Not
YZ	AN **276** 30	VS, B, El
AB	Ref. **11198**	O, VS, B, Typ, Lk, Am, El, Sp?
AU	Ref. **11198**	O, VS, B, Typ, Am, P
BE	AAc **4** 81	B
	Ref. **11198**	O, VS, B, Typ, Lk, Am, El, Sp
BF	Ref. **11178**	VS, B, Typ, El
BT	Ref. **11198**	O, VS, B, Typ, Lk, Am, El

11213. Veränderliche mit provisorischer Bezeichnung

50.1929	Astr Circ USSR **79** 10	Not
129.1931	Astr Circ USSR **61** 9	El
203.1932	AAc **4** 84	Typ, El
492.1934	Ref. **11198**	O, VS, B, Typ, Am?
2.1935	Ref. **11178**	VS, B, Typ, Am, El
5.1935	Odessa Mitt. **1** Nr. 2 S. 57	Not
33.1935	AAc **4** 84	Typ, El
38.1935	Odessa Mitt. **1** Nr. 2 S. 37	Not
166.1935	Ref. **11198**	O, VS, Typ, Am, P?, Sp
186.1935	= DH Peg	

638.1935	Stalinabad Circ. Nr. **59—60** S. 5	Not
980.1935	Ref. **11198**	O, VS, B, Typ, Am, El
981.1935	Ref. **11198**	O, VS, Typ ?, Am
982.1935	Ref. **11198**	O, VS, B, Typ, Am, Lk, El
983.1935	Ref. **11198**	O, Typ
984.1935	Ref. **11198**	O, VS, B, Typ, Lk, Am, El
516.1936	= V 447 Cyg	
522.1936	Ref. **11198**	O, VS, B, Typ, Lk, Am, El
612.1936	Riverview Publ. **2** 68	O, Typ, Am, P
655.1936	Ref. **11198**	O, VS, B, Typ, Lk, Am, El
26.1938	Ref. **11198**	O, VS, const
65.1939	Ref. **11198**	O, VS, Typ, Am, Sp
66.1939	= V 448 Cyg	
69.1939	Ref. **11198**	O, VS, B, Typ, Lk, Am, El, Sp
	Astr Circ USSR **60** 7	El
70.1939	Ref. **11198**	O, VS, B, Typ, Lk, Am, El, Sp
71.1939	Ref. **11198**	O, VS, Typ, Am, Sp
72.1939	Ref. **11198**	O, VS, B, Typ, Lk, Am, El
73.1939	Ref. **11198**	O, VS, Typ ?, Am, P
74.1939	Ref. **11198**	O, VS, B, Typ, Lk, Am, El, Sp ?
75.1939	Ref. **11198**	O, VS, Typ, Am
76.1939	Ref. **11198**	O, VS, B, Typ, Lk, Am, El
77.1939	Ref. **11198**	O, VS, Typ ?, Am
78.1939	Ref. **11198**	O, VS, B, Typ, Lk, Am, El
79.1939	Ref. **11198**	O, VS, B, Typ, Lk, Am, El
80.1939	Ref. **11198**	O, VS, B, Typ, Lk, Am, El
81.1939	Ref. **11198**	O, VS, B, Typ, Lk, Am, El
82.1939	= V. 442 Cyg	
83.1939	Ref. **11198**	O, VS, B, Typ, Lk, Am, El

11214. Veränderliche BD-Sterne

BD		
+62°2363	BSAF **62** 58	Ka, VS, B
52 771	ApJ **107** 413	O, VS, B, Lk, Typ, Sp
	= Harv Repr **309**	
50 46	= AO Cas	
47 3487	BSAF **62** 151	Ka, VS, B, Not
40 4115	AJ **53** 112	An, Am, P Sp
35 3964	= 65.1939	
35 4002	= RY Cyg	
34°3766	= 166.1935	
34 3871	= V 448 Cyg	
34 3887	= Pr 5299	
34 3938	= VW Cyg	
34 4127	BSAF **62** 59	Ka, VS, B
33 3690	= 71.1939	
33 3718	= CD Cyg	
33 3862	= MY Cyg	
+32 3743	= MW Cyg	

BD		
+31°3932	Ark Mat Astr Fys **36** A Nr. 7 = Uppsala Medd. **91**	Ka, O, B, Typ, El, Sp
	NAZ 1 37	An, Am, P
	PAT **29** 52	O, B, Not, Am, P, Sp
30 3915	= KR Cyg	
30 3960a	= SX Cyg	
26 3896	= BE Vul	
24 441	BSAF **62** 204	B, Not
6 4990	= DH Peg	
+ 3 924	Publ ASP **60** 114	An, O, Typ, Lk, Am
— 7 4672	Riverview Publ. **2** 66	An, Lk, Am, El, Elb
	2 68	An, O, Typ, Am, P, El, Sp
— 9 3371	AN **276** 180	An, O, Typ, Am

11215. Veränderliche CPD-Sterne

CPD			
—52°3245	Riverview Publ. **2** 68	An, O, Typ, Am, P, Sp
—59 2775	Riverview Publ. **2** 68	An, O, Typ, Am, P, Sp
—62 2670	Riverview Publ. **2** 68	An, O, Typ, Am, Sp

11216. Harvard-Veränderliche

HV	
6430	= MY Cen
10265	= HD 161 387

11217. Veränderliche HD-Sterne

HD		
108	= BD 62°2363	
1337	= AO Cas	
9269	Publ ASP **60** 269	An, O, Not
25878	= BD + 52° 771	
151890	= μ^1 Sco	
161387	Publ ASP **60** 248	Sp
168206	AJ **53** 112	An, Am, P, Sp
172852	= BD —7°4672	
193576	= V **444** Cyg	
197419	= BD + 34°4127	
206773	= BD + 47°3487	
211419	AJ **53** 198	Not, Typ
218066	AJ **53** 112	An, Am, P, Sp

11218. Prager-Sterne

Pr		
339	= 129.1931	
705	AN **276** 173	Typ, El
1245	AN **276** 174	Typ, El
1262	AN **276** 174	Typ, El
1268	AN **276** 174	Typ, El
4224	AN **276** 176	Typ, El
4587	AN **276** 176	Typ, El
4999	AN **276** 176	Typ, El
5025	AN **276** 177	Typ, Lk, El
5299	Ref. **11198**	O,VS,const
5405	AN **276** 177	Typ, Lk, El
5415	AN **276** 177	Typ, El

11219. SVS-Sterne

SVS		
308	Ref. **11198**	O, VS, B, Typ, Am
467	Ref. **11198**	O, VS, B, Typ, Lk, Am, El
470	Ref. **11198**	O, VS, B, Typ, Lk, Am, El
472	Ref. **11198**	O, VS, B, Typ, Lk, Am, El
477	Ref. **11198**	O, VS, B, Typ, Lk, Am, El
589	Astr Circ USSR **80** 9	Typ, El
	Odessa Mitt. **1** Nr. 2 S. 61	Not
717	Astr Circ USSR **61** 9	El
787	Odessa Bull. Nr. **3** S. 31	Not
877	= KU Cyg	
966	Astr Circ USSR **60** 7	El
1009	= 50.1929	

11220. Sonstige veränderliche Sterne

Äqu. 1855

$4^h\ 57^m\ 27^s$	+75° 39!0	Publ ASP **60** 114	An, Ka, B, Typ, Am, El
18 30.0	+49 5	AN **276** 180	An, Ka, VS, Typ
19 15.0	+29 14	AN **276** 180	An, Typ, Lk, El
19 53 47	+22 23.2	Mem SA It (NS) **19** 27 Contr. Asiago Nr. **6**	An, Ka, O, VS, B
22 26 5	+20 2.1	Publ ASP **60** 114	An, Ka, B, Typ, Am, C

Äqu. 1875

$13^h\ 0^m\ 49^s$	—58° 42!8	BAN **10** 382	Ka, VS, B, Typ, Lk, Am

13h 9m 10s	−61° 57.8	BAN 10 382	Ka, VS, Typ, Lk, Am
13 15 59	−47 4.1	BAN 10 377	Ka, VS, B, Typ, Lk, El
13 16 13	−46 31.5	BAN 10 377	Ka, VS, B, Typ, Lk, El
		Äqu. 1900	
13h 37m 31s	−54° 49.3	BAN 10 387	Ka, VS, B, Typ, Am
21 11.9	+37 46	AJ 53 234	An, Not, P
		Äqu. 1945	
22h 7m.6	+57° 26′	ApJ 108 56 = Ref. 10203	VS, Lk, RG
12h 29m	−67°	Pop Astr 56 161 = Harv Repr 316 9	B, const?

11221. Verzeichnis der Beobachter und Berechner veränderlicher Sterne

W. S. Adams
P. Ahnert
G. Armellini
J. Ashbrook
R. L. Baglow
A. Beer
M. Beyer
W. P. Bidelman
J. Bigay
A. Blaauw
A. Briede
W. A. Bronstein
V. Buhl
J. Bull
K. Burns
L. Campbell
Y. C. Chang
S. Chilardi
A. F. Cook
J. Delhaye
D. H. Didriksen
E. van Dien
O. W. Dobrowolskij
E. Douillet
B. A. Dragomirezkaja
J. Dufay
O. J. Eggen
A. V. Farquhar
C. Fehrenbach
A. J. Filin
J. Franz
J. Friends
S. Gaposchkin
E. Gaviola
H. van Gent
H. Gitz
K. C. Gordon
K. Graff
L. Gratton
J. L. Greenstein
W. Gyllenberg
M. Hack
H. Haffner
R. Heiderscheidt
G. H. Herbig
A. Hestin
W. A. Hiltner
K. Himpel
F. M. Holborn
A. van Hoof
I. M. Ischtschenko
W. P. Judkina
B. N. Kadomskij
D. Karatzas
S. Kierulff
R. P. de Kock
K. W. Kostylew
E. N. Kramer
W. Krat
B. W. Kukarkin
P. G. Kulikowskij
N. E. Kurotschkin
G. Larsson-Leander
J. D. Lasebnik
F. Mandré
D. J. Martynow
S. Mayeva
R. D. McKnelly
D. B. McLaughlin
I. G. Mergentaler
J. Mergentaler
P. W. Merrill
B. Meyermann
G. R. Miczaika
N. A. Möller Nicolaisen
P. Muller
G. Münch
P. Naur
S. W. Nekrassowa
A. V. Nielsen
D. J. K. O'Connell
O. K. Odynskaja
A. Opolski
I. E. Pelischenko
E. Perepelkin
E. V. Petersen
E. Pettit
S. L. Piotrowski
D. M. Popper
A. Prichodko
L. Rebuffat
R. Rigollet
E. W. Rybka
J. Sahade
H. U. Sandig
P. F. Schajn
H. Schneller
B. Schwarzschild
M. Schwarzschild
T. Sjögren
A. Slettebak
B. Smith
A. W. Solowjow
S. Sörensen
J. W. Stein
C. H. D. Steinmetz
D. W. N. Stibbs
K. A. Strand
O. Struve
L. P. Swetlowa
N. Sytschewa
R. Szafraniec
N. Tamm

P. Tarte
A. D. Thackeray
A. A. Wachmann
K. Walter
O. P. Wassiljanowskaja
F. Weber
R. Weber
B. S. Whitney
O. C. Wilson
F. B. Wood
K. O. Wright
F. Zagar
W. P. Zessewitsch
W. Zonn

§ 113

Novae, Supernovae

* * **D. Barbier,** L'excitation des raies interdites par chocs électroniques. Nébuleuses-Novae-Aurores polaires. Vgl. Ref. **5302.**

* * **D. Barbier,** L'excitation des raies interdites dans les nébuleuses, les novae et les aurores polaires. Vgl. Ref. **5303.**

11301. **W. Becker,** Reduktion der Farbtemperaturen Neuer Sterne auf das Göttinger Fundamentalsystem. Himmelswelt **55** 122—126. — Gibt die Farbtemperaturen folgender Novae: Aquilae Nr. 3 (1918), Geminorum Nr. 2 (1912), DQ Herculis (1934), CP Lacertae (1936) und RS Ophiuchi Nr. 3 (1933).

11302. **C. Bertaud,** Sur les novae d'amplitude connue. Ann d'Astrophys **11** 1—12, mit 4 Fig. — Die Untersuchungen von 34 Novae führen zu folgenden Ergebnissen: Amplituden von 8^m4 und 11^m4 kommen am häufigsten vor. Allgemein sind sie größer, wenn der Helligkeitsabfall sehr rasch erfolgt [$A = -2^m80$ log (Abklingzeit in Tagen) $+ 14^m74$]. Sie wachsen weiterhin mit der absoluten Helligkeit im Maximum [$A = -0.59\, M_{max} + 7^m48$]. Zwischen den Amplituden der Wiederkehrnovae und der Wiederkehrzeit besteht die Beziehung $A = 1^m51$ log (Wiederkehrzeit in Jahren) $+ 5^m09$. Loh.

11303. **W. Dieckvoss,** Über die räumliche Verteilung der Neuen Sterne. Himmelswelt **55** 82—83, mit 2 Abb. — Besprechung der Arbeit von D. B. McLaughlin in AJ **51** 136, AJB **45** Ref. **8604.**

11304. **L. E. Gurewitsch, A. I. Lebedinskij,** Explosions in stars, resulting from nuclear reactions, as a possible cause of outbursts of novae and supernovae. DAN (2) **56** 23—25, 1947. — Ref. in ZfMG **29** 384.

11305. **L. E. Gurewitsch, A. I. Lebedinskij,** Durch Kernreaktionen bedingte Ausbrüche an der Oberfläche von Sternen. DAN **56** 137—140, 1947. — Ref. in ZfMG **29** 190—191.

11306. **E. L. Gurewitsch, A. I. Lebedinskij,** Zur Theorie der Nova-Ausbrüche. J. experim. theor. Physik **17** 792—806, 1947 (russisch).

11307. **A. I. Lebedinskij,** Die Struktur der Hüllen Neuer Sterne. Jubiläumspublikation Lenin-Staatsuniv. Leningrad (Math., Astr.) S. 12—20 (russisch).

11308. **D. B. McLaughlin,** The nebulae around novae. Pop Astr **56** 459—469, mit 3 Fig. — Besprechung in JBAA **59** 136—137, Sternenwelt **1** 160. — Zusammenfassende Darstellung der sich nach Novaausbrüchen um Novae bildenden Nebel. Die bei der Teilung des Nebels der Nova Herculis beobachtete verschiedene Verteilung der Emissionsgebiete von [O III] und [N II] in zwei zueinander senkrechten Elongationen bleibt noch ungeklärt. Loh.

11309. **D. B. McLaughlin,** Interpretations of changes in the emission bands of novae. Publ ASP **60** 54—58. — Es wird ein Mechanismus beschrieben, der die Strukturveränderungen der Emissions-„Banden" in den Spektren der Novae erklären soll. Er betrifft zunächst nur die Wasserstoffemission, kann aber nach entsprechender Modifizierung auch auf andere Elemente angewandt werden. Micz.

* * **G. R. Miczaika, U. Becker,** Die absolute Helligkeit der U Geminorum-Sterne und der Novae. Vgl. Ref. **11189.**

11310. **R. Minkowski,** Novae and planetary nebulae. ApJ **107** 106. — Gegen die oft angenommene entwicklungsmäßige Verwandtschaft der Novae und der planetarischen Nebel sprechen die erheblich unterschiedlichen Expansionsgeschwindigkeiten und Massen. Micz.

11311. **E. R. Mustel,** Über die Deutung negativer Beschleunigungen, welche einige Absorptionssysteme in den Spektren der Novae charakterisieren. RAJ **25** 11—17, mit 2 Abb. (russisch).

11312. **E. R. Mustel,** Über die Entstehung der Emissionsbanden im Spektrum Neuer Sterne. RAJ **25** 156—167, mit 2 Abb. (russisch).

11313. **E. R. Mustel,** Über den Materieausstoß der Neuen Sterne nach dem Helligkeitsmaximum. Krim Mitt. **1** Teil 2 S. 91—171 (russisch).

11314. **B. A. Woronzow-Weljaminow,** Gasnebel und Neue Sterne. Moskau-Leningrad, Verlag Akad. Wiss. UdSSR, 1948. 588 S. mit 97 Abb. und 49 Photos auf Tafeln. Preis 45 R. = 20 DM (russisch). — Besprechung in AN **278** 142 (H. Straßl), ApJ **110** 315—318 (O. Struve), Das sowjetische Buch (russisch). Nr. **6** S. 21—24 (W. W. Sobolew), Pop Astr **57** 526—528 (S. Gaposchkin). — Inhalt: I. Die O-Sterne, S. 7—30. II. Diffuse Nebel und das interstellare Medium, S. 31—64. III. Die planetarischen Nebel, S. 65—104. IV. Physik der Gasnebel, S. 105—181. V. Beobachtungsergebnisse Neuer Sterne, S. 182—271. VI. Die physikalische Natur der Neuen Sterne, S. 272—381. VII. Sterne mit instabilen Atmosphären, S. 382—432. VIII. Supernovae, S. 433—450 IX. Entstehung und Entwicklung der Neuen Sterne und der Gasnebel, S. 451—475.

11315. **B. A. Woronzow-Weljaminow,** Neues über die Novae. Priroda **36** Nr 9 S. 3—12, 1947 (russisch).

11316. **Nova Aquilae Nr. 1 (1899)**
Beobachtung: Harv Ann **116** 238. — Helligkeitsbeobachtungen durch AAVSO.

11317. **Nova Aquilae Nr. 3 (1918)**
Beobachtung: Harv Ann **116** 235. — Helligkeitsbeobachtungen durch AAVSO.
MN **108** 186. W. H. Steavenson. — Helligkeiten.
Pop Astr **56** 161[1]) = Harv Repr Nr. **316** S. 10. — Notiz, Beobachtungen durch AAVSO.

11318. **Nova Aquilae Nr. 4 (1919)**
Beobachtung: Harv Ann **116** 238. — Helligkeitsbeobachtungen durch AAVSO.

11319. **Nova V 368 Aquilae Nr. 6 (1936)**
Beobachtung: MN **108** 186. W. H. Steavenson. — Helligkeiten.

11320. **Nova V 528 Aquilae (1945)**
Beobachtung: Kiew Publ. Nr. **2** S. 91—93. S. K. Wsechswjatskij. — Vergleichssterne, Helligkeiten.
MN **108** 186. W. H. Steavenson. — Helligkeiten.

J. Hunaerts, Observations de la Nova Aquilae 1945, au prisme-objectif. BAB **4** 48—50, mit 2 Fig., 1947. — Zwischen Aug. 31 und Sept. 12 verändert sich das Spektrum praktisch nicht. Starke Emissionsbänder des Fe II herrschen vor. Während die Anwesenheit von H, He I, He II und N III gesichert ist, konnten Linien von O II und N II nicht mit Sicherheit nachgewiesen werden. Von Sept. 15 bis Okt. 11 verändert sich das Spektrum rasch. Die Fe II-Emissio-

[1]) Mit Nova of 1901 bezeichnet.

nen nehmen rasch an Helligkeit ab und die schwachen Strahlungen zwischen λ 4640 und Hγ werden als zu He I, He II und O II gehörig erkannt. Loh.

J. W. Stein, W. J. Miller, Photometric and spectroscopic observations of Nova Aquilae 1945. Specola Astr. Vaticana, Ric Astr **2** 49—67, mit 5 Fig. — Es werden photovisuelle und photographische Vergleichssternhelligkeiten sowie photographische und visuelle Beobachtungen des Lichtwechsels und des Farbenindex zwischen 1945 August 31 und Dezember 5 mitgeteilt. Mit anderweitigen Ergebnissen wird ein Vergleich vorgenommen. 10 Objektivprismenspektren werden zusammen mit ihren Registrierungen reproduziert. Ein Verzeichnis identifizierter Emissionslinien und ihrer Intensitäten ist beigefügt. Micz.

11321. Nova Aquilae 1946

Beobachtung: NAZ 1 37. C. Hoffmeister.

R. Rigollet, La nova présumée du 30 août 1946 dans Aquila. BSAF **62** 26, mit 1 Fig.

11322. Nova RS Carinae (1895)

Beobachtung: Pop Astr **56** 444 = Harv Repr Nr. **316** S. 25. — Notiz durch AAVSO.

11323. Nova T Coronae Borealis (1866)

Beobachtung: MN **108** 187. W. H. Steavenson. — Helligkeit, Farbe. Pop Astr **56** 161, 335 = Harv Repr Nr. **316** S. 9, 19. — Notiz, Helligkeiten durch AAVSO.

M. Bloch, Le spectre de Nova T Coronae Borealis en 1946. Comité National Français d'Astronomie, Communications et Mémoires 1948 S. 15—21, mit 5 Fig. — Die Entwicklung des Spektrums der Nova T CrB wird während ihres Ausbruchs 1946 an Hand von 80 Aufnahmen von Februar bis September 1946 verfolgt. Eine Anzahl charakteristischer Spektren und Registrierkurven wird reproduziert. Micz.

A. J. Deutsch, Notes on the spectrum of T Coronae Borealis. Publ ASP **60** 120—123. — Die Beobachtungen zeigen, daß der das M-Spektrum erzeugende Körper kurz nach dem Ausbruch viel heller als 10. Größe gewesen ist, als im Pränova-Stadium. Da beide Komponenten wahrscheinlich nicht gleichzeitig einen Helligkeitsausbruch erlitten, muß man annehmen, daß das M-Spektrum entweder durch den für den Ausbruch verantwortlichen Körper erzeugt wurde, oder daß dessen Licht durch die Atmosphäre der kühleren Komponente hindurchschien. Loh.

L. Gratton, E. C. Krüger, Quelques résultats tirés des observations de la Nova T Coronae Borealis exécutées à Merate. Comité National Français d'Astronomie, Communications et Mémoires 1948 S. 22—26, mit 1 Fig. — Die Arbeit enthält eine kurze Übersicht über Ergebnisse, die bei der Auswertung von Spektren der Nova T CrB während ihres Ausbruchs 1946 erhalten wurden sowie einige Bemerkungen über das Novaphänomen überhaupt. Micz.

J. Hellerich, Nova T Coronae Borealis. Himmelswelt **55** 92—94, mit 2 Abb. — Die Novaerscheinung von 1866 und 1946 und Hinweis auf einige Punkte, welche für die Klärung des Problems der Neuen Sterne wichtig sind.

G. Larsson-Leander, The light-curve of Nova T Coronae Borealis (1946). Ark Mat Astr Fys **34** B Nr. 14, 7 S. mit 2 Fig.

F. Succi, Osservazioni della R «Coronae Borealis». Rend. Accad. nazionale Lincei (8) **4** 316—318 = Oss. astr. Roma-Monte Mario, Contr. sci. Nr. **139**. — 47 photometrische Messungen zwischen Mai 1946 und November 1947.

Sterne **24** 58—59, mit 1 Fig. Über die Nova T Coronae Borealis. R. Müller.

11324. Nova 615.1936 Crucis
Beobachtung: Riverview Publ. **2** 68. D. O'Connell. — Ort, Helligkeiten, Notiz.

11325. Nova Q Cygni (1876)
Beobachtung: MN **108** 187. W. H. Steavenson. — Helligkeiten.

11326. Nova Cygni Nr. 3 (1920)
Beobachtung: Harv Ann **116** 241. — Helligkeiten durch AAVSO.
MN **108** 187. W. H. Steavenson. — Helligkeit.

11327. Nova V404 Cygni (1938)
Beobachtung: Astr. Abh. Ergänzungsheft AN **11** Nr. 5 S. E42—E43. A. A. Wachmann. — Karte, Ort, Vergleichssterne, Helligkeiten, Lichtkurve.

11328. Nova V450 Cygni (1942)
Beobachtung: MN **108** 187. W. H. Steavenson. — Helligkeiten.

11329. Nova Cygni (1948)
Entdeckung: B. S. Whitney, Oklahoma, 1948 Juni 2.
Anzeige: BAA Circ Nr. 298, BSAF **62** 159, 191, Gaz Astr **30** 36, Harv Card 902, 903, Kop Akt Medd 320, NAZ vM Nr. 37, NAZ **2** 17, Pop Astr **56** 394 = Harv Repr Nr. **316** S. 23, Sky and Telescope **7** 242, 251, UAI Circ 1154.
Beobachtung: Astr Circ USSR Nr. **79** 7. A. W. Solowjow, D. J. Martynow. — Helligkeiten.
Astr Circ USSR Nr. **80** 3. D. J. Martynow. — Helligkeiten.
BAA Circ Nr. 298. W. H. Steavenson, P. Brown. — Helligkeit.
BAA Circ Nr. 299. — Helligkeit.
BSAF **62** 159. V. McKibben Nail. — Helligkeit.
BSAF **62** 191. C. Bertaud, H. Krumpholz. — Ort, Helligkeit, Notiz.
Harv Card 906. V. McKibben Nail. — Helligkeit.
Harv Card 908. A. B. Underhill. — Spektrum.
NAZ **2** 17. K. Reinmuth. — Ort.
NAZ **2** 17. J. Franz. — Helligkeiten.
NAZ **2** 21. W. Dieckvoss. — Ort.
NAZ **2** 28. H. U. Sandig. — Helligkeiten.
Sky and Telescope **7** 242, 251. — Helligkeit, Spektrum.
UAI Circ 1156. B. S. Whitney. — Helligkeiten.
UAI Circ 1157. H. O. Grönstrand. — Helligkeit.
UAI Circ 1158. V. McKibben Nail. — Helligkeit.
UAI Circ 1159. G. Horn-d'Arturo, L. Rosino. — Helligkeit.
UAI Circ 1160. A. B. Underhill. — Spektrum.
UAI Circ 1160, mit Berichtigung in UAI Circ 1173. H. Krumpholz. — Ort.
UAI Circ 1185. G. Adamopoulos. — Ort.

M. Bloch, C. Fehrenbach, Sur le spectre de Nova Cygni 1948. CR **227** 265—266, mit 2 Fig. = Publ. Obs. Haute-Provence (B) Nr. **14**.

A. H. Joy, The spectrum of Nova Cygni 1948. Publ ASP **60** 268—269.

11330. Nova Geminorum Nr. 2 (1912)

D. B. McLaughlin, The absorption spectra of Nova Geminorum 1912. AJ **53** 114. — Ref. AAS.

D. B. McLaughlin, The emission band structures of Nova Persei 1901 and Nova Geminorum 1912. AJ **54** 43—44. — Ref. AAS.

11331. Nova DQ Herculis (1934)

Beobachtung: BAF 8 fasc. 1 S. 31, 41. Duruy, E. Loreta. — Helligkeiten.
MN **108** 187. W. H. Steavenson. — Helligkeit, Farbe, Notiz über Nebel um Nova.
Pop Astr **56** 161 = Harv Repr Nr. **316** S. 10. — Helligkeit durch AAVSO.

F. J. M. Stratton, Bandes d'émission dans le spectre de Nova Herculis 1934. Comité National Français d'Astronomie, Communications et Mémoires 1948 S. 7—10. — Zwei Maxima in den nach rot und violett verschobenen Banden werden in den ersten drei Monaten als Emissionen von Verdichtungen betrachtet, die sich vom Stern in entgegengesetzten Richtungen entfernen und die mit der expandierenden Haupthülle in Verbindung stehen. Im darauffolgenden Minimum verschwinden die roten Maxima, die Absorptionslinien und die von den Hüllen erzeugten Emissionen wahrscheinlich durch eine sehr opake Wolke in der Haupthülle. Erst mit ihrem Verschwinden und der dadurch bedingten Helligkeitszunahme der Nova treten nach und nach alte Erscheinungen wieder auf. Zwischen die roten und violetten Maxima schiebt sich ein neues Maximum, das wohl ebenfalls mit entgegengesetzt bewegten Verdichtungen zusammenhängt. Das Bild entspricht also schließlich einer den zentralen Stern umgebenden expandierenden, atomar geschichteten Hülle mit zwei oder drei Paaren von Verdichtungen. Loh.

1332. Nova Lacertae (1910)

Beobachtung: MN **108** 187. W. H. Steavenson. — Helligkeiten.

11333. Nova CP Lacertae (1936)

Beobachtung: Harv Ann **116** 248. — Helligkeiten durch AAVSO.
MN **108** 188. W. H. Steavenson. — Helligkeit.

11334. Nova Lyrae (1919)

Beobachtung: MN **108** 188. W. H. Steavenson. — Helligkeit.

11335. Nova RS Ophiuchi (1933)

Beobachtung: DOB Nr. **5**. — Karte, Vergleichssterne, Notiz.
MN **108** 188. W. H. Steavenson. — Helligkeiten.
Pop Astr **56** 161, 335 = Harv Repr Nr. **316** S. 9, 19. — Notiz, Helligkeiten durch AAVSO.

11336. Nova Persei Nr. 2 (1901)

Beobachtung: BAA Circ Nr. 300. W. H. Steavenson. — Helligkeit.
BSAF **62** 272. Réveil d'activité de la Nova Persei de 1901.
Harv Ann **116** 202. — Helligkeiten durch AAVSO.
MN **108** 188. W. H. Steavenson. — Helligkeiten.
NAZvM Nr. 43 = UAI Circ 1165.
NAZ **2** 22—23. K. Himpel. — Helligkeiten, Notiz.
Orion Schaffhausen Nr. **21** S. 493. — W. H. Steavenson. — Helligkeit.
Pop Astr **56** 160 = Harv Repr Nr. **316** S. 8. — Helligkeit durch AAVSO.
UAI Circ 1165. W. H. Steavenson. — Helligkeit.

D. B. McLaughlin, The emission band structures of Nova Persei 1901 and Nova Geminorum 1912. AJ **54** 43—44. — Ref. AAS.

J. H. Oort, Quelques remarques sur la nébuleuse autour de la Nova Persei 1901. Comité National Français d'Astronomie, Communications et Mémoires 1948 S. 11—14. — Da sich die Nova Persei (1901) in einem von Dunkelwolken durchsetzten Gebiet befindet, scheint es nicht unwahrscheinlich, daß der nach dem Ausbruch in Novanähe beobachtete fächerförmige helle Nebel seiner Entstehung nach auf eine Wechselwirkung zwischen der abgestoßenen Hülle der Nova und einer Dunkelwolke zurückzuführen ist. Beim Bremsen und Komprimieren der Novahülle in dem in Frage kommenden Raumteil wird die zur Anregung des Rekombinationsleuchtens notwendige Energie frei. Die gegenüber den Rekombinationslinien sehr starken, verbotenen Linien des O II, O III und Ne III bestätigen die Theorie. Loh.

W. P. Zessewitsch, Aufstellung eines räumlichen Modells des Nebels bei der Nova Persei 1901. Kiew Publ. Nr. **2** S. 75—76 (russisch).

11337. Nova RR Pictoris (1925)

Beobachtung: Pop Astr **56** 160 = Harv Repr Nr. **316** S. 9. — Helligkeit durch AAVSO.

11338. Nova CP Puppis (1942)

Beobachtung: Astr Circ USSR **61** 8, 1947. A. W. Solowjow. — Helligkeitsschätzungen aus den Jahren 1942, 1944, 1946.
Harv Ann **116** 213. — Helligkeiten durch AAVSO.
Pop Astr **56** 161 = Harv Repr Nr. **316** S. 9. — Helligkeit durch AAVSO.

K. Tomita, M. Huruhata, Blue, yellow, and red magnitudes of Nova Puppis in 1942—43. TAB (2) Nr. **11** S. 81—84, mit 3 Fig. — Aus den Lichtkurven geht hervor, daß der Farbenindex nach einem plötzlichen Minimum 1942 Nov. 25 bis 1943 Jan. 10 um etwa eine Größenklasse zunahm. Loh.

11339. Nova Sagittae Nr. 2 (1913)

Beobachtung: MN **108** 188. W. H. Steavenson. — Helligkeit.

M. Bigay, Sur la courbe de lumière de Nova Sagittae Nr. 2 1913—1946. Comité National Français d'Astronomie, Communications et Mémoires 1948 S. 27—29, mit 1 Fig.

L. Rosino, Osservazioni fotografiche della Nova Sagittae 1913—1946. Publ. Oss. astr. univ. Bologna **5** Nr. 7, 4 S. — 43 photographische Helligkeitsbestimmungen der Nova Sagittae in den Jahren 1946 und 1947.

11340. Nova V732 Sagittarii (1936)

Beobachtung: NAZvM Nr. 56 = UAI Circ 1194.
UAI Circ 1194. E. Hertzsprung. — Ort, Helligkeiten.

11341. Nova Sagittarii (1947)

Anzeige: Orion Genève Nr. **16** S. 353, 1947.

Beobachtung: Orion Genève Nr. **16** S. 353, 1947. — Ort, Helligkeit.
Stalinabad Circ. Nr. **58** S. 1. A. Solowjow. — Beobachtungen.

11342. Nova Serpentis (1948)

Entdeckung: R. Bartaja, Abastumani, 1948 April 9. Unabhängig von J. Gossner, Cambridge, Mass.

Anzeige: BSAF **62** 126 mit 1 Abb., BSAF **62** 201, Gaz astr **30** 35, Harv Card 902, NAZvM Nr. 36, NAZ **2** 12, Pop Astr

56 394 = Harv Repr Nr. **316** S. 23, Sky and Telescope **7** 242, UAI Circ 1150.

Beobachtung: Astr Circ USSR Nr. 81 12—13. R. Bartaja. — Vergleichssterne, photographische Helligkeiten, Spektrum.
BAA Circ Nr. 296. W. H. Steavenson. — Helligkeit, Spektrum.
BAA Circ Nr. 297. P. L. Brown, W. T. Gayfer, F. M. Holborn, G. Merton. — Helligkeit.
BAA Circ Nr. 298. P. Wellmann. — Spektrum.
BAA Circ Nr. 299. — Helligkeit.
BSAF **62** 159. F. Weber, R. Weber. — Photographische Helligkeiten.
BSAF **62** 201. F. Baldet. — Helligkeiten, Notiz.
BSAF **62** 299. L. Dumser, A. Hestin, L. Rebuffat, R. Rigollet. — Helligkeiten von JD 2432 679.5 bis JD 2432 703.4.
DOB Nr. **6**. — Karte, Vergleichssterne, Notiz.
Gaz astr **30** 35. — Notiz.
Harv Card 911. G. van Biesbroeck, W. P. Bidelman. — Ort, Spektrum.
NAZ **2** 12. K. Reinmuth. — Ort, Helligkeiten.
NAZ **2** 13. W. Malsch, Sternwarte Jena, Sternwarte Bautzen. — Helligkeiten.
NAZ **2** 18. W. Malsch. — Ort.
NAZ **2** 18. P. Ahnert, J. Franz, K. Reinmuth. — Helligkeiten.
NAZ **2** 21. W. Dieckvoss. — Ort.
NAZ **2** 21. J. Franz. — Helligkeiten.
NAZ **2** 22. W. Malsch. — Helligkeiten.
Pop Astr **56** 444 = Harv Repr Nr. **316** S. 26. — Helligkeiten durch AAVSO.
Publ ASP **60** 265—266. D. B. McLaughlin. — Spektrum.
Sky and Telescope **7** 242, 251. — Ort, Helligkeit.
Sterne **24** 57—58. — Notiz.
UAI Circ 1151. K. Reinmuth. — Ort, Helligkeit.
UAI Circ 1153. P. Wellmann. — Spektrum.
UAI Circ 1159. K. Graff. — Helligkeiten.
UAI Circ 1162 = Harv Card 911.
UAI Circ 1172. G. Adamopoulos. — Ort.

M. Bloch, Sur le spectre de Nova Serpentis 1948. CR **227** 333—335, mit 1 Fig. = Publ. Obs. Haute-Provence (B) Nr. **15**.

J. L. Gossner, Photographic light-curve and spectrum of Nova Serpentis 1948. Publ ASP **60** 329—331, mit 1 Fig. — Die Lichtkurve zeigt zwischen Febr. 6 und Juni 4 Schwankungen bis zu einer Größenklasse.

O. C. Wilson, Nova Serpentis 1948. Publ ASP **60** 327—329. — Spektrum Juni 11, 14 und 18. Breite Emissionen im Nebelstadium der Entwicklung.

Supernovae

11343. C. Graef Fernández, De verium atomicarum in corporibus celestibus violenta liberatione. El Universo **46** Nr. 4 S. 5—7.

11344. N. U. Mayall, Nature's greatest explosions: Supernovae. The Scientific Monthly **66** 17—24, mit 7 Fig.

11345. **W. Petri,** Auf den Spuren galaktischer Supernovae. Sterne **24** 81—82. — Besprechung der Untersuchungen von W. Baade und R. Minkowski in ApJ **97** 119, 128 und **102** 309, AJB **46** Ref. 8631/32.

11346. **E. Schatzman,** A theory of supernovae. Obs **68** 66—67. — Als Ursache eines Supernovaausbruchs wird die Ausbildung einer Instabilität in der „Mischzone" eines Weißen Zwergs angenommen, worunter eine dünne Schicht zu verstehen ist, in der Wasserstoff und schwere Elemente enthalten sind. Im übrigen Stern sind nach früheren Rechnungen des Verf. die Elemente durch das starke Gravitationsfeld getrennt. Micz.

* * **D. Wattenberg,** Die Milchstraße als Spiralnebel. Vgl. Ref. **12007**.

11347. **D. Wattenberg,** Die galaktischen Supernovae. Sterne **24** 72—77 = Mitt. Archenhold-Sternwarte Berlin-Treptow Nr. 8.

11348. **Supernova in NGC 6946**

Entdeckung: N. U. Mayall, Mt. Hamilton.

Anzeige: BSAF **62** 221, Harv Card 912, NAZvM Nr. 41, NAZ **2** 17, Orion Schaffhausen Nr. **21** S. 492, Pop Astr **56** 394 = Harv Repr Nr. **316** S. 23, Sky and Telescope **7** 242, UAI Circ 1161.

Beobachtung: UAI Circ 1172. G. Horn d'Arturo. — Helligkeit.

N. U. Mayall, A supernova in the spiral nebula NGC 6946. Publ ASP **60** 266—268, mit 1 Tafel. — Spektrum.

Dreizehnter Teil

Sternsysteme. Nebel. Interstellarer Raum

§ 120

Allgemeines

12001. **G. Armellini,** L'immensità dell'Universo. Accad. nazionale Lincei, Rend. Adunanze generali **5** 73—85 = Oss. astr. Roma Monte Mario, Contr. sci. Nr. **141**. — Bericht über den heutigen Stand der Forschung bezüglich des Sternsystems und der außergalaktischen Nebel. F. Z.

12002. **J. Bigay,** Détermination des magnitudes photographiques globales des nébuleuses par la méthode de Ch. Fabry. CR **227** 550—552, mit 1 Fig. = Publ. Obs. Haute-Provence (B) Nr. **19**. — Um mit der von Fabry eingeführten photographischen Methode zur Bestimmung von Helligkeiten flächenhafter Objekte nicht zu lange Belichtungszeiten zu haben, wählt Verf. als Zwischenlinse einen achromatischen und aplanatischen Mikroskopkondensor von 23 mm Öffnung und einem Öffnungsverhältnis von f/0.33. Es zeigt sich, daß auch die damit erreichte photometrische Genauigkeit wesentlich über der anderer photographischer Methoden liegt. Loh.

12003. **M. S. Eigenson,** Der Aufbau der Sternsysteme. Moskau, Verlag der Prawda, 1948. 19 S. Preis 60 Kop. (russisch).

12004. **K. Graff,** Über das System der visuellen Nebelhelligkeiten Holetscheks. Wien Mitt. **4** Nr. 1 S. 1—8, 1947. — Durch neuere Beobachtungen wird der Nachweis erbracht, daß die Skala der Nebelhelligkeiten Holetscheks im Feld Leo—Virgo einwandfrei ist und daß lediglich eine Nullpunktsverbesserung von $+ 0^{m}9$ zum Anschluß an das visuelle Harvardsystem notwendig ist. Loh.

12005. **K. Graff,** Visuelle Gesamthelligkeiten von hellen Nebeln, Sternhaufen und Milchstraßenwolken. Wien Mitt. **4** Nr. 2 S. 9—20, 1947. —

Nach Erstellung einer Liste von Vergleichssternen werden Beobachtungsergebnisse von Nebelhelligkeiten und der photometrische Verlauf der Milchstraße zwischen Sagittarius und Puppis an diskreten Stellen gegeben. Loh.

12006. **K. Graff,** Neureduktion von Holetscheks Nebelkatalog. Sitzber. Akad. Wiss. Wien math.-nat. Klasse (2a) **156** Heft 3 und 4, S. 93—128 = Wien Mitt. **4** Nr. 4 S. 27—62, mit Bild von Holetschek. — Die Bearbeitung der Holetschekschen Schätzungen ergibt, daß Holetschek bis zur Größe $8\overset{m}{.}5$ den Helligkeitsangaben der BD gefolgt ist, zwischen $8\overset{m}{.}8$ und $9\overset{m}{.}5$ die systematischen Fehler der BD nicht erkannt hat und bei Objekten schwächer als $9\overset{m}{.}7$ eine selbständige, dem Pogsonschen Gesetz streng folgende Skala benützt hat. Ein Katalog beschließt die Untersuchung. Loh.

* * **P. P. Parenago,** Der Aufbau der Galaxis. Vgl. Ref. **12318.**

12007. **D. Wattenberg,** Die Milchstraße als Spiralnebel. Naturwiss **35** 132—136, 163—168, mit 9 Fig. = Mitt. Archenhold-Sternw. Berlin-Treptow Nr. **9**. — 1. Die Milchstraße als Welteninsel. 2. Der Nebeltyp und Kern der Milchstraße. 3. Die Supernovae der Milchstraße. 4. Die Milchstraße im Reiche der Spiralnebel.

12008. Messier's Catalogue. JBAA **59** 49—50.

12009. Stellar populations. JBAA **58** 226—227.

§ 121

Offene und kugelförmige Sternhaufen

12101. **W. Becker,** Kolorimetrische Untersuchungen an offenen Sternhaufen in den Standard-Spektralbereichen der Integralphotometrie. M 37 (NGC 2099). AN **276** 1—10, mit 6 Abb. = Mitt. der Hamburger Sternwarte in Bergedorf Nr. **62**, S. 193—202. — Unter Verwendung der vom Verf. eingeführten Standardbereiche werden Helligkeiten und Farbenindizes von 242 Sternen in M 37 bis $15\overset{m}{.}5$ bestimmt. Die interstellare Verfärbung ist in Richtung auf den Haufen gering. Als Entfernung ergibt sich 1600 pc bzw. 1390 pc bei Berücksichtigung der Absorption. Die Diskussion des Farbenhelligkeitsdiagramms erbringt unter anderem eine auffallend kräftige Depression des kurzwelligen Kontinuums der helleren Haufensterne, offenbar ist die Leuchtkraft dieser Sterne größer als bei normalen gleichen Typs. Die gelben Riesen und Zwerge in M 37 zeigen eine sehr verschiedene Depression im Kurzwelligen. Physische und nichtphysische Haufenmitglieder werden getrennt. Ein Katalog der 242 Sterne bildet den Abschluß. Micz.

12102. **J. Cuffey,** Photometry of NGC 1907. AJ **54** 34. — Ref. AAS.

12103. **O. J. Eggen,** Photoelectric magnitudes and colors in the Coma and Hyades clusters. AJ **54** 35—36. — Ref. AAS.

12104. **K. Gorjaistow,** Spektralphotometrische Untersuchung der Sterne im Haufen „Coma Berenice". Odessa Bull. Nr. **2** S. 1—5, 1947 (russisch).

12105. **H. Haffner,** Die Plejaden. Sterne **24** 155—166, mit 4 Abb. — Eigenbewegungen, Radialgeschwindigkeiten, Helligkeiten, die Doppelsterne, die Veränderlichen, die hellen und dunklen Nebel.

12106. **E. Kopff,** Photometrie der Hyaden. Himmelswelt **55** 129—130. — Besprechung der Arbeit von Holmberg in Lund Medd (2) Nr. **113**, AJB **45** Ref. 8714.

12107. **R. J. Trumpler,** The magnitude-spectral class distribution in galactic star clusters. AJ **53** 195—196. — Ref. AAS.

* * **R. E. Wilson,** Radial velocities of 204 stars in the region of the Hyades. Vgl. Ref. **9222.**

12108. Magnitudes and colors in nearby clusters. Sky and Telescope 7 277, mit 1 Fig. — Ref. AAS. Besprechung in JBAA 59 82—83.

Kugelförmige Sternhaufen

12109. **W. Becker,** Bemerkungen über Farbe und Spektraltypus von Kugelhaufen. Himmelswelt 55 177—179, mit 3 Abb. — Die Existenz einer Beziehung zwischen integralem Spektraltyp und galaktischer Breite, nach der die späteren Typen niedere galaktische Breiten bevorzugen, verlangt eine Revision der Cosecans-Formel von Stebbins und Huffer. Die interstellare Verfärbung ist unter Berücksichtigung dieses Umstandes beträchtlich geringer, als sich aus der Cosecans-Formel ergibt. Loh.

12110. **C. Fehrenbach,** Quelques mesures de magnitudes intégrales d'amas globulaires. Ann d'Astrophys 11 225—227, mit 1 Fig. — Publ. Obs. Haute-Provence (A) Nr. 17. — Von 13 Haufen wurden nach der Methode des cercle oculaire (Fabry) am 1.20 m-Reflektor des Observatoriums Haute-Provence Integralhelligkeiten bestimmt, die mit den von Christie beobachteten in der linearen Beziehung $M_F = M_C - 0.30$ stehen. Loh.

12111. **N. W. Gamalej,** Eigenbewegungen von acht kugelförmigen Sternhaufen. Pulk Mitt 17 Nr. 6 (141) S. 26—57 (russisch).

12112. **A. H. Joy,** The spectra of the brighter variables in the globular clusters. AJ 53 113—114. — Ref. AAS.

12113. **V. Maitre,** Répartitions des magnitudes, couleurs et masses dans les amas globulaires. JO 31 129—137. — Auf Grund der Verteilung von Helligkeit, Farbe und Masse der Sterne einiger kugelförmiger Sternhaufen sind diese Größen in nur sehr geringem Umfang vom Mittelpunktsabstand abhängig. Loh.

12114. **D. J. Martynow,** Die Radialgeschwindigkeiten der kugelförmigen Sternhaufen. Priroda 36 Nr. 11 S. 48, 1947 (russisch).

12115. **L. Perek,** Sur la rotation galactique des amas globulaires. Ann d'Astrophys 11 185—192, mit 1 Fig. — Unter Verwendung der Radialgeschwindigkeiten von 50 Kugelhaufen, bestimmt von N. U. Mayall, wird sowohl die Sonnengeschwindigkeit in Bezug auf das galaktische Zentrum als auch die Rotation des Systems der Kugelhaufen berechnet. Verf. schließt, daß die Rotationsgeschwindigkeit der Haufen von der Länge der Projektion ihrer Entfernung vom galaktischen Zentrum auf die galaktische Ebene abhängt und nahezu mit $r^{-1/2}$ geht. Sie ist retrograd gerichtet und bewirkt, daß die Sonnengeschwindigkeit um das Zentrum sich bei Verwendung der Kugelhaufen kleiner ergibt als mit anderen Methoden. Micz.

12116. **L. Rosino,** Orientamenti e problemi nello studio degli ammassi globulari di stelle. Coelum 15 103—104, 1947. Fortsetzung in Coelum 16 29—32. — Bericht über den Stand der Kugelhaufenforschung.

12117. **H. B. Sawyer,** Variable stars in the globular cluster Messier 9. AJ 53 203. — Ref. AAS.

12118. **H. B. Sawyer,** A bibliography of individual globular clusters. Publ. David Dunlap Obs. 1 Nr. 20, S. 383—469, mit 1 Tafel, 1947.

12119. Globular cluster variables. JBAA 58 196.

12120. Long period variable and M68. JBAA 58 196. — Besprechung der Arbeit von Greenstein, Bidelman und Popper in Publ ASP 59 143, 1947.

12121. Variabla stjärnor i den klotformiga stjärnhopen Messier 9. PAT 29 169—170.

12122. Variables in globulars. Sky and Telescope 7 149. — Ref. AAS.

12123. Bibliography of globular clusters. Sky and Telescope 7 203. — Betrifft eine von H. B. Sawyer aufgestellte Bibliographie, die bis 1938 vollständig sein dürfte.

§ 122

Galaktische Nebel

12201. **L. H. Aller,** Spectrophotometry of central stars of the planetary nebulae. AJ **53** 109—110. — Ref. AAS.

12202. **L. H. Aller,** The absorption-line spectra of the central stars of the planetary nebulae. ApJ **108** 462—475 = Publ. Goethe Link Obs. Nr. **1**. — Aus gemessenen Äquivalentbreiten von Absorptionslinien im Spektrum der Zentralsterne von 7 planetarischen Nebeln wird zunächst die Zahl der Wasserstoffatome im 2. Quantenzustand über 1 cm² Sternoberfläche und der Elektronendruck ermittelt. Wenn Wasserstoff das häufigste Element ist, ist der Gasdruck doppelt so hoch wie der Elektronendruck und muß bei hydrostatischem Gleichgewicht den Druck der weiter außen liegenden Schichten kompensieren. Für die effektive Schwerebeschleunigung an der Oberfläche sowie den unteren Grenzwert der Masse werden Abschätzungen vorgenommen. Es ist danach anzunehmen, daß die Zentralsterne unterhalb der Hauptreihe stehen und daß ihre Massen mit der Masse-Leuchtkraft-Beziehung vereinbar sind. Für die Auffassung, sie seien weiße Zwerge oder sehr dichte und massereiche Objekte, findet sich in ihren Spektren kein Anhaltspunkt. Die Diskussion der He II-Linien führt auf eine He-Häufigkeit, die der des Wasserstoffs nahekommt. Besonders hingewiesen wird auf den hochangeregten Charakter des Zentralsternspektrums von NGC 246. Micz.

12203. **L. H. Aller, C. W. Ufford, J. H. van Vleck,** Forbidden lines in O II. Phys Rev (2) **74** 1208. — Ref. Am. Phys. Soc.

12204. **O. Catz,** Integrated photographic magnitudes of 7 planetary nebulae. Astr Circ USSR **60** 8, 1947 (russisch mit engl. Ref.).

12205. **S. Cederblad,** Studies of bright diffuse galactic nebulae. Vgl. AJB **45** Ref. 8806. — Besprechung in Himmelswelt **55** **144** (W. Strohmeier).

12206. **P. P. Dobronrawin,** Der Nebel in der Nähe des Antares-Begleiters. Priroda **37** Nr. 7 S. 36—37 (russisch).

12207. **J. L. Greenstein,** Stars in diffuse nebulae. ApJ **107** 375—382, mit 1 Tafel = Contr. McDonald Obs. Nr. **148**. — Für eine Reihe von Sternen in hellen und dunklen diffusen Nebeln werden die Ergebnisse spektroskopischer und spektralphotometrischer Beobachtungen mitgeteilt und besprochen. Einige der untersuchten Objekte zeigen normale Spektren, insbesondere keinerlei Emissionen. In anderen Fällen (—6°1253 und R Mon) kommen Emissionslinien vor. Die spektralen Eigenschaften dieser beiden Sterne und Möglichkeiten für ihre theoretische Interpretation werden genauer diskutiert. Kdr.

12208. **K. Haidrich,** Neue physikalische und photographische Probleme der Gasnebelforschung. Acta Physica Austriaca **2** 57—100, mit Abb. — Nach einem kurzen Überblick über die photographischen Versuche zur Darstellung der Gasnebel wird der Einfluß der Reifungssensibilisatoren auf den Exponenten p untersucht und eine neue Fixiermethode mitgeteilt, die eine wesentliche Erhöhung des Schwellenwertes erlaubt. An Hand der Intensitäten der O II- und O III-Linien wird eine neue Übersicht über die Entwicklung der planetarischen Nebel gegeben sowie die Verteilung dieser Linien in den Gasnebeln besprochen. Bisher noch nicht festgelegte Nebellinien werden als A- und S-Linien identifiziert. Es wird nachgewiesen, daß für den Leuchtmechanismus nicht bloß, wie bisher angenommen, nur O- und B-Sterne, sondern auch Sterne der Spektralklassen A bis G, also alle Sterne, deren Spektra die Balmerserie des Wasserstoffs in Absorption zeigen, verantwortlich sind. Zum Schlusse werden die Schwierigkeiten der photographischen Darstellung von Nebeln in der Hα- und Hβ-Linie und die neuesten Ergebnisse auf diesem Gebiete erläutert. Verf.

12209. **C. O. Lampland,** On variable nebulae and nebulosities. AJ **54** 42—43. — Ref. AAS, Besprechung in Sternenwelt **1** 160.

* * **R. Minkowski,** Novae and planetary nebulae. Vgl. Ref. **11310.**

12210. **R. Minkowski,** New emission nebulae (III). Publ ASP **60** 386—388. — 62 neue Objekte.

12211. **R. Minkowski, L. H. Aller,** Spectrophotometry of the planetary nebula NGC 7027. AJ **53** 202. — Ref. AAS.

12212. **M. Minnaert,** Turbulence in the Orion nebula. BAN 394 **10** 405—407, mit 2 Fig. — Die Trennung der beobachteten Geschwindigkeiten in Turbulenz einzelner Nebelelemente und thermische Geschwindigkeit in ihrem Innern führt in einem schematischen Bild des Nebels zu der Annahme von etwa 8 Turbulenzelementen in der Gesichtslinie. Nach Diskussion von 3 Nebelmodellen zeigt sich, daß das Hopmannsche Schirmmodell mit neueren Beobachtungen schlecht verträglich ist. Auf Grund von Absorptionswirkungen, der Existenz mehrerer Turbulenzelemente und Effekten durch die Einbettung von anregenden Sternen dürfte eher geschlossen werden, daß der Nebel ein mehr oder weniger regelmäßiges Volumen ausfüllt, in dessen vorderen Teil die anregenden Sterne eingebettet sind. Die Turbulenzelemente sind durchschnittlich 0.1 parsec groß. Loh.

12213. **W. Petri,** Der Krabbennebel. Sterne **24** 26—30, mit 2 Abb. — Behandelt die Untersuchungen von Baade und Minkowski, AJB **45** Ref. 8802 und 8810.

12214. **L. Rosino,** Una meraviglia del sistema galattico: La grande nebulosa di Orione. Coelum **16** 42—49. — Beschreibung des Orionnebels und allgemeine Notizen.

12215. **C. Schalén,** The colour distribution in the nebula surrounding the star Merope in the Pleiades. Kgl. Svenska Vet. Handl. **25** Nr. **4,** 31 S. mit 8 Fig. = Uppsala Astr. Obs. Ann. **2** Nr. 5. — Aus Aufnahmen in Uppsala, Oak Ridge und Mt. Wilson wurde der Farbunterschied des Nebels gegen den Stern in 2 radialen Richtungen bestimmt. Es ergab sich, daß der Nebel mit wachsendem Abstand vom Stern ziemlich gleichmäßig röter wird. Bei 15′ werden 0^m35 Verfärbung erreicht, anschließend — bis 20′ — ist eine Abnahme unsicher angedeutet. In Anlehnung an frühere theoretische Überlegungen ergibt sich dann Übereinstimmung zwischen Beobachtung und Theorie, wenn man voraussetzt, daß 1. der Nebel in Form einer planparallelen Platte aus absorbierender und streuender Materie mit optischen Konstanten des Eisens besteht, 2. die Partikel eine Verteilungsfunktion besitzen, die umgekehrt zur 3. Potenz der Partikeldurchmesser abnimmt und 3. sich der Stern hinter dem Nebel befindet. Die Nebeldichte beträgt 6×10^{-23}. Loh.

12216. **C. Schalén,** A red nebula. Ark Mat Astr Fys **35** A Nr. **34,** 3 S. mit 1 Tafel = Uppsala Medd. Nr. **90.** — Der die BD-Sterne +66° 1676 und 66° 1679 umgebende etwa 40′ × 50′ große Nebel ist auf Rotaufnahmen sehr deutlich, auf Blauaufnahmen nur spurenweise und auf Gelbaufnahmen bei allerdings etwas geringerer Empfindlichkeit des Plattenmaterials nicht wahrzunehmen. Loh.

12217. **W. Strohmeier,** Die roten Nebel. Himmelswelt **55** 94—98, mit 4 Abb. Die Abb. 2a, 2b und Abb. 3 siehe Himmelswelt **55** neben S. 197. — Behandelt Aufnahmen roter Nebel und die dazu benutzten Instrumente.

12218. **W. Strohmeier,** Der diffuse Nebel NGC 2237. Himmelswelt **55** 142. mit 2 Abb. Die beiden Abb. siehe Himmelswelt **55** neben S. 197. — Rot- und Blauaufnahme des Nebels.

12219. **W. Strohmeier,** Das Nebelfeld bei γ Cygni. Himmelswelt **55** 196—197, mit 2 Abb. — Blau- und Rotaufnahme des Nebels.

* * **W. Strohmeier,** Die Photographie diffuser Emissionsnebel. Vgl. Ref. 2249.

* * **O. Struve, P. Swings,** An unusual stellar species. Vgl. Ref. 9548.

12220. **W. T. Whitney, E. B. Weston,** A polarigraphic study of the reflection nebula NGC 6729. ApJ **107** 371—374, mit 1 Fig. — Der Polarisationsgrad der Strahlung des veränderlichen Nebels NGC 6729 beträgt stellenweise bis zu 35% und im Mittel etwa 15%. Ein Teil des Nebellichtes stammt vermutlich von R und T CrA. Micz.

12221. **O. C. Wilson,** The nuclear and nebular spectra of the planetary nebulae NGC 2392. ApJ **108** 201—206, mit 2 Fig. = Contr. Mt. Wilson Obs. Nr. **749**. — Auf einer Coudé-Aufnahme konnten Wellenlängen von 21 Linien im Spektrum des Kerns von NGC 2392 und 7 Linien des Nebels gemessen werden. Die Radialgeschwindigkeit des Systems liegt bei +71 km/sec. Mit Ausnahme von zwei sind die Nebellinien doppelt. Die Radialgeschwindigkeit ist abhängig von der Anregungsspannung der Linien, für die hochangeregten N IV-Linien am größten und entsprechend der Systemgeschwindigkeit. Für die H-Linien (niedrigstes Anregungspotential) ergibt sich +45 km/sec. Verf. schließt auf eine Änderung der im Nebel nach außen gerichteten Geschwindigkeiten mit der Ursprungstiefe der Linien. Das Auftreten der nicht doppelten [Ne V]-Linien des Nebels kann nicht befriedigend erklärt werden; sie stammen anscheinend aus dem gleichen inneren Nebelring wie die [Ne III]-, [O II]-, [O III]-und nicht identifizierten Linien. Micz.

12222. **O. C. Wilson,** The nuclear and nebular spectra of the planetary nebula NGC 2392. Publ ASP **60** 247—248. — Ref. ASP.

* * **B. A. Woronzow-Weljaminow,** Gasnebel und Neue Sterne. Vgl. Ref. 11314.

12223. Lichtgevende gasnevels in het sterrenstelsel. s'Gravenhage, Martinus Nijhoff, 1947. 50 S. mit 16 Fig. und 1 Tafel. Preis 1.75 fl. — Besprechung von Sterrekundig Colloquium van de Nederl. Astronomen-Club Nr. 9 in Gaz astr **30** 37—38.

12224. Sterne in diffusen Nebeln. Himmelswelt **55** 181—182. — Ref. eines Vortrags von J. L. Greenstein anläßlich der Hundertjahrfeier des Harvard-Observatoriums.

12225. Farbeneffekt in Reflexionsnebeln. Himmelswelt **55** 181. — Ref. eines Vortrags von C. Schalén anläßlich der Hundertjahrfeier des Harvard-Observatoriums über die Bestimmung der Farbe des den Stern Merope in den Plejaden umgebenden Nebels.

12226. Stars and nebulosity. Sky and Telescope **7** 276. — Ref. AAS.

§ 123

Milchstraßensystem

Aufbau

12301. **M. Alvarez Castrillon,** Estudio estadístico de algunos tipos espectrales de las estrellas contenidas en el primer volumen del catálogo de Draper. Mem. Real Acad. Ciencias Artes Barcelona **28** 205—264.

12302. **W. Becker, W. Fricke,** Bau des Sternsystems. Fiat-Bericht **20** 357–392, mit 8 Fig. (Vgl. Ref. 722). — 1. Die räumliche Verteilung der Sterne. 2. Die Bewegungen der Fixsterne 3. Interstellare Materie.

12303. **B. J. Bok, B. D. Boutelle, M. Olmsted,** Space reddening and density gradients for the anti-center. AJ **53** 197. — Ref. AAS, Besprechung in PAT **29** 171.

12304. **B. Bok, P. Bok,** Die Milchstraße. Aus dem Englischen ins Russische übersetzt von W. L. Auerbach, redigiert von P. P. Parenago. Moskau-Leningrad, OGIS, Staatsverlag für technisch-theoretische Literatur, 1948. 207 S. mit 69 Fig. Preis 3 R. 50 Kop. — Vgl. AJB **43** Ref. 8902.

12305. **B. J. Bok,** Mælkevejens centrum. NAT **1948** 117—121, mit 1 Fig.

* * **W. Dieckvoss,** Über die räumliche Verteilung der Neuen Sterne. Vgl. Ref. 11303.

12306. **M. S. Eigenson,** Über die mittlere Dichte der Materie in der Galaxis. DAN **63** S. 107—109 (russisch).

12307. **M. S. Eigenson,** Die Natur der galaktischen Konzentration. RAJ **25** 311—315 (russisch).

12308. **G. Gamow,** Mixed types of stellar populations. Nat **162** 816. — In Anlehnung an die Notiz von J. A. Hynek (Vgl. Ref. **9702**) weist Verf. auf die Möglichkeit hin, daß sich die beiden Sterngemische so vermengt haben können, daß Sterne mit den physikalischen Merkmalen des Gemisches II ihren Bewegungen nach zum Gemisch I gehören und umgekehrt. Loh.

12309. **B. J. Lewin,** Die Beobachtungen des galaktischen Zentrums im infraroten Licht. Priroda **36** Nr. 9 S. 50—51, 1947 (russisch).

12310. **W. Lohmann,** Das räumliche Mischungsverhältnis der Zwerge und Riesen vom Spektraltyp G5 und G8. Z f Naturf **3a** 253—258 = Mitt. Landessternwarte Heidelberg Nr. **59**. — Unter Berücksichtigung der interstellaren Absorption wird aus der Spektralklassifikation der BD-Sterne im Umkreis von 5° um den Nordpol das räumliche Mischungsverhältnis der Zwerge und Riesen vom Typ G5 und G8 bestimmt. Bei Annahme eines linearen Anstiegs der photovisuellen Gesamtabsorption auf $1^{m}.10$ bei 450 pc ergeben sich die Verhältnisse der Sternanzahlen Zwerge : Riesen = 350 : 1 bzw. 50 : 1. Bei Annahme einer Absorptionsstufe vom gleichen Betrag in 270 pc Entfernung entsprechend 240 : 1 bzw. 38 : 1. Verf.

12311. **J. Meurers,** Zur Realität der Sternketten. ZfA **25** 261—267, mit 5 Abb. — Künstlich hergestellte Sternfelder werden mit natürlichen Sternfeldern hinsichtlich ihres Gehaltes an Sternketten verglichen. Verf.

12312. **E. Nantkes, R. H. Baker,** Analysis of the milky way in northern Cassiopeia and Cepheus. ApJ **107** 113—118, mit 1 Fig. — Im Milchstraßengebiet des nördlichen Teils von Cassiopeia und Cepheus werden mit Hilfe von Stern- und Nebelzählungen sowie Farbenexzessen zwei absorbierende Wolken in 300—500 pc und 800 pc Entfernung nachgewiesen. Die Sterndichte sinkt mit wachsender Sonnenentfernung. Micz.

12313. **J. J. Nassau, G. B. van Albada,** Infra-red spectra of M-type stars in the milky way. AJ **53** 115. — Ref. AAS.

12314. **J. J. Nassau, G. B. van Albada,** A study of M-type stars in Cygnus. AJ **54** 46. — Ref. AAS.

12315. **E. v. d. Pahlen,** Die Struktur des Milchstraßensystems. Universitas, Z. f. Wiss., Kunst und Lit. **3** 701—708. — Allgemeinverständliche Darstellung.

12316. **P. P. Parenago,** Die Dichteverteilung und die Anzahl der verschiedenen galaktischen Untersysteme. RAJ **25** 123—132, mit 1 Abb. (russisch).

12317. **P. P. Parenago,** Über die Ähnlichkeit der Milchstraße mit dem Andromedanebel. RAJ **25** 306—310, mit 1 Abb. (russisch).

12318. **P. P. Parenago,** Der Aufbau der Galaxis. Fortschritte Astr. Wiss. **4** 69—171, mit 31 Abb. (russisch). — Besprechung in RAJ **26** 320—321 (W. A. Ambarzumjan, russisch). Inhalt: Die Periode bis zur Entdeckung der interstellaren Absorption, S. 70—86. Die interstellare Absorption des Lichtes, S. 86—113. Der Aufbau der Galaxis in der Gegenwart, S. 113—130. Die Gesetzmäßigkeiten in den Sternbewegungen und die Rotation der Galaxis, S. 130—136. Dynamik und Aufbau der Galaxis, S. 136—150. Der Aufbau der Galaxis im Vergleich mit anderen Sternsystemen. Loh.

12319. **W. Petrie,** Astronomie des Unsichtbaren: Infrarote Strahlung enthüllt den Kern der Milchstraße. Sterne **24** 166—167. — Besprechung einer Arbeit von J. Stebbins und A. E. Whitford. Vgl. AJB **47** Ref. 9008.

12320. **H. N. Russell,** On the distribution of absolute magnitude in populations I and II. Publ ASP **60** 202—204. — Nimmt man an, daß sich Sterne aus interstellarer Materie bilden, so können Überriesen, wie es auch den Beobachtungen entspricht, auf Grund ihrer verschwenderischen Energieabgabe nur noch im Baadeschen Gemisch I vorkommen, da dort die materiellen Voraussetzungen dazu erfüllt sind. Im Gemisch II ist die interstellare Materie verbraucht, die Überriesen sind aus Mangel an Neuerzeugung verschwunden. Davon dürfte auch der scharfe Abfall der Häufigkeitsverteilung der Sterne des Gemisches II in Richtung hoher Leuchtkraft herrühren. Loh.

12321. **C. Schalén,** Spectra, magnitudes and colours of stars in regions of different galactic latitude. I. $+20°$ galactic latitude. Kgl. Svenska Vet. Handl. (3) **25** Nr. 2, 42 S. mit 14 Fig. = Uppsala Astr. Obs. Ann. **2** Nr. 4. — In einer etwa 5° breiten Zone bei $+20°$ gal. Breite zwischen 19^h30^m und 0^h R. A. hat der Verf. Spektraltypen, photogr. Helligkeiten und Farbenäquivalente von 1430 Sternen bestimmt. Die Daten wurden aus Registrierungen der Objektivprisma-Aufnahmen abgeleitet. Die ähnliche Behandlung einer Zone bei $+40°$ gal. Breite ist geplant. Micz.

12322. **J. Schilt,** The distribution of the stars according to apparent magnitude and galactic latitude. AJ **53** 126—136, mit 3 Fig. — In einem Sternsystem, in dem die Sterndichte nur vom Abstand von der galaktischen Ebene abhängt, ist $m = f(\lg N - 0.6 b) + b + \varkappa(\operatorname{cosec}\beta - 1)$; dabei N = Zahl der Sterne pro Quadratgrad heller als m, $b = 5 \lg \operatorname{cosec}\beta$, $\varkappa$ = halbe optische Dicke der absorbierenden Schicht. Bestimmung von f aus allen geeigneten Sternzählungen und Durchmusterungen. Resultat: Tabelle für lg N an den galaktischen Polen zwischen $m_P = 4.5$ und 17.5 im Intervall einer halben Größenklasse (m_P = scheinbare Helligkeit im planparallelen Sternsystem von Schilt); Bestimmung der Grenzhelligkeiten m_P für alle benutzten Kataloge. Go.

12323. **L. Spitzer jr.,** The galactic magnetic field. AJ **53** 117. — Ref. AAS.

12324. **W. Strohmeier,** Über Himmelsschattierung. Himmelswelt **55** 149. — Ref. AG.

12325. **T. S. Tschernowa,** Die räumliche Verteilung der Absorptionssterne vom Typ O. RAJ **25** 327—331, mit 2 Abb. (russisch).

12326. **M. E. Walther,** On the frequency of peculiar A stars. AJ **53** 206. — Ref. AAS.

12327. **A. E. Whitford,** An infra-red survey of the Sagittarius region at wave length 2 μ. AJ **53** 206—207. — Ref. AAS.

12328. Infraröd strålning från Vintergatans centralparti. PAT **29** 76. — Besprechung der Untersuchung von Stebbins und Whitford in ApJ **106** 235, AJB **47** Ref. 9008.

12329. Anticenter data. Sky and Telescope **7** 124. — Ref. AAS.

12330. Infrared from the galactic centre. Sky and Telescope **7** 150. — Ref. AAS.

Kinematik und Dynamik

12331. **P. Bourgeois, R. Coutrez,** Comparaison des composantes tangentielles des vitesses spatiales résiduelles dans les systèmes du General Catalogue et du FK3 pour les étoiles de type spectral B. Ann d'Astrophys **11** 218–222, mit 5 Fig. = Commun. Obs. Royal Belgique Nr. **7**. — Es wird gezeigt, daß die von den Verf. früher gefundene Verteilung der Restgeschwindigkeiten der B-Sterne nicht modifiziert wird, wenn man aus dem E. B.-System des G. C. in das System des FK3 übergeht. Micz.

12332. **P. Bourgeois, R. Coutrez,** Etude statistique intrinsèque des étoiles de type spectral A à mouvement spatial connu. Ann. Obs. Royal Belgique (3) **3** 191–218, mit 12 Fig. — Wie sich schon früher bei B-Sternen gezeigt hat, ist auch für die hier untersuchten B8—A5-Sterne der Geschwindigkeitskörper in Richtung zum galaktischen Zentrum durch die differentielle galaktische Rotation in die Länge gezogen und senkrecht zur galaktischen Ebene abgeplattet. Hinsichtlich der Verteilung der Geschwindigkeiten besteht eine gewisse Symmetrie zu einer der Gould'schen Ebene naheliegende Ebene. Loh.

12333. **P. Bourgeois,** Etude statistique intrinsèque des étoiles de type spectral A à mouvement spatial connu. Comité National Français d'Astronomie, Communications et Mémoires 1948 S. 142—145, mit 3 Fig. = Commun. Obs. Royal de Belgique Nr. **2**. — Die gemeinsam mit R. Coutrez in Ref. **12332** durchgeführte Arbeit wird auf A-Sterne angewandt. Für die Rotationskonstanten ergibt sich A = +0.0222 ±0.0075; B = —0.0189 ± 0.0075 und als Länge des galaktischen Zentrums 359°8 ±9°7. Loh.

12334. **P. ten Bruggencate,** Spiralstruktur und Dynamik des Sternsystems. ZfA **25** 315—324 = Veröff. Univ-Sternwarte Göttingen Nr. **90**. — Die Vorstellung, daß das Zentroid derjenigen sonnennahen Sterne, die zu Baades Population I gehören, eine logarithmische Spirale im nichtstationären Gravitationsfeld, herrührend von den Sternen der Population II, beschreibt, steht sowohl im Einklang mit der Mayallschen Bestimmung der Gruppengeschwindigkeit der sonnennahen Sterne relativ zum System der Kugelhaufen als auch mit den Vyssotsky-Williamsschen Werten für die Oortschen Rotationskonstanten. Insbesondere ist hervorzuheben, daß die Theorie eine differentielle Rotation im Sinne einer reinen Keplerbewegung liefert, ohne daß die gesamte Masse des Systems im Zentrum konzentriert zu sein braucht. Verf.

12335. **A. Colacevich,** Relazioni analitiche tra le distribuzioni delle velocità lineari delle stelle. Mem SA It (NS) **18** 177—198, mit 4 Fig., 1947 = Oss. e Mem. Oss. Astrofis. Arcetri Nr. **64**. — In der Annahme, daß die Verteilung der Sterne und ihrer Bewegungen in allen Richtungen dieselbe sei, werden die analytischen Ausdrücke für die Verteilung der Raum- und der Tangentialgeschwindigkeiten berechnet und besprochen. Für Geschwindigkeiten, welche von einem in Bezug auf die Sterne bewegten Beobachter gemessen werden, wird ebenfalls die Verteilung der radialen, tangentialen und räumlichen Geschwindigkeiten berechnet, sowie der Geschwindigkeiten längs des Parallels und längs des Meridians. Zahlenbeispiel. F. Z.

12336. **A. Colacevich, M. C. Ballario,** Moto preferenziale di 236 stelle. Mem SA It (NS) **19** 153—169, mit 1 Fig. = Oss. e Mem. Oss. Astrofis. Arcetri Nr. **64** S. 105—123. — In der Arbeit wird die Raumbewegung von 236 helleren Sternen (bis 5^m5), die in der Richtung des Taurus-Stroms laufen, behandelt. Die Raumgeschwindigkeiten werden nach Anbringen einer Korrektion an die Parallaxen berechnet. Die kinematischen und physikalischen Eigenschaften der Gruppe werden diskutiert, ein Katalog enthält unter anderem Parallaxen, Raumgeschwindigkeiten und Apices. Micz.

12337. **J. Delhaye,** The concentration of the motions of A- and F-type stars around the velocity of the Ursa Major cluster. BAN 395 **10** 409—415, mit 6 Fig.— Die A- und F-Sterne bevorzugen eine mit der Bärengruppe gerichtete Bewegung. Die Geschwindigkeiten der Mitglieder der Bärengruppe haben pro Koordinate eine Dispersion von 2 bis 3 km/sec. Loh.

12338. **F. K. Edmondson,** The galactic rotation effect in tenth magnitude K stars. AJ **54** 35. — Ref. AAS.

12339. **P. Guintini, M. Mayot,** Sur la détermination du convergent d'un courant d'étoiles, application au Scorpion-Centaure. CR **226** 994—996 = Contr. Inst. d'Astrophys. Paris (A) Nr. **16**. — Da die Bestimmung des Konvergenzpunktes eines Sternstromes mit davon abhängt, wie die Sterne zur Berechnung gruppiert werden, und welches Koordinatensystem benutzt wird, soll aus der aus $\Sigma \sin^2 (B_i - B_c) = \sum \frac{\cos^2 V_i}{\sin^2 \Theta_i} = M$ hervorgehenden Annäherung $\frac{\Sigma \cos^2 V_i}{\Sigma \sin^2 \Theta_i} = \frac{\text{Min}}{\text{Max}}$ (V_i bzw. Θ_i = Winkel zwischen Konvergenzpunkt und Pol der Eigenbewegung bzw. Stern selbst) die Aufgabe unabhängig vom Koordinatensystem gelöst werden. Loh.

12340. **C. H. Hins, A. Blaauw,** Star streaming among faint low-latitude stars. AJ **53** 113. — Ref. AAS.

12341. **C. H. Hins, A. Blaauw,** Star-streaming among faint low-latitude stars investigated according to the dispersion method. BAN 391 **10** 365—375, mit 2 Fig. — Aus den Eigenbewegungen der Sterne zwischen $11^m.5$ und $14^m.4$ der Selected Areas und McCormick regions mit $|b| < 20°$ ergibt sich als Richtung des Vertex $323°.5 \pm 1°.8$. Damit bestätigt sich nicht nur ein früher erhaltenes Ergebnis, sondern es stimmt auch die gefundene Richtung mit der zum galaktischen Zentrum überein. Das Achsenverhältnis des Geschwindigkeitsellipsoides beträgt 0.49 ± 0.04 (beide kleine Achsen a priori als gleich angenommen). Loh.

* * **G. P. Kuiper,** High and low velocity dwarf stars. Vgl. Ref. **9703**.

12342. **P. G. Kulikowskij,** Über die räumlichen Bewegungen der langperiodischen Veränderlichen vom Typ Mira Ceti. VS Bull **6** 225—241, mit 5 Fig. (russisch). — Besprechung in Sternenwelt **1** 254, mit 2 Abb.— Von 137 Mira-Sternen (Liste Ref. **11204**), deren Eigenbewegungen bzw. Radialgeschwindigkeiten genauer als $\pm 0''.015$ bzw. 10 km/sec sind, werden im Verein mit der Beziehung zwischen Periode und Helligkeit Entfernungen und galaktozentrische Geschwindigkeiten berechnet. Nach allen Richtungen — radial, tangential und quer zur galaktischen Rotation — nimmt die Dispersion der Geschwindigkeiten mit der Periode ab. Das System der Mira-Sterne besteht aus verschiedenen Untersystemen, die sich durch verschieden starke Konzentration zur galaktischen Ebene auszeichnen. Zum flachen Untersystem gehören offensichtlich die Sterne mit großen Perioden. Loh.

12343. **V. Letfus,** Mouvement solaire par rapport au groupe d'étoiles de type B. BAC **1** 59—60. — Bestimmung der Sonnenbewegung aus den Raumgeschwindigkeiten der B-Sterne nach der Airy- und Bravais-Methode. Vergleichung der beiden Methoden. Verf.

12344. **F. Link,** Tables d'apex solaire. Mem. Obs. Czechoslovak Astr. Soc. Nr. **9**, 51 S. — Die von Mitgliedern der Tschechoslowakischen Astronomischen Gesellschaft gerechneten Tafeln dienen zwei Zielen: 1. Der Reduktion der

Radialgeschwindigkeiten der Sterne wegen der Sonnenbewegung ($\alpha = 18^h$, $\delta = 30°$, $V_0 = 20$ km/sec) und 2. Der Berechnung der mittleren Parallaxe einer Sterngruppe aus den Eigenbewegungen. Loh.

12345. **F. Link,** Détermination du mouvement solaire et de la rotation galactique dans le système équatorial à partir des vitesses radiales d'étoiles. BAC **1** 32—34. — Tafeln zur Bestimmung der Sonnenbewegung und der galaktischen Rotation aus äquatorialen Koordinaten der Sterne. J. B.

12346. **W. Lohmann,** Die galaktischen Bewegungen von 59 gelben und roten Unterzwergen. ZfA **25** 293—305, mit 3 Abb. = Mitt. Landessternwarte Heidelberg Nr. **64**. — Aus Radialgeschwindigkeiten, Eigenbewegungen und Spektraltyp-Parallaxen werden galaktische Geschwindigkeiten unter Annahme der Kreisbahngeschwindigkeit der Sonne von 250 km/sec abgeleitet. Das Geschwindigkeitsfeld unterscheidet sich durch seine Verteilung nach allen Richtungen wesentlich von dem der normalen Sterne. Infolge hoher Bahnexzentrizitäten (Keplerbahnen um das galaktische Zentrum) tauchen mehr als die Hälfte der Sterne in den galaktischen Kern ein. Für das Russell-Diagramm des Gemisches II ergibt sich eine allerdings noch etwas hypothetische Folgerung. Verf.

12347. **D. A. MacRae, S. Nevin,** Motions of the seventh magnitude A-type stars. AJ **53** 120—126, mit 1 Fig. — Aus Radialgeschwindigkeiten von 874 Sternen in 91 Feldern mit einer mittleren (pv) Helligkeit von $6^m_.7$ ergibt sich der Apex V = 18.6 ± 1.9 km/sec, A = 270° ± 5°, D = 36°5 ± 7°5, K = 1.4 ± 1.8 km/sec. Ein Größenklasseneffekt ist in der Sonnengeschwindigkeit nicht zu erkennen. Die Auswertung von 457 B8—A3 Sternen ergibt wenig veränderte Werte. Das aus diesen Sternen erhaltene Achsenverhältnis des Geschwindigkeitsellipsoides ist 0.61 ± 0.16 (beide kleine Achsen a priori gleich angesetzt). Die große Achse ist nach l = 342° ± 11° gerichtet. Die Dichteverteilung senkrecht zur galaktischen Ebene stimmt mit Ergebnissen anderer Autoren überein. In 500 pc Entfernung ist die Dichte der B8—A3 Sterne auf 1% herabgesunken. Loh.

12348. **W. Markowitz,** Clustering and the K-term of the B stars brighter than magnitude 5.51. AJ **53** 217—225, mit 1 Fig. — Von 441 helleren B-Sternen können rund dreiviertel Gruppen zugeordnet werden, deren Mitglieder sich durch benachbarten Ort an der Sphäre und gleiche Bewegungen auszeichnen. Insgesamt sind 40 Gruppen festgestellt worden, die als reale Bewegungshaufen angesehen werden. Die mittlere pekuliare Radialgeschwindigkeit eines Haufens ist 6 km/sec. Der K-Term ist 3.3 km/sec für die Haufen. Die Gesamtheit der B-Sterne, die keinen Haufen angehören, zeigt keinen K-Effekt. Fricke

* * **G. R. Miczaika,** Zum Lichtwechsel der langperiodischen Veränderlichen mit besonderer Berücksichtigung ihres Bewegungszustandes im Raum. Ref. **11190**.

12349. **G. R. Miczaika,** Die Beziehungen zwischen kinematischen und physikalischen Eigenschaften der Sterne. Himmelswelt **55** 63—67.

12350. **J. H. Oort,** L'orientation de l'ellipsoïde des vitesses pour les étoiles faibles. Comité National Français d'Astronomie, Communications et Mémoires 1948 S. 119—120. — Aus der Zusammen- und Gegenüberstellung der von verschiedenen Autoren gefundenen Länge des Vertex geht hervor, daß die Abweichung des Vertex vom galaktischen Zentrum ein lokales Phänomen ist. Loh.

12351. **C. Payne Gaposchkin,** The connection of motion with intrinsic variability. AJ **53** 193—194. — Ref. AAS.

12352. **L. Perek,** Distribution of mass in the galactic system. Contr. Astr. Inst. Masaryk Univ. Brno **1** Nr. 6, 34 S. mit 5 Fig. — Nach Behandlung der Anziehung inhomogener Rotationsellipsoide als galaktische Modelle und Aufstellung von Beziehungen zwischen Masse, Halbachsen, zentraler galaktischer Dichte, Sonnengeschwindigkeit und Entfernung werden die Beobachtungsunterlagen von 4259 Sternen heller als 6^{m}5 zur Berechnung dieser galaktischen Bestimmungsgrößen verwandt. Loh.

12353. **R. M. Petrie,** New radial velocities for some brighter members of the Ursa Major cluster. AJ **54** 47. — Ref. AAS.

12354. **A. N. Vyssotsky, E. T. R. Williams,** An investigation of stellar motions. VII. McCormick spectral statistics according to galactic longitude. AJ **53** 75—77 = Publ. Leander McCormick Obs. **10** Nr. 7. — Die vorliegende statistische Untersuchung beschränkt sich auf einen Vergleich der relativen Anzahl der A-Sterne und der roten Riesen in den Breitenzonen +11° bis +20° und —11° bis —20°, da sich in niederen Breiten die Spektren auf den Aufnahmen zu häufig überdecken. Die räumliche Dichte der A-Sterne ist zum galaktischen Zentrum hin (600 pc) wahrscheinlich etwa dieselbe, wie in der gleichen Entfernung nach dem Gegenzentrum. Im selben Bereich zeigen die roten Riesen aber eine merkliche Abnahme um etwa den Faktor 3. Loh.

12355. **A. N. Vyssotsky, E. T. R. Williams,** An investigation of stellar motions. IX. The variation of the solar motion with spectral class. AJ **53** 85—92, mit 3 Fig. = Publ. Leander McCormick Obs. **10** Nr. 9. — Die Bewegungen der Sterne 10. und 11. Größe sind denen der helleren Sterne auffallend ähnlich. Auch die Länge des Apex für A- und F-Sterne ist merklich kleiner als bei den späten Typen. Dieses Verhalten ist also nicht gewissen Strömen von A- und F-Sternen zu verdanken, sondern ein Charakteristikum dieser Sterne im allgemeinen. Die Länge der galaktischen Rotationsrichtung ergibt sich zu 56°1 ± 1°6. Da diese Richtung innerhalb der Genauigkeitsgrenze senkrecht auf der zum galaktischen Kern nach Stebbins und Whitford steht (AJB **47** Ref. **9008**/09), sind Zweifel, daß die Gruppenbewegung der Sterne der Sonnenumgebung nicht kreisförmig um das galaktische Zentrum verläuft, nicht berechtigt. Loh.

12356. **E. T. R. Williams, A. N. Vyssotsky,** An investigation of stellar motions. IV. The constants of solar motion, precession, and galactic rotation as derived from McCormick and Cape proper motions. AJ **53** 63—69 = Publ. Leander McCormick Obs. **10** Nr. 4. — Auf Grund der Vorteile, die die Bewegungen schwacher Sterne zur Berechnung der Konstanten der Präzession und galaktischen Rotation in sich bergen, wurden die Eigenbewegungen von 29000 McCormick-Sternen und 40000 Kap-Zonen-Sternen mit einer mittleren (pv) Helligkeit von 11^{m}1 bzw. 11^{m}2 zu diesem Zweck und zur Ableitung der Sonnenbewegung ausgenutzt. Die in das System des FK3 — den die Erfahrung zu bevorzugen empfiehlt — gebrachten Daten repräsentieren in mehr als 800 Feldern 85% des gesamten Himmels. Die Ergebnisse sind für die Newcombschen Konstanten die Verbesserungen Δ k = —0″0041 ± 0″0003; Δ n = +0″0060 ±0″0003, für die galaktische Rotation P = +0″0043 ±0″0003, Q = —0″0017 ± 0″0003 und für den Apex A = 274°1 ± 1°5, D = 29°5 ± 1°3. Loh.

12357. **E. T. R. Williams, A. N. Vyssotsky,** An investigation of stellar motions. VI. The constants of galactic rotation and precession. AJ **53** 72—75 = Publ. Leander McCormick Obs. **10** Nr. 6. — Nachdem es sich herausgestellt hat, daß das System des FK3 anderen zu bevorzugen ist und daß das Ausschließen großer Bewegungen zu systematischen Fehlern der obigen Konstanten führt, ist das Material des GC, das von McCormick und von Cape neu bearbeitet worden. Dabei wurden von GC nur die Sterne zwischen 6^{m}05 und 7^{m}05, die A-Sterne mit m < 7^{m}05 und alle B-Sterne benutzt. Übereinstimmend mit einem früheren Resultat (Ref. **12356**) ergab sich für die Konstanten der galaktischen Rotation P = +0″0040 ± 0″0003, Q = —0″0016 ± 0″0003. Daraus folgt mit dem Charakter einer Keplerbewegung die galaktische Rotationsdauer der Sonne zu 230 ± 16 Millionen Jahren. Loh.

12358. **E. T. R. Williams, A. N. Vyssotsky,** An investigation of stellar motions, X. Peculiar motions. AJ **53** 92—101, mit 6 Fig. = Publ. Leander McCormick Obs. **10** Nr. 10. — Für verschiedene Spektraltypen der Hauptreihe sind die Geschwindigkeitsellipsoide ähnlich. Für die Riesen sind sie fast kugelförmig. Während bei den Sternen der Hauptreihe die kinetischen Energien recht gleich verteilt sind, sind letztere für die Riesen wesentlich größer. 70% der M-Zwerge bewegen sich in Bahnen mit $e < 0.2$, für die G-Zwerge beträgt der Anteil 80%. 3—4% der M-Zwerge hat Bahnen mit $e > 0.5$, bei den G-Zwergen nur 1%. Auf eine merkwürdige Analogie wird hingewiesen: Wie im Sonnensystem sind hohe Exzentrizitäten mit großen Neigungen verknüpft, dabei werden diese von Sternen geringerer Masse (Kometen-Unterzwerge) bevorzugt. Loh.

12359. The Ursa Major moving cluster. JBAA **58** 195.

12360. The solar apex. Nat **162** 920. — Besprechung der Arbeit von O. R. Walkey in MN **106** 274 = AJB **46** § **90**.

12361. The Ursa major cluster. Sky and Telescope **7** 65, mit 1 Fig. — Ref. AAS.

12362. Ursa Major cluster motions. Sky and Telescope **7** 299. — Ref. AAS.

§ 124

Außergalaktische Nebel

12401. **P. ten Bruggencate,** Zur Gestalt von Spiralnebeln. Nachrichten Akad. Wiss. Göttingen, Math.-Phys. Klasse, Jahrgang **1948** Heft 1, mit 1 Abb. = Veröff. Univ.-Sternwarte Göttingen Nr. **89** S. 261—268. — Es wird ein nichtstationäres Sternsystem angenommen, das überall eine ellipsoidische Geschwindigkeitsverteilung, differentielle Strömung und Vertexabweichung aufweist. Die nichtstationäre Kraftfunktion, herrührend von einer Zentralmasse und einer extrem flachen sphäroidischen Masse, hängt von einer willkürlichen Zeitfunktion ab. Sie wird auf eine stationäre Newtonsche Kraftfunktion reduziert. Es wird verlangt, daß Kreisbahnen im stationären Newtonfeld in logarithmische Spiralen im nichtstationären Feld übergehen. Ein Spiralarm wird aufgefaßt als geometrischer Ort der Sterne, die zu verschiedenen Epochen auf Spiralbahnen einen festen Ort in der Symmetrieebene des nichtstationären Systems passieren. Anwendung der Theorie auf M 33 stellt die beobachtete Form gut dar. Das Alter der Arme ist von der Größenordnung des Alters der B-Sterne. Es wird vermutet, daß Sterne der Population I im nichtstationären Feld der Population II logarithmische Spiralen beschreiben. Micz.

12402. **W. Dieckvoss,** Photographische Photometrie zweier Spiralnebel. Himmelswelt **55** 128—129. — Besprechung der Arbeit von Holmberg in Lund Medd (2) Nr. **114**, AJB **45** Ref. **8910**.

12403. **M. S. Eigenson,** Die Verteilungsfunktion der mittleren Oberflächenhelligkeiten der außergalaktischen Nebel. Pulk Mitt **17** Nr. 4 (139) S. 60—68, 1947 (russisch).

12404. **M. S. Eigenson,** Über die Beziehung zwischen Durchmesser und Anzahl der außergalaktischen Nebel. Pulk Mitt **17** Nr. 4 (139) S. 69—76, 1947 (russisch).

12405. **W. Fricke,** Neuere Beiträge zur Erforschung der Spiralnebel. Naturwiss **35** 52—58, mit 7 Abb. — 1. Die Auflösung des Kernes des Andromeda-Nebels, der Begleiter des Andromeda-Nebels (M 32 und NGC 205) und der elliptischen Nebel NGC 147 und 185. 2. Photometrien von Spiralnebeln. 3. Der Rotationssinn der Spiralnebel. 4. Innere Bewegungen in Spiralnebeln.

12406. **G. Gamow,** Galaxies in flight. Scientific American, July 1948, S. 20—25, mit 7 Fig.

* * **I. M. Gordon,** Die Verteilung der Cepheiden verschiedener Leuchtkraft auf der Scheibe der Großen Magellanschen Wolke. Vgl. Ref. 11157.

12407. **S. Günther,** Das Sculptor- und das Fornax-System. Himmelswelt **55** 87—88. — Zusammenfassung der wesentlichen Eigenschaften beider Systeme.

12408. **H. C. van de Hulst,** Spectral photometry of the dark lane of NGC 4594. AJ **53** 118—119. — Ref. AAS.

12409. **B. J. Lewin,** Die räumliche Orientierung der außergalaktischen Nebel. Priroda **36** Nr. 12 S. 45, 1947 (russisch).

* * **B. Lindblad,** On the dynamical theory of spiral structure. Comparison between theory and observation. Vgl. Ref. **4408.**

* * **B. Lindblad,** On the theory of the spiral nebula Messier 81. Vgl. Ref. 4409.

* * **B. Lindblad,** On the dynamics of stellar systems. Vgl. Ref. **4410.**

* * **B. Lindblad,** Om spiralstrukturens uppkomst och utveckling hos stjärnsystemen. Vgl. Ref. **4411.**

12410. **N. U. Mayall,** Inclinations of spectrum lines in spirals. AJ **54** 44—45. — Ref. AAS.

12411. **N. U. Mayall,** Inclinations of spectrum lines in spirals. Sky and Telescope 8 3—5, 17, mit 9 Fig. — Besprechung in JBAA **59** 85.

* * **E. A. Milne,** Star streaming and the stability of spiral orbits in spiral nebulae I. Motion round a point-nucleus. Vgl. Ref. **4413.**

* * **E. A. Milne,** Star streaming and the stability of spiral orbits in spiral nebulae II. Motion in an extended distribution of matter. Vgl. Ref. **4414.**

12412. **H. Müller,** Über die Auflösung elliptischer Nebel in Einzelsterne. Himmelswelt **55** 53—58, mit 7 Abb. Die Abb. 6 und Abb. 7 siehe Himmelswelt **55** neben S. 196. — Ausführliche Besprechung der Untersuchung von W. Baade in ApJ **100** 137, AJB **45** Ref. 8902.

12413. **T. Page,** The spectra of double galaxies. AJ **54** 47. — Ref. AAS.

* * **P. P. Parenago,** Über die Ähnlichkeit der Milchstraße mit dem Andromedanebel. Vgl. Ref. **12317.**

12414. **W. Petri,** Die Rotationsrichtung von Spiralnebeln. Sterne **24** 41—43. — Behandelt die Untersuchung von Hubble, AJB **45** Ref. 8916.

12415. **E. Schoenberg,** Zur Kosmogonie der Spiralnebel. Universitas, Z. f. Wiss., Kunst und Lit. **3** 443—452, mit 7 Abb. — Allgemeinverständliche Darstellung.

12416. **C. K. Seyfert,** Five thousand external galaxies and a new dense group. AJ **53** 203—204. — Ref. AAS.

12417. **C. K. Seyfert,** A densely crowded group of galaxies in Serpens. Phys Rev (2) **74** 129. — Ref. Am. Phys. Soc.

12418. **H. Shapley,** Galaxies. Vgl. AJB **45** Ref. 8901. — Weitere Besprechung in Nat **161** 460, Priroda **37** Nr. 11 S. 84—85 (B. N. Himmelfarb).

12419. **H. Shapley,** Galaxien. Aus dem Englischen ins Russische übersetzt von G. N. Neujmin. Moskau-Leningrad, Staatsverlag für technisch-theoretische Literatur, 1947. 226 S. mit 104 Abb. und 1 Tafel. Preis 4 R. — Vgl. AJB **45** Ref. 8901.

* * **H. Shapley,** Galactic and extragalactic studies, XVIII. The pulse index for eighty-nine variable stars in the Magellanic clouds. Vgl. Ref. 11170.

12420. **H. Shapley,** Time and change in the metagalaxy. Scientific Monthly **67** 243—253, mit 10 Fig. = Harv Repr (2) Nr. **23**. — Es wird über Arbeiten der Harvard Sternwarte über die Struktur des metagalaktischen Systems in großen Zügen berichtet. Eingegangen wird vor allem auf die systematische Nebeldurchmusterung in Oak Ridge und Bloemfontein, die Erforschung der Virgo-Wolke, der Gegend in Richtung auf das galaktische Gegenzentrum, der Veränderlichen der Magellanschen Wolken, der Lichtverteilung auf Nebelbildern und auf kosmogonische Fragen. Micz.

12421. **J. Stebbins, A. E. Whitford,** The relation between color index and red shift for extragalactic nebulae. AJ **53** 204—205. — Ref. AAS.

12422. **J. Stebbins, A. E. Whitford,** Six-color photometry of stars. VI. The colors of extragalactic nebulae. ApJ **108** 413—428, mit 7 Fig. = Contr. Mt. Wilson Obs. Nr. **753**. — Im Bereich der Sechs-Farben-Photometrie wird für M 32 in Anschluß an 6 dG2 Sterne und die absoluten Messungen von E. Pettit und C. G. Abbot der Sonne die absolute Energieverteilung bestimmt. Im Ultravioletten und Infraroten ist ein Energieüberschuß über den schwarzen Körper vorhanden. Eine Zwei-Farben-Photometrie im Blauen und Gelben ergibt für 26 E-Nebel eine stärkere Rotverfärbung in Abhängigkeit von der Radialgeschwindigkeit, als theoretisch zu erwarten wäre. Entweder wird dieser Effekt durch intergalaktische selektive Absorption hervorgerufen, oder er ist ein Zeiteffekt in dem Sinn, daß sich die Natur der E-Nebel in 2×10^8 Jahren merklich ändert. Loh.

12423. **G. de Vaucouleurs,** Recherches sur les nébuleuses extragalactiques. I. Sur la technique de l'analyse microphotométrique des nébuleuses brillantes. II. Analyse des nébuleuses NGC 3115, 3379, 4649 et 4594. Observation et discussion. Ann d'Astrophys **11** 247—287, mit 20 Fig. — Der erste Teil der Arbeit enthält eine ausführliche Diskussion der Ursachen zufälliger und systematischer Fehler bei der Photometrie extragalaktischer Nebel. Vorkehrungen, um sie auszuschalten oder wenigstens zu verringern, werden beschrieben. Im zweiten Teil wird über die Ergebnisse photometrischer Messungen an drei elliptischen Nebeln (NGC 3115, 3379 und 4649) und an einem spiralförmigen Nebel (NGC 4594) im blauen Licht berichtet. Unter anderem wird aus der Lichtverteilung entlang zweier Hauptachsen die integrale Helligkeit berechnet. Mit Hilfe von Isophoten werden physikalisch sinnvolle Durchmesser der Nebel definiert. Micz.

12424. **G. de Vaucouleurs,** Recherches sur les nébuleuses extragalactiques. Introduction à l'analyse microphotométrique des nébuleuses extragalactiques. JO **31** 113—128, mit 8 Fig. — Der Verf. gibt einen Überblick über die Photometrie extragalaktischer Nebel und weist zunächst auf ihre Bedeutung für eine Reihe von Problemen des Aufbaus der Sternsysteme hin. Im zweiten Kapitel werden diesbezügliche Arbeiten zusammengestellt und kurz besprochen. Daran schließt sich ein Vergleich der Ergebnisse dieser Arbeiten an. Im Schlußabschnitt werden die benutzten photometrischen Methoden einer kritischen Betrachtung unterzogen. Micz.

* * **H. Vogt,** Der Ursprung der Spiralnebel. Vgl. Ref. **4420**.

12425. Relationen mellan färgindex och rödförskjutning för extragalaktiska nebulosor. PAT **29** 168—169, mit 1 Fig.

12426. Fem tusen nya vintergator observerade. PAT **29** 170.

12427. Reddening of galaxies. Sky and Telescope **7** 123—124. — Ref. AAS.

12428. The great nebula in Andromeda. Sky and Telescope **7** 198, mit 1 Abb.

§ 125

Interstellare Materie

12501. **W. S. Adams,** The gaseous clouds of interstellar space. Publ ASP **60** 174—189, mit 2 Tafeln (Henry Norris Russell Lecture). — Die Aufspaltung des interstellaren Gases in einzelne Wolken verschiedenster Größe kann nach Ausweis stellarer Spektrogramme so weit gehen, daß das Licht früher B-Sterne bis zur 8. Größe bis zu 4 oder 5 Wolken durchdringen muß. Ihre Radialgeschwindigkeiten sind im allgemeinen klein, nur einige kleine Wolken haben solche über 50 km/sec. Im Vergleich mit den H- und K-Linien ist das Auftreten molekularer Linien (CH, CN, CH II) sehr unterschiedlich, ohne sich dabei aber so vielfältig zu zeigen wie die H- und K-Linien. Es kann sein, daß die molekularen Linien nur in sternnahen Wolken entstehen. Loh.

12502. **W. Becker,** Zur Ermittlung der interstellaren Verfärbung in sehr großen Entfernungen mit Hilfe der RR Lyrae-Sterne. Himmelswelt **55** 76—77. — Farbenindizes von RR Lyrae-Sternen bieten eine bequeme Möglichkeit zur Bestimmung der interstellaren Verfärbung, da diese Veränderlichen im Maximum alle innerhalb sehr enger Grenzen den gleichen Spektraltyp haben. Micz.

* * **W. Becker, W. Fricke,** Bau des Sternsystems. Vgl. Ref. **12302.**

12503. **A. N. Deutsch,** Die Bestimmungen der Absorption des Lichtes in Dunkelnebeln nach Eigenbewegungen der Sterne. Pulk Mitt **17** Nr. 6 (141) S. 89—96 (russisch).

12504. **H. Mineur,** L'espace interstellaire. Vgl. AJB **47** Ref. **9105.** — Weitere Besprechung in BSAF **62** 64, Ciel et Terre **64** 90—91.

12505. **T. Page,** The purity of interstellar Hα emission. ApJ **108** 157—158, mit 1 Tafel = Contr. McDonald Obs. Nr. **152.** — Mit einem neuen lichtstarken Gitterspektrographen, verwendet als „Nebelspektrograph", der Hα und [N II] λ 6584 getrennt wiedergibt, wurde für 13 Gebiete mit interstellarer Wasserstoffemission das Intensitätsverhältnis Hα/λ 6584 bestimmt. Micz.

12506. **W. S. Safronow,** Die Berücksichtigung der interstellaren Absorption des Lichtes bei Sternen verschiedener Temperatur. RAJ **25** Heft 6.

12507. **L. Spitzer jr.,** The distribution of interstellar sodium. ApJ **108** 276—309, mit 12 Fig. — Auf Grund neuer Messungen wird das Verhalten der Äquivalentbreiten der Na-D-Linien mit dem Grad der Rotverfärbung von 37 B-Sterne geprüft. Bei einem Durchmesser der interstellaren Wolken von 10—20 pc findet man einen photoelektrischen FE von $0^m.024$, eine Linienbreite von 0.15 Å und 2×10^{12} Na-Atome/cm³. Die Geschwindigkeit dieser Atome wäre dann 2.1 km/sec, entsprechend einer kinetischen Temperatur von 12000°. Bei kleinen Rotverfärbungen sind die Beziehungen unsicherer. Es werden weiterhin behandelt die Variation der Linienbreite mit der Entfernung, die Verhältnisse bei mehreren, hintereinander gelagerten Wolken und die relative Verteilung von Gas und Staub. Str.

* * **O. Struve, M. Rudkjöbing,** Stellar spectra in the region of the obscuring clouds of Ophiuchus and Scorpius. Vgl. Ref. **9545.**

12508. **P. Tempesti,** La temperatura nello spazio interstellare. Coelum **16** 87—91, 102—106. — Allgemeinverständlicher Bericht.

12509. **A. Velghe,** La matière interstellaire. Ciel et Terre **64** 162—171, mit 5 Fig. und 2 Tafeln. — In großen Zügen werden die wichtigsten Methoden und Resultate der Erforschung der interstellaren Materie besprochen und in einer schematischen Übersicht über die verschiedenen Formen, in denen wir Materie außerhalb der Sterne beobachten oder erschließen können, zusammengefaßt. Kdr.

12510. **A. E. Whitford,** An extension of the interstellar absorption-curve. ApJ **107** 102—105, mit 2 Fig. — Lichtelektrische Farbenindexmessungen wurden für einige verfärbte Sterne bis zu effektiven Wellenlängen 0.90 μ und 2,1 μ ausgedehnt. Es ergaben sich Abweichungen vom λ-Gesetz der interstellaren Verfärbung, die eher für dielektrische als für metallische Partikeln sprechen. Ihre Größenverteilung dürfte eine rasche Abnahme der Häufigkeit oberhalb eines kritischen Wertes zeigen. Micz.

12511. **O. C. Wilson,** A preliminary lower limit to the ratio C^{12}/C^{13} in interstellar matter. Publ ASP **60** 198—200. — Von den molekularen Linien λ 4300.32 CH, λ 4232.58 CH II, λ 3957.72 CH II eignen sich die beiden letzteren auf Grund der isotopen Linienverschiebung (C^{12} durch C^{13} ersetzt) von —0.227 bzw. +0.475 Å zur Bestimmung einer unteren Grenze des Verhältnisses C^{12}/C^{13}. Es ergab sich $C^{12}/C^{13} \gg 5$. Loh.

12512. **B. A. Woronzow-Weljaminow,** Die diffuse gasförmige Materie. Fortschritte Astr. Wiss. **4** 208—256, mit 3 Abb. (russisch). — Besprechung in RAJ **26** 320—321 (W. A. Ambarzumjan, russisch).

12513. Dimensionen und Massen von dunklen Nebeln. Himmelswelt **55** 182. — Ref. eines Vortrags von B. J. Bok anläßlich der Hundertjahrfeier des Harvard-Observatoriums.

12514. Zur Kinematik kosmischer Staubwolken. Himmelswelt **55** 183. — Ref. eines Vortrags von F. H. Whipple anläßlich der Hundertjahrfeier des Harvard-Observatoriums.

* * Centennial Symposia, December 1946. Vgl. Ref. 557.

§ 126

Radiostrahlung

12601. **E. Appleton,** Radio and the stars. Pop Astr **56** 484—487.

12602. **J. Baltá Elias,** Sobre las ondas cortas y microondas de origen extraterrestre. Rev. Telecomunicación Sept. 1948 S. 2—10.

12603. **J. G. Bolton,** Discrete sources of galactic radio frequence noise. Nat **162** 141—142. — Bericht über 6 neuaufgefundene Quellen mit teils konstanter, teils variabler Stärke. Die Herkunft der Strahlung dürfte 1. in frei-freien Übergängen im interstellaren Medium, 2. in Sternen von Sternwolken und 3. in besonders stark radiostrahlenden Einzelsternen einer besonderen stellaren Entwicklungsstufe zu suchen sein. Loh.

12604. **J. G. Bolton, G. J. Stanley,** Variable source of radio frequency radiation in the constellation of Cygnus. Nat **161** 312—313, mit 2 Fig. — Bericht über Messungen bei vornehmlich 100 MHz. Die Strahlungsquelle liegt bei $\alpha = 19^h58^m\ 47^s \pm 10^s$, $\delta = +41°\ 41' \pm 7'$ und hat eine Ausdehnung von weniger als 8'. Einer konstanten Komponente überlagert sich mit schwankender Periode eine veränderliche Komponente. Loh.

12605. **H. G. van Bueren,** Radiogolven nit de wereld-ruimte. Electron **2** 14, 1947.

12606. **G. Burkhardt, G. Elwert, A. Unsöld,** Über das langwellige Ende des kontinuierlichen Röntgenspektrums und die Theorie der Radiofrequenzstrahlung der Milchstraße und der Sonne. ZfA **25** 310—314 = Sonderdruck Sternwarte Kiel. — Die von verschiedenen Autoren abgeleiteten und benützten quantenmechanischen Näherungsformeln für den kontinuierlich-kontinuierlichen Absorptionskoeffizienten im Grenzfall langer Wellen müssen im logarithmischen Glied verbessert werden. Dadurch ergibt sich völlige Übereinstimmung mit der klassischen Rechnung nach Kramers. Bei größeren Dichten ist der endliche Abstand der Ionen zu berücksichtigen. Zahlenmäßig werden die früheren Rechnungen von A. Unsöld über die Radiofrequenzstrahlung der Milchstraße und der Sonne nur wenig geändert. Verf.

12607. **G. R. M. Garratt,** Reflejos radio eléctricos audibles de las estrellas fugaces. Revista Marconi, Januar 1948 S. 38—40.

12608. **J. W. Herbstreit, J. R. Johler,** Frequency variation of the intensity of cosmic radio noise. Nat **161** 515—516, mit 1 Fig. — Mitteilung über Intensitätsmessungen der kosmischen Kurzwellenstrahlung. Eine einfache Formel für die Frequenzabhängigkeit der Intensität wird gegeben. Einige stoßweise Erhöhungen der Intensität werden mit ionosphärischen Störungen in Verbindung gebracht. Micz.

12609. **J. S. Hey, S. J. Parsons, J. W. Phillips,** An investigation of galactic radiation in the radio spectrum. Proc. Roy. Soc. (A) **192** 425—445, mit 8 Fig. — Die Verf. beschreiben einleitend eine Methode zur Bestimmung der Antennencharakteristik und ein Verfahren, um die Intensität der galaktischen Kurzwellenstrahlung durch Kalibrierung mit der Intensität eines Signalgebers ähnlicher Amplitudenverteilung zu bestimmen. Aus den Messungen (Sommer 1946) der einfallenden Strahlung bei 64 MHz wird die Verteilung der Strahlungsquellen an der Sphäre abgeleitet und in äquatorialen sowie galaktischen Koordinaten dargestellt. Die aus der Cygnus-Gegend kommende Strahlung ist langsamen und schnellen Schwankungen unterworfen. Bestimmt wird ferner die mittlere Strahlungsintensität und die entsprechende effektive Rauschtemperatur der Antenne. Der Vergleich der beobachteten Quellenverteilung mit Daten über die Struktur der Milchstraße erbringt eine geringe Beziehung zur Verteilung der sichtbaren Lichtquellen, jedoch eine bessere in bezug auf die Massenverteilung des Milchstraßensystems im Großen. Die Autoren schließen aus ihrer Diskussion, daß ihre Ergebnisse weder für eine weite Verteilung der Strahlungsquellen im interstellaren Medium noch für diskrete Emissionszentren eindeutig sprechen. Micz.

* * **W. L. Hinsburg,** Neues über die Radiostrahlung der Sonne und der Galaxis. Vgl. Ref. **6529**.

* * **C. E. Krüger,** Sullo spettro radio del Sole e della Via lattea. Vgl. Ref. **6532**.

12610. **H. Lambrecht,** Interstellare Wasserstoff-Emissionsgebiete und kosmische Kurzwellenstrahlung. Sterne **24** 129—136, mit 1 Fig.

12611. **M. Minnaert,** Origin of fluctuating galactic noise. Nat **162** 858. — Die solare Radiostrahlung wird in 3 Komponenten zerlegt: 1. Die Strahlung der ruhigen Sonne, 2. Die Strahlung der gestörten Sonne, 3. Die Strahlung der Eruptionen (bursts). Komponente 2 zeigt zirkulare Polarisation, 3 aber nicht. Loh.

12612. **H. Müller,** Radiowellen aus dem Kosmos. Himmelswelt **55** 85—87, mit 2 Abb. — Besprechung der Arbeit von G. Reber in ApJ **100** 279, AJB **45** Ref. **9216**.

12613. **R. J. Northcott, R. E. Williamson,** Galactic noise and the plane of the galaxy. JCan RAS **52** 269—279, mit 7 Fig. = Commun. David Dunlap Obs. Nr. 17. — Aus dem Intensitätsverlauf der galaktischen Radiostrahlung bei 160 MHz und 480 MHz ergaben sich für den galaktischen Pol die Koordinaten $12^h34^m.5 \pm 1^m.1$, $+27°.10 \pm 0°.26$ bzw. $12^h40^m.9 \pm 2^m.7$, $+29°.10 \pm 0°.87$ (1900) und die Polabstände des (Kleinkreis)-Äquators $91°.61 \pm 0°.20$ bzw. $90°.72 \pm 0°.54$.

12614. **M. Ryle, F. G. Smith,** A new intense source of radio-frequency radiation in the constellation of Cassiopeia. Nat **162** 462—463, mit 1 Fig. Bemerkungen dazu in Nat **162** 858 von M. Minnaert und Verf. — Die Untersuchungen über die ständige Komponente der Radiostrahlung bei 80 MHz deuten darauf hin, daß diese Strahlung ähnlichen Ursprungs sein dürfte, wie die „thermische" Strahlung der ruhigen Sonne. Die Herkunft der variablen Komponente ist weniger eindeutig. Loh.

12615. **I. S. Schklowskij,** Über die Radiostrahlung der Galaxis. RAJ **25** 237—245, mit 1 Abb. (russisch).

12616. **H. Siedentopf,** Die Strahlung der Milchstraße und der Sonne im Gebiete der kurzen elektrischen Wellen. Phys. Blätter **4** 367—376, mit 5 Abb.

* * **A. Unsöld,** Die Strahlung der Sonne und der Milchstraße im Radiowellengebiet. Vgl. Ref. **6548.**

12617. **R. E. Williamson,** The present status of microwave astronomy. J Can RAS **52** 9—32, mit 4 Fig. = Commun. David Dunlap Obs. Nr. **15.** — Bericht über die Entwicklung, technischen Grundlagen und Ergebnisse der Erforschung der galaktischen und solaren Radiostrahlung.

* * Cosmic and solar radio noise. Vgl. Ref. **6555.**

§ 127

Kosmische Strahlung

12701. **J. A. van Allen,** Exploratory cosmic ray observations at high altitudes by means of rockets. Sky and Telescope **7** 171—175, mit 11 Fig.

12702. **P. Auger,** Les rayons cosmiques: Die kosmischen Strahlen. Bern, A. Franke-Verlag, Sammlung Dalp, 1948. — Besprechung in Phys. Blätter **4** 407 (Schopper), Priroda **37** Nr. 7 S. 87 (A. I. Ohl).

12703. **P. Auger,** Was sind kosmische Strahlen? Aus dem Englischen ins Russische übersetzt von N. J. Rabinowitsch. Moskau-Leningrad, Staatsverlag für technisch-theoretische Literatur, 1947. 108 S. mit 38 Abb. Preis 2 R. 60 Kop.

12704. **E. Bagge,** Die kosmische Strahlung. Himmelswelt **55** 156—161, mit 4 Fig. — Darlegung der wesentlichen Untersuchungsmethoden: Die Ionisationskammer, die Koinzidenztechnik, die Nebelkammer und die photographische Methode.

* * **C. A. Bauer,** The absorption of cosmic radiation in meteorites. Vgl. Ref. 8306.

* * **C. A. Bauer,** Rate of production of helium in meteorites by cosmic radiation. Vgl. Ref. 8307.

12705. **D. Bohm, E. P. Gross,** Plasma oscillations as a cause of acceleration of cosmic-ray particles. Phys Rev (2) **74** 624. — Plasmaschwankungen von Ionenwolken im interstellaren Raum können einen Mechanismus zur kumulativen Energieübertragung an Ionen darstellen. Loh.

12706. **H. L. Bradt,** Why are we studying cosmic rays? Experientia **4** 41—56. — Besprechung in Naturwiss. Rundschau **1** 90 (W. Kautter).

12707. **H. L. Bradt, B. Peters,** Investigation of the primary cosmic radiation with nuclear photographic emulsions. Phys Rev (2) **74** 1828—1837, mit 4 Fig. — Zur Bestimmung von Ladung und Masse schwererer Kerne, die in der kosmischen Strahlung vorkommen, werden verschiedene Methoden diskutiert. Beobachtungen mit Ilford-C_2-Emulsionen weisen Kerne von etwa Kohlenstoff bis etwa Eisen nach. Die Kernhäufigkeiten zeigen im Vergleich mit dem Vorkommen der Elemente in Sternen, Nebeln und interstellarer Materie bei Li, Be und B eine ähnliche Lücke und bei Fe eine relativ große Reichhaltigkeit. Loh.

* * **R. Bureau,** Eruptions chromosphériques solaires, rayonnement cosmique et phénomènes ionosphériques terrestres. Vgl. Ref. 6607.

12708. **E. Clementel, N. Dallaporta,** Sui processi multipli nella componente dura della radiazione cosmica. Il Nuovo Cimento (9) **5** 298—310. — Theoretische Ergebnisse einer vorhergehenden Arbeit werden auf die Komponenten der kosmischen Strahlung angewandt. F. Z.

12709. **J. Clay,** The energy spectrum of the photon component of cosmic radiation. Physica **14** 569—574, mit 3 Fig. — Aus Experimenten ergibt sich der Hinweis, daß das Energiespektrum der Photonen von derselben Natur ist wie das der Elektronen. Loh.

12710. **J. W. Dungey, F. Hoyle,** Origin of cosmic rays. Nat **162** 888. — Auf Grund der neuerdings vertretenen Annahme eines galaktischen Magnetfeldes von 10^{-10} Gauss wird das Problem erörtert, ob die kosmische Strahlung galaktischen oder außergalaktischen Ursprunges ist. Da die Bewegung der Partikel der kosmischen Strahlung nicht merklich gestört wird, solange $H^2 \ll 4\pi W$ (W = Energiedichte der Strahlung) ist, so folgt mit $W \approx 10^{-13}$ (nach den Beobachtungen) zunächst keine Beeinflussung durch das Feld. Daraus und aus den Eigenschaften von Feld und kosmischer Strahlung wird geschlossen, daß letztere hauptsächlich außergalaktischen Ursprunges ist. Loh.

12711. **A. Duperier,** Solar influences on cosmic rays. Sixième rapport de la commission pour l'étude des relations entre les phénomènes solaires et terrestres, S. 193—198. — Die Intensität der kosmischen Strahlung ist am Boden nicht nur eng mit dem atmosphärischen Druck, sondern auch mit der Höhe der 100 mb Druckschicht korreliert. Während es zunächst nur möglich erscheint, daß die Sonne regelmäßig kosmische Strahlung emittiert, kann der Einfluß der Sonnentätigkeit auf die Intensität der kosmischen Strahlung aus Beobachtungen als verbürgt betrachtet werden. Loh.

12712. **E. Feenberg, H. Primakoff,** Interaction of cosmic-ray primaries with sunlight and starlight. Phys Rev (2) **73** 449—469. — Es werden Stoßprozesse zwischen primären kosmischen Strahlenpartikeln (Protonen und Elektronen) und Photonen des Sonnen- und Sternenlichtes diskutiert. Im einzelnen wird die Paarbildung (Elektron-Positron) und die Compton-Streuung im interplanetaren, inner- und intergalaktischen Raum behandelt. Es zeigt sich, daß die Anzahl der Stöße zwischen Primären und Photonen bei einem einzigen Durchqueren des Sonnensystems und der Galaxis nicht groß genug ist, um entweder einen merklichen Energieverlust der Teilchen oder eine merkliche Produktion sekundärer Paare und energetisch gestreuter Photonen zu erzeugen. Dasselbe gilt für die primären Protonen auch im intergalaktischen Maßstab. Andererseits können energiereiche primäre Elektronen eine genügende Zahl von Comptonstößen im intergalaktischen Raum erleiden und dadurch aus der die Nachbarschaft der Erde erreichenden kosmischen Strahlung entfernt werden. Verf.

12713. **S. E. Forbush,** Cosmic rays from the Sun? J. Wash. Acad. Sc. **38** 30.

12714. **P. Freier, E. J. Lofgren, E. P. Ney, F. Oppenheimer, H. L. Bradt, B. Peters,** Evidence for heavy nuclei in the primary cosmic radiation. Phys Rev (2) **74** 213—217, mit 4 Fig. — Man darf aus Ballonbeobachtungen schließen, daß auf etwa 1000 primäre Protonen 1 schwerer Kern ($Z < 40$, kin. Energie $\approx \frac{1}{2}$ BeV) kommt. Loh.

12715. **P. Freier, E. J. Lofgren, E. P. Ney, F. Oppenheimer,** The heavy component of primary cosmic rays. Phys Rev (2) **74** 1818—1827, mit 11 Fig. — Über die Anwesenheit schwerer Komponenten in der kosmischen Strahlung werden nach Beobachtungen im Ballon zwischen 80000 und 95000 Fuß Höhe Einzelheiten mitgeteilt. Es konnten Kernarten von Helium bis Molybdän nachgewiesen werden. Das Verhältnis der Kernhäufigkeiten H : He ist etwa 4 : 1, für noch schwerere Kerne (Ordnungszahl > 10) ergibt sich im Durchschnitt pro Art (H: schweres Element) 10500 : 1. Im einzelnen nimmt die Häufigkeit jedoch mit wachsender Ordnungszahl ab, die Energie aber zu. Loh.

12716. **K. H. Höcker,** Protonen als primäre Komponente der kosmischen Strahlung I. Z f Phys **124** 351—391, mit 11 Abb. — Es wird der Versuch gemacht, unter der Annahme einer primären Protonenstrahlung die Erscheinungsformen der kosmischen Strahlung in der Atmosphäre zu verstehen. Dazu wird angenommen, daß Protonen mit einer Energie von $> 3 \times 10^9$ eV beim Vorbeiflug an einem anderen Proton (oder Neutron) Mesonen erzeugen. Die Pfotzersche Kurve der Vertikalintensität wie der Breiteneffekt sind gut zu beschreiben, wenn ein Proton mit einem Wirkungsquerschnitt von $2{,}2 \times 10^{-26}$ cm² stößt und dabei ein Viertel seiner Energie an das Mesonenfeld abgibt, während sich die Restenergie auf die beiden Stoßpartner verteilt. Die Erzeugung mehrerer energiearmer Mesonen mit einer mittleren Energie von 9×10^8 eV ist wahrscheinlicher als die Erzeugung eines einzelnen energiereichen. Unter den Mesonen werden solche mit der Halbwertszeit 2×10^{-6} sec und 10^{-8} sec unterschieden. Die letzteren zerfallen praktisch spontan in Elektronen und Neutrinos und bilden so den wesentlichen Teil der weichen Komponente. Das Maximum der Gesamtionisation ist nicht durch energiereiche, kaskadenbildende Elektronen zu beschreiben, sondern nur durch solche von geringerer Energie, die auf einem möglichst kurzen Wege, also direkt aus der Mesonenkomponente entstehen. Verf.

12717. **K. H. Höcker,** Protonen als primäre Komponente der kosmischen Strahlung II. Z f Phys **124** 392—420, mit 5 Abb. — Nach der Modifikation eines Ansatzes über die Umwandlung von Protonen im vorigen Referat wird gezeigt, daß sich Mesonen in Neutrettos zurückverwandeln oder durch Zerfall in Elektronen übergehen können. Darnach besteht die „harte" Komponente in großen Höhen überwiegend aus Protonen, die „weiche" aus Elektronen und energiearmen Mesonen. Die Umwandlung der Neutrettos in Mesonen kann experimentell belegt werden. Die Einführung der Neutrettos gestattet, den Breiteneffekt auf Meereshöhe verständlich zu machen. Der Prozeß der Neutrettoerzeugung ist eindeutig festgelegt. Es werden überwiegend in Mehrfachprozessen energiearme Teilchen erzeugt, deren Zahl pro Stoß proportional zur Protonenenergie ist. Etwa 10 % der Stöße sehr energiereicher Protonen ($E > 10^{10}$ eV) führt zur Erzeugung von energiereichen Neutrettos und Mesonen, die durch Bremsstrahlung, Ausstoßprozesse und Zerfall energiereiche Elektronen nach sich ziehen, die ihrerseits Kaskaden auslösen. Diese Gruppe von Teilchen allein ist für die Intensität in Meereshöhe verantwortlich, während in der Stratosphäre die große Zahl der energiearmen Teilchen nahezu die ganze Intensität ausmacht. Verf. (gekürzt)

12718. **A. R. Hogg,** Sidereal variations of cosmic rays. Nat **162** 613. — Nach Beobachtungen in Canberra scheint eine 24-stündige Sternzeitvariation nicht vorhanden zu sein. Die kosmische Strahlung dürfte eher interstellaren als intergalaktischen Ursprungs sein. Loh.

12719. **R. I. Hulsizer, B. Rossi,** Search for electrons in the primary cosmic radiation. Phys Rev (2) **73** 1402—1403. — Aus Ballonbeobachtungen ergibt sich mit Sicherheit, daß das Verhältnis der Elektronen oder Photonen mit Energien über 4.5 BeV zur Gesamtzahl der primären kosmischen Strahlen kleiner als 1 : 100 ist. Loh.

12720. **H. E. Huntley,** Production of helium by cosmic rays. Nat **161** 356, mit 1 Fig. — Auf dem Gipfel des Mont aux Sources (Basutoland) wurde 6 Wochen lang eine Packung Ilford-Kernuntersuchungsplatten (Typ C 2) kosmischen Strahlen ausgesetzt. Nach der Entwicklung zeigten sich Spuren und Sterne, die wahrscheinlich von α-Teilchen stammen. Nach dem Aussehen der Sterne sind die α-Teilchen aber nicht in der Emulsion, sondern im Glas der Platten erzeugt worden. Im Glas einer Platte werden dadurch im Jahr 10^5 Heliumatome pro cm³ entstehen. Es wird geschlossen, daß das irdische Helium nicht nur radioaktiven Ursprunges sein dürfte und daß damit Altersbestimmungen von Gesteinen nach der Heliummethode eventuell überprüft werden müssen. Loh.

12721. **L. Jánossy,** Cosmic Rays and Nuclear Physics. London, The Pilot Press, Ltd., 1948. 14+186 S. Preis 9 s. 6 d. net. — Besprechung in Proc Phys Soc **61** 584 (J. G. Wilson), Nat **162** 513 (T. G. Cowling).

12722. **L. Jánossy,** Cosmic Rays. Oxford, Clarendon Press; London, Oxford University Press, 1948. 13+424 S. Preis 35 s. net bzw. $ 10. — Besprechung in ApJ **109** 183, Nat **161** 785 (T. G. Cowling).

12723. **F. Maldonado,** Los rayos cósmicos. Ibérica **6** 176—179, 1947.

* * **R. A. Millikan,** Electrons (+ and —), Protons, Photons, Neutrons, Mesotrons and Cosmic Rays. Vgl. Ref. **221**.

12724. **H. V. Neher, W. C. Roesch,** Cosmic-ray effects from solar flares and magnetic storms. Rev Mod Phys **20** 350—352.

12725. **P. Nicolson, V. Sarabhai,** The semi-diurnal variation in cosmic ray intensity. Proc Phys Soc **60** 509—523, mit 1 Fig. — Beobachtung und Theorie gestatten noch keine befriedigende Erklärung der ganz- und halbtägigen Variation der Intensität der kosmischen Strahlung.

12726. **A. I. Ohl,** Kosmische Strahlen und Sonnenaktivität. Priroda **36** Nr. 1 S. 3—11, 1947.

12727. **M. Schein,** The nature of the primary cosmic radiation. Phys Rev (2) **73** 1239. — Ref. Am. Phys. Soc.

12728. **W. F. G. Swann,** A possible circulation of cosmic-ray helium particles around the earth. Phys Rev (2) **74** 1215. — Ref. Am. Phys. Soc.

12729. **J. P. Terlezkij,** Sterne mit magnetischen Momenten als mögliche Quellen der kosmischen Strahlung. Moskauer Universitätsbote **3** Nr. 1 S. 75—82 (russisch).

12730. **M. S. Vallarta,** Cosmic rays and the magnetic field of the moon. Nat **161** 646—647.

12731. **M. S. Vallarta,** La determinación del signo y del espectro de energía de la radiación cósmica primaria. Onda, Mai 1947 S. 5—18.

12732. Cosmic ray theory. Sky and Telescope **7** 64.

12733. Cosmic ray compass. Sky and Telescope **7** 301.

12734. Heavy cosmic rays. Sky and Telescope **8** 6.

* * Naturforschung und Medizin in Deutschland 1939—1946. Vgl. Ref. **247**.

Vierzehnter Teil

Geodäsie. Nautik

§ 130

Berichte, Höhere Geodäsie, Kartographie, Allgemeines

13001. **W. K. Abold,** Der Entwurf eines unabhängigen sowjetischen Breitendienstes. RAJ **25** 39—43, mit 1 Abb. (russisch).

13002. **R. Forga,** Maupertuis: le voyage en Laponie. BSAF **62** 277—284, 326—330, mit 7 Fig.

13003. **E. Gigas,** Formeln und Tafeln zur maschinellen Berechnung geographischer Koordinaten aus Azimut und Seite (1. geodätische Hauptaufgabe) und für die Umkehrung (2. geodätische Hauptaufgabe) auf dem Hayford Ellipsoid von 0° bis 80° Breite und auf dem Bessel-Ellipsoid von 45° bis 57° Breite. Landesaufnahme Bamberg (Deutschland). 23 S.

13004. **M. Gonzales Fernández,** Elementos de Geografía Matemática. Cartografía. Publ Obs. Astr. La Plata, Serie Especial Nr. **2,** 8+120 S. mit Fig. — Vorlesungen über die wichtigsten Kartenprojektionen. Sconzo

13005. **A. Letroye,** Réunion de la Commission de compensation du réseau géodésique européen. Ciel et Terre **64** 180—181.

13006. **A. Letroye,** Congrès scientifique international de Florence. Ciel et Terre **64** 234—235.

13007. **G. K. Mujshnek,** Über die Umwandlung von Gauss-Lambert Koordinaten in Gauss-Krüger Koordinaten auf dem Territorium der estnischen Sowjetrepublik. Tartu, estnischer Staatsverlag, 1947. 24 S. mit Abb. Preis 1 R. 50 Kop. (estnisch mit gekürzter russischer Übersetzung).

13008. **Y. Väisälä,** En astronomisk triangelmätningsmetod. PAT **29** 105—110, mit 1 Fig.

13009. **H. Wolf,** Betrachtungen zur astronomisch-geodätischen Netzausgleichung unter besonderer Berücksichtigung der Laplaceschen Gleichung. AN **276** 209—220. — Ausgehend von Helmerts Berechnung astronomisch-geodätischer Netze wird gezeigt, inwiefern die in der Regel gesondert behandelten Aufgaben der Netz- und Lotabweichungsausgleichung letztlich nur Sonderfälle eines allgemeineren Problems sind. Die Laplacesche Gleichung erweist sich hierbei als das verbindende Glied zwischen beiden. Einige Eigenschaften der Laplaceschen Widersprüche werden aufgezeigt. Als deren Folge wird schließlich eine Lösung mittels schrittweiser Annäherung mit dem Ziel, den Helmertschen Vorgang auf umfangreichere Systeme auszudehnen, angegeben. Verf.

13010. **H. Wolf,** Über die Ausgleichung von Dreiecksnetzen. Allgemeine Grundlagen und ein Neuvorschlag. Landesaufnahme Bamberg (Deutschland). 39 S.

13011. **H. Wolf,** Über die Behandlung der Laplace-Punkte im zentraleuropäischen Netz. Landesaufnahme Bamberg (Deutschland). 20. S.

13012. Naturforschung und Medizin in Deutschland 1939—1946. Bd. **6,** Angewandte Mathematik, Teil 4, Geodäsie. Wiesbaden, Dieterisch'sche Verlagsbuchhandlung, 1948. 116 S.

13013. La compensación de conjunto de las redes geodesicas europeas. Urania Barcelona **32** Nr. 218, S. 89—90.

13014. Procès-Verbal de la 92me séance de la Commission Géodésique Suisse tenue au Palais Fédéral à Berne le 6 mars 1948. Neuchatel, 1948. 27 S.

13015. Tafeln der Gauss-Krüger Koordinaten für die Breiten von 32°—80°, in Intervallen von 5 Bogenminuten und für die Längen von 0°—3½° in Intervallen von 7½ Bogenminuten und Tabellen der Umfänge und Flächen von Trapezen topographischer Aufnahmen, bezogen auf das Ellipsoid von Krassowskij. Moskau, Verlag für geod. und kartogr. Literatur beim Ministerrat der UdSSR, 1948. 332 S. mit 6 Abb. Preis 30 R. (russisch).

§ 131

Erdfigur, Erdrotation, Schwerkraft, Massenverteilung

13101. **S. N. Axentjewa,** Ergebnisse einer elfjährigen Reihe von Beobachtungen (1930 bis 1941) der Lotabweichungen in Poltawa. Poltawa Publ. **2** 121—138 (russisch).

13102. **E. C. Bullard,** The figure of the earth. MN Geophys Suppl **5** 186—192, mit 2 Fig. — Unter Annahme hydrostatischen Gleichgewichts für die Erde und Anlehnung an die Arbeiten de Sitters zur Bestimmung der Figur der Erde aus der Präzessionskonstanten werden auf numerischem Wege bei Verwendung der von Bullen gegebenen Werte für die Dichteverteilung die Abplattung und die Abweichung der Erdfigur von einem Ellipsoid berechnet; die Abweichung von den Werten de Sitters wird erklärt. Böh.

13103. **A. Clairaut,** Theorie der Erdfigur. Ins Russische übersetzt von N. S. Jachontowa. Moskau, Verlag Akad. Wiss. UdSSR, 1947. 359 S. Preis 23 R.

* * **H. Jeffreys,** The figures of the earth and moon (third paper). Vgl. Ref. **4308.**

13104. **H. Jeffreys,** The figure of the earth. Nat **162** 915—917.

13105. **M. Mineo,** Su una proprietà fondamentale delle superfici d'equilibrio terrestre. Atti Accad. Palermo (4) **6** 1—17 = Pubbl. Oss. astr. Palermo (NS) **9** (ohne Nummer). — Um die Existenz von Gleichgewichtsflächen im Innern der Erde behaupten zu können, muß man im voraus annehmen, daß diese Flächen nur wenig von der Kugelform abweichen. F. Z.

13106. **N. A. Popow,** Der gravimetrische Zusammenhang Poltawa-Lwow. Poltawa Publ. **2** 84—105 (russisch).

13107. **I. Puig,** Irregularidades de la rotación terrestre. Ibérica **5** 58—61, 1947.

13108. **H. Quiring,** Schalenbau der Erde und sphärogene Erze. Forschungen und Fortschritte **24** 36—38, mit 1 Fig.

13109. **C. Somigliana,** Costanti terrestri e misure di gravità. Il Nuovo Cimento (9) **5** 111—120. — Bericht über die Bestimmung terrestrischer Konstanten aus geodätischen Messungen. F. Z.

13110. **N. Stoyko,** Les stations horaires modernes et l'étude des mouvements de la terre. Comité National Français d'Astronomie, Communications et Mémoires 1948 S. 110—115, mit 6 Fig. — Es werden die Möglichkeiten erörtert, durch die Zeitinstitute folgende Fragen zu klären: 1. Unregelmäßigkeit der Erdrotation, 2. säkulare Änderung der Längen der Verschiebung der Kontinente, 3. periodische Längenänderungen, 4. jahreszeitliche Längenänderungen, 5. tägliche Längenänderungen, 6. Polverschiebung, 7. Anziehung durch Sonne und Mond, 8. Erdbeben. Bisherige Ergebnisse werden mitgeteilt. Böh.

13111. **P. Tardi,** Sur quelques particularités de la rotation terrestre. Annuaire Le Bureau des Longitudes 1949 A 1 — A 48, mit 15 Fig.

13112. **I. Weinberg,** Weighing the earth. MN ASSA **7** 79—81, mit 2 Fig.

13113. New theory on earth's interior. Sky and Telescope **7** 94.

§ 132

Geodätische Koordinaten, Polschwankung

13201. **E. Andersen,** Determination of latitude at Buddinge by the Horrebow-Talcott method. Mém. Inst. Géod. Danemark (3) **12,** 47 S. mit 4 Fig.

13202. **L. Carnera,** Le variazioni di latitudine ed il movimento del polo di rotazione terrestre negli anni 1943—46. Rend. Accad. Sci. Napoli (4) **14—15,** 21 S. = Oss. astr. Capodimonte-Napoli, Contr. sci. (2) **4** Nr. 2. — Aus den Beobachtungen der Stationen des internationalen Breitendienstes werden die Koordinaten des instantanen Pols für die Zeit 1943—46 abgeleitet. F. Z.

13203. **L. Carnera,** Le variazioni di latitudine ed il movimento del polo di rotazione terrestre nell'anno 1947. Rend. Accad. Sci. Napoli (4) **15,**

7 S. = Oss. astr. Capodimonte-Napoli, Contr. astr. (2) **4** Nr. 3. — Aus den Beobachtungsergebnissen der Stationen des internationalen Breitendienstes werden für das Jahr 1947 die Koordinaten des instantanen Pols abgeleitet. F. Z.

13204. **P. N. Dolgow, M. S. Swerew,** Das Programm zur Bestimmung von Längen-Hauptpunkten in der nördlichen Zone der UdSSR. Sammlung der GUGK Nr. **15** S. 72—77, 1947.

13205. **S. W. Drosdow, E. P. Fjodorow,** Die Breitenschwankungen in Poltawa in der Zeit 1945.5—1946.5. Poltawa Publ. **2** 57—61 (russisch).

13206. **E. P. Fjodorow,** Die Grundlagen der modernen Theorie der Polbewegung. Poltawa Publ. **2** 3—20 (russisch).

13207. **A. Fresa,** Sulla variazione della latitudine dell'Osservatorio di Pino-Torinese nel periodo 1943.8—1945.9. Rend. Accad. nazionale Lincei (8) **4** 718—725 = Contr. Oss. astr. Torino, Pino Torinese (NS) Nr. **14.** — Bericht über die Breitenvariation der Sternwarte Pino-Torinese aus systematischen Beobachtungen in den Jahren 1943—45; die Doppelwelle ist ausgeprägt und stimmt mit den Resultaten des internationalen Breitendienstes überein. F. Z.

13208. **H. S. Jelstrup,** Vergleich der alten und neuen astronomischen Längenbestimmungen in Ost-Grönland als Kriterium der Wegenerschen Hypothese. Mitt. geograph. Ges. UdSSR **79** 647—652, 1947 (russisch).

13209. **D. K. Kulikow,** Eine neue Methode zur Bearbeitung der Beobachtungen Zingerscher Paare. BIA **4** Nr. 2 (55) S. 77—86, 1947.

13210. **A. G. Lange,** Breitenschwankungen in Kitab während des Zeitraumes 1930.9—1941.0. Astr Circ USSR Nr. **79** 10—13 (russisch).

13211. **E. W. Lawrentjewa,** Beobachtungen des Zenitsternes β Draconis in Irkutsk. Poltawa Publ. **2** 42—56 (russisch).

13212. **P. Melchior,** Sur l'analyse du mouvement du pôle à la surface de la Terre. Bull. Acad. roy. de Belgique, Cl. des Sci. (5) **34** 260—273, mit 9 Fig. = Univ. Bruxelles, Inst. d'Astronomie (2) Nr. **41.** — Die Polbewegung in den Jahren 1920—38 wird auf graphischem Wege untersucht. Nachdem die Elemente der jährlichen Periode neu bestimmt und in Abzug gebracht sind, werden für die Chandler'sche Periode der freien Bewegung neue Werte der Periodenlänge und mittleren Amplitude abgeleitet. Es zeigt sich die bereits früher gefundene und theoretisch zu erwartende Erscheinung, daß zu großer Periodenlänge der freien Bewegung eine große Amplitude dieser Bewegung, aber eine kleine Amplitude der jährlichen Bewegung gehört. Bo.

13213. **P. Melchior,** Sur un effet de résonance dans le mouvement du pôle instantané à la surface de la terre. Bull. Acad. roy. Belgique, Cl. Sci. (5) **34** 969—974, mit 1 Fig. = Univ. Bruxelles, Inst. d'Astronomie (2) Nr. **47.**

13214. **T. Nicolini,** Caratteristiche osservate delle componenti del moto polare. Atti Accad. nazionale Lincei, Mem. (8) **2** 3—21 = Oss. astr. Capodimonte-Napoli, Contr. astr. (2) **3** Nr. 8. — Aufsuchung der fundamentalen Eigenschaften der empirischen Polhodie, auf Grund einer Ähnlichkeit mit der Erscheinung der Schwebungen. Die 45-jährigen definitiven und 13-jährigen provisorischen Beobachtungsergebnisse des internationalen Breitendienstes werden zwecks Ableitung der Komponenten der Polbewegung herangezogen. Unterbrechungen der Polbewegung in den Jahren 1924 und 1939 werden aufgedeckt, die einer starken Abnahme der Amplitude des Chandlerschen Gliedes entsprechen. Weitere Bearbeitung der Beobachtungen ergibt deutliche Schwankungen der Amplitude und der Periode, sowie Diskontinuitäten, die unabhängig von Programmänderungen erscheinen. F. Z.

13215. **T. Nicolini,** Perturbazioni e discontinuità nel moto polare. Rend. Accad. nazionale Lincei (8) **5** 392—396 = Oss. astr. Capodimonte-Napoli, Contr.

astr. (2) 3 Nr. 9. — Kriterien zur Aufdeckung von Störungen und Unterbrechungen in der Polbewegung. Vergleich der Epochen der hauptsächlichsten Störungen in der Polbewegung mit denen der Erdrotation, und Betrachtung anderer geophysikalischer Ereignisse. F. Z.

13216. **B. A. Orlow,** Die Polschwankungen nach Beobachtungen in Pulkowo. Pulk Mitt **17** Nr. 6 (141) S. 115—124 (russisch).

13217. **G. Peisino,** Osservazioni di latitudine eseguite a Collurania col metodo di Talcott. Mem SA It (NS) **19** 253—269.

13218. **N. A. Popow,** Die Breitenänderungen nach Beobachtungen von zwei hellen Zenitsternen. Poltawa Publ. **2** 21—41 (russisch).

13219. **P. Sollenberger,** Variation of latitude at the United States Naval Observatory, 1947. AJ **54** 32.

13220. **G. de Strobel,** Determinazione della latitudine dell' Osservatorio astrofisico di Asiago. Mem SA It (NS) **19** 195—200 = Contr. Oss. astrofis. Univ. Padova in Asiago Nr. **7**. — $\varphi = 45° 51' 44\overset{s}{.}73 \pm 0\overset{s}{.}45$.

13221. **S. Wierzbinski,** Remarques sur: „Determinazione di latitudine in primo verticale — de M. G. L. Andrissi". Bull. Soc. Amis Sci. Poznan (B) **9** 160—162 = Poznan Repr. **12**. — Eine Neubearbeitung des Zahlenmaterials in der Arbeit von Andrissi in Contr. sci. (NS) Nr. **48** des R. Oss. Astr. di Roma sul Campidoglio (vgl. AJB **36** Ref. **9726**) führt zu einem abweichenden Wert für die Polhöhe; der Unterschied zwischen den beiden Werten konnte bisher nicht mit Sicherheit aufgeklärt werden. Böh.

13222. **S. W. Woroschilowa-Romanskaja,** Vorläufige Kurve der Breitenschwankungen nach Beobachtungen mit dem Zenitteleskop in Pulkowo von 1940—1941. Pulk Mitt **17** Nr. 6 (141) S. 129—130 (russisch).

13223. **A. Zessjulewitsch,** Die mittlere Breite des Astronomischen Observatoriums Odessa und ihre Schwankungen in den Jahren 1935 bis 1939. Odessa Bull. Nr. **2** S. 7—10, 1947 (russisch).

13224. **G. K. Zimmerman,** Neubearbeitung der Beobachtungen von I. Bonsdorff in Odessa in den Jahren 1908—1910. Poltawa Publ. **2** 62—73 (russisch).

§ 133
Navigation

13301. **W. W. Achmatow,** Höhe und Azimut in drei Minuten. Tafeln zur schnellen und einfachen Berechnung der Standlinien. Verlag der Hydrographischen Verwaltung WMS, 1948. 48 S. (russisch).

13302. **I. E. Allison,** Navigation and Astronomy for Students. Harrap & Co., Ltd., 1948. 439 S. Preis 25 s. — Besprechung in JBAA **59** 45, J. Inst. of Navigation **1** 368.

13303. **J. M. Aymat,** A pesar de Coriolis volvamos al cielo. Rev. Aeronáutica, Febr. 1947 S. 7—14.

13304. **R. G. Bolton,** A use of the predetermined position line. J. Inst. Navigation **1** 175.

13305. **B. P. Chljustin,** Navigation. Moskau-Leningrad, Verlag Seetransport, 1948. 507 S. mit 155 Fig. Preis 16 R. 50 Kop. (russisch). — Inhalt: Theoretischer Teil (Mathematische Hilfsmittel, Sphärische Trigonometrie, Kosmographie, Zeit), Instrumente (Himmelskugel, Sternhimmel, Chronometer und Uhren, Sextant, Verbesserung gemessener Gestirnshöhen), kurze Fehlertheorie (Über Beobachtungsfehler), Praktische Astronomie (Breitenbestimmung, Längenbestimmung, das Sumnersche Standlinienverfahren zur Bestimmung des Schiffsortes auf See, Bestimmung der Zeit des Auf- und Untergangs der Gestirne, Bestimmung der Kompaßberichtigung, über die Normalzeiten und die Genauigkeit bei der Lösung astronomischer Aufgaben).

13306. **G. M. Clemence,** Errors in observed altitudes. J. Inst. Navigation 1 366. — Behandelt Verkantung des Sextanten.

13307. **J. F. Cox, F. H. van den Dungen,** Sur la notion de sensibilité utilisée en topographie et son extension à la sphère. Bull. Acad. roy. de Belgique, Cl. des Sci. (5) **34** 152—166, mit 6 Fig. = Univ. Bruxelles, Inst. d'Astronomie (2) Nr. **39.** — Nach der für die Peilung mittels Funk und Radar bedeutungsvollen Erweiterung eines Begriffes aus dem Gebiet der Topographie auf die Theorie der sphärischen Azimutgleichen wird gezeigt, daß die Versuche, Luftnavigation mit Hilfe der Azimutdifferenz zweier Sterne zu treiben, fehlschlagen mußten. Die gegenüber der Ortsbestimmung durch Messung von Höhen gewonnene Genauigkeit (die Schwankungen des Flugzeuges in der Vertikalen spielen praktisch keine Rolle) geht bei der Rechnung völlig wieder verloren. Str.

13308. **J. F. Cox, F. H. van den Dungen,** Généralisation et applications de la notion de sensibilité de la Topographie. Bull. Acad. roy. de Belgique, Cl. des Sci. (5) **34** 356—372, mit 3 Fig. = Univ. Bruxelles, Inst. d'Astronomie (2) Nr. **40.** — In dieser zweiten Arbeit wird die Bestimmung der Kurven von Azimutgleichen auf Rotationsellipsoide bzw. Sphäroide und auf die Ortsbestimmung mit Hilfe mehrerer Parameter verallgemeinert. Str.

13309. **B. Dutton,** Navigation and Nautical Astronomy. Annapolis, 1948. 9. Auflage.

13310. **H. C. Freiesleben,** Die Standlinien in der Navigation. Deutsche Hydrograph. Z. **1** 178—201, mit 11 Fig.

13311. **J. Garcia,** La reducción al meridiano en Astronomía náutica. Anales Asociación Española Progreso Ciencias **13** 9—17, Rev. General Marina **134** 307—316.

13312. **J. S. Hall,** Radar aids to navigation. New York and London, McGraw-Hill Book Co., Inc., 1947. 13+389 S. Preis 30 s. — Besprechung in Nat **162** 633—635 (R. L. Smith-Rose).

13313. **A. H. Jessell,** A precession table for correcting astro fixes. J. Inst. Navigation **1** 268—269. — Auswirkung der Präzession auf mit Sternörtern für eine bestimmte Epoche berechnete Standorte. Fr.

13314. **A. H. Jessell, G. H. Trow,** The presentation of the fixing accuracy of navigation systems. J. Inst. Navigation **1** 313—337. — Fehleruntersuchung über verschiedene Standlinienmethoden, vor allem der modernen Funknavigation. Fr.

13315. **L. L. Johnson,** A First Book of Navigation. London, Macmillan & Co., Ltd., 1948. 118 S. Preis 2 s. 6d. — Besprechung in JBAA **58** 225.

* * **H. S. Jones,** The development of navigation. Vgl. Ref. **1412.**

13316. **J. Middendorp,** Concerning an error in observed altitudes. J. Inst. Navigation **1** 179.

13317. **G. B. Pacella,** Modified astrolabe. Hydrogr. Review **1948** 106—108. Abdruck aus Universo Florenz 1947. — Behandelt ein Prismenastrolab mit Fadenkreuz.

13318. **J. A. Pierce, A. A. McKenzie, R. H. Woodward,** Loran, Long Range Navigation. New York, McGraw-Hill Book Co., Inc., 1948. 14 + 476 S. mit Abb. Preis $ 6,00; 36 s. — Besprechung in J. Franklin Inst. **246** 176—177 (G. E. Pettengill), Nat **162** 633—635 (R. L. Smith-Rose).

13319. **J. Rosenhagen,** Om nya metoder och instrument i nautisk astronomi. PAT **29** 122—135, mit 7 Fig.

13320. **D. H. Sadler,** Altitude correction for coriolis and other acceleration. J. Inst. Navigation 1 22—29.

13321. **D. H. Sadler,** The provision for astronomical navigation at sea. J. Inst. Navigation 1 290—312. — Behandelt die neue Form des Nautical Almanac abridged for the Use of Seaman mit seiner Angabe des Greenwicher Stundenwinkels und die Astronomical Navigation Tables des Nautical Almanac Office. Fr.

13322. **S. Slaucitajs,** Über die astronomische Navigation in hohen Breiten. Contr. Baltic Univ. Hamburg-Pinneberg Nr. **14**, 17 S. mit 2 Fig., 1947. — Zusammenstellung der wichtigsten Methoden der astronomischen Navigation, die in hohen Breiten anwendbar sind.

13323. **R. A. Smith,** Radio Aids to Navigation. Cambridge, University Press, 1947. 12+114 S. Preis 9 s. — Besprechung in Proc Phys Soc **61** 582 (D. Taylor).

13324. **W. Stein,** Nautik für Küstenfahrer. Berlin-Bielefeld, 1948. — Enthält Anfangsgründe der Kompaßlehre und terrestrische Navigation.

13325. **J. P. G. Worledge,** A critical table for sextant corrections. J. Inst. Navigation 1 266—267.

13326. Sextant Favé-Lepettit. Hydrogr. Review **1948** 102—105. — Behandelt Sextant mit künstlichem Horizont und Schreibvorrichtung.

13327. A British Institute of Navigation. JBAA 58 67. — Gründung des Institutes.

13328. Astronomical Navigation Tables. Obs 68 120. — Freigabe der von H. M. Stationery Office aufgestellten Tafeln für die Öffentlichkeit.

13329. Navigation innovations. Sky and Telescope 7 146.

§ 134
Astronautik, Raketen

13401. **A. Ananoff,** Navigation interplanétaire. Paris, Editions Elzévir, 1948. Preis 50 francs.

13402. **J. W. Campbell,** The problem of space travel. J Can RAS **42** 49—70. — In dieser Darstellung der Probleme der Weltraumschiffahrt wird besondere Aufmerksamkeit der Errichtung von Außenstationen geschenkt, der Flugweg von ihnen zum Mond analysiert und das dazu notwendige Massenverhältnis berechnet. Trotz der auch dann noch zu erwartenden Schwierigkeiten werden Hoffnungen auf die nutzbringende Verwendung von Kernenergie als Antrieb gesetzt. Loh.

13403. **E. H. Krause,** High-altitude research with V-2 rockets. Annual Report of the Smithsonian Inst. 1948 S. 189—208, mit 10 Fig. und 6 Tafeln. — Der Bericht gibt eine Übersicht über die mit Hilfe von V2-Raketen bis zum Beginn des Jahres 1947 angegriffenen Probleme der oberen Atmosphäre, der Höhenstrahlung und der Sonnenspektroskopie. Er beginnt mit einer Einführung in die technischen Daten der V2 und die Vorkehrungen, die die Gewinnung der Meßdaten (Funkverbindung bzw. Auffinden der Meßgeräte) ermöglichen. Behandelt werden die Anlage zur Registrierung der kosmischen Strahlung und einige Meßergebnisse. Nach Beschreibung des Sonnenspektrographen wird auf die Analyse des Fraunhofer- und kontinuierlichen Spektrums hingewiesen. Bemerkenswert ist, daß sich die UV-Strahlung bis λ 2200 als erheblich geringer erweist, als mit einer Temperatur von 6000° K zu erwarten ist. Eingegangen wird auf die Ozonverteilung sowie Druck- und Temperaturmessungen. Ein Abschnitt betrifft Ionosphärenmessungen. Zahlreiche andere Programme,

Schallmessungen, photographische Aufnahmen aus großer Höhe, Untersuchung mitgeführten Pflanzensamens usw. werden kurz gestreift. Micz.

13404. **B. J. Lewin,** Bedrohen Meteore Weltraumschiffe? Priroda **36** Nr. 12 S. 45, 1947 (russisch).

13405. **H. Moureu,** Une première étape vers l'astronautique: Les armes secrètes allemandes. BSAF **62** 65—78, 97—106, mit 14 Abb.

13406. **H. Oberth,** Wege zur Verwirklichung des Weltraumfluges. Gekürzte Übersetzung der 3. deutschen Auflage unter Redaktion von B. W. Rauschenbach. Moskau, Staatsverlag für Verteidigung, 1948. 232 S. mit 93 Abb. Preis 13 R. 50 Kop.

13407. **R. Parodi Rupert,** In margine all'Astronautica. Accelerazionie conseguenti effetti dinamici. Coelum **15** 62—67, 1947. — Betrachtungen zur interplanetaren Raumfahrt.

13408. **G. N. Rautian,** Raketenflüge in die Ionosphäre. Priroda **36** Nr. 9 S. 52—54, 1947 (russisch).

13409. **P. Wellmann,** Ergebnisse neuer Versuche mit Raketen. Himmelswelt **55** 102—103.

13410. **A. F. Zahm,** Planetary properties of fast cars. J. Franklin Inst. **245** 331—336. — Enthält einige Bemerkungen von grundsätzlicher Bedeutung zum Problem des Weltraumfluges.

13411. **F. A. Zander,** Probleme des Raketenfluges. Moskau, Verlag für Verteidigung, 1947. 240 S. mit Abb. Preis 12 R. (russisch). — Die Sammlung enthält 12 Aufsätze über technische und astronautische Probleme des Raketenfluges.

13412. Radio signals sent from rocket at 72-mile height. J. Franklin Inst. **246** 362.

Namen-Verzeichnis

Das Verzeichnis verweist unter Angabe der Seitenzahlen auf die Stellen, an denen Arbeiten und Beobachtungen der Autoren besprochen sind, hingegen nicht auf Stellen, an denen auf solche Arbeiten nur Bezug genommen oder ein Name in irgend einem Zusammenhange genannt wird. Auch sind reine Personalnotizen nicht berücksichtigt, da sie schon in § 10 alphabetisch geordnet sind.

Sach-Verzeichnis

Das Sach-Verzeichnis soll ein schnelles Aufsuchen nach einem Stichwort ermöglichen. Im allgemeinen ist bei mehreren aufeinanderfolgenden Referaten über den gleichen Gegenstand nur die erste Seite nachgewiesen. Der Benutzer hat daher auch die folgenden Seiten des betreffenden Paragraphen einzusehen.

www.ingramcontent.com/pod-product-compliance
Lightning Source LLC
LaVergne TN
LVHW092153300926
849161LV00002B/260
9783112303399